管材阀件技术资料系列手册

阀门技术资料手册

张志贤　主编

中国建筑工业出版社

图书在版编目（CIP）数据

阀门技术资料手册/张志贤主编. —北京：中国建筑工业出版社，2013.4

（管材阀门技术资料系列手册）

ISBN 978-7-112-15215-5

Ⅰ.①阀… Ⅱ.①张… Ⅲ.①阀门-技术手册 Ⅳ.①TH134-62

中国版本图书馆 CIP 数据核字（2013）第 077851 号

本书包括 5 章分别是：基础知识；通用阀门；水力控制阀；消防阀门；常用阀门标准简介内容。

本书在对现行阀门标准进行归纳和梳理的基础上，介绍阀门型号、规格和性能，本书内容丰富，实用性强。

本可供工程设计人员、工程施工人员使用，也可供实际操作人员和大专院校师生使用。

* * *

责任编辑：胡明安
责任设计：张 虹
责任校对：姜小莲 赵 颖

管材阀件技术资料系列手册
阀门技术资料手册
张志贤 主编
*
中国建筑工业出版社出版、发行（北京西郊百万庄）
各地新华书店、建筑书店经销
霸州市顺浩图文科技发展有限公司制版
北京圣夫亚美印刷有限公司印刷
*
开本：787×1092 毫米 1/16 印张：23¼ 字数：574 千字
2013 年 5 月第一版 2013 年 5 月第一次印刷
定价：**65.00** 元
ISBN 978-7-112-15215-5
（23180）

版权所有 翻印必究
如有印装质量问题，可寄本社退换
（邮政编码 100037）

前　言

阀门是靠改变其内部通道截面积来实现控制管路中介质流动的设备，是建筑、机械、石油、化工等行业管道装置中运用最为广泛的管路附件，在管道系统各种工况条件下具有控制流体流量、压力和流向的特殊功能，在国民生活和工业生产中占有很重要的地位。

阀门具有多种功能，如截断、调节、导流、防止逆流、稳压、分流或溢流泄压等。用于流体控制系统的阀门，从最简单常用的闸阀、截止阀到极为复杂的自控系统中所用的各种阀门，其品种、型号和规格繁多。

阀门可用于控制水、蒸汽、压缩空气及各种气体、油品、各种腐蚀性介质、泥浆、液态金属和放射性介质等各种类型流体的流动。

阀门有各种各样的分类方法。有的按结构分类（如闸阀、截止阀、蝶阀等）；有的按用途和作用分类（如化工阀门、油田专用阀、电站阀门等）；有的按介质分类（如水阀门、蒸汽阀门、氨阀门、氧气阀门等）；有的按材质分类（如铸铁阀门、铸钢阀门、不锈钢阀门等）；有的按连接方式分类（如内螺纹阀门、法兰阀门、对夹式阀门、对焊式阀门等）；有的按温度分类（如高温阀、中温阀、常温阀、低温阀、超低温阀等）；有的按压力分类（如超高压阀、高压阀、中压阀、低压阀、真空阀等）。

本书在对现行阀门标准进行归纳和梳理的基础上，介绍阀门型号、规格和性能，没有抽象的理论阐述，同时，只涉及国家标准和行业标准，而不涉及国外标准，读者可以通过书中推荐的网址查阅技术资料的原文，也便于今后了解阀门标准的更新情况。

鉴于当前有的技术书籍中对现行阀门产品介绍和标准的引用存在一些问题，希望本手册能为改变这些不足发挥一些作用。相信本手册能为工程设计人员和施工人员、操作人员在选用阀门和正确安装、使用阀门方面提供帮助。

参与本书编写的主要有成都建工集团成都市工业设备安装公司胡筛、韩兵、辜碧军、王超、翟跃明、刘成、蒲守祠、曾宪友、王荣萍、张隆均、彭光明、吴竞、孙林波、汤志远、徐海东、沈咏农、薛云涛、范宾，另外由韩卫华编写了“1.2 阀门的分类”。

由于编者水平有限，虽然尽了很大努力，但仍可能存在诸多不足甚至谬误之处，恳请读者批评指正。

编者

目　录

1 基础知识

1.1 常用标准及代号

1.1.1 常用国际标准、国外标准及代号

常用国际标准、国外标准及代号见表1-1。

常用国际标准、国外标准及代号 表1-1

代　号	标准名称	代　号	标准名称
ISO	国际标准化组织标准	DIN	德国工业标准
ANSI	美国国家标准	NF	法国标准
ASME	美国机械工程师协会标准	JIS	日本工业标准
ASTM	美国材料试验协会标准	JPI	日本石油学会标准
AISl	美国钢铁学会标准	JSME	日本机械学会标准
ASM	美国金属学会标准	ГОСТ	原苏联国家标准
ASTM	美国材料试验学会标准	OCT	原苏联全苏标准
API	美国石油学会标准	DOGT	俄罗斯国家标准
MSS	美国阀门和管件制造厂标准化协会标准	CSA	加拿大标准协会标准
AWS	美国焊接协会标准	UNI	意大利标准
EN	欧盟标准	AS	澳大利亚标准
BS	英国标准	KS	韩国标准

1.1.2 常用国内标准及代号

常用国内标准及代号见表1-2。

常用国内标准及代号 表1-2

代　号	标准名称	代　号	标准名称
GB	国家标准(强制性)	SY	石油天然气行业标准
GB/T	国家标准(推荐性)	SYJ	石油天然气行业建设标准
GBJ	国家工程建设标准	SH	石油化工行业标准
GJB	国家军用标准	HG	化工行业标准
CAS	中国标准化协会标准	HCJ	化工行业建设标准
CVA	中国阀门行业标准	JB	机械行业标准
JG	建筑工业行业标准	GA	公共安全行业标准
CJ	城市建设行业标准	QB	轻工行业标准
JC	建材行业标准	HJ	环境保护行业标准
DL	电力行业标准	GA	公共安全行业标准
EJ	核工业行业标准	SN	商检行业标准

注：标准代号后加“/T”为推荐性标准。

1.2 阀门的分类

阀门具有多种功能，如截断、调节、导流、防止逆流、稳压、分流或溢流泄压等。用于流体控制系统的阀门，从最简单常用的截止阀、闸阀到极为复杂的自控系统中所用的各种阀门，其品种、型号和规格繁多。

阀门可用于控制水、蒸汽、压缩空气及各种气体、油品、各种腐蚀性介质、泥浆、液态金属和放射性介质等各种类型流体的流动。

阀门有各种各样的分类方法。有的按结构分类（如截止阀、闸阀、蝶阀等）；有的按用途和作用分类（如化工阀门、石油阀门、油田专用阀、电站阀门等）；有的按介质分类（如水阀门、蒸汽阀门、氨阀门、氧气阀门等）；有的按材质分类（如铸铁阀门、铸钢阀门、不锈钢阀门等）；有的按连接方式分类（如内螺纹阀门、法兰阀门、对夹式阀门、对焊式阀门等）；有的按温度分类（如高温阀、中温阀、常温阀、低温阀、超低温阀等）；有的按压力分类（如超高压阀、高压阀、中压阀、低压阀、真空阀等）。

下面介绍几种常用的分类方法。

1.2.1 阀门按关闭件结构及动作特点分类

根据阀门关闭件结构及动作特点划分，主要有以下几种：

1. 闸门形

关闭件沿着垂直于阀座的中心线移动。

2. 截门形

关闭件沿阀座中心线移动。

3. 旋启形

关闭件围绕阀座外的轴线旋转。

4. 旋塞形和球形

关闭件是柱塞或球体，围绕本身的中心线旋转。

5. 蝶形

关闭件是圆盘，围绕阀座的轴线旋转（中线式）或围绕阀座外轴线旋转（偏心式）的结构。

6. 滑阀形

关闭件在垂直于通道的方向滑动。

以上几种阀门的结构示意如图 1-1 所示。

1.2.2 阀门按用途和作用分类

1. 截断阀类

主要用于截断或接通介质流。包括闸阀、截止阀、蝶阀、球阀、旋塞阀等。

2. 止回阀类

主要用于防止管路中的介质倒流。包括各种结构的止回阀。

3. 调节阀类

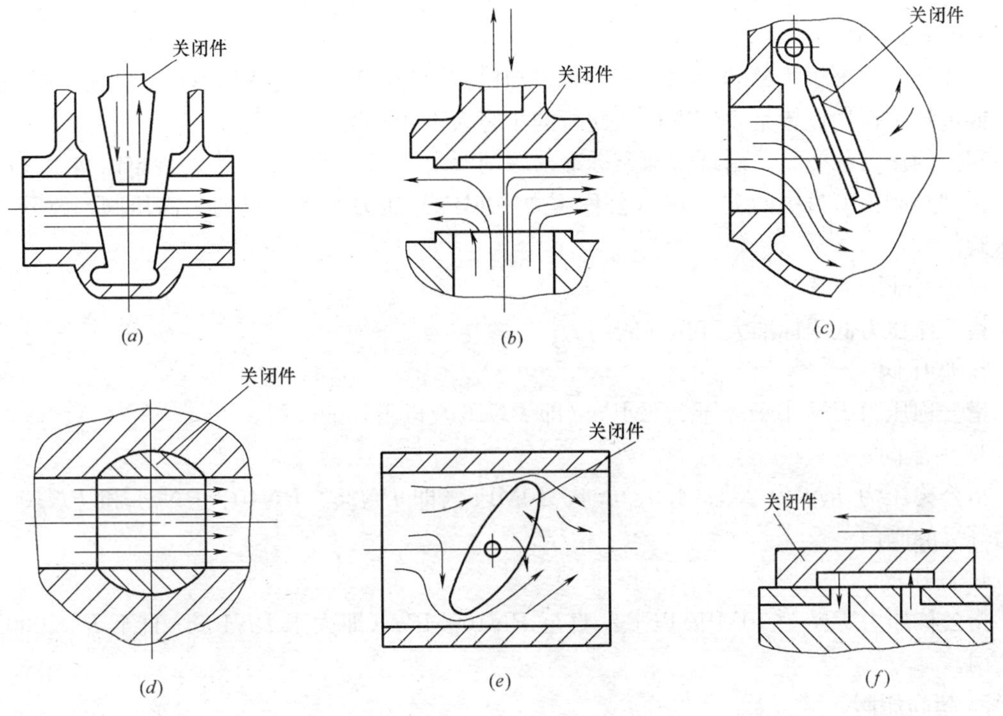

图 1-1 阀门的结构示意

(*a*) 闸板形；(*b*) 截止形；(*c*) 旋启形；(*d*) 旋塞形和球形；(*e*) 蝶形；(*f*) 滑阀形

主要用于调节管路中介质的压力和流量。包括减压阀、针型阀、节流阀、调节阀、平衡阀等。

4. 分流阀类

主要用于分配、分离或混合介质。包括各种结构的分配阀、三通或四通旋塞阀、三通或四通球阀、疏水阀等。

5. 安全阀类

主要用于锅炉、压力容器、压力管路的防超压安全保护。包括各类安全阀。

6. 多用阀类

主要用于代替两个、三个甚至更多个类型的阀门，如截止止回阀、止回球阀、截止止回安全阀等。

7. 其他特殊专用阀类

主要有排污阀、放空阀、清管阀、清焦阀等。

1.2.3 阀门按压力分类和中外压力等级对应关系

阀门的压力等级是按国家标准《管道元件 *PN*（公称压力）的定义和选用》GB/T 1048 设置的，采用该标准 10 倍的兆帕（MPa）单位表示。

可以这样理解，在阀门型号的压力级别单元和阀门壳体上铸造的 *PN*，都是该阀公称压力 10 倍的兆帕（MPa）数值，如 Z41H-25 型中压闸阀，压力级别单元为“25”，阀门壳体上也铸造为“*PN*25”，即表示其公称压力 *PN* 为 2.5MPa，而不是 *PN* 为 25MPa。

也可以认为，不标注单位的公称压力，如 *PN*16，其单位应当是巴（bar），因为 1MPa 等于 10bar。

其实这是一个很简单的问题，但近年来却搞得十分混乱，互联网上和纸质出版物上的标注或理解错误比比皆是，使得初入此行的年轻人不知所从。

阀门的压力分类系采用现行国家标准《阀门 术语》GB/T 21465 中的规定。与以往的主要区别是阀门型号中的 *PN*100（公称压力 10MPa）压力等级不再列为高压阀，改列为中压阀。

1. 真空阀

指工作压力低于标准大气压的阀门。

2. 低压阀

指公称压力 *PN* 小于等于 1.6MPa（即 *PN*16 及以下）的阀门。

3. 中压阀

指公称压力 *PN* 为 2.5、4.0、6.4、10MPa（即 *PN*25、*PN*40、*PN*64 和 *PN*100）压力等级的阀门。

4. 高压阀

指公称压力 *PN* 为 10MPa 以上，直至 *PN*100MPa（即大于 *PN*100，直至 *PN*1000）的阀门。

5. 超高压阀

公称压力 *PN* 等于大于 100MPa（即 *PN*1000）的阀门。

由于我国有相当一部分厂家生产的阀门采用国外标准，阀门的公称压力等级也采用国外标准，这就存在着不同公称压力等级的对应问题。

阀门的压力体系有两种：一种是德国标准（DIN，德国工业标准）为代表的以常温 120℃下的许用工作压力为基准的“公称压力（*PN*）”体系，我国采用的就是此种压力体系，其公称压力 *PN* 值为 MPa；另一种是以美英和部分欧洲国家使用的以某一温度下的许用工作压力为代表的“温度-压力体系”，也就 ASME 标准（美国机械工程师协会标准），其压力分级用英制单位压力级制（CL，俗称磅级），在这一体系中，除 CL150 是以 260℃为基准温度外，其他压力级别均指在 425.5℃（由华氏温度℉换算而来）温度下所对应的许用工作压力。由于压力体系不同，因而英制单位压力 CL 级制与公称压力 *PN* 没有准确的对应关系，表 1-3 中是以 CL 为主，让 *PN* 值尽可能与之接近的对应关系，仅作参考，不能作为换算依据。

CL 与公称压力 *PN* 的对应关系 **表 1-3**

CL	150	300	400	600	800	900	1500	2500	3500	4500
PN(MPa)	2.0	5.0	6.8	11.0	13.0	15.0	26.0	42.0	56.0	76.0

美国标准中，我国按 ASME 标准和 API 标准生产的阀门占有相当份额。

如铸铁阀门的压力-温度额定值按 ASME B16.1—1998～ASME B16.4—1998、ASME B16.42—1998 的规定；钢制阀门的压力-温度额定值按 ASME B16.5—2003、ASME B16.34—2004 的规定；青铜阀门的压力-温度额定值按 ASME B16.15—2003、ASME B16.24—2004 的规定。

API是美国石油学会（American Petroleum Institute）的英文缩写，始建于1919年，是美国第一家国家级的商业协会。API的一项重要任务，就是负责石油和天然气工业用设备的标准化工作，以确保该工业界所用设备的安全、可靠和互换性。由于API在美国国内及国外都享有很高的声望，它所制定的石油化工和采油机械技术标准被许多国家采用。

在我国，公称压力 PN，对于钢制阀体的阀门，系指在200℃以下应用时允许的最大工作压力；对于铸铁阀体的阀门，系指在120℃以下应用时允许的最大工作压力；对于不锈钢阀体的阀门，系指在250℃以下应用时允许的最大工作压力。

美英等使用英制压力单位的国家，最基本的压力单位是"psi"，即"磅力/英寸^2"，我国计量单位的规定应写为"lbf/in^2"，两个英文小写字母"lb"表示"磅"，"lbf"表示"磅力"，就像我国原来使用的"公斤力/厘米^2"用"kgf/cm^2"一样。在一些资料中和互联网上，也多有用大写字母"LB"来表示"磅"的。

$$1psi=lbf/in^2=0.0703kgf/cm^2$$

$$1kgf/cm^2=14.22lbf/in^2$$

$$1psi=6.895kPa\approx0.0069MPa$$

$$1MPa=145psi。$$

压力单位中还常用到巴（bar），1bar约等于一个工程大气压：

$$1bar=10^5Pa=0.1MPa\approx1.02kgf/cm^2$$

在互联网众多的资讯中，压力单位的写法十分混乱、随意，如把"MPa"写为"MPA"或"Mpa"；把"bar"写为"BAR"；把"psi"写为"PSI"等。

日本标准中，压力等级实行K级制，如10K、20K、30K等，此种压力级制与磅级CL和公称压力 PN 的对照见表1-4。

CL、K级和公称压力 *PN* 的对照 **表1-4**

CL	150	300	400	600	900	1500	2500
K级	10	20	30	40	63	100	—
公称压力 PN(MPa)	2.0	5.0	6.8	11.0	15.0	26.0	42.0

1.2.4 阀门按温度分类

阀门的工作温度分类系采用现行国家标准《阀门 术语》GB/T 21465中的规定。再次明确−29℃是常温阀与低温阀的温度界限，在一些出版物或互联网的相关资料中，这个关键的温度界限是混乱的，过去以采用−40℃居多。

1. 高温阀

指工作温度高于425℃的阀门。

2. 中温阀

指工作温度高于120℃而低于425℃的阀门。

3. 常温阀

指工作温度为−29℃以上而低于120℃的阀门。

4. 低温阀

指工作温度为−29℃以下而高于−100℃的阀门。

5. 超低温阀

指工作温度低于－100℃以下的阀门。

1.2.5 阀门按公称通径分类

阀门的公称通径分类没有标准、规范类文件规定，通常按以下范围划分：

1. 小口径阀

指公称通径小于等于 DN40 的阀门。

2. 中口径阀

指公称通径为 DN50～DN300 的阀门。

3. 大口径阀

指公称通径为 DN350～DN1200 的阀门。

4. 超大口径阀

指公称通径大于等于 DN1400 的阀门。

1.2.6 阀门按驱动方式分类

按驱动方式可分为两大类：一类是自动阀，如止回阀、安全阀、减压阀、疏水阀等；一类是驱动阀，其驱动方式分为：

1. 手动阀门

借助手轮、手柄、杠杆、链轮、涡轮、齿轮等，由人工操作的阀门。

2. 电动阀门

用电动装置、电磁或其他电气装置操作的阀门。

3. 液动或气动阀门

借助液体（水、油等液动介质）或压缩空气的压力操作的阀门。

此外，还有电-液联动和气-液联动阀门。

1.2.7 阀门按阀体材料分类

1. 金属材料阀门

阀体等零件由金属材料制成。如铸铁阀门、铸钢阀门、低合金钢阀门、高合金钢阀门、铜合金阀门、铝合金阀门、钛合金阀门等。

2. 金属阀体衬里阀门

阀体外形为金属，内部与介质接触的主要表面均为衬里。如衬铅阀门、衬氟（塑料）阀门、衬搪瓷阀门等。

3. 非金属材料阀门

阀体等零件由非金属材料制成。如塑料阀门、陶瓷阀门、搪瓷阀、玻璃钢阀门等。

1.2.8 阀门材料

1. 阀门常用材质

(1) 灰铸铁

适用于公称压力 $PN \leqslant 1.0$MPa，温度为－10～200℃的水、蒸汽、空气、煤气及油品等介质，其常用牌号为：HT200、HT250、HT300、HT350。

（2）可锻铸铁

适用于公称压力 *PN*≤2.5MPa，温度为－30～300℃的水、蒸汽、空气及油品介质，其常用牌号有：KTH300-06、KTH330-08、KTH350-10。

（3）球墨铸铁

适用于 *PN*≤4.0MPa，温度为－30～350℃的水、蒸汽、空气及油品等介质。常用牌号有：QT400-15、QT450-10、QT500-7。鉴于目前国内生产工艺水平参差不齐，建议 *PN*≤2.5MPa 的阀门还是采用钢制阀门为安全。

（4）耐酸高硅球墨铸铁

适用于公称压力 *PN*≤0.25MPa，温度低于 120℃的腐蚀性介质。

（5）碳素钢

适用于公称压力 *PN*≤32.0MPa，温度为－30～425℃的水、蒸汽、空气、氢、氨、氮及石油制品等介质。常用牌号有 ZG25 及优质钢 20、25、30 及低合金结构钢 16Mn。

（6）低温钢

适用于公称压力 *PN*≤6.4MPa，温度≥－196℃的乙烯、丙烯、液态天然气、液氮等介质，常用牌号有 ZG1Cr18Ni9、0Cr18Ni9、1Cr18Ni9Ti、ZG0Cr18Ni9 等。

（7）不锈耐酸钢

适用于公称压力 *PN*≤6.4MPa 、温度≤200℃硝酸，醋酸等介质，常用牌号有 ZG0Cr18Ni9Ti 、ZG0Cr18Ni10（耐硝酸），ZG0Cr18Ni12Mo2Ti 、ZG1Cr18Ni12Mo2Ti9（耐酸和尿素）。

（8）高温合金钢

适用于公称压力 *PN*≤17.0MPa、温度≤570℃的蒸汽及石油产品。常用牌号有 ZGCr5Mo，1Cr5Mo、ZG20CrMoV、ZG15Gr1Mo1V、12CrMoV 、WC6、WC9 等牌号。具体选用必须按照阀门压力与温度规范的规定。

（9）铜合金

适用于 *PN*≤2.5MPa 的水、海水、氧气、空气、油品等介质，以及温度－40～250℃的蒸汽介质，常用牌号为 ZCuSn10Zn2（铸造铜合金，10-2 锡青铜）、HPb59-1（铅黄铜）、QAl19-2 及 QAl19-4（铝青铜）。

2. 不锈钢阀门材料

表 1-5 为常用不锈钢阀门材料及应用介质和工作温度范围。

常用不锈钢阀门材料及应用介质和工作温度范围 **表 1-5**

序号	材料代号	中文简称	ASTM 标准	应用介质	工作温度范围
1	WCB	碳钢	A216	无腐蚀性应用，包括水、油、气	－30～425℃
2	LCB	低温碳钢	A352		低温应用，温度低至－46℃，不能用于温度高于 340℃的场合
3	LC3	3.5% 镍钢	A352		低温应用，温度低至－101℃，不能用于温度高于 340℃的场合

续表

序号	材料代号	中文简称	ASTM标准	应用介质	工作温度范围
4	WC6	1.25%铬 0.5%钼钢	A217	无腐蚀性应用，包括水、油和气	−30～593℃
5	WC9	2.25%铬	A217	无腐蚀性应用，包括水、油和气	−30～593℃
6	C5	5%铬 0.5%钼	A217	轻度腐蚀性或侵蚀性应用及无腐蚀性应用	−30～649℃
7	C12	9%铬 1%钼	A217	轻度腐蚀性或侵蚀性应用及无腐蚀性应用	−30～649℃
8	CA6NM(4)	12%铬钢	A487	腐蚀性应用	−30～482℃
9	CA15(4)	12%铬	A217	腐蚀性应用	温度范围高达 704℃
10	CF8M	316 不锈钢	A351	腐蚀性或超低温或高温无腐蚀性应用	−268～649℃，温度425℃以上要指定碳含量 0.04%及以上
11	CF8C	347 不锈钢	A351	主要用于高温、腐蚀性应用	−268～649℃，温度540℃以上要指定碳含量 0.04%及以上
12	CF8	304 不锈钢	A351	腐蚀性或超低温或高温无腐蚀性应用	−268～649℃，温度425℃以上要指定碳含量 0.04%及以上
13	CF3	304L 不锈钢	A351	腐蚀性或无腐蚀性应用	温度范围高达 425℃
14	CF3M	316L 不锈钢	A351	腐蚀性或无腐蚀性应用	温度范围高达 454℃
15	CN7M	合金钢	A351	具有很好的抗热硫酸腐蚀性能	温度高达 425℃
16	M35-1	蒙乃尔	A494	可焊接等级，具有耐普通有机酸和盐水腐蚀的性能，也具有耐大多数碱性溶液腐蚀的性能	温度高达 400℃
17	N7M	哈斯特镍合金 B	A494	特别适用于处理器各种浓度和温度的氢氟酸，具有很好的抗硫酸和磷酸腐蚀的性能	温度高达 649℃
18	CW6M	哈斯特镍合金 C	A494	具有很好的抗强氧化环境腐蚀的性能，在高温下具有很好的特性，对甲酸（蚁酸）、磷酸、亚硫酸和硫酸具有很高的抗腐蚀性能	温度高达 649℃

1.2.9　阀门按连接方式分类

1. 螺纹连接阀门

阀体带有内螺纹或外螺纹，与管道采用螺纹连接的阀门。

2. 法兰连接阀门

阀体带有法兰，与管道采用法兰连接的阀门。

3. 焊接连接阀门

阀体带有焊接坡口，与管道采用焊接连接。

4. 卡箍连接阀门

阀体上带有夹口，与管道采用卡箍连接的阀门。

5. 对夹连接阀门

用螺栓直接将阀体与两端管道穿夹在一起的连接形式，多用于蝶阀。

6. 卡套连接阀门

阀体与管道采用卡套件连接，多用于需要定期拆卸维修的阀门。

以上分类方法不是绝对的，了解了这些基本分类方法对认识阀门品种的繁多是十分必要的。

1.3 阀门型号的编制、阀门标志和涂漆

阀门是机械产品，与阀门有关的标注绝大部分是国家标准或机械行业标准，其他行业有关阀门的标准很少。

这里有必要首先介绍《阀门 型号编制方法》JB/T 308—2004 和《阀门的标志和涂漆》JB/T 106—2004。前者的前身是 JB/T 308—1975，后者的前身是 JB/T 106—1978，都已时隔 20 多年了。

阀门型号通常应表示出阀门类型、驱动方式、连接形式、结构特点、密封面材料、阀体材料和公称压力等要素。阀门型号的标准化为阀门的设计、选用、销售提供了方便。当今阀门的类型和材料越来越多，阀门型号的编制也越来越复杂。中国虽有阀门型号编制的统一标准，但越来越不能适应阀门工业发展的需要。目前，中国阀门制造厂一般应采用《阀门 型号编制方法》JB/T 308—2004；凡不能采用标准编号的新型阀门，各制造厂可按自己的需要编制型号。

《阀门型号编制方法》标准适用于工业管道用闸阀、节流阀、球阀、蝶阀、隔膜阀、柱塞阀、旋塞阀、止回阀、安全阀、减压阀、疏水阀等。它包括阀门的型号编制和阀门的命名。

1.3.1 阀门型号编制方法

1. 适用范围

现行机械行业标准《阀门 型号编制方法》JB/T 308—2004 规定了通用阀门的型号编制、类型代号、驱动方式代号、连接形式代号、结构形式代号、密封面材料代号、阀体材料代号和压力代号的表示方法。

由于阀门的种类、型号、规格繁多，要制定一项能适用于所有阀门的型号编制方法标准是不可能的，因此，这个标准仅适用于通用的闸阀、截止阀、节流阀、蝶阀、球阀、隔膜阀、旋塞阀、止回阀、安全阀、减压阀、蒸汽疏水阀、排污阀、柱塞阀 13 种阀门的型号编制，仅适用于“通用”的此类阀门，也就是说，并不包括此类阀门中的特殊阀门，或者说，此件标准并不适用于所有的上述 13 种阀门。尽管此项标准有一定局限性，但却适用于各行各业广泛应用的绝大多数的阀门，因此，对于业内人士来说，是一件必须熟悉的标准。

2. 型号编制和代号表示方法

（1） 阀门型号

1） 阀门型号的组成

阀门型号由阀门类型、驱动方式、连接形式、结构形式、密封面材料或衬里材料类型、压力代号或工作温度下的工作压力、阀体材料7部分组成。

2）阀门型号编制的顺序

阀门型号的编制顺序如图1-2所示。

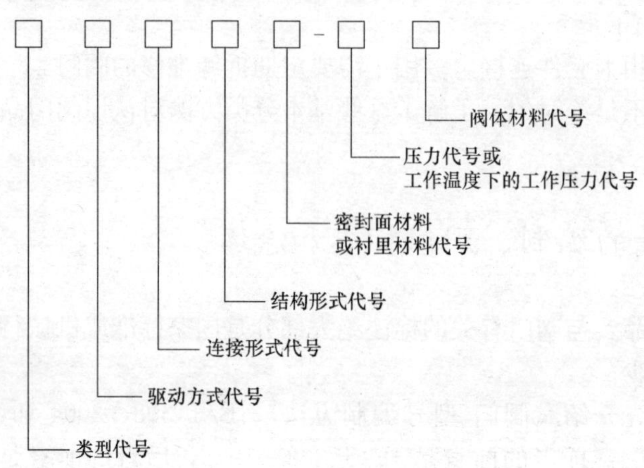

图1-2 阀门型号的编制顺序

（2）阀门类型代号

1）阀门类型代号用汉语拼音字母表示，见表1-6。

2）当阀门还具有其他功能作用或带有其他特异结构时，在阀门类型代号前再加注一个汉语拼音字母，见表1-7。

阀门类型代号 表1-6

阀门类型	代号	阀门类型	代号
弹簧载荷安全阀	A	排污阀	P
蝶阀	D	球阀	Q
隔膜阀	G	蒸汽疏水阀	S
杠杆式安全阀	GA	柱塞阀	U
止回阀和底阀	H	旋塞阀	X
截止阀	J	减压阀	Y
节流阀	L	闸阀	Z

具有其他功能作用或带有其他特异结构的阀门表示代号 表1-7

第二功能作用名称	代号	第二功能作用名称	代号
保温型	B	排渣型	P
低温型	D①	快速型	Q
防火型	F	（阀杆密封）波纹管型	W
缓闭型	H	—	—

① 低温型指允许使用温度低于−46℃以下的阀门。

（3）阀门驱动方式代号

1）阀门驱动方式代号用阿拉伯数字表示，见表1-8。

阀门驱动方式代号 **表1-8**

驱 动 方 式	代 号	驱 动 方 式	代 号
电磁动	0	锥齿轮	5
电磁-液动	1	气动	6
电-液动	2	液动	7
蜗轮	3	气-液动	8
正齿轮	4	电动	9

注：代号1、代号2及代号8是在用阀门启动时需要两种动力源同时对阀门进行操作。

2）对于安全阀、减压阀、疏水阀和手轮直接连接阀杆操作结构形式的阀门，本代号省略，不作表示。绝大多数阀门均属此类，故无驱动方式代号。

3）对于气动或液动机构操作的阀门：常开式分别用6K或7K表示；常闭式分别用6B、或7B表示。

4）防爆电动装置的阀门用9B表示。

（4）连接形式代号

1）阀门连接端连接形式代号用阿拉伯数字表示，见表1-9。

阀门连接端连接形式代号 **表1-9**

连 接 形 式	代 号	连 接 形 式	代 号
内螺纹	1	对夹	7
外螺纹	2	卡箍	8
法兰式	4	卡套	9
焊接式	6	—	—

2）各种连接形式采用的标准、具体结构或方式（如：法兰面形式及密封方式、焊接形式、螺纹形式及标准等）不在连接代号后加符号表示，应在产品的图样、使用说明书或订货合同等文件中说明。

（5）阀门结构形式代号

各类阀门结构形式代号用阿拉伯数字表示，见表1-10～表1-20。

闸阀结构形式代号 **表1-10**

<table>
<tr><th colspan="4">结 构 形 式</th><th>代 号</th></tr>
<tr><td rowspan="5">阀杆升降式(明杆)</td><td rowspan="3">楔式闸板</td><td colspan="2">弹性闸板</td><td>0</td></tr>
<tr><td rowspan="4">刚性闸板</td><td>单闸板</td><td>1</td></tr>
<tr><td>双闸板</td><td>2</td></tr>
<tr><td rowspan="2">平行式闸板</td><td>单闸板</td><td>3</td></tr>
<tr><td>双闸板</td><td>4</td></tr>
</table>

续表

结构形式				代号
阀杆非升降式(暗杆)	楔式闸板	刚性闸板	单闸板	5
			双闸板	6
	平行式闸板		单闸板	7
			双闸板	8

截止阀、节流阀和柱塞阀结构形式代号 **表 1-11**

结构形式		代号	结构形式		代号
阀瓣非平衡式	直通流道	1	阀瓣平衡式	直通流道	6
	Z形流道	2		角式流道	7
	三通流道	3		—	—
	角式流道	4		—	—
	直流流道	5		—	—

球阀结构形式代号 **表 1-12**

结构形式		代号	结构形式		代号
浮动球	直通流道	1	固定球	四通流道	6
	Y形三通流道	2		直通流道	7
	L形三通流道	4		T形三通流道	7
	T形三通流道	5		L形三通流道	9
	—	—		半球直通	0

蝶阀结构形式代号 **表 1-13**

结构形式		代号	结构形式		代号
密封型	单偏心	0	非密封型	单偏心	5
	中心垂直板	1		中心垂直板	6
	双偏心	2		双偏心	7
	三偏心	3		三偏心	8
	连杆机构	4		连杆机构	9

隔膜阀结构形式代号 **表 1-14**

结构形式	代号	结构形式	代号
屋脊流道	1	直通流道	6
直流流道	5	Y形角式流道	8

旋塞阀结构形式代号　表 1-15

结构形式		代号	结构形式		代号
填料密封	直通流道	3	油密封	直通流道	7
	T形三通流道	4		T形三通流道	8
	四通流道	5		—	—

止回阀结构形式代号　表 1-16

结构形式		代号	结构形式		代号
升降式阀瓣	直通流道	1	旋启式阀瓣	单瓣结构	4
	立式结构	2		多瓣结构	5
	角式流道	3		双瓣结构	6
—	—	—	蝶形止回式		7

安全阀结构形式代号　表 1-17

结构形式		代号	结构形式		代号
弹簧载荷弹簧封闭结构	带散热片全启式	0	弹簧载荷弹簧不封闭且带扳手结构	微启式、双联阀	3
	微启式	1		微启式	7
	全启式	2		全启式	8
	带扳手全启式	4		—	—
杠杆式	单杠杆	2	带控制机构全启式		6
	双杠杆	4	脉冲式		9

减压阀结构形式代号　表 1-18

结构形式	代号	结构形式	代号
薄膜式	1	波纹管式	4
弹簧薄膜式	2	杠杆式	5
活塞式	3	—	—

蒸汽疏水阀结构形式代号　表 1-19

结构形式	代号	结构形式	代号
浮球式	1	蒸汽压力式或膜盒式	6
浮桶式	3	双金属片式	7
液体或固体膨胀式	4	脉冲式	8
钟形浮子式	5	圆盘热动力式	9

排污阀结构形式代号　　表 1-20

结构形式		代号	结构形式		代号
液面连接排放	截止型直通式	1	液底间断排放	截止型直流式	5
	截止型角式	2		截止型直通式	6
	—	—		截止型角式	7
	—	—		浮动闸板型直通式	

(6) 阀门密封面或衬里材料代号

当阀门密封副的密封面材料不同时，以硬度低的材料表示，阀门密封面或衬里材料代号见表 1-21。

阀门密封面或衬里材料代号　　表 1-21

密封面或衬里材料	代　号	密封面或衬里材料	代　号
锡基轴承合金(巴氏合金)	B	尼龙塑料	N
搪瓷	C	渗硼钢	P
渗氮钢	D	衬铅	Q
氟塑料	F	奥氏体不锈钢	R
陶瓷	G	塑料	S
Cr13 系不锈钢	H	铜合金	T
衬胶	J	橡胶	X
蒙乃尔合金	M	硬质合金	Y

以上规定不包括隔膜阀，隔膜阀以阀体表面材料代号表示。

阀门密封副材料均为阀门本体材料时，密封面材料代号用“W”表示，意思是“无”单独密封面材料，这是阀体为铸铁的低压阀门采用的密封面加工形式之一。

(7) 阀门的压力代号

阀门的压力等级划分符合《管道元件 *PN*（公称压力）的定义和选用》GB/T 1048—2005 的规定时，采用 GB/T 1048 标准 10 倍的兆帕单位（MPa）数值表示。

GB/T 1048 标准规定的公称压力等级依次为 *PN*2.5、*PN*6、*PN*10、*PN*16、*PN*25、*PN*40、*PN*63、*PN*100，由于是用 10 倍的兆帕单位（MPa）数值表示，故实际公称压力数值依次为 *PN*0.25MPa、*PN*0.6MPa、*PN*1.0MPa、*PN*1.6MPa、*PN*2.5MPa、*PN*4.0MPa、*PN*6.3MPa、*PN*10.0MPa。对于不标注单位的公称压力，如 *PN*16，也可以认为其单位是巴（bar），因为 1MPa 等于 10bar。

当介质最高温度超过 425℃时，应标注最高工作温度下的工作压力代号。

压力等级采用磅级（lb）或 K 级单位的阀门，在型号编制时，应在压力代号栏后有 lb 或 K 的单位符号。

顺便说明以下，磅级（lb）是英美等国家应用的压力计量单位，K 级是日本应用的压力等级。我国的法定计量单位为 MPa（兆帕），与其他压力计量单位的关系为：

$$1\text{MPa}=10\text{bar}=10.2\text{kgf/cm}^2$$

压力计量单位为磅级时，其计量单位为 lbf(磅力)/in^2（平方英寸），磅级压力计量单位常用 psi 表示。磅级压力计量单位与法定压力计量单位为 MPa（兆帕）、习用（国外仍有使用）工程压力计量单位（kgf/cm^2）的关系是：

$$1lbf(磅力)/in^2(1psi)=0.0069MPa=0.07kgf/cm^2$$

（8）阀体材料代号

阀门的阀体材料代号见表 1-22。

阀体材料代号 **表 1-22**

阀体材料	代号	阀体材料	代号
碳钢	C	铬镍钼系不锈钢	R
Cr13 系不锈钢	H	塑料	S
铬钼系钢	I	铜及铜合金	T
可锻铸铁	K	钛及钛合金	Ti
铝合金	L	铬钼钒钢	V
铬镍系不锈钢	P	灰铸铁	Z
球墨铸铁	Q	—	—

注：CF3、CF8、CF3M、CF8M 等材料牌号可直接标注在阀体外。

CF3、CF8、CF3M、CF8M 等材料系奥氏体不锈钢，CF3 对应锻件牌号为 304L、CF8 对应锻件牌号为 304、CF3M 对应锻件牌号为 316L、CF8M 对应锻件牌号为 316。

对于公称压力小于等于 1.6MPa 的灰铸铁阀门和公称压力大于等于 2.5MPa 的碳素钢阀门，其阀体材料代号在型号标识中均予以省略。

（9）关于命名的省略

对于连接形式为“法兰”的以下结构形式的阀门，“阀座密封面材料”在命名中均予省略。这些阀门包括：闸阀的“明杆”、“弹性”、“刚性”和单闸板，截止阀、节流阀的“直通式”，球阀的“浮动球”、“固定球”和“直通式”，蝶阀的“垂直板式”，隔膜阀的“屋脊式”，旋塞阀的“填料”和“直通式”，止回阀的“直通式”和“单瓣式”，安全阀的“不封闭式”。

（10）型号和名称编制方法示例

1）电动、法兰连接、明杆楔式双闸板，阀座密封面材料由阀体直接加工，公称压力为 PN 为 0.1MPa、阀体材料为灰铸铁的闸阀，型号和名称编制为：Z942W-1 电动楔式双闸板闸阀。

2）手动、外螺纹连接、浮动直通式，阀座密封面材料为氟塑料、公称压力 PN 为 4.0MPa。阀体材料为 1Cr18Ni9Ti 的球阀，型号和名称编制为：Q21P-40P 外螺纹球阀。

3）气动常开式、法兰连接、屋脊式结构并衬胶、公称压力 PN=0.6MPa、阀体材料为灰铸铁的隔膜阀，型号和名称编制为：G6K41J-6 气动常开式衬胶隔膜阀。

4）液动、法兰连接、垂直板式、阀座密封面材料为铸铜、阀瓣密封面材料为橡胶、公称压力 PN=0.25MPa、阀体材料为灰铸铁的蝶阀，型号和名称编制为：D741X-2.5 液动蝶阀。

5）电动驱动对接焊连接、直通式、阀座密封面材料为堆焊硬质合金、工作温度

540℃时工作压力 17.0MPa、阀体材料为铬钼钒钢的截止阀，型号和名称编制为：J961Y-P_{54}170V 电动焊接截止阀。

1.3.2　阀门标志和涂漆

1. 适用范围

现行机械行业标准《阀门的标志和涂漆》JB/T 106—2004，规定了各类通用阀门的标志内容、标记式样、标记方法和尺寸以及阀门的涂漆颜色，适用于各类通用阀门。

2. 标志和标记方法

（1）标志内容

阀门承压阀体的外表面，应按《通用阀门 标志》GB/T 12220 标准的规定，标注永久性的标志，内容应有阀门的通径、压力代号或工作压力代号、材料牌号或代号、制造厂名或商标、炉号（铸造阀门）；有流向要求的阀门应用箭头标注介质的流向。

（2）标志的标记方法

1）阀体采用铸造或压铸方法成形时，其标志应与阀体同时铸造或压铸在阀体上。

2）当阀体外形由模锻方法成形时，其标志除与阀体同时模锻或压铸形成外，也可采用压印的方法标记在阀体上。当阀体外形采用锻件加工、钢管或钢板卷制焊接成形的，其标志除采用压印的方法形成外，也可采用其他不影响阀体性能的其他方法。

（3）标志的标记式样

公称通径数值标注、压力代号或工作压力代号、流向标志，应按表 1-23 规定的组合样式，公称通径数值标注在压力代号上方。

阀门的标记式样　　**表 1-23**

阀体形式	介质流动方向	公称通径和公称压力	公称通径和工作压力	英寸单位通径和磅级单位压力
直通式或角式	介质由一个进口方向单向流向另一个出口	DN50 → 16	DN50 → P_{54}140	2 → 150
三通式	介质由一个进口向两个出口流动(三通分流)	DN100 ←┬→ 16	—	4 ←┬→ 300
	介质由两个进口向一个出口流动(三通合流)	DN100 →↑→ 16	—	5 →↑→ 600

注：1. 介质只可从一方向流动的阀门，可不标记箭头。

2. 式样中箭头下方为公称压力代号，其数值为公称压力值（单位：MPa）的 10 倍。

3. 式样中采用英寸单位的，上边表示阀门通径（单位：in）；下边表示磅级压力（单位：lb）。

（4）标志的标记位置

1）标志内容应标注在阀体容易观看的部位。标记应尽可能标注在阀体垂直中心线的中腔位置。

2）当标志内容在阀体的一个面上标注位置不够时，可标注在阀体中腔对称位置的另一个面上。

3）标志内容应明显、清晰，排列整齐、匀称。

（5）标志标记尺寸

1）铸造标志标记尺寸，字体及箭头的排布应按 JB/T 106—2004 标准规定的式样，字体及箭头的尺寸应按 JB/T 106—2004 标准规定的尺寸，并应制成凸出的剖面。

2）压印标志尺寸应按 JB/T 106—2004 标准的规定，箭头尺寸由设计图样规定。

3）每一种产品标志的字体号，应按 JB/T 106—2004 标准的规定。

考虑到以上标志标记的尺寸、字体号，主要是用于规范阀门制造的，对阀门使用者不是十分重要，故不再列表，读者如需进一步了解可上网浏览 JB/T 106—2004 标准。

3. 涂漆

（1）阀门的涂漆

1）阀体材料为铸铁、碳素钢、合金钢的阀门，外表面应涂漆出厂。阀门应按其承压壳体材料进行涂漆，阀门的涂漆颜色见表 1-24。当用户订货合同有要求时，按用户指定的颜色进行涂漆。

阀门的涂漆颜色 **表 1-24**

阀体材料	涂漆颜色	阀体材料	涂漆颜色
灰铸铁、可锻铸铁、球墨铸铁	黑色	铬-钼合金钢	中蓝色
碳素钢	灰色	LCB、LCC 系列等低温钢	银灰色

注：1. 阀门内外表面可使用符合要求的喷塑工艺代替。
2. 铁制阀门内表面，应涂符合使用温度范围、无毒、无污染的防锈漆，钢制阀门内表面不涂漆。

2）涂漆层应耐久、美观，并保证标志明显清晰。使用符合使用温度、无毒、无污染的漆。

3）手轮零件的涂漆层按企业标准执行。

（2）不涂漆的阀体

铜合金材质阀门的承压壳体表面不涂漆；除非用户要求，耐酸钢、不锈钢材质阀门承压壳体表面均不涂漆。

（3）阀门驱动装置的涂漆

1）手动齿轮传动机构，其表面的涂漆颜色同阀门表面的颜色。

2）阀门驱动装置（气动、液动、电动等）涂漆的颜色一般按生产厂家的企业标准规定执行。当用户订货合同有要求时，按用户指定的颜色涂漆。

1.4 管道元件的公称尺寸和公称压力

1.4.1 *DN*（公称尺寸）的定义和选用

根据国标《管道元件 *DN*（公称尺寸）的定义和选用》GB/T 1047—2005 的规定，公称尺寸又称公称通径，是一个用于管道系统元件的字母组合 *DN* 和数字组合的尺寸标识，数字的单位为毫米（mm），但通常不标注单位。必须注意，字母 *DN* 后面的数字只是管径的名义值，不是实际数值或测量数值。*DN* 是管材和管件规格的主要参数，是为了设计、制造、安装和维修方便而人为规定的管径，是一种名义直径或称呼直径。

有时还用与 *DN* 有关的字母组合标注管道元件的尺寸关系，如 *DN/OD*（*OD* 表示外径）、*DN/ID*（*ID* 表示内径）。

NPS（全称是 Nominal Pipe Size）公称管子尺寸是北美用于与压力和温度相关的英制管道尺寸标准体系，其管道尺寸用两个非尺寸的编号来标识，即用英寸单位的 NPS 和管子表号 Sched 或 Sch 表示。

欧洲相当于 NPS 的术语是 *DN*，尺寸是毫米（mm），即我国采用欧洲的标识方法。

管道元件优先选用的 *DN* 数值见表 1-25。

管道元件优先选用的 *DN* 数值（mm）　　　　**表 1-25**

*DN*6	*DN*32	*DN*125	*DN*400	*DN*900	*DN*1600	*DN*2800	*DN*4000
*DN*8	*DN*40	*DN*150	*DN*450	*DN*1000	*DN*1800	*DN*3000	—
*DN*10	*DN*50	*DN*200	*DN*500	*DN*1100	*DN*2000	*DN*3200	—
*DN*15	*DN*65	*DN*250	*DN*600	*DN*1200	*DN*2200	*DN*3400	—
*DN*20	*DN*80	*DN*300	*DN*700	*DN*1400	*DN*2400	*DN*3600	—
*DN*25	*DN*100	*DN*350	*DN*800	*DN*1500	*DN*2600	*DN*3800	—

1.4.2　*PN*（公称压力）的定义和选用

根据国标《管道元件 *PN*（公称压力）的定义和选用》GB/T 1048—2005 的规定，公称压力与管道系统元件的力学性能和尺寸特性相关，由字母组合 *PN* 和数字组成。

令人遗憾的是 *PN*（公称压力）的单位该标准没有作交代，使许多人感到困惑。业内人士都知道，与管路、阀门压力有关的法定计量单位是兆帕（MPa），但在编写阀门型号的压力级别单元和阀门壳体上铸造的 *PN*，都是该阀公称压力 10 倍的兆帕（MPa）数值，如 Z41H-25 型中压闸阀，压力级别单元为“25”，阀门壳体上也铸造为“*PN*25”，即表示其公称压力 *PN* 为 2.5MPa，而不是 *PN* 为 25MPa。

《管道元件 *PN*（公称压力）的定义和选用》GB/T 1048—2005 代替《管道元件公称压力》GB/T 1048—1990。

在 GB/T 1048—2005 标准中，规定了公称压力 *PN* 的数值从以下两个系列中选择：

DIN 系列：*PN*2.5、*PN*6、*PN*10、*PN*16、*PN*25、*PN*40、*PN*63、*PN*100。

ANSI 系列：*PN*20、*PN*50、*PN*110、*PN*150、*PN*260、*PN*420。

并注明必要时允许选用其他 *PN* 数值。

这里有必要说明，DIN 系列为德国应用标准体系，广泛为欧洲国家采用，故也称欧式标准或欧洲体系。ANSI 系列为美国应用标准体系，美洲国家广为采用，故此处也可称为美洲体系。我国一般采用欧式标准。

在阀门型号的压力级别单元和阀门壳体上铸造的 *PN*，都是该阀公称压力 10 倍的兆帕（MPa）数值，如 Z41H-25 型中压闸阀，压力级别单元为“25”，阀门壳体上也铸造为“*PN*25”，即表示其公称压力 *PN* 为 2.5MPa，而不是 *PN* 为 25MPa。

因此，可以认为，不标注单位的公称压力 *PN*，其单位可视为“巴（bar）”，因为 1MPa 等于 10bar，如 *PN*25，可视为 *PN*2.5MPa。

实际工程中，金属管道组件的压力分级见表 1-26。

金属管道组件的压力分级［MPa（bar）］ 表 1-26

0.05(0.5)	0.8(8)	**4.0(40)**	**16(160)**	**42(420)**	125(1250)
0.1(1.0)	**1.0(10)**	5.0(50)	**20(200)**	50(500)	160(1600)
0.25(2.5)	**1.6(16)**	**6.3(63)**	25(250)	63(630)	200(2000)
0.4(4)	2.0(20)	**10(100)**	28(280)	80(800)	250(2500)
0.6(6)	**2.5(25)**	15(150)	**32(320)**	100(1000)	335(3350)

注：1MPa＝10bar；1bar＝10^5Pa＝1.02kgf/cm^2。表中粗体字为 42（420）［MPa（bar）］以下的常用压力分级。

1.5 使用本手册应了解的几个问题

现将编写本手册时对产品标准中一些问题的处理介绍一下，以便于读者对本书的理解和使用。

1. 与产品标准的关系

介绍每一种阀门时，在正文部分的开头就说明了所依据的标准名称和标准编号，这便是向读者交代了正文内容的来源和依据。今后如果标准修订更新了，也便于读者与新标准核对。如果只介绍标准中的内容，而不交代所依据的标准编号和标准名称，是不可取的，其负面作用是不言而喻的。

此外，还将到互联网上搜索或登录的网址推荐给大家，读者可以在网上浏览阀门产品标准的原文。

为了使读者按标准编号能迅速查找到本书的相关内容，在本书末尾列出了附录："阀门标准编号、名称与本手册相关内容目录对照表"，这样读者就可以按已知的国家标准或行业阀门标准编号，查找到本书相应的内容。

阀门的产品标准本身是为规范产品生产使用的，换言之，产品标准是生产厂家使用的。但其中一些涉及阀门使用的技术性内容，从事工程设计和施工的人员必须了解或掌握。本手册所介绍的正是这部分内容。

2. 强制性标准与推荐性标准的区别

在 20 世纪 90 年代以前，我国技术标准有国家标准（GB）和行业标准两大类，进入 20 世纪 90 年代以后，新颁发和修订的国家标准开始区分为强制性标准（GB，可读为国标）与推荐性标准（GB/T，可读为国标推）。强制性标准是对工程或产品的质量、安全、卫生等重要影响而必须执行的标准，具有法规强制性和约束性；推荐性标准是指生产、使用等方面，通过经济手段或市场调节，自愿采用的标准，但推荐性标准一经接受并采用，或供需双方同意纳入经济合同中，就成为相关各方必须共同遵守的技术依据，同样具有法规上的约束性。作为产品技术标准，无论是国家标准或行业标准，均以推荐性标准居多，强制性标准较少，因此，在介绍强制性标准时，会在正文开头再强调一下。

3. 阀门的试验

阀门的试验系指出厂前制造厂家应当进行的各种试验，而非阀门产品进入工地或工厂后进行的进场检验。

阀门制造厂家要在进行型式试验之后才能进行正式、批量生产。阀门出厂前，还有对一些项目进行出厂检验，检验合格并附合格证，方可出厂。

阀门产品进入工地或工厂后进行的进场检验，是按具体工程的适用施工质量验收规范进行的，一般要进行强度试验和严密性试验，由施工单位实施。

了解和掌握阀门的出厂检验项目，对工程设计和施工的人员来说是必要的，也是判定阀门质量的主要依据之一。

由于本书没有涉及阀门的型式试验，这里不妨简单介绍一下。型式试验即是为了验证产品能否满足技术规范的全部要求所进行的试验。它是新产品鉴定中必不可少的一个环节。只有通过型式试验，该产品才能正式投入生产，然而，对产品认证来说，一般不对在设计的新产品进行认证。为了达到认证目的而进行的型式试验，是对一个或多个具有代表性的样品利用试验手段进行合格性评定。型式试验的依据是产品标准。试验所需样品的数量由认证机构确定，试验样品从制造厂的最终产品中随机抽取。试验由被认可的独立检验机构进行，对个别特殊的检验项目，如果检验机构缺少所需的检验设备，可在独立检验机构或认证机构的监督下使用制造厂的检验设备进行。

有下列情况之一时，一般要进行型式试验：

(1) 新产品试制定型鉴定；

(2) 正式生产后，定期或积累一定产量后，进行的周期性检验；

(3) 正式生产后，如产品结构、材料、生产工艺有较大改变可能影响产品性能时；

(4) 产品长期停产后恢复生产时；

(5) 国家产品质量监督检验部门提出型式试验要求时。

4. 阀门产品与标准的关系

阀门产品总是处在不断更新之中，是丰富多彩的。我国的阀门市场，按国外标准生产的阀门可能要占近半壁江山，而且还在不断发展之中。

按国家标准或行业标准生产的阀门，在民用与一般工业工程中，仍然占据主导地位。选用或采购阀门时，应当明确阀门的产品标准名称和完整的标准编号，例如《铁制和铜制螺纹连接阀门》GB/T 8464—2008，如果只标注《铁制和铜制螺纹连接阀门》GB/T 8464，则可能是GB/T 8464—2008之前被取代的GB/T 8464—1998。

阀门产品标准是不断更新的，但总是滞后于阀门行业发展的现状。这就要求选用阀门时，详细了解其现行标准内容，看是否满足需要，如有特殊要求，可以在订货时与制造厂家协商，并写入订货合同中。

2 通用阀门

阀门是用来控制管道内介质的具有可动机构的机械产品的总称。本章介绍通用阀门。按照《阀门 型号编制方法》JB/T 308—2004 规定，闸阀、截止阀、节流阀、蝶阀、球阀、隔膜阀、旋塞阀、止回阀、安全阀、减压阀、蒸汽疏水阀、排污阀、柱塞阀 13 种阀门，是应用最为广泛的阀门，属于通用阀门。

2.1 闸阀

2.1.1 简介

闸阀系指启闭件（闸板）由阀杆带动，沿阀座（密封面）做直线升降运动的阀门。

闸阀一般用于开启或关闭管路的介质流动，启闭件是闸板，闸板的运动方向与流体方向相垂直。闸阀只能作全开和全关，不能作调节和节流用。

闸阀内闸板两侧都有密封面。按闸板结构可分为楔式闸阀和平行式闸阀。

楔式闸阀系指阀板的两侧密封面呈楔形的闸阀，又可分为单闸板式、双闸板式和弹性闸板式；平行式闸阀系指阀板的两侧密封面相互平行的闸阀，可分为单闸板式和双闸板式。

闸阀的结构长度可参见《金属阀门 结构长度》GB/T 12221—2005。

根据阀杆的结构，还可分成明杆闸阀和暗杆闸阀。

当明杆闸阀的闸板提升高度等于阀门的通径时，为全开位置，流体的通道完全畅通，但在运行时，此闸板的位置是无法监视的，实际使用时则以阀杆的顶点作为标志，即达到阀杆开不动的位置，作为全开位置。考虑温度变化可能出现锁死现象，通常在开到顶点位置后，再将闸阀手轮倒回 1/2～1 圈，作为全开阀门的位置。因此，阀门的全开位置，按闸板的位置（即行程）来确定。

暗杆闸阀的阀杆螺母设在闸板内，手轮转动带动阀杆转动而使闸板提升，而阀杆并不升高，这种阀门称为暗杆闸阀。

明杆闸阀能从外观的阀杆高度判断闸阀的开启程度，但阀杆伸出后占用空间；暗杆闸阀则不能从外观判断闸阀的开启程度，由于阀杆不升高，占用空间较小。

闸阀的驱动方式分为手动闸阀、气动闸阀和电动闸阀。

闸阀的优点是形体简单、结构长度短、阻力小、介质流向不受限制、不扰流；缺点是密封面之间易引起冲蚀和擦伤，且维修困难，尤其是当阀座底部积存杂物时，闸板关闭不严。明杆闸阀开启需要较大空间。全开、全闭需要时间较长。

大部分闸阀是采用强制密封的，即阀门关闭时，要依靠外力强行将闸板压向阀座，以保证阀座和阀板的密封面严密接触。

近年来利用欧洲技术所生产的弹性座封闸阀，克服了一般闸阀密封不良、生锈等缺陷，弹性座封闸阀利用弹性闸板产生微量弹性变形的补偿作用达到良好的密封效果，该阀具有开关轻巧、密封可靠、弹性记忆佳及使用寿命长等显著优点。此种新型闸阀的特点是：本体采用高级球墨铸铁制成，重量较传统闸阀减轻20%～30%；平底式闸座：传统闸阀的阀底凹槽内，往往积存石块、水泥、铁屑等杂物，造成无法关闭紧密而形成漏水，弹性座封闸阀底部则采用平底设计，不易造成杂物淤积，并使流体畅通无阻；闸板采用高品质的橡胶进行整体包胶，一流的橡胶硫化技术使得硫化后的闸板能够保证精确的几何尺寸，且橡胶与球墨铸闸板附着牢靠，不易脱落。

闸阀的安装与维护应注意以下事项：

手轮、手柄及传动机构均不允许作起吊用，并严禁碰撞。

双闸板闸阀应垂直安装（即阀杆处于垂直位置，手轮在顶部）。

带有旁通阀的闸阀在开启前应先打开旁通阀（以平衡进出口的压差及减小开启力）。

带传动机构的闸阀，按产品使用说明书的规定安装。

如果阀门经常开关使用，每月至少润滑一次。

闸阀的型号、规格很多，公称通径范围很大，驱动形式多，下面介绍一些常用品种。

2.1.2　内螺纹铸铁闸阀

内螺纹铸铁闸阀如图2-1所示，其常用型号为Z15T-10、Z15W-10，公称压力为1.0MPa，公称通径为*DN*15、*DN*20、*DN*25、*DN*32、*DN*40、*DN*50、*DN*65；阀体为可锻铸铁的内螺纹铸铁闸阀加“K”，常用型号为Z15T-10K、Z15W-10K，公称压力为1.0MPa，公称通径为*DN*15～*DN*65、*DN*80、*DN*100。

适用介质：Z15T-10、Z15T-10K型为水、蒸汽、油品等；Z15W-10为油品等。

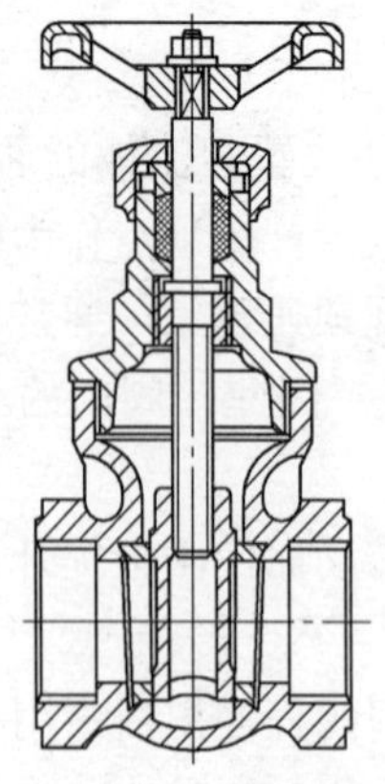

图2-1　内螺纹铸铁闸阀

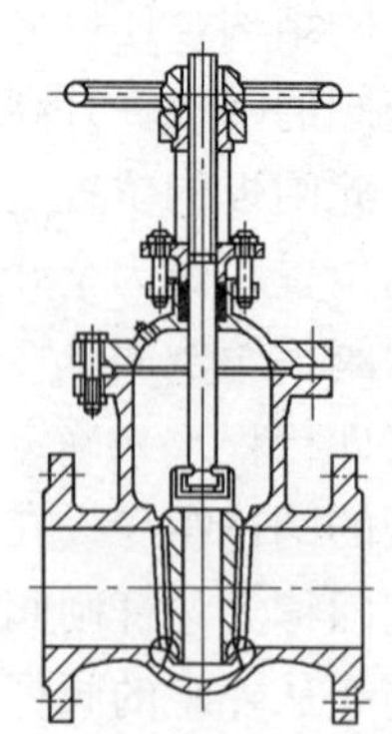

图2-2　铸铁闸阀

2.1.3　铸铁闸阀

铸铁闸阀如图2-2所示，法兰连接的阀门在名称前一般不再冠以“法兰”二字。

阀体为铸铁的闸阀常型号为Z41T-10、Z41W-10、Z41H-10，公称压力为1.0MPa，公称通径为*DN*40、*DN*50、*DN*65、*DN*80、*DN*100、*DN*125、*DN*150、*DN*150、*DN*200、

DN250、DN300、DN350、DN400、DN450、DN500、DN600。

阀体为球墨铸铁的闸阀加“Q”，常型号为Z41T-16Q、Z41H-16Q、Z41H-25Q，公称压力为1.6MPa，公称通径为DN50～DN300。

适用介质：Z41T-10、Z41H-10、Z41T-16Q、Z41H-16Q、Z41H-25Q型为水、蒸汽、油品等；Z41W-10型为油品等。

此类型号的闸阀可按用户要求装配电动装置（Z941T、Z941W、Z941H）。

2.1.4 暗杆楔式铸铁闸阀

暗杆楔式铸铁闸阀如图2-3所示，其常用型号为Z45T-2.5、Z45T-10、Z45W-10、Z45T-16、Z45W-16、Z45T-16Q、Z45W-16Q。

Z45T-2.5型公称压力为0.25MPa，公称通径为DN500、DN600、DN800。

Z45T-10、Z45W-10型公称压力为1.0MPa，公称通径为DN40、DN50、DN65、DN80、DN100、DN125、DN150、DN150、DN200、DN250、DN300、DN350、DN400、DN450、DN500、DN600。

阀体为球墨铸铁的闸阀加“Q”，常型号为Z45T-16Q、Z45W-16Q，公称压力为1.6MPa，公称通径为DN50～DN300。

适用介质：Z45T-2.5型，多用于燃气管路；Z45T-2.5、Z45T-10、Z45T-16、Z45T-16Q型为水、油品等；Z45W-10、Z45W-16、Z45W-16Q型为油品等。

此类型号的闸阀可按用户要求装配电动装置（Z945T、Z945W、Z945H）。

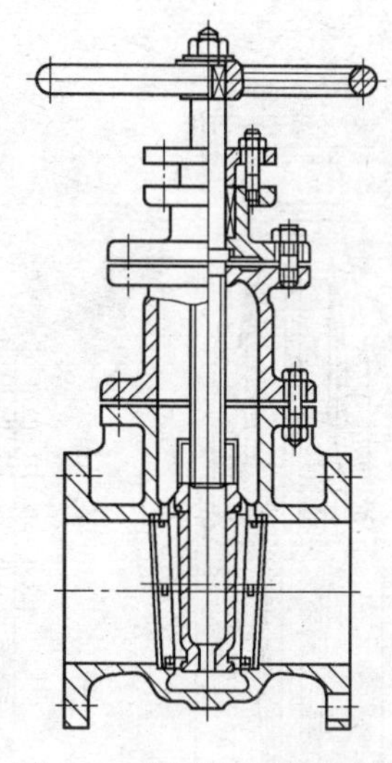

图2-3 暗杆楔式铸铁闸阀

2.1.5 涡轮传动暗杆楔式铸铁闸阀

涡轮传动暗杆楔式铸铁闸阀如图2-4所示，其常用型号为Z345T-2.5、Z345T-10、Z345W-10、Z345T-16、Z345W-16、Z345T-16Q、Z345W-16Q。

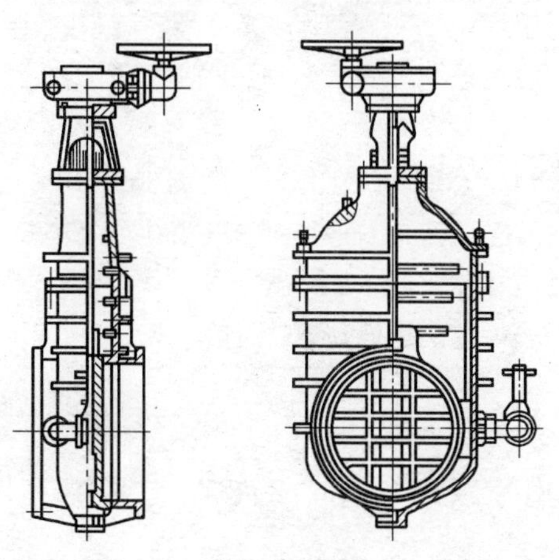

图2-4 涡轮传动暗杆楔式铸铁闸阀

Z345T-2.5型公称压力为0.25MPa，公称通径为DN700、DN800、DN900、DN1000、DN1200、DN1400。

Z345T-10、Z345W-10型公称压力为1.0MPa，公称通径为DN700、DN800、DN900、DN1000。

Z345T-16、Z345W-16、Z345T-16Q、Z345W-16Q型公称压力为1.6MPa，公称通径为DN700、DN800、DN900、DN1000。

适用介质：Z345T-2.5及Z345T-10、Z345T-16、Z345T-16Q型为水、油品等；

Z345W-10、Z345W-16、Z345W-16Q 型为油品等。

2.1.6 正齿轮传动暗杆楔式铸铁闸阀

正齿轮传动暗杆楔式铸铁闸阀如图 2-5 所示，常用型号为 Z445T-6、Z445T-10、Z445W-10。

Z445T-6 型公称压力为 0.6MPa，公称通径为 *DN*1200、*DN*1400。

Z445T-10、Z445W-10 型公称压力为 1.0MPa，公称通径为 *DN*500、*DN*600、*DN*700、*DN*800、*DN*900、*DN*1000、*DN*1200。

适用介质：Z445T-6、Z445T-10 型为水、油品等；Z445W-10 型为油品等。

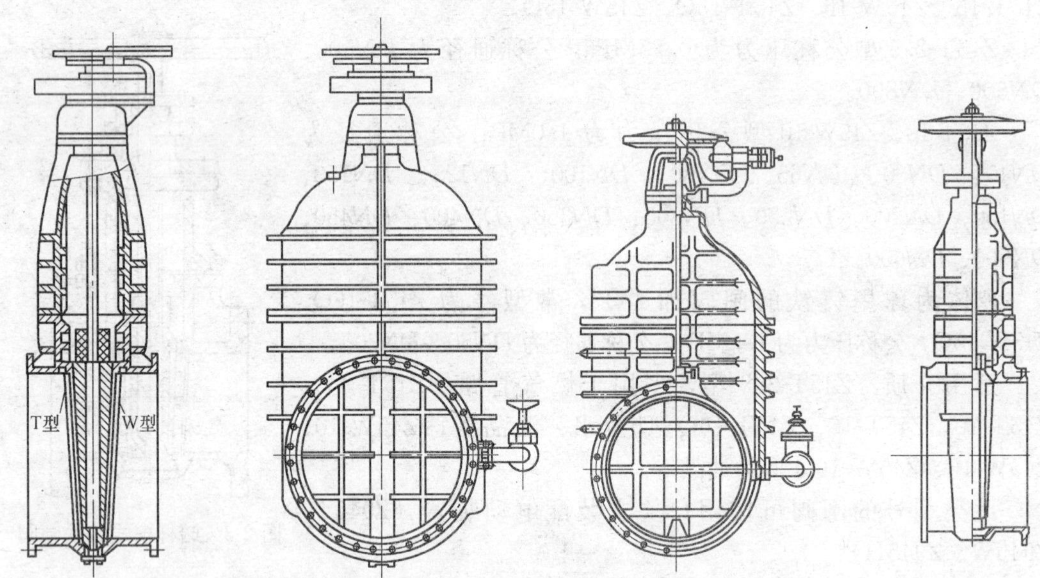

图 2-5 正齿轮传动暗杆楔式铸铁闸阀　　　　图 2-6 锥齿轮传动暗杆楔式铸铁闸阀

2.1.7 锥齿轮传动暗杆楔式铸铁闸阀

锥齿轮传动暗杆楔式铸铁闸阀如图 2-6 所示，常用型号为 Z545T-6、Z545T-10、Z545W-10。

Z545T-6 型公称压力为 0.6MPa，公称通径为 *DN*1200、*DN*1400、*DN*1600。

Z545T-10、Z545W-10 型公称压力为 1.0MPa，公称通径为 *DN*500、*DN*600、*DN*700、*DN*800、*DN*900、*DN*1000、*DN*1200。

适用介质：Z545T-6、Z545T-10 型为水、油品等；Z545W-10 型为油品等。

2.1.8 电动暗杆楔式铸铁闸阀

电动暗杆楔式铸铁闸阀如图 2-7 所示，常用型号为 Z945T-6、Z945W-6、Z945T-10、Z945W-10。

Z945T-6、Z945W-6 型公称压力为 0.6MPa，公称通径为 *DN*1200、*DN*1400。

Z945T-10、Z945W-10 型公称压力为 1.0MPa，公称通径为 *DN*100、*DN*125、

DN150、DN150、DN200、DN250、DN300、DN350、DN400、DN450、DN500、DN600、DN700、DN800、DN900、DN1000、DN1200。

适用介质：Z945T-6、Z945T-10 型为水、油品等；Z945W-6、Z945W-10 型为油品等。

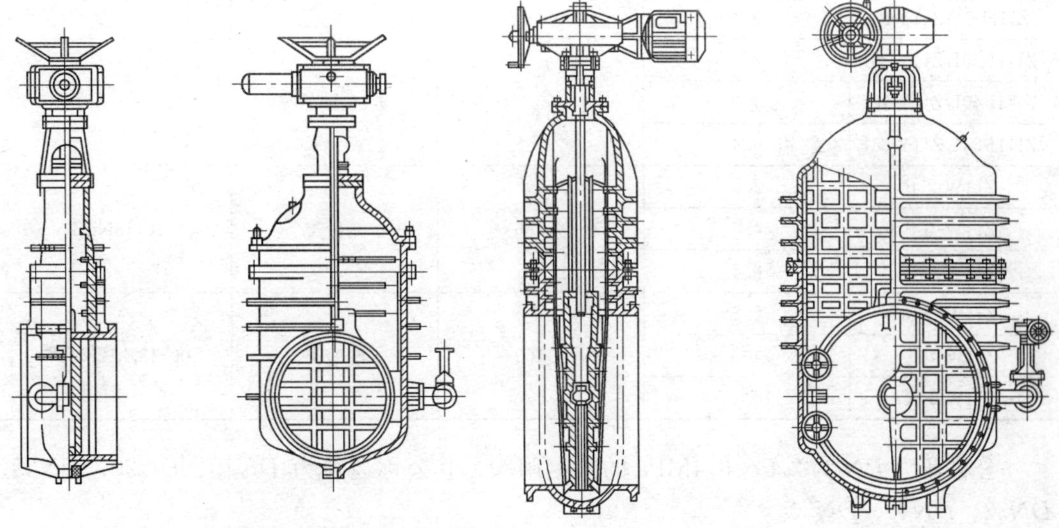

图 2-7 电动暗杆楔式铸铁闸阀　　图 2-8 电动暗杆楔式双闸板铸铁闸阀

2.1.9 电动暗杆楔式双闸板铸铁闸阀

电动暗杆楔式双闸板铸铁闸阀如图 2-8 所示，常用型号为 Z946T-2.5、Z946W-2.5、Z946T-2.5ST，公称压力为 0.25MPa，公称通径为 DN1200、DN1400，DN1600、DN1800。

适用介质：Z946T-2.5 型为水、油品等；Z946W-2.5 型为油品等；Z946T-2.5ST 型为海水等。

2.1.10 锻钢闸阀

锻钢闸阀如图 2-9 所示，特点是公称压力较高，型号型号较多，见表 2-1。

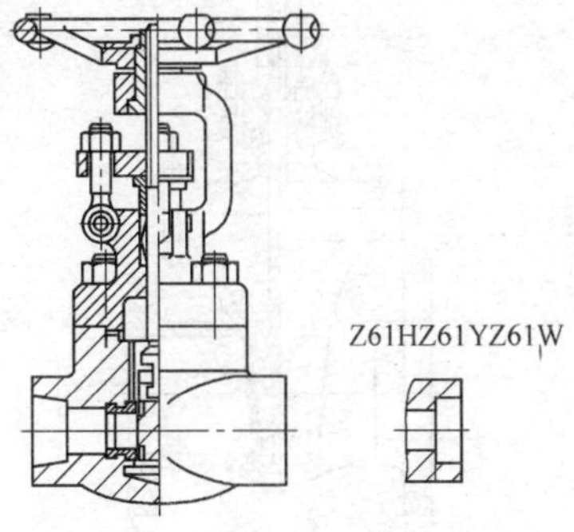

图 2-9 锻钢闸阀

锻钢闸阀 表 2-1

型　号	公称压力(MPa)	适用温度(℃)	适用介质	阀体材料
Z11H-25,Z11Y-25	2.5	≤425	水、蒸汽、油品等	25
Z11H-40,Z11Y-40	4.0			
Z11H-64,Z11Y-64	6.4			
Z11H-25I,Z11Y-25I	2.5	≤550	蒸汽、油品等	1Cr5Mo
Z11H-40I,Z11Y-40I	4.0			
Z11H-64I,Z11Y-64I	6.4			
Z11W-25P	2.5	≤150	硝酸类	1Cr18Ni9Ti
Z11W-40P	4.0			
Z11W-64P	6.4			
Z11W-25R	2.5	≤150	醋酸类	0Cr18Ni12Mo2Ti
Z11W-40R	4.0			
Z11W-64R	6.4			

公称压力 *PN* 为 2.5～6.4MPa 的锻钢闸阀，其公称通径为 *DN*15、*DN*20、*DN*25、*DN*32、*DN*40、*DN*50。

另外，还有 Z61H、Z61Y、Z61W 型承插焊楔式闸阀，公称压力 PN 为 10.0～16.0MPa，手动操作、承插焊连接形式、结构为明杆楔式刚性单闸板，阀体材料为碳素钢（Z61H-100～160）、不锈钢（Z61H-100P～160P、Z61W-100P～160P、Z61Y-100P～160P)、合金钢（Z61Y-100～160、Z61Y-100I～160I），阀座密封面材料为合金钢（Z61H-100～160、Z61Y-100～160、Z61Y-100P～160P、Z61Y-100I～160I)、不锈钢（Z61H-100P～160P、Z61W-100P～160P）的闸阀。

2.1.11 铸钢闸阀

铸钢闸阀如图 2-10 所示，特点是公称压力较高，型号型号较多，见表 2-2。

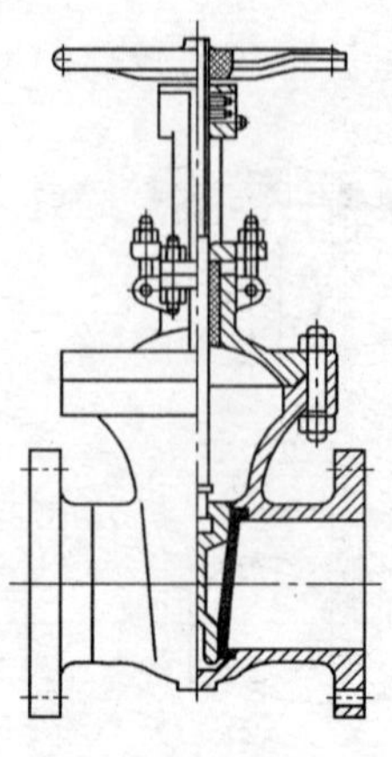

图 2-10 铸钢闸阀

铸钢闸阀　　　　表 2-2

型　号	公称压力(MPa)	适用温度(℃)	适用介质	阀体材料
Z40H-16C，Z41H-16C Z40Y-16C，Z41Y-16C	1.6	≤425	水、蒸汽、油品等	WCB
Z40H-25，Z41H-25 Z40Y-25，Z41Y-25	2.5			
Z40H-40，Z41H-40 Z40Y-40，Z41Y-40	4.0			
Z40H-64，Z41H-64 Z40Y-64，Z41Y-64	6.4			
Z40H-100，Z41H-100 Z40Y-100，Z41Y-100	10.0			
Z40W-16P，Z41W-16P	1.6	≤150	硝酸类	CF8
Z40W-25P，Z41W-25P	2.5			
Z40W-40P，Z41W-40P	4.0			
Z40W-64P，Z41W-64P	6.4			
Z40W-100P，Z41W-100P	10.0			
Z40W-16R，Z41W-16R	1.6	≤150	醋酸类	CF8M
Z40W-25R，Z41W-25R	2.5			
Z40W-40R，Z41W-40R	4.0			
Z40W-64R Z41W-64R	6.4			
Z40W-100R，Z41W-100R	10.0			

所有用金属钢材料浇铸成铸件加工的闸阀统称铸钢闸阀。各类铸钢闸阀常用钢种牌号如下：

(1) 碳钢闸阀铸件牌号有：WCA、WCB、WCC、LCB 等。

(2) 不锈钢闸阀铸件牌号：301 不锈钢、CF8 不锈钢（对应锻件 304 不锈钢）、CF8M 不锈钢（对应锻件 316 不锈钢）等。

(3) 低合金钢分高温合金钢和高强度低合金钢，其中高温合金钢就是常说的铬钼钢。

铬钼钢闸阀的铸件牌号：ZG1Cr5Mo、ZG15Cr1MoV、ZG20CrMoV、WC6、WC9、C12A 等。

每种具体的牌号材料所适用的温度各不相同，应根据产品说明书的技术参数和实际工况条件选用。

对铸钢闸阀认识是存在片面认识的，一般提到铸钢闸阀通常就是指 WCB 牌号的碳钢闸阀，因为在早期的钢制铸件没有像现在这样丰富，说到铸钢闸阀只有 WCB 这个材料好选，时间久了默认铸钢闸阀就是 WCB 碳钢闸阀，一直到现在。WCB 碳钢闸阀也是历史最悠久，使用最广泛的阀门结构形式之一。

铸钢闸阀适用介质：

(1) 碳钢闸阀材料代号为“C”者：水、油、蒸汽类（温度≤425℃）。

(2) 304 不锈钢闸阀材料代号为“P”者：硝酸类（温度≤200℃）。

(3) 316 不锈钢闸阀材料代号为“R”者：醋酸类（温度≤200℃）。

（4）WC6、WC9 铬钼钢闸阀材料代号为“I”者：水、油、蒸汽（温度≤595℃）等。

当公称压力 *PN* 为 1.6MPa、2.5MPa 时，铸钢闸阀的公称通径一般为 *DN*50、*DN*65、*DN*80、*DN*100、*DN*125、*DN*150、*DN*150、*DN*200、*DN*250、*DN*300、*DN*350、*DN*400、*DN*450、*DN*500、*DN*600；当公称压力 *PN* 为 4.0MPa 时，公称通径一般为 *DN*50、*DN*65、*DN*80、*DN*100、*DN*125、*DN*150、*DN*150、*DN*200、*DN*250、*DN*300、*DN*350、*DN*400、*DN*450、*DN*500；当公称压力 *PN* 为 6.4MPa、10.0MPa 时，公称通径一般为 *DN*50、*DN*65、*DN*80、*DN*100、*DN*125、*DN*150、*DN*150、*DN*200、*DN*250、*DN*300。

2.1.12　闸阀的选用

要求流通阻力小、流量特性好、占据长度短、密封要求严的情况下应选用闸阀。在日常操作高度受限的场合宜选用暗杆闸阀，在日常操作高度不受限或需要监控闸阀开启程度的场合宜选用明杆闸阀。

1. 以下情况下宜选用平板闸阀

（1）城镇自来水工程，宜选用单闸板或双闸板无导流孔明杆平板闸阀。

（2）城镇燃气输送管线，宜选用单闸板或双闸板软密封明杆平板闸阀。

（3）石油、天然气输送管线，宜选用单闸板或双闸板平板闸阀。如需清扫管线，宜选用单闸板或双闸板带导流孔明杆平板闸阀。

（4）石油、天然气的开采井口装置，宜选用暗杆浮动阀座带导流孔的单闸板或双闸板平板闸阀。大多采用 API 标准，压力等级为 API 2000、API 3000、API 5000、API 10000、API 15000、API 20000。

（5）成品油输送管线和贮存设备，宜选用无导流孔的单闸板或双闸板平板闸阀。

（6）介质中有悬浮颗粒的管路，宜选用刀形平板闸阀。

2. 以下情况下宜选用楔式闸阀

楔式闸阀一般用于对阀门外形尺寸没有严格要求，而工作条件又比较苛刻的场合。

（1）低压大口径管路，如自来水、污水处理等。

（2）只作为开启关闭使用，不能作为调节或节流使用的场合。

（3）开启和关闭频率较低的场合。

（4）高压高温介质，如高压高温蒸汽、高压高温油品等；低温（深冷）介质，如液氮、液氢、液氧等。

2.1.13　闸阀的安装与维护

1. 手轮、手柄及传动机构均不允许作起吊用，并严禁碰撞。

2. 双闸板闸阀应垂直安装（即阀杆处于垂直位置，手轮在顶部）。

3. 安装在保温管道上的各类手动阀门，手柄均不得向下。

4. 带有旁通阀的闸阀在开启前应先打开旁通阀（以平衡进出口的压差及减小开启力）。

5. 带传动机构的闸阀，按产品使用说明书的规定安装。

6. 如果阀门经常开关使用，每月至少润滑一次。

2.2 截止阀

截止阀是指关闭件（阀瓣）由阀杆带动，沿阀座（密封面）轴线作直线升降运动的阀门。

截止阀阀瓣的运动形式，使阀门的阀杆开启或关闭行程相对较短，开启高度为公称直径的25%～30%时，流量可达到最大，表示阀门已达全开位置。截止阀具有可靠的切断功能，且阀座通口的变化是与阀瓣行程呈正比关系。

截止阀主要应作为切断阀使用，不主张作为节流使用。但在工程设计和实际操作中，也常用于对流量的调节。

截止阀的选用原则是：(1) 在供水、供热工程上，公称通径小于150mm的管路可选用截止阀，其优点是在开启和关闭过程中，开启高度一般仅为阀座通道直径的1/4，比闸阀小得多，由于阀瓣与阀体密封面间的摩擦力比闸阀小，因而耐磨；(2) 截止阀的结构长度大于闸阀，同时流体阻力比闸阀大，对管路上对压力损失或流体阻力要求不严的管路上，宜优先选用截止阀；(3) 高温、高压介质的管路或装置上宜选用截止阀。如火电厂、核电站，石油化工系统的高温、高压管路上；(4) 有流量调节或压力调节，但对调节精度要求不高，而且管路直径又比较小，在公称通径 $DN \leqslant 50$ mm 的螺纹连接管路上，截止阀的应用明显多于闸阀；(5) 合成工业生产中的小化肥和大化肥宜选用公称压力 PN 为16MPa、32MPa的高压角式截止阀。

2.2.1 截止阀的方向性

截止阀适用于介质单向流动的情况下，故安装时有方向性。一般中低压截止阀多为“低进高出”，较高压力的截止阀多为“高进低出”，以便有利于利用管路压力实现自密封。什么情况下采用“高进低出”，并没有明确的标准或规定，实际工作中应以阀体上标铸的介质流向为准。

截止阀的“低进高出”形式是业内人士广为熟悉的。截止阀属于强制密封式阀门，在关闭阀门时，通过手轮和阀杆向阀瓣施加压力，以强制使阀瓣和阀座达到密封。“低进高出”形式的截止阀，介质由阀瓣下方进入阀门时，关闭阀门时的操作力显然包括介质的压力所产生的推力，故关闭阀门的力比开阀门的力大，所以阀杆的直径要大一些，否则会使阀杆顶弯变形。“低进高出”形式的阀门也称为正流阀门。一般中小口径的低压截止阀多为“低进高出”。

大口径高压力的截止阀，一般采用倒流结构，即“高进低出”。采用“高进低出”形式，当关闭阀门时，不但靠手轮和阀杆向阀瓣施加压力，阀瓣还会借助介质的压力，实现自密封。此类阀门在介质压力作用下，关闭阀门的力小，而开启阀门的力大。

国内外阀门行业内对大口径的阀门都已习惯做成“高进低出”，但也没有规定多少口径以上的阀门应该设计成“高进低出”（基本上是以 $DN \geqslant 125$ 以上）设计成高进低出。在“高进低出”的截止阀中，有的设计成双阀瓣（又称平衡阀瓣），设计成双阀瓣的目的有两个：一是当阀门在开启或关闭时避免产生太大的压差；二是考虑到阀门的刚性，高进低出对阀门会有明确的影响，通常大口径的截止阀若不设计成高进低出（即平衡阀瓣密封），那么此阀一定会很难实现理想的密封性。

一般情况下，截止阀采用高进低出的规格为：

不小于 DN250 时，PN≤2.5MPa；

不小于 DN200 时，PN=4.0～6.4MPa；

不小于 DN150 时，PN=10.0MPa；

不小于 DN125 时，PN≥15.0MPa。

一般情况下电站阀门，都是“高进低出”的，这种阀门一般是高压自密封型；多数气动薄膜调节阀也是“高进低出”。

阀门安装时，应以阀体上的箭头方向为准，确定是“低进高出”还是“高进低出”，不要仅凭经验或个人的猜测安装。必要时可向供应商咨询。

截止结构长度可参见《金属阀门 结构长度》GB/T 12221—2005。

2.2.2　截止阀的分类

1. 根据截止阀的通道方向分类

（1）直通式截止阀

所谓直通式，系指进出口轴线重合或相互平行的阀体形式。图 2-11 所示即为直通式截止阀，也是“低进高出”的法兰截止阀，由阀体红字标识可知其公称通径为 DN80，公称压力为 PN25（2.5MPa）。

流体在流经阀腔时，两次急剧改变方向，故直通式截止阀的阻力较大。实际上这类截止阀并不冠以“直通式”字样，只是现在介绍截止阀的通道方向分类时，才加上“直通式”三个字。

直通式截止阀是截止阀中应用最多的形式，一般中、小口径，中、低压力的截止阀均属此类。

（2）直流式截止阀

所谓直流式，系指阀杆轴线位置与阀体通路呈斜角的阀体形式。图 2-12 所示为法兰直流式截止阀，图 2-13 所示为直流对焊截止阀。直流式截止阀也称 Y 形截止阀，阀体内

图 2-11　直通式截止阀

图 2-12　直流式截止阀

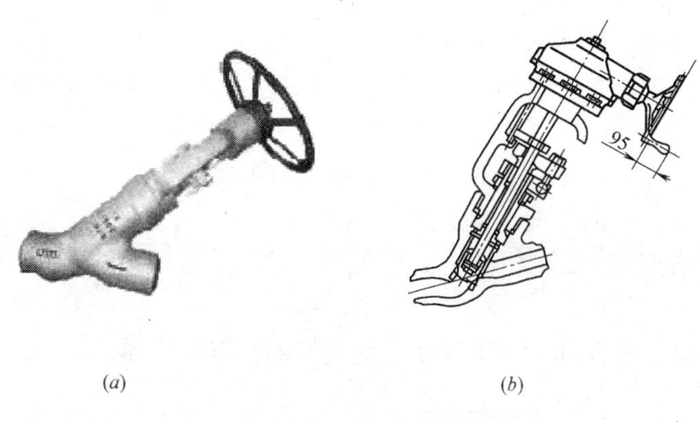

(*a*) (*b*)

图 2-13 直流对焊截止阀

(*a*) 手轮开启；(*b*) 涡轮蜗杆开启

的流道与主流道呈一斜线，这样流动状态的破坏程度比直通式截止阀要小，因而通过阀门的压力损失也相应的小了。

直流式截止阀的启闭件是塞形的阀瓣，密封面呈平面或锥面，阀瓣沿流体的中心线作直线运动。阀杆的运动形式，有升降杆式（阀杆升降，手轮不升降），也有升降旋转杆式（手轮与阀杆一起旋转升降，螺母设在阀体上）。直流式截止阀的焊装于阀门的两法兰之间，阀门的侧面、底部设置有两个连接口。

直流式截止阀按型号可分为 J41Y 型截止阀、J45H 直流式截止阀和 BJ45W 直流式夹套保温截止阀等。

直流式截止阀广泛应用于化工、化肥、石油、冶金、制药等行业各类系统中，用以输送含固体颗粒或黏度大，常温下会凝固的高黏度介质。

直流式截止阀的优点是：结构简单、制造和维修比较方便；工作行程小，启闭时间短；对流体的阻力较小。直角式阀体多采用锻钢制造，适用于较小通径、较高压力。安装直流式截止阀时，介质的流向应与阀体所示箭头方向一致，手轮、手柄操作的截止阀可安装在管道的任何位置上，手轮、手柄及传动机构，不允许作起吊用。

(3) 角式截止阀

所谓角式，系指进出口相互垂直的阀体形式，如图 2-14 所示。在角式截止阀中，流体只需改变一次方向，此时阀门的阻力比常规结构的截止阀小。

图 2-14 角式截止阀

角式截止阀的启闭件是塞形的阀瓣，密封面呈平面或锥面，阀瓣沿流体的中心线作直线运动。角式截止阀又称角阀，阀杆的运动形式，有升降杆式（阀杆升降，手轮不升降），也有升降旋转杆式（手轮与阀杆一起旋转升降，螺母设在阀体上）。

角式截止阀是一种常用的截断阀，主要用来接通或截断管路中的介质，一般不用于调节流量，其适用压力、温度范围很大，但一般用于中、小口径的管道，适用于公称压力 PN=1.6～6.4MPa，公称通径 DN15～DN300，工作温度小于等于 425℃的蒸汽、油品、水等介质。

除以上3种形式的截止阀外，还有一种形式的截止阀称针形截止阀，其阀芯是一个精致的圆锥体，前端像针一样插入阀座。正是因阀芯是圆锥体，因而具有精确调节流体压力和流量的性能和密封性能，一般用于较小流量，较高压力的气体或者液体介质的密封和调节。公称压力范围为1.6～32.0MPa，公称通径$DN5$～$DN40$，适用于油品、水、气等多种非腐蚀性或腐蚀性介质，是仪表测量管路系统的重要组成部分。安装针形截止阀时应使阀体上的箭头方向与介质的流向一致。

2. 按阀杆上螺纹的位置分类

(1) 上螺纹阀杆截止阀

截止阀阀杆的螺纹在阀体的外面。优点是阀杆不受介质侵蚀，便于日常润滑，此种结构采用比较普遍。

(2) 下螺纹阀杆截止阀

截止阀阀杆的螺纹在阀体内。阀杆螺纹与介质直接接触，易受侵蚀，并且无法润滑。此种结构用于小口径和温度不高的地方。

3. 按密封形式分类

截止阀按密封形式分类，有填料密封截止阀和波纹管密封截止阀。

填料密封又称为压紧填料密封，俗称盘根，是一种传统的密封结构，具有结构简单，成本低廉的特点，获得许多工业部门的青睐。填料密封常用于阀门的螺旋阀杆与固定阀体之间的密封，也常用于离心泵、压缩机、真空泵、搅拌机、反应釜的转轴密封和往复泵、往复式压缩机的柱塞或活塞杆的动密封。

波纹管密封截止阀是引进国外先进技术，采用国外技术制造高性能的弹性金属波纹管，伸缩疲劳寿命特别长。采用波纹管密封，完全消除了普通阀门阀杆填料密封老化快易泄漏的缺点，不但提高生产设备安全性，减少了维修费用及频繁的维修保养，还提供了清洁安全的工作环境。

图2-15所示为波纹管截止阀。此种阀门具有自身结构所独有的优越性，如密封不易磨损，启闭力矩小。这样可减小所配执行器的规格，配以多回转电动执行机构，可实现对介质的调节和严密切断。

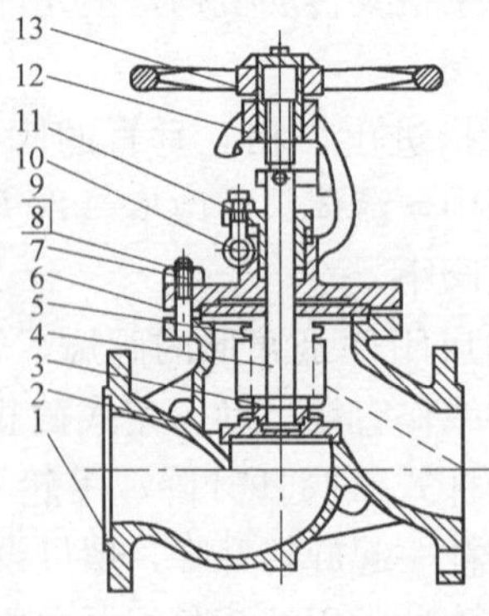

图2-15 波纹管截止阀

1—阀体；2—阀瓣；3—轴销；4—阀杆；5—波纹管组件；6—垫片；7—阀盖；8—双头螺栓；9—六角螺母；10—填料；11—填料压盖；12—阀杆螺母；13—手轮

国标波纹管截止阀常用型号为 WJ41H、WJ41F，阀门口径为 *DN*15～DN350，工作温度为≤350℃，阀门材质为铸钢、不锈钢。国标波纹管截止阀适用于石油、化工、制药、化肥、电力等行业的各种工况管路上，用于切断或接通管路介质。

国标波纹管截止阀结构合理、密封可靠、性能优良、造型美观；密封面堆焊 Co 基硬质合金、耐磨、耐腐、抗摩擦性能好、使用寿命长；国标波纹管截止阀阀杆调质及表面氮化处理，有良好的抗腐和抗摩擦性能；双重密封，性能更可靠；阀杆升降位置指示更直观。

除以上分类外，还有以下特殊用途的截止阀。

衬氟截止阀，适用在－50～150℃的各种浓度的王水、硫酸、盐酸、氢氟酸和各种有机酸、强酸、强氧化剂，还适用于各种浓度的强碱有机溶剂以及其他腐蚀性气体、液体介质管路上使用。

超低温截止阀通常指工作温度低于－110℃的阀门，广泛应用于液化天然气，液化石油气体和其他低温工况。目前可制造适用温度达－196℃的截止阀，全部零件采用液氮进行低温预处理，完全避免使用过程中密封变形泄露。

液化气截止阀的种类按阀杆螺纹的位置分有外螺纹式、内螺纹式。按介质的流向分，有直通式、直流式和角式。截止阀按密封形式分，有填料密封截止阀和波纹管密封截止阀。

保温夹套截止阀采用保温夹套设计，利用外部热源在阀门的外部循环加热，可以有效防止介质通过阀门时温度损失，保证介质的温度。

锻钢截止阀按照 API 602 标准设计制造，提供 3 种阀盖设计形式：螺栓式阀盖、焊接式阀盖及压力自紧密封阀盖，用户可根据需要选用不同的形式，提供 RF 法兰、NPT 螺纹、SW 焊接式 3 种连接方式。

氧气专用截止阀采用材质优良的硅黄铜或不锈钢铸造而成，具有机械强度高，耐磨损、安全性好等优点。使用在氧气管路上，具有最佳的防爆阻燃性能，消除了氧气管路上的不安全因素，广泛应用于钢铁、冶金、石化、化工等用氧工程的管网中。除了具有普通阀门的功能外，又有其自身的特点。在制造时采用严格的禁油措施，并且所有零件在安装前均进行严格的脱脂处理。

2.2.3 截止阀的选用

截止阀的阻力比闸阀大，占据管路位置较长，启闭过程较快。

(1) 城镇建设及建筑供水、供热工程中，公称直径 *DN*150 以下，宜选用截止阀，*DN*50 以下，一般多选用截止阀。截止阀的最大公称直径一般为 *DN*200 或 *DN*250。

(2) 小型阀门一般需要截止阀类阀门，如针形阀、仪表阀、取样阀等。

(3) 高压高温介质管路或装置，如火电厂、核电站、石油化工高压高温管路上，宜选用截止阀。

(4) 有流量、压力调节要求，但对调节要求不高、且管径又较小（如 *DN*50 以下）的管路上，宜选用截止阀；对调节有一定要求时，应选用节流阀。

(5) 对管路阻力和压力损失限制不严、要求不高的部位。

2.3 蝶阀

蝶阀是指启闭件（蝶板）由阀杆带动，并绕阀杆的轴线作旋转运动的阀门。

蝶阀由阀体、阀杆、蝶板和密封圈组成。阀体呈圆筒形，结构长度短，内置圆盘形蝶板。蝶板由阀杆带动，能在0°～90°范围内旋转，当为0°时，蝶板与阀体轴线垂直，达到全关闭状态，旋转90°，蝶板与阀体轴线一致时即全部开启。改变碟板的偏转角度，即可控制介质的流量。蝶阀是一种结构简单的调节阀，同时也可用于低压管道的开关控制。

蝶阀又叫翻板阀，是一种比较新型的阀门，在国内广泛使用约二三十年，在管道上主要起切断和节流用。它的主要优点是结构长度短，重量轻。一般在公称通径 $DN300$ 以上，蝶阀已逐渐代替了闸阀。蝶阀与闸阀相比有开闭时间短，操作力矩小，安装空间小和重量轻，且蝶阀的开启和关闭易与各种驱动装置组合，并且有良好的耐久性和可靠性。

在水泵机房的管路中，蝶阀因其结构长度短，重量轻和操作简便，几乎完全取代了闸阀，用于调节和截断介质的流动。

蝶阀和蝶杆本身没有自锁能力，为了蝶板的定位，要在阀杆上加装蜗轮减速器。采用蜗轮减速器，不仅可以使蝶板具有自锁能力，使蝶板停止在任意位置上，还能改善阀门的操作性能。工业专用蝶阀的特点是能耐高温，适用压力范围也较高，阀门公称通径大，阀体采用碳钢制造，阀板的密封圈采用金属环代替橡胶环。大型高温蝶阀采用钢板焊接制造，主要用于高温介质的烟风道和煤气管道。

一般说来，蝶阀的优点是：结构简单，体积小，重量轻，易于调节；启闭方便迅速、省力、流体阻力小，操作方便；可以运送泥浆，在管道口积存液体最少；低压下，可以实现良好的密封。蝶阀的缺点是：使用压力和工作温度范围小，密封性较差。

蝶阀的开度与流量之间的关系，基本上呈线性比例变化。如果用于控制流量，其流量特性与配管的流阻也有密切关系，如两条管道安装阀门口径、型式等全相同，而管道损失系数不同，阀门的流量差别也会很大。

如果蝶阀开度很小而处于节流幅度较大状态，阀板的背面产生涡流、负压而发生气蚀，有损坏阀门的可能，故蝶阀的开度一般应在大于15°（90°为全开）状态下使用。

蝶阀的驱动方式有手动、蜗轮传动、电动、气动、液动、电液联动等执行机构，可实现远距离控制和自动化操作。

蝶阀的驱动方式可选择手动、电动或气动，手动方式中也常采用涡轮蜗杆方式。

2.3.1 蝶阀的结构形式

1. 中线蝶阀

中线蝶阀也称中心线密封蝶阀或中心密封蝶阀，其蝶板的回转中心（即阀杆中心）位于阀体中心线上，且与蝶板密封截面形成一个偏置尺寸 α，使蝶板与阀座上的密封面形成一个完整的圆，加工时易保证蝶板与阀座的表面粗糙度。

中线蝶阀蝶板的回转中心（即阀杆的中心）位于阀体的中心线和蝶板的密封面截面上，阀座采用合成橡胶。关闭时蝶板的外圆密封面挤压合成橡胶阀座，使阀座产生弹性变而形成弹性力作为密封比压，保证蝶阀的密封。此类阀可设计成法兰连接（如图 2-16 所示)、对夹连接和单夹连接。

2. 单偏心密封蝶阀

单偏心密封蝶阀的典型密封密封结构如图 2-17 所示。

图 2-16 中线蝶阀

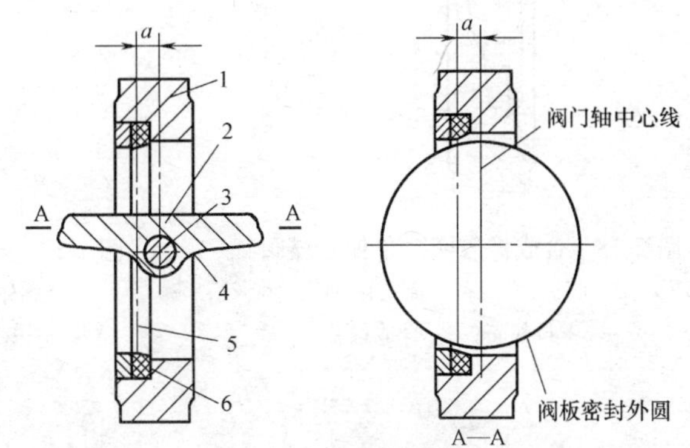

图 2-17 单偏心密封蝶阀的典型密封密封结构

1—阀体；2—阀板；3—阀门轴；4—阀体中心线；5—密封截面；6—聚四氟乙烯

单偏心密封蝶阀的阀板回转中心（即阀门轴中心）位于阀体的中心线上，且与阀板密封截面形成一个 a 尺寸偏置。

由于阀板的回转中心（即阀门轴中心）与阀板密封截面按 a 偏心设置，使阀板与阀座上的密封面形成一个完整的整圆，因而在加工时更易保证阀板与阀座密封面的表面粗糙度值。

由图 2-17 的 A—A 剖面图可知，当单偏心密封蝶阀处于完全开启状态时，其阀板密封面会全脱离阀座密封面，并在阀板密封面与阀座密封面之间形成一个间隙 x。此类蝶阀的阀板从 0°～90°开启时，阀板的密封面会逐渐脱离阀座的密封面。通常设计为当阀板从 0°转动至 20°～25°时，阀板密封面即可完全脱离阀座密封面，从而使蝶阀在启闭过程中，明显降低阀板与阀座的密封面之间的机械磨损和挤压程度，使蝶阀的密封性能得以保证。

当关闭蝶阀时，通过阀板的转动，阀板的外圆密封面逐渐接近并挤压聚四氟乙烯阀座，使聚四氟乙烯阀座产生弹性变形而形成弹性力作为密封比压，保证蝶阀的密封。

图 2-18、图 2-19、图 2-20、图 2-21 为此类单偏心密封蝶阀的常用密封结构图。

图 2-18 所示密封结构，采用整体阀座，合成橡胶密封圈被置于阀板上；图 2-19 所示密封结构，采用了聚四氟乙烯、合成橡胶构成的复合阀座，其特点在于利用聚四氟乙烯的摩擦系数低、不易磨损、不易老化等特性，从而使蝶阀的寿命得以提高；图 2-20 所示密封结构，采用 Z 形截面聚四氟乙烯阀座，Z 形截面可使蝶阀关闭时，介质压力作用于阀座，由介质压力在密封面间产生一定的密封比压，使密封副的密封效果更好；图 2-21 所

示密封结构，采用不锈钢金属密封阀座，使蝶阀可在高温状态下使用。

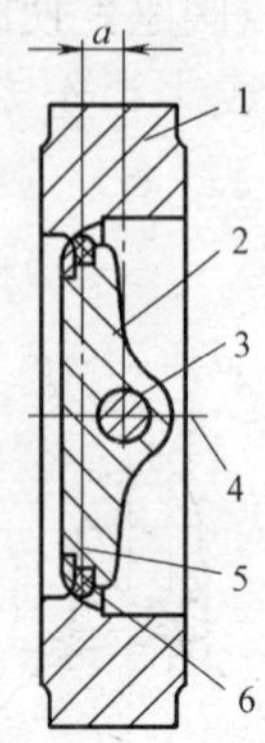

图 2-18 合成橡胶密封单偏心蝶阀
1—阀体；2—阀板；3—阀门轴；4—阀体中心线；5—密封截面；6—合成橡胶

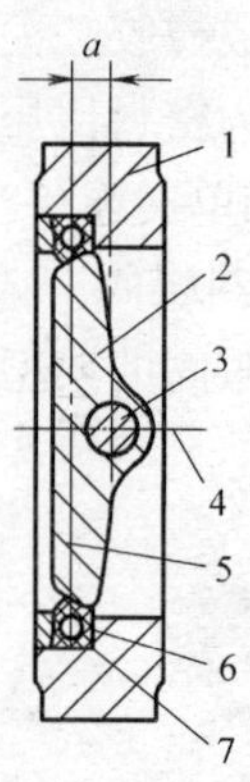

图 2-19 聚四氟乙烯合成橡胶复合阀座单偏心蝶阀
1—阀体；2—阀板；3—阀门轴；4—阀体中心线；5—密封截面；6—合成橡胶；7—聚四氟乙烯

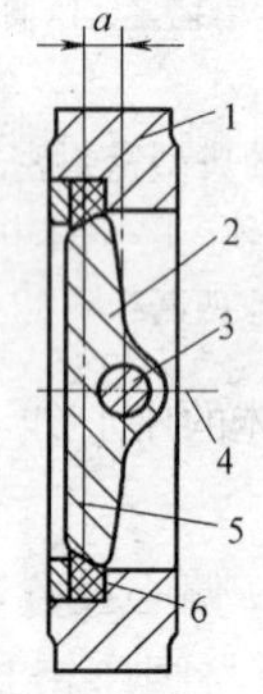

图 2-20 Z 形聚四氟乙烯阀座单偏心蝶阀
1—阀体；2—阀板；3—阀门轴；4—阀体中心线；5—密封截面；6—聚四氟乙烯

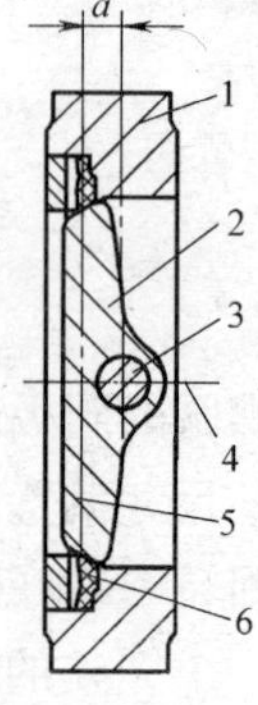

图 2-21 不锈钢金属密封阀座单偏心蝶阀
1—阀体；2—阀板；3—阀门轴；4—阀体中心线；5—密封截面；6—不锈钢

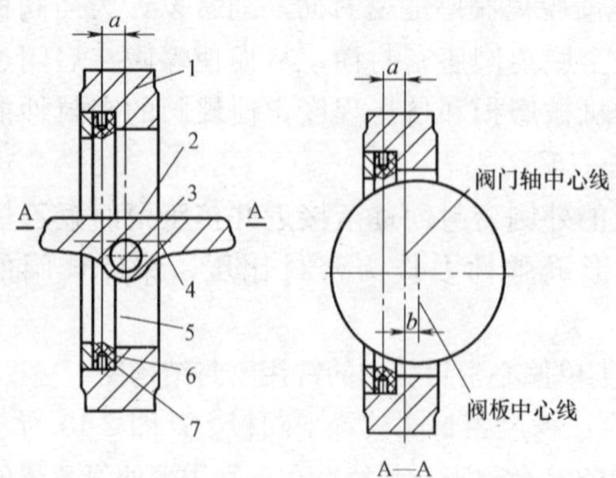

图 2-22 双偏心密封蝶阀密封副结构
1—阀体；2—阀板；3—阀门轴；4—阀体中心线；5—密封截面；6—弹性钢丝；7—聚四氟乙烯

3. 双偏心密封蝶阀

双偏心密封蝶阀是在单偏心蝶阀的基础上进一步改进而产生的，其结构特征为在阀杆轴心既偏离蝶板中心，也偏离本体中心，其密封副结构如图 2-22 所示。

双偏心密封蝶阀阀板回转中心（即阀门轴中心）与阀板密封截面形成一个尺寸 a 偏置，并与阀体中心线形成一个尺寸 b 偏置。由于在单偏心密封蝶阀的基础上将阀板回转中心（即阀门轴中心）再与阀体中心线形成一个尺寸 b 偏置，其偏置后的结果，当双偏心密封蝶阀处于完全开启状态时，其阀板密封面会完全脱离阀座密封面，并且在阀板密封面与阀座密封面之间形成一个比单偏心密封蝶阀中间隙更大的间隙 y。由于尺寸 b 偏置的出现，还会使阀板的转动半径分为长半径转动和短半径转动，在长半径转动的阀板大半圆上，阀板密封面转动轨迹的切线会与阀座密封面形成一个 p 角，使阀板启闭时阀板密封面相对阀座密封面在一个渐出脱离和渐入挤压的作用，从而更加降低阀板启闭时蝶阀密封副两密封面之间的机械磨损和擦伤。

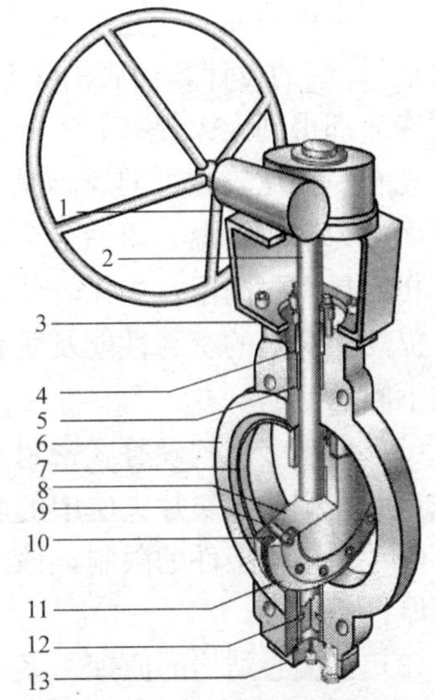

图 2-23 双偏心蝶阀的三维图

1—蜗轮；2—回杆；3—支架；4—填料；5—上轴套；6—阀体；7—密封面；8—蝶板；9—内六角螺钉；10—密封圈；11—压板；12—下轴套；13—下压盖

此类蝶阀被开启时，蝶板迅即脱离阀座，从而大幅度降低了蝶板与阀座的不必要的过度挤压和刮擦现象，减轻了开启阻距，降低了磨损，提高了阀座寿命。双偏心蝶阀可以采用金属阀座，能在高温领域应用。但因为其密封原理属于位置密封构造，即蝶板与阀座的密封面为线接触密封，通过蝶板挤压阀座所造成的弹性变形产生密封效果，故对关闭位置要求很高，承压能力较低，这就是人们认为蝶阀产品不耐高压、泄漏量大的主要原因。双偏心蝶阀的三维图如图 2-23 所示。

双偏心蝶阀主要适用于水道管路上作为截流和调节设备使用。

4. 三偏心金属密封蝶阀

三偏心金属密封蝶阀的密封原理如图 2-24 所示。

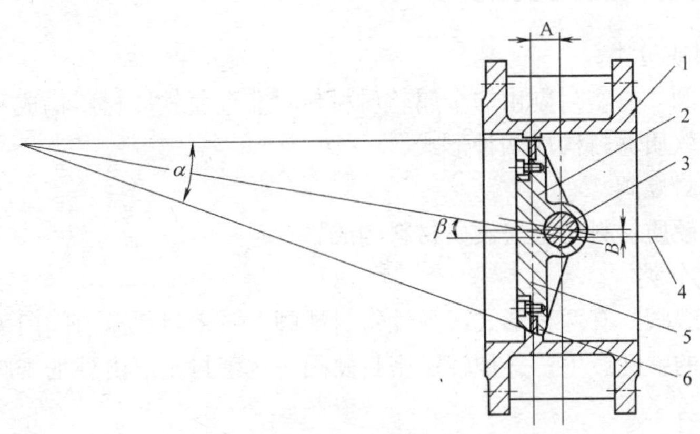

图 2-24 三偏心金属密封蝶阀的密封原理

1—阀体；2—蝶板；3—阀门轴；4—阀体中心线；5—密封截面；6—不锈钢

三偏心金属密封蝶阀的蝶板回转中心（即阀门轴中心）与蝶板密封面形成一个尺寸 A 偏置，并与阀体中心线形成一个 B 偏置；阀体密封面中心线与阀座中心线（即阀体中心线）形成一个角度为 β 的角位置。

由于在双偏心蝶阀的基础上将阀座中心线再与阀体中心线形成一个 β 角偏置，使得蝶阀在启阀过程中，蝶板的密封面在开启瞬间立即脱离阀座密封面，而在关闭瞬间才会接触并压紧阀座密封面。当完全开启时，两密封面之间形成一个与双偏心密封蝶阀相同的间隙 y，该类蝶阀的设计，彻底消除了两密封面之间的机械磨损和擦伤，使蝶阀的密封性能和使用寿命都得到大大提高。

现有一种比较先进的蝶阀是三偏心金属硬密封蝶阀，阀体和阀座为连体构件，阀座密封表面层为堆焊耐温、耐蚀合金材料。多层软叠式密封圈固定在阀板上，这种蝶阀与传统蝶阀相比具有耐高温，操作轻便，启闭无摩擦，关闭时随着传动机构的力矩增大来补偿密封，提高了蝶阀的密封性能及延长使用寿命的优点。但是，这种蝶阀在使用过程中仍然存在以下问题：

（1）由于多层软硬叠式密封圈固定在阀板上，当阀板为常开状态时，介质对其密封面形成正面冲刷，金属片夹层中的软密封带受冲刷后，直接影响密封性能。

（2）受结构条件的限制，该结构不适应做通径 *DN*200 以下阀门，原因是阀板整体结构太厚，流阻大。

（3）三偏心结构的原理，系阀板的密封面与阀座之间的密封是靠传动装置的力矩使阀板压向阀座。正流状态时，介质压力越高密封挤压越紧。当流道介质逆流时随着介质压力的增大阀板与阀座之间的单位正压力小于介质压强时，密封开始泄漏。

高性能三偏心双向硬密封蝶阀，其特征在于：所述阀座密封圈由软性 T 形密封环两侧多层不锈钢片组成。阀板与阀座的密封面为斜圆锥结构，在阀板斜圆锥表面堆焊耐温、耐蚀合金材料；固定在调节环压板之间的弹簧与压板上调节螺栓装配一起的结构。这种结构有效地补偿了轴套与阀体之间的公差带及阀杆在介质压力下的弹性变形，解决了阀门在双向互换的介质输送过程中存在的密封问题。

2.3.2 蝶阀的密封面和密封形式分类

1. 按密封面材质分类

（1）软密封蝶阀　有密封副由非金属软质材料对非金属软质材料构成和密封副由金属硬质材料对非金属软质材料构成两种形式。

（2）金属硬密封蝶阀

密封副由金属硬质材料对金属硬质材料构成。

2. 按密封型式分类

（1）强制密封蝶阀　有两种形式，弹性密封蝶阀——密封比压由阀门关闭时阀板挤压阀座，阀座或阀板的弹性产生；外加转矩密封蝶阀——密封比压由外加于阀门轴上的转矩产生。

（2）充压密封蝶阀　密封比压由阀座或阀板上的弹件密封元件充压产生。

（3）自动密封蝶阀　密封比压由介质压力自动产生。

2.3.3 蝶阀的压力和温度等级分类

蝶阀的工作压力分类，应与前面“1.2.3 阀门按压力分类和中外压力等级对应关系”介绍的内容一致，蝶阀的温度分类应与前面“1.2.4 阀门按温度分类”介绍的内容一致，这是现行国标《阀门 术语》GB/T 21465—2008 中的规定。有些出版物和互联网中相关内容的划分不大一致，应当以 GB/T 21465—2008 标准为准。

2.3.4　蝶阀的连接方式

蝶阀的连接方式是管道工程设计和施工人员应当了解和掌握的重点内容。

1. 对夹式蝶阀

对夹式蝶阀是最常用的蝶阀型式之一。对夹式蝶阀本体无连接法兰，是用双头螺栓将蝶阀连接在其两侧的管道法兰之间，靠管道法兰和连接螺栓将蝶阀夹紧。这种蝶阀的结构长度最短，如图 2-25 所示，其驱动方式常用手柄式和涡轮蜗杆传动，较小口径的蝶阀多常用手柄式。对夹式蝶阀结构简单、体积小、重量轻，只由少数几个零件组成。而且只需旋转 90°即可快速启闭，蝶阀处于完全开启位置时，阀门所产生的压力降很小，故具有较好的流量控制特性。

图 2-25　对夹式蝶阀

2. 法兰蝶阀

法兰蝶阀也是最常用的蝶阀型式之一。像其他法兰阀门一样，蝶阀上带有法兰，安装时用螺栓将蝶阀法兰与管道法兰相连接。图 2-26 所示为涡轮蜗杆驱动的法兰蝶阀。

应当注意，除管道法兰的内径应与管材外径匹配外，其他尺寸均应与蝶阀法兰相匹配。

图 2-27 所示为一种法兰软密封蝶阀。法兰式蝶阀为垂直板式为柔性石墨板与不锈钢板复合式结构，软密封阀门的密封圈是在蝶板上覆盖了丁腈橡胶。

图 2-26　法兰蝶阀

图 2-27　法兰式软密封蝶阀

3. 支耳式蝶阀

支耳式蝶阀也称凸耳式蝶阀、单夹式蝶阀，此种蝶阀是用双头螺栓将蝶阀连接在两管道法兰之间，也是用圆形蝶板作启闭件，并靠阀杆转动来开启、关闭和调节流体通道的一种阀门，适用于消防管道、排水、污水、供暖等管道系统。安装支耳式蝶阀时注意将蝶板全开，管道法兰面和蝶阀的密封圈之间加上密封垫圈后，即可进行拧固夹紧。

图 2-28 支耳式蝶阀

图 2-28 所示为涡轮蜗杆驱动的支耳式蝶阀。

支耳式蝶阀的品种也是颇多的，如金属硬密封蝶阀：手动（TD73H/W）、蜗轮传动（TD373H/W）、气动（TD673H/W）、电动（TD973H/W）；支耳式连接软密封中线蝶阀：手动（TD71X）、蜗轮传动（TD371X）、气动（TD671X）、电动（TD971X）。

支耳式蝶阀的特点是：结构简单、体积小、重量轻，安装尺寸小；关闭密封和流量调节功能良好；适合大中口径使用。

支耳式蝶阀的参数：规格范围为 $DN50 \sim DN600$；压力等级为 0.6MPa、1.0MPa、1.6MPa；工作温度为 $-20 \sim 300$℃；阀体材质有铸铁、铸钢、不锈钢、铬钼钢、合金钢等多种；阀板材质有铸铁（镀硬铬）、铸钢、不锈钢、铬钼钢、合金钢等多种。

4. 焊接式蝶阀

图 2-29 所示为两种形式的焊接式蝶阀，焊接式蝶阀的两端面与管道焊接连接。焊接式蝶阀是一种非密闭型蝶阀，多用于化工、建材、电站、玻璃等行业中的通风、环保工程的含尘冷风或热风气体管道中，作为气体介质调节流量或切断装置。

图 2-29 两种形式的焊接式蝶阀

焊接式蝶阀系采用中线式蝶板与短结构钢板焊接的新型结构形式设计制造，结构紧凑、重量轻、便于安装、流阻小、流通量大，避免高温膨胀的影响，操作轻便。体内无连杆、螺栓等、工作可靠、使用寿命长，可以多工位安装，不受介质流向影响。

目前，衬氟蝶阀、衬胶蝶阀作为一种用来实现管路系统通断及流量控制的部件，已在石油、化工、冶金、水电等许多领域中得到极为广泛地应用。在已知的蝶阀技术中，其密封形式多采用密封结构，密封材料为橡胶、聚四氟乙烯等。由于结构特征的限制，不适应耐高温、高压及耐腐蚀、抗磨损等场所。

焊接式蝶阀在安装使用中应注意以下问题：

（1）安装前应将管道及阀门清洗干净，密封面处不得有划伤痕和污物，以免产生内漏或减少产品的使用寿命。

（2）安装时须仔细核对卡箍连接型号是否一致，卡箍与该阀连接处应安装专用密封圈，使蝶阀与管道连接密封可靠。

(3) 蝶阀安装完成通入压力介质时，转动手柄90°检查内外密封，如无渗漏现象，即可投入正常使用。

(4) 使用过程中如发现蝶阀关闭时，内部仍有渗漏现象，须更换密封圈，重新正确安装后再投入使用。

(5) 蝶阀一般用于接通及断开介质，也可以用于调节流量，但不要将该阀安装于要求严格调节介质流量大小的系统中。

5. 几种特殊用途蝶阀

(1) 信号蝶阀

信号蝶阀适用于消防系统中要求常开的场合，当阀门开或关到指定位置时，阀门上的信号装置便可发出信号送至消防检测中心可以显示出蝶阀开启或关闭，以防止阀门误关闭而影响自动喷水灭火功能。

(2) 伸缩蝶阀

伸缩蝶阀具有自动补偿管道热胀冷缩方便装卸的功能，使用于温度在425℃以下、公称压力在1.6MPa以下的石油，化工、电力、造纸、给排水和市政建设等工业管道上作调节流量和载断流体的理想装置。

(3) 衬氟蝶阀

适用于各种不同类型工业管道中液体和气体（包括蒸汽）的输送，特别是具有严重腐蚀性介质的使用场合，如硫酸、氢氟酸、磷酸、氯气、强碱、王水等具有强腐蚀性的介质。

(4) 通风蝶阀

适用于通风空调、环保工程的含尘冷风或经空调器处理后的空气输送，作为空气流量调节或切断装置。当然，通风空调用蝶阀，与管路用蝶阀是截然不同的，结构要简单得多，密封性也差得多。

6. 蝶阀的适用场合

由于蝶阀在管路中的压力损失比较大，大约是闸阀的3倍，因此在选择蝶阀主要用于流量调节时，应充分考虑管路系统工况受压力损失的影响程度，还应考虑关闭时蝶板承受管道介质压力的坚固性。此外，还必须考虑在高温下弹性阀座材料所承受工作温度的限制。蝶阀的结构长度和总体高度较小，开启和关闭速度快，且具有良好的流体控制特性，蝶阀的结构原理最适合制作大口径阀门。当要求蝶阀作控制流量使用时，最重要的是正确选择蝶阀的尺寸和类型，使之能恰当有效地工作。

通常，在节流、调节控制与泥浆介质中，要求结构长度短，启闭速度快（1/4转）。低压截止（压差小），推荐选用蝶阀。

在双位调节、缩口地通道、低噪声、有气穴和气化现象，向大气少量渗漏，具有磨蚀性介质时，可以选用蝶阀。

中线蝶阀适用于要求达到完全密封、气体试验泄漏为零、寿命要求较高、工作温度在−10～150℃的淡水、污水、海水、盐水、蒸汽、天然气、油品和各种酸碱介质管路上。

软密封偏心蝶阀适用于通风除尘管路的双向启闭及调节，可用于燃气管道及输水管道等。

金属对金属的线密封双偏心蝶阀适用于城市供热、供气、供水等煤气、油品、酸碱等管路，作为调节和节流装置。

在特殊工况条件下进行节流调节，或要求密封严格，或磨损严重、低温（深冷）等工况条件下使用蝶阀时，需使用特殊设计的金属密封带调节装置的三偏心或双偏心专用蝶阀。

金属对金属的面密封三偏心蝶阀除作为大型变压吸附（PSA）气体分离装置程序控制阀使用外，还可广泛用于石油、石化、化工、冶金、电力等领域，是闸阀、截止阀的理想替代产品。

7. 蝶阀安装与维护

蝶阀安装与维护应注意以下事项：

(1) 应按制造厂的安装说明书进行安装，重量大的蝶阀，应设置牢固的基础。

(2) 在安装蝶阀时，其阀瓣应置于关闭的位置上。

(3) 蝶阀的开启方位应按蝶板的旋转角度来确定。

(4) 带有旁通阀的蝶阀，开启前应先打开旁通阀。

(5) 常用蝶阀有对夹式蝶阀和法兰式蝶阀两种，应尽可能选用常用蝶阀品种。

(6) 蝶阀宜用于接通及断开介质使用，如果要求蝶阀作为调节流量使用，应正确选择阀门的类型。

2.3.5 蝶阀的选用

蝶阀结构长度短，启闭快速，易于制作大口径阀门。中线蝶阀适用于达到完全密封、气体试验泄漏为零、寿命较长及工作温度为－10～－150℃的海水、污水、盐水、蒸汽、天然气、油品及酸碱类介质管路；软密封偏心蝶阀适用于冶金、轻工、电力、石油化工系统的煤气管路及输水管路；金属对金属的线密封双偏心蝶阀适用于城镇供热、供汽、供水及煤气、油品及酸碱类介质及其他管路；

(1) 由于蝶阀结构长度短，启闭快速，故宜于在设备机房内使用。

(2) 蝶阀的启闭件旋转90°即能实现开启或关闭，故宜于在启闭要求快速的场合使用。

(3) 由于结构和密封材料的限制，不宜用于高压、高温管路系统，一般用于 *PN*40 及300℃以下。

(4) 占据管路位置短的大口径阀门（如 *DN*1000 以上），宜首选蝶阀。

(5) 阻力比闸阀、截止阀大，故适用于对压力损失要求不严的管路系统。

2.4 止回阀

止回阀是指启闭件（阀瓣）借助介质作用力、自动阻止介质逆流的阀门。

止回阀又称单向阀或逆止阀，其启闭件靠介质流动的动力自行开启，当介质发生倒流时，则自行关闭，以防止介质倒流。止回阀属于自动阀类，无需外力驱动，主要用于只允许介质单向流动的管道上。水泵吸水管的底阀也属于止回阀类。

止回阀作用是防止介质倒流的阀门，某些工况下防止了泵及驱动电动机反转，以及阻止容器、管道内介质的泄放。

按结构形式，止回阀可分为升降式、旋启式和蝶式三种。其中，升降式和旋启式为止回阀的主流品种；以上几种止回阀在管路中多采用螺纹连接和法兰连接，少数型号采用焊接连接。

2.4.1 升降式止回阀

升降式止回阀系指阀瓣沿其密封面轴线作升降运动的止回阀。阀瓣座落位于阀体内阀座密封面上，它上面的阀瓣在流体的作用下，可以沿阀体垂直中心线自由滑动升降。在高压小口径止回阀上，阀瓣可采用圆球。

升降式止回阀内的流体压力使阀瓣从阀座密封面上抬起，打开流动通道；当介质回流时，阀瓣则回落到阀座上，把流动通道关闭。升降式止回阀的阀体形结构与截止阀相似，故流动阻力系数较大。

根据使用条件的不同，升降式止回阀的阀瓣可以是全金属结构，也可以是在阀瓣架上镶嵌橡胶垫或橡胶环的形式。由于通过升降式止回阀的通道狭窄，因此流体通过升降式止回阀的压力降比旋启式止回阀大些。

升降式止回阀可分为直通式和立式两种。

1. 直通式升降止回阀

图 2-30 所示为最常用的升降式止回阀形式，也称为直通式升降止回阀或卧式升降式止回阀。此类升降式止回阀用于水平管道上，而不能安装在立管或倾斜管道上。

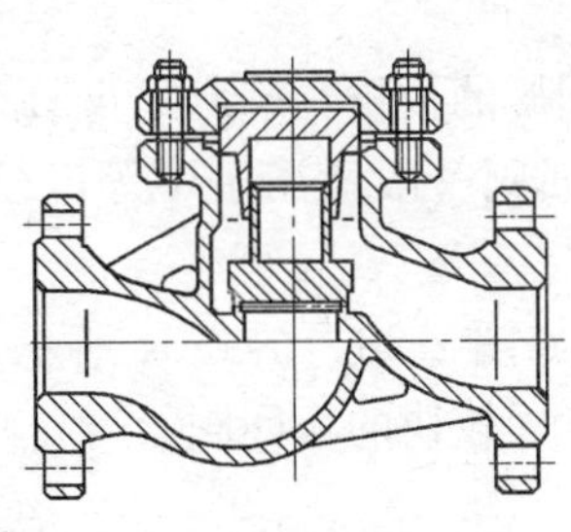

图 2-30 升降式止回阀

2. 升降立式止回阀

升降立式止回阀系指阀瓣沿阀体通路作升降运动的止回阀，图 2-31 所示为升降立式止回阀中的品种之一。此类立式止回阀只能用于垂直管路或较为接近垂直的倾斜管路上，且介质只能从下向上流动的条件下，不能安装在水平管道上。根据内部结构的不同，其阀瓣的上下起落（即阀的开启与关闭），可以靠其流体的流动与阀瓣自重（有的结构阀瓣上端有弹簧）

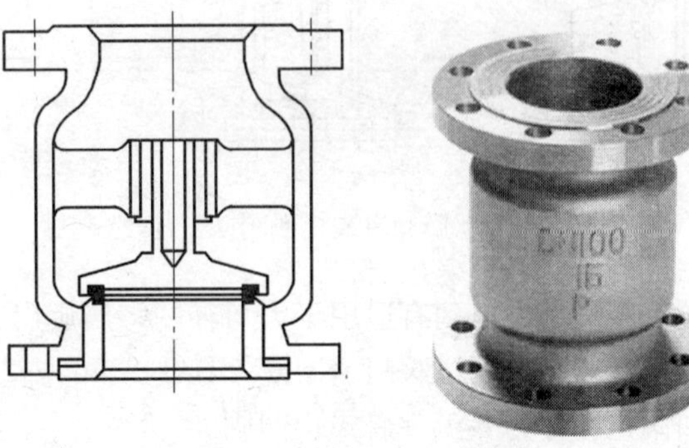

图 2-31 升降立式止回阀

作用力的对比关系。

升降立式止回阀的介质进出口通道方向与阀座通道方向相同，因而流动阻力较直通式升降式止回阀小。

水泵底阀也是一种升降立式止回阀，应安装在水泵吸水管路的底端，以保证水泵在启动前能在吸水管和泵腔内充满水。

2.4.2 旋启式止回阀

旋启式止回阀系指阀瓣绕体腔内销轴作旋转运动的止回阀，图 2-32 所示为常用旋启式止回阀的典型结构，其安装位置不受限制，通常应安装于水平管路，但也可以安装于垂直管路或倾斜管路上，因而应用最为普遍。

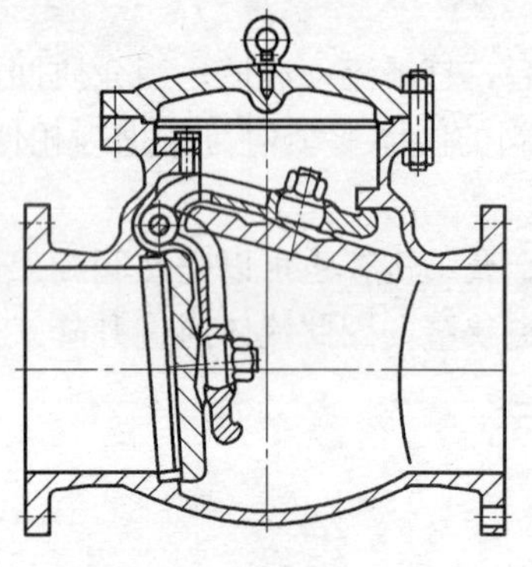

图 2-32 旋启式止回阀

旋启式止回阀内有一个销轴机构，其下端有一个可以绕销轴旋转的圆盘状阀瓣，关闭时阀瓣自由地覆盖在倾斜的阀座表面上。阀瓣可以全部用金属制成，也可以在金属上镶嵌橡胶或者采用合成覆盖面，这取决于使用性能的要求。阀腔内有足够的空间，可确保阀瓣在压力流体的推动下完全开启，流体受阻碍的程度较小，因此通过止回阀的压力降相对较小。当流体倒流时，阀瓣会在流体和自重的作用下，立即绕销轴旋转下落复位，关闭通路。

旋启式止回阀适用于较大口径的管路。根据阀瓣的数目，旋启式止回阀可分为单瓣旋启式、双瓣旋启式及多瓣旋启式。单瓣旋启式止回阀一般适用于中等口径的场合，图 2-32 即为单瓣旋启式止回阀。

双瓣旋启式止回阀适用于大中口径管路，例如图 2-33、图 2-34 所示，且为对夹式。对夹双瓣旋启式止回阀结构小、重量轻，是一种发展较快的止回阀。

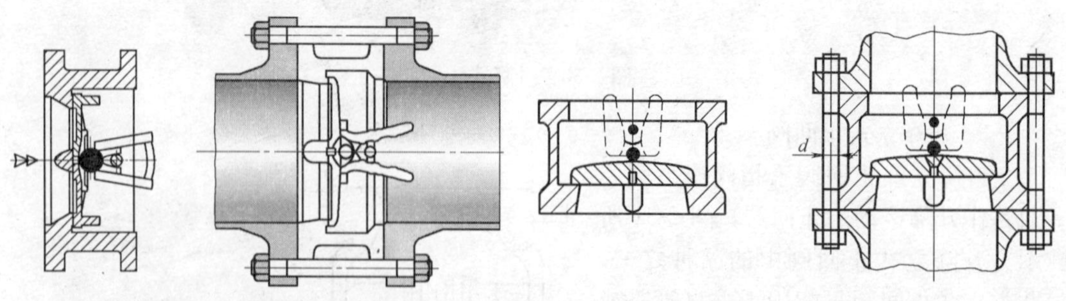

图 2-33 对夹双瓣旋启式止回阀（一）　　图 2-34 对夹双瓣旋启式止回阀（二）

有些资料中提到有适用于大口径的多瓣旋启式止回阀，但没有看到过这种止回阀的产品具体资料。根据《阀门 术语》GB/T 21465—2008 的规定，具有两个以上阀瓣的旋启式止回阀，即称为多瓣旋启式止回阀。

常用的铸钢旋启式止回阀型号有 H44H、H44Y、H64H、H64Y。

2.4.3 轴流式止回阀

轴流式止回阀系指阀体内腔表面、导流罩、阀瓣等过流表面应有流线形态，且前圆后尖。流体在其表面表现为层流，没有或很少有湍流。

轴流式止回阀具有运行平稳，流阻小，水击压力小，流态好，对介质压力变化响应速度快，低噪声和密封性好等优点。

轴流式止回阀的工作原理是通过阀门进口端与出口端的压力差来决定阀瓣的开启和关闭。当进口端压力大于出口端的压力与弹簧力的总和时，阀瓣开启。只要有一定的压力差存在，阀瓣就一直处于开启状态，但开启度由压力差的大小决定。当出口端压力与弹簧力的总和大于进口端压力时，阀瓣则关闭并一直处于关闭状态。由此，阀瓣的开启与关闭时是处于一个动态的力平衡系统之中，其中，压差是保持阀门关闭的主要因素而弹簧只是附加很小的回座力。这一特性使得弹簧的弹力很小，而且反应很灵敏，阀瓣就能够在流体开始倒流时，给阀瓣以作用力，使得阀瓣快速回座，保证阀门有较长的使用寿命而不至于损坏。弹簧的弹力使阀瓣在即使用无介质压力作用时，也能处于关闭位置。阀门运行平稳，无噪声，水锤现象大大减少。

根据其阀瓣结构形式的不同，又可分为套筒型、圆盘型和环盘型等型式的止回阀。

套筒型止回阀的阀瓣重量轻，动作灵敏，行程较短，结构长度短，可低压密封和低压开启，关闭无冲击，无噪声，弹簧不直接与介质接触，因而寿命长。但缺点是有两个密封面，给加工、研磨和维修增加了困难，同时有一定的压力损失。

圆盘型止回阀一般用在长输管线或空压机出口等大口径管路的介质出口，可水平或垂直安装，具有动作灵敏，行程较短，关闭无冲击，无噪声，流体阻力小，反应迅速，由于只有一个密封面，因而制造方便，一般用于低噪声，无外漏的天然气输送、石化、电厂等中小口径管路系统。

环盘型止回阀瓣行程很短，加之弹簧载荷的作用，使其关闭迅速，因此，更利于降低水击压力。缺点是结构较复杂，通过阻力较大，一般用于垂直管道。

根据轴流止回阀的原理和结构特点，用于不同的位置和工业领域，因此不同的工况选择合适的结构形式是选择止回阀的前提。

图 2-35 所示的轴流式止回阀主要由阀体，阀座，导流体，阀瓣，轴承及弹簧等主要零件组成，内部流道采用流线形设计，压力损失极小。阀瓣启闭行程很短，停泵时可快速关闭，防止巨大的水锤声，具有静音关闭的特点，因此也称为静音式止回阀，可垂直或水

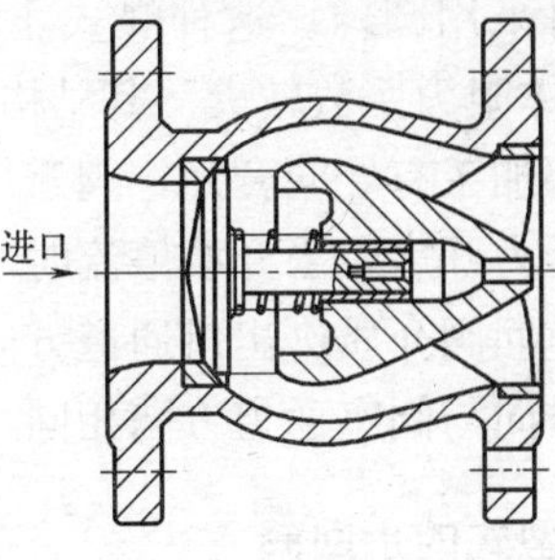

图 2-35 轴流式止回阀

平安装，根据制作材料的不同，可适用于给排水、消防、暖通系统或油、气及多种化工介质，常用于泵的出口。

轴流式止回阀的产品有：DRVZ-10、DRVZ-16、DRVZ-25Q 和 ZSH41H、ZSH41Y 等型号及按国外标准生产的产品。

2.4.4 蝶式止回阀

简单地说，蝶式止回阀是阀瓣围绕阀座内的销轴旋转的止回阀，其结构较简单，只能安装在水平管道上，密封性较差。

图 2-36 所示的蝶式止回阀的蝶板为两个半圆，在压力流体作用下，其开启状态呈 V 字形，当介质停止流动或发生倒流时，蝶板也同时在弹簧力作用下强制复位，密封面可为本体堆焊耐磨材料或橡胶。

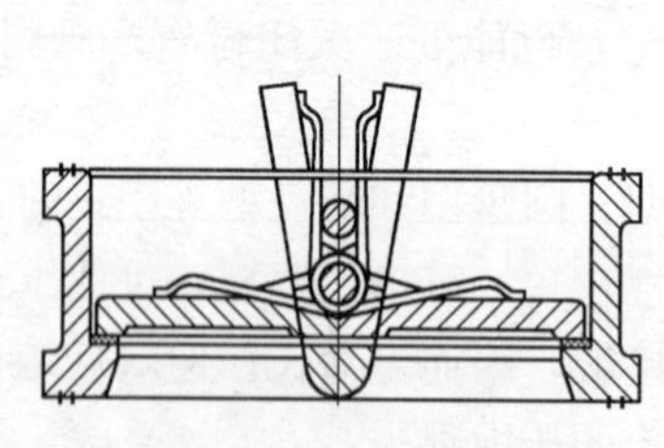

(*a*)

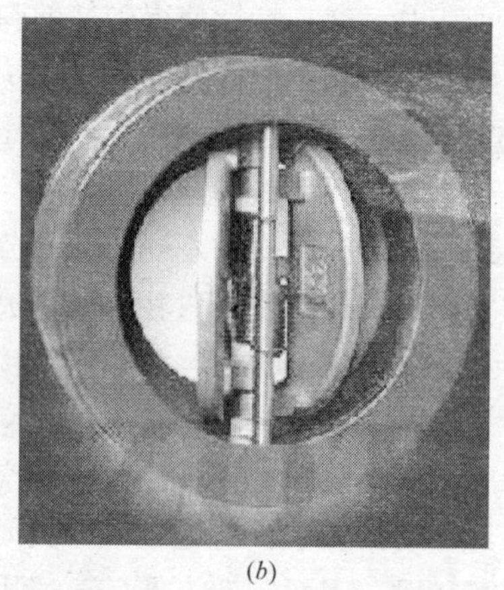

(*b*)

图 2-36 对夹蝶式止回阀

(*a*) 对夹蝶式止回阀结构；(*b*) 对夹蝶式止回阀外形

蝶式止回阀的结构型式有多种：

有的阀瓣呈圆盘状，绕阀座通道的转轴作旋转运动，因阀内通道成流线形，流动阻力比升蝶式止回阀小，适用于低流速和流动不常变化的大口径场合，但不宜用于脉动流，其密封性能不及升降式止回阀。蝶式止回阀分单瓣式、双瓣式和多半式 3 种，这 3 种形式主要按阀门口径来分，目的是为了防止介质停止流动或倒流时，减弱水力冲击。

有阀瓣沿着阀体垂直中心线滑动的蝶式止回阀，只能安装在水平管道上，在高压小口径止回阀上阀瓣可采用圆球。这种蝶式止回阀的阀体形状与截止阀一样（可与截止阀通用），因此它的流体阻力系数较大。其结构与截止阀相似，阀体和阀瓣与截止阀相同。阀瓣上部和阀盖下部加工有导向套筒，阀瓣导向筒可在阀盖导向筒内自由升降，当介质顺流时，阀瓣靠介质推力开启，当介质停流时，阀瓣靠自垂降落在阀座上，起阻止介质逆流作用。直通式蝶式止回阀介质进出口通道方向与阀座通道方向垂直；立式升降式止回阀，其介质进出口通道方向与阀座通道方向相同，其流动阻力较直通式小。

2.4.5 几种特殊型式的止回阀

按照《阀门 术语》GB/T 21465—2008 的规定，止回阀的主要型式就是以上 4 种。然而，市场上的止回阀名称却有几十种之多。下面再介绍几种不同名称的止回阀，或许可以归入以上 4 种之一，但为了与市场或产品名称一致，还是单独介绍为好。

1. 缓闭式止回阀

SY300X 缓闭式止回阀是安装在高层建筑给水系统以及其他给水系统的水泵出口处、防止介质倒流、水锤及水击现象的多功能型阀门。此阀具有电动阀、逆止阀和水锤消除器三种功能，可有效地提高供水系统的安全可靠性。并半缓开、速闭、缓闭消除水锤的技术原理一体化，防止开泵水锤和停泵水锤的产生。只需操作水泵电机启闭按钮，阀门即可按照水泵操作规程自动实行启闭，流量大、压力损失小。适用于 600mm 口径以下的管路。

SY300X 缓闭式止回阀如图 2-37 所示，(*a*) 为其结构，(*b*) 为其外形。

图 2-38 所示为水泵房中缓闭式止回阀及其他阀件的安装配置。安装止回阀时，应特别注意介质流动方向，使阀体上指示的箭头与介质正常流动方向相一致。

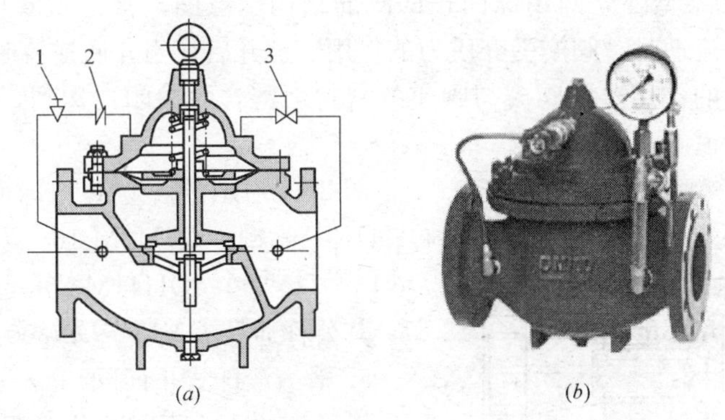

图 2-37 缓闭式止回阀

(*a*) 结构示意图；(*b*) 外形图

1—针形阀；2—止回阀；3—球阀

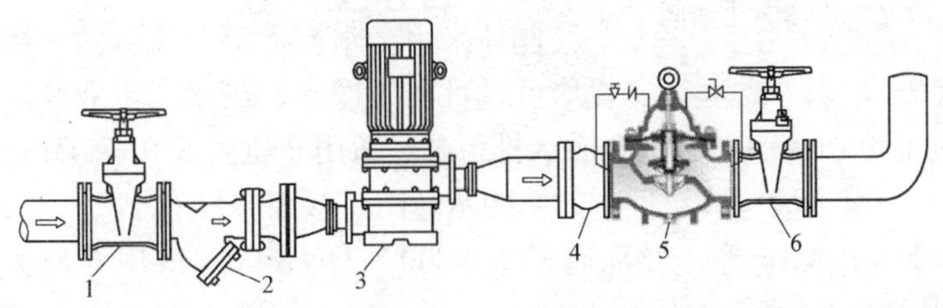

图 2-38 水泵房中缓闭式止回阀及其他阀件的安装配置

1、6—弹性密封闸阀；2—过滤器；3—水泵；4—橡胶软接头；5—缓闭式止回阀

2. 管道式止回阀

管道式止回阀的结构如图 2-39 所示，其原理是阀瓣沿着阀体中心线滑动，以实现阀的开启与关闭，此种止回阀体积小，重量轻，易于加工制造，但流体阻力系数比旋启式止回阀略大。

图 2-40 所示为采用台湾技术制造的管道式止回阀。

3. 压紧式止回阀

这种阀门作为锅炉给水和蒸汽切断用阀，具有升降式止回阀、截止阀和角阀的综合机能。

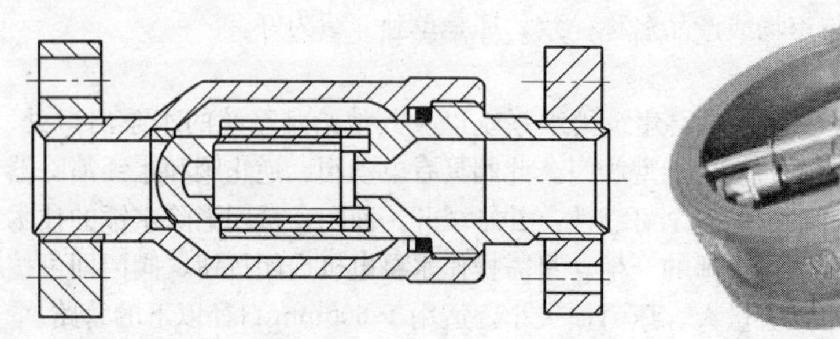

图 2-39　管道式止回阀（一）

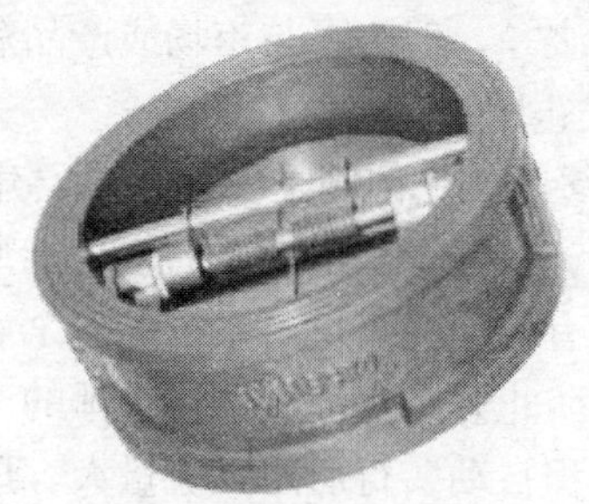

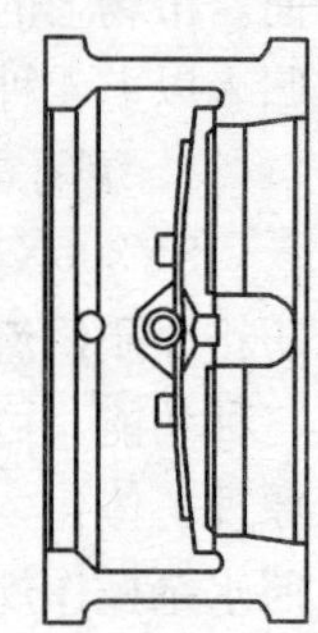

图 2-40　管道式止回阀（二）

4. 卧立两用球面止回阀

图 2-41 所示为某型卧立两用球面止回阀的结构示意图，其密封圈材质为复合石墨。当介质按规定方向流动时，阀瓣受介质力的作用，被开启；当介质逆流时，因阀瓣自重和阀瓣受介质反向力的作用，使阀瓣与阀座的密封面密合而关闭，达到阻止介质逆流的目的，多用于工业管道上。

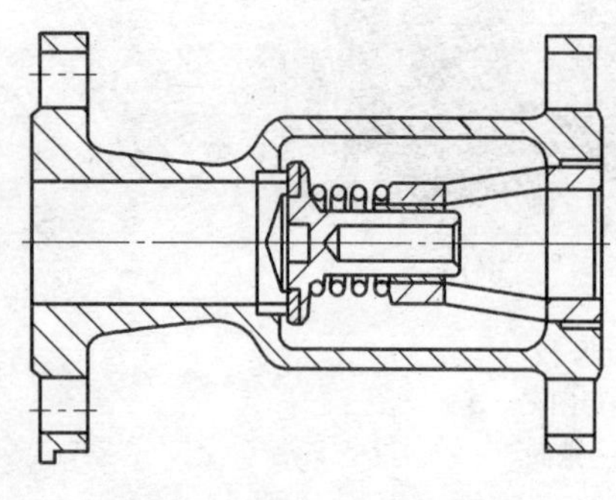

图 2-41　卧立两用球面止回阀

图 2-41 所示的卧立两用球面止回阀型号有：QH41M-16 型、QH42M-16 型，其公称通径 *DN*15～*DN*250；QH41M-25Q 型、QH42M-25Q 型，其公称通径 *DN*15～*DN*300。

5. 滑道滚球式止回阀

滑道滚球式止回阀系指微阻球形止回阀。此种止回阀采用橡胶包皮滚动球为阀瓣，在介质作用下可在阀体内的滑道上滚动，从而开启或关闭阀门，密封性能好，消声式关闭，不产生水锤，阀体采用全水流通道，流量大，阻力小，水头损失比旋启式小 50%，水平或垂直安装均可，可用于冷水、热水、工业及生活污水等管网的水泵出口，防止介质倒流，更适合潜水排污泵，适用介质温度 0～80℃。

图 2-42 所示为滑道滚球式止回阀的结构示意图，常用型号有 HQ44X-10、HQ44X-16 和 HQ45X-10、HQ45X-16 等，公称通径 *DN*200～*DN*1000。适用介质为水、蒸汽、油品，工作温度小于等于 250℃。

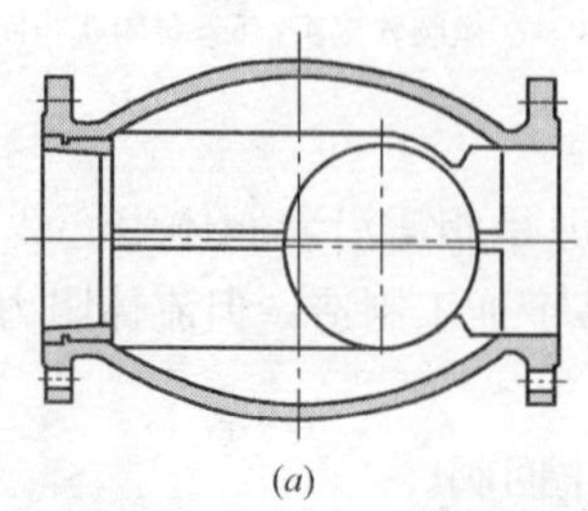

(*a*)

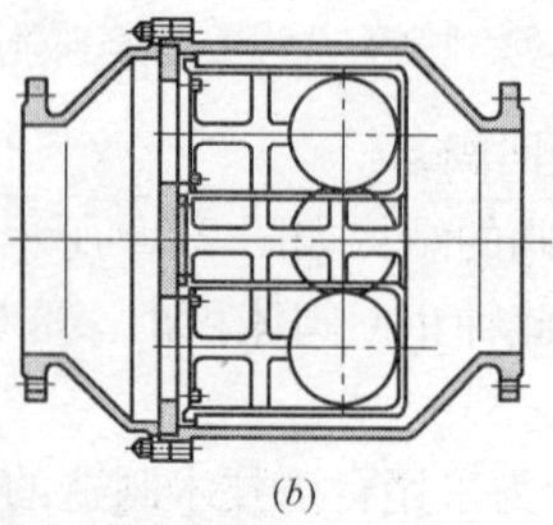

(*b*)

图 2-42　滑道滚球式止回阀结构示意图

(*a*) HQ44X 型；(*b*) HQ45X 型

2.4.6 止回阀的选用

多数止回阀系根据对最小冲击力或无冲击关闭所需要的关闭速度及关闭速度特性做定性的估价来进行选择。实践表明，这种选择方法不一定精确，但在大多数使用场合可以得到所需结果。

1. 用于不可压缩性流体（如水、油品等）的止回阀，主要根据其在关闭时不会因为倒流引起突然关闭而导致产生不可接受的高冲击力的性能来进行选择。

根据国外技术资料介绍，在使用 D/e（D-管路内径，e-管壁厚度）之比为 35 的钢管和水介质时，压力波速度为 1200m/s，当瞬时流速变化为 1m/s 时，静压的增量为 $\Delta p=1.2$MPa。

2. 对于压缩性流体用止回阀，尽管其选用目的在于对阀瓣的冲击减小到最低程度，但可以根据不可压缩性流体用止回阀的类似选择方法来进行选择。但是直径很大的输送管道，其压缩性介质的冲击力也相当可观。

若介质流速波动范围很大，用于压缩性流体的止回阀可使用减速装置，此装置在关闭件的整个位移过程中都起作用，以防止对其端部产生快速连续的冲击。

如果介质流速连续不断地快速使止回阀启动和停止（如压缩机的出口阀），则使用升降式止回阀，此止回阀使用一个可承受弹簧载荷的轻量阀瓣，阀瓣的升程不高。

3. 止回阀的选用可参照以下几点：

(1) 对于 DN50 以下口径的高、中压止回阀，宜选用立式升降止回阀和直通式升降止回阀。

(2) 对于 DN50 以下口径的低压止回阀，宜选用蝶式止回阀、立式升降止回阀和隔膜式止回阀。

(3) 对于 DN 大于 50mm、小于 600mm 的高、中压止回阀，宜选用旋启式止回阀。

(4) 对于 DN 大于 200mm、小于 1200mm 的中、低压止回阀，宜选用无磨损球形止回阀。

(5) 对于 DN 大于 50mm、小于 2000mm 的低压止回阀，宜选用蝶式止回阀和隔膜式止回阀。蝶式止回阀适于大口径管路，可以用于水平和垂直管路，除法兰连接外，还可以做成对夹式，即其本体无法兰，安装时夹在管路法兰之间；隔膜式止回阀适用于易产生水击的管路上，其隔膜可以消除介质逆流时产生的水击，结构简单，成本较低，水泵出口应用日益广泛。

(6) 对于要求止回阀关闭时水冲击比较小或无水冲击的管路，宜选用缓闭式旋启止回阀和缓闭式蝶形止回阀。

(7) 球形止回阀因其密封件是包覆橡胶的空心球体，因此密封性好，抗水击性能好。由于其密封件可以做成单球或多球，因此可以做成大口径，适用于中低压管路。

2.5 球阀

球阀系指启闭件（球体）由阀杆带动，并绕阀杆的轴线作旋转运动的阀门。主要用于截断或接通管路中的介质，亦可用于流体的调节与控制，其中硬密封 V 型球阀其 V 型球芯与堆焊硬质合金的金属阀座之间具有很强的剪切力，特别适用于含纤维、微小固体颗料等介质。而多通球阀在管道上不仅可灵活控制介质的合流、分流、及流向的切换，同时也可关闭任一通道而使另外两个通道相连。球阀按驱动可分为手动球阀、气动球阀和电动球阀。

球阀本身结构紧凑、简单，密封可靠，维修方便。球阀开启时，阀体密封面与球面贴紧闭合，不易被介质冲蚀。球阀适用于水、溶剂、酸和天然气等一般工作介质，而且还适用于工作条件要求苛刻的介质，如氧气、过氧化氢、甲烷和乙烯等，在各行业得到广泛的应用。在发达国家，球阀的使用非常广泛，使用品种和数量仍有继续扩大的趋势。我国对球阀的使用也日趋广泛，特别是在民用燃气管道、石油天然气管线上、炼油裂解装置上以及核工业上将有更广泛的应用，在其他工业领域中的大中型口径、中低压力领域，球阀也将会成为占主导地位的阀门类型之一。

缺点：球阀的加工精度要求较高，造价较昂，如管道内有杂质或在高温条件下，不宜使用，否则容易被杂质堵塞，导致阀门无法完成 90°旋转动作。

2.5.1 球阀的主要类型

按不同的分类方法，球阀可以分为许多类别，有许多不同的名称，按结构形式分的浮动式球阀、固定式球阀是主流品种。按材质分类主要有锻钢球阀、不锈钢球阀等。

1. 浮动式球阀

浮动式球阀系指球体下部不带有固定轴的球阀，阀体内的球体靠阀杆旋转，在介质压力作用下，球体能产生一定的位移并紧压在出口端的密封面上，保证出口端密封。如图 2-43～图 2-46 所示。

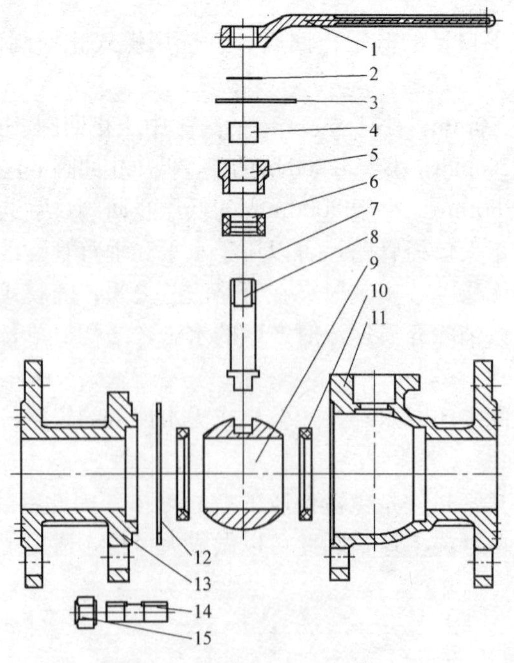

图 2-43 浮动式球阀部件

1—扳手；2—轴用挡圈；3—定位块；4—衬套；5—填料压盖；6—填料；7—衬圈；8—阀杆；9—球体；10—密封圈（阀座）；11—主阀体；12—垫片；13—副阀体；14—螺栓；15—螺母

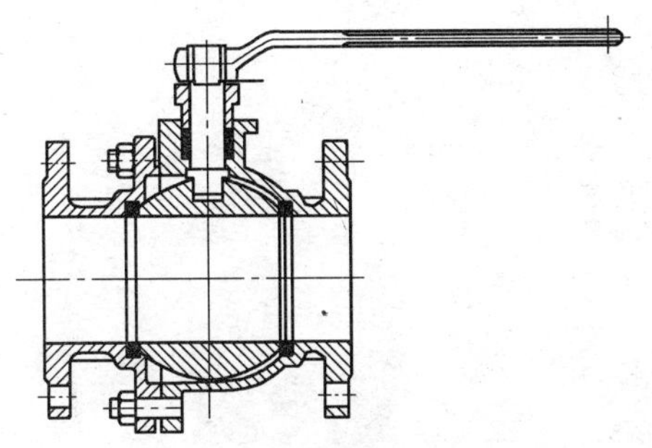

图 2-44 浮动式球阀结构

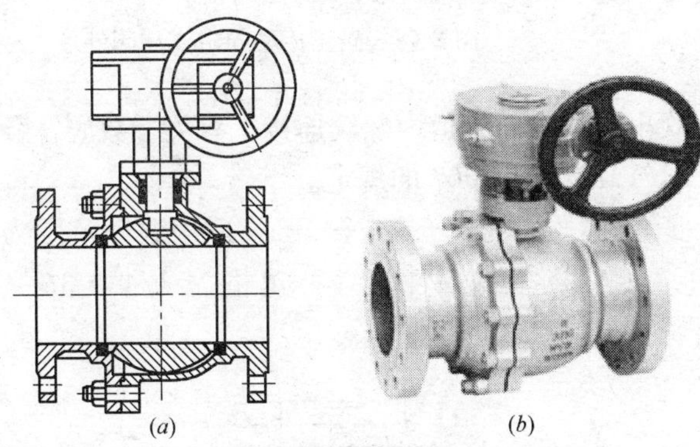

图 2-45 涡轮传动浮动球阀
(a) 结构；(b) 外形

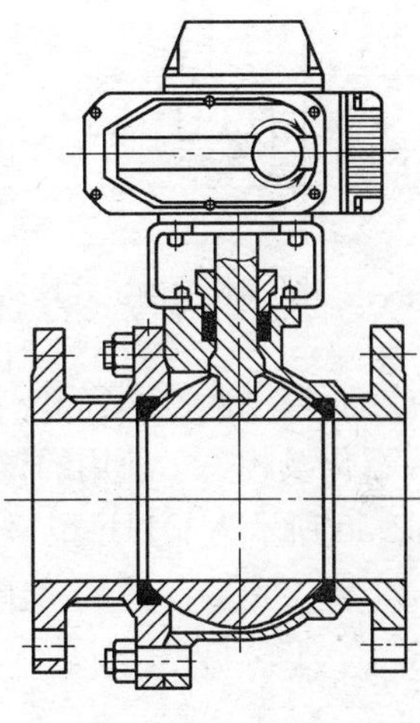

图 2-46 电动浮动球阀

浮动式球阀的结构简单，密封性好，但球体承受工作介质的载荷全部传给了出口密封圈，因此要考虑密封圈材料能否经受得住球体介质的工作载荷，在受到较高压力冲击时，球体可能会发生偏移，此种结构一般用于中低压球阀。

2. 固定式球阀

固定式球阀系指带有固定轴的球阀。球体在上（阀杆）、下轴之间被固定，受压后不产生移动。固定式球阀都带有浮动阀座，受介质压力后，阀座产生移动，使密封圈紧压在球体上，以保证密封。球体的上、下轴上装有轴承，操作扭矩小，适用于高压和大口径的阀门。

为了减少球阀的操作扭矩和增加密封的可靠程度，近年来又出现了油封球阀，既在密封面间压注特制的润滑油，以形成一层油膜，既增强了密封性，又减少了操作扭矩，更适合高压大口径球阀。固定球球阀的结构如图 2-47 所示，图 2-48 为某型固定式球阀的外形图。

2.5.2 球阀的主要典型结构

现将球阀的主要典型结构介绍如下。

1. 一片式球阀

一片式球阀亦称一件式球阀，如图 2-49 所示，其特点是：阀体为锻钢或铸钢；流道

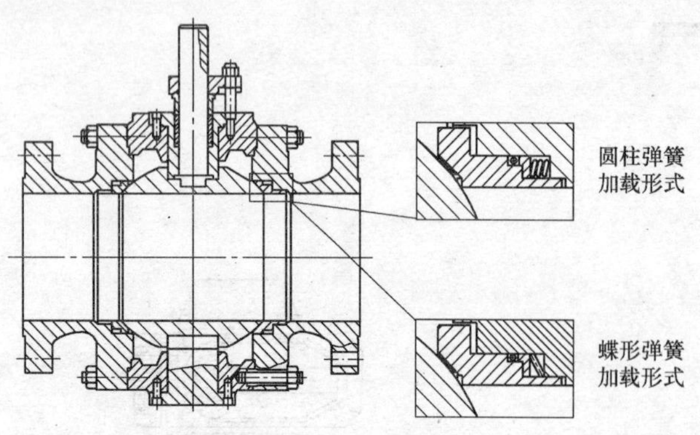

图 2-47 固定式球阀的结构

图 2-48 涡轮传动固定式球阀外形

为直通或缩颈；螺纹压紧阀座；阀杆为防吹出结构；与管道内螺纹连接。有关参数应符合《石油、石化及相关工业用的钢制球阀》GB/T 12237—2007 的规定。

图 2-50 所示为 Q11F 型一片式球阀，其公称压力为 1.6～6.4MPa，适用温度范围为 −20～232～350℃，适用介质为水、油、气及某些腐蚀性液体，规格为 1/4″、3/8″、1/2″、3/4″、1″、1¼″、1½″、2″，与管材螺纹连接。

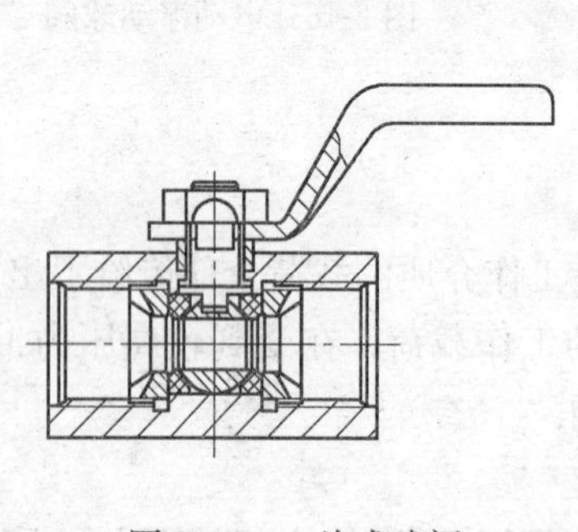

图 2-49 一片式球阀

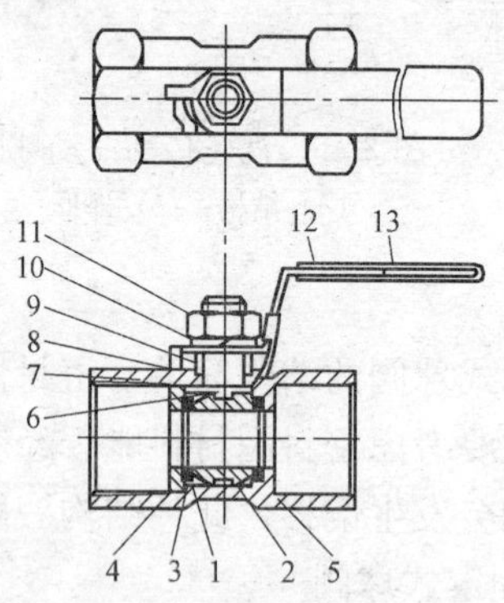

图 2-50 Q11F 型一片式球阀

1—密封圈；2—球体；3—密封垫；4—阀盖；5—阀体；6—阀杆；7—止推垫圈；8—填料；9—填料压盖螺母；10—垫圈；11—阀杆螺母；12—手柄套；13—手柄

2. 两片式球阀

两片式球阀亦称两件式球阀，如图 2-51 所示，其特点是：左右阀体为锻钢或铸钢；流道为全通径或缩颈；用螺纹压紧阀座；阀杆为防吹出结构；与管道为法兰连接。有关参数应符合《石油、石化及相关工业用的钢制球阀》GB/T 12237—2007 的规定。

图 2-52 所示为 Q11F 型两片式球阀，其公称压力为 1.6～6.4MPa，适用温度范围为 −20～232～350℃，适用介质为水、油、气及某些腐蚀性液体，规格为 1/4″、3/8″、1/2″、3/4″、1″、1¼″、1½″、2″、2½″、3″、4″。(W.O.G) 螺纹类型。两片式球阀连接形式另有对焊（BW）承插焊（SW），并均可带国际标准 ISO 支架和销定装置。除管螺纹连接形式外，另有对焊（BW）承插焊（SW）连接。

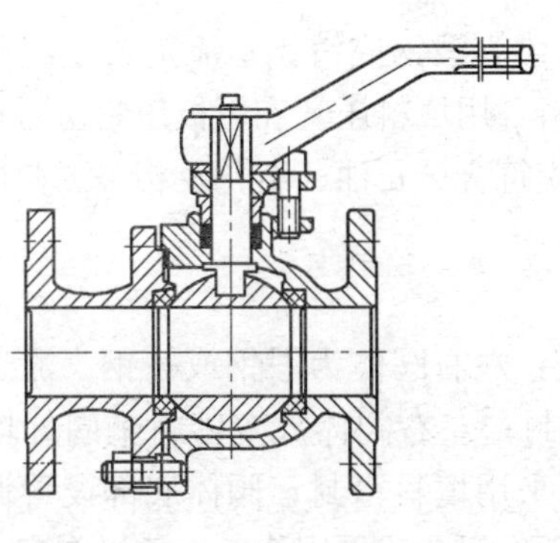

图 2-51 两片式球阀

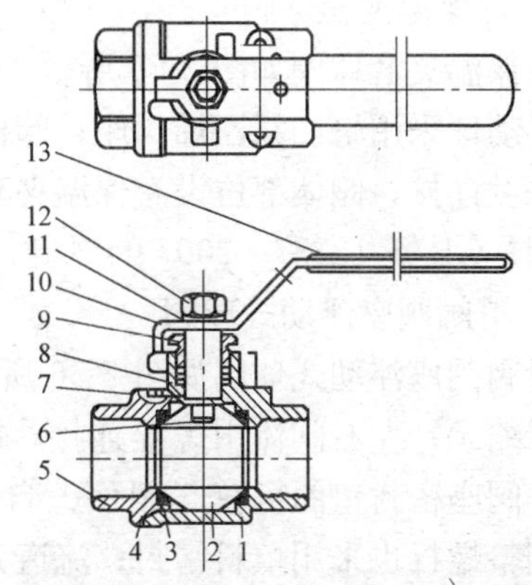

图 2-52 Q11F 型两片式球阀

1—阀体；2—球体；3—密封垫；4—密封垫；5—阀盖；6—阀杆；7—止推垫圈；8—填料；9—填料压盖螺母；10—手柄；11—垫圈；12—阀杆螺母；13—手柄套

3. 三片式球阀

三片式球阀亦称三件式球阀，如图 2-53 所示为三片式型球阀外形，图 2-54 所示为三片式型球阀结构示意图，其公称压力 PN 为 1.6～6.4MPa，适用温度范围为－20～232～350℃，适用介质为水、油品、气体及某些腐蚀性液体，规格为 DN：¼″、1/8″、½″、¾″、1″、1¼″、1½″、2″、2½″、3″、4″，连接形式为对焊或承插焊。

图 2-53 三片式型球阀外形

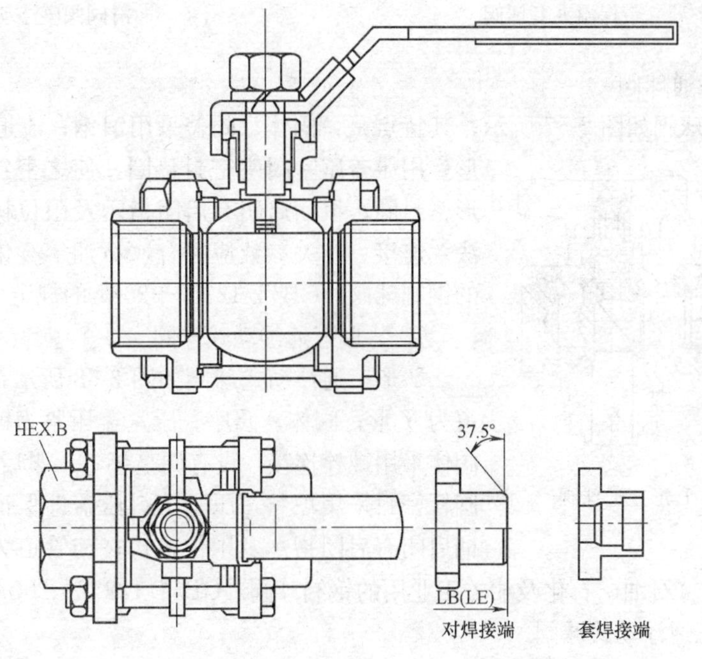

图 2-54 三片式型球阀结构示意图

4. 带保温夹套球阀

带保温夹套球阀如图 2-55 所示，其特点是：阀体为锻钢或铸钢；流道为全通径或缩颈；浮动球采用聚四氟乙烯阀座；阀杆密封采用填料，用填料压套和压板压紧密封；与管道为法兰连接；阀体部位设有保温夹套。有关参数应符合《石油、石化及相关工业用的钢制球阀》GB/T 12237—2007 的规定。

5. 滑阀阀座浮动式球阀

滑阀阀座浮动式球阀如图 2-56 所示，其特点是：左右阀体为锻钢或铸钢；流道为全通径或缩颈；左右阀体用螺栓连接，用密封垫圈密封；左右阀体放置密封垫圈处均为 5°斜面，阀座密封垫圈可在 5°斜面上自由滑动；阀杆采用填料密封；阀体底部设置调整螺杆，调整螺杆也采用填料密封；流道为全通径或缩颈；浮动球采用聚四氟乙烯阀座；与管道为法兰连接；阀体部位设有保温夹套。有关参数应符合《石油、石化及相关工业用的钢制球阀》GB/T 12237—2007 的规定。

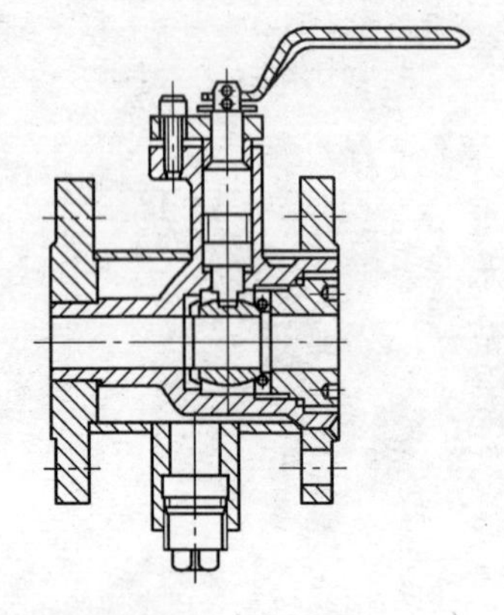

图 2-55 带保温夹套球阀

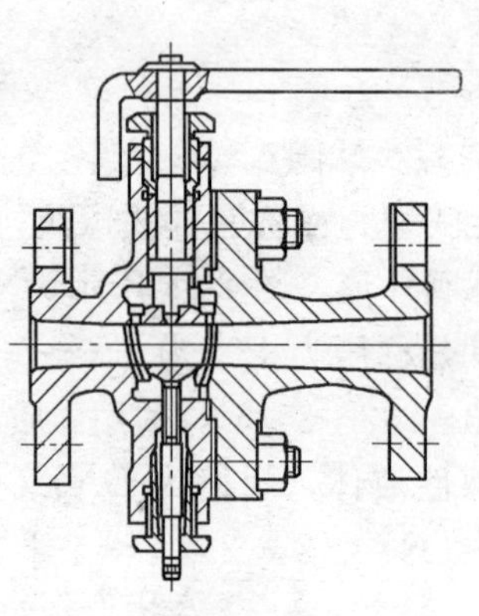

图 2-56 滑阀阀座浮动式球阀

6. L 形三通球阀

L 形三通球阀如图 2-57 所示，其特点是：阀体、阀盖采用锻钢；流道为 L 形，直角形；用压盖压紧阀座密封垫圈，使之密封；阀杆采用 O 形密封圈；手柄启闭有启闭指示及限位机构；与管道为法兰连接。有关参数应符合《石油、石化及相关工业用的钢制球阀》GB/T 12237—2007 的规定。

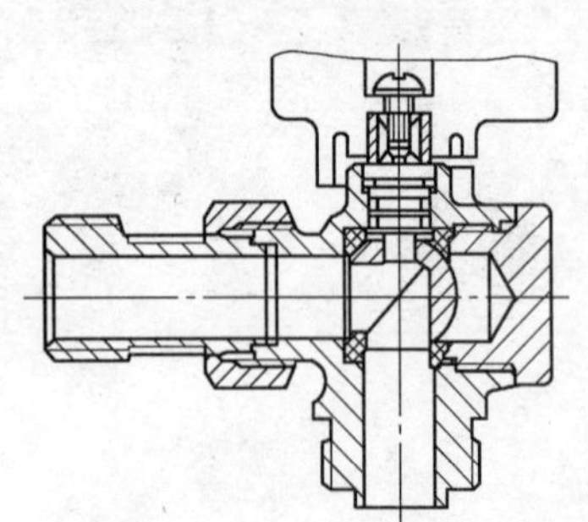

图 2-57 L 形三通球阀

7. Y 形三通浮动式球阀

Y 形三通浮动式球阀如图 2-58 所示，其特点是：流道为 Y 形；阀体、阀座、压紧盖压紧为锻钢或铸钢、与阀体采用螺栓连接，设有调整垫，压紧后即能保证密封；阀杆密封采用填料，压紧填料压盖即保证阀杆密封；手柄启闭有启闭指示及限位机构；与管道为法兰连接。有关参数应符合《石油、石化及相关工业用的钢制球阀》GB/T 12237—2007 的规定。

8. T 形三通浮动式球阀

T 形三通浮动式球阀如图 2-59 所示，其特点是：流道为 T 形；阀体、阀盖为锻钢；

用阀盖压紧阀座密封圈实现密封，阀座密封圈采用聚四氟乙烯，阀杆采用O形密封圈；连接形式为外螺纹连接。有关参数应符合《石油、石化及相关工业用的钢制球阀》GB/T 12237—2007的规定。

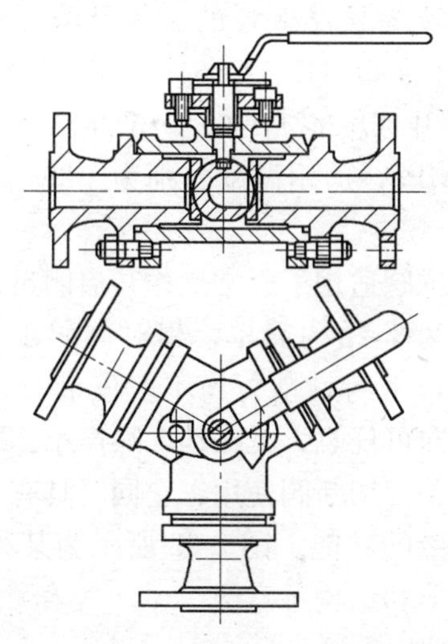

图2-58 Y形三通浮动式球阀

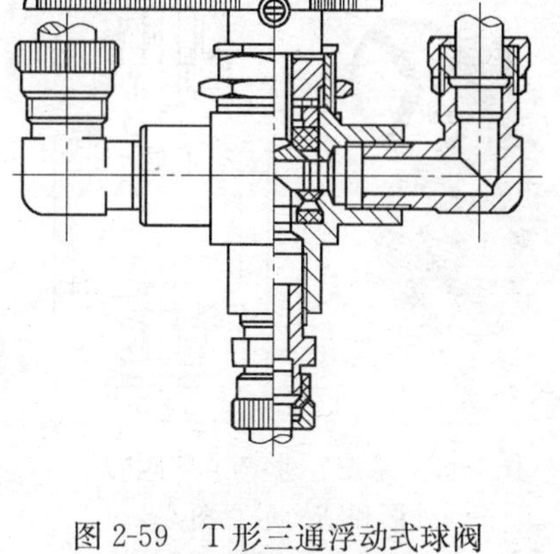

图2-59 T形三通浮动式球阀

9. T形L形浮动式三通球阀

T形L形浮动式三通球阀如图2-60所示，其特点是：流道可为为T形或L形；阀体、阀盖为铸钢；阀杆采用填料密封圈，压紧填料压盖即能实现密封；手柄启闭有启闭指示及限位机构；连接形式为法兰连接。有关参数应符合《石油、石化及相关工业用的钢制球阀》GB/T 12237—2007的规定。

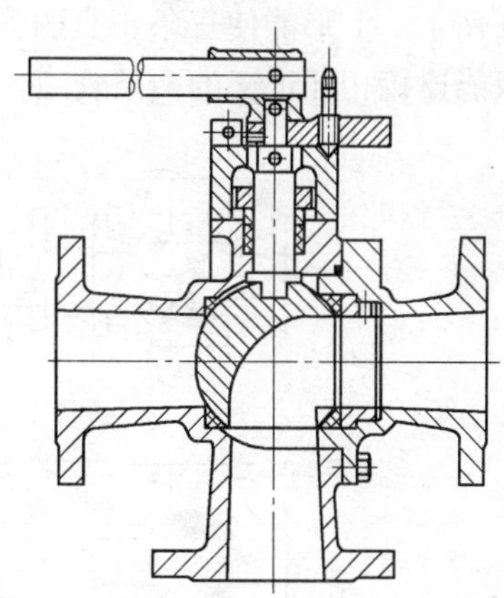

图2-60 T形L形浮动式三通球阀

2.5.3 其他类型球阀

1. 弹性球阀

弹性球阀的球体是弹性的。球体和阀座密封圈都采用金属材料制造，密封比压很大，依靠介质本身的压力已达不到密封的要求，必须施加外力。这种阀门适用于高温高压介质。

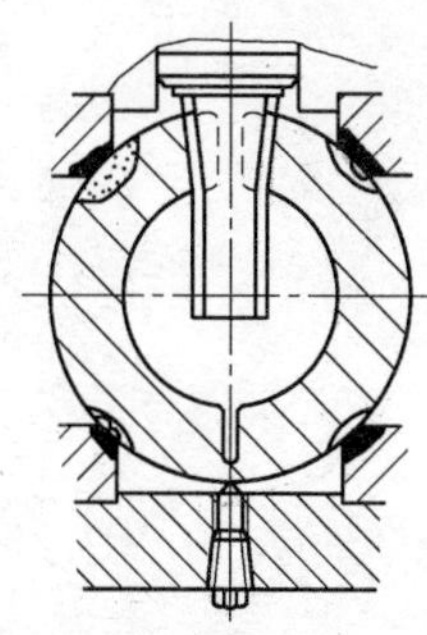

图2-61 球体内壁的弹性槽示意图

弹性球体是在球体内壁的下端开一条弹性槽（如图2-61），而获得弹性。当关闭通道时，用阀杆的楔形头使球体胀开与阀座压紧达到密封。在转动球体之前先松开楔形头，球体随之恢复原形，使球体与阀座之间出现很小的间隙，可以减少密封面的摩擦和操作扭矩。此种球阀按其通道位置可分为直通式，三通式和直角式。后两种球阀用于分配介质与改变介质的流向。

2. V形调节球阀

V形调节球阀属于固定球阀，也是单阀座密封球阀，调节性能是球阀中最佳的，流量特性是等百分比的，可调比达100∶1。它的V形切口与金属阀座之间具有剪切作用，因此适用于工业企业中含有纤维或微小固体颗粒的悬浊液介质，特别适用于造纸行业中制浆、造纸生产过程中的纸浆、白水、黑液、白液等悬浮颗粒的流体及浓、浊浆状流体介质对有关工艺参数的控制和调节。常用的型号有Qv347、Qv647、Qv947等V形调节球阀，其中Qv347H-16C、Qv347Y-16P，工作压力为1.6MPa，适用温度分别为−29～180℃、−29～425℃。

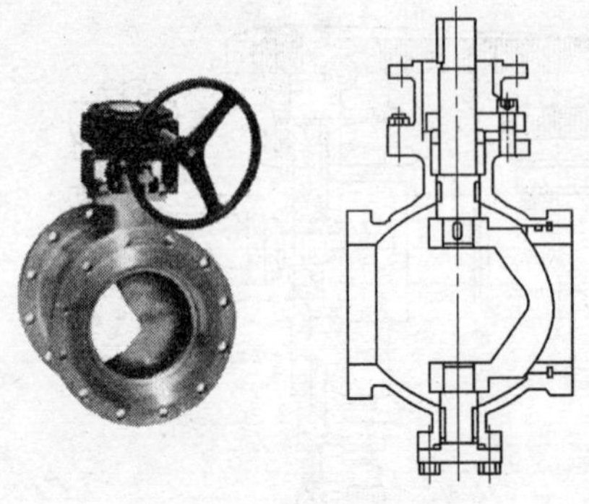

图2-62 某型V形调节球阀的外形和结构示意图

V形调节球阀适用于经常操作，启闭迅速，轻便，流体阻力小，结构简单，相对体积小，重量轻，便于维修，密封性能好，不受安装方向的限制，介质的流向可任意，无振动，噪声小。V形球阀不但宜做开关、切断阀使用，它同时具有良好的节流和控制流量的功能。图2-62所示为某种V形调节球阀的外形和结构示意图。

3. 三通球阀

三通球阀有T形和L形，分别如图2-63、图2-64所示。T形能使三条正交的管道相互联通和切断第三条通道，起分流、合流作用；L形只能连接相互正交的两条管道，不能同时保持第三条管道的相互连通，只起分配作用。

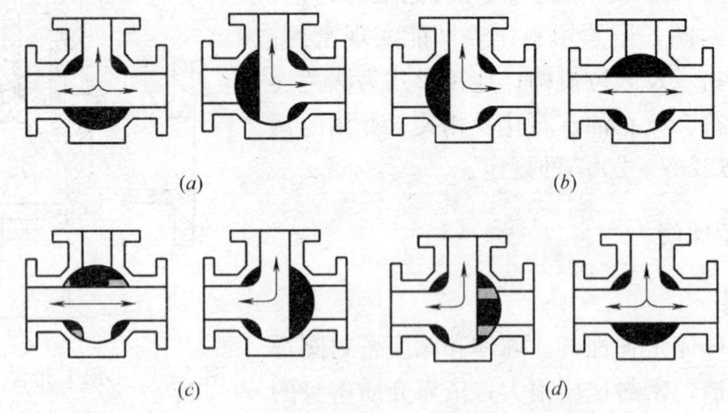

图2-63 T形三通球阀示意图

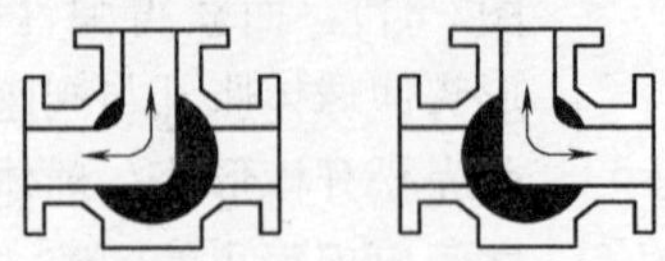

图2-64 L形三通球阀示意图

图2-65所示为某型三通球阀的外形和结构。

三通球阀通常具有以下特点：采用一体化结构、四面阀座的密封形式，本体法兰连接

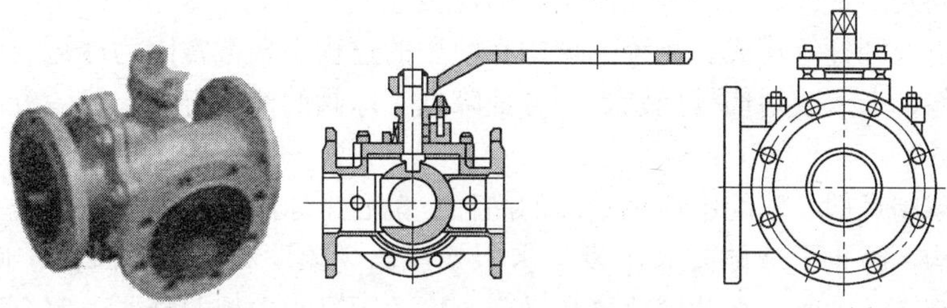

图 2-65 某型三通球阀的外形和结构

少，可靠性高，实现了产品轻量化。三通球芯分 T 形和 L 形，使用寿命长，流通能力大，阻力小。

三通球阀的工作方式：T 型流道的三通球阀，采用四面阀座，受力平衡，保证闭止通道上可靠密封，主要用于分流、混流、换向以及三通道的完全开放；L 形流道的三通球阀，采用 2 面阀座，受力平衡，保证闭止通道上可靠密封，主要用于流道的换向。

三通球阀的优点是：(1) 流体阻力小，其阻力系数与同长度的管段相等；(2) 结构简单、体积小、重量轻；(3) 紧密可靠，目前球阀的密封面材料广泛使用塑料，密封性好，在真空系统中也已开始广泛使用；(4) 操作方便，开闭迅速，从全开到全关只要旋转 90°，便于远距离的控制；(5) 维修方便，密封圈一般都是活动的，易于拆卸更换；(6) 在全开或全闭时，球体和阀座的密封面与介质隔离，介质通过时，不会引起阀门密封面的侵蚀；(7) 适用范围广，通径从小到几毫米，大到几米，从高真空至高压力都有产品供应。

三通式球阀安装时应注意以下几点：注意留有阀柄旋转的位置；主要用来做切断、分配和改变介质的流动方向，不能用作节流使用；带传动机构的球阀应直立安装。

由于三通球阀有着自身结构所独有的一些优越性，如开关无摩擦，密封不易磨损，启闭力矩小，这样可减小所配执行器的规格，配以多回转电动执行机构。

4. 偏心球阀

偏心球阀的种类有若干种，如偏心半球阀如图 2-66 所示、偏心半球阀原理如图 2-67 所示等，而且其结构形式也是各种各样的，这里只能简单介绍其中几种。

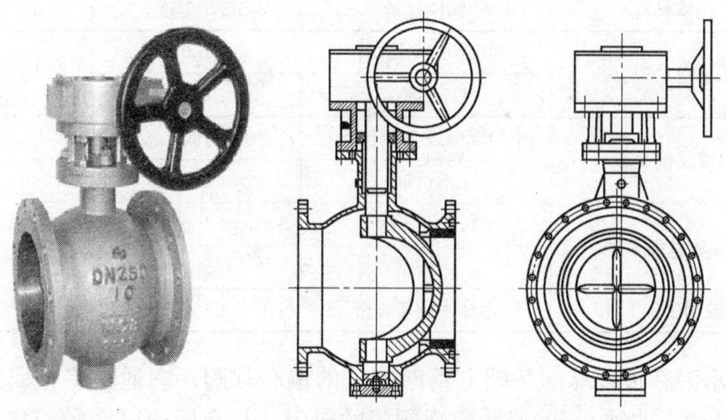

图 2-66 偏心半球阀

由于球阀是由带孔的旋球来控制阀门启闭的，它的结构与旋塞阀相似，主要由阀体、阀盖、球体以及阀杆等构成。传统的球阀在使用的过程中，常常因为球冠与阀座的配合误差而导致咬伤、卡塞或划伤等问题，一方面降低了球阀的使用寿命，另一方面也存在着安全隐患。

偏心半球阀是偏心球阀中应用最多的品种。偏心半球阀的阀座设外台阶与阀体内台阶相配合的结构，防止了球体与阀座发生卡阻或脱离现象。利用偏心阀体、偏心球体和阀座，阀杆作旋转运动时，在共同轨迹自动定心，关闭过程中越关越紧，完全达到良好密封的目的，所以偏心半球阀密性能安全可靠；阀门启闭时，球体与阀座完全脱开，消除了密封副的磨损，克服了传统球阀阀座与球体密封面始终磨损的问题。半球切口的球体与阀座之间有剪切作用，特适用于含微小固体颗粒，浆等介质。全开时流通能力大，压力损失小，且介质不会沉积在阀体中腔内。本产品具有精确的调节和可靠定位功能，流量特性为近似百分比，可调范围大，最大调比为 100∶1。

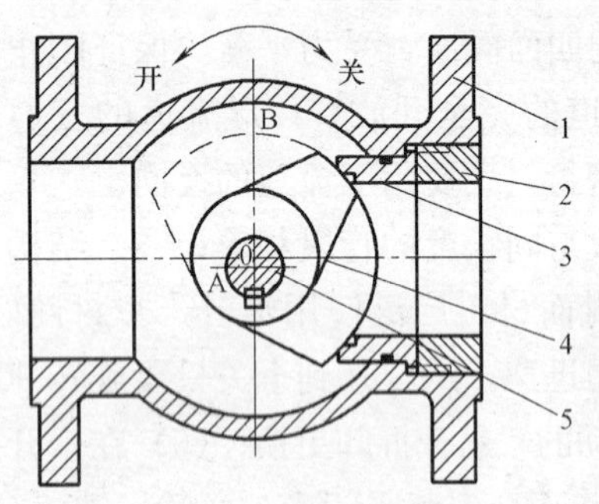

图 2-67　偏心半球阀原理示意图

1—阀体；2—调整座；3—阀座；4—球体；5—阀杆

如图 2-67 所示，当转动阀杆迫使关闭件半球体绕中心 A 转动时，球体自 B 点移至 C 点，此时相对阀门中心点 O，从 B 到 C 的轨迹为一凹轮状偏心，右旋进入阀座使阀门关闭并保持优良密封，该产品按凹轮原理设计，阀门关闭件从开启到关闭过程中，作用在阀座上的力逐渐增加，即关闭件表面与阀座由完全脱离至接触，并逐渐增大密封比压，直至完全密封。从关闭到开启的过程则正好相反。

图 2-68 所示为 Q340H 型侧装式偏心半球阀。阀门的设计制造按《石油、石化及相关工业用的钢制球阀》GB/T 12237 的规定，阀门的结构长度按企业标准，法兰尺寸和法兰形式按《铸钢法兰》JB 79 的规定，阀门的压力试验按《工业阀门　压力试验》GB/T 13927 的规定。公称压力 PN＝1.6～6.4MPa，其不同壳体、阀座材料的适用温度和适用介质见表 2-3。

Q340H 型侧装式偏心半球阀使用范围　　**表 2-3**

序号	壳体材料	阀座材料	适用温度	适用介质
1	碳钢 C 型	PTFE＋不锈钢	≤150℃	水、蒸汽、油品等
		不锈钢	≤250℃	
2	铬镍钛钢 P 型	PTFE＋不锈钢	≤150℃	硝酸类
		不锈钢	≤200℃	
3	铬镍钼钛钢 R 型	PTFE＋不锈钢	≤150℃	醋酸
		不锈钢	≤200℃	
4	铬镍钼钛钢 I 型	本体＋硬质合金	≤550℃	蒸汽及冶炼、能源

图 2-69 所示为在传统球阀基础上不断改进的偏心球阀，它通过将金属球冠固定在偏心曲轴上，通过偏心曲轴 90°的旋转实现阀门的启闭。与金属球冠密封面接触的金属阀座在轴向和径向浮动，以补偿球冠与阀座的配合误差，这一方面可以缩短阀门的启闭时间，

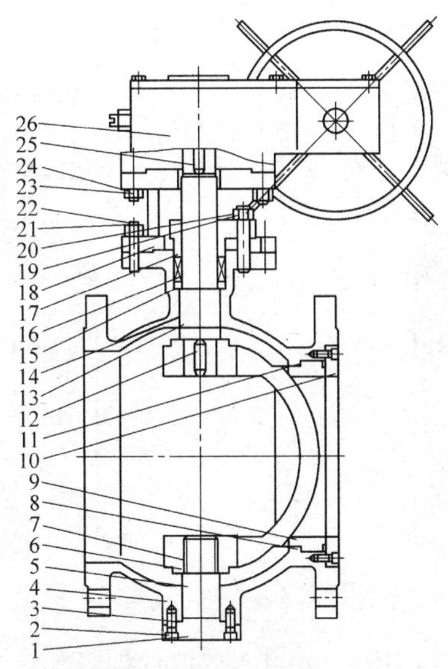

图 2-68 侧装式偏心半球阀

1—底盖；2—内六角螺栓；3—垫片；4—阀体；5—下阀杆；6—球体；7—滑动轴承；8—垫片；9—阀座＋堆焊合金钢；10—阀座支承；11—内六角螺栓；12—键；13—上阀杆；14—滑动轴承；15—填料垫；16—填料；17—填料压盖；18—支架；19—螺柱；20—螺母；21—螺柱；22—螺母；23—螺柱；24—螺母；25—键；26—手动操作器

另一方面即使阀门的密封面被磨损，但因阀座轴向与径向的弹性浮动，可以补偿这些磨损，同时具有良好的切削作用，在关闭过程中能够切断流体中的杂物。

图 2-70 所示为上装式偏心半球阀。

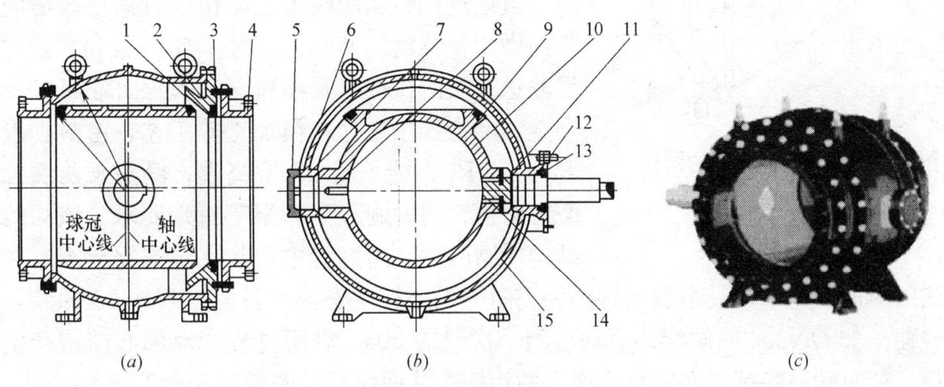

图 2-69 偏心球阀结构示意图

(*a*) 正视图；(*b*) 左视图；(*c*) 立体图

1—阀座；2—阀盖；3—压圈；4—法兰；5—端盖；6—调节垫片；7—从动轴套；8—从动轴；9—球冠；10—球体；11—键；12—主动轴套；13—压板；14—主动轴；15—阀体

BQ 型双偏心半球阀是为解决“气-固”或“液-固”两相混流介质输送中的技术难题而研制开发的新型阀门。此种阀门适用于输送石油、化工、钢铁和造纸等行业输送带有沉淀、结垢或结晶析出的介质。该阀密封性好，耐颗粒磨损，耐高温，耐腐蚀，操作灵活，

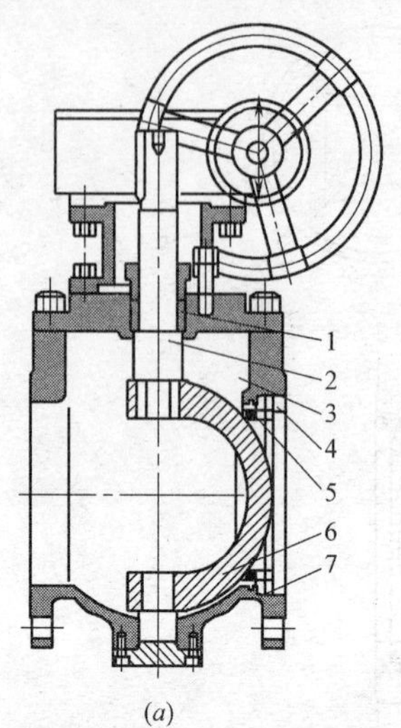

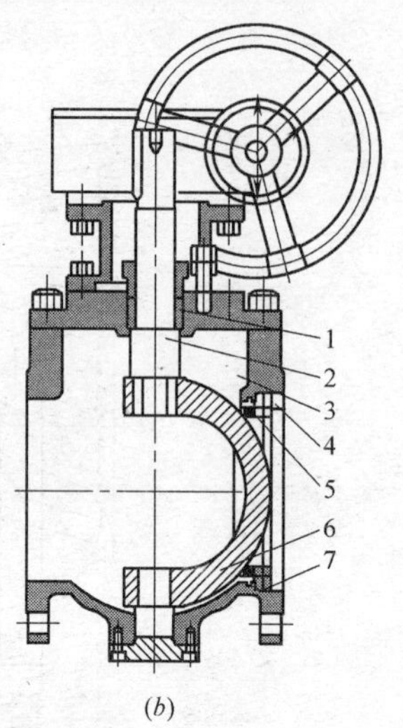

图 2-70 上装式偏心半球阀

(a) DYQ340F 型；(b) DYQ340Y 型

1—填料；2—阀杆；3—阀体；4—端盖；5—密封圈；6—球体；7—固定轴

启闭迅速，防火防爆，防静电，使用寿命长。驱动方式有手动、电动或气动，实现了近远距离的控制，该产品已获国家专利。

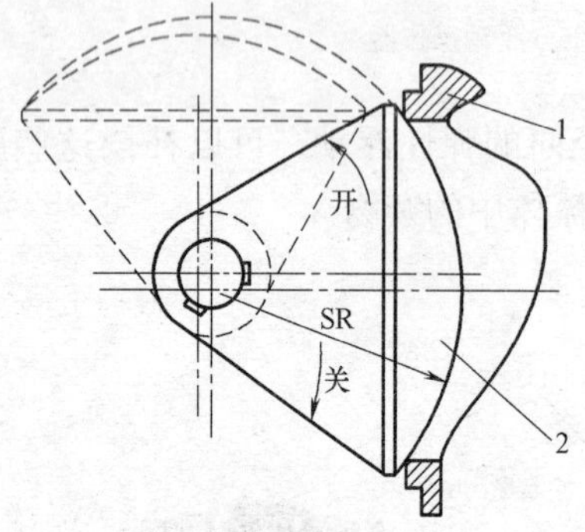

图 2-71 双偏心半球阀的结构原理示意图

1—阀座；2—阀瓣

图 2-71 所示为 BQ 型双偏心半球阀的结构原理示意图，此种双偏心半球阀利用偏心—楔紧原理，关闭严紧可靠，密封可达零泄漏。阀门密封副关紧后仍有补偿量，当阀门长期使用，因密封副磨损而影响密封时，可通过调整驱动装置上限位螺钉而使阀瓣向阀座方向做少量移动，使阀门保证关闭严紧和零泄漏。根据输送介质的特性，阀瓣和阀座密封面堆焊 Cr-Mn-Si 合金，经特殊热处理和精加工等工艺，密封副表面硬度≥55HRC，能承受 560℃高温，满足了防腐蚀、耐磨粒磨损、耐冲刷和耐高温等特殊要求。该阀的偏心结构使阀门在启闭过程中，除克服阀瓣与阀座在开启和关闭的瞬间阻力外，其余启闭行程为无阻力的空转状态，并且阀杆只作 90°回转，启闭迅速轻便。如 *DN*300 的阀门，手动启闭一次只需 20s。启闭过程中双偏心结构产生的凸轮效应，能自动清除沉积在密封表面上的污垢。从而保证了密封的安全可靠。

双偏心半球阀内腔无“死区”，不会积存介质，内腔压力不受环境温度变化的影响。该阀属直通式结构，流通面积大，流阻小。特别是全通径半球阀开启后，阀瓣全部进入阀体的藏球腔内，几乎没有流动局部阻力，介质压力损失小，也可进行扫线检验。

5. 氧气专用球阀

QY41F 型氧气专用球阀如图 2-72 所示，除了具有普通阀门的特点外，由于它采用了质地优良的铜材制造，具有耐腐蚀、阻燃性能好、导电性好、传热性快等优点，其性能参数及材质见表 2-4。

QY41F 型氧气管道专用球阀 **表 2-4**

序号	项目		参数及材质		
1	公称通径（*DN*）		15～350		
2	公称压力（MPa）		1.6	2.5	4.0
3	试验压力（MPa）	强度试验	2.4	3.75	6.0
		密封性试验	1.76	2.75	4.4
4	工作温度		≤150℃		
5	适用介质		氧气		
6	阀体阀盖材质		铜		
7	球体、阀杆材质		1Cr18Ni9Ti		
8	密封圈材质		聚四氟乙烯		
9	密封填料		聚四氟乙烯		

Q41F-16T 型铜制氧气球阀如图 2-73 所示，其材质为黄铜，公称通径 *DN*15～*DN*300，公称压力 *PN*=0.6～4.0MPa。

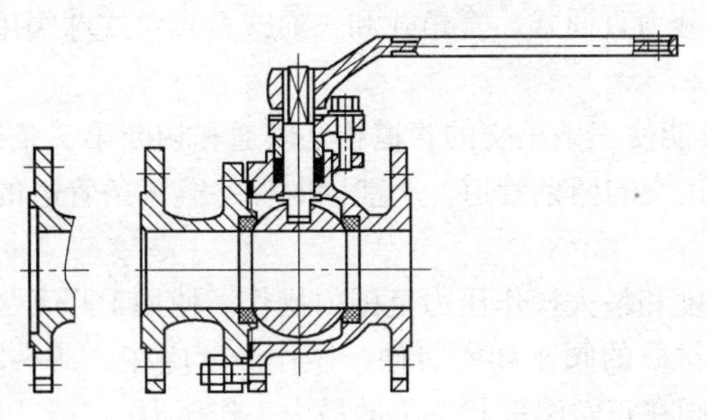

图 2-72 QY41F 型氧气专用球阀

图 2-73 Q41F-16T 型铜制氧气球阀

6. 不锈钢球阀

不锈钢球阀适用于水、溶剂、酸和天然气等介质，而且还适用于工作条件恶劣的介质，如过氧化氢（双氧水）、甲烷和乙烯等。球阀阀体可以是整体的，也可以是组合式的。此类阀门在管道中一般应当水平安装。不锈钢球阀按驱动方式一般分为：不锈钢手动球阀、不锈钢气动球阀和不锈钢电动球阀。常用不锈钢球阀材质分为 304、316、321 不锈钢球阀。

不锈钢球阀的工作原理和其他球阀是一样的，如图 2-74 所示，其结构类型也基本分为以下几种：

（1）浮动式球阀

浮动式球阀的球体是浮动的，在介质压力作用下，球体能产生一定的位移并紧压在出口端的密封面上，保证出口端密封。浮动式球阀的结构简单，密封性好，但球体承受工作介质的载荷全部传给了

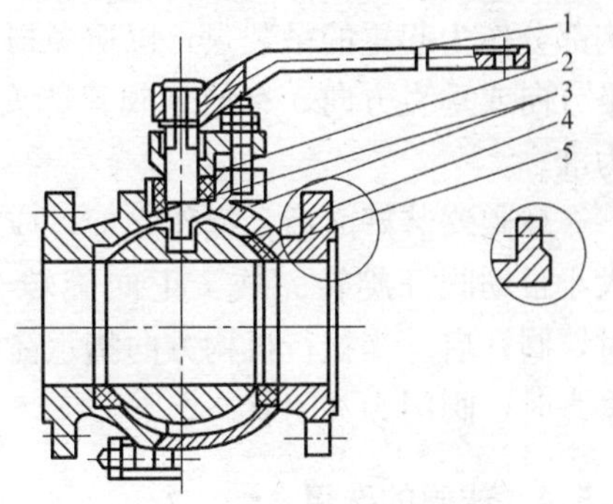

图 2-74 不锈钢球阀结构图
1—扳手；2—阀杆；3—左右阀；4—球体；5—密封

出口密封圈，因此要考虑密封圈材料能否经受得住球体介质的工作载荷。此种结构，广泛用于中低压球阀。

（2）固定式球阀

固定式球阀的球体是固定的，受压后不产生移动。固定式球阀都带有浮动阀座，受介质压力后，阀座产生移动，使密封圈紧压在球体上，以保证密封。通常在与球体的上、下轴上装有轴承，操作扭矩小，适用于高压和大口径的阀门。

为了减少球阀的操作扭矩和增加密封的可靠程度，近年来又出现了油封球阀，既在密封面间压注特制的润滑油，以形成一层油膜，即增强了密封性，又减少了操作扭矩，更适用高压大口径的球阀。

（3）弹性式球阀

弹性式球阀的球体是弹性的。球体和阀座密封圈都采用金属材料制造，密封比压很大，依靠介质本身的压力已达不到密封的要求，必须施加外力。这种阀门适用于高温高压介质。弹性球体是在球体内壁的下端开一条弹性槽，而获得弹性。当关闭通道时，用阀杆的楔形头使球体胀开与阀座压紧达到密封。在转动球体之前先松开楔形头，球体随之恢复原形，使球体与阀座之间出现很小的间隙，可以减少密封面的摩擦和操作扭矩。

按通道形式的不同，不锈钢球阀也分为直通式、直角式和三通式。直角式球阀用于改变介质流向，直角式球阀用于分配介质。

三通球阀有T形和L形两种。T形能使三条正交的管道相互联通和切断第三条通道，起分流、合流作用。L形只能连接相互正交的两条管道，不能同时保持第三条管道的相互连通，只起分配作用。

不锈钢球阀应按铭牌规定的操作温度和最大操作压力范围内操作。使用PTFE（聚四氟乙烯）或RTFE（增强聚四氟乙烯）材质的阀座和密封件，操作温度应在－29～200℃之间。阀的公称压力等级 PN，可表明阀在正常温度状态下的最大工作压力。

安装球阀时，电动或气动执行机构的注意事项应参见其相应的说明书。一般的安装程序是：1）取掉法兰端两边的保护盖，在阀完全打开的状态下进行冲洗清洁；2）安装前应按规定的信号（电或气）进行整机测试（防止因运输产生振动影响使用性能），合格后方可安装（接线按电动执行机构线路图）；3）准备与管道连接前，须冲洗和清除干净管道中残存的杂质，这些物质可能会损坏阀座和球体；4）在阀门吊装时，请不要用阀的执行机构部分作为起重的吊装点，以避免损坏执行机构及附件；5）有的球阀能安装在管道的水平方向或垂直方向，有的球阀只能安装在管道的水平方向。应以阀体箭头标识或说明书为准。

球阀安装好之后，操作之前，应对管路和阀进行冲洗。阀的操作按执行机构输入信号大小带动阀杆旋转完成：正向旋转1/4圈（90°）时，阀关断。反向旋转1/4圈（90°）时，阀开启。当执行机构方向指示箭头与管线平行时，阀门为开启状态；指示箭头与管线垂直时，阀门为关闭状态。

2.5.4　球阀的选用

由于球阀通常采用橡胶、尼龙和聚四氟乙烯作为阀座密封圈材料，故其使用温度受到一定限制。

1. 城镇燃气管路可选用内螺纹或法兰连接的浮动球球阀。

2. 成品油输送管线和贮存设备，用法兰连接的球阀。

3. 埋设在地下并需要清扫管线的石油、天然气输送主管，可选用全通径、全焊接结构的球阀；埋设在地上的，选用全通径焊接连接或法兰连接的球阀。石油、天然气输送支管可选用法兰连接、焊接连接的全通径或缩径球阀。

4. 化工系统的酸碱类腐蚀性介质管路，宜选用聚四氟乙烯为阀座密封圈的全不锈钢球阀。

5. 在工作温度 200℃以上的高温介质管路或装置，可选用金属对金属密封球阀。

6. 氧气管路应选用经过严格脱脂处理的法兰连接固定球球阀。

7. 需要进行流量调节时，应选用带 V 形开口的调节球阀。

2.6　旋塞阀

旋塞阀系指启闭件（阀塞）由阀杆带动，并绕阀杆的轴线在阀体内作旋转运动的阀门。

旋塞阀的密封面之间运动时带有擦拭作用，而在全开时可完全防止密封面与流动介质的接触，因而也能用于带悬浮颗粒的介质。旋塞阀的另一个特点是适应多流道结构，一个阀可以接通两个、三个、甚至四个流道。

旋塞阀的启闭件（阀塞）多为圆锥体（也有圆柱体），与阀体的圆锥孔面配合组成密封副。锥形阀塞中，阀塞通道呈梯形，在圆柱形阀塞中，阀塞通道一般呈矩形。

旋塞阀是使用较早的一种阀门，结构简单、开关迅速、流体阻力小。普通旋塞阀靠精加工的金属阀塞与阀体间的直接接触来密封，所以密封性较差，启闭力大，容易磨损。旋塞阀最适于作为切断或接通介质以及分流使用，但是依据密封面的耐冲蚀性，有时也可用于节流。

旋塞阀具有结构简单，相对体积小，重量轻，便于维修，不受安装方向的限制，流体阻力小，启闭迅速、轻便的优点。

2.6.1　圆柱形旋塞阀

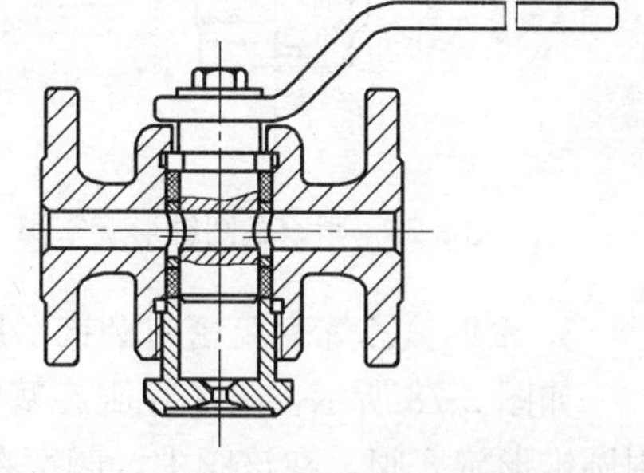

图 2-75　圆柱形旋塞阀

圆柱形旋塞阀外形如图 2-75 所示，一般有四种密封方法，即利用密封剂、利用阀塞膨胀、使用 O 形密封圈和使用偏心旋塞楔入阀座密封圈。

圆柱形润滑旋塞阀的密封靠阀体和阀塞之间的密封剂来达到。密封剂是用螺栓或注射枪经阀塞杆注入密封面的，因此，当阀门在使用时，可通过注射补充的密封剂来有效地弥补其密封的不足。

由于密封面在阀门全开位置时处于被保护位置，不与流体介质接触，所以润滑式旋塞阀特别适用于磨蚀性介质。但润滑式旋塞阀不宜用于节流，这是因为节流时会从露出的密封面上冲掉密封剂，因此要对阀座的密封进行恢复。该阀的缺点是密封剂的添加需要人工操作，采用自动注射虽能克服这一缺点，但需增加添置装备的费用。一旦因保养不善或密封剂选择不当，或者在密封面产生结晶，阀塞在阀体内不能转动时，就必须对阀门进行检修。

图 2-75 所示的圆柱形旋塞阀，在阀体内装有一个聚四氟乙烯套筒与阀塞密封，它用压紧螺母压紧在阀体内，靠阀塞对聚四氟乙烯套筒的膨胀力来达到密封。

2.6.2 圆锥形旋塞阀

1. 紧定式圆锥形旋塞阀

此种旋塞阀不带填料，阀塞与阀体密封面间的密封依靠拧紧旋塞下面的螺母来实现，一般用于公称压力 $PN\leqslant0.6$MPa 的低压场合。小口径内螺纹连接的圆锥形旋塞阀外形如图 2-76 所示，圆锥形旋塞阀密封副之间的泄漏间隙可通过用力将阀塞更深地压入阀座来进行调整。当阀塞与阀体紧密接触时，阀塞仍可旋转，或在旋转前从阀座提起旋转 90°，而后再压入密封。

2. 填料式圆锥形旋塞阀

圆锥形旋塞阀如图 2-77 所示。填料式圆锥形旋塞阀阀体内带有填料，通过压紧填料来实现阀塞和阀体密封面的密封。这种填料式圆锥形旋塞阀的密封性能较好，用于公称压力 $PN=1.0\sim1.6$MPa 的场合。阀体下面的螺钉用于阀塞和阀体之间配合松紧的调节。

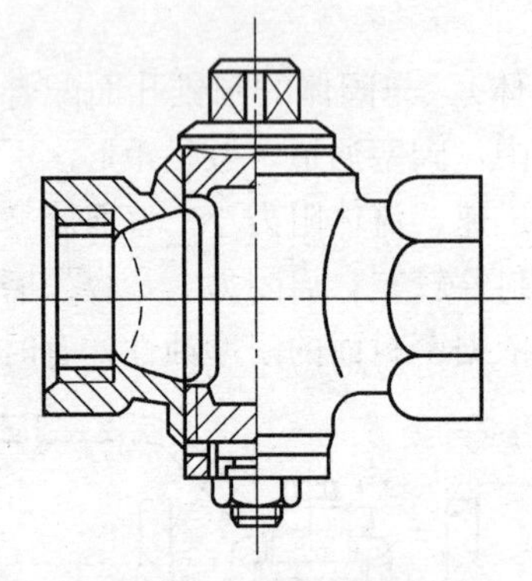

图 2-76 紧定式圆锥形旋塞阀

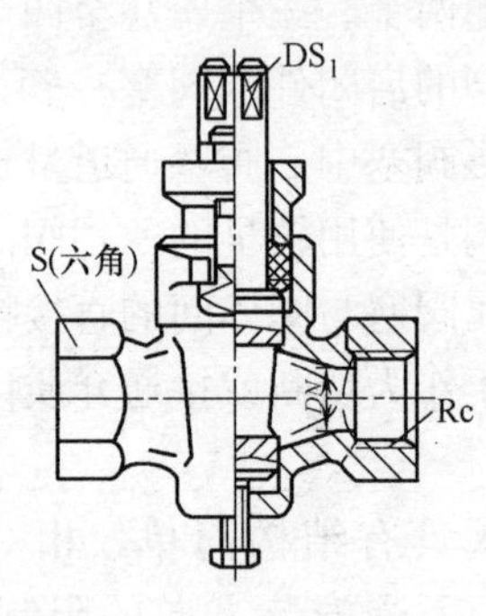

图 2-77 圆锥形旋塞阀

3. 聚四氟乙烯套筒密封圆锥形旋塞阀

如图 2-78 所示，为了克服旋塞阀的润滑保养难题，就研制出此种聚四氟乙烯套筒密封圆锥形旋塞阀。在该阀中，阀塞在镶在阀体内的聚四氟乙烯套筒内旋转，聚四氟乙烯套筒避免了阀塞的粘滞。但由于密封面积大和密封应力高，操作力矩仍较大。另一方面，由于密封面积大，即使在密封表面上有某些损坏，仍能较好地防止泄漏，因此，这种阀坚固耐用。

由于使用聚四氟乙烯套筒，也可使阀门利用那些在其他场合中由于互相接触会产生粘滞的贵重材料。此外，这种阀很容易在现场进行修理，阀塞也无需进行研磨。

4. 三通和四通式圆锥形旋塞阀

如图 2-79 所示，三通和四通式锥形旋塞阀多为填料式或油封式锥形旋塞阀，主要多用于需分配介质的部位。

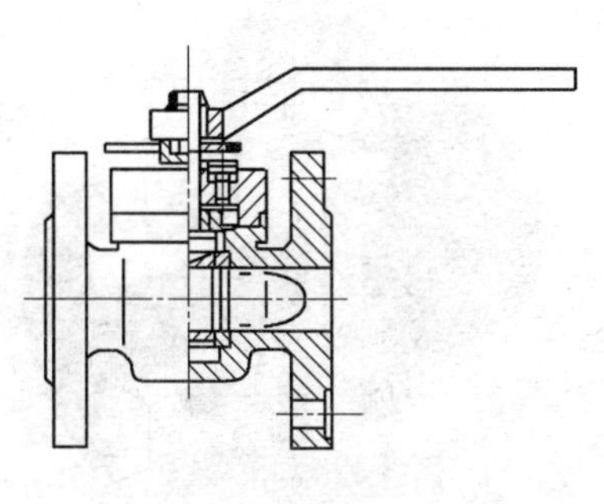
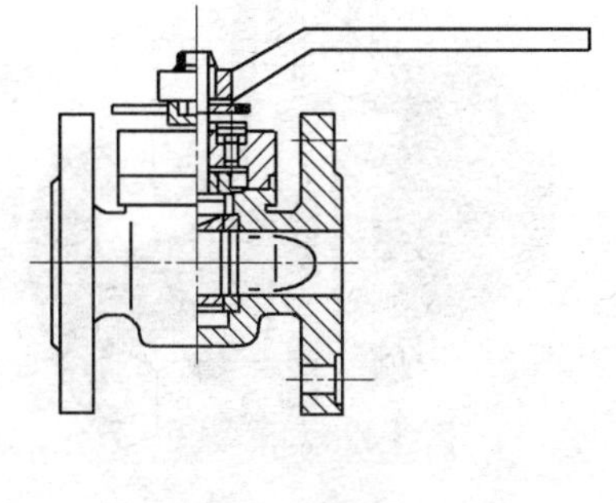

图 2-78 聚四氟乙烯套筒密封圆锥形旋塞阀

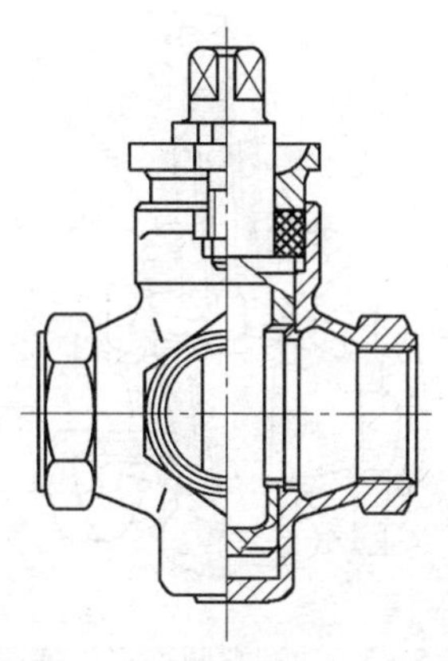

图 2-79 三通和四通式圆锥形旋塞阀

5. 油润滑硬密封旋塞阀

油润滑硬密封旋塞阀可分为常规油润滑旋塞阀和压力平衡式旋塞阀。特制的润滑脂从塞体顶部注入阀体锥孔与塞体之间，形成油膜以减小阀门启闭力矩，提高密封性和使用寿命。其工作压力可达 64MPa，最高工作温度可达 325℃，最大公称通径可达 *DN*600。

(1) 常规油润滑旋塞阀

常规硬密封旋塞阀，旋塞锥体的安装方式为正装。为了减少阀体和旋塞密封面的摩擦力，阀门一般采用密封油脂润滑阀座的密封结构。从高压油嘴注入的高压密封油，在旋塞周围形成高压密封环，即阀体和旋塞锥体密封面之间有一层油膜，既能封闭又能润滑，启闭容易。

为了进一步减少旋塞阀的启闭力矩，通常采用减少旋塞直径的方法，故旋塞阀通常采用矩形流道，此方法在减少旋塞阀启闭力矩的同时，增大了旋塞阀的流体阻力。

旋塞锥体密封部位堆焊 STL 合金材料或者采用表面硬化技术，增强密封面的耐磨损和抗腐蚀能力，使用寿命长。旋塞锥体的表面精磨至镜面，与阀体的密封面研磨，以具有更低的启闭力矩。

图 2-80 所示为油润滑圆锥形旋塞阀，由于采用了强制润滑，用油枪把密封脂强制注入阀塞和阀体内的油槽，使阀塞和阀体的密封面间形成一层油膜，从而提高旋塞阀的密封性能，并且使开启和关闭阀门时更省力，同时可防止密封面受到损伤，起到保护密封面的作用。所用润滑脂的成分，可根据工作介质的性质和工作温度而定。该类旋塞阀的美标产品压力等级为 CL150～CL300 级，公称通径 *DN*15～*DN*300，连接方式：法兰、丝口或焊接，广泛应用于输油和输气管线。

(2) 压力平衡式旋塞阀

为了减少常规硬密封旋塞阀的力矩，常采用压力平衡式旋塞阀。压力平衡式旋塞阀除具有常规油润滑旋塞阀的特点外，还有下列特点：

1) 压力平衡式旋塞阀的旋塞锥体的安装方式为倒装，故也叫压力平衡式倒圆锥形旋塞阀，如图 2-81 所示，压力平衡式倒圆锥形旋塞阀的阀塞和阀体之间的密封，主要依靠密封脂和介质本身的压力来实现。此阀美标产品压力等级为 CL150～CL2500 级，公称通径 *DN*15～*DN*900，主要用于石油、天然气的输送管线。

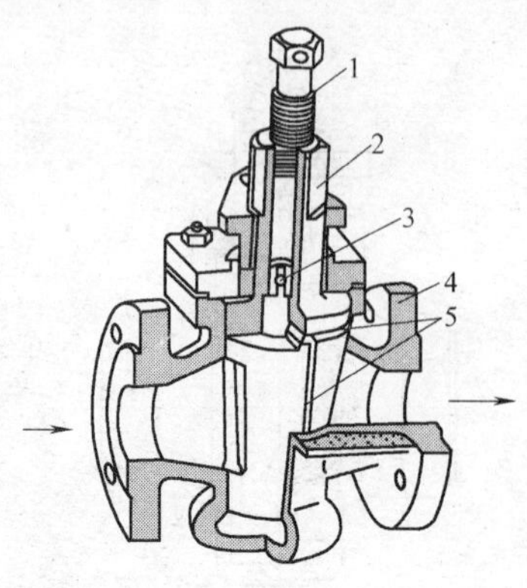

图 2-80 油润滑圆锥形旋塞阀

1—注油螺塞；2—塞体；3—止回阀；4—阀体；5—储油沟槽

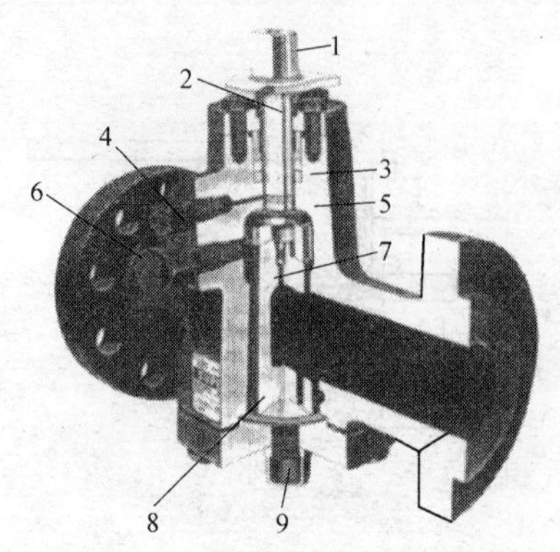

图 2-81 压力平衡式倒圆锥形旋塞阀

1—方手柄；2—阀杆；3—填料；4—注油嘴；5—摩擦垫；6—注油脂嘴；7—旋塞压力平衡孔；8—倒锥旋塞；9—调整螺钉

在阀门关闭时，由于旋塞锥体上下截面积差，注入的高压密封油使塞体受到向上的提升力，使塞体和阀门的密封面能更好的密封。

2）在阀门开启瞬间，阀体下腔的压力与管道的介质压力平衡，上腔的高压密封油使塞体受到向下的推力，而使旋塞锥体与阀体密封面间出现微小间隙，旋转塞体时的力矩将有效减少，也可保护密封副。

3）在高温工况下，旋塞的热膨胀可通过其升降来吸收，避免密封副楔死。

油润滑硬密封旋塞阀，虽然采用油润滑能适当减少启闭力矩，但却可能对介质形成污染，因此应针对实际介质选择密封润滑油。

2.6.3 几种常用的旋塞阀外形

几种常用的低压中小口径内螺纹和法兰连接的旋塞阀外形如图 2-82 所示。

2.6.4 旋塞阀的选用

旋塞阀最好适用于快速启闭、快速切断介质流通的场合，以及分配和改变介质流向的场合，能适用于多通道结构，一个旋塞阀可以控制 2～4 个通道，在给排水、暖通及工业生产领域广泛使用。

1. 在给排水、暖通及燃气系统管路公称压力 $PN \leqslant 1.2$MPa、公称直径$\leqslant DN200$ 条件下，宜选用填料式圆锥形旋塞阀。

2. 用于分配介质和改变介质流向，在工作温度小于等于 300℃、公称压力 $PN \leqslant 1.6$MPa、公称直径$\leqslant DN300$ 条件下，建议选用多通路旋塞阀。

3. 在化工行业含有腐蚀性介质的管路和设备上，对于硝酸类介质，可选用 1Cr18Ni9 不锈钢制的聚四氟乙烯套筒密封圆锥形旋塞阀；对于醋酸类介质，可选用 Cr18Ni12Mo2Ti 不锈钢制的聚四氟乙烯套筒密封圆锥形旋塞阀。

4. 石油、天然气支线管路及精炼、清洁设备中，在公称压力级≤CL300、公称直径$\leqslant DN300$、工作温度 340℃以内的条件下，建议选用油封式圆锥形旋塞阀；在公称压力

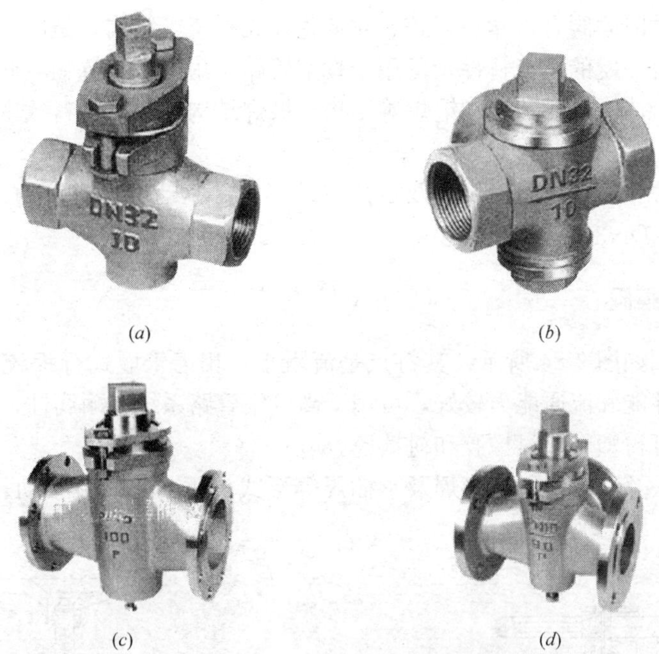

(*a*) (*b*)

(*c*) (*d*)

图 2-82 内螺纹和法兰连接的旋塞阀外形

(*a*) X13W-1.0T 二通内螺纹全铜旋塞阀；(*b*) X14W-1.0T 三通内螺纹全铜旋塞阀；(*c*) X43W-1.0P/R 法兰直通二通不锈钢旋塞阀；(*d*) X44W-1.0P 法兰三通不锈钢旋塞阀

级≤CL2500、公称直径≤*DN*900、工作温度 340℃以内的条件下，建议选用平衡式倒圆锥形旋塞阀。

5. 啤酒、牛奶及果汁等食品及药品生产装置和管路中，建议选用奥氏体不锈钢制紧定式圆锥形旋塞阀。

2.7 隔膜阀

隔膜阀系指启闭件（隔膜）在阀内沿阀杆轴线作升降运动，并通过启闭件（隔膜）的变形将动作机构与介质隔开的阀门。

隔膜阀是一种特殊形式的截断阀，它的启闭件是一块用软质材料制成的隔膜，把阀体内腔与阀盖内腔及驱动部件隔开，故称隔膜阀。

隔膜阀的最突出特点是用隔膜把下部阀体内腔与上部阀盖内腔隔开，使位于隔膜上方的阀杆、阀瓣等零件不受介质侵蚀，省去了填料密封结构，且不会产生介质外漏。

采用橡胶或塑料等软质密封制作的隔膜，密封性较好。由于隔膜为易损件，应视介质特性而定期更换。受隔膜材料限制，隔膜阀仅适用于低压和温度相对不高的场合。

隔膜阀按结构形式可分为：堰式、直流式、截止式、直通式、闸板式和直角式 6 种；连接形式通常为法兰连接；按驱动方式可分为手动、电动和气动 3 种。

2.7.1 堰式隔膜阀

堰式隔膜阀如图 2-83 所示，其特点是行程短，比直通式和直流式流阻大，对隔膜挠性要求较低。此种隔膜阀有衬塑、衬胶、衬搪瓷及无衬里等结构，是应用最广泛的隔膜阀结构形式，并具有一定的调节特性，可用于真空管路。耐蚀性和抗颗粒介质性好，密封可靠，成本较低。阀体有整体铸造和锻焊等结构，锻焊结构的阀体材料致密性好，可用于高真空工况。

阀门连接有法兰、螺纹、对接焊及承插焊等形式；驱动方式有手动、电动、气动等；公称通径 $DN15 \sim DN300$。

2.7.2　直通式隔膜阀

直通式隔膜阀如图 2-84 所示，其特点是流阻小，相当于堰式行程较长，对隔膜挠性要求较高，切断性能和流通能力较好，可用于高真空管路系统。耐腐蚀，能用于输送颗粒状介质。阀内腔可衬塑料、衬橡胶和衬搪瓷。

阀门连接有法兰、螺纹、对接焊及承插焊等形式；驱动方式有手动、电动、气动等；公称通径 $DN15 \sim DN300$。

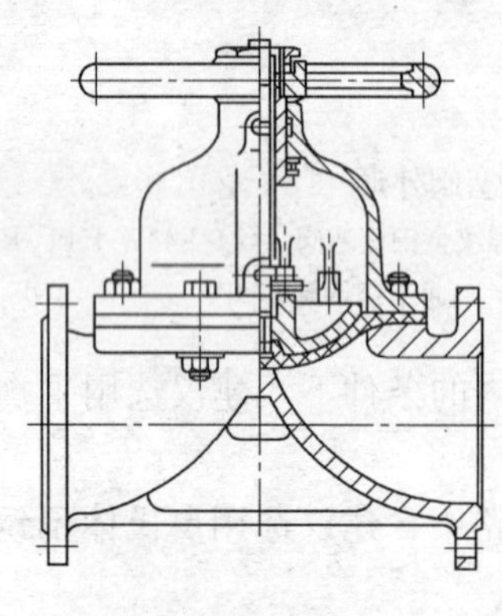

图 2-83　堰式隔膜阀

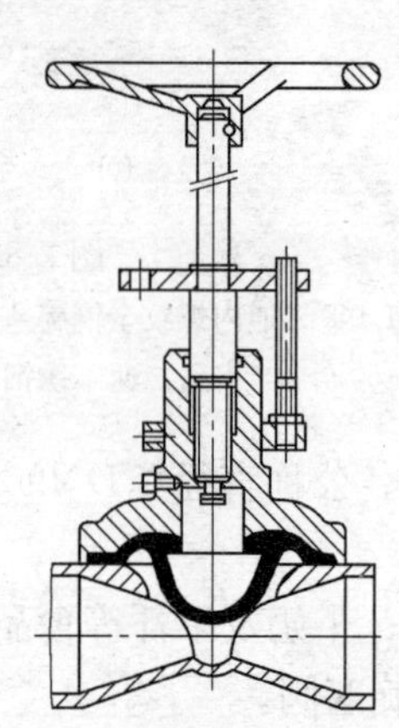

图 2-84　直通式隔膜阀

2.7.3　直流式隔膜阀

直流式隔膜阀如图 2-85 所示，此种隔膜阀的流道平滑，流阻小，故而可获得较大的流量。隔膜阀的内腔表面可衬塑或衬胶，因此具有优越的耐腐蚀的特点。由于密封件为富有弹性的橡胶隔膜，因此还具有较好的密封性和最小的关闭力。有的直流式隔膜阀在阀杆上端设有可窥见阀门处于启或闭位置的刻线，以指示阀门的启闭行程。

阀门通常为法兰连接或对焊连接。公称通径 $DN100 \sim DN400$。

2.7.4　针形隔膜阀

针形隔膜阀如图 2-86 所示，此种隔膜阀行程较短，对隔膜挠性要求不高，阀内腔表面可衬塑或衬胶，通常为螺纹连接，公称通径为 $DN15 \sim DN80$。

2.7.5　堰式陶瓷隔膜阀

堰式陶瓷隔膜阀如图 2-87 所示，此种隔膜阀采用陶瓷整体成型，或在金属阀体内衬陶

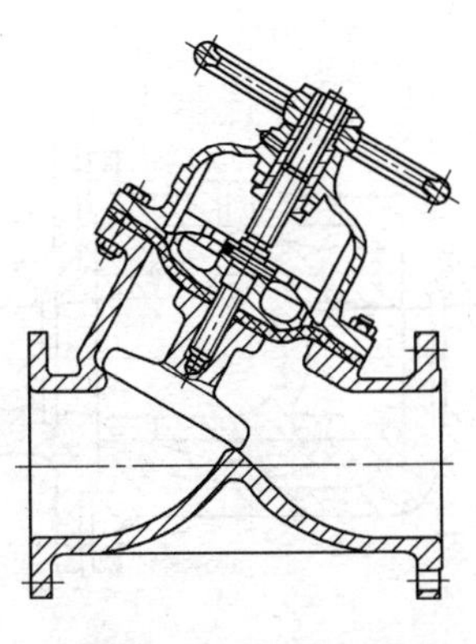

图 2-85 直流式隔膜阀

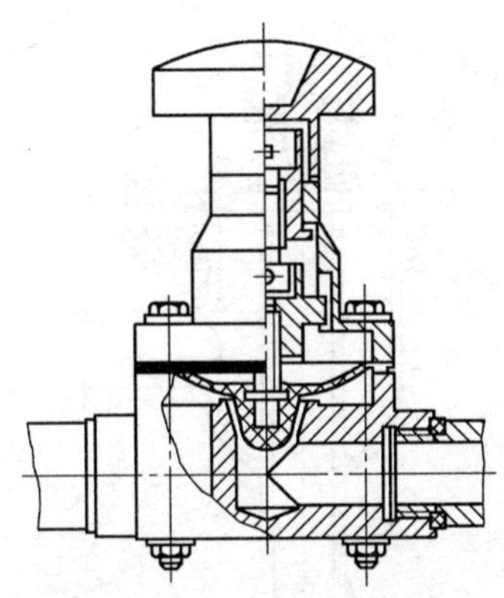

图 2-86 针形隔膜阀

瓷内衬。隔膜采用柔软薄膜状 PTFE 材料，以提高耐磨、耐蚀性能。隔膜背面衬厚橡胶以提高其承载能力。陶瓷成型内衬应能耐 80℃温度变化而不致损坏。通常为对夹式和法兰式连接，公称通径为 *DN*15～*DN*200。

2.7.6 堰式塑料隔膜阀

堰式塑料隔膜阀如图 2-88 所示，此种隔膜阀的一般结构除阀杆和紧固件外，其他零部件材料为塑料或橡胶，可用于强腐蚀性介质。通常为法兰和螺纹连接，公称通径为 *DN*15～*DN*250。

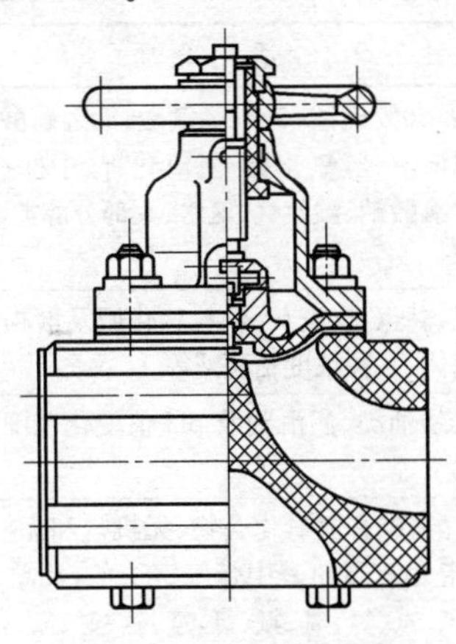

图 2-87 堰式陶瓷隔膜阀

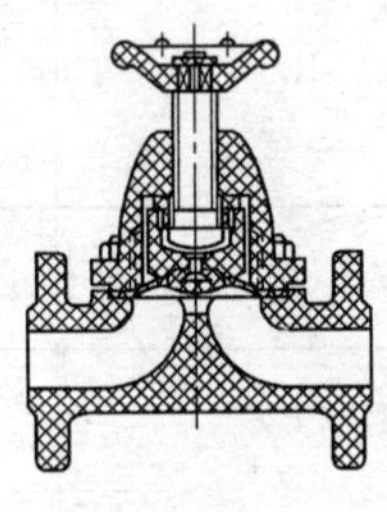

图 2-88 堰式塑料隔膜阀

2.7.7 直流式和直角式玻璃隔膜阀

直流式和直角式玻璃隔膜阀如图 2-89 所示，此种隔膜阀的主体材料为玻璃，结构通常有直流式和直角式两种形式，阀体有透明度，能观察介质物料在阀内的运动和反应等情况。通常为活套法兰连接，公称通径为 *DN*50～*DN*200。

2.7.8 套筒形隔膜阀

套筒形隔膜阀如图 2-90 所示，其特点是结构紧凑，启闭迅速，能起一定的节流和减缓介质压力波动的作用，通常采用螺纹连接。

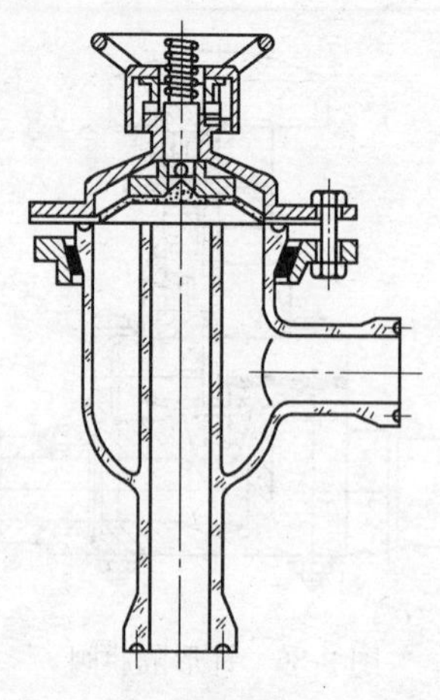

图 2-89 直流式和直角式玻璃隔膜阀

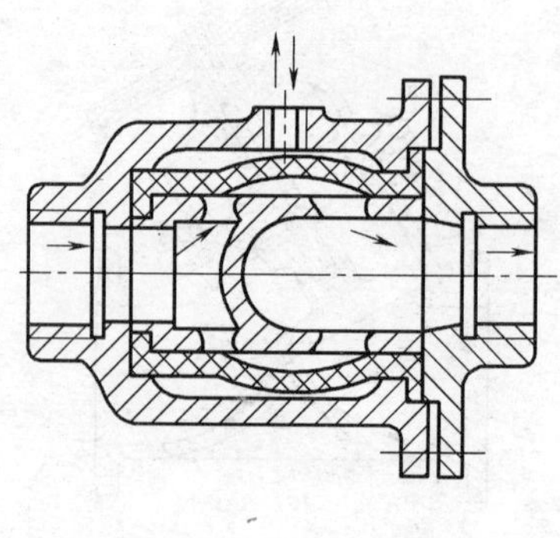

图 2-90 套筒形隔膜阀

2.7.9 隔膜阀的选用

由于受阀体衬里工艺的限制，较大的阀体衬里和较大的隔膜制造都较困难，故隔膜阀不适用于较大管径，一般应用于 $DN \leqslant 200$ 以下的管路，工作温度一般不超过 180℃。

隔膜阀阀体衬里材料推荐使用温度和适用介质见表 2-5，隔膜阀隔膜材料推荐使用温度和适用介质见表 2-6。

隔膜阀阀体衬里材料推荐使用温度和适用介质　　表 2-5

衬里材料(代号)	使用温度(℃)	适用介质
硬橡胶(NR)	−10～85	盐酸、30%硫酸、50%氢氟酸、80%磷酸、酸碱类、镀金属溶液、氢氧化钠、氢氧化钾、中性盐水溶液、10%次氯酸钠、湿氯气、氨水、大部分醇类、有机酸及醛类等
软橡胶(BR)	−10～85	水泥、黏土、煤渣灰、颗粒状化肥及磨损性较强的固态流体、各种浓度粘稠液等
氯丁橡胶(CR)	−10～85	动植物油类、润滑剂及 pH 值变化范围很大的腐蚀性泥浆等
丁基橡胶(HR)	−10～120	有机酸、碱和氢氧化合物、无机盐和无机酸、元素气体(指元素周期表中带气字头的，其单质都是气体，有氢、氦、氮、氧、氟、氯、氖、氩、氪、氙、氡)、醇类、醛类、醚类、酮类、酯类等
聚全氟乙丙烯塑料(FEP)	≤150	除熔融碱金属、元素氟及芳香烃类外的盐酸、硫酸、王水、有机酸、强氧化剂、浓稀酸交替、碱酸交替、各种有机溶剂等
聚偏氟乙烯塑料(PVDF)	≤100	
聚四氟乙烯-乙烯共聚物(ETFE)	≤120	
可熔性聚四氟塑料(PFA)	≤180	
聚三氟氯乙烯塑料(PCTFE)	≤120	
搪瓷	≤100 切忌温度急变	除氢氟酸、浓磷酸及强碱外的其他低度耐蚀性介质
铸铁无衬里	使用温度按隔膜材料确定	非腐蚀性介质
不锈钢无衬里		一般腐蚀性介质

注：表中百分比均为质量分数。

隔膜阀隔膜材料推荐使用温度和适用介质 **表 2-6**

隔膜材料(代号)	使用温度(℃)	适用介质
氯丁橡胶(CR)	−10～85	动植物油类、润滑剂及 pH 值变化范围很大的腐蚀性泥浆等
天然橡胶(Q 级)	−10～100	无机盐、净化水、污水、无机稀酸类
丁基橡胶(B 级)	−10～120	有机酸、碱和氢氧化合物、无机盐和无机酸、元素气体(指元素周期表中带气字头的，其单质都是气体，有氢、氦、氮、氧、氟、氯、氖、氩、氪、氙、氡)、醇类、醛类、醚类、酮类、酯类等
乙丙橡胶(FPDM)	−10～120	盐水、40%硼水、5%～15%硝酸及氢氧化钠等
丁腈橡胶(NBR)	−10～85	水、油品、废气及治污废液等
聚全氟乙丙烯塑料(FEP)	−10～150	除熔融碱金属、元素氟及芳香烃类外的盐酸、硫酸、王水、有机酸、强氧化剂、浓稀酸交替、碱酸交替、各种有机溶剂等
可熔性聚四氟塑料(PFA)	≤180	
氟橡胶(FPM)	−10～150	耐介质腐蚀性高于其他橡胶，适用于无机酸、碱、油品、合成润滑油及臭氧等

应根据隔膜阀的压力-温度等级曲线和流量特性曲线进行选择。隔膜阀的压力-温度等级曲线见图 2-91，最为常用的堰式隔膜阀的流量特性曲线见图 2-92。

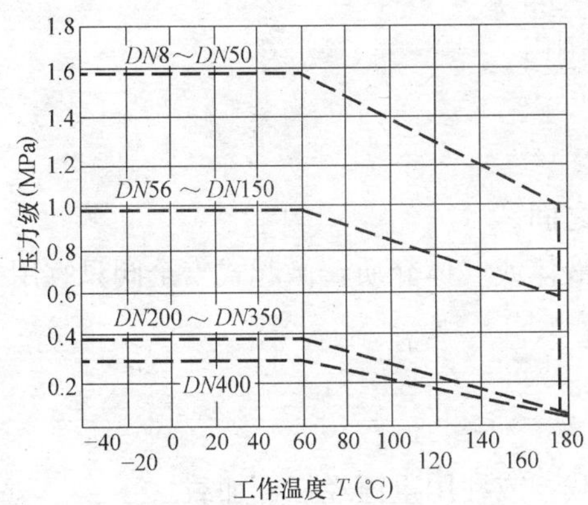

图 2-91 隔膜阀的压力-温度等级曲线

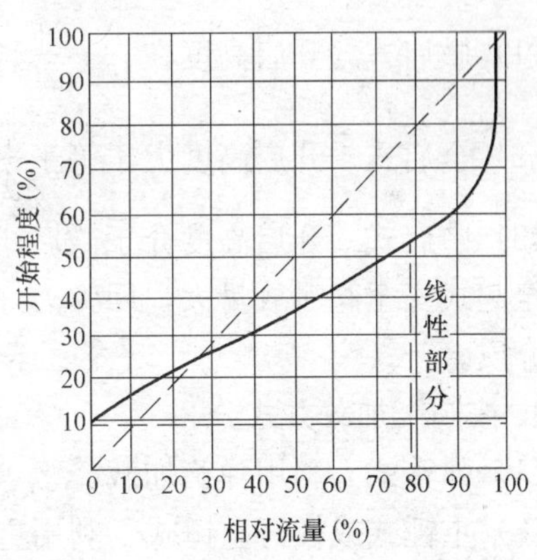

图 2-92 堰式隔膜阀的流量特性曲线

工作温度小于等于 180℃、公称压力小于等于 1.6MPa、公称通径小于等于 DN200 的各种腐蚀性介质管路，推荐隔膜阀的衬里材料见表 2-5，推荐的隔膜材料见表 2-6。

对于研磨颗粒性介质可仍选用堰式隔膜阀；黏性液体、水泥浆以及沉淀性介质选择直通式隔膜阀；食品工业和制药工业的工艺管路上，宜选用隔膜阀；除特定工艺或品种外，隔膜阀不宜用于真空管路和真空设备上。

2.8 安全阀

安全阀是指当管道、锅炉及压力容器内介质压力超过规定值时，启闭件（阀瓣）能自动开启排放介质，当压力低于规定值时，启闭件（阀瓣）自动关闭，从而保证管路系统或设备安全运行的阀门。

2.8.1　安全阀的分类

1. 按作用原理分

（1）直径作用式

直接依靠介质压力产生的作用力来克服作用在阀瓣上的机械载荷使阀门开启。

（2）非直接作用式

1）先导式　由主阀和导阀组成，依靠从导阀排出的压力介质来驱动或控制主阀。

2）带补充载荷式　在进口压力达到开启压力前，始终保持有一增强密封的附加力，此附加力在阀门达到开启压力时应可靠地释放。

2. 按动作特性分

（1）比例作用式

开启高度随压力升高而逐渐变化。

（2）两段作用式（突跳动作式）

开启过程分两个阶段：起初阀瓣随压力升高而成比例开启，在压力升高一个不大的数值后，阀瓣即在压力几乎不再升高的情况下，急速开启到规定高度。

3. 按开启高度分

（1）微启式　开启高度在$\frac{1}{40}$～$\frac{1}{20}$流道直径范围内。

（2）全启式　开启高度大于等于$\frac{1}{4}$流道直径。

（3）中启式　开启高度介于微启式和全启式之间。

全起式安全阀泄放量大，回弹力好，适用于液体或气体介质，微起式安全阀只宜用于液体介质。

4. 按阀瓣加载方式分

（1）弹簧式　利用弹簧加载。

（2）重锤式或杠杆重锤式　利用重锤直接加载，或利用重锤经杠杆加载。

（3）气室式　利用压缩空气加载。

5. 按有无背压平衡机构分

（1）背压平衡式　利用波纹管、活塞或膜片等平衡背压作用的元件，使阀门开启前背压对阀门上下两侧的作用相平衡。

（2）常规式　不带背压平衡元件。

2.8.2　安全阀类型的选择

按使用条件选择安全阀的推荐做法见表2-7。

2.8.3　安全阀的结构型式

弹簧式安全阀按结构形式来分，要分为弹簧式、先导式和垂锤杠杆式等，以弹簧式应用最为广泛；按阀体构造来分，可分为封闭式和不封闭式两种。封闭式安全阀即排除的介

按使用条件选择安全阀的推荐做法 表 2-7

使用条件	选用安全阀类型
液体介质	比例作用式安全阀
气体介质或必需的排放量较大	两段作用全启式安全阀
必需的排放量是变化的	必需的排放量较大时，采用几个两段作用式安全阀，使其总排量等于最大必需量，必需的排放量较小时，采用比例作用式安全阀
附加背压为大气压，为固定值、或者其变化较大（相当于开启压力而言）	常规式安全阀
附加背压是变化的，且变化量较大（相当于开启压力而言）	背压平衡式安全阀
必需排量很大，或者口径和压力都较大，密封要求	先导式安全阀
要求反应迅速	直径作用式安全阀
密封要求高，且开启压力和工作压力接近	带补充载荷的安全阀
移动式或受振动的受压设备	弹簧式安全阀
介质可以释放到周围环境中，介质温度较高	开放式安全阀
不允许介质向周围环境逸出或需要回收排放的介质	封闭式安全阀
介质温度很高	带散热套的安全阀

质不外泄，全部沿着出口排泄到指定地点，一般用在有毒和腐蚀性介质中；对于空气和蒸汽用安全阀，多采用不封闭式安全阀。

安全阀产品的选用，应按实际工作压力和密封压力来确定。对于弹簧式安全阀，在一种公称压力（*PN*）范围内，具有几种密封压力级的弹簧，订货时除注明安全阀型号、名称、介质和温度外，尚应注明阀体密封压力，否则按最大密封压力供货。

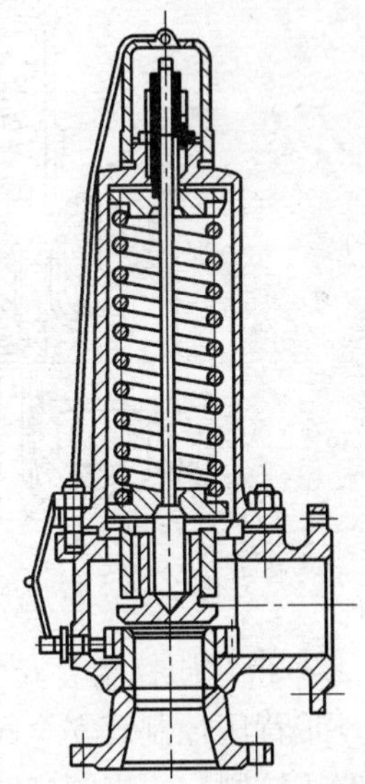

图 2-93 带调节圈微启式安全阀

1. 带调节圈微启式安全阀

带调节圈微启式安全阀如图 2-93 所示，其动作特性为比例作用式，利用调节圈可对排放压力及启闭压差进行调节。

2. 不带调节圈微启式安全阀

不带调节圈微启式安全阀如图 2-94 所示，其动作特性为比例作用式。

3. 反冲盘加调节圈微启式安全阀

反冲盘加调节圈微启式安全阀如图 2-95 所示，利用反冲盘使喷出气流折转而获得较大的阀瓣升力，达到全启高度。借助调节圈可对排放压力及启闭压差进行调节。动作特性为两段作用式。

4. 带喷射管安全阀

带喷射管安全阀如图 2-96 所示，可对排放压力及启闭压差进行调节，并设置了喷射管，利用排放气流的抽吸作用减小阀瓣上腔压力，利于阀门开启，并获得更大升力。

5. 带双调节圈全启式安全阀

带双调节圈全启式安全阀如图 2-97 所示，在导向套和阀座上各设置一个调节圈（称上、下调节圈），上调节圈主要用于调节启闭压差，下调节圈主要用于调节排放压力。

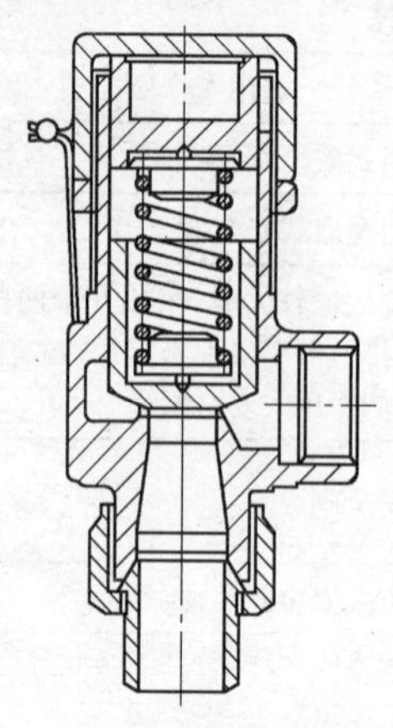

图 2-94 不带调节圈微启式安全阀

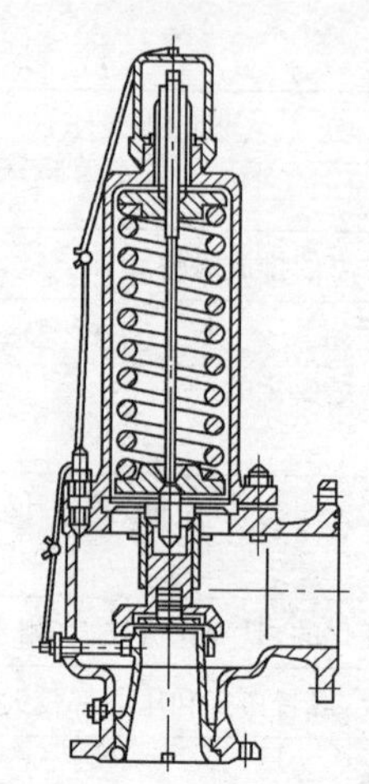

图 2-95 反冲盘加调节圈微启式安全阀

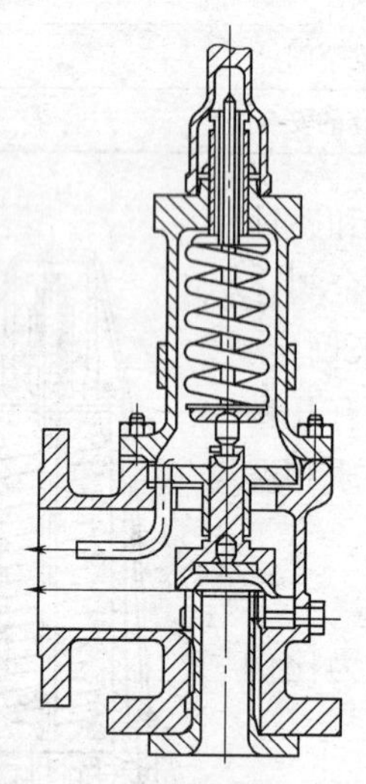

图 2-96 带喷射管安全阀

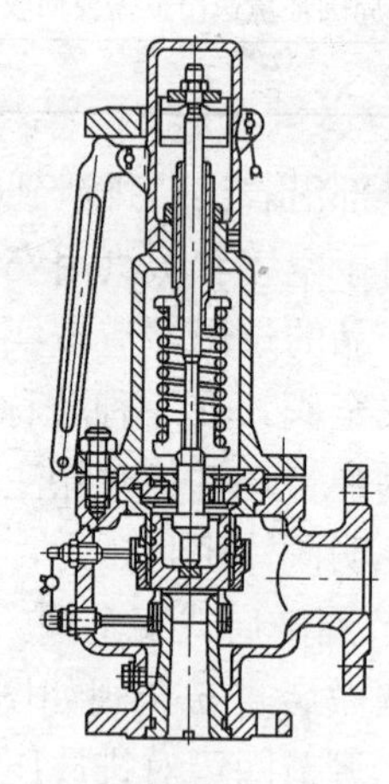

图 2-97 带双调节圈全启式安全阀

6. 带背压控制套安全阀

带背压控制套安全阀如图 2-98 所示，除带有上、下调节圈外，在阀杆上还设置了一个背压控制套。当阀门开启时，控制套随阀杆上升，控制套外锥面与阀壳间环形通道面积增大，使阀瓣上腔背压减小，有利于阀门开启；当阀门关闭时，控制套下降，与阀壳间环形通道面积减小，使阀瓣上腔背压增大，促使阀门回座。

7. 波纹管背压平衡式安全阀

波纹管背压平衡式安全阀如图 2-99 所示，波纹管的有效直径等于关闭件密封面平均直径，附加背压对阀瓣的合力为零，所以附加背压的变化不会影响阀的开启压力。

8. 带隔膜安全阀

带隔膜安全阀如图 2-100 所示，在阀体中部设置了隔膜，使弹簧、腔室与排放的介质隔离，从而使弹簧受到保护不受腐蚀性介质的耐蚀。

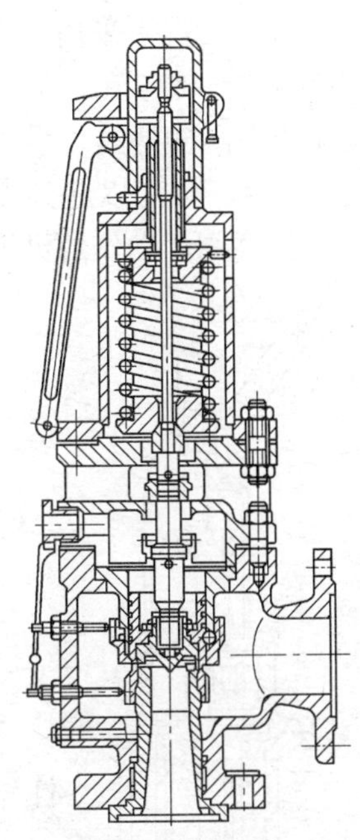

图 2-98 带背压控制套安全阀

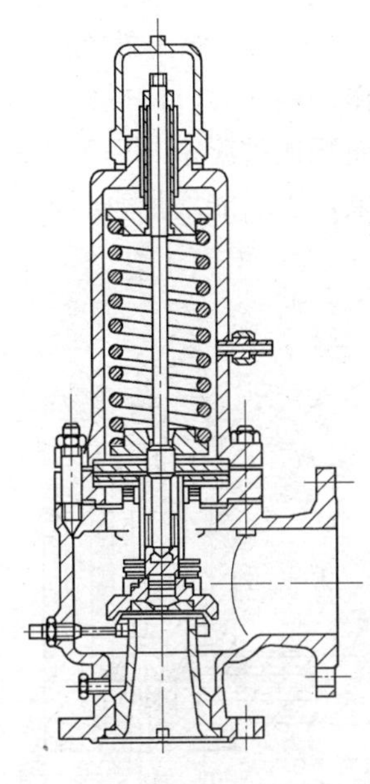

图 2-99 波纹管背压平衡式安全阀

9. 带散热套安全阀

带散热套安全阀如图 2-101 所示，在阀体与弹簧腔室之间加散热套可降低弹簧腔室内的温度，并防止排放介质直径冲蚀弹簧，适用于高温场合。

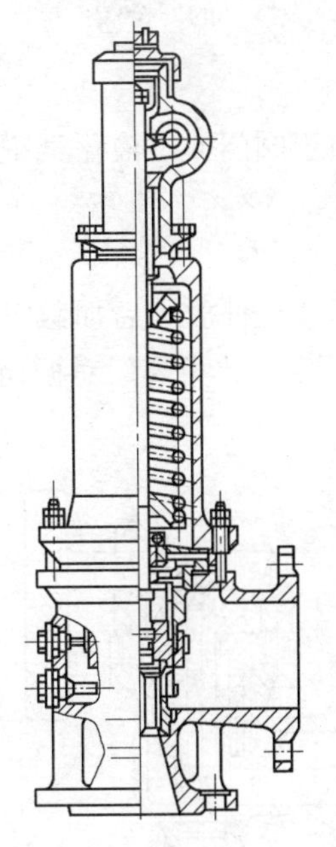

图 2-100 带隔膜式安全阀

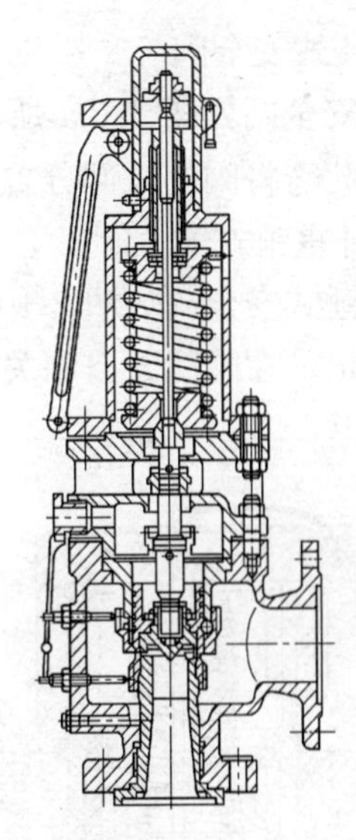

图 2-101 带散热套安全阀

10. 平衡式安全阀

平衡式安全阀如图 2-102 所示，阀瓣在上、下两个方向同时承受介质压力的作用，弹簧载荷仅与两个方向介质作用力的差值有关，这样就可以在高压工况下采用较小的弹簧。

11. 介质作用在阀瓣外围的安全阀

介质作用在阀瓣外围的安全阀如图 2-103 所示，介质作用在阀瓣外围。承受介质压力的元件是面积比阀瓣密封面大得多的膜片（也可能是活塞或波纹管），以起到放大介质作用力的效果，因而能增加密封面的比压力，提高密封性，并提高阀门动作的灵敏程度。

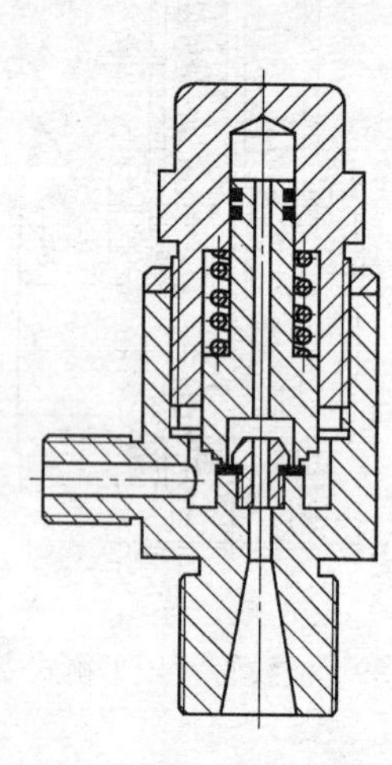

图 2-102　平衡式安全阀

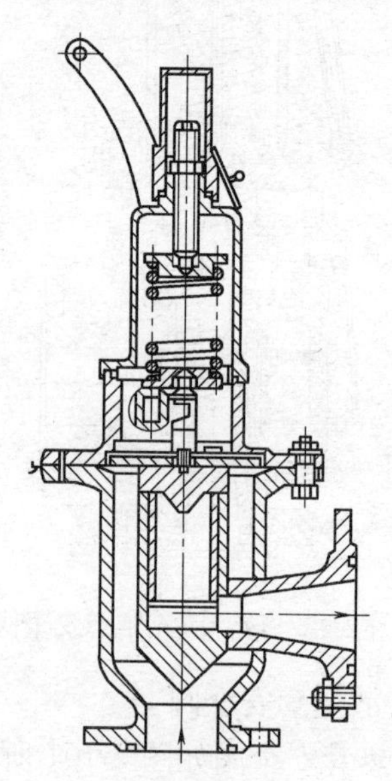

图 2-103　介质作用在阀瓣外围的安全阀

12. 内装式安全阀

内装式安全阀如图 2-104 所示，用于液化气槽车，由于阀门伸出液化气罐外的尺寸受到限制，因此需将阀的一部分置于罐内。

13. 杠杆重锤式安全阀

杠杆重锤式安全阀如图 2-105 所示，重锤的作用力通过杠杆放大后加载于阀瓣，并通过调试后固定，在阀门开启和关闭过程中，荷载的大小不变。此类阀门对振动较敏感，且回座性能较差。

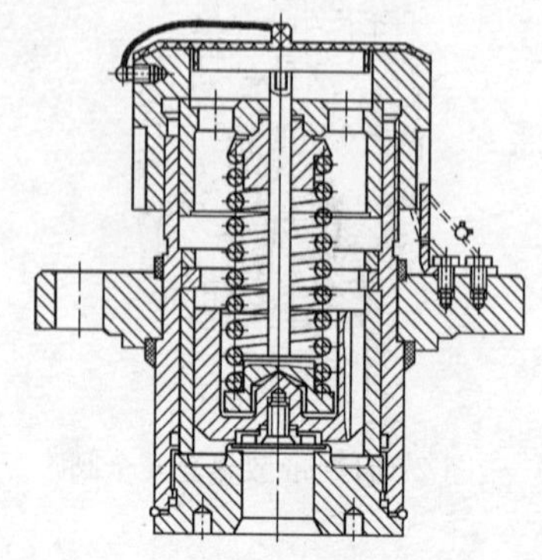

图 2-104　内装式安全阀

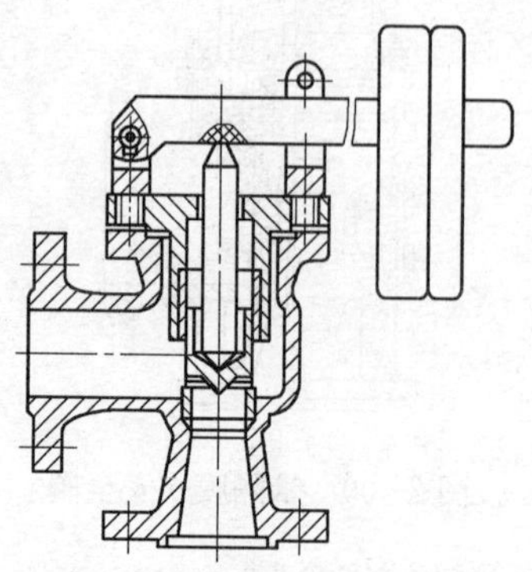

图 2-105　杠杆重锤式安全阀

14. 先导式安全阀之一

先导式安全阀之一如图 2-106 所示，为无限荷载式，即加于主阀阀瓣的关闭载荷由工作介质压力提供，其大小是不予限制的。在先导阀动作而对主阀驱动活塞加载之前，主阀不能开启，其特点是主阀密封性好。

15. 先导式安全阀之二

先导式安全阀之二如图 2-107 所示，为有限荷载式，即加于主阀阀瓣的关闭载荷由弹簧提供，其大小是受到限制的。即使先导阀未能起作用，主阀也能在允许的超压范围内开启，其特点是主阀密封性不如前一种先导式安全阀好。

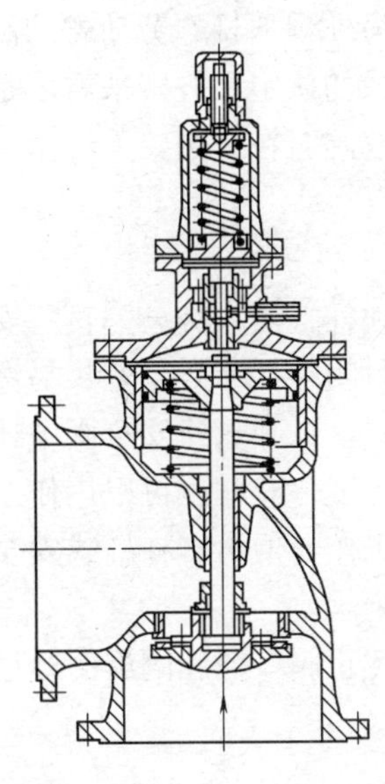

图 2-106 先导式安全阀之一

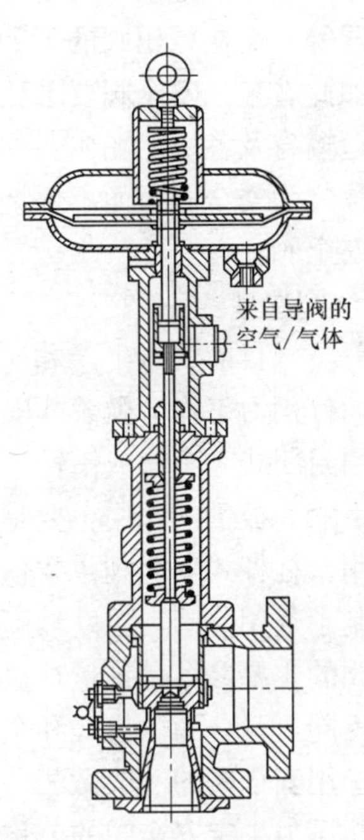

图 2-107 先导式安全阀之二

2.8.4 对安全阀应有的认识

1. 安全阀和泄放阀

安全阀是锅炉、压力容器和其他受压力设备上重要的安全附件，其性能和动作可靠性直接关系到设备和人身安全，并与节能和环境保护密切相关。在工程设计和实际工作中，选型不当或选型错误时有发生。

广义上讲，安全阀还包括泄放阀。从管理规则上看，直接安装在蒸汽锅炉或一类压力容器上，其必要条件是必须得到技术监督部门认可的阀门，狭义上称之为安全阀，其他一般称之为泄放阀。安全阀与泄放阀在结构和性能上很相似，两者都是在超过工况下开启，以自动排放内部的介质，保证生产装置的安全。由于存在这种本质上类似性，人们在使用时，往往将两者混同，另外，有些生产装置在规则上也规定选用哪种均可。因此，两者的不同之处往往被忽视。从而也就出现了一些问题。如果要将两者作出比较明确的定义，则可按照 ASME 标准《锅炉及压力容器规范》第一篇中所阐述的定义来理解：

(1) 安全阀（Safety Valve）一种由阀前介质静压力驱动的自动泄压装置，其特征为具有突开的全开启动作，适用于气体或蒸汽的场合。

(2) 泄放阀 (Relief Valve) 亦称溢流阀，一种由阀前介质静压力驱动的自动泄压装置，它随压力超过开启力的增长而按比例开启。主要用于流体的场合。

(3) 安全泄放阀 (Safet Relief Valve)，亦称安全溢流阀，一种由介质压力驱动的自动泄压装置。根据使用场合不同，既适用作安全阀也适用作泄放阀。以日本为例，给安全阀和泄放阀作出明确定义的比较少，一般用作锅炉这类大型贮能压力容器的安全装置称之为安全阀，安装在管道上或其他设施上的称之为泄放阀。不过，若按日本通产省的《火力发电技术标准》的规定看，设备上安全保障的重要部分，指定使用安全阀，如锅炉、过热器、再热器等。而在减压阀的下侧需要与锅炉和涡轮机相接的场合，都需要安装泄放阀或安全阀。如此看来，安全阀要求比泄放阀更具可靠性。另外，从日本劳动省的高压气体管理规则、运输省及各级船舶协会的规则中，对安全排放量的认定和规定来看，是把保证了排放量的称之为安全阀，而不保证排放量的阀门称为泄放阀。在我国，无论全启式或微启式统称为安全阀。

2. 安全阀选型

(1) 分类　目前大量生产和使用的安全阀有弹簧式和杆式两大类。弹簧式安全阀主要依靠弹簧的作用力工作，弹簧式安全阀中又有封闭和不封闭的，一般易燃、易爆或有毒的介质应选用封闭式，蒸汽或惰性气体等可以选用不封闭式，在弹簧式安全阀中还有带扳手和不带扳手的。扳手的作用主要是检查阀瓣启跳的灵活程度，有时也可以用作手动紧急排放泄压使用。杠杆式安全阀主要依靠杠杆重锤的作用力工作，但由于杠杆式安全阀体积庞大往往限制了选用范围。温度较高时选用带散热套的安全阀。

安全阀的主要参数是排量，这个排量决定于阀座的截止阀口径和阀瓣的开启高度，由开启高度不同，又分为微启式和全启式。

(2) 选用安全阀的一般做法

由操作压力决定安全阀的公称压力，由操作温度决定安全阀的使用温度范围，由计算出的安全阀的定压值决定弹簧或杠杆的定压范围，再根据使用介质决定安全阀的材质和结构形式，再根据安全阀泄放量计算出安全阀的喉径。

安全阀选用的一般做法如下：

1) 热水锅炉一般用不封闭带扳手微启式安全阀。

2) 蒸汽锅炉和蒸汽管道一般用不封闭带扳手全启式安全阀。

3) 水等液体不可压缩介质一般用封闭微启式安全阀，或用安全泄放阀。

4) 高压给水一般用封闭全启式安全阀，如高压给水加热器、换热器等。

5) 气体等可压缩性介质一般用封闭全启式安全阀，如储气罐、气体管道等。

6) E级锅炉（出水温度≤95℃）一般用0.1MPa以下静重式安全阀。

7) 大口径、大排量及高压系统一般用脉冲式安全阀，如减温减压装置、电站锅炉等。

8) 运送液化气的火车槽车、汽车槽车、贮罐等一般用内装式安全阀。

9) 油罐顶部一般用液压安全阀，并需与呼吸阀配合使用。

10) 石油天然气行业井下排水或天然气管道一般用先导式安全阀。

11) 液化石油气站罐泵出口的液相回流管道上一般用安全回流阀。

12) 工况为负压或操作过程中可能会产生负压的系统一般用真空负压安全阀。

13）背压波动较大和有毒易燃的容器或管路系统一般用波纹管安全阀。

14）介质凝固点较低的系统一般应选用保温夹套式安全阀。

3. 国内生产安全阀类型

国内生产安全阀的厂家比较多，其结构长度和连接尺寸也不大统一，主要分以下几个大类。

（1）以现行行业标准《弹簧式安全阀　结构长度》JB/T 2203—1999 为主的通用类。目前国内大多数安全阀生产厂家均按该标准设计和生产。但该标准也不尽完美，微启式安全阀最大公称通径为 *DN*100，全启式安全阀最大公称通径 *DN*200，但中间缺少 *DN*65、*DN*125 两个规格。

（2）以《炼油厂压力泄放装置的尺寸确定、选择和安装　第Ⅱ部　安装》APIRP520-Ⅱ—2003（中文版）为主的美标体系。国内进口化工设备等所配的安全阀连接尺寸一般按照该标准，其公称通径为 *DN*25～*DN*200（1"～8"），公称压力为 *PN*＝2～42MPa，喉径从 D～T（9.5～146mm）。该标准比较科学合理，对压力、材料、温度、喉径等统筹考虑。依照喉径确定规格，同一喉径可以有几个规格，相反，同一规格可能有好几个喉径可以选择。如 *DN*100～*DN*150（4"～6"）喉径有 L、M、N、P 4 种可以选择。随着国际贸易及进口设备国产化的不断推进，该标准可能转化为国标。

（3）以在国际上影响比较大的安德森·格林伍德公司（Anderson Greenwood&Co.）为依据的活塞式导阀操作安全泄压阀系列，国内一般称之为先导式安全阀。先导式安全阀由主阀和导阀组成，导阀操作主阀的开启和关闭。这种阀门排量大，不受背压的影响，可以在非常接近开启压力下进行不泄漏操作，具有启闭压差小等优点。一般适用于天然气等管道。目前国内还没有先导式安全阀标准。

（4）以兰州炼油厂设计研制开发的 A 型、TA 型封闭全开启弹簧式安全阀自成一个体系。该系列口径 *DN*25～*DN*150（1"～6"），公称压力 *PN*＝1.6～4.0MPa，喉径 D～R（9.5～115mm）。该体系连接尺寸与国标、美标产品均不相同，为兰州炼油厂专用。

（5）以中国航天工业总公司第十一研究所设计研制的安全阀自成一个体系。航天十一所研制的 HT 系列安全阀品种多，有 HTO 型普通安全阀、HTB 型平衡波纹管式安全阀、HTR 型泄流阀、HTN 型特殊安全阀、HTGS 型高性能蒸汽安全阀、HTXY 型液体泄压阀、HTXD 型先导式安全阀等，且性能良好。但是除 HTXD 型系列先导式安全阀与安德森·格林伍德公司连接尺寸相同外，其余与国标、美标产品均不相同，请选用时务必注意。

（6）锅炉电站设备、减温减压装置配套的冲量式安全阀系列。如哈尔滨锅炉厂、东方锅炉厂、武汉锅炉厂、青岛电站辅机厂等配套的专用安全阀。此类系列阀门结构及连接尺寸各厂家安全阀产品一般不相同，可能有部分相同。

选用安全阀时一定要注意安全阀喉径及连接尺寸的区别。喉径就是安全阀、呼吸阀等常闭阀门最小流通截面处的直径，与泄放能力有关，阀的进口管和出口管的直径均大于喉径。API 标准中规定了标准喉径系列，从 D～T 共 14 种喉径系列，逐渐增大。

喉径的计算一般按照《压力容器安全技术监察规程》附件五“安全阀和爆破片的设计计算”中所列的公式，或按照 APIRP520-Ⅱ-2003（中文版）《炼油厂压力泄放装置的尺寸确定、选择和安装　第Ⅱ部　安装》的规定，上述两种方法计算结果相差不大。

4. 安全阀安装

各种安全阀都应垂直安装。安全阀出口处应无阻挡，避免产生受压现象。安全阀在安装前应专门测试，并检查其密封性。对使用中的安全阀应作定期检查。

安全阀安装应符合下列要求：

(1) 额定蒸发量大于 0.5t/h 的锅炉，至少装设两个安全阀：额定蒸发量小于或等于 0.5t/h 的锅炉，至少装一个安全阀。可分式省煤器出口处、蒸汽过热器出口处都必须装设安全阀。

(2) 安全阀应垂直安装在锅商、集箱的最高位置。在安全阀和锅筒或集箱之间，不得装有取用蒸汽的出口管和阀门。

(3) 杠杆式安全阀要有防止重锤自行移动的装置和限制杠杆越轨的导架，弹簧式安全阀要有提升手把和防止随便拧动调整螺钉的装置。

(4) 对于额定蒸汽压力小于或等于 3.82MPa 的锅炉，安全阀喉径不应小于 25mm：对于额定蒸汽压力大于 3.82MPa 的锅炉，安全阀喉径不应小于 20mm。

(5) 安全阀与锅炉的连接管，其截面积应不小于安全阀的进口截面积。如果几个安全阀共同装设在一根与锅筒直接相连的短管上，短管的通路截面积应不小于所有安全阀排汽面积的 1.25 倍。

(6) 安全阀一般应装设排气管，排气管应直通安全地点，并有足够的截面积，保证排汽畅通。安全阀排气管底部应装有接到安全地点的疏水管，在排气管和疏水管上都不允许装设阀门。

2.8.5 安全阀的选用

1. 选用原则

(1) 蒸汽锅炉及气体压力设备、管路，一般选用全启式弹簧安全阀。

(2) 液体介质用安全阀，一般选用微启式弹簧安全阀。

(3) 液化石油气汽车槽车或液化石油气铁路槽车用安全阀，一般选用全启式内装安全阀。

(4) 采油油井出口用安全阀，一般选用先导式安全阀。

(5) 蒸汽发电设备的高压旁路安全阀，一般选用具有安全和控制双重功能的先导式安全阀。

2. 选用要点

(1) 根据设备性能参数或工程设计，确定设备或管路的公称压力，国家强制性标准《管道元件　公称压力的定义和选用》GB 1048—2005，规定了阀门的公称压力等级。

(2) 安全阀的开启压力（即整定压力）可以通过改变其弹簧预紧压缩量来进行调节。但每根弹簧都只能在一定开启压力范围内工作，超出该范围就要更换弹簧。因此，同一公称压力安全阀就按弹簧设计的开启压力调整划分为不同的工作压力级。选用安全阀时，应根据所需开始压力值确定其工作压力级。

(3) 安全阀通径应根据介质排放量来确定，使所选用安全阀的额定排放量应大于并接近必需排放量。当有可能发生超压时，其超压的必需排放量，由设备或管路系统的工作条件及引起超压的原因等因素确定。关于安全阀的排放量计算请参阅相关专业技术资料。

(4) 选用安全阀还应确定是封闭式还是开放式。封闭式安全阀的阀盖和罩帽是密封的，并具有双重作用：一种是仅仅为了保护内部零件，防止外部异物侵入，而不要求气密性；另一种是为了防止有毒、易燃类介质溢出造成危害或为了回收溢出介质而采用的，故要求气密性。当选用封闭式安全阀并要求做出口侧气密性试验时，应在订货时说明。气密性试验压力为 0.6MPa。

开放式安全阀由于阀盖是敞开的，因而有利于降低弹簧腔室温度，主要用于蒸汽等介质。

(5) 关于安全阀是否带提升扳手。若要求对安全阀做定期开启试验时，应选用带提升扳手的安全阀。当介质压力达到开启压力的 75%以上时，可利用提升扳手将阀瓣略微提起，以检查阀瓣开启的灵活性。

(6) 特殊结构安全阀的选用

带散热器安全阀。用于介质温度较高的场合，以便降低弹簧腔室温度。一般当封闭式安全阀使用温度超过 300℃时，以及开放式安全阀使用温度超过 350℃时，应选用带散热器的安全阀。

波纹管安全阀主要用于以下两种工况：1）用于平衡背压。背压平衡式安全阀的波纹管有效直径等于阀门密封面平均直径，因而在阀门开启前，背压对阀瓣的作用力处于平衡状态，背压变化不会影响开启压力。当背压是变动的，其变化量超过整定压力的 10%时，应选用这种安全阀。2）用于腐蚀性介质场合。利用波纹管把弹簧及导向机构等与介质隔离，从而防止这些重要部位因受介质腐蚀而失效。

2.9 节流阀

节流阀是指通过启闭件（阀瓣）的运动，改变阀内通路截面积，用以调节流量、压力的阀门。

节流阀用于调节管路的压力、流量，其结构和原理与截止阀基本相同，只是节流阀的启闭件呈圆锥形或圆锥流线形，因而调节性能比截止阀好得多，但调节精度不高，故不能作为调节阀使用。由于流体通过圆锥形阀瓣和阀座之间的流道时流速很大，容易冲蚀密封面，会使密封性变差。节流阀多用于较高压力和较低温度介质的流量和压力调节，不能作为切断阀使用。

在液压管路上常使用节流阀，其主要特点是压力高，管径小。节流阀经常需要操作，因此应安装在便于操作的位置上，安装时要注意阀体所标箭头方向应与介质流动方向一致。

节流阀的节流口容易堵塞，其原因：1）油液中的机械杂质或因氧化析出的胶质、沥青、碳渣等污物堆积在节流缝隙处。2）由于油液老化或受到挤压后产生带电的极化分子，而节流缝隙的金属表面上存在电位差，故极化分子被吸附到缝隙表面，形成牢固的边界吸附层，吸附层厚度一般为 5～8μm，因而影响了节流缝隙的大小。以上堆积、吸附物增长到一定厚度时，会被液流冲刷掉，随后又重新附在阀口上。这样周而复始，就会形成了流量的脉动。3）阀口压差较大时，因阀口温度高，液体受挤压的程度增强，金属表面也更易受摩擦作用而形成电位差，因此压差大时容易产生堵塞现象。

2.9.1 内螺纹节流阀

内螺纹节流阀结构如图 2-108 所示。常用型号有 L13H-25、L13H-40，阀体为碳钢，适用于油品介质，工作温度≤300℃。L11W-25P、L11W-40P 及 L11W-25R、L11W-40R，阀体分别为铬镍系不锈钢和铬镍钼系不锈钢，适用于酸类介质，工作温度≤200℃。常用公称通径 *DN*15～*DN*25。

2.9.2 外螺纹节流阀

外螺纹节流阀结构如图 2-109 所示。常用型号有 L21W-25、L21W-40、L21H-25、L21H-40、L21H-100，阀体为碳钢，大部分型号适用于水、蒸汽及油品介质，有的适用于氨和液氨；L21W-25P、L21W-40P 及 L21W-64P 型，阀体为铬镍系不锈钢；L21W-25R、L21W-40R 型，阀体为铬镍钼系不锈钢。常用公称通径以 *DN*6～*DN*25 居多。

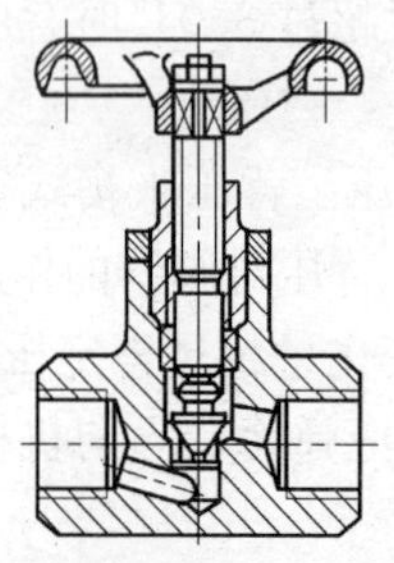

图 2-108 内螺纹节流阀

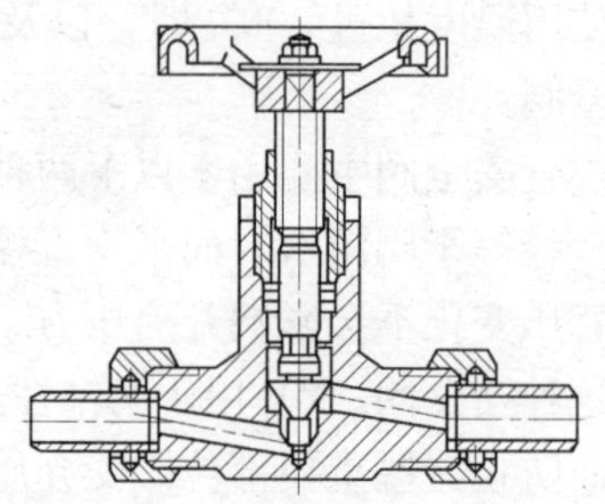

图 2-109 外螺纹节流阀

2.9.3 卡套式直通节流阀

卡套连接直通节流阀结构如图 2-110 所示。常用型号有 L93H-160C、L93H-320C 和 L93H-160P、L93H-320P，其中前者阀体材质为碳钢，适用于温度 425℃以下的水、蒸汽等无腐蚀性介质；后者阀体材质为铬镍系不锈钢，适用于温度 560℃以下一般腐蚀性介质。此种节流阀的公称直径 *DN*3、*DN*6、*DN*10、*DN*15、*DN*20、*DN*25 等规格，多用于需要检修的液压管路上。

2.9.4 外螺纹角式节流阀

外螺纹角式节流阀结构如图 2-111 所示。常用型号中，L24W-40、L24H-40、L24H-160、L24H-320 阀体材质为碳钢；L24W-40P、L24W-40R、L24W-160P、L24W-320P 阀体材质为铬镍系不锈钢。根据不同型号，可适用于水、蒸汽及油品类、氨及液氨和硝酸类、醋酸类等腐蚀性介质。常用公称通径范围可为 *DN*3～*DN*25、*DN*3～*DN*10 不等。

2.9.5 法兰节流阀

法兰节流阀结构如图 2-112 所示。常用型号中，L41W-25K 阀体为可锻铸铁，常用公称通径范围为 *DN*40～*DN*80；L41H-16C、L41W-25、L41H-25、L41H-40、L41H-64、L41H-100、L41W-160、L41H-160 阀体为碳钢，常用公称通径范围为 *DN*15～*DN*50 或

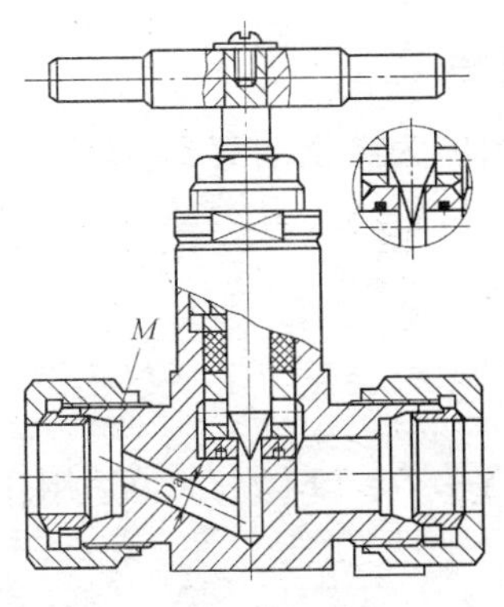

图 2-110 卡套式直通节流阀

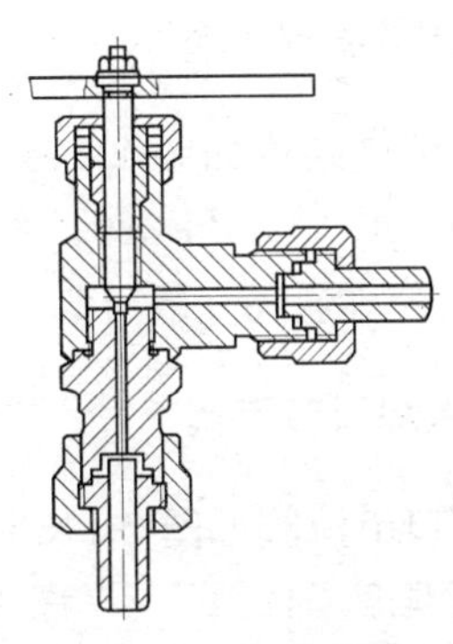
图 2-111 外螺纹角式节流阀

*DN*10～*DN*150、*DN*10～*DN*200；L41W-16P、L41W-25P、L41W-40P、L41W-64P、L41F-16P 阀体为铬镍系不锈钢，常用公称通径范围为 *DN*10～*DN*150 或 *DN*10～*DN*200；L41W-25R、L41W-40R、L41W-64R 阀体为铬镍钼系不锈钢，常用公称通径范围为 *DN*10～*DN*200。根据不同型号，可适用于水、蒸汽及油品类、氨及液氨和硝酸类、醋酸类等腐蚀性介质。

2.9.6 法兰角式节流阀

法兰角式节流阀结构如图 2-113 所示。常用型号中，阀体为碳钢的有 L44H-160、L44Y-160、K L44Y-160、L44H-320、L44Y-320、K L44Y-320、GL44H-160、GL44H-320、GL44Y-320，常用公称通径范围可为 *DN*3～*DN*100；阀体为铬镍系不锈钢，采用螺纹法兰的型号有 L44Y-320P、L44W-320P；阀体为铬镍钼系不锈钢，采用螺纹法兰的型号有 L44Y-320R、L44W-320R。铬镍系和铬镍钼系不锈钢阀门的公称通径范围可为 *DN*6～*DN*80。

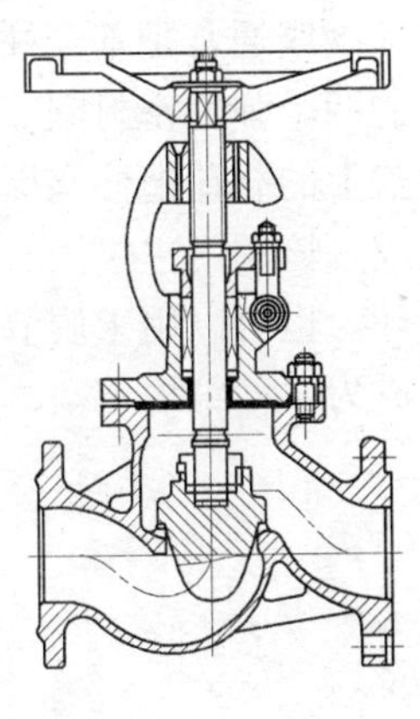
图 2-112 法兰节流阀

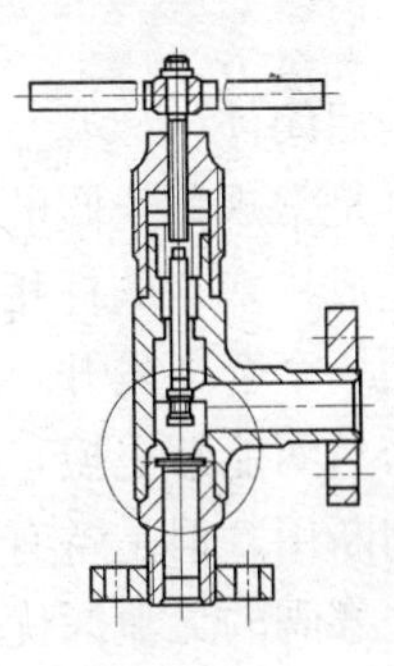
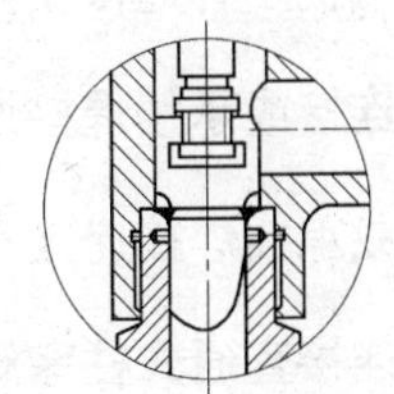
图 2-113 法兰角式节流阀

2.9.7 角式节流阀

角式节流阀结构如图 2-114 所示。常用型号中，阀体为碳钢的有 L44H-160、L44H-220、L44H-250、L44H-320；阀体为合金钢的有 L44Y-160、L44Y-220、L44Y-250、L44Y-320。公称通径一般可为 *DN*6～*DN*125。

2.9.8 直通焊口节流阀

直通焊口节流阀如图 2-115 所示。常用型号有 L61Y-250、L61Y-320，适用介质为水、蒸汽，适用温度≤425℃。

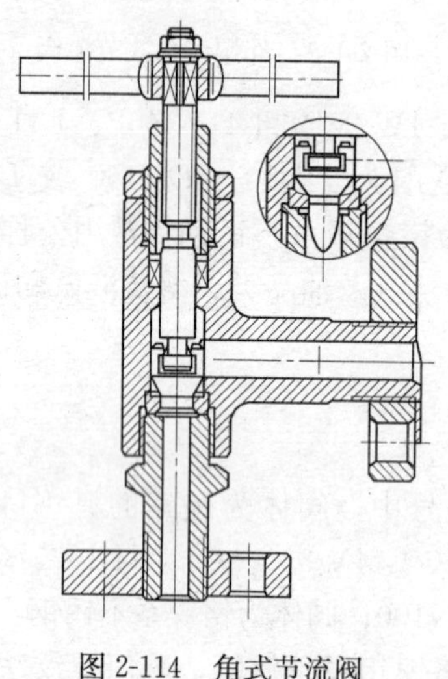

图 2-114 角式节流阀

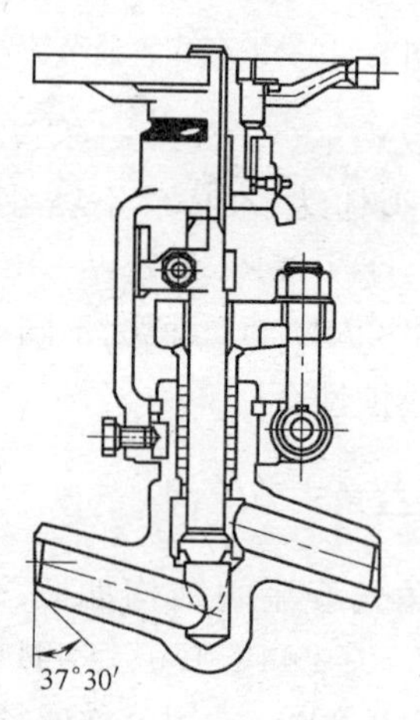

图 2-115 直通焊口节流阀

2.10 柱塞阀

柱塞阀是启闭件（柱塞）由阀杆带动，并绕阀杆轴线作旋转运动的阀门。柱塞阀又名柱塞截止阀，是常规截止阀的变型。在此种阀门中，阀瓣和阀座通常是基于柱塞原理设计的。阀瓣磨光成柱塞与阀杆相连接，密封是由套在柱塞上的两个弹性密封圈实现的。两个弹性密封圈用一个套环隔开，并通过由阀盖螺母施加在阀盖上的载荷把柱塞周围的密封圈压牢。弹性密封圈能够更换，可以采用各种各样的材料制成，该阀门主要用于“开”或者“关”，作为切断用，但是备有特制形式的柱塞或特殊的套环，也可以用于调节流量。柱塞截止阀结合柱塞阀的无泄漏优点和截止阀启闭快的特点，成为一种结构新颖、用途广泛的新产品。其性能优于普通截止阀。

2.10.1 螺纹连接或承插焊接连接直通式柱塞阀

螺纹连接或承插焊接连接直通式柱塞阀如图 2-116 所示。

2.10.2 螺纹连接直通式柱塞阀

螺纹连接直通式柱塞阀如图 2-117 所示，其结构特点为：（1）流道为直通式；（2）阀

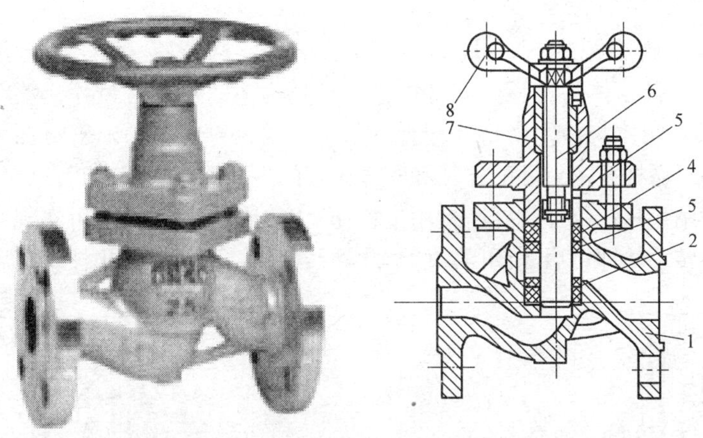

图 2-116 螺纹连接或承插焊接连接直通式柱塞阀外形及结构

1—阀体；2—柱塞；3—孔架；4—柔性石墨密封环；5—阀盖；6—阀杆；7—铜螺母；8—手轮

体、阀盖为铸铁或铸钢件，螺柱、阀杆、隔离环为不锈钢，密封圈为柔性石墨或聚四氟乙烯；(3) 密封环、隔离环由阀体和阀盖连接螺栓、螺母、弹簧垫压紧；(4) 靠螺柱外径与密封环内径实现密封；(5) 此阀启闭速度较慢。

2.10.3 承插焊连接直通式柱塞阀

承插焊连接直通式柱塞阀如图 2-118 所示，除连接方式及阀体、阀盖均为铸钢件外，其他结构特点与螺纹连接直通式柱塞阀相同。

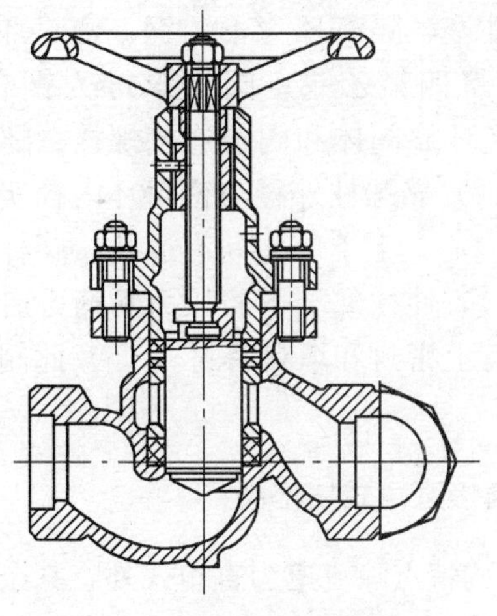

图 2-117 螺纹连接直通式柱塞阀

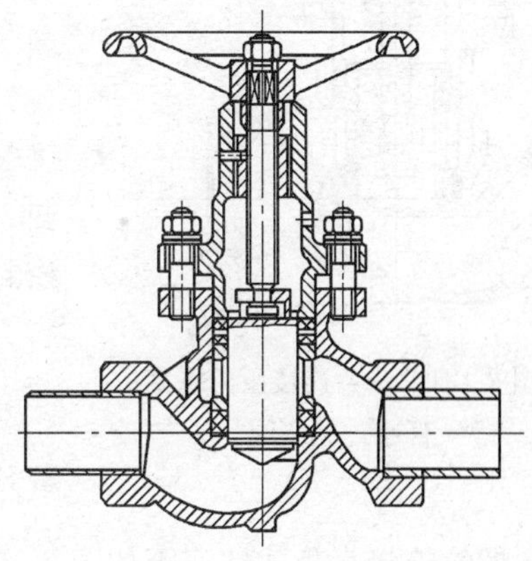

图 2-118 承插焊连接直通式柱塞阀

2.10.4 法兰连接直通式柱塞阀

法兰连接直通式柱塞阀如图 2-119 所示，其结构特点与螺纹连接直通式柱塞阀相同。

2.10.5　法兰连接截止阀型柱塞阀

法兰连接截止阀型柱塞阀如图 2-120 所示，其结构特点为：（1）流道为直通式；（2）阀体、阀盖、柱塞体为铸钢，阀杆、柱塞压环为不锈钢，密封环、填料为柔性石墨或聚四氟乙烯；（3）阀体与柱塞密封环配合处镶有不锈钢衬套；（4）密封环用柱塞压环压紧在柱塞体上；（5）靠柱塞密封环的外径和阀体衬套的内径配合实现密封；（6）阀体、阀盖用螺柱连接，密封用垫片；（7）阀杆密封用垫料和上密封，压紧垫料即可实现密封；阀杆传动用阀杆螺母，旋转手轮即可启闭阀门；（8）此种结构的柱塞阀比常规柱塞阀启闭速度快。

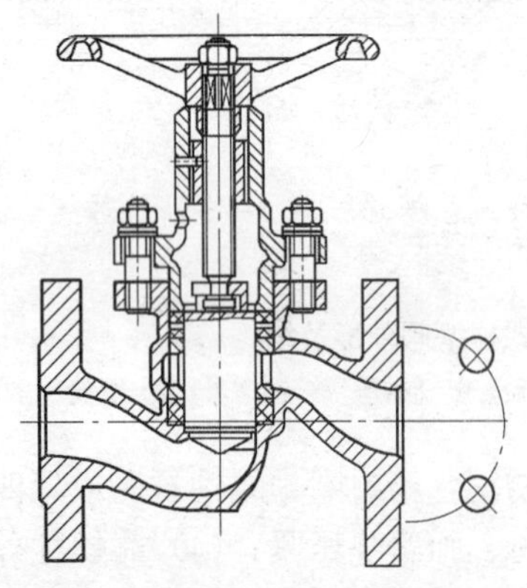

图 2-119　法兰连接直通式柱塞阀

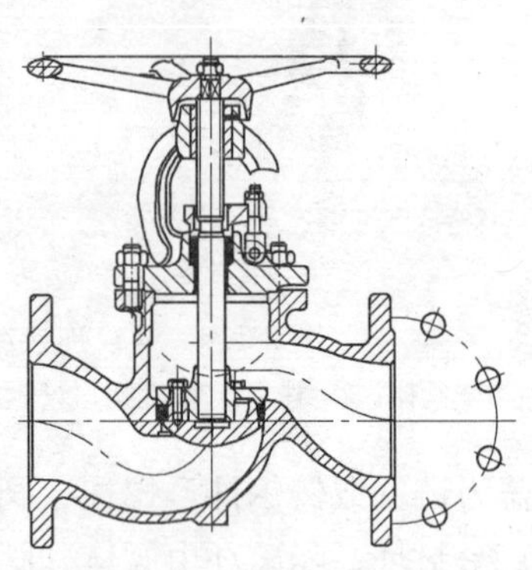

图 2-120　截止阀型柱塞阀

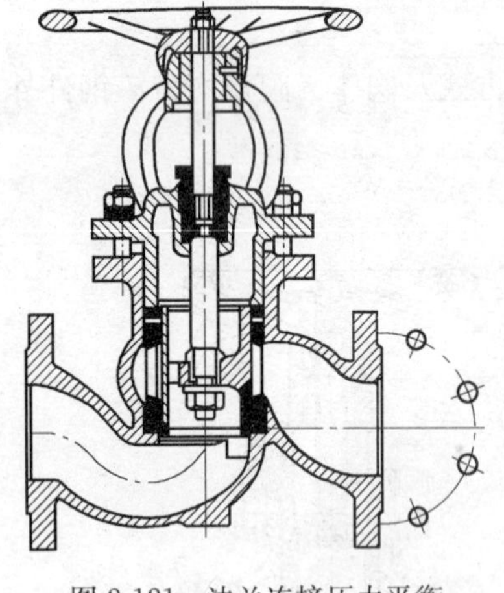

图 2-121　法兰连接压力平衡直通式柱塞阀

2.10.6　法兰连接压力平衡直通式柱塞阀

法兰连接压力平衡直通式柱塞阀如图 2-121 所示，其结构特点为：（1）流道为直通式；（2）阀体、阀盖为铸钢，阀杆、柱塞、隔离环为不锈钢，密封环、填料为柔性石墨或聚四氟乙烯；阀杆螺母为铜合金；（3）密封环、隔离环靠阀体和阀盖连接螺栓、螺母及弹簧垫圈压紧；（4）靠螺柱外径与密封环内径实现密封；（5）螺柱为空心，上下腔之间有通孔。阀杆用上密封套和螺母连接，使柱塞上下腔压力平衡，启闭时省力。阀杆上要有上密封和填料密封。（6）此阀启闭速度较慢。

2.10.7　内螺纹连接直角式柱塞阀

内螺纹连接直角式柱塞阀如图 2-122 所示，其结构特点除流道为直角式外，其余与螺纹连接直通式柱塞阀大体相同。

2.10.8　法兰连接直角式柱塞阀

法兰连接直角式柱塞阀如图 2-123 所示，其结构特点除流道为直角式外，其余与法兰连接直通式柱塞阀大体相同。

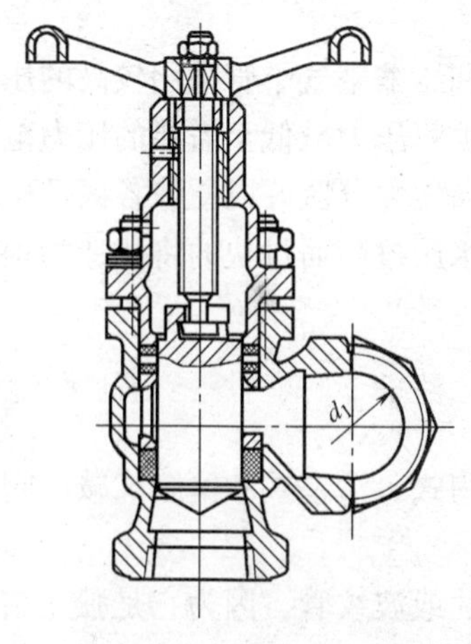

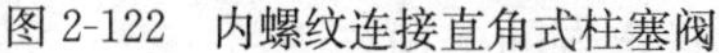

图 2-122　内螺纹连接直角式柱塞阀

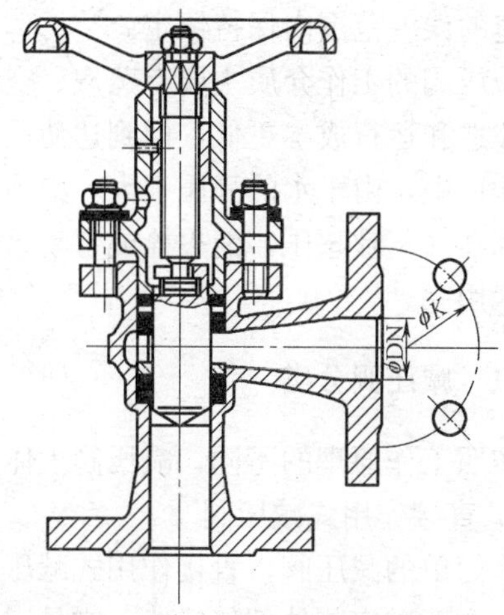

图 2-123　法兰连接直角式柱塞阀

2.10.9　柱塞截止阀的性能及型号规格

常用柱塞截止阀的性能见表 2-8，其型号规格有：UJ41H-16C、UJ41Y-16C、UJ41W-16P、UJ41W-16R；UJ41H-25C、UJ41Y-25C、UJ41W-25P、UJ41W-25R；UJ41H-40C、UJ41Y-40C、UJ41W-40P、UJ41W-40R；UJ41H-64C、UJ41Y-64C、UJ41W-64P、UJ41W-64R。

常用柱塞截止阀的性能　　表 2-8

阀体材料	适用温度(℃)	适用介质	压力范围 PN(MPa)
铸铁	≤425	水、蒸汽、石油产品	1.6～10
不锈钢	≤300	硝酸、醋酸	1.6～10
含钼不锈钢	≤300	氮、氢、氨、尿素等	1.6～10
蒙乃尔	≤300	氢氟酸	1.6～10
铬钼钒钢	≤600	蒸汽、石油	1.6～10

柱塞截止阀的优点是密封可靠，使用寿命长，维修简便；缺点是启闭速度较慢。此种阀门广泛应用于城镇供热用蒸汽、热水管路及化工管路。

2.11　减压阀

减压阀是指通过控制阀体内启闭件（阀瓣）的开度来调节介质流量，并将介质的压力降低，同时借助阀后压力的作用来调节启闭件（阀瓣）的开度，以实现在进口压力不断变化的条件下，使阀后压力保持在一定范围内的阀门。

从流体力学的观点，可以把减压阀视为一个局部阻力可以变化的节流元件，即通过改变节流面积，使流体的动能发生改变，造成不同的压力损失，从而达到减压的目的。然后依靠阀件本身控制与调节系统的调节，使阀后压力的波动与弹簧力相平衡，实现阀后压力在一定的误差范围内保持恒定。

减压阀的工作介质主要有蒸汽、空气和水。蒸汽和压缩空气干管采用较高的压力，可以使建造和运行成本更低，但到达使用地点以前，必须将压力减低至需要的压力范围。在高层建造中，由于水的静压很大，必须按要求进行竖向压力分区，以便使各区低位的用水设备和器件不致超压，消火栓或自动灭火喷头不致因水压过高而过快的将建造物预贮的消防用水用完。

2.11.1　减压阀分类

按照工作原理的不同，减压阀大体上分为直接作用式、活塞式和薄膜式减压阀。

1. 直接作用式减压阀

最简单的减压阀，直接作用式减压阀，带有平膜片或波纹管。因为它是独立结构，因此无需在下游安装外部传感线。它是三种减压阀中体积最小、使用最经济的一种，专为中低流量设计。直接作用式减压阀的精确度通常为下游设定点的±10%。

2. 活塞式减压阀

该类型的减压阀集两种阀（导阀和主阀）于一体。导阀的设计与直接作用式减压阀类似。来自导阀的排气压力作用在活塞上，使活塞打开主阀。如果主阀较大，无法直接打开时，这种设计就会利用入口压力打开主阀。因此，这种类型的减压阀，与直接作用式减压阀相比，在相同的管道尺寸下，容量和精确度（±5%）更高。与直接作用式减压阀相同的是，减压阀内部感知压力，无须外部安装传感线。

3. 薄膜式减压阀

在这种类型的减压阀中，双膜片代替了内导式减压阀中的活塞。这个增大的膜片面积能够打开更大的主阀，并且在相同的管道尺寸下，其容量比内导式活塞减压阀更大。另外，膜片对压力变化更为敏感，精确度可达±1%。精确性更高是由于下游传感线的定位（阀的外部），其所在位置气体或液体压力波动更小。该减压阀非常灵活，可以采用不同类型的导阀（例如压力阀、温度阀、空气装载阀、电磁阀或几种阀同时配套适用）。

2.11.2　减压阀的类型及性能、特点和用途

部分常用减压阀的类型及性能、特点和用途见表2-9。

部分常用减压阀的类型及性能、特点和用途　　表2-9

序号	类　型	性能、特点和用途
1	减压稳压阀	减压稳压阀（又名减压阀），是一个笼统的名称，不能代表具体的产品型号。 按结构形式可分为膜片式、弹簧薄膜式、活塞式、杠杆式和波纹管式；按阀座数目可分为单座式和双座式；按阀瓣的位置不同可分为正作用式和反作用式。 减压阀主要由调节弹簧、膜片、活塞、阀座、阀瓣等零件组成。利用膜片直接传感下游压力驱动阀瓣，控制阀瓣开度完成减压稳压功能。适用于水和非腐蚀性液体介质的管路，一般安装在给水、热水管网系统中，实现对其下游管网或装置的减压稳压功能，用于高层建筑或其他输水管网系统的水压控制

续表

序号	类　型	性能、特点和用途
2	波纹管减压阀	用于温度在180℃以下的蒸汽、空气及其他无腐蚀性气体的管路上，经过调节，使通过阀内的介质压力减至某一需要的出口压力，并使介质的出口压力保持相对稳定，但进口压力与出口压力之差必须大于等于0.05MPa
3	蒸气减压阀	蒸汽减压阀适用于蒸汽管路上。通过减压阀的调节，可使进口压力降至某一需要的出口压力，当进口压力或流量变动时，减压阀依靠介质本身的能量可自动保持出口压力在小范围内波动
4	弹簧活塞式减压阀	如Y42X弹簧活塞式减压阀，是以活塞代替膜片的压力调节阀，比膜片式寿命提高3倍以上，属于可调节型减压阀，阀后压力可根据需要调节，运行过程中阀后压力始终在设定值允许范围内波动，不因阀前压力、流量的改变而改变。适用于工作温度0～90℃的水、空气和非腐蚀液体管路上。在高层建筑的冷热水供水和消防供水系统中，可取代常规分区水管，简化和节省系统的设备，降低工程造价
5	200X减压阀	200X减压阀，是一种利用介质自身能量来调节与控制管路压力的智能型阀门。200X减压阀用于生活给水、消防给水及其他工业给水系统，通过调节阀减压导阀，即可调节主阀的出口压力。出口压力不因进口压力、进口流量的变化而变化，安全可靠地将出口压力维持在设定值上，并可根据需要调节设定值达到减压的目的。该阀减压精确，性能稳定、安全可靠、安装调节方便，使用寿命较长
6	200P型减压阀	200P型减压阀为一直接作用式可调减压阀，采用隔膜型水力操作方式，可水平或垂直安装于给水、消防系统或其他清水管路系统中。在一定流水范围内可控制该阀门出口压力为一相对固定值。200P型为内螺纹连接减压阀，具有体型小巧，易于安装等特点，具附有内置式滤网，可方便整体安装作业，避免杂物堵塞，使其更加安全可靠
7	支管减压阀	此种减压阀出口压力作用在隔膜底面和阀瓣底面，当它超过弹簧设定值时，便压缩弹簧，使阀瓣关闭。只要下游无水流动，出口压力将基本保持在设定值(其变化量仅为入口压力变化量的8%)；当下游用水时，出口压力下降，弹簧推开隔膜，打开减压阀。水流连续流通一段时间后，减压阀的开启产生自阻尼效应，使启闭动作趋于平稳。主要用于各种建筑给水系统、消防系统、中央空调系统、采暖系统等。它用于支管减压，可使供水压力分配更加均衡，避免部分楼层供水超压，优化高层建筑给水分区。它可代替分区调频变速水泵，在消防给水系统上可代替分区水泵。用于家用给水系统，可保护所有的水龙头和其他用水器具不致超压。 支管减压阀采用直接作用隔膜式结构，内部结构简单，无卡阻，性能可靠，经久耐用。耐脏防水垢，不需过滤器，不需旁通管，配管简单，能节省大量空间和配管成本。出口压力精密可调，在一般场合下，可以认为出口压力不受进口压力的影响(出口压力的变化量是 ΔP_1 的8%)。水力特性，压力损失小，减压比可达成10∶1以上。可满足多种减压要求，特别适用于支管减压系统。 可能的故障原因有：(1)水流方向装错，减压阀变成止回阀，出口压力为零；(2)弹簧拧得太紧，无法关闭，减压失效，$P_2=P_1$；(3)旁通管漏水，使阀后压力 P_2 偏离设定值，鉴于此种减压阀的可靠性和耐久性，建议不安装旁通管为宜；(4)防止霜冻损坏，在寒冷地区应注意保温
8	比例式减压阀	比例式减压阀，外形美观，质量可靠，比例准确，工作平稳，既减动压也减静压。该阀利用阀体内部活塞两端不同载面积产生的压力差，改变阀后的压力，达到减压目的

续表

序号	类　型	性能、特点和用途
9	先导活塞式气体减压阀	本系列 YK43X/F/Y 型先导活塞式减压阀。由主阀和导阀两部分组成。主阀主要由阀座、主阀盘、活塞、弹簧等零件组成。导阀主要由阀座、阀瓣、膜片、弹簧、调节弹簧等零件组成。通过调节调节弹簧压力设定出口压力、利用膜片传感出口压力变化，通过导阀启闭驱动活塞调节主阀节流部位过流面积的大小，实现减压稳压功能。主要用于气体管路，如空气、氮气、氧气、氢气、液化气、天然气等气体
10	型减压稳压阀	YB410、YB416、YB425 型减压稳压阀，是一种活塞型的压力调节阀。口径小于 *DN*50 的建议选用 Y110 和 Y116(螺纹连接)的隔膜型减压阀；口径大于等于 *DN*50 的建议选用 Y410 和 Y416(法兰连接)的活塞型减压阀。该类阀门属于可调节型减压阀，阀口的压力可在投入使用前根据需要调节，投入使用后阀后压力始终减至并稳定在设定值，不因阀前压力、流量的波动而改变。阀门选材优质(隔膜为尼龙强化橡胶膜片)，性能可靠，使用寿命长。适用介质：空气或水等非腐蚀性液体。适用温度：0～90℃，公称压力 *PN*＝1.0～2.5MPa，公称通径 *DN*15～*DN*400
11	活塞式可调减压稳压阀	如 H104X 活塞式可调式减压稳压阀，安装于高层建筑给排水系统管道上，将进口压力减至某一需要的出口压力的特种阀门。该阀门依靠本身能量使出口压力保持稳定在设定值，即出口压力不因进口压力及流量的变化而变化，并且阀门控制系统的进口处装有一个自清洁滤网，利用利用体特性，使密度较大、直径较大的悬浮颗粒不会进入控制系统，确保系统循环畅通无阻，使阀门能安全可靠地运行。系统动作平稳、强度高、使用寿命长。活塞式使用于大于 *DN*450 公称通径的阀门
12	隔膜式可调减压稳压阀	隔膜可调式减压稳压阀是安装于高层建筑给排水系统管道上，将进口压力减至某一需要的出口压力的特种阀门。该阀门依靠本身能量使出口压力保持稳定在设定值，即出口压力不因进口压力及流量的变化而变化，并且阀门控制系统的进口处装有一个自清洁滤网，利用流体特性，使密度较大、直径较大的悬浮颗粒不会进入控制系统，确保系统循环通畅无阻，使阀门能安全可靠地运行。系统动作敏捷、使用寿命长

2.11.3　不同类型减压阀的结构、特点

1. 直接作用薄膜式减压阀

直接作用薄膜式减压阀如图 2-124 所示，阀的出口侧压力增加，薄膜向上运动，阀的开度减小，介质流速增加，压力降增大，阀后压力减小；出口侧压力下降，薄膜向下运动，阀的开度增大，介质流速减小，压力降减小，阀后压力增大。故阀后的出口压力始终保持在由调节螺栓整定的恒压值上下。

2. 直接作用波纹管式减压阀

直接作用波纹管式减压阀如图 2-125 所示，其动作原理同上，只是减压阀内的薄膜由波纹管代替。

3. 先导活塞式减压阀

先导活塞式减压阀如图 2-126 所示，其动作原理是拧动调节螺钉，顶开导阀阀瓣，介质由进口侧进入活塞上方，由于活塞面积大于主阀瓣面积，推动活塞向下移动，使主阀打开，由阀后压力平衡调节弹簧的压力改变导阀的开度，从而改变活塞上方的压力，控制主阀瓣的开度，使阀后的压力保持恒定。

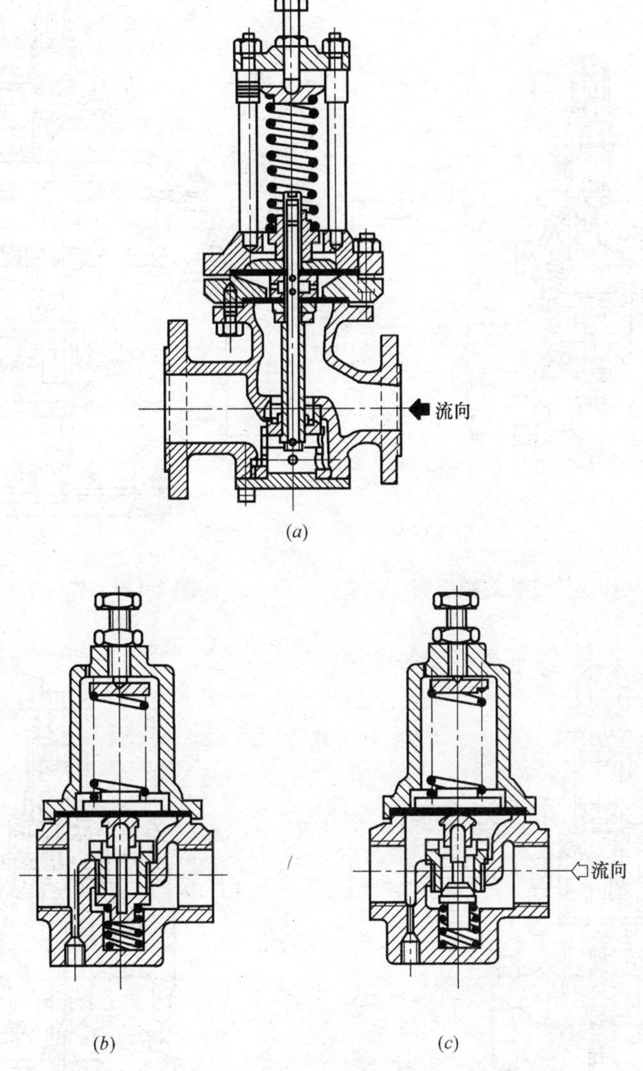

图 2-124 直接作用薄膜式减压阀

(a) 灵敏型（或双室控制型）空气（或煤气）减压阀；(b) 适用于空气、煤气、水等一般液体的简单小口径减压阀；(c) 适用于蒸汽和其他气体的简单小口径减压阀

4. 先导波纹管式减压阀

先导波纹管式减压阀如图 2-127 所示，其结构原理同先导活塞式减压阀。

5. 先导薄膜式减压阀

先导薄膜式减压阀如图 2-128 所示，当调节弹簧处于自由状态时，主阀和导阀都是关闭的。当顺时针转动手轮时，导阀膜片向下，顶开导阀，介质经过导阀至主膜片上方，推动主阀使之开启，介质流向出口，同时进入导阀膜片的下方，出口压力上升至与所调弹簧力保持平衡。若出口压力增高，导阀膜片向上移动，则导阀开度减小。同时进入主膜片下方介质流量减小，压力下降，主阀的开度减小，出口压力降低，达到新的平衡。反之亦然。

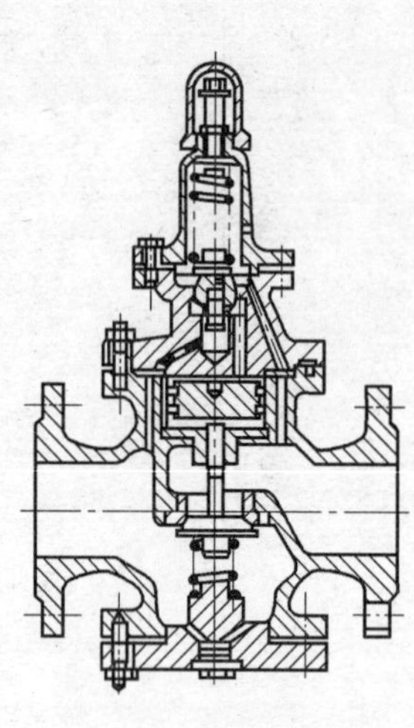

图 2-125　直接作用波纹管式减压阀

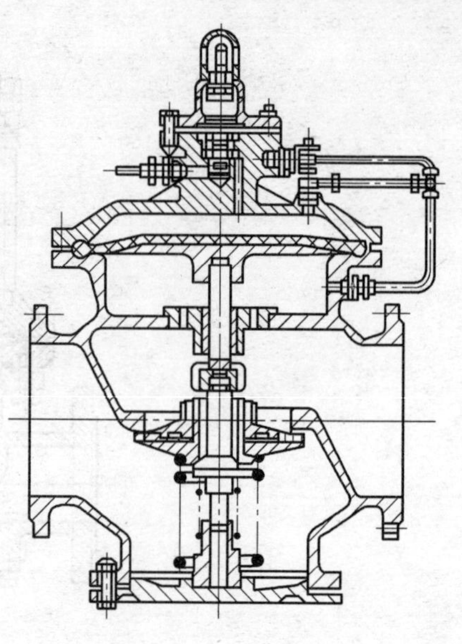

图 2-126　先导活塞式减压阀

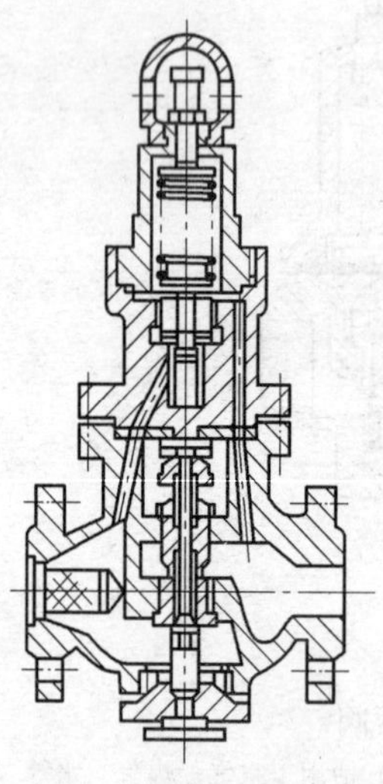

图 2-127　先导波纹管式减压阀

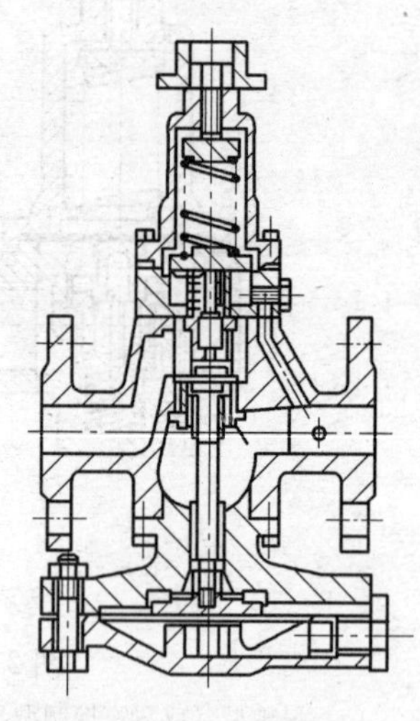

图 2-128　先导薄膜式减压阀

6. 杠杆式减压阀

杠杆式减压阀如图 2-129 所示，这是通过杠杆上的重锤进行平衡的减压阀，其动作原理是：当杠杆处于自由状态时，双阀座的阀瓣处于关闭状态。在进口压力作用下，向上推开阀瓣，出口端形成压力，通过杠杆上的平衡重锤，调整重量传达到所需出口压力。当出口压力超过给定压力时，由于介质压力作用于上阀座上的力比作用于下阀座上的力大，故形成一定压差，使阀瓣向下移动，减小节流面积，出口压力也随之下降，随后达到新的平衡。反之亦然。

7. H104X 活塞式可调减压稳压阀

活塞式可调式减压稳压阀的安装如图 2-130 所示，系上海首一阀门厂产品，是用于高

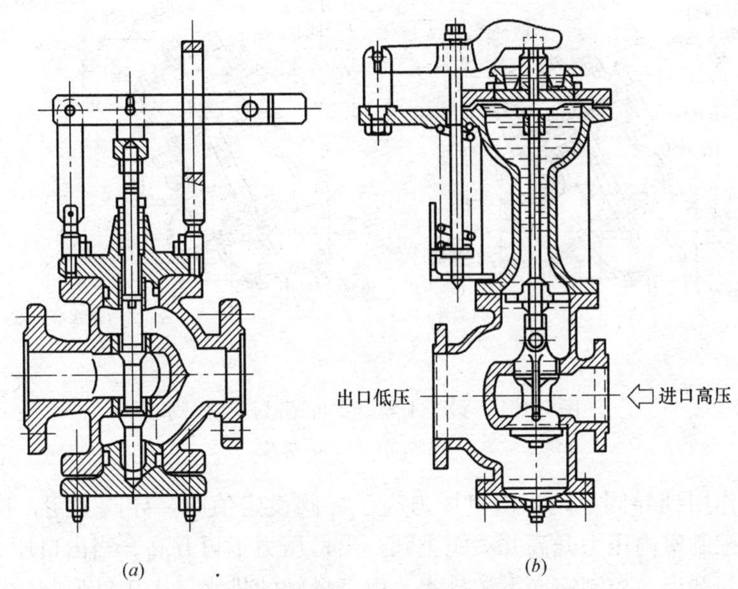

图 2-129 杠杆式减压阀

(a) 杠杆式减压阀；(b) 双座型蒸汽减压阀

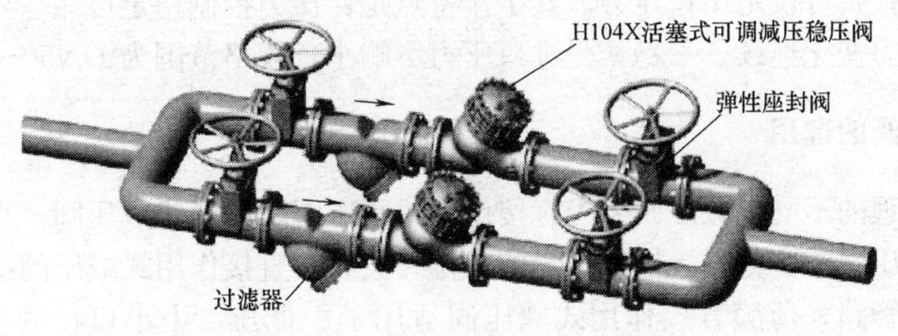

图 2-130 活塞式可调式减压稳压阀的安装

层建筑给水管道上，将进口压力减至某一需要的出口压力的特种阀门。该阀门依靠本身能量使出口压力保持稳定在设定植，即出口压力不因进口压力及流量的变化而变化，并且阀门控制系统的进口处装有过滤器，使密度较大、直径较大的悬浮颗粒不会进入控制系统，确保管路系统循环畅通无阻，使阀门能安全可靠地运行。此种减压稳压阀的规格为 *DN*50～*DN*1400。

8. YX741 隔膜式可调减压稳压阀

YX741 隔膜式可调减压稳压阀如图 2-131 所示，系上海唐京阀门厂产品。隔膜式可调减压阀由主阀和针形调节阀、导阀、球阀及接管系统组成。主阀阀体系全通道、直流式、流线型设计，并采用膜片式或活塞式两类结构。此种阀利用设定调压导阀弹簧压力和调节针形阀开度设定出口压力，并通过接管系统和控制室的反馈作用稳定出口压力。利用针形调节阀、导阀进行水压自动控制，不需要附加其他装置和能源，维护简便，受进口压力、流量波动影响小，压力控制准确度高，减压稳压可靠。

此种阀的工作原理是：当管道从进水端给水时，水流过针形阀进入主阀控制室，出口

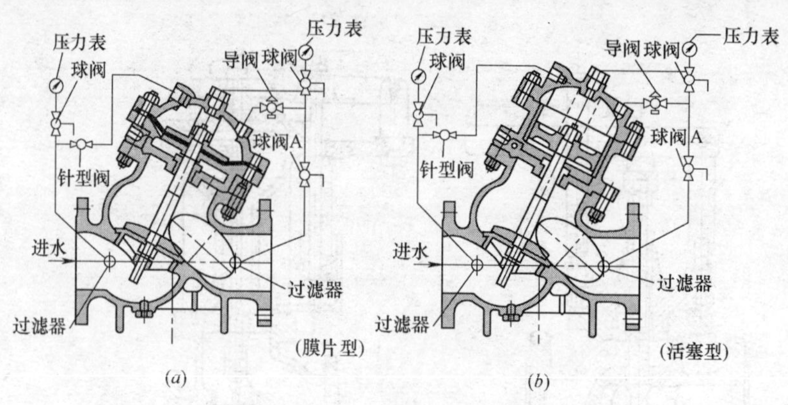

图 2-131 YX741 隔膜式可调减压稳压阀
(a) 隔膜式；(b) 活塞式

压力通过导管作用到导阀上，当出口压力高于导阀设定值时，导阀关闭，控制室停止排水，此时主阀控制室内压力升高并关闭主阀，出口压力不再升高。当出口压力降到导阀设定压力时，导阀开启，控制室向下游排水。由于导阀的排水量大于针形阀的进水量，主阀控制室压力下降，进口压力使主阀开启。稳定状态下，控制室进水、排水相同，开度不变，出口压力不变。

调节导阀弹簧可设定出口压力。其工作特点是：压力控制稳定可靠，导阀、主阀连续工作，下游压力变化连续、平稳，受进口压力影响小。规格范围为 $DN50 \sim DN600$。

2.11.4 减压阀的选用

按动作原理的不同，减压阀分为直接作用式减压阀和先导式减压阀。直接作用式减压阀是利用出口压力的变化直接控制阀瓣的动作。波纹管直接作用式减压阀适用于低压、中小口径的蒸汽管路；薄膜直接作用式减压阀适用于中低压、中小口径的空气、水介质；先导式减压阀由导阀和主阀组成，出口压力的变化通过导阀放大来控制主阀阀瓣的动作；先导活塞式减压阀，适用于各种压力、各种口径、各种温度的蒸汽、空气和水介质，若用不锈耐酸钢制造，可适用于各种腐蚀性介质；先导波纹管式减压阀，适用于低压、中小口径的蒸汽、空气等介质；先导薄膜式减压阀，适用于中低压、中小口径蒸汽、水等介质。

各类减压阀的性能对比见表 2-10。

各类减压阀的性能对比　　表 2-10

类型		精度	流通能力	密闭性能	灵敏性	成本
直接作用式	波纹管	低	中	中	中	中
	薄膜	中	小	好*	高	低
先导式	活塞	高	大	中	低	高
	波纹管	高	大	中	中	高
	薄膜	高	中	中	高	较高

*表示采用非金属材料，如聚四氟乙烯、橡胶等。

减压阀的选用原则如下：

（1）减压阀进口压力的波动应控制在进口压力给定值的 80%～105%，如超过此范围，减压阀的性能会受影响。

（2）减压阀的阀后压力 p_c，通常应小于阀前压力的 0.5 倍，即 $p_c < 0.5p_c$。

（3）减压阀的每一档弹簧只在一定的出口压力范围内适用，超出范围应更换弹簧。

（4）在介质工作温度比较高的场合，一般选用先导活塞式减压阀或先导波纹管式减压阀。

（5）当介质为空气或水（液体）时，一般宜选用直接作用薄膜式减压阀或先导薄膜式减压阀。

（6）当介质为蒸汽时，宜选用先导活塞式减压阀或先导波纹管式减压阀。

（7）为了操作、调整和维修的方便，减压阀一般应安装在水平管路上。

2.12 蒸汽疏水阀

蒸汽疏水阀是指用于蒸汽管路或设备上自动排放凝结水，并同时阻止蒸汽随水泄漏的阀门。由于疏水阀具有阻汽排气的作用，可使蒸汽加热设备受热均匀，充分利用蒸汽潜热，防止蒸汽管道中发生水锤。

2.12.1 蒸汽疏水阀的驱动方式分类

蒸汽疏水阀的分类方式有多种，现仅介绍根据国际标准《蒸汽疏水阀 分类》ISO 6704—1982 的规定，按蒸汽疏水阀启闭件的驱动方式来进行分类，而不考虑其具体结构。

按启闭件的驱动方式，蒸汽疏水阀可分为三类：（1）由凝结水液位变化驱动的机械型蒸汽疏水阀；（2）由凝结水温度变化驱动的热静力型蒸汽疏水阀；（3）由凝结水动态特性驱动的热动力型蒸汽疏水阀。详见表 2-11。

蒸汽疏水阀的驱动方式分类 **表 2-11**

分类	名　称	简图(示意图)	动作原理
机械型蒸汽疏水阀	密闭浮子式蒸汽疏水阀	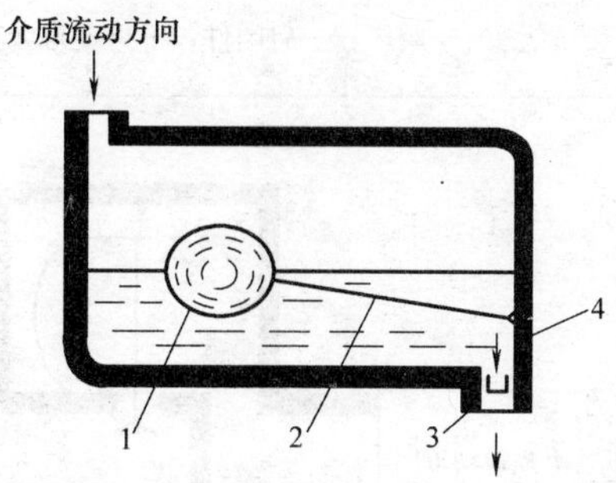 介质流动方向 1—密闭浮子；2—杠杆；3—阀座；4—启闭件	由壳体内凝结水的液位变化导致启闭件的开关动作

续表

分类	名　称	简图（示意图）	动作原理
机械型蒸汽疏水阀	开口向上浮子式疏水阀	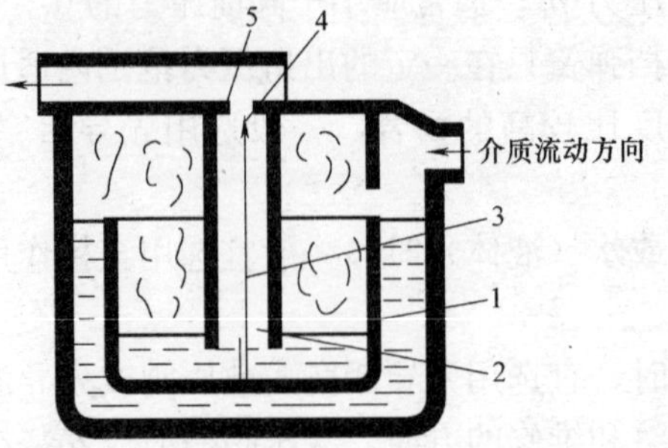 1—浮子（桶形）；2—虹吸管；3—顶杆；4—启闭件；5—阀座	由浮子内凝结水的液位变化导致启闭件的开关动作
	开口向下浮子式蒸汽疏水阀	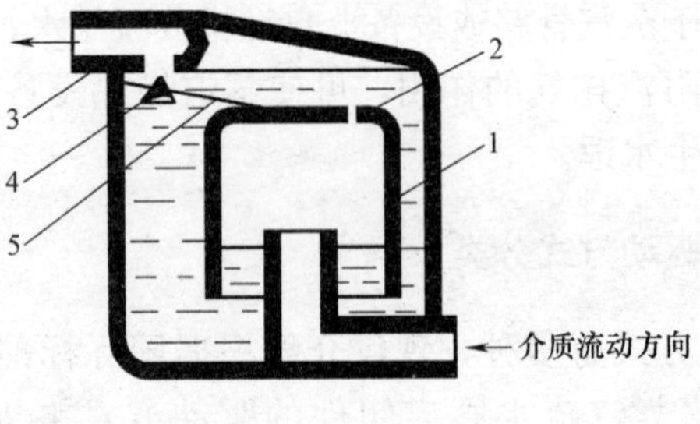 1—浮子；2—放气孔；3—闭座；4—启闭件；5—杠杆	由浮子内凝结水的液位变化导致启闭件的开关动作
热静力型蒸汽疏水阀	蒸汽压力式蒸汽疏水阀	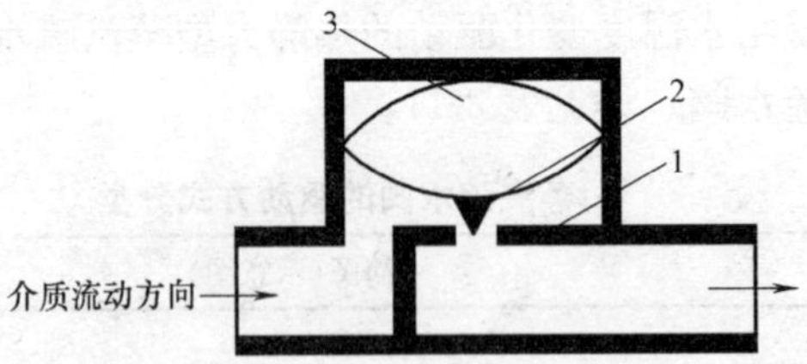 1—阀座；2—启闭件；3—可变形元件	由凝结水的压力与可变形元件内挥发性液体的蒸汽压力间的不平衡驱动启闭件的开关动作
	热弹性元件式或双金属片式蒸汽疏水阀	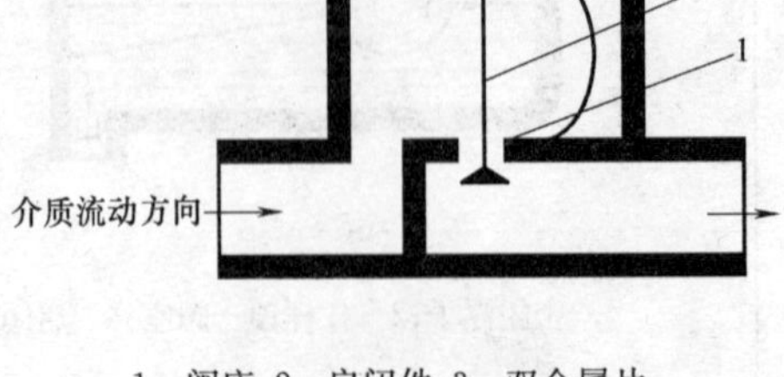 1—阀座；2—启闭件；3—双金属片	由凝结水的温度变化引起双金属片或热弹性元件变形驱动启闭件的开关动作

续表

分类	名　　称	简图(示意图)	动作原理
热静力型蒸汽疏水阀	固体或液体膨胀式蒸汽疏水阀	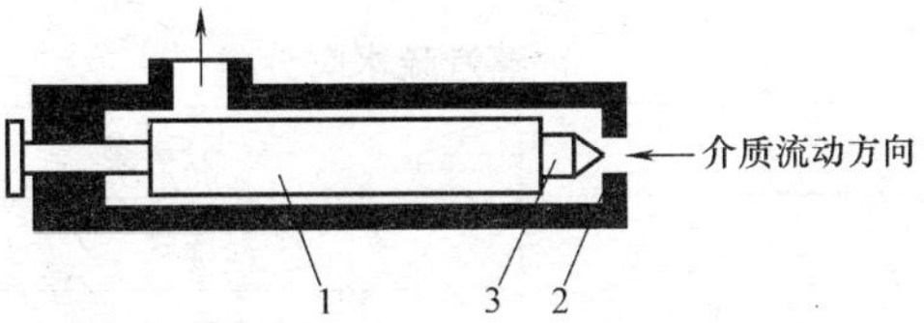 1—可膨胀元件;2—阀座;3—启闭件	由于凝结水的温度变化而作用于热膨胀系数较大的元件上,以驱动启闭件的开关动作
热动力型蒸汽疏水阀	盘式蒸汽疏水阀	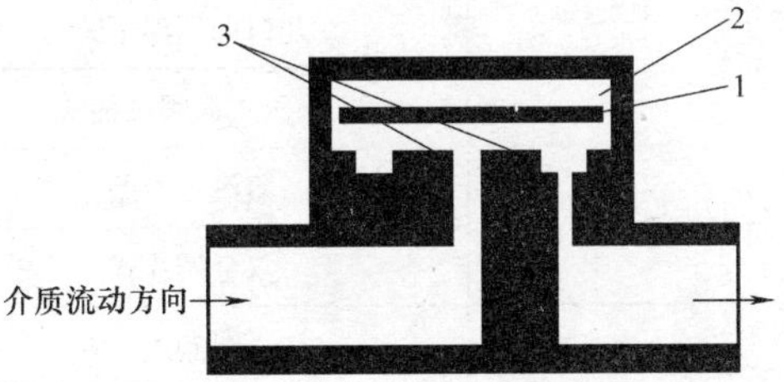 1—启闭件;2—压力室;3—阀座	由进口和压力室之间的压差变化而导致启闭件的开关动作
	脉冲式蒸汽疏水阀	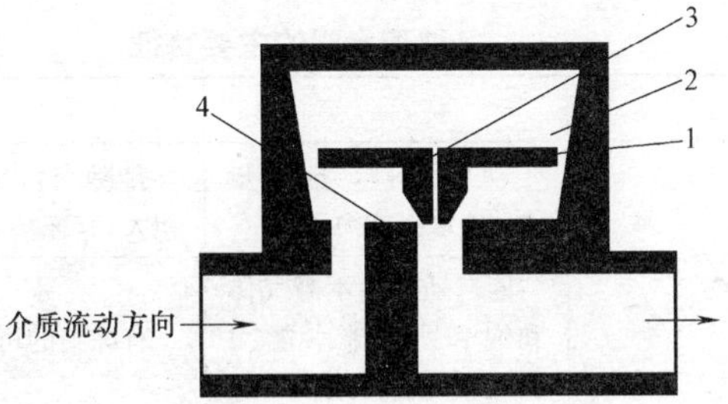 1—启闭件;2—压力室;3—泄压孔;4—阀座	由进口和压力室之间的压差变化而导致启闭件的开关动作
	迷宫或孔板式蒸汽疏水阀	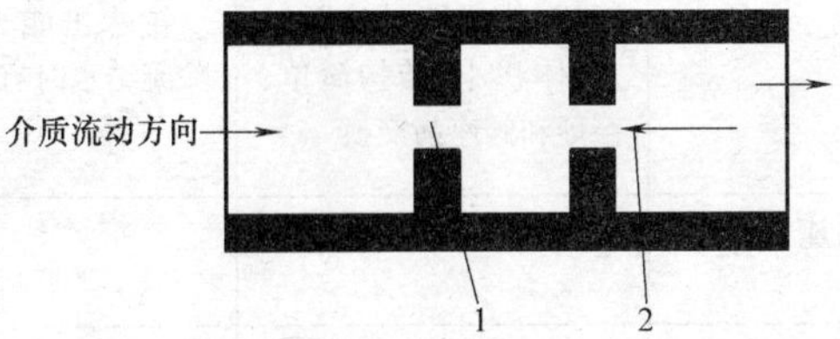 1—节流孔(一个或一个以上);2—可(任意)调节的启闭件	由节流孔控制凝结水的排放量,并使凝结水汽化而减少蒸汽的流出

2.12.2 蒸汽疏水阀的再分类

在表 2-11 蒸汽疏水阀分类的基础上，可以再进行细分，详见表 2-12，其主要特征见表 2-13。

蒸汽疏水阀分类 表 2-12

基础分类	动作原理	中分类	小分类
机械型	蒸汽和凝结水的密度差	浮球式	杠杆式浮球式
		自由浮球式	
		自由浮球先导活塞式	
		开口向上浮子式	浮桶式
		差压式双阀瓣浮桶式	
		开口向下浮子式	倒吊桶式
		差压式双阀吊桶式	
热静力型	蒸汽和凝结水的温度差	蒸汽压力差	波纹管式
		双金属片式	圆板双金属式
热动力型	蒸汽和凝结水的热力学特性	圆盘式	大气冷却圆盘式
		空气保温圆盘式	
		蒸汽加热凝结水冷却圆盘式	
		孔板式	脉冲式

各种疏水阀的主要特征 表 2-13

分类	形式	优点	缺点	适用场合
机械型	浮桶式	动作准确，排放量大，抗水击能力强	排除空气能力差、体积大、有冻结的可能	
	倒吊桶式	能自动排除不凝气体和饱和水，排水能力大，抗水击能力强	有冻结的可能	
	杠杆浮球式	能连续排除凝结水和饱和水（内置热静力排冷空气装置）	体积大、抗水击能力差、排除凝结水时有蒸汽卷入	
	自由浮球式	排量大、排除空气性能好、能连续排除凝结水、体积小、结构简单、浮球和阀座易交换	抗水击能力较差、排除凝结水时有蒸汽卷入	
	平衡双阀座杠杆浮球式			适用于大型蒸汽加热设备
	自由浮球式	排量大、排除空气性能好、能连续排除凝结水、体积小、结构简单	抗水击能力较差、排除凝结水时有蒸汽卷入	

续表

分类	形 式	优 点	缺 点	适用场合
热静力型	波纹管式	排量大、排除空气性能好、不泄漏蒸汽、不会冻结、可控制凝结水温度、体积小	反应较慢、不能适应负荷的突变及蒸汽压力变化、不能用于过热蒸汽、抗水击能力差、只适用于低压场合	
	圆板双金属式	排量大、排除空气性能良好、不会冻结、动作噪声小、无阀瓣堵塞、抗水击能力强、可利用凝结水的显热	很难适应负荷的急剧变化、在使用中双金属的特性有可能变化	
热动力型	脉冲式	体积小、重量轻、排除空气性能良好、不易冻结、可用于过热蒸汽	不适用于大排量、有少量蒸汽泄漏、易发生故障、背压允许度低(背压限制在30%)	
	圆盘式	结构简单、体积小、重量轻、不易冻结、维修简单、可用于过热蒸汽、抗水击能力强	动作噪声大、背压允许度低(背压限制在50%)、不能在低压(0.03MPa以下)下使用、蒸汽有泄漏、不适合于大排量	主要适用于蒸汽管道及一般场合的蒸汽加热设备,排除凝结水

疏水阀性能的几个常用术语含义如下:

疏水阀的工作背压系指在正常工作条件下,疏水阀凝结水出口端的压力;最高工作背压系指在最高工作压力且能正确动作条件下,疏水阀出口端的最高压力;背压率系指工作背压与工作压力的百分比;最高背压率系指最高工作背压与最高工作压力的百分比;工作压差系指工作压力与工作背压的差值。

2.12.3 蒸汽疏水阀的结构类型

以下各型蒸汽疏水阀中,1~11为机械型,其后还有热静力型、热动力型和复合型。

1. 自动放气自由浮球式

如图2-132(*a*)所示,球形密闭浮子(浮球)既是启闭件,又是液面敏感件。当液面上升时,浮球上升,阀门开启;当液面下降时,浮球下降,浮球又随介质逼近阀座,关闭阀门。疏水阀顶部装有自动排气阀。(*b*)图所示为自动排气阀置于凝结水出口侧,原理与(*a*)图相同。

2. 手动放气自由浮球式

手动放气自由浮球阀如图2-133所示,原理与图2-132相同,浮球阀顶部装有手动排气阀。

3. 自由浮球式

自由浮球式如图2-134所示,原理与图2-132基本相同,自动排气阀简化为一热双金属元件。

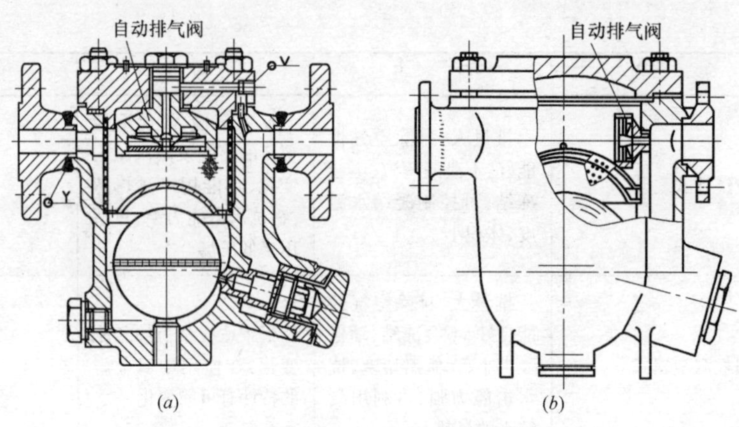

图 2-132 自动放气自由浮球阀
(*a*) 自动排气阀置于顶部；(*b*) 自动排气阀置于出口侧

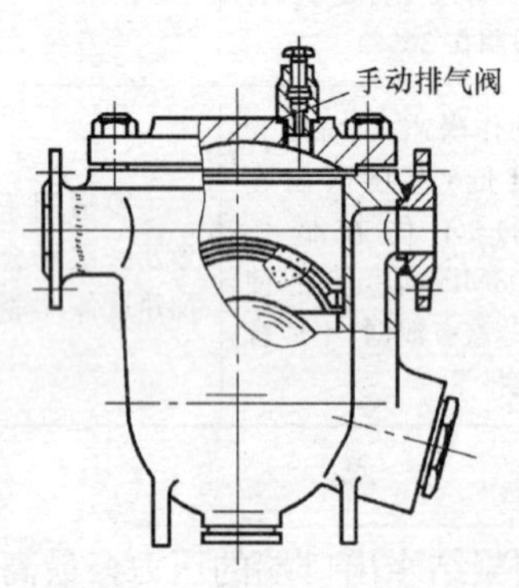

图 2-133 手动放气自由浮球阀

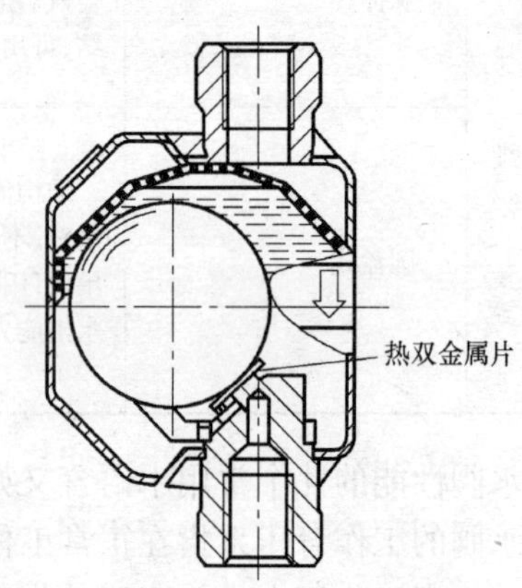

图 2-134 自由浮球式

4. 杠杆浮球式

杠杆浮球式如图 2-135 所示，液面敏感件、动作传递件和动作执行件分别为浮球、杠杆和阀瓣。杠杆的设置增加了阀瓣的启闭力。

5. 双阀座杠杆浮球式

双阀座杠杆浮球式如图 2-136 所示，双阀瓣的设置抵消了介质的作用力，使阀瓣的启闭不受介质压力的影响。自动排气阀置于阀的出口一侧。

6. 敞口向上浮子式

敞口向上浮子式如图 2-137 所示，液面敏感件开口向上（浮筒），靠浮力变化驱动阀门启闭，凝结水出口置于阀的上方。

7. 杠杆敞口向上浮子式

杠杆敞口向上浮子式如图 2-138 所示，较敞口向上浮子式增设了杠杆，增大了阀瓣的启闭力。

8. 活塞敞口向上浮子式

活塞敞口向上浮子式如图 2-139 所示，在敞口向上浮子式的基础上，增设了先导阀，先导阀开启后，再借助介质压力开启主阀。

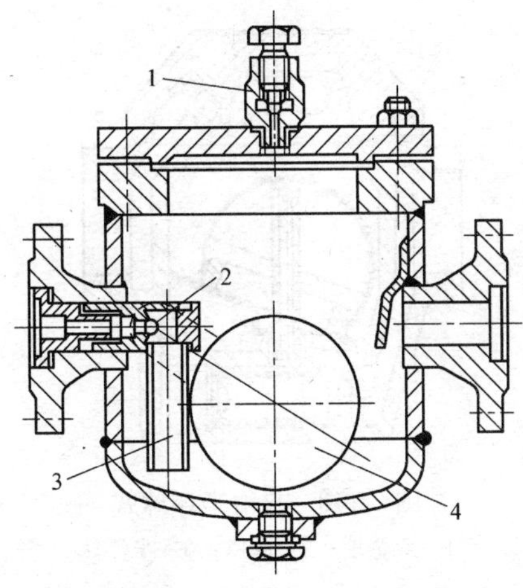

图 2-135 杠杆浮球式

1—手动排气阀；2—阀瓣；3—杠杆；4—浮球

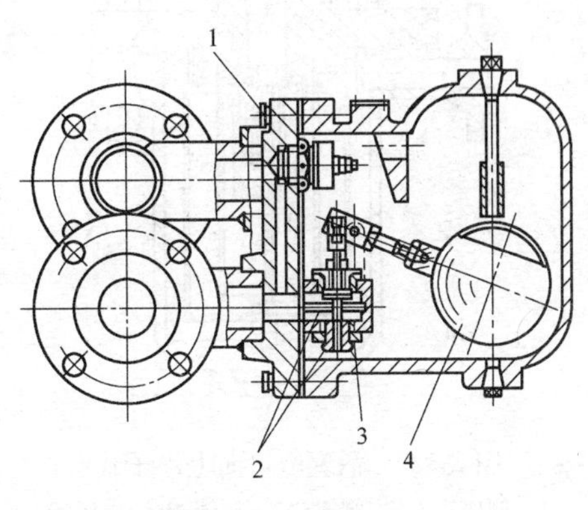

图 2-136 双阀座杠杆浮球式

1—自动排气阀；2—阀瓣；3—阀座；4—浮球

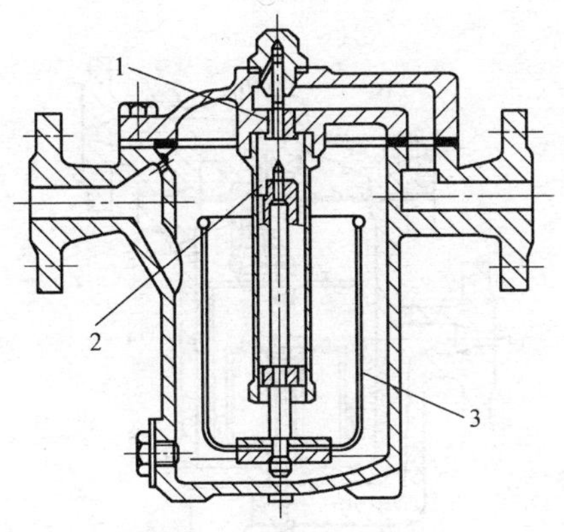

图 2-137 敞口向上浮子式

1—阀座；2—阀瓣；3—浮子

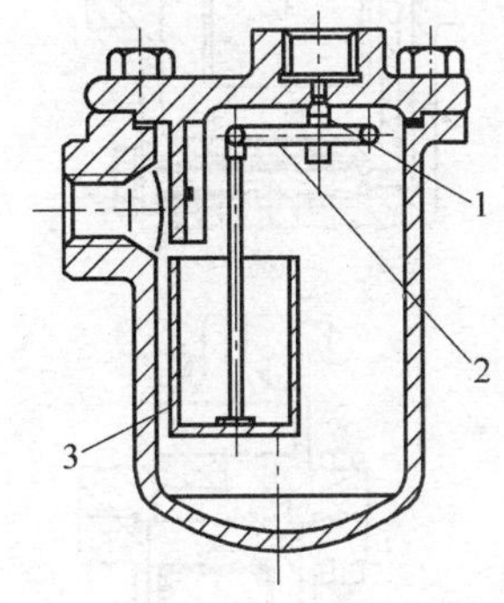

图 2-138 杠杆敞口向上浮子式

1—阀瓣；2—杠杆；3—浮子

9. 自由半浮球式

自由半浮球式如图 2-140 所示，液面敏感件开口向下（半浮球），同时也是动作执行件（阀瓣）。半浮球浮起时可自由靠近阀座。

热敏双金属元件起自动排除空气作用。

10. 杠杆敞口向下浮子式

杠杆敞口向下浮子式如图 2-141（*a*）、（*b*）所示。（*a*）式较上述自由半浮球式增设了杠杆，增大了阀的启闭力；（*b*）式原理与（*a*）式相同，阀的出入口在同一竖直线上。

11. 活塞杠杆敞口向下浮子式

活塞杠杆敞口向下浮子式如图 2-142 所示，较上述杠杆敞口向下浮子式增设了先导阀，其作用与活塞浮子式相同。

12. 膜盒式

膜盒式如图 2-143 所示，系热静力型，主要元件是金属膜盒，内充感温液体，根据不同工况选用不同的感温液体。当膜盒在周围不同温度的蒸汽和凝结水作用下，使感温液发

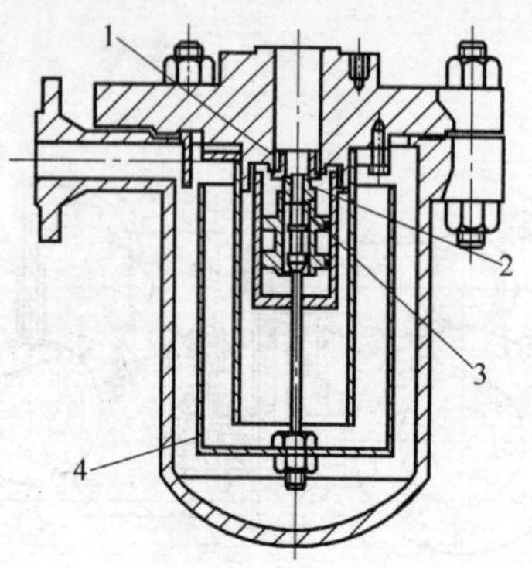

图 2-139 活塞敞口向上浮子式

1—阀座；2—主阀瓣；3—导阀瓣；4—浮子

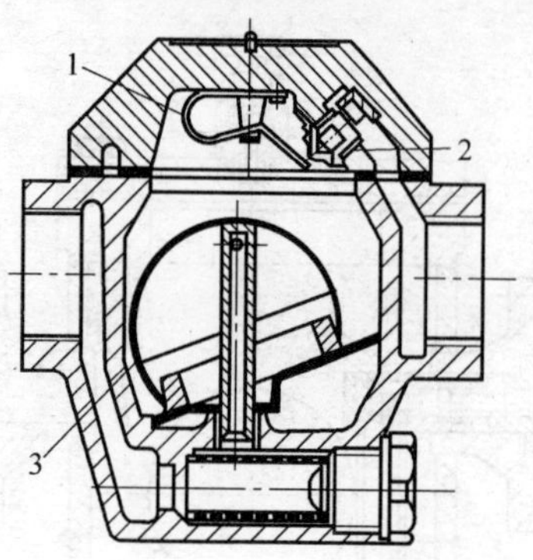

图 2-140 自由半浮球式

1—双金属；2—阀座；3—半浮球

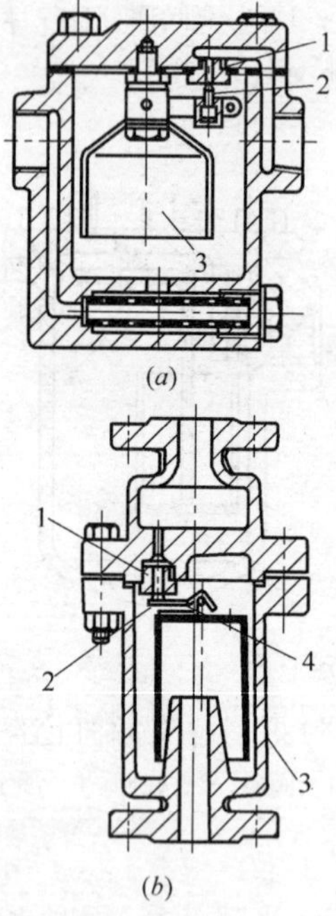

图 2-141 杠杆敞口向下浮子式

1—阀座；2—阀瓣；3—浮子；4—杠杆

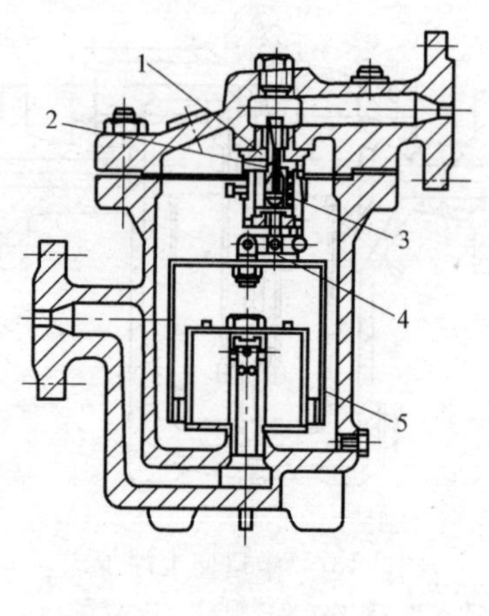

图 2-142 活塞杠杆敞口向下浮子式

1—阀座；2—阀瓣；3—活塞；4—杠杆；5—浮子

生液-汽之间的相变，出现压力上升或下降，使膜片带动阀瓣作往复位移，启闭阀门，从而达到排水阻汽的目的。

13. 隔膜式

隔膜式如图 2-144 所示，系热静力型，其原理与图 2-143 膜盒式相同，该阀的下体和上盖之间设有耐高温的膜片、膜片下的碗形体中充满感温液。

14. 波纹管式

波纹管式如图 2-145 所示，系热静力型，热敏元件为内充感温液体的波纹管，当温度变化时，波纹管内感温液体的蒸汽压力也随之变化，使波纹管伸长或收缩，驱使与波纹管连接的阀瓣动作。

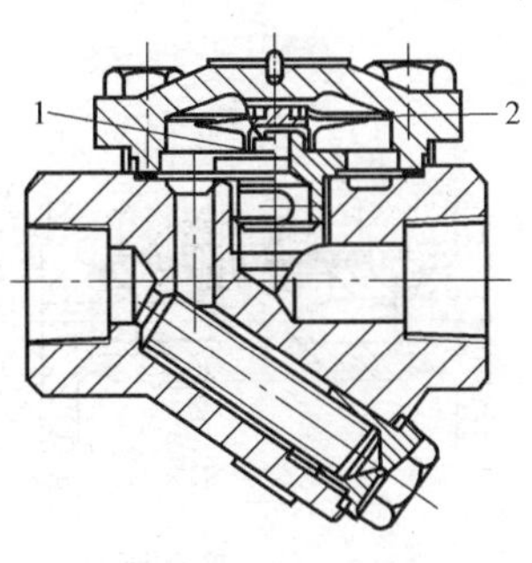

图 2-143 膜盒式
1—阀座；2—膜盒

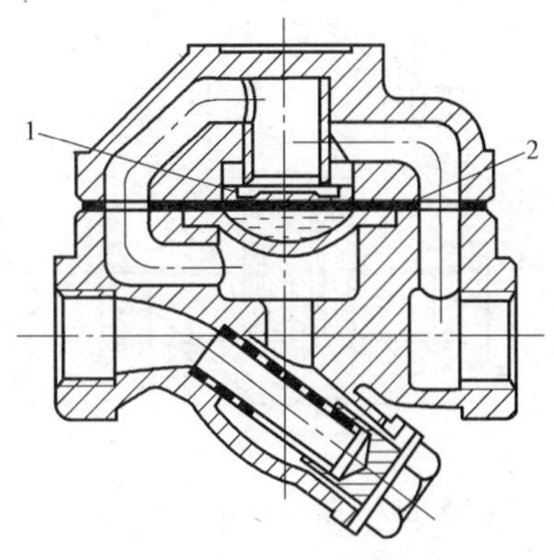

图 2-144 隔膜式
1—阀瓣；2—隔膜

15. 简支梁双金属式

简支梁双金属式如图 2-146 所示，系热静力型，一组以简支梁形式安装的双金属片作为热敏元件，它随着温度的变化而弯曲或伸直，以推动阀瓣动作。

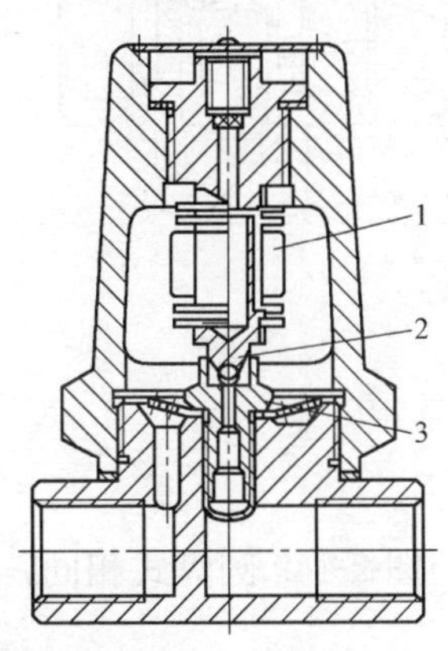

图 2-145 波纹管式
1—波纹管；2—阀瓣；3—阀座

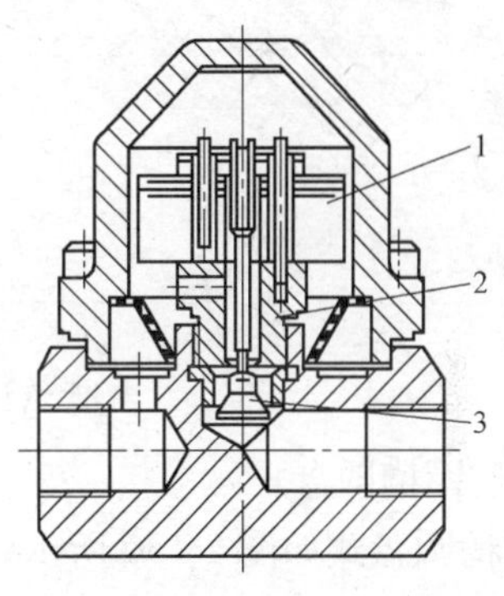

图 2-146 简支梁双金属式
1—双金属片；2—阀座；3—阀瓣

16. 悬臂梁双金属片式

悬臂梁双金属片式如图 2-147 所示，系热静力型，其原理与图 2-146 简支梁双金属式相同，一组双金属片以悬臂梁形式安装。

17. 单片双金属片式

单片双金属片式如图 2-148 所示，系热静力型，其原理与图 2-146 简支梁双金属式相同，以呈 C 字形的一片双金属作为热敏元件。

18. 圆盘式

圆盘式如图 2-149 所示，系热动力型。图（*a*）的阀片既是敏感件又是动作执行件，靠蒸汽和凝结水通过时的不同热力学驱动其启闭。内外阀盖间空气保温。阀门可水平或竖直安装；图（*b*）原理同与图（*a*）相同，内外阀盖间介质保温；图（*c*）原理与图（*a*）、图（*b*）相同，增设的双金属环有利于排除冷空气。

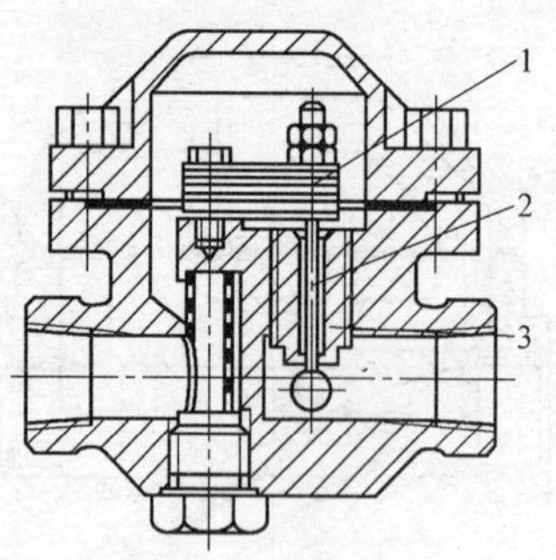

图 2-147　悬臂梁双金属片式

1—双金属片；2—阀瓣；3—阀座

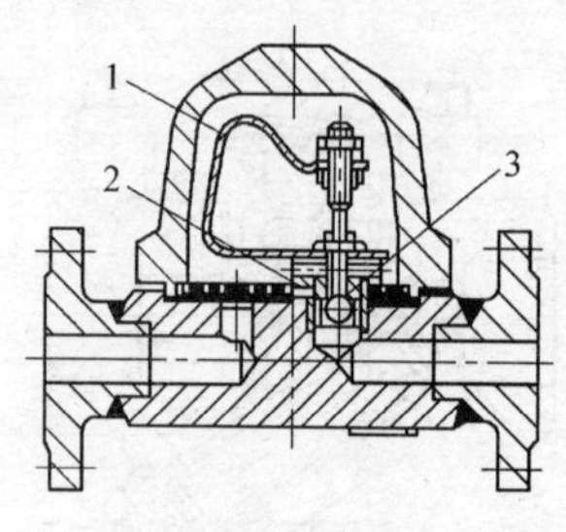

图 2-148　单片双金属片式

1—双金属片；2—阀瓣；3—阀座

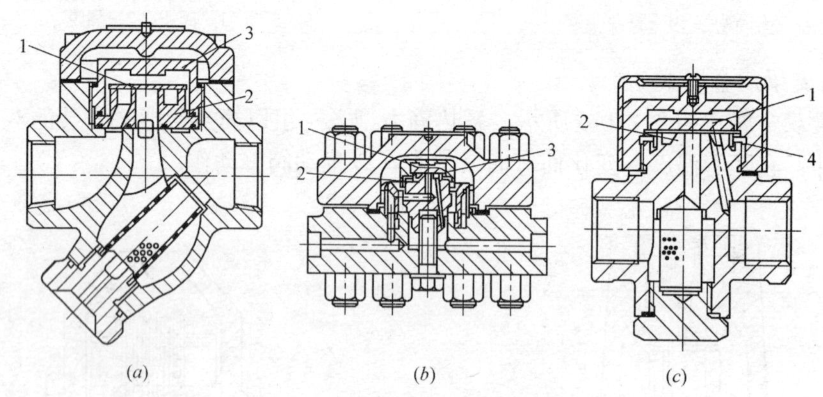

图 2-149　圆盘式

1—阀片；2—阀座；3—内阀盖；4—双金环

19. 贮镏槽圆盘式

贮镏槽圆盘式如图 2-150 所示，系热动力型，原理与图 2-149 圆盘式相同，贮镏槽用以减缓调节压力室内的压力变化。

20. 脉冲式

脉冲式如图 2-151 所示，系热动力型，其阀瓣较长，且置于圆柱体内，并有一定间隙，称为第一流孔。阀瓣上端凸缘处有一通孔，称为第二流孔。开始启动时，空气通过两个节流孔被排出，当凝结水进入疏水阀后，将阀瓣向上推，开启出口，排出凝结水。凝结水被排出后，蒸汽进入时，在第一节流孔处蒸汽的压力降小于凝结水的压力降，使控制室内压力增加，推动阀瓣落下，关闭阀座孔。

这种结构的疏水阀即使在关闭状态，其进出口通过两个节流孔始终流通，使疏水阀一直处于不完全断流状态。

21. 孔板式

孔板式如图 2-152 所示，系热动力型，其结构简单，可根据不同的凝结水排量，选择不同的孔径的孔板规格，但选择不当会增大漏气量。

22. 波纹管脉冲式

波纹管脉冲式如图 2-153 所示，系复合型，即在脉冲式的基础上增设了先导阀，先导阀靠热敏元件（先导阀）驱动。先导阀的设置减少了蒸汽的泄漏。

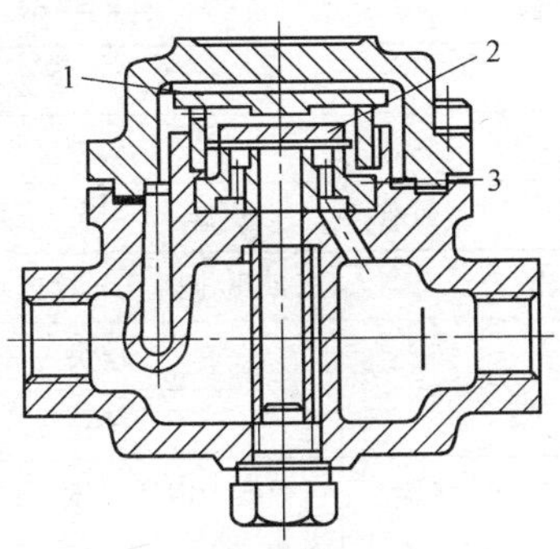

图 2-150 贮镏槽圆盘式

1—内阀盖；2—阀片；3—阀座

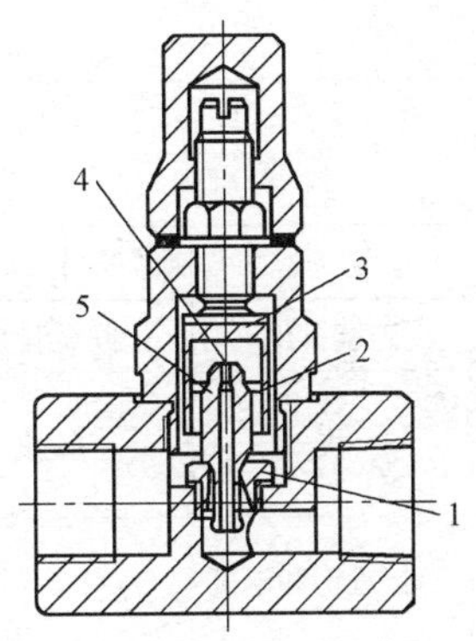

图 2-151 脉冲式

1—阀座；2—第一节流间隙；3—控制缸；4—第二节流孔；5—阀瓣

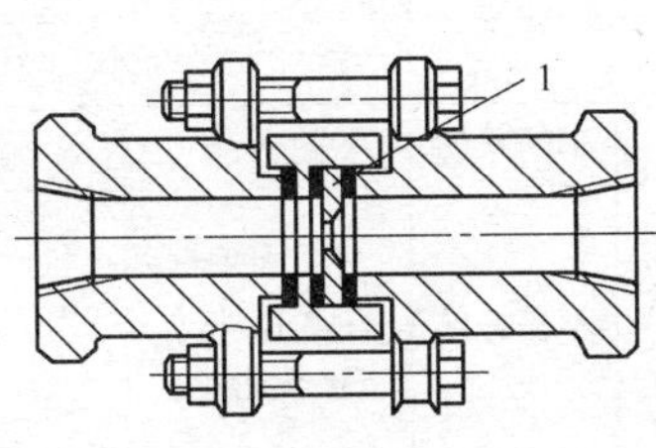

图 2-152 孔板式

1—孔板

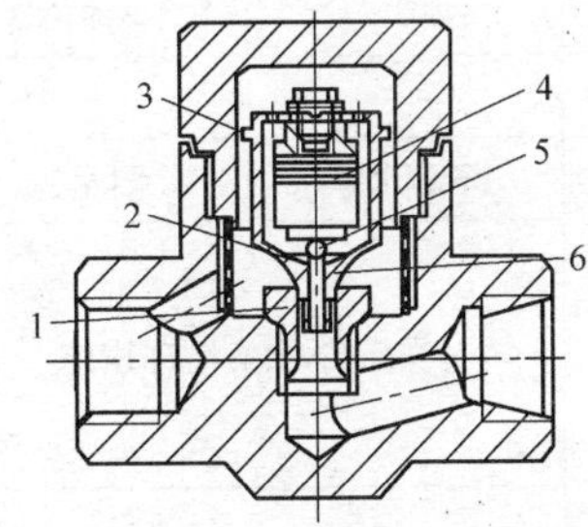

图 2-153 波纹管脉冲式

1—阀座；2—二次节流孔；3—一次节流间隙；4—波纹管；5—副阀瓣；6—主阀瓣

23. 波纹管杠杆浮球式

波纹管杠杆浮球式如图 2-154 所示，系复合型，在杠杆浮球的基础上增设了波纹管，使杠杆的支点随波纹管的伸缩而移动，有利于排除冷空气。

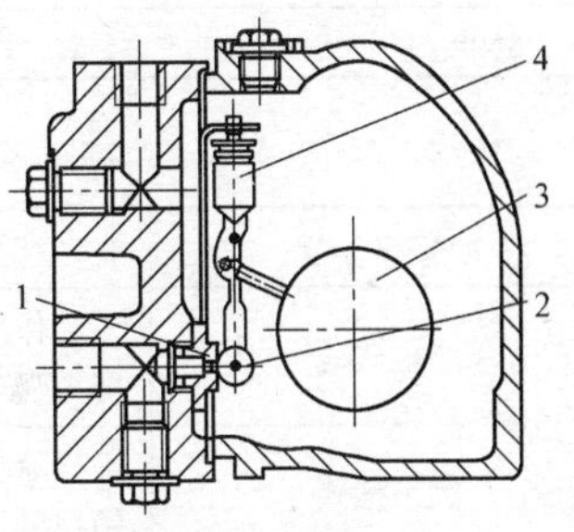

图 2-154 波纹管杠杆浮球式

1—阀座；2—阀瓣；3—浮球；4—波纹管

2.12.4 蒸汽疏水阀的选用

各种类型的蒸汽疏水阀，其基本性能应有效地排除凝结水，同时阻止蒸汽泄漏，并具有排除空气的能力，有较好的耐压性，背压容许范围较大，抗水击能力强，容易维修。

各种蒸汽疏水阀的主要特性见表 2-14，其主要优缺点见表 2-15。

选用蒸汽疏水阀应主要根据疏水阀入口的蒸汽压力、蒸汽入口与凝结水出口的压差和凝结水量。

蒸汽疏水阀的入口压力是指因蒸汽压力波动或经压力调节后，蒸汽疏水阀入口处的最低工作压力；蒸汽疏水阀的出口压力是指蒸汽疏水阀后可能形成的最高工作背压。当凝结水就地排放到大气时，实际压差按蒸汽疏水阀入口压力决定。蒸汽疏水阀一般应安装在水

蒸汽疏水阀的主要特性　　表 2-14

<table>
<tr><th colspan="2" rowspan="3">特性</th><th colspan="8">分　类</th></tr>
<tr><th colspan="3">机械型</th><th colspan="3">热静力型</th><th colspan="2">热动力型</th></tr>
<tr><th>浮球</th><th>浮桶</th><th>倒吊桶</th><th>膜盒</th><th>双金属片</th><th>波纹管</th><th>圆盘</th><th>脉冲</th></tr>
<tr><td colspan="2">排放特性</td><td>连续排出</td><td colspan="2">间歇排出</td><td colspan="3">间歇排出</td><td>间歇排出</td><td>接近间歇排出</td></tr>
<tr><td rowspan="2">启闭速度</td><td>开启</td><td rowspan="2">快</td><td colspan="2" rowspan="2">较快</td><td colspan="3" rowspan="2">慢</td><td colspan="2">较快</td></tr>
<tr><td>关闭</td><td colspan="2">快</td></tr>
<tr><td colspan="2">排水温度</td><td colspan="3">接近饱和温度</td><td colspan="3">接近饱和温度，过冷度一般为10～30℃</td><td colspan="2">稍低于饱和温度，过冷度一般为6～8℃</td></tr>
<tr><td colspan="2">最高允许背压</td><td colspan="3">高，不低于进口压力的80%</td><td colspan="3">较低，不低于进口压力的30%</td><td>中，不低于进口压力的50%</td><td>低，不低于进口压力的25%</td></tr>
<tr><td colspan="2">排空气能力</td><td>要设置排空气装置</td><td colspan="2">有自动排空气能力</td><td colspan="3">有自动排空气能力</td><td>高压时要设置排空气装置</td><td>有自动排空气能力</td></tr>
<tr><td colspan="2">蒸汽损失</td><td>易损失蒸汽</td><td colspan="2">不易损失蒸汽</td><td colspan="3">不易损失蒸汽</td><td colspan="2">易损失蒸汽</td></tr>
<tr><td colspan="2">凝结水排量</td><td colspan="3">大</td><td colspan="3">中</td><td colspan="2">小</td></tr>
<tr><td colspan="2">耐水锤性能</td><td>不耐水锤</td><td colspan="2">耐水锤</td><td>不耐水锤</td><td>耐水锤</td><td>不耐水锤</td><td>耐水锤</td><td>耐水锤</td></tr>
<tr><td colspan="2">冻结情况</td><td colspan="3">易冻结，要有防冻措施</td><td>不易冻结</td><td>安装在垂直管路上，要有防冻措施</td><td>不易冻结</td><td>安装在垂直管路上，要有防冻措施</td><td>不易冻结</td></tr>
<tr><td colspan="2">安装角度</td><td colspan="3">只限水平安装</td><td>只限水平安装</td><td>水平或垂直安装</td><td>只限水平安装</td><td>水平或垂直安装</td><td>只限水平安装</td></tr>
<tr><td colspan="2">耐用性</td><td>不耐用</td><td colspan="2">耐用</td><td>不耐用</td><td>耐用</td><td>不耐用</td><td colspan="2">不耐用</td></tr>
<tr><td colspan="2">凝结水显热利用</td><td colspan="3">不能利用</td><td colspan="3">可以利用</td><td colspan="2">可以利用</td></tr>
<tr><td colspan="2">体积</td><td colspan="3">大</td><td colspan="3">小</td><td colspan="2">小</td></tr>
</table>

蒸汽疏水阀的主要优缺点　　表 2-15

<table>
<tr><th colspan="2">类　型</th><th>优　点</th><th>缺　点</th></tr>
<tr><td rowspan="4">机械型</td><td>浮桶式</td><td>动作准确，排放量大，不泄漏蒸汽，抗水击能力强</td><td>排除空气能力差，体积大，有冻结可能，疏水阀内的蒸汽层有热量损失</td></tr>
<tr><td>倒吊桶式</td><td>排除空气能力强，没有空气气堵和蒸汽汽锁现象，排量大，抗水击能力强</td><td>体积大，有冻结可能</td></tr>
<tr><td>杠杆浮球式</td><td>排放量大，排除空气性能好，能连续（按比例动作）排除凝结水</td><td>体积大，抗水击能力强，疏水阀内蒸汽层有热损失，排除凝结水时有蒸汽卷入</td></tr>
<tr><td>自由浮球式</td><td>排放量大，排除空气性能好，能连续（按比例动作）排除凝结水，体积小，结构简单</td><td>抗水击能力差，疏水阀内蒸汽层有热损失，排除凝结水时有蒸汽卷入</td></tr>
<tr><td rowspan="2">热静力型</td><td>波纹管式</td><td>排放量大，排除空气性能好，不泄漏蒸汽，不会冻结，可控制凝结水温度，体积小</td><td>反应滞后，不能适应负荷突变及蒸汽压力的变化，不能用于过热蒸汽，抗水击能力差，只适用于低压场合</td></tr>
<tr><td>圆板双金属式</td><td>排放量大，排除空气性能好，不泄漏蒸汽，不会冻结，动作噪声小，无阀瓣堵塞事故，抗水击能力强，可利用凝结水的显热</td><td>难以适应负荷突变，不适应蒸汽压力变化大的场合，使用过程中双金属的特性有变化</td></tr>
</table>

续表

类型		优点	缺点
热静力型	圆板双金属温调式	用凝结水显热利用好，节省蒸汽，不泄漏蒸汽，动作噪声小，随蒸汽压力变化变动性好	不适用于大排量
热动力型	孔板式	体积小，重量轻，排除空气性能好，不易冻结，可用于过热蒸汽	不适用于大排量，泄漏蒸汽，易发生故障，背压容许度低（背压限制在30%）
	圆盘式	结构简单，体积小，重量轻，不易冻结，维修简单，可用于过热蒸汽，安装角度自由，抗水击能力强，可排饱和温度的凝结水	空气流入后不能动作，空气气堵多，动作噪声大，背压容许度较低（背压限制在50%），不能在低压（0.03MPa以下）下使用，阀片有空打现象，蒸汽有泄漏，不适用于大排量

平管道上。

背压就是蒸汽疏水阀凝结水的出口压力。在许多情况下，蒸汽凝结水是要回收的，可设置凝结水管送回锅炉房的凝结水箱或水池，凝结水可直接进入锅炉再次使用，无需软化处理，节约运行成本。凝结水管的敷设不可能像排水管道一样，途中可能有上升段，产生静液压，因而蒸汽疏水阀凝结水的出口压力不会是固定的，应视具体情况而定。如果凝结水不回收，蒸汽疏水阀排出的凝结水就地排入水沟或下水道，则其出口压力可视为零。

凝结水量应根据蒸汽供热设备在正常工作时产生的凝结水进行计算，再乘以选用修正系数，然后按照蒸汽疏水阀的排水量进行选择。

在某一压差下排除同量的凝结水，可采用不同形式的蒸汽疏水阀。各种蒸汽疏水阀都具有一定的技术性能和最适宜的工作范围。要根据使用条件进行选择，不能单纯地从最大排水量的观点去选用，更不应只根据凝结水管径的大小来选用。

首先要根据使用条件、安装位置，参照各种蒸汽疏水阀的技术性能选用最为适宜的型式，再根据蒸汽疏水阀的工作压差和凝结水量，从制造厂样本中选定规格、数量。选用蒸汽疏水阀可参照以下几点：

(1) 在凝结水负荷变动到低于额定最大排水量的15%时，不应选用孔板式蒸汽疏水阀，因为在低负荷下将引起部分新鲜蒸汽的泄漏损失。

(2) 在凝结水一旦形成后必须立即排除的情况下，不宜选用孔板式疏水阀，不能选用热静力型的波纹管式蒸汽疏水阀，因两者均要求一定的过冷度（1.7～5.6℃）。

(3) 由于孔板式蒸汽疏水阀和热静力型蒸汽疏水阀不能将凝结水立即排除，所以不可用于蒸汽透平机、蒸汽泵或带分水器的蒸汽主管，即使透平机外壳的疏水，也不可选用。上述情况均选用浮球式疏水阀，必要时也可选用热动力型疏水阀。

(4) 热动力型蒸汽疏水阀有接近连续排水的性能，其应用范围较大，一般都可选用。但最高允许背压不得超过入压力的50%，最低工作压力不得低于0.05MPa。要求安静无噪声的地方应选用浮球式蒸汽疏水阀。

(5) 间歇操作的室内蒸汽加热设备或管道，可选用倒吊桶式蒸汽疏水阀，因其排气性能好。

(6) 室外安装的蒸汽疏水阀不宜用机械型疏水阀，必要时应有防冻措施（如停工放空，保温等)。

(7) 蒸汽疏水阀安装的位置虽各不相同，但根据凝结水流向及蒸汽疏水阀的方向大致分为 3 种情况，如图 2-155 (*a*) 所示可选用任何形式的疏水阀；图 2-155 (*b*) 所示不可选用浮桶式，可选用双金属式疏水阀；图 2-155 (*c*) 所示凝结水的形成与蒸汽疏水阀位置的标高基本一致，可选用浮桶式、热动力型或双金属式疏水阀。

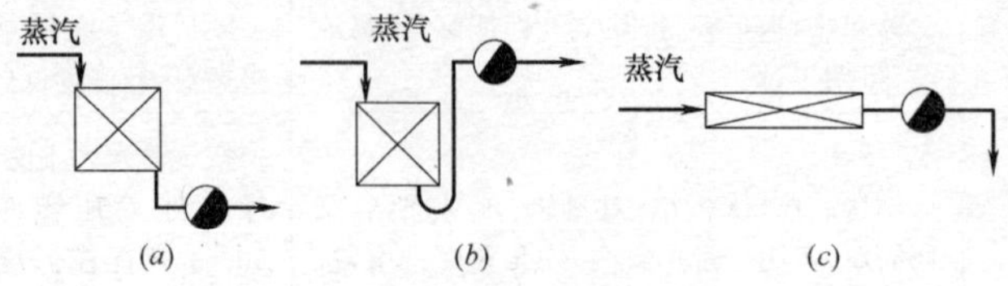

图 2-155　蒸汽疏水阀安装位置示意

2.13　调节阀（控制阀）

调节阀（控制阀）是指预定使用在关闭与全开启任何位置，通过启闭件（阀瓣）改变通路截面积，以调节流量、压力或温度的阀门。

2.13.1　平衡阀

平衡阀的外形如图 2-156 所示，此种阀门用于热水采暖和空调水系统中，用于保证各环路的水量达到设计要求。

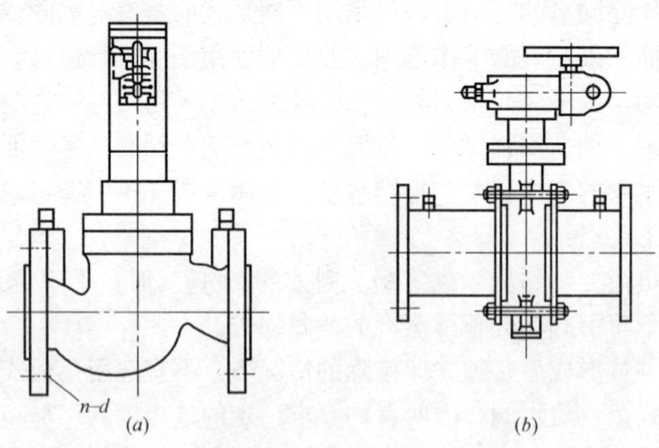

图 2-156　平衡阀外形

(*a*) $DN \leqslant 300$；(*b*) $DN > 300$

平衡阀由专用扳手、阀位开度指示器、锁定装置、特殊的阀芯与阀座及阀前、阀后测压装置和阀体组成，具有良好的调节性能。

将智能仪表与平衡阀测压装置相连后，旋松测压接头，即可显示出流经阀门的流量值。需要时拧开顶盖，用专用扳手套入阀杆方头，顺时针旋转阀杆，可将阀芯位置调整到设计要求的阀门开度。旋转锁紧螺母，使其下端面与指示盘上端面接触，即可限制阀门在合适的开度位置。

2.13.2 自力式压力调节阀

自力式压力调节阀的结构如图 2-157 所示。自力式单座压力调节阀不需要任何外加能源，它是利用被调节介质的自身能量，实现自动调节的执行器。自力式单座压力调节阀主要由检测执行机构、调压阀、冷凝器和阀后接管 4 部分组成。其中图 2-157（*a*）为用于调节阀后压力的调节阀，阀的作用方式为压闭型；图 2-157（*b*）为用于调节阀前压力的调节阀，阀的作用方式为压开型。

此种调节阀的流量特性：快开；调节精度：±5%；使用温度≤350℃；允许泄漏量：10^{-4}×阀的额定容量/h；减压比：最大 30，最小 1.25。

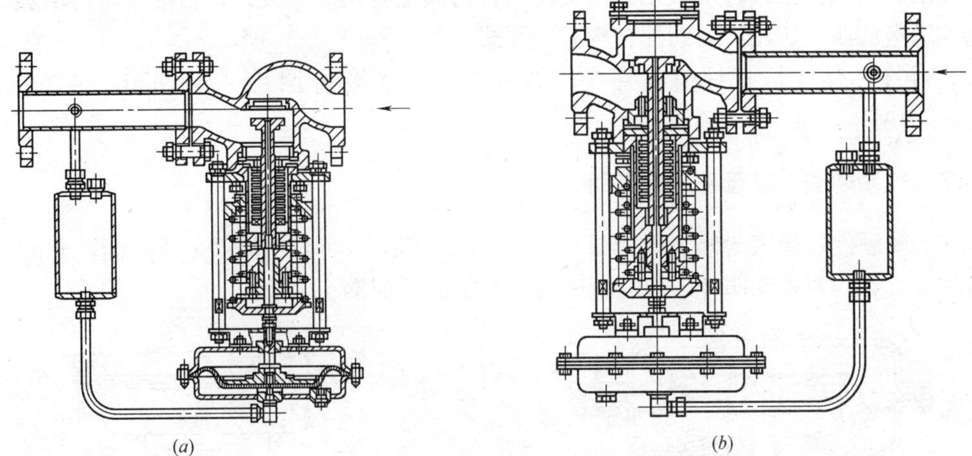

图 2-157 自力式压力调节阀的结构

2.13.3 自力式差压调节阀

自力式差压调节阀的结构如图 2-158 所示，此种阀门不需要任何外加能源，而是利用被调节介质的自身能量而实现两种介质或同一介质两种压力之间的差值自动调节的执行器。

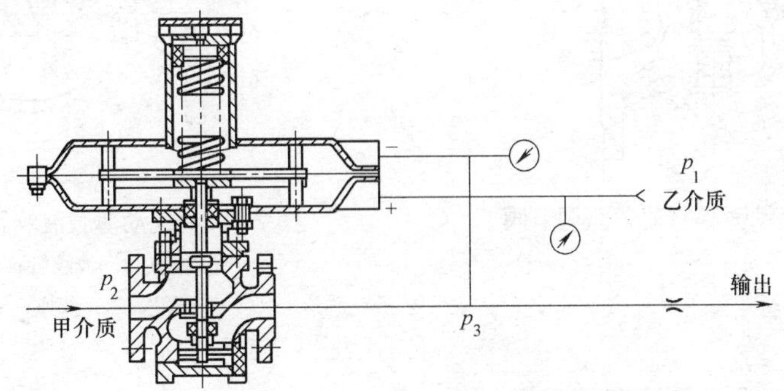

图 2-158 自力式差压调节阀

差压调节阀主要由检测执行机构与调节机构两部分组成，其结构形式有两种：公称压力为 0.1MPa 时用单座平衡型，公称压力为 1.0MPa 时用双座结构。

该阀调节精度为：±10%，允许泄漏量为：单座 10^{-4}×阀的额定容量/h；双座 10^{-3}×阀的额定容量/h；工作介质温度：≤80℃。

2.13.4 气动薄膜直通单座调节阀

气动薄膜直通单座调节阀如图 2-159 所示，系气动单元组合仪表中的执行单元，配用电-气转换装置之后，也可进入电动单元组合仪表系统。它接受来自调节仪表的信号，直接改变被调介质（如水、蒸汽、气体等）的流量，使被控工艺参数（如温度、压力、流量、液位、成分等）保持在给定值范围。

调节阀由气动薄膜执行机构与调节阀两部分组成。执行机构有正、反两种作用形式，当信号压力增加，推杆伸出膜室的叫正作用，与阀配合构成气关式；当信号压力增加，推杆退入膜室的叫反作用，与阀配合构成气开式。

此阀的固有流量特性有：直线、等百分比；固有可调比（R）：50；气源压力：0.14～0.4MPa。

2.13.5 气动薄膜波纹管密封调节阀

气动薄膜波纹管密封调节阀如图 2-160 所示，其结构特点与图 2-159 相同。此阀安装有金属波纹管，对移动阀杆形成完全密封，杜绝介质泄漏。

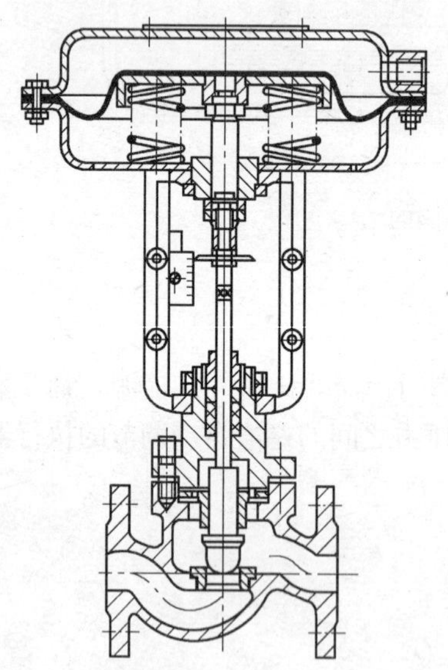

图 2-159 气动薄膜直通单座调节阀

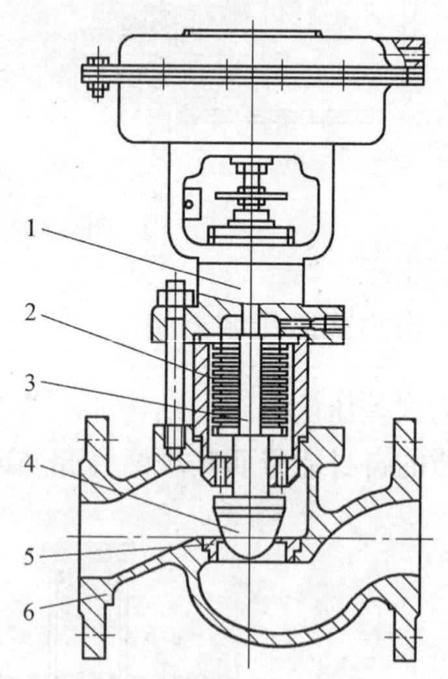

图 2-160 气动薄膜波纹管密封调节阀
1—阀盖；2—波纹管；3—阀杆；
4—阀芯；5—阀座；6—阀体

2.13.6 气动薄膜低温单阀座调节阀

气动薄膜低温单阀座调节阀如图 2-161 所示，其结构特点基本与图 2-159 相同。此种调节阀的上阀盖增加了长颈，能保证填料函处温度在 0℃以上，不大受介质温度影响，可在低温、深冷场合工作。

2.13.7 气动薄膜直通双座调节阀

气动薄膜直通双座调节阀如2-162所示，是气动单元组合仪表中的执行单元。它按调节仪表的信号，直接改变被调介质的流量，使工艺参数（如温度、压力、流量、液位、成分等）保持在规定值范围。

双座阀是由气动薄膜执行机构和双座调节阀组成。执行机构有正、反两种作用形式，当信号压力增加，推杆伸出膜室的叫正作用，与阀配合构成气关式；当信号压力增加，推杆退入膜室的叫反作用。双座阀有两个阀瓣与阀座，采用双向结构，因此正装可以改成倒装，只要把上下阀座互换位置，阀杆与阀瓣下端联接就可以组成正装或反装。

固有流量特性有：直线、等百分比；固有可调比（R）：50；气源压力：0.14～0.4MPa。

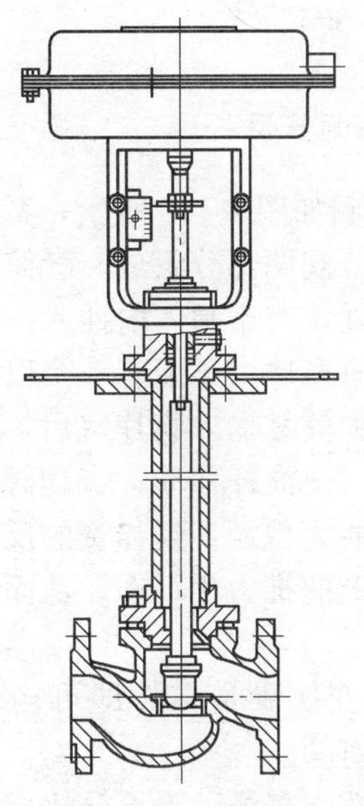

图2-161 气动薄膜低温单阀座调节阀

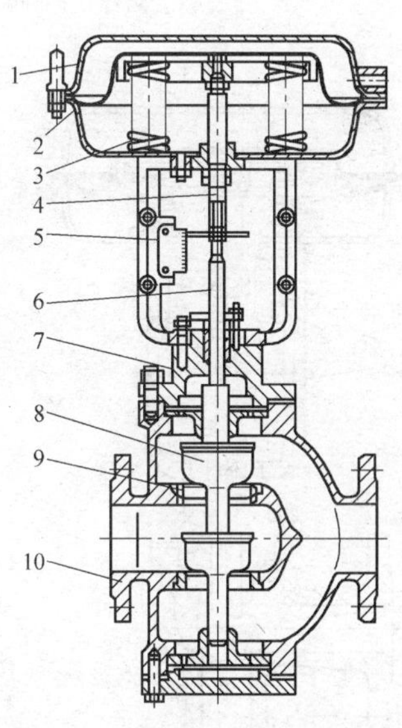

图2-162 气动薄膜直通双座调节阀

1—膜盖；2—膜片；3—弹簧；4—推杆；5—支架；6—阀杆；7—阀盖；8—阀瓣；9—阀座；10—阀体

2.13.8 气动薄膜三通调节阀

气动薄膜三通调节阀如图2-163所示，系由气动薄膜执行机构与三通阀调节机构组成，其阀瓣结构是按流开状态设计的，阀芯处于阀座内部的为合流阀，有两个进口，一个出口，适用于全通径。阀瓣处于阀座外部的为分流阀，有一个进口，两个出口。其他结构特点和特性同2-162。

2.13.9 气动薄膜角式单座调节阀

气动薄膜角式单座调节阀如图2-164所示，角式调节阀由气动薄膜执行机构与角式调节阀两部分组成，其他结构特点和特性同2.13.4气动薄膜直通单座调节阀。

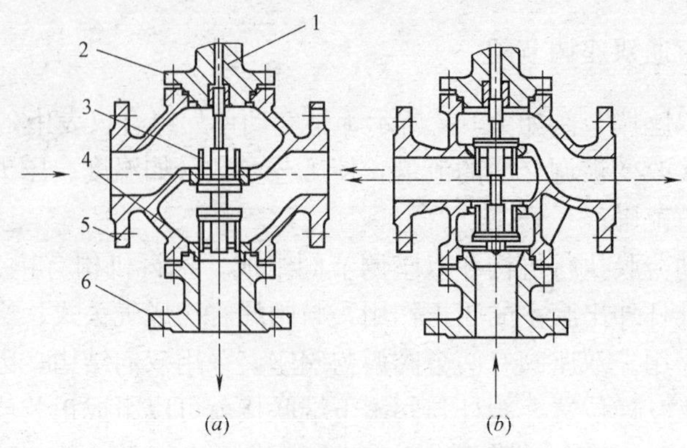

图 2-163　气动薄膜三通调节阀

（a）合流阀；（b）分流阀

1—阀杆；2—阀盖；3—阀芯；4—阀座；5—阀体；6—连接管

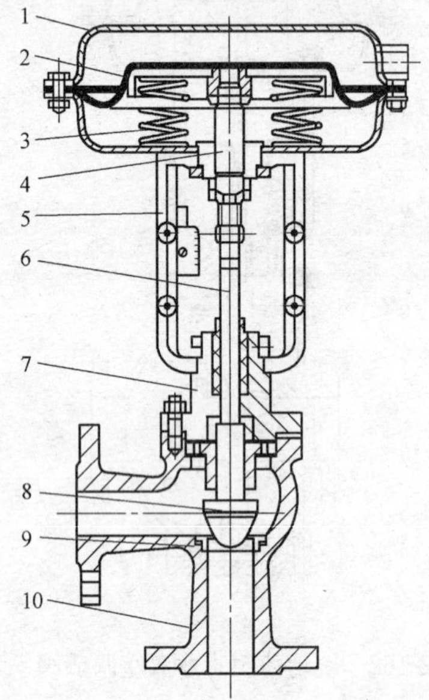

图 2-164　气动薄膜角式单座调节阀

1—膜盖；2—膜片；3—弹簧；4—推杆；5—支架；6—阀杆；7—阀盖；8—阀瓣；9—阀座；10—阀体

2.13.10　气动薄膜套筒调节阀

气动薄膜套筒调节阀如图 2-165 所示，系由气动薄膜执行机构与套筒调节阀两部分组成。套筒调节阀与一般调节阀的不同之处，在于阀体内插入一个带有密封面的套筒，圆周开有窗口。还配有一个以套筒为导向的滑动阀瓣。当压力信号输入膜片室后，在膜片式产生推力，压缩弹簧，使推杆移动，带动阀杆、阀塞，改变套筒窗口的流通面积，直到弹簧的反作用力与信号压力作用在膜片上的推力相平衡，从而达到自动调节工艺参数的目的。

另外，套筒调节阀变换少量零件即可构成高温阀、低温阀或波纹管密封阀。

此阀的固有流量特性：直线，等百分比；固有可调比（R）：50；气源压力：0.14～0.4MPa。

2.13.11　电动 V 形调节球阀

电动 V 形调节球阀如图 2-166 所示，系由电动执行机构与 V 形球阀两部分组成。V 形开口球阀与阀座之间具有剪切作用，当介质中含有纤维或固体颗粒时，V 形球体不会被卡死，仍保持良好的密封性。阀座保护环可防止流体直接冲刷阀座，延长阀座使用寿命。电动执行机构部分详见生产厂家产品说明书。

此阀的流量特性：近似等百分比；信号范围：（DC）4～20mA；球体转角：0～90°；允许泄漏量：<0.01%。

2.13.12　气动 V 形调节球阀

气动 V 形调节球阀如图 2-167 所示，主要由气缸活塞执行机构、V 形球阀和阀门定

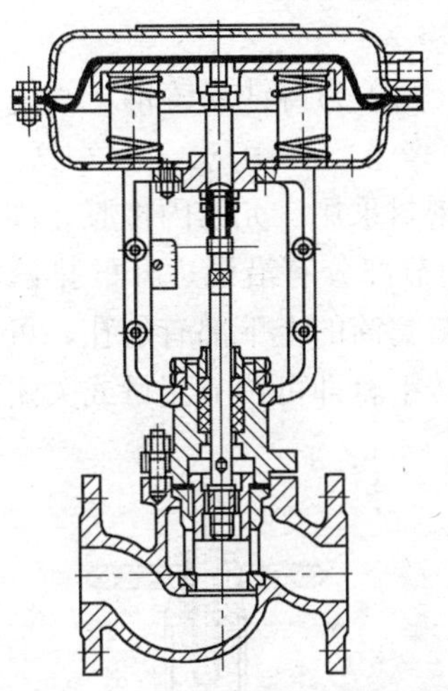

图 2-165 气动薄膜套筒调节阀

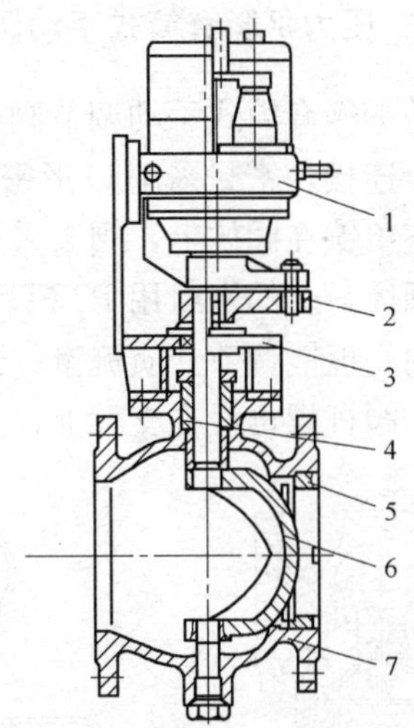

图 2-166 电动 V 形调节球阀
（适用于 $DN65 \sim DN200$）
1—电动执行机构；2—曲柄；3—支架；4—阀杆；5—阀座；6—V 形球体；7—阀体

位器组成。V 形调节球阀有双作用与单作用两种结构，双作用又可分为无复位与有复位两种功能，而单作用皆有复位功能。

当信号输入阀门定位器后，再由定位器输出相应的差动信号至气缸，推动活塞产生位移，再通过连杆、曲柄，带动阀杆与 V 形球阀作 90°旋转，由于阀杆与定位器的反馈凸轮相连接，因此反馈凸轮也跟着转动，使定位器达到新的平衡。活塞式执行机构停留在规定的转角上，从而实现了自动调节的目的。

此阀的流量特性：近似等百分比；气源压力：0.4～0.6MPa；适用温度：－40～180℃。

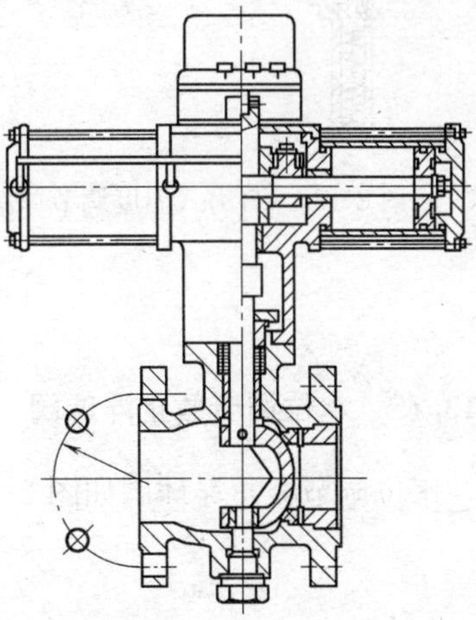

图 2-167 气动 V 形调节球阀

2.13.13 自力式温度调节球阀

自力式温度调节球阀如图 2-168 所示，系无需任何外加能量，利用被调介质自身能量，实现介质温度自动调节的执行器。由温度设定，检测执行，正、反向转换与调节四部分组成。

调温阀控制器是根据液体膨胀的原理工作的。温包、毛细管与金属波纹管组合成密封系统，其内充工作液体，温包插入其中，当介质温度升高时，工作液体膨胀，密封系统内压力增高，迫使金属波纹管向左移动，带动推杆，阀杆与阀瓣向下移动，使阀门开度增大，流经阀体的冷源增加，使温度降低；反之，当介质温度降低时，工作液体收缩，密封系统内压力下降，在弹簧作用下，使阀门开度减小，流经阀体的冷源减少，使温度升高。

2.13.14　压力平衡套筒式手动调节阀

压力平衡套筒式手动调节阀如图 2-169 所示，阀体、阀盖为铸铁或铸钢，阀体与阀盖采用螺栓连接，密封采用O形密封圈。流道为直通式。

阀座单镶在阀体上，阀瓣采用套筒式，阀瓣和阀座密封采用三元乙丙橡胶，阀瓣套筒上部与阀体衬套的密封用 PTFE（聚四氟乙烯），下部调节部分有沿周边开的排液槽，阀瓣开启的高度能调节介质流量，开启越高流量越大。阀瓣套筒的上下部有通孔，可保持压力平衡，阀杆螺母设在支架上，阀杆设有导向装置，旋转手轮即可调节流量或关闭阀门。

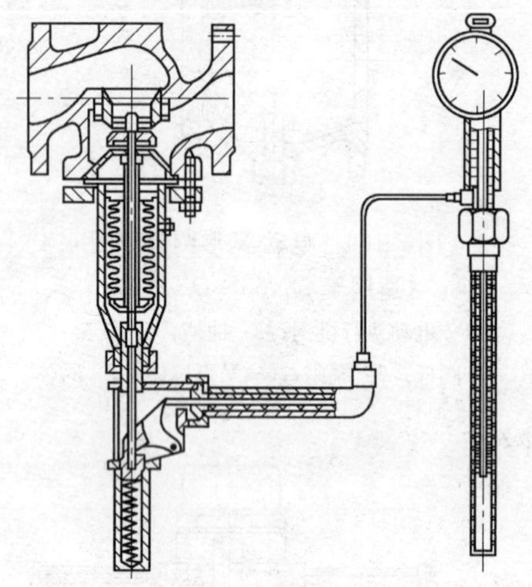

图 2-168　自力式温度调节球阀

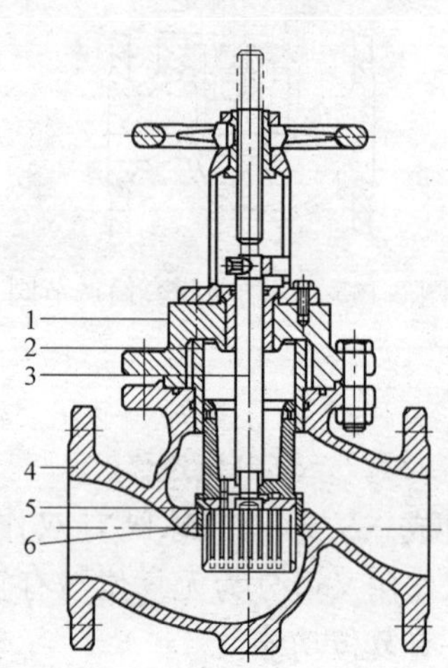

图 2-169　压力平衡套筒式手动调节阀

1—阀盖；2—导向座；3—阀杆；4—阀体；5—阀座；6—阀瓣

2.13.15　水位调节截止浮球阀

水位调节截止浮球阀如图 2-170 所示，阀体、阀盖为铸铁件，用螺栓连接，密封用橡

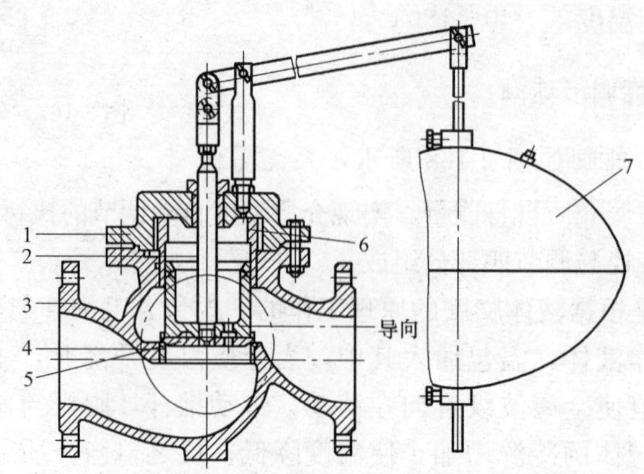

图 2-170　水位调节截止浮球阀

1—阀盖；2—阀杆；3—阀体；4—阀座；5—阀瓣；6—导向套；7—浮子

胶垫。流道为直通式。

此种阀门靠浮球和杠杆控制，用于调节水箱内水位。当作为截止阀使用时，截止由阀瓣下端流入；当作为调节阀使用时，截止由阀瓣上端流入。

2.13.16 分配阀

分配阀是指通过改变启闭件的位置来影响自一个共同进口流量的比例，以形成两个或多个出口流量的阀门。

2.13.17 混合阀

混合阀是指通过改变启闭件的位置来影响两个或多个进口流量的比例，以形成一个共同出口流量的阀门。

3　水力控制阀

水力控制阀有建设行业和机械行业两套产品标准，它们之间有共同之处，也有不同之处，很难综合介绍。因此，分为“3.1 建设行业标准之水力控制阀”和“3.2 机械行业标准之水力控制阀”两部分。

3.1　建设行业标准之水力控制阀

水力控制阀有建设行业和机械行业两套产品标准，它们之间有共同之处，也有不同之处，很难综合介绍。这里先介绍建设行业的《水力控制阀》CJ/T 219—2005 和《水力控制阀应用设计规程》CECS 144—2002 中的部分实用内容。CECS 是“中国工程建设标准化协会”的简称或缩写。工程设计方面应根据具体产品技术性能选用，施工方面应主要依据工程设计，但不应与产品技术性能发生矛盾。

3.1.1　水力控制阀简介

按照《水力控制阀》CJ/T 219—2005 的规定，水力控制阀是指利用水力控制原理，用导管和不同元件组成不同控制系统，实现多用途控制功能的阀门的总称。因此，水力控制阀不属于通用阀门，也不是一个具体的阀门品种，而是一个多种用途自动控制类阀门系列，用于给水管路工程。

1. 组成及适用范围

水力控制阀由一个主阀及其附设的导管、导阀、针形阀及导管组成，利用介质自身压力通过不同结构的导管和导阀，自动控制阀门的开启、调节和关闭，对给水系统的液位、压力、流量和方向进行自动控制。

水力控制阀通过不同结构的导管和导阀，可形成以下多种不同功能的产品：遥控浮球阀、可调式减压阀、缓闭消声止回阀、流量控制阀、泄压/持压阀、水力电动控制阀、水泵控制阀、压差旁通平衡阀、紧急关闭阀。广泛应用于公称压力 $PN \leqslant 2.5$MPa，公称通径 $DN50 \sim DN800$，介质温度≤80℃，工作介质为清水的生产、生活及消防等给水系统。

水力控制阀是一种利用水进行自润的阀门，无须另加机油润滑。水力控制阀前面要安装过滤器，并应便于日常清理排污。此类阀门在管道中一般应当水平安装。

2. 术语

（1）水力控制阀

系利用水力控制原理，用导管和不同元件组成不同控制系统，实现多用途控制功能的阀门的总称。主要包括以下（2）～（10）各种阀门。

（2）遥控浮球阀

利用水位控制回路中浮球升降来控制主阀的开启或关闭，达到自动控制设定液位的阀门。

(3) 可调式减压阀

利用水作用力控制调节导阀，使阀后水压降低，无论进口压力波动还是出口流量变化，出口的静压和动压应稳定在设定值上的阀门。出口压力在一定范围内可调节。

(4) 缓闭式止回阀

利用水作用力控制导阀，使主阀瓣起到延时关闭和消声止回作用，从而消除或缓解水锤的止回阀。

(5) 流量控制阀

利用水作用力控制调节器，将出口流量控制在一个设定值，当进口压力有波动时，出口流量保持不变的阀门。常用在需要控制流量的给水管路上。

(6) 泄压/持压阀

利用水作用力控制导阀，使主阀自动排出部分水来稳定阀前管路设定压力，当压力回复到设定压力以下时，主阀自动关闭，阀门的泄压、持压在一定范围内可以调节的阀门。

(7) 水力电动控制阀

利用电信号遥控电磁导阀，借助水的作用力开启或关闭的阀门。

(8) 水泵控制阀

利用水作用力控制主阀，先关闭开启高度的 90%，再由行程开关控制水泵滞后关闭，然后主阀关闭，具有介质止回保护水泵的功能的阀门。

(9) 压差旁通平衡阀

利用水作用力和调节压差平衡导阀，自动控制阀门的开度，常用作中央空调导流、供水、回水之间平衡压差的阀门，使管路中介质保持恒定的压差值。

(10) 紧急关闭阀

利用水作用力自动控制阀门的关闭和开启的阀门，常用在消防与生产或生活共用系统中。当消防系统启动时，管路压力升高，如阀的进口压力小于设定压力，该阀一直处于开启状态，进口压力大于设定压力，该阀处于关闭状态。该阀适用于生活小区中消防用水与生活用水并联的供水系统，当消防用水时，阀门自动紧急关闭，切断生活用水保证消防用水；当消防结束时，阀门自动打开，恢复生活供水。

3. 原理及构造

水力控制阀是以管路介质的压力为动力，进行启闭或调节的阀门。它由一个主阀和附设的导管、针形阀、球阀和压力表等组成，根据使用的目的、功能、场所的不同，可演变成遥控浮球阀、减压阀、缓闭止回阀、流量控制器、泄压阀、水力电动控制阀、紧急关闭阀等。导阀随介质的液位和压力的变化而动作，由于导阀种类很多，可以单独使用或几个组合使用，就可以使主阀获得对水位、水压及流量等进行单独或复合调节的功能。但主阀结构类似截止阀，其压力损失比其他阀门要大，且各个开度压力损失系数，越是与全闭状态接近，越是剧增，阀门口径越大就越显著。

具有上述特性的阀门，易发生水锤冲击，接近全闭时，阀门动作越缓慢越好，于是可在阀瓣上设置节流装置。另外，先导阀的节流和动作部分要尽量避免设置特小口径的孔口，以免堵塞。必要时要加过滤网，并定期检修及设置旁通管路。水力控制阀分隔膜型和活塞型两类，工作原理相同，都是以上下游压力差为动力，有导阀控制，使隔膜（活塞）

液压式差动操作，完全由介质水力作用自动调节，从而使主阀阀瓣完全开启或完全关闭或处于调节状态。

当进入隔膜（活塞）上方控制室内的压力水被排到大气或下游低压区时，作用在阀瓣低部和隔膜下方的压力值就大于上方的压力值，从而将主阀阀瓣推到完全开启的位置：当进入隔膜（活塞）上方控制室内的压力值处于入口压力与出口以来中间时，主阀阀瓣就处于调节状态，其调节位置取决于导管系统中的针形阀和导阀的联合控制作用。

导阀可以通过下游压力的变化而开大或关小其自身的小阀口，从而改变隔膜（活塞）上方控制室的压力值，控制主阀阀瓣的调节位置。

水力控制阀可用于生活给水、生产给水、消防给水和热水供应工程，建筑中水工程可参照采用。

3.1.2 分类及特点

水力控制阀按结构可分为隔膜型和活塞型两类，工作原理相同，都是以上下游压力差 ΔP 为动力，由导阀控制，使隔膜（活塞）液压式差动操作，完全由水力自动调节，从而使主阀阀盘完全开启或完全关闭或处于调节状态。

当进入隔膜（活塞）上方控制室内的压力水被排到大气或下游低压区时，作用在阀盘底部和隔膜下方的压力值就大于上方的压力值，所以将主阀阀盘推到完全开启的位置；当进入隔膜（活塞）上方控制室内的压力水不能排到大气或下游低压区时，作用在隔膜（活塞）上方的压力值就大于下方的压力值，所以就会把主阀阀盘压到完全关闭的位置；当隔膜（活塞）上方控制室内的压力值处于入口压力与出口压力中间时，主阀阀盘就处于调节状态，其调节位置取决于导管系统中的针阀和可调导阀的联合控制作用。

可调导阀可以通过下游的出口压力并随它的变化而开大或关小其自身的小阀口，从而改变隔膜（活塞）上方控制室的压力值，控制方阀阀盘的调节位置。

阀门的公称压力有 0.6MPa、1.0MPa、1.6MPa、2.5MPa 和 4.0MPa 等不同级别，管路输送的介质，其工作压力应小于阀门的公称压力值。

1. 结构形式

水力控制阀结构型式：如图 3-1～图 3-9（小于等于 *DN*450 隔膜式）、图 3-10（大于等于 *DN*500 活塞式）所示。

（1）遥控浮球阀

遥控浮球阀的结构如图 3-1 所示。遥控浮球阀应能在控制回路关闭后（液位高度达到设定值，浮球抬起），迅速将主阀关闭，且不受管路压力的影响。关闭时间 t（浮球抬起，从控制回路关闭到主阀完全关闭所需的时间）应符合表 3-1 的规定。

关闭时间 **表 3-1**

公称通径 *DN*	50～100	125～200	250～300	350～500	600～800
关闭时间 t(s)	3～6	4～8	6～12	10～20	15～30

对于生活、生产、消防给水系统的水池（箱），在公称直径不小于 50mm 的进水管路中，宜设置遥控浮球阀，遥控浮球的公称通径应与管路公称直径相同，其组件顺序（沿水

流方向）为：控制阀（闸阀或蝶阀）、过滤器、遥控浮球阀。遥控浮球阀前应设置过滤器，过滤器的滤网材料应有足够强度和刚度，宜采用不锈钢或铜质材料制作。滤网孔口水流总面积应为管道截面积的 1.5～2 倍，孔数应为 20～60 目，并便于清污。

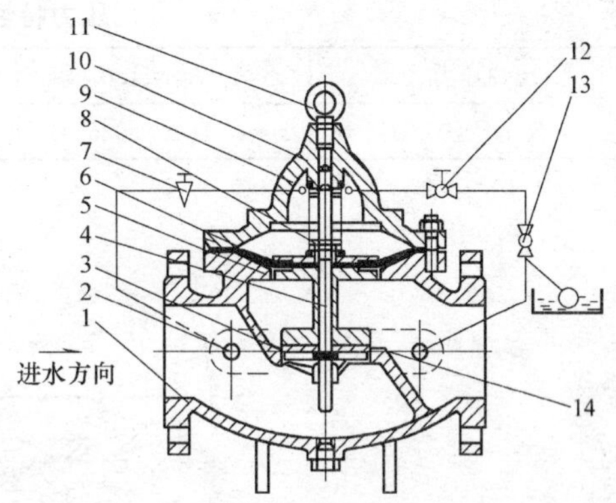

图 3-1　遥控浮球阀

1—阀体；2—微型过滤器（紧靠在引出管道前端）；3—阀座；4—阀杆；5—阀盘；6—膜片；7—针阀；8—弹簧；9—导向套；10—阀盖；11—吊环；12—球阀；13—浮球阀；14—O 形圈

遥控浮球阀应设置在水池或水箱的进水管路上，可水平或垂直安装。当水平安装时，阀盖应朝上。其控制导管与浮球设置应符合下列要求：遥控浮球阀的控制导管应牢固地固定在水池或水箱上，控制导管的总长度不宜超过 8m，浮球中心应距进水口 1m 以外或进水管采取消波装置；同一水池或水箱设置两组或两组以上遥控浮球阀时，应保持遥控浮球阀的控制浮球在同一水平面上。

当遥控浮球阀的出水管在水池或水箱内高出溢流水位时，应有防止回流污染、破坏虹吸作用的通气孔，孔径可采用 10mm，孔中心距溢流水位高度应符合表 3-2 的规定。

通气孔中心距溢流水位高度（mm）　　**表 3-2**

管道公称直径 DN	50	65	80	100	150	200	250	300
通气孔中心距溢流水位高度	100	100	125	125	150	150	200	200

遥控浮球阀的出水管在水池或水箱内宜采用淹没出流方式，管口应低于最低水位，但距水池或水箱底不应小于 50mm。遥控浮球阀宜紧靠水池或水箱壁安装。

（2）可调式减压阀

可调式减压阀的结构如图 3-2 所示。

1）可调式减压阀的性能要求　可调式减压阀设有压力调整机构，调整导管螺钉进行调节，压力增高或减低并有防松装置，顺时针方向拧动螺钉，出口压力增高。最小阀前、阀后压差不小于 0.1MPa，其调压特性为：在给定的弹簧压力级范围内，出口压力应能在最大值与最小值之间连续调整，不应有卡阻和异常振动；其流量特性为：按 CJ/T 219—2005 标准的规定对减压阀进行试验时，出口压力的流量特性负偏差值 ΔP_{2q} 应小于表 3-3 的规定；其压力特性为：按 CJ/T 219—2005 标准的规定对减压阀进行试验时，出口压力特性偏 ΔP_{2p} 应小于表 3-4 的规定。

流量特性负偏差值（MPa）　　**表 3-3**

出口压力	<1.0	1.0～1.6	1.6～2.4
ΔP_{2q}	0.01	0.015	0.02

压力特性偏值（MPa）　表 3-4

出口压力	<1.0	1.0～1.6	1.6～2.4
ΔP_{2p}	±0.035	±0.045	±0.055

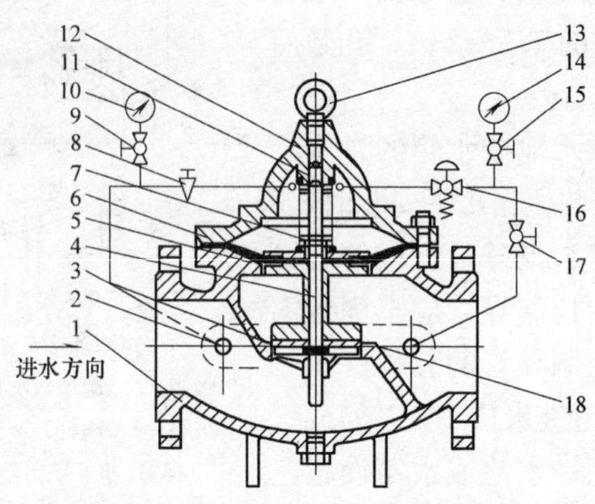

图 3-2　可调式减压阀

1—阀体；2—微型过滤器（紧靠在引出管道前端）；3—阀座；4—阀杆；5—阀盘；6—膜片；7—弹簧；8—针阀；9—球阀；10—压力表；11—导向套；12—阀盖；13—吊环；14—压力表；15—球阀；16—导阀；17—球阀；18—O 形圈

2）可调式减压阀的设置　生活给水系统设置的可调式减压阀，阀前与阀后的最大压差不大于 0.4MPa；在有安静要求的场所（住宅、旅馆、医院），生活给水系统可调式减压阀前与阀后的最大压差不宜大于 0.3MPa。当生活给水系统可调式减压阀前与阀后的最大压差值超过上述规定时，可调式减压阀宜串联设置或采取防噪声措施。

当可调式减压阀公称直径不大于 50mm 时，应采用直线式减压阀；当大于 50mm 小于 100mm 时，宜采用先导式减压阀。

对用水量极不均匀的某些高层民用建筑（如旅馆、住宅、医院），在有安静要求的场合，可调式减压阀宜异径并联设置。异径并联设置时应符合下列要求：

A. 按主、副减压阀工作情况和流量特性确定主、副减压阀直径。一般副减压阀宜比主减压阀公称直径小两级或两级以上。

B. 副减压阀阀后压力宜比主减压阀的阀后压力高 0.020～0.035MPa（动压值）。

需要说明，异径并联设置时，通过的设计流量应按不同公称直径可调式减压阀同时工作计算；异径并联设置只适用于可调式减压阀；主减压阀为直接式减压阀时，可不并联副减压阀；异径并联设置时，主减压阀可不再并连同径减压阀。

（3）缓闭式止回阀

缓闭消声止回阀的结构如图 3-3 所示。

缓闭消声止回阀应在进口突然停止提供水压时，其控制室的内压增大，使控制部件推动阀盘朝关闭方向下降，先缓闭降低水击后，主阀盘才关闭，其缓闭时间应在 3～60s 内，并可以调节。

对于生活、生产、消防给水系统，需要在水泵停机，阻止介质回流并消除或缓解由此而产生的水锤现象时，宜设置缓闭式止回阀。缓闭式止回阀组的组件顺序（沿水流方向）

为：压力表、可曲挠橡胶软接头或管道伸缩器、过滤器、缓闭式止回阀、控制阀（闸阀或蝶阀）。

缓闭式止回阀应设置在水泵出口段，且宜水平安装，阀盖朝上。当垂直安装时，阀盖宜朝外。一台水泵机组应配套设置一组缓闭式止回阀组。

（4）流量控制阀

流量控制阀的结构如图 3-4 所示。流量控制阀设有流量调整机构，调整导管螺钉进行调节流量增大或减小流量，并有防松装置。顺时针方向拧动螺钉，出口流量减小。当进口压力自公称压力的 0.8 倍至公称压力之间变化时，出口流量变化偏差应符合表 3-5 的规定。

流量变化偏差（t/h） **表 3-5**

公称压力 PN(MPa)	1.0	1.6	2.5
流量变化偏差 ΔQ	$\leqslant \pm 0.08Q_2$	$\leqslant \pm 0.1Q_2$	$\leqslant \pm 0.12Q_2$

注：Q_2——最大工作压力时的流量。

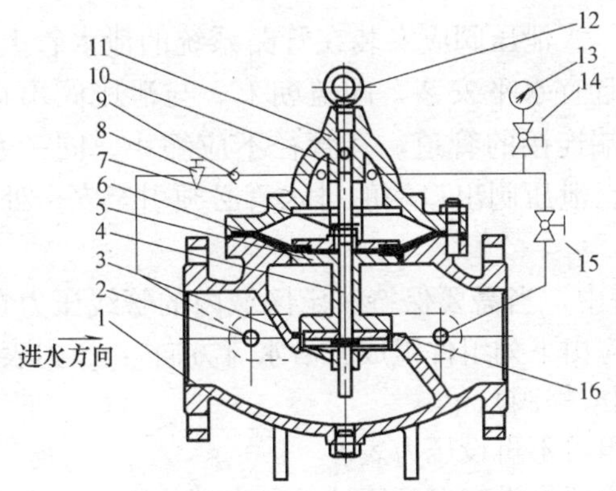

图 3-3 缓闭消声止回阀

1—阀体；2—微型过滤器（紧靠在引出管道前端）；3—阀座；4—阀杆；5—阀盘；6—膜片；7—弹簧；8—针形阀；9—止回阀；10—导向套；11—阀盖；12—吊环；13—压力表；14—球阀；15—球阀；16—O 形圈

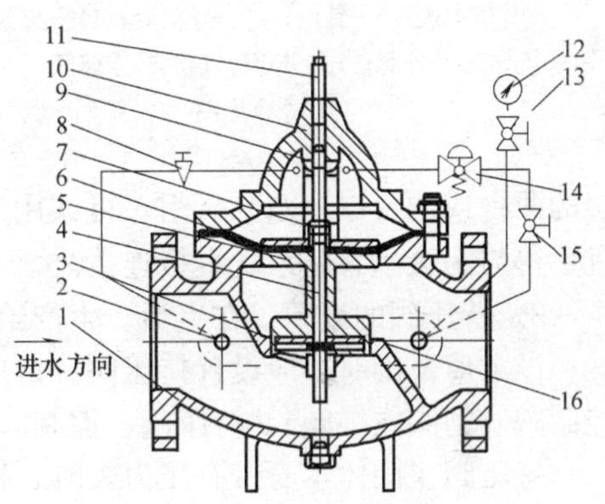

图 3-4 流量控制阀

1—阀体；2—微型过滤器（紧靠在引出管道前端）；3—阀座；4—阀杆；5—阀盘；6—膜片；7—弹簧；8—针阀；9—导向套；10—阀盖；11—调节器；12—压力表；13—球阀；14—导阀；15—球阀；16—O 形圈

（5）泄压/持压阀

泄压/持压阀的结构如图 3-5 所示。泄压/持压阀设有压力调整机构，顺时针旋转手轮，开启压力增高，其技术性能基本参数应符合表 3-6 的规定。

基本参数（MPa） **表 3-6**

规格	符号	公称压力 PN		
		1.0	1.6	2.5
开启压力	P_s	$\leqslant 0.9$	$\leqslant 1.5$	$\leqslant 2.4$
开启压力差	ΔP_s	$\Delta P_s < 0.5, \pm 0.02$　$\Delta P_s \geqslant 0.5, \pm 0.04$		
启闭压差	ΔP_c	$P_s \leqslant 0.6, 0.08P_s; P_s \leqslant 1.5, 0.06P_s; P_s \leqslant 2.4, 0.04P_s$		
排放压力	P_d	$\leqslant 1.08P_s$		

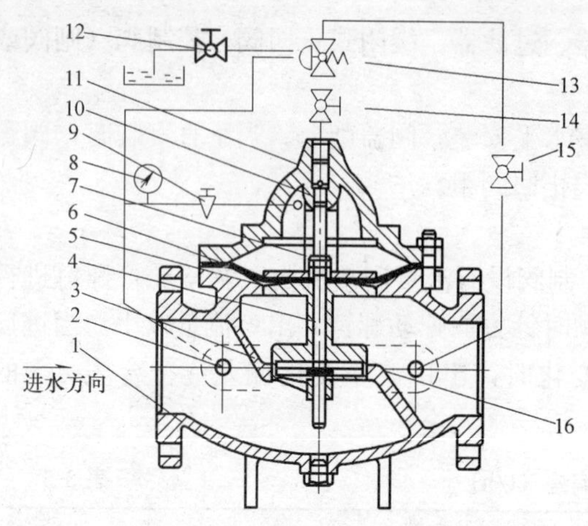

图 3-5　泄压/持压阀

1—阀体；2—微型过滤器（紧靠在引出管道前端）；3—阀座；4—阀杆；5—阀盘；6—膜片；7—弹簧；8—压力表；9—针阀；10—导向套；11—阀盖；12—球阀；13—导阀；14、15—球阀；16—O形圈

1）泄压阀的设置　在生活、生产、消防给水系统中，要求管网压力保持在一定范围内（如不大于 1.0MPa），为防止压力突升和消除因流量变化而逐渐增大的压力过高，应设置泄压阀。泄压阀组的组件顺序（沿水流方向）为：压力表、控制阀（闸阀或蝶阀）、过滤器、泄压阀。

当泄压阀阀体本身安装有压力表时，泄压阀组可不再设压力表。

泄压阀应设置在设定保护区域的管路系统的前端，且应在管道系统止回阀之后（沿水流方向）。为防止水泵运行超压和停泵水锤超压而设置的泄压阀，应设在水泵房内。

泄压阀应安装在管路系统的泄水管上，且宜水平安装，阀盖朝上。与泄压阀出口端连接的管道，其管径不应缩小。同一系统的两台或两台以上水泵机组，可共用泄压阀。泄压阀出口端的排水管必须引至安全处，且不得与污废水管路系统直接连接。

2）持压阀的设置　在生活、生产给水管道中，当需要保持一定区域内的管线压力在某一设定值范围时，应设置持压阀。持压阀组应由下列组件组成（沿水流方向）：压力表、控制阀（闸阀或蝶阀）、持压阀、控制阀（闸阀或蝶阀）。

持压阀主阀体本身带有压力表时，持压阀组可不再设压力表。

持压阀可设置在干管或支管上，且应串联设置在设定保压区域的最末端位置。宜水平安装，阀盖朝上。对重要的管道，可并联设置持压阀，一台工作一台备用。持压阀出口端的管段可不设压力表。

（6）水力电动控制阀

水力电动控制阀的结构如图 3-6 所示。水力电动控制阀在电磁阀关闭后，主阀应迅速关闭，关闭时间应符合表 3-1 的要求。

（7）水泵控制阀

水泵控制阀结构如图 3-7 所示。水泵控制阀在电磁阀关闭后，主阀盘向关闭方向移动。当主阀盘关闭至 90%时，行程开关动作自动关闭水泵，然后主阀关闭。关闭时间可在 30～60s 内调节。

（8）压差旁通平衡阀

压差旁通平衡阀的结构如图 3-8 所示。压差旁通平衡阀设有压差调节机构，用导阀螺钉调节压差大小，并设有防松螺钉。按顺时针方向旋转导阀调节螺钉，供水和回水间的压差增加。

（9）紧急关闭阀

紧急关闭阀的结构如 3-9 所示。紧急关闭阀设有压力调整机构，顺时针拧动导阀螺钉，调整压力增高即关闭压力增高，其启闭压差应符合表 3-6 的规定。

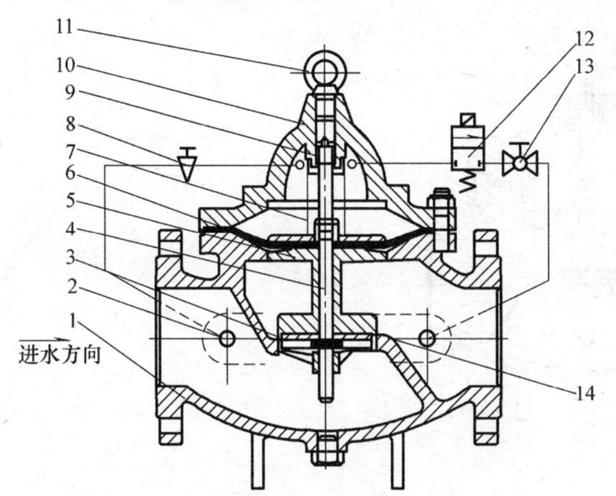

图 3-6 水力电动控制阀

1—阀体；2—微型过滤器（紧靠在引出管道前端）；3—阀座；4—阀杆；5—阀盘；6—膜片；7—弹簧；8—针阀；9—导向套；10—阀盖；11—吊环；12—电磁阀；13—球阀；14—O形圈

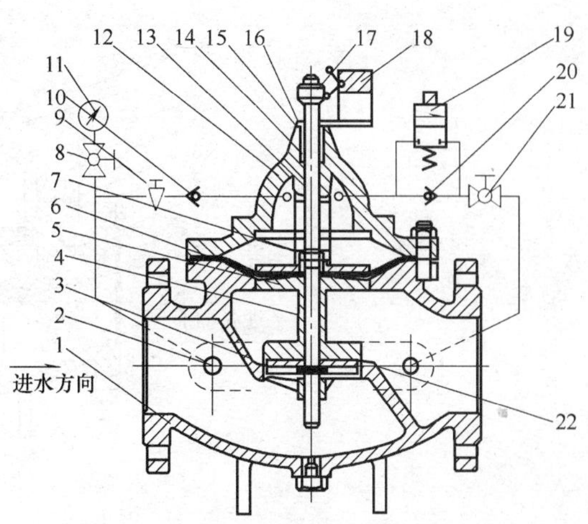

图 3-7 水泵控制阀结构

1—阀体；2—微型过滤器（紧靠在引出管道前端）；3—阀座；4—阀杆；5—阀盘；6—膜片；7—弹簧；8—球阀；9—针阀；10—止回阀；11—压力表；12—阀盖；13—导向套；14—填料；15—螺塞；16—开关支架；17—控制块；18—行程开关；19—电磁阀；20—止回阀；21—球阀；22—O形圈

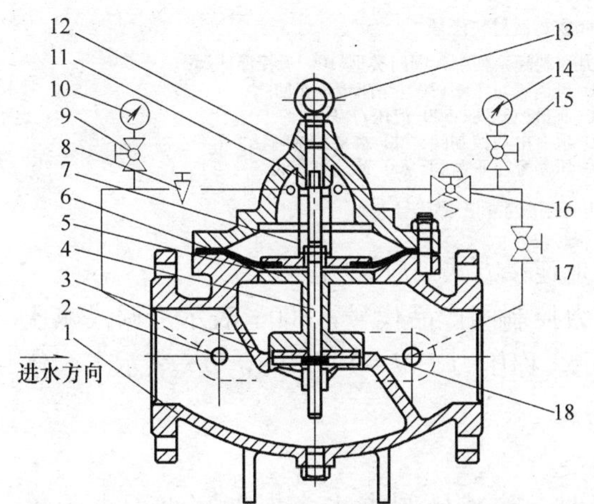

图 3-8 压差旁通平衡阀

1—阀体；2—微型过滤器（紧靠在引出管道前端）；3—阀座；4—阀杆；5—阀盘；6—膜片；7—弹簧；8—针阀；9—球阀；10—压力表；11—导向套；12—阀盖；13—吊环；14—压力表；15—球阀；16—导阀；17—球阀；18—O形圈

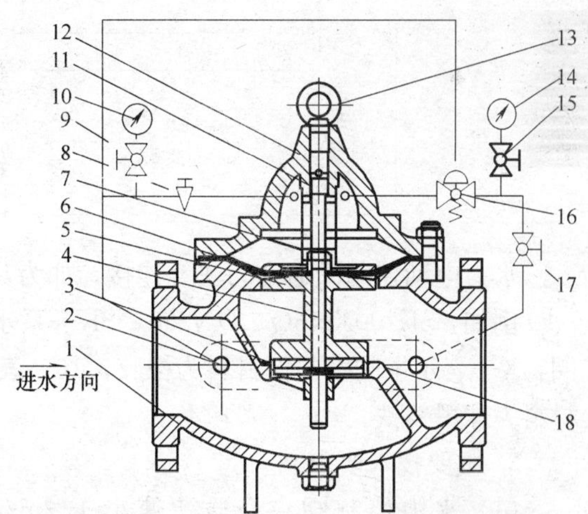

图 3-9 紧急关闭阀

1—阀体；2—微型过滤器（紧靠在引出管道前端）；3—阀座；4—阀杆；5—阀盘；6—膜片；7—弹簧；8—针阀；9—球阀；10—压力表；11—导向套；12—阀盖；13—吊环；14—压力表；15—球阀；16—导阀；17—球阀；18—O形圈

(10) 活塞式主阀

以上图 3-1～图 3-9 为小于等于 *DN*450 隔膜式主阀，适用于小于等于 *DN*450。图 3-10 为活塞式主阀，适用于大于等于 *DN*500。

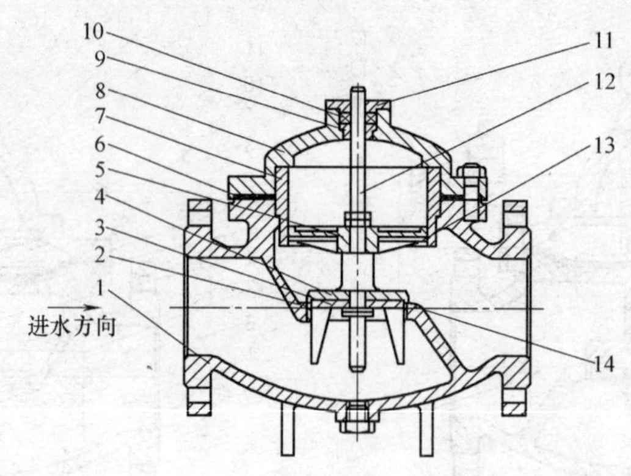

图 3-10　活塞式主阀

1—阀体；2—阀座；3—密封压板；4—阀盘；5—活塞；6—活塞垫；7—活塞缸；8—阀盖；9—导向套；10—填料；11—填料压盖；12—阀杆；13—活塞环；14—O 形圈

2. 型号标识

水力控制阀产品的型号标识方法如下：

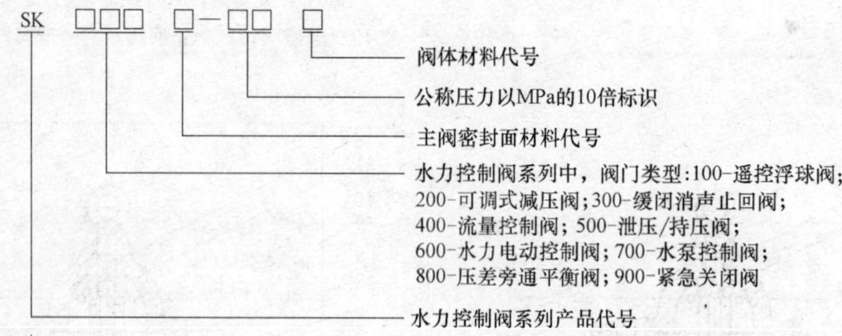

水力电动控制阀通常为法兰连接，如为其他连接方式则应说明。

例如，SK200X-16Q　*DN*250，SK—系水力控制阀产品代号，200—表示可调式减压阀，X—表示主阀密封面材料为橡胶，16—表示公称压力 *PN*＝1.6MPa，Q—表示主阀体材料为球墨铸铁。

3. 主要技术要求

(1) 水力控制阀在介质流速小于 2m/s 时，除减压阀类水头损失宜小于小于等于 0.2MPa。

(2) 阀体法兰连接尺寸按《整体钢制管法兰》GB/T 9113 或《整体铸铁法兰》GB/T 1741.6 的规定。

(3) 水力控制阀的结构长度见表 3-7 的规定，其尺寸偏差按《金属阀门 结构长度》GB/T 12221 的规定。

水力控制阀的结构长度 (mm)　　**表 3-7**

公称通径 *DN*	50	65	80	100	125	150	200	250
结构长度 *L*	203	216	241	292	330	356	495	622

续表

公称通径 DN	300	350	400	450	500	600	700	800
结构长度 L	698	787	914	978	978	1295	1448	1956

(4) 水力控制阀的壳体强度按《工业阀门 压力试验》GB/T 13927 的规定；密封性能按《工业阀门 压力试验》GB/T 13927 中最大允许泄漏量应符合 A 级的规定。

(5) 动作性能要求

1) 遥控浮球阀性能要求　遥控浮球阀应能在控制回路关闭后（液位高度达到设定值，浮球抬起），立即把主阀关闭，且不受管路压力的影响。关闭时间 t（浮球抬起，从控制管路关闭到主阀完全关闭所需时间）应符合表 3-8 的规定。

遥控浮球阀关闭时间 **表 3-8**

公称通径 DN	50～100	125～200	250～300	350～500	600～800
关闭时间(s)	3～6	4～8	6～12	10～20	15～30

2) 可调式减压阀性能要求　可调式减压阀设有压力调整机构，可调整导阀螺钉进行调节，压力增高或减低并有防松装置，顺时针方向拧动螺钉，出口压力增高（阀前阀后最小压差不小于 0.1MPa）。

可调式减压阀的调压特性要求在给定的弹簧压力级范围内，出口压力应能在最大值与最小值之间连续调整，不应有卡阻和异常振动。

按 CJ/T 219—2005 标准第 6 章规定对减压阀进行流量特性试验时，出口压力的流量特性负偏差 ΔP_{2q} 应小于表 3-9 的规定。

可调式减压阀流量特性负偏差（MPa） **表 3-9**

出口压力	<1.0	1.0～1.6	1.6～2.4
ΔP_{2q}	0.01	0.015	0.02

按 CJ/T 219—2005 标准第 6 章规定对减压阀进行压力特性试验时，出口压力特性负偏差 ΔP_{2q} 应小于表 3-10 的规定。

可调式减压阀压力特性偏差值（MPa） **表 3-10**

出口压力	<1.0	1.0～1.6	1.6～2.4
ΔP_{2q}	±0.035	±0.045	±0.055

3) 缓闭消声止回阀的缓闭性能要求　缓闭消声止回阀应在进口突然停止给水时，控制室内压力增大使控制部件推动阀盘朝关闭方向下降，先缓闭降低水压后，主阀盘才关闭，其缓闭时间应在 3～60s 内，并可以调节。

4) 流量控制阀性能要求　流量控制阀设有流量调节机构，调整导阀螺钉进行流量增大或减小的调节，并有防松装置。顺时针方向拧动螺钉，出口流量减小。当进口压力自公称压力的 0.8 倍至公称压力之间变化时，出口流量变化偏差应符合表 3-11 的规定。

流量控制阀流量变化偏差 表 3-11

公称压力 PN(MPa)	1.0	1.6	2.5
流量变化偏差 ΔQ	≤±0.08	≤±0.1	≤±0.12

5）泄压/持压阀性能要求　泄压/持压阀设有压力调整机构，顺时针转动手轮，开启压力增高。泄压/持压阀技术性能应符合表 3-12 的规定。

泄压/持压阀技术性能 表 3-12

压力参数	符号	公称压力 PN(MPa)		
		1.0	1.6	2.5
开启压力	P_s	≤0.9	≤1.5	≤2.4
开启压力差	ΔP_s	$P_s<0.5$ ±0.02；$P_s \geq 0.5$ ±0.04		
启闭压差	ΔP_e	$P_s \leq 0.6$　$0.08P_s$；$P_s \leq 1.5$　$0.06P_s$；$P_s \leq 2.4$　$0.04P_s$		
排放压力	P_d	$\leq 1.08P_s$		

开启压力（亦称整定压力）P_s，系指主阀阀瓣在运行条件下开始升起时的压力，在该压力下，介质呈连续排出状态；排放压力 P_d，系指主阀排放流量达最大值时的进口端压力。

6）水力电动控制阀性能要求　在电磁阀关闭后，主阀应迅速关闭，关闭时间应符合表 3-8 的规定。

7）水泵控制阀动作性能要求　水泵控制阀在电磁阀关闭后，主阀盘向关闭方向移动。当主阀盘关闭至 90%时，行程开关动作，自动关闭水泵，然后关闭主阀。关闭时间可在 30～60s 内调节。

8）压差旁通平衡阀性能要求　压差旁通平衡阀设有压差调整机构，用导阀螺钉调节压差大小，并设有防松螺钉。按顺时针方向转动导阀调节螺钉，使供水管与回水管的压差增加。

9）紧急关闭阀性能要求　紧急关闭阀设有压力调整机构，顺时针拧动导阀螺钉，调整压力增高即关闭压力增高。紧急关闭阀启闭压差应符合表 3-12 的规定。

4. 出厂检验

每台水力控制阀均需经出厂检验合格，并附合格证，方可出厂。出厂检验项目有：壳体强度；密封性能；关闭时间；调压动作性能；清洁度；外观质量。

5. 标志、包装、运输和贮存

（1）水力控制阀的标志应符合《通用阀门 标志》GB/T 12220 的规定，外包装上的标识应符合《包装储运图示标志》GB/T 191 的规定。

（2）水力控制阀应用木箱单台包装，用螺栓可靠地固定在箱底的滑座上，木箱应能防水、防尘。

（3）阀门应贮存在干燥通风的室内库房。

（4）供货、运输应按《通用阀门 供货要求》JB/T 792 的规定。

3.1.3 设置要求与连接方式

水力控制阀应设置在介质单向流动的管路上，其主阀体上的箭头方向，必须与介质流方向一致，连接水力控制阀的管段不应有气堵、气阻现象。在管网最高位置的存气段，应设置自动排气阀。

根据功能要求，选择阀门种类，再根据管路输送介质、温度、建筑标准和业主要要求等，确定阀门的阀体和密封部位的材质。常用的阀体材料有铸铁、铜铁、铜、塑料等。常用的密封面和衬里材料有铜合金、塑料、钢、硬质合金、橡胶等。阀体材料应与管路材料相匹配。

在工程中设置水力控制阀，应便于安装、操作、维修、管理，并应符合管路对阀门的要求。管路采用法兰连接时，应采用法兰连接的水力控制阀；管路采用沟槽式连接时，应采用沟槽式连接的水力控制阀。

3.1.4 阀门安装前的试验

阀门的强度试验压力为公称压力的1.5倍；阀门的严密性试验压力为公称压力的1.5倍；试验压力在试验持续时间内应保持不变，且壳体填料及阀瓣密封面无渗漏；阀门试验持续时间应按相关标准或产品说明书、具体工程施工验收规范的规定。

3.1.5 安装要点

水力控制阀宜水平安装。水平安装时，阀盖宜向上。消防给水系统的减压阀阀后应有排水设施。自动喷水灭火系统的需减压时，减压阀应设置在报警阀前（沿水流方向），与单个报警阀配套设置的减压阀，可不设备用减压阀；与多个报警阀配套设置的减压阀，应设置备用减压阀；用于热水供应工程的减压阀，应采用热水型减压阀。

采用干管循环方式（半循环方式）的热水供应工程，减压阀设置要求应与冷水工程相同；采用立管循环方式（全循环方式）的热水供应工程，减压阀设置应防止热水循环的破坏，各分区回水管在汇合点压力应平衡。

3.2 机械行业标准之水力控制阀

由于水力控制阀有建设行业和机械行业两套产品标准，它们之间有共同之处，也有不同之处，很难综合介绍。前面已介绍过建设行业标准中有关水力控制阀的内容，这里介绍机械行业标准《水力控制阀》JB/T 10674—2006中有关水力控制阀的实用内容。

工程设计方面应根据具体产品技术性能选用，施工方面应主要依据工程设计，但不应与产品技术性能发生矛盾。

3.2.1 水力控制阀简介

水力控制阀系指以水力驱动与控制原理，以隔膜或活塞作为传感元件的直通式、直流式、角式水力控制阀门。适用于公称压力为*PN*=1.0～2.5MPa、公称尺寸为*DN*50～*DN*1000、介质温度为0～80℃、工作介质为清水的输水管路。如果用于饮用水系统中，其卫生性能指标应符合《生活饮用水设备及防护材料卫生安全评价规范》GB/T 17219的规定。

1. 术语

(1) 水力控制阀

利用水力控制原理，通过不同的构造达到多用途控制目的的阀门总称。水力控制阀一般由主阀、先导阀和其他阀门、控制管路组成。

（2）遥控浮球阀

利用控制回路中浮球升降来控制主阀的开启和关闭，达到自动控制设定液位的阀门。

（3）减压阀

通过启闭件的节流，将进口压力降至某一个需要的出口压力，并能在进口压力及流量变动时，利用介质自身能量保持出口压力基本不变的阀门。

（4）缓闭止回阀

利用介质自身压力进行控制，以实现延时关闭功能，从而消除或缓解水锤的止回阀。

（5）持压/泄压阀

利用阀门自动开启和自动关闭来稳定阀前管路压力的阀门。

（6）水泵控制阀

安装在水泵出口处，有助于水泵的开启和关闭并防止介质倒流的阀门。

2. 定义

最小开启压力　阀门内介质开始流通时的阀门进口压力。阀门应能在规定的最小开启压力范围内打开。

对于公称尺寸小于等于 *DN*600 的阀门，最小开启压力应小于等于 0.05MPa；对于公称尺寸大于 *DN*600 的阀门，最小开启压力应小于等于 0.07MPa。

3.2.2　水力控制阀的结构形式

1. 单腔直通式水力控制阀

单腔直通式水力控制阀主阀的结构形式如图 3-11 所示。

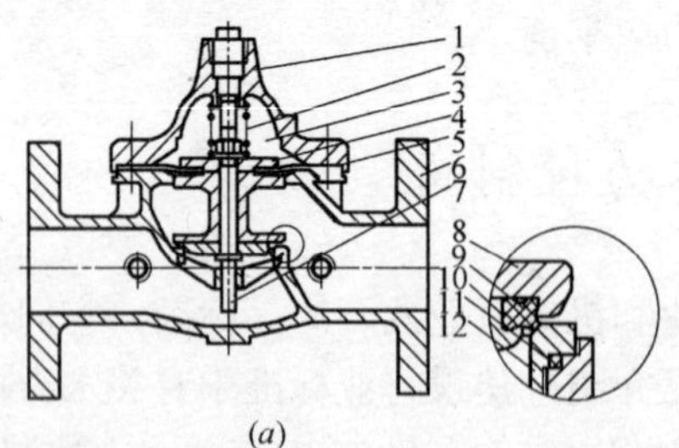

(*a*)

1—阀盖；2—弹簧；3—内腔；4—隔膜垫片；5—隔膜；6—阀体；7—阀杆；
8—阀瓣；9—密封圈；10—阀瓣压板；11—O形圈；12—阀座

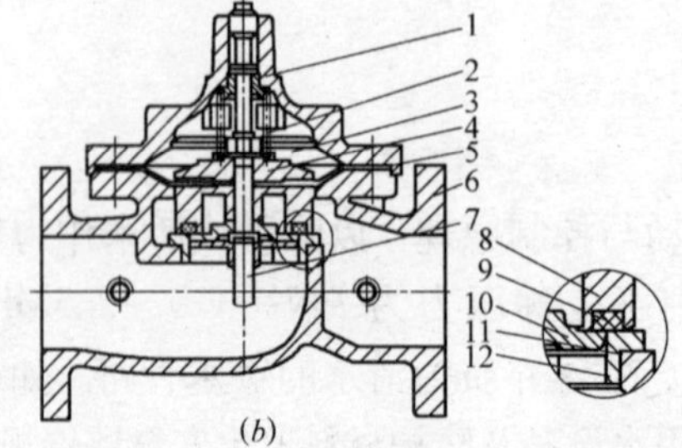

(*b*)

1—阀盖；2—弹簧；3—内腔；4—隔膜垫片；5—隔膜；6—阀体；7—阀杆；
8—阀瓣；9—密封圈；10—阀瓣压板；11—O形圈；12—阀座

图 3-11　单腔直通式水力控制阀主阀

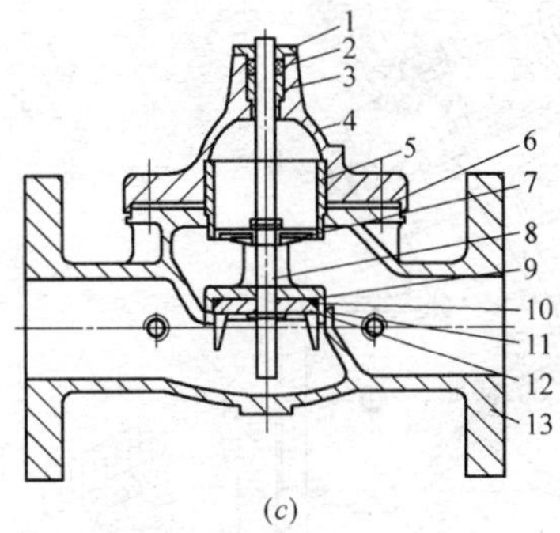

(c)

1—填料压盖；2—填料；3—导向套；4—阀盖；5—活塞缸；6—密封垫；7—活塞；8—阀杆；9—阀瓣；10—阀瓣压板；11—O 形圈；12—密封圈；13—阀体

图 3-11 单腔直通式水力控制阀主阀（续）

2. 双腔直通式水力控制阀

双腔直通式水力控制阀主阀的结构形式如图 3-12 所示。

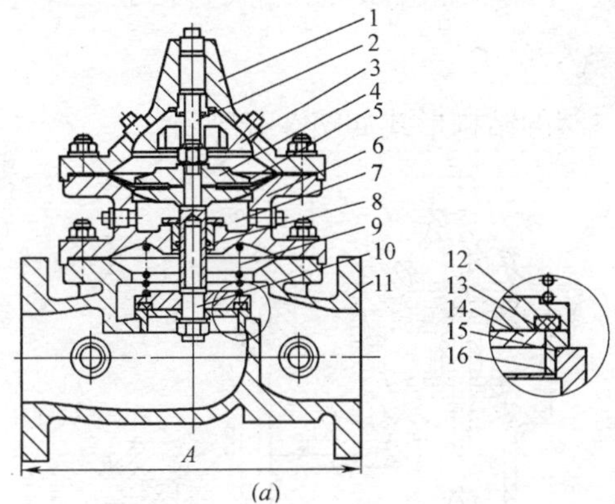

(a)

1—阀盖；2—上阀杆；3—上腔；4—隔膜垫片；5—隔膜；6—上阀体；7—下腔；8—衬套；9—弹簧；10—下阀体；11—阀体；12—阀瓣；13—密封圈；14—阀瓣压板；15—O 形圈；16—阀座

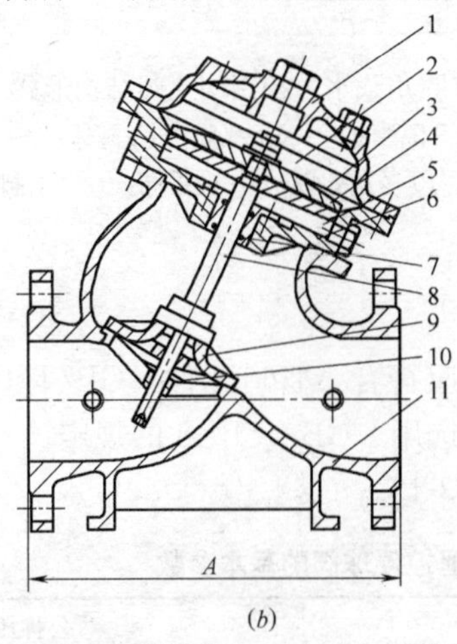

(b)

1—阀盖；2—上腔；3—隔膜垫片；4—隔膜；5—下腔；6—隔膜座；7—O 形圈；8—阀杆；9—阀瓣；10—阀座；11—阀体

图 3-12 双腔水力控制阀主阀结构形式

(a) 双腔直通式水力控制阀主阀；(b) 双腔直流式水力控制阀主阀（1）

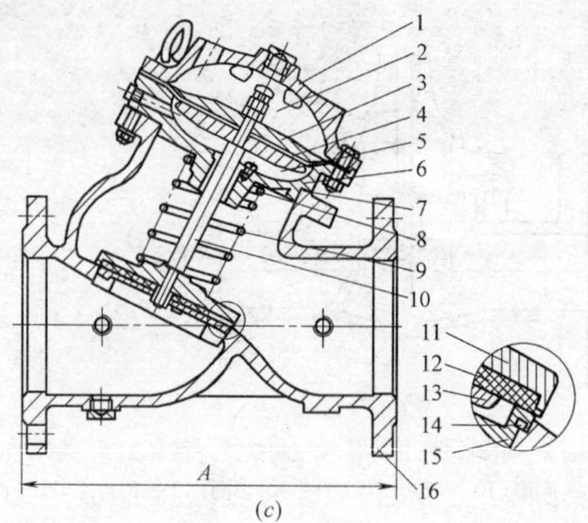

1—阀盖；2—上腔；3—隔膜垫片；4—隔膜；5—下腔；6—隔膜座；7—O 形圈；8—导套；9—弹簧；10—阀杆；11—阀瓣；12—密封圈；13—阀瓣压板；14—O 形圈；15—阀座；16—阀体

图 3-12　双腔水力控制阀主阀结构形式（续）
(c) 双腔直流式水力控制阀主阀（2）

3. 单腔角式水力控制阀

单腔角式水力控制阀主阀的结构形式如图 3-13 所示。

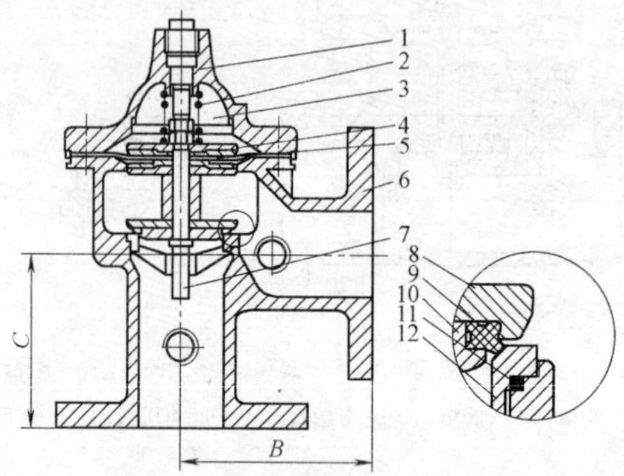

图 3-13　单腔角式水力控制阀主阀结构形式

1—阀盖；2—弹簧；3—内腔；4—隔膜垫片；5—隔膜；6—阀体；7—阀杆；8—上阀座；9—阀座密封圈；10—中阀座；11—O 形圈；12—下阀座

3.2.3　水力控制阀参数

1. 水力控制阀主阀的公称尺寸应符合《管道元件》GB/T 1047 的规定，公称压力应符合《管道元件 公称压力的定义和选用》GB/T 1048 的规定。

2. 遥控浮球阀的基本参数见表 3-13。

遥控浮球阀的基本参数　　**表 3-13**

名称	符号	单位	公称压力 PN(MPa)		
			1.0	1.6	2.5
浮球阀工作压力	P_F	MPa	0.04～0.6	0.04～0.6	0.04～0.6
液面控制精度	δ	mm	±30	±30	±30

3. 减压阀的基本参数见表 3-14。

减压阀的基本参数 **表 3-14**

名称	符号	单位	公称压力 PN(MPa)		
			1.0	1.6	2.5
最高进口压力	p_{1max}	MPa	1.0	1.6	2.5
最低进口压力	p_{1min}		$P_{2max}+0.2$		
最高出口压力	p_{2max}		0.8	1.0	1.6
最低出口压力	p_{2min}		0.05	0.05	0.05
流量特性偏差	Δp_{2Q}		≤10%	≤10%	≤10%
压力特性偏差	Δp_{2P}		≤5%	≤5%	≤5%
最小压差	Δp_{min}		0.02	0.02	0.02

4. 缓闭式止阀的基本参数见表 3-15。

缓闭式止阀的基本参数 **表 3-15**

名称	符号	单位	公称压力 PN(MPa)		
			1.0	1.6	2.5
最小关闭压力	p_g	MPa	≤0.05	≤0.05	≤0.05
缓闭时间	t	s	2～60	2～60	2～60

注:"缓闭时间"参数也可按需方要求。

5. 泄压/持压阀的基本参数见表 3-16。

泄压/持压阀的基本参数 **表 3-16**

名称	符号	单位	公称压力 PN(MPa)		
			1.0	1.6	2.5
整定压力	p_s	MPa	≤0.83	≤1.33	≤1.7
整定压力偏差			$p_s<0.5$ 时,±0.014MPa;$p_s\geqslant0.5$ 时,±3%p_s		
启闭压差	Δp_b		$p_s<0.3$ 时,0.06MPa;$p_s\geqslant0.3$ 时,20%p_s		
排放压力	p_d		≤$1.2p_s$		

6. 水泵控制阀的基本参数见表 3-17。

水泵控制阀的基本参数 **表 3-17**

名称	符号	单位	公称压力 PN(MPa)		
			1.0	1.6	2.5
最小关闭压力	p_g	MPa	≤0.05	≤0.05	≤0.05

3.2.4 表面防腐

1. 对阀门的内、外表面应进行环氧树脂粉末喷涂或喷漆处理。
2. 当采用环氧树脂粉末喷涂时,表面漆膜厚度应为 0.076～0.40mm。

3. 当采用喷漆处理时，表面漆膜厚度应为 0.10～0.15mm。

3.2.5 主要零部件材料

水力控制阀的主要零部件材料应按表 3-18 选用，也可选用性能相当或品种更好的其他材料。

主要零部件材料 **表 3-18**

零部件	材料	材料代号
阀体	灰铸铁、球墨铸铁、铸钢、不锈钢、钢、碳钢	HT200，QT450-10，WCB、CF8M，ZCuAl10Fe3，ZCuZn40Pb2，Q235
阀盖	灰铸铁、球墨铸铁、铸钢、不锈钢、钢、碳钢	HT200，QT450-10，WCB、CF8M，ZCuAl10Fe3，ZCuZn40Pb2，Q235
阀杆	耐腐蚀性材料，如铜或不锈钢	HMn58-2，2Cr13
上阀座	灰铸铁、球墨铸铁、碳钢、不锈钢、铜	HT200，QT450-10，Q235、CF8M，ZCuAl10Fe3，ZCuZn40Pb2
中阀座	灰铸铁、球墨铸铁、碳钢、不锈钢、铜	HT200，QT450-10，Q235、CF8M，ZCuAl10Fe3，ZCuZn40Pb2
下阀座	不锈钢、青铜	CF8M，ZCuAl10Fe3，ZCuZn40Pb2
密封圈	天然或合成橡胶、增强型橡胶	NR，NBR，EPDM
隔膜	带夹层的天然、合成橡胶和增强型橡胶	NR，NBR，EPDM
紧固件	碳钢、不锈钢	1Cr13，2Cr13，Q235

3.2.6 出厂检验

生产厂家应按 JB/T 10674—2006 标准的规定进行型式试验。工程设计和施工单位最注重的是阀门的出厂检验，每个阀门必须按规定进行出厂检验，合格后方可出厂。出厂检验项目有壳体试验、密封试验和最小开启压力。如需方有要求，还应进行动作性能试验。

4 消防阀门

4.1 自动喷水灭火系统阀门

4.1.1 湿式报警阀

根据强制性国家标准《自动喷水灭火系统第 2 部分：湿式报警阀、延迟器、水力警铃》GB 5135.2—2003，规定了自动喷水灭火系统湿式报警阀、延迟器和水力警铃的要求、试验方法、检验规则及标志、包装、运输、贮存等，适用于自动喷水灭火系统中湿式报警阀、延迟器和水力警铃。此项标准代替《自动喷水灭火系统 湿式报警阀的性能要求和试验方法》GB 797—1989。

现仅对湿式报警阀的主要术语、性能作了如下介绍。

1. 有关术语

（1）湿式报警阀

只允许水流入湿式灭火系统并在规定压力、流量下驱动配套部件报警的一种单向阀。

（2）阀瓣组件

湿式报警阀中控制水流动方向的主要可动密封件。

（3）伺应状态

湿式报警阀安装在管路系统中，由水源供给压力稳定的水，而没有水从报警阀系统一侧任何出口流出的状态。

（4）额定工作压力

湿式报警阀在伺应状态或工作状态下允许的最大工作压力。

（5）进口压力

湿式报警阀在伺应状态下进口处的静水压。

（6）出口压力

湿式报警阀在伺应状态下出口处的静水压。

（7）延迟时间

安装延迟器和不安装延迟器的湿式报警阀，自阀系统侧放水至报警装置发出连续报警所需的时间差。

（8）报警流量

湿式报警阀处于伺应状态，系统侧缓慢增大放水流量时，阀瓣组件开启瞬间的流量值。

2. 外观、标志

使用目测和量具检验湿式报警阀、延迟器和水力警铃的外观标志、基本参数、材料、零部件等，应符合相关规定。湿式报警阀应表面平整，无加工缺陷及磕碰损伤，涂层均匀，标志齐全清晰。

湿式报警阀应在明显位置，清晰永久性标注下述内容：

(1) 产品名称及规格型号；

(2) 生产单位名称或商标；

(3) 额定工作压力；

(4) 生产日期及产品编号；

(5) 湿式报警阀安装的水流方向。

3. 额定工作压力

湿式报警阀的额定工作压力应符合 1.2MPa、1.6MPa 等系列压力等级。

湿式报警阀与工作压力等级较低的设备配装使用时，允许将阀进出口接头按承受较低压力等级加工，但在阀上应注明使用的较低的压力等级。

4. 公称通径

湿式报警阀进出口公称通径规格设置为 50mm、65mm、80mm、100mm、125mm、150mm、200mm、250mm、300mm。

湿式报警阀座圈处的直径可以小于公称通径。

5. 材料的耐腐蚀性能

(1) 湿式报警阀阀体和阀盖应采用耐腐蚀性能不低于铸铁的材料制作。阀座应采用耐腐蚀性能不低于青铜的材料制作。

(2) 湿式报警阀要求转动或滑动的零件应采用青铜、黄铜、奥氏体不锈钢等耐腐蚀材料制作。若采用耐腐蚀性能低于上述要求的材料制作时，应在有相对运动处加入上述耐腐蚀材料制造的衬套件。

6. 结构和连接尺寸

(1) 结构

1) 阀体上应设有放水口，放水口公称通径不应小于 20mm。

2) 在湿式报警阀报警口和延迟器之间应设置控制阀，并能在开启位置锁紧。

3) 湿式报警阀应设置报警试验管路，当湿式报警阀处于伺应状态时，阀瓣组件无须启动，应能手动检验报警装置功能。

(2) 连接尺寸

1) 湿式报警阀采用法兰连接方式时，法兰连接尺寸、法兰密封面形式和尺寸应符合《钢制管法兰类型与参数》GB/T 9112 的规定。

2) 湿式报警阀采用沟槽式连接或其他连接方式时，应符合相应的通用标准。

3) 额定工作压力 1.2MPa、1.6MPa 的湿式报警阀配套使用的管件，其结构尺寸应符合 GB/T 3287 的规定，

7. 强度

阀瓣组件在开启位置的湿式报警阀，按规定进行水压强度试验，试验压力为 4 倍额定工作压力（但不得小于 4.8MPa），保持 5min，阀体应无宏观变形、泄漏等损坏现象。

8. 渗漏和变形

湿式报警阀的阀瓣组件系统侧及连接管件，按规定进行试验，试验压力为 2 倍额定工

作压力，保持 5min，应无渗漏；阀瓣组件在开启位置的湿式报警阀，按规定进行试验，试验压力为 2 倍额定工作压力，保持 5min，应无渗漏、无永久变形；湿式报警阀的阀瓣系统侧，按规定进行静水压试验，保持 16h，阀瓣组件密封处应无渗漏；湿式报警阀进行渗漏和变形试验后，应满足“报警功能”和“报警延迟时间”的要求。

9. 报警功能

(1) 装配好的湿式报警阀，按规定进行试验，在进口压力为 0.14MPa、系统侧放水流量为 15L/min 时，压力开关和水力警铃均不应发出报警信号。

(2) 装配好的湿式报警阀，按规定进行试验，在进口压力分别为 0.14MPa，0.70MPa，1.20MPa，1.60MPa（适用于额定工作压力大于、等于 1.60MPa 的湿式报警阀），系统侧相应放水流量为 60L/min，80L/min，170L/min，170L/min（适用于额定工作压力大于、等于 1.60MPa 的湿式报警阀），压力开关和水力警铃均应发出报警信号。系统侧放水停止后，湿式报警阀不再有水流向压力开关和水力警铃。

(3) 装配好的湿式报警阀，按规定进行试验，在 0.14MPa，0.70MPa，1.20MPa，1.60MPa（适用于额定工作压力大于、等于 1.60MPa 的湿式报警阀）压力下测定的报警流量不应低于生产单位公布的报警流量。

(4) 湿式报警阀在无水流通过时，阀瓣组件应能回到阀座上，无须手动复位即能依次报警。

(5) 装配好的湿式报警阀，按规定进行试验，在进口压力为 0.14MPa、系统侧放水流量为 60L/min 时，报警口（不安装延迟器的湿式报警阀）或延迟器顶部压力不应小于 0.05MPa。

10. 报警延迟时间

不安装延迟器的湿式报警阀，按规定进行试验时，系统侧放水后 15s 内报警装置应开始连续报警；安装延迟器的湿式报警阀，按规定进行试验时，系统侧放水后 5～90s 内报警，装置应开始发出连续报警。

11. 水力摩阻

湿式报警阀按规定进行试验，在通流流速为 4.5m/s 时，水力摩阻不应大于 0.04MPa，当水力摩阻大于 0.02MPa 小于 0.04MPa 时，应在阀体上和操作说明中标注，水力摩阻小于、等于 0.02MPa，无须标注。

按规定测得的湿式报警阀的水力摩阻曲线值与生产单位公布值之差，不应超过生产厂家公布值的 10%。

12. 压力比

装配好的湿式报警阀，按规定进行试验，进口压力分别为 0.14MPa，0.70MPa，1.20MPa，1.60MPa（适用于额定工作压力大于、等于 1.60MPa 的湿式报替阀），在阀瓣组件开启过程中，阀瓣组件上下两侧压差最大时，进口压力与出口压力之比值不应大于 1.16。

13. 冲击性能

装配好的湿式报警阀，按规定进行试验，在通流流速为 6m/s 的条件下，不需要调整应能准确工作，各部件不得损坏。

14. 耐火性能

采用熔点低于800℃的金属材料或非金属材料制作阀体和阀盖的湿式报警阀，按规定进行试验，充满水的阀体应能承受800℃、耐火试验15min。试验后，阀瓣应能自由打开，阀体应能承受2倍额定工作压力的静水压，保持2min，无永久变形或损坏。

15. 安装使用要求

湿式报警阀的安装位置周围，应留有充分的维修空间，以保证在最短的停机时间内修复；湿式报警阀、延迟器和水力警铃之间的安装距离、安装高度及管路直径应保证其功能。

16. 出厂检验

湿式报警阀的出厂检验项目有：外观检验；阀渗漏和变形试验；报警试验；报警流量试验；报警压力试验和报警延迟时间试验。

17. 使用说明书

湿式报警阀在其包装中应附有使用说明书，使用说明书中应至少包括产品名称、规格型号、使用的环境条件、贮存的环境条件、生产日期、生产依据的标准、必要的使用参数、安装操作说明及安装示意图、注意事项、生产厂商的名称、地址和联络信息等。

18. 包装、运输、贮存

湿式报警阀在包装箱中应单独固定，产品包装中应附有使用说明书和合格证，在包装箱外应标明放置方向、堆放件数限制、贮存防护条件等。

湿式报警阀在运输过程中，应防雨减振，装卸时防止撞击。

湿式报警阀应存放在通风、干燥的库房内，避免与腐蚀性物质共同贮存，贮存温度－10～＋40℃。

4.1.2 干式报警阀

国家强制性标准《自动喷水灭火系统第4部分：干式报警阀》GB 5135.4—2003，规定了自动喷水灭火系统干式报警阀的要求、试验方法、检验规则和标志、使用说明书、包装、运输、贮存等，但不适用于干式报警阀以外的其他附件。现择其要点做介绍。

1. 常用术语

(1) 干式报警阀

干式报警阀是自动喷水灭火系统中的一种控制阀门，它是在出口侧充以压缩气体，当气压低于某一定值时能使水自动流入喷水系统并进行报警的单向阀。

(2) 差动式干式报警阀

差动式干式报警阀是干式报警阀的一种形式。该阀门中气密封座的直径大于水密封座的直径，两个密封座被一个处于大气压的中间室隔离开来。

(3) 机械式干式报警阀

机械式干式报警阀是干式报警阀的一种形式。该阀门由机械放大机构使水密封件保持伺应状态。

(4) 伺应状态

当干式报警阀安装在系统中时，在阀门的出口侧充以预定压力的气体，在阀门的供水侧充以压力稳定的水，而无水流通过报警阀的状态。

(5) 自动排水阀

与干式报警阀的中间室相连接的常开自动排水阀门。当干式报警阀处于开启位置时，该阀门自动关闭。

(6) 进口压力

当干式报警阀处于伺应状态时，阀门进口处的静水压。

(7) 出口压力

当干式报警阀处于伺应状态时，阀门出口处的静水压。

(8) 额定工作压力

干式报警阀在伺应状态或工作状态下允许的工作压力。

2. 技术要求

(1) 外观质量

干式报警阀应标志清晰，表面平整光洁，无加工缺陷及碰伤划痕，涂层均匀，色泽美观。

(2) 规格

干式报警阀进出口公称直径为 50mm，65mm，80mm，100mm，125mm，150mm，200mm，250mm，阀座圈处的直径可以小于公称直径。

(3) 额定工作压力

干式报警阀的额定工作压力应不低于 1.2MPa。干式报警阀与工作压力等级较低的设备配装使用时，允许将阀的进出口接头按承受较低压力等级加工，但在阀门上必须对额定工作压力做相应的标记。

(4) 阀体和阀盖

1) 阀体和阀盖上的接头尺寸应符合相关规定。

2) 阀体上应设有泄水口，泄水口公称直径最小为 20mm，

3) 在阀体的阀瓣组件的供水侧，应设有在不开启阀门的情况下检验报警装置的设施。

(5) 阀体强度

装配好的干式报警阀，阀瓣组件处于开启位置，应能承受 4 倍额定工作压力（但不得小于 4.8MPa）的静水压，保持 5min 不损坏。

(6) 渗漏和变形

1) 干式报警阀应使阀门在伺应状态下不使水从阀门的供水侧渗漏到出口侧或者采用能把出口侧的渗漏和水排出来的机构。

2) 机械式干式报警阀应能承受当阀瓣组件关闭时，出口侧充气，供水侧施加 2 倍额定工作压力的静水压，保持 2h，无渗漏，无永久变形或损坏，还应满足功能要求。

3) 差动式干式报警阀应能承受当阀瓣组件关闭时，供水侧通气，出口侧施加 2 倍在伺应状态下充气压力的静水压，保持 5min，无渗漏，无永久变形或损坏。还应满足功能要求。

(7) 功能

1) 干式报警阀处于伺应状态时，外力影响不应使阀门的动作机构发生障碍。

2) 进行试验，带有辅助配件的干式报警阀应能在 0.14MPa 到额定工作压力范围内的进口压力下动作，并且通过启动机构或电动报警装置给出动作指示。没有锁止机构的干式报警阀的报警装置发声时间，应该超过阀门启动状态时间的 50%。

3）进行试验时，差动式干式报警阀的工作差动比在 0.14MPa 进口压力下，应在5：1到8.5：1的范围内，在较高的进口压力下，都应在 5：1 到 6.5：1 的范围内，泄压点与启动点之差应不超过 0.02MPa。

4）进行试验时，机械式干式报警阀在 0.14MPa 到额定工作压力范围内的进口压力下，应在 0.025MPa 和 0.2MPa 气压范围内动作。

5）进行试验时，干式报警阀应在 0.14MPa 到额定工作压力范围内的进口压力下，能启动机械报警装置和电动报警装置。

6）进行试验时，带有辅助配件的干式报警阀动作时，在 0.14MPa 的进口压力下启动有关报警装置的同时，应能在报警装置的入口处产生不小于 0.05MPa 的压力。

7）干式报警阀如果要求有底水来密封底座，应该提供加进底水的设施。

8）干式报警阀为防止水的聚集和检查水位，应该设置一个或几个孔口。

9）干式报警阀应该具有在不开启阀门的情况下试验报警装置的设施。

10）在报警器截止阀和报警器之间应有使水自动排出的设施。

11）差动式干式报警阀应该具有把水从中间室排出的设施和防止在阀瓣组件上下侧密封元件之间形成局部真空的设施。

12）干式报警阀应该具有当水进入出口侧的管线达到阀瓣组件上面 0.5m 以上高度时，使报警装置发出声响报警的设施。

13）干式报警阀中间室的自动排水阀，在 0.13～0.63L/s 的流量范围内，水流压力不大于 0.14MPa 的条件下应该关闭。

14）干式报警阀中间室的自动排水阀，在出口侧放水期间应该保持关闭状态，在压力范围内 0.0035～0.14MPa 的压力下应开启。

15）干式报警阀在 0.14～1.20MPa 的额定工作压力范围内，通过对阀瓣组件上下两面压力平衡的测量，如果阀瓣组件的差动比超过 1.16，则应该设置锁止机构来防止阀门在启动后重新复位。

（8）耐火性能

使用熔点低于 800℃的金属材料或非金属材料制造的阀体和阀盖时，充满水的干式报警阀应能承受 800℃耐火试验 15min，试验后阀瓣组件应能自由开启，阀体应能承受 2 倍额定工作压力的静水压，保持 2min，无永久变形或损坏。

3. 强度试验、渗漏试验和变形试验

（1）阀体强度试验

装配好的干式报警阀安装在试验装置上，阀体上不耐压的结构和零件用耐压的结构和零件代替，堵住阀门各开口，阀瓣组件开启，充水排除空气，给阀内加 4 倍额定工作压力的静水压，但不应低于 4.8MPa，保持 5min，试验结果符合规定。

（2）渗漏试验和变形试验

1）渗漏试验在阀瓣组件处于关闭位置的情况下进行，出口侧以不超过 0.14MPa/min 的速率充注压缩空气，直到压力达到被试阀门在其最大供水压力下的启动点以上 0.07MPa，在阀瓣组件的供水侧施加额定工作压力，保持静水压，持续 6h，检查阀门渗漏情况应符合的规定。

2）在阀门出口侧加压至 2 倍额定工作压力，保持静水压 2h，试验结束后检查阀门各零部件有无变形或损坏现象，该阀门应符合功能要求。

3）有锁止机构的差动式干式报警阀的渗漏试验，在阀瓣组件处于关闭位置的情况下，从阀瓣组件的出口侧向阀体充满水，以不超过 0.14MPa/min 的速率加压至 2 倍最大充气压力，保持静水压 5min，检查阀门渗漏情况应符合规定。

4）无锁止机构的机械式干式报警阀的渗漏试验，在阀瓣组件处于关闭位置的情况下，在阀瓣组件的出口侧向阀体全充满水，加压至 2 倍额定工作压力，保持静水压 5min，应符合规定。

5）在装配好的干式报警阀安装在试验装置上进行阀体渗漏试验，封闭阀门各开口，阀瓣组件开启，充水排除空气，给阀内加 2 倍额定工作压力的静水压，保持 5min，试验结果应符合规定。

4.1.3　雨淋报警阀

国家强制性标准《自动喷水灭火系统第 5 部分：雨淋报警阀》GB 5135.5—2003，规定了自动喷水灭火系统雨淋报警阀的要求、试验方法及检验规则，适用于自动喷水灭火系统中雨淋报警阀。

1. 常用术语

（1）雨淋报警阀

通过电动、机械或其他方法进行开启，使水能够自动单方向流入喷水管路系统，同时进行报警的一种单向阀。

（2）伺应状态

安装在管路系统中的雨淋报警阀、阀瓣组件处于关闭位置，阀门供水侧充以压力稳定的水，而无水从雨淋报警阀系统侧流出的状态。

（3）防复位锁止机构

防止阀瓣组件在动作以后重新回到其关闭位置上的锁止机构。

（4）启动点

雨淋报警阀使水进入自动喷水灭火系统时的动作点，用系统侧、供水侧或辅助压力来表示。

（5）底水

用来密封阀瓣组件和防止动作部件粘结的水。

（6）湿式引导喷头管线

安装有热敏感元件的管线，当受到异常热源的作用，则释放管线中的压力，使雨淋阀报警自动开启。

（7）供水压力

当雨淋报警阀处于伺应状态时，阀门进口处的静水压。

（8）额定工作压力

雨淋报警阀在伺应状态或工作状态下允许的工作压力。

2. 技术要求

（1）外观

雨淋报警阀应标志清晰，表面平整光洁，无加工缺陷及碰伤划痕，涂层均匀，色泽美观。

(2) 标志

雨淋报警阀应在明显位置清晰、永久性标注下述内容：

1) 产品名称及规格型号；

2) 生产单位名称或商标；

3) 额定工作压力；

4) 生产日期及产品编号；

5) 安装的水流方向。

(3) 规格

雨淋报警阀进出口公称通径为 *DN*25，*DN*32，*DN*40，*DN*50，*DN*65，*DN*80，*DN*100，*DN*125，*DN*150，*DN*200，*DN*250，*DN*300，阀座圈处的直径可以小于公称通径。

(4) 额定工作压力

雨淋报警阀的额定工作压力应不低于 1.2MPa。雨淋报警阀与工作压力等级较低的设备配装使用时，允许将阀的进出口接头按承受较低压力等级加工，但在阀上必须对额定工作压力做相应的标记。

(5) 材料耐腐蚀性能

阀体和阀盖应采用耐腐蚀性能不低于铸铁的材料制成，阀座材料的耐腐蚀性能应不低于青铜。要求转动或滑动的零件应采用青铜、镍铜合金、黄铜、奥氏体不锈钢等耐腐蚀材料制成。

(6) 阀体和阀盖

阀体和阀盖上的接头尺寸应符合《钢制管法兰类型与参数》GB/T 9112 和《可锻铸铁管路连接件》GB/T 3287 的规定；阀体上应设有放水口，放水口公称直径最小为 20mm；阀体阀瓣组件的供水侧，应设有在不开启阀门的情况下检验报警装置的设施。

(7) 阀体强度

装配好的雨淋报警阀，阀瓣组件处于开启位置，应能承受 4 倍额定工作压力（但不得小于 4.8MPa）的静水压，保持 5min 不损坏。

(8) 渗漏和变形

雨淋报警阀在阀瓣组件开启的情况下，应能承受 2 倍额定工作压力的静水压，保持 5min 无渗漏、无永久变形或损坏，还应满足规定的功能要求。

雨淋报警阀在阀瓣组件关闭情况下，供水侧施加 2 倍额定工作压力的静水压，保持 2h，无渗漏、无永久变形或损坏。还应满足规定的功能要求。

(9) 水力摩阻

按照产品标准规定进行试验时，在表 4-1 中所给的供水流量条件下，雨淋报警阀的水力摩阻不得超过 0.07MPa。

供水流量条件 **表 4-1**

公称通径 *DN* (mm)	40	50	65	80	100	125	150	200	250
供水量 (L/min)	400	600	800	1300	2200	3500	5000	8700	14000

（10）功能

1）雨淋报警阀处于伺应状态时，外力影响不应使阀门的启动发生障碍。

2）按照规定进行试验时，雨淋报警阀应能在供水压力 0.14MPa 到额定工作压力范围内动作。

3）雨淋报警阀处于伺应状态时，应防止水从供水侧渗漏到系统侧，或具有使渗漏水自动排出的设施。

4）按照规定进行试验时，雨淋报警阀应能通过手动和自动的方法进行操作。

5）雨淋报警阀的启动装置动作以后，应在 15s 之内打开雨淋报警阀的阀瓣（雨淋报警阀的公称直径超过 200mm 时，可在 60s 之内打开阀瓣）。

6）雨淋报警阀的启动装置为湿式引导喷头管线时，其高度及距离的限制由供水压力范围从 0.14MPa 到额定工作压力来确定。

7）雨淋报警阀在每一供水压力下有一个启动点压力值，它用水柱高度（m）来表示。湿式引导喷头管线安装的最大高度也用水柱高度（m）来表示。其值等于启动点压力值除以安全系数 1.5。

8）雨淋报警阀按规定进行功能试验时，当供水压力为 0.14MPa 时，在报警口至少有 0.05MPa 的压力来启动报警装置。

9）雨淋报警阀应该具有当水进入系统侧的管线达到阀瓣组件上面 0.5m 以上高度时，能使报警装置发出声响报警的设施。

（11）耐火性能

采用熔点低于 800℃的金属材料或非金属材料制作阀体和阀盖的雨淋报警阀，按规定进行试验时，充满水的雨淋报警阀应能承受 800℃、耐火试验 15min，试验后阀瓣组件应能自由开启，阀体应能承受 2 倍额定工作压力的静水压，保持 2min，无永久变形或损坏。

3. 产品使用说明书

雨淋报警阀应附有使用说明书。使用说明书中应至少包括产品名称、规格型号、使用的环境条件、贮存的环境条件、生产日期、生产依据的标准、必要的使用参数、安装操作说明及安装示意图、注意事项、生产厂商的名称、地址和联络信息等。

4. 包装、运输、贮存

（1）包装

雨淋报警阀的包装箱应单独固定，产品包装中应附有使用说明书和合格证，在包装箱外应标明放置方向、堆放件数限制、贮存防护条件等。

（2）运输

雨淋报警阀在运输过程中，应防雨减振，装卸时防止撞击。

（3）贮存

雨淋报警阀应存放在通风、干燥的库房内，避免与腐蚀性物质共同贮存，贮存温度－10～＋40℃。

4.1.4 通用阀门

国家强制性标准《自动喷水灭火系统第 6 部分：通用阀门》GB 5135.6—2003 规定了自动喷水灭火系统用闸阀、蝶阀、球阀、截止阀、消防电磁阀、信号阀等通用阀门的要求、试验方法和检验规则。本部分不适用于自动喷水灭火系统湿式报警阀、干式报警阀、雨淋阀。泡沫灭火系统阀门可参照相关条款。

1. 通用阀门规格

自动喷水灭火系统的通用阀门系指闸阀、蝶阀、球阀、截止阀、消防电磁阀、信号阀等，其连接方式有法兰连接和螺纹连接，其驱动方式有手动驱动和动力驱动。

自动喷水灭火系统通用阀门进出口公称通径见表 4-2。

通用阀门进出口公称通径（mm）　　表 4-2

名称	闸阀	截止阀	蝶阀	球阀	信号阀	消防电磁阀
公称通径 *DN*	15,20,25,32,40,50,65,80,100,125,150,200,250	15,20,25,32,40,50,65,80,100,125,150	50,65,80,100,125,150,200,250	15,20,25,32,40,50,65,80,100,125,150	50,65,80,100,125,150,200,250	8,10,12,15,20,25,32,40,50

2. 型号表示方法

自动喷水灭火系统的通用阀门型号由“系统代号”、“特征代号”、“规格代号”、“改进序号”四部分组成如下：

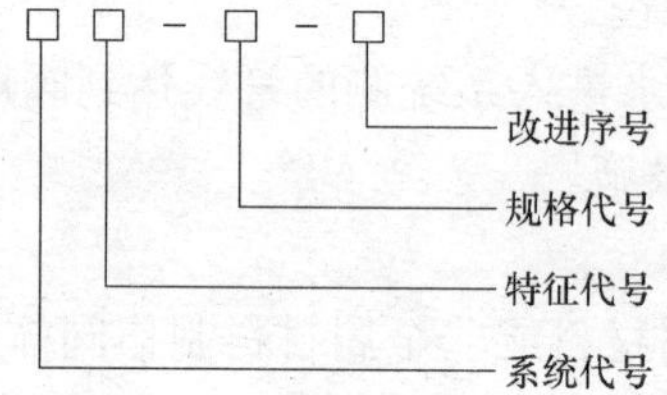

自动喷水灭火系统的代号用两个大写汉语拼音“ZS”表示；通用阀门的特征代号用表 4-3 所列字母表示；规格代号由阿拉伯数字组成，表示产品的公称通径 *DN*。

例如，ZSCF-25 表示：自动喷水灭火系统消防电磁阀，公称通径 *DN*25mm。

通用阀门的特征代号　　表 4-3

产品名称	闸阀	截止阀	蝶阀	球阀	信号阀	消防电磁阀
特征代号	ZF	JF	DF	QF	XF	CF

3. 技术要求

（1）外观

自动喷水灭火系统通用阀门应标志清晰，表面平整光洁，无加工缺陷及碰伤划痕，涂层均匀色泽美观。标志应包括：产品名称及规格型号；生产厂名称；额定工作压力；电性能指标；生产日期及出厂编号；执行标准等。

（2）额定工作压力

额定工作压力系指正常工作时所允许的最大压力；自动喷水灭火系统通用阀门的额定工作压力应不低于 1.2MPa。

（3）闸阀

1）操作闸阀用的手轮，应是具有不多于 6 根轮幅的“轮幅和轮缘”型，按顺时针方向为关在轮缘上明显的指示关闭方向的箭头和“关”字，或开、关双向箭头及“开”、

“关”字。

2）手轮应用锁紧螺母，固定在阀杆上，手轮的外缘直径应不小于表 4-4 所列尺寸。

手轮最小外缘直径（mm） **表 4-4**

闸阀公称通径 *DN*	手轮最小外缘直径	闸阀公称通径 *DN*	手轮最小外缘直径
15,20	66	80	152
25	66	100	203
32	76	125	254
40	83	150	279
50	89	200	330
65	111	250	381

3）阀杆、闸阀及阀扼架等其他部件应能按规定进行机械强度试验，承受在手轮上施加《自动喷水灭火系统 第 6 部分：通用阀门》GB 5135.6—2003 标准中表 4 规定的扭矩，试验后应无损坏。

4）组装好的闸阀按规定进行阀体强度试验时，应能承受 4 倍额定工作压力的静水压，保持 5min，试验中闸板应全开，试验中阀体应无渗漏、变形和损坏。

5）闸阀按规定进行密封性能试验。闸板处于关闭状态位置时，进水口应能承受 2 倍额定工作压力，保持 5min，阀座密封处应无渗漏。

6）闸阀按规定进行密封性能试验闸板处于开启位置时，应能承受 2 倍额定工作压力，保持 5min，阀体各密封处应无渗漏。

（4）截止阀

1）截止阀的手轮，应具有不多于 6 根轮辐的“轮辐与轮缘”型，以顺时针方向为关。在轮缘上要有明显的指示关闭的箭头和“关”字或开、关双向箭头及“开”、“关”字。手轮应用锁紧螺母固定在阀杆上。

2）截止阀按规定进行阀体强度试验，应能承受 4 倍额定工作压力的静水压，保持 5min，试验时截止阀应全开，试验中应无渗漏、变形和损坏。

3）截止阀按规定进行密封性试验，应能承受 2 倍额定工作压力的静水压，保持 5min，试验时截止阀关闭，试验中各密封处应无渗漏。

4）阀座内径应与阀体通道公称通径一致，体腔内各流道截面积，不得小于阀座通道径的截面积。

5）截止阀按规定进行水力摩阻损失试验，在 4.5m/s 流速下，因水力摩阻产生的压力损失应不超过 0.02MPa。

（5）蝶阀

1）蝶阀采用手轮或手柄操作时，其与阀轴的连接应牢固可靠，在需要时可方便地拆卸和更换。

2）面对着手轮的端部，按顺时针方向转动蝶板应能达到关闭。

3）手轮上应铸出或打上指示关闭方向的箭头及“关”字，或开关方向的箭头和“开”、“关”字，也可以在手轮的螺母下面用标牌表示。

4）手柄操作的蝶阀蝶板全开时，手柄应与通道轴线平行，并在手柄或另外的标牌上标示“开”、“关”方向。

5）用齿轮、杠杆、蜗轮、蜗杆或回转气缸等驱动装置操作的蝶阀，其驱动装置应能保证蝶阀在不超过其最大压差为额定工作压力下能正常操作。

6）所有蝶阀都应有表示蝶板位置的指示装置和保证蝶板在全开和全关位置的限位装置。

7）手柄操作的蝶阀，应带有不同开度的锁定装置，保证蝶板有3个以上中间位置，并能调节和锁定。

8）蝶阀应按规定进行机械强度试验，承受在手轮和手柄上施加890N的力，试验后应无损坏。

9）蝶阀按规定进行水力摩阻损失试验，在4.5m/s流速下，因水力摩阻产生的压力损失应不超过0.02MPa。

10）蝶阀按规定进行工作循环试验，在蝶阀进出口压差为额定工作压力时，经1000次正常工作循环，应开启灵活无损坏。每一次循环包括蝶阀从关闭到全开的过程。

11）蝶阀按规定进行阀体强度试验，应能承受4倍额定工作压力的静水压，保持5min，试验时蝶阀应全开，试验中蝶阀应无渗漏、变形和损坏。

12）蝶阀按规定进行密封性能试验，应能承受2倍额定工作压力的静水压，保持5min，试验时蝶阀应关闭，试验中蝶阀密封处应无渗漏。

（6）球阀

1）在球阀进出口压差为额定工作压力条件下，按规定进行启闭力试验，从开启或关闭位置操作球体的力不得超过350N。

2）手轮或手柄按顺时针方向旋转为关闭，并应用开关方向的标志，手轮或手柄应用表示球体通道位置的标志。

3）带手柄的球阀在全开位置时，手柄应与球体通道平行安装。

4）手柄或手轮应安装牢固，并在需要时可方便的拆卸或更换。

5）球阀应有全开或全关位置限位装置。

6）球阀按规定进行阀体强度试验时，应能承受4倍额定工作压力的静水压，保持5min，试验中球阀应全开，试验中球阀应无渗漏、变形和损坏。

7）球阀按规定进行密封性能试验时，球阀进口应能承受2倍额定工作压力的静水压，保持5min，试验时球阀应关闭，试验中球阀应无渗漏。

8）球阀按规定进行工作循环试验，在球阀进出口压差为额定工作压力时，经5000次正常工作循环，应开启灵活无损坏。每一循环包括球阀从关闭到全开的过程。

（7）信号阀

1）采用闸阀结构的信号阀应满足《自动喷水灭火系统》GB 5135.6—2003标准中7.7的规定，采用截止阀结构的信号阀应满足《自动喷水灭火系统》GB 5135.6—2003标准中7.11的规定。采用其他类型结构的信号阀应满足本部分同类阀门所规定的要求。

2）信号阀应具有输出“通”、“断”电信号装置，且在信号阀入口压力恒定为0.35MPa时，信号阀由全开到关闭的过程中，输出“通”信号（阀开启）的触点转换为输出“断”信号（阀关闭）时，此转换点流量应大于等于全开流量的80%，过此点后阀一直输出“断”信号（阀关闭）。全开流量为信号阀在入口压力恒定为0.35MPa时，信号阀全部打开测得的流量值。

3）信号阀按规定进行过载能力试验，其电器元件不得出现过热烧毁、坑点、触点粘合等现象。

4）信号阀按规定进行耐电压能力测试，在规定的试验电压下，其所有活动部件和静止部件（包括外壳）之间应耐电压 60±5s 不被击穿。

5）信号阀按规定进行绝缘电阻测试，在下列部件之间的绝缘电阻应大于 2MΩ。

A. 触电断开时，同级进线与出线之间；

B. 各带电部件与金属支架（包括外壳）之间。

6）信号阀按规定进行接触电阻测试，开关的每对闭合触点之间的接触电阻应小于 0.01 Ω。

（8）消防电磁阀

1）阀体上应有水流方向的标志。

2）消防电磁阀按规定进行试验时，在 0.35MPa 压力下利用电磁元件，应能保证 5000 次正常循环而无损坏。每一循环包括消防电磁阀从开启到关闭的过程。

3）装配好的消防电磁阀，在进水口提供 0.14MPa、0.2MPa 到额定工作压力，级差为 0.1MPa 的压力，利用电磁元件开启电磁阀，动作应准确迅速。

4）消防电磁阀按规定进行阀体强度试验，应能承受 4 倍额定工作压力的静水压，保持 5min，试验中消防电磁阀应处于开启位置，试验中阀体应无渗漏、变形和损坏。

5）消防电磁阀按规定进行密封性能试验时，电磁阀进口应能承受 2 倍额定工作压力的静水压，保持 5min，试验中消防电磁阀处于关闭位置，电磁阀出口处应无渗漏。

4. 强度试验与密封性试验

阀门制造厂家应按以下方法进行通用阀门的强度试验与密封性试验。

（1）阀体强度试验

将阀门固定在试验装置上，阀体不耐高压的零件用耐高压的零件代替，堵住阀门各出口，使阀门处于开启位置，先充水排除空气，然后给阀门施加规定的静水压，并保持规定的时间，检查阀体损坏的情况，试验结果应满足相应的规定。

（2）密封性试验

将阀门固定在试验装置上，堵住阀门各出口，使阀门处于开启位置，或关闭位置。充水排除空气，给阀门施加规定的静水压，并保持规定的时间。检查阀座密封处渗漏情况和阀体各密封处渗漏情况，试验结果应满足相应的规定。

5. 出厂检验

通用阀门产品的出厂检验应按以下规定进行。

（1）闸阀

进行外观检查，并按规定进行密封性能试验，闸板处于关闭状态位置时，进水口应能承受 2 倍额定工作压力，保持 5min，阀座密封处应无渗漏。

（2）截止阀

进行外观检查，并按规定进行密封性试验，应能承受 2 倍额定工作压力的静水压，保持 5min，试验时截止阀关闭，试验中各密封处应无渗漏。

(3) 蝶阀

进行外观检查，并按规定进行密封性能试验，应能承受 2 倍额定工作压力的静水压，保持 5min，试验时蝶阀应关闭，试验中蝶阀密封处应无渗漏。

(4) 球阀

进行外观检查，并按规定进行密封性能试验时，球阀进口应能承受 2 倍额定工作压力的静水压，保持 5min，试验时球阀应关闭，试验中球阀应无渗漏。

(5) 信号阀

进行外观检查，按前述“(7) 信号阀之 2)”进行检测，并进行密封性试验。

(6) 消防电磁阀

进行外观检查，按规定进行密封性能试验时，电磁阀进口应能承受 2 倍额定工作压力的静水压，保持 5min，试验中消防电磁阀处于关闭位置，电磁阀出口处应无渗漏。

4.1.5 减压阀

国家强制性标准《自动喷水灭火系统第 17 部分：减压阀》GB 5135.17—2003，规定了自动喷水灭火系统减压阀的术语和定义、分类、型号编制、要求、试验方法、检验规则等，适用于自动喷水灭火系统中的直接作用式和先导式减压阀。

1. 有关术语

(1) 减压阀

自动喷水灭火系统中，通过自身结构部件实现在进口压力和流量变动时将出口压力降至某一需要出口压力的阀门。

(2) 先导式减压阐

自动喷水灭火系统中，由主阀和导阀组成，主阀出口压力的变化通过导阀放大控制主阀阀瓣运动的减压阀。

(3) 直接作用式减压阀

自动喷水灭火系统中，利用出口压力变化直接控制阀瓣运动的减压阀。

(4) 额定工作压力

减压阀正常工作时所允许的最大进口压力。

(5) 始动流量

减压阀正常工作时，出口流量由零开始增加，到出口压力不再有明显下降时的流量。

(6) 静压升

减压阀正常工作时，出口流量由始动流量缓慢关闭为零时，出口压力的升值。

(7) 出口设定压力

减压阀正常有效工作时，在入口压力为额定工作压力且出口流量为始动流量的情况下，减压阀的出口工作压力。出口设定压力是可调整的。

2. 分类

(1) 按减压阀敏感元件分类，可分为：隔膜式减压阀，用符号 M 表示；活塞式减压闽，用符号 S 表示；其他类型减压阀，用符号 T 表示。

(2) 按减压阀工作原理类，可分为：先导式减压阀，用符号 P 表示；直接作用式减压阀，用符号 D 表示。

编制方法如下：

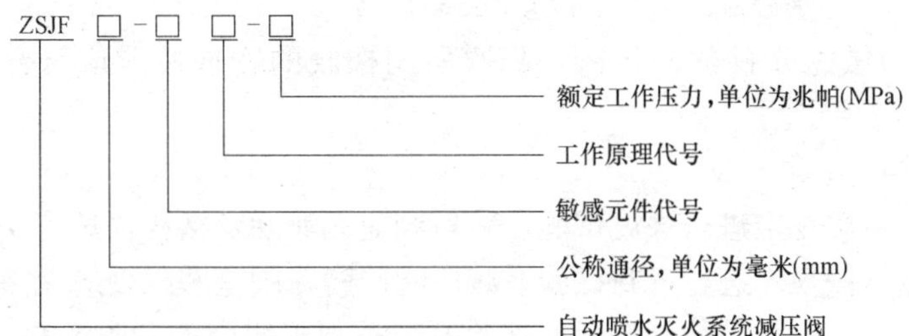

例如，ZSJF 100-MP-1.2，表示公称直径为 100mm，额定工作压力为 1.2MPa，敏感元件为隔膜式结构的先导式减压阀。

3. 主要技术要求

（1）外观质量

减压阀应标志清晰，表面平整光洁，无加工缺陷及碰伤划痕，涂层均匀。

（2）规格及额定工作压力

减压阀进出口公称通径为 *DN*40、*DN*50、*DN*65、*DN*80、*DN*100、*DN*125、*DN*150、*DN*200、*DN*250、*DN*300，额定工作压力应不低于 1.2MPa。

（3）材料

阀体和阀盖应采用耐腐蚀性能不低于铸铁的材料制成，阀座材料的耐腐蚀性能应不低于青铜；要求转动或滑动的金属零件应采用青铜、镍铜合金、黄铜、奥氏体不锈钢等耐腐蚀材料制成，若用耐腐蚀性能较差的材料制造时，应在有相对运动处加入上述耐腐蚀材料制造的衬套件。

（4）结构部件

1）安全泄压阀　设有安全泄压阀的减压阀，安全泄压阀应设置在减压阀的出口侧，其公称通径应不小于 *DN*15。安全泄压阀泄放压力应可以调整，其泄放压力调整范围至少应在 0.35～1.38MPa 之间。

2）控制阀门　减压阀控制管路上设置的控制阀门应设置手轮或手柄，并应标有永久性开关方向的标志；控制阀门具有对减压阀的开关控制功能时，应设有其正常使用位置的锁止装置；控制阀门流通部件应采用耐腐蚀性能不低于青铜的材料制造。

3）减压调整装置

减压阀应设置减压压力调整装置，调整装置应便于操作且具有调整位置锁紧的措施。

4）过滤网

与减压阀控制腔连接的管路及部件，当其流通直径小于等于 6mm 时，应设置过滤网，过滤网网孔最大尺寸不应大于保护孔径的 0.6 倍，过滤网总面积不应小于保护面积的 20 倍。

5）连接

减压阀采用法兰连接方式时，法兰连接尺寸、法兰密封面形式和尺寸应符合《整体铸铁法兰》GB/T 17241.6 或《钢制管法兰类型与参数》GB/T 9112 的规定；减压阀采用沟槽连接时，沟槽尺寸应符合《自动喷水灭火系统 第 11 部分 沟槽式管接件》GB 5135.11 的规定；减压阀采用螺纹连接时，连接螺纹应符合《密封管螺纹》GB/T 7306

的规定。

6）隔膜

采用隔膜作为敏感元件的减压阀，隔膜所用橡胶的物理性能应符合 GB 5135.17—2003 标准之表 1 的规定。

（5）强度密封

1）阀体强度　按规定进行强度试验，减压阀应无泄漏及结构损坏。

2）密封性能　按规定进行密封试验，减压阀阀瓣与阀座密封处应无渗漏。

3）阀瓣强度　按规定进行阀瓣强度试验，减压阀阀瓣应无砂眼渗漏、永久变形等影响功能的损坏。

4）隔膜强度　采用隔膜作为敏感元件的减压阀，按规定进行隔膜强度试验，减压阀隔膜应无任何泄漏、撕裂等影响功能的损坏。

5）调压性能

按规定进行调压性能试验，减压阀应工作正常，无任何卡阻或异常振动情况，减压阀的静压升应不超过 0.1MPa。

（6）减压性能

1）流量特性　按规定进行流量特性试验，减压阀应工作正常，实测出口压力与出口设定压力的偏差，应符合表 4-5 的规定。

2）压力特性　按规定进行压力特性试验，减压阀应工作正常，实测出口压力与初始出口压力的偏差，对于先导式减压阀来说应不超过初始出口压力的 5％，对于直接作用式减压阀来说应不超过初始出口压力的 10％。

流量特性偏差　　　　表 4-5

分　类	出口设定压力(MPa)	实测出口压力与设定压力的最大偏差
先导式减压阀	≤0.5	0.05MPa
	＞0.5	出口设定压力的 10％
直接作用式减压阀	≤0.5	0.10MPa
	＞0.5	出口设定压力的 20％

4. 出厂检验

产品出厂检验项目应至少包括：外观质量；规格；额定工作压力；材料；结构部件之安全泄压阀、控制阀门、减压调压装置、过滤网、连接、隔膜；强度密封之密封性能；调压性能。出厂检验项目检验全部合格，该批产品为合格。全检项目发现不合格的，应直接返工直至合格。抽检项目有一项 A 类不合格，则该批产品为不合格；若有 B 类不合格，允许加倍抽样检验，全部合格者可判该批产品合格，否则判为不合格。

5. 标志、使用说明书

减压阀本体标志应清晰耐久，且至少包括：产品名称及规格型号；生产厂名称或商标；额定工作压力；出口设定压力范围；生产日期或出厂编号；水流方向；执行标准；阀体上铸出的内容应符合《通用阀门 标志》GB/T 12220 的规定；包装储运图示标志应符合《包装储运图示标志》GB/T 191 的规定。

出厂的减压阀应附有使用说明书。使用说明书应按《工业产品使用说明书 总则》

GB/T 9969进行编写，至少应包含以下内容：产品名称、规格型号、使用环境条件、贮存环境条件、生产日期、生产依据标准、必要的技术参数（额定工作压力、最小压差、出口设定压力范围、最大流量等）、安装操作说明及安装示意图、注意事项、生产厂商名称、地址和联络信息等。

6. 包装、运输、贮存

（1）包装

减压阀在包装箱中应单独固定，并附有使用说明书和合格证。在包装箱外应标明放置方向、堆放件数限制、贮存防护条件等。

（2）运输

减压阀在运输过程中应防雨，装卸时应防止剧烈撞击。

（3）贮存

减压阀应存放在通风干燥的库房内，避免与腐蚀性物质共同贮存，贮存温度−10～40℃。

4.2 消防阀门系列

4.2.1 信号蝶阀

FDX型信号蝶阀外形如图4-1所示。此种信号蝶阀采用中线型设计，主要由阀体、阀瓣、阀座、阀杆及传动操作机构等部件组成，阀座采用可脱卸构造，传动机构分把手型、蜗轮蜗杆型和信号及电动型四种，广泛用于民用及高层建筑、工矿企业的水消防管路中，此信号阀可明白无误的显示出阀门开关状态，具有直观、清晰、可靠的反映出消防系统中的工作状态。具有开启关闭的电信号装置，以低压24V供电，当阀门关闭25%（全开启度的1/4）时，电信号装置便输出阀门被（误）关闭的电信号，以便有线传递到消防控制中心。

4.2.2 明杆信号闸阀

RRHS型明杆信号蝶阀外形如图4-2所示。此种明杆信号闸阀常应用于自动喷水消防

图4-1 FDX型信号蝶阀外形

图4-2 RRHS型明杆信号蝶阀外形

管路系统，来监控供水管路，可以远地指示阀门开度。升杆式闸阀及附开度指示闸阀经常用于消防系统，如果闸阀安装位置离地面较高时，一般使用升杆式闸阀，可以明显指示阀门开度，若安装位置较低。则需用附开度指示闸阀。

4.2.3 湿式报警阀

ZSFZ 型湿式报警阀外形如图 4-3 所示。湿式报警阀装置由湿式报警阀、水力警铃、延迟器及压力开关、压力表、排水阀、试验阀、报警试验管路等组成。湿式报警阀是只允许水流入湿式系统并在规定压力流量下驱动配套部件报警的一种单向阀；延迟器应用于湿式报警阀装置，防止因供水压力波动、报警阀渗漏而发生的误报警；水力警铃是由水力驱动的全天候声响报警设施，工作时无打击火花，可用于防爆场所。水力警铃由铝合金本体、铝合金叶轮、铝合金铃壳、铜合金喷嘴与铜合金衬套等组成。无需保养，使用寿命长。ZSFZ 型湿式报警阀装置与压力开关、水流指示器、洒水喷头、信号蝶阀、末端试水装置、喷淋泵等组成 ZS 系列湿式自动喷水灭火系统，是目前应用最广泛的自动喷水灭火系统。

4.2.4 干式报警阀

ZSFC 型干式报警阀外形如图 4-4 所示。ZSFC 型干式报警阀是干式喷水灭火系统的供水控制阀。ZSFC 型干式报警阀为 1∶5 差动式、手动外复位阀门。当干式自动喷水灭火系统（简称干式系统）的一只或多只喷头动作后，系统一侧的压缩气体压力快速下降，形成启动压差，阀门自动开启，使水进入系统一侧管路，并启动火灾报警装置。干式报警阀应安装在不受冰冻威胁的场所。干式自动喷水灭火系统的管网容积不宜超过 1500L，如果设有排气装置，管网容积则不宜超过 3000L。此种阀有高强度球墨铸铁系列、奥氏体不锈钢系列，规格有 *DN*100、*DN*150、*DN*200。

图 4-3 ZSFZ 型湿式报警阀外形

图 4-4 ZSFC 型干式报警阀外形

4.2.5 预作用报警阀

ZSFU 型预作用报警阀外形如图 4-5 所示。预作用自动喷水灭火系统就是在准工作状态下管路内不充水，而充以有压气体（空气或氮气），也可以不充压缩气体（空管）。当发生火灾时，火灾探测器报警，同时发出信息开启报警信号，报警信号延迟 30s 证实无误后，自动启动预作用报警阀向喷水管网充水灭火。它将火灾探测报警技术和自动喷水灭火系统结合起来，具有干式系统的特点，特别适用于高温、严寒、忌水渍和不允许误喷的重要场所，例如：图书馆、档案室、贵重物品储藏室、电脑机房等场所。

4.2.6 ZSFG 型雨淋报警阀

ZSFG 型雨淋报警阀外形如图 4-6 所示。ZSFG 型雨淋报警阀是一种通过电动、机械或其他方法进行开启，使水能够自动单方向流入喷水系统同时进行报警的单向阀。受保护区现场火灾探测系统的控制而动作，当火灾发生时，火灾探测系统动作联动雨淋报警阀开启，供水管路的水流入系统一侧的保护区管网中，喷头开始喷水，同时发出声、光报警信号，以达到报警、控火、灭火之目的。广泛用于湿式、干式雨淋报警灭火系统，也可以与泡沫系统组成泡沫喷淋灭火系统，用来扑救有爆炸燃烧危险的液体火灾。

图 4-5 ZSFU 型预作用报警阀

图 4-6 ZSFG 型雨淋报警阀

4.2.7 焊接式水流指示器

ZSJZ 型焊接式水流指示器外形如图 4-7 所示。适用于自动喷水灭火系统中，用于自动喷水灭火系统中将水流信号转换成电信号的一种报警装置，是自动喷水灭火系统中的辅助报警装置。一般安装在系统各分区的配水干管或配水管上，可将水流动的信号转换为电信号，对系统实施监控、报警的作用。该水流指示器是由本体、微动开关、桨板、法兰(或螺纹)、三通等组成。当系统某区发生火警，喷头喷水时，该管网中水流动的信号转换为电信号输出，传至模块或控制中心显示火灾位置，实现区域报警。当喷头停止喷水，桨板又自动复位到伺服状态，报警消失。水流指示器包括法兰式水流指示器、马鞍式水流指示器、螺纹式水流指示器、焊接式水流指示器。

公称直径：*DN*50、*DN*65、*DN*80、*DN*100、*DN*125、*DN*150、*DN*200；额定工作压力 *PN*=1.2MPa；延迟性能：2～90s。

4.2.8 ZSJZ 型水流指示器

ZSJZ-Ⅱ型水流指示器外形如图 4-8 所示。ZSJZ 型水流指示器是自动喷淋灭火系统的组成部件，借助于喷淋管网内水的流动推动叶片，将水流信号转换为电信号，输入火灾自动报警系统，可检测自动喷淋系统运行及确定火灾发生区域，适用于湿式，干式、预作用

图 4-7　ZSJZ 型焊接式水流指示器

图 4-8　ZSJZ-Ⅱ型水流指示器

系统。

4.2.9　消防球阀

现行标准《消防球阀》GA 79—2010，规定了消防球阀（以下简称球阀）的分类、型号、技术要求，试验方法、检验规则、包装、标志、运输和贮存，适用于输送水、泡沫混合液及其他液体灭火剂，介质温度为－40～70℃的球阀。但不适用于输送气体灭火剂、干粉灭火剂的球阀。

1. 分类

(1) 球阀按球体的密封形式分为单向密封和双向密封。

(2) 球阀按其与管道的连接形式分为法兰连接、螺纹连接和一端法兰、一端螺纹，三种连接形式。

(3) 球阀按驱动方式分为手动和动力驱动。

2. 型号

球阀的型号由类、组代号、球体密封形式代号、特征代号和 *DN*（公称尺寸）、额定工作压力、动力驱动装置代号组成，形式如下：

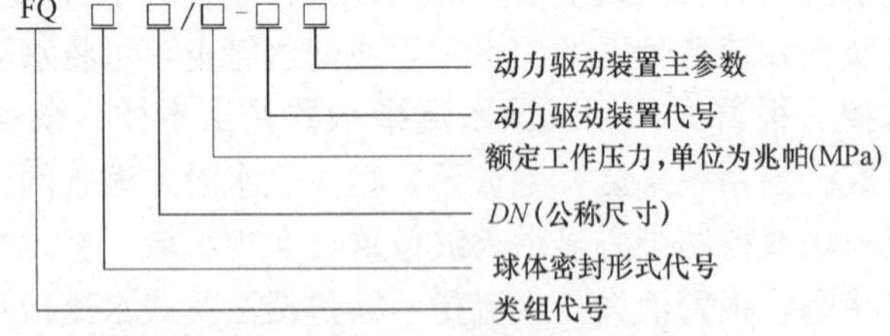

例一：单向密封、公称通径为 *DN*65，额定工作压力为 2.5MPa 的手动消防球阀，其型号表示为 FQ 65/2.5。

例二：双向密封、公称通径为 *DN*80，额定工作压力为 1.6MPa，带有额定工作压力为 0.6MPa 的气动驱动装置的消防球阀，其型号表示为 FQS 80/1.6-Q0.6。

3. 主要技术要求

(1) 外观质量

使用量具和目测，检验球阀的规格、材料、结构长度、连接尺寸、流道最小直径和外观标志等。

球阀的外壳应由耐腐蚀材料制成或经防腐蚀处理，且无剥落、划伤等缺陷。

（2）材料

阀体及阀盖应采用耐腐蚀性能不低于普通铸铁的材料制成，阀座的耐腐蚀性能应不低于青铜；手轮、手柄、手柄座应用钢、可锻铸铁或球墨铸铁制造；阀座、密封圈可用聚四氟乙烯或尼龙等材料制造，阀座材料的抗腐蚀性能应不低于阀体材料；填料、垫片应能在消防球阀的使用温度范围内适用，任何金属垫片应至少与阀体具有同等的耐腐蚀性能；O形橡胶密封圈的尺寸和公差应符合《液压气动用O型橡胶密封圈 基本尺寸系列及公差》GB/T 3452.1的规定；阀体放泄螺塞材料的耐腐蚀性能应不低于阀体材料。

按规定进行球阀过流部件的耐腐蚀性能试验，试验后不应产生影响球阀性能的缺陷。

（3）结构长度及连接尺寸

球阀的结构长度应符合《金属阀门 结构长度》GB/T 12221的规定；球阀的法兰连接尺寸应符合《钢制管法兰 类型与参数》GB/T 9112、《整体铸铁法兰》GB/T 17241.6的规定；球阀驱动装置的连接尺寸应符合《多回转阀门驱动装置的连接》GB/T 12222、《部分回转阀门驱动装置的连接》GB/T 12223的规定。

（4）阀体流道

球阀的阀体流道应不缩径，且为圆形，其最小直径见表4-6。

阀体流道最小直径（mm） **表4-6**

公称通径 *DN*	25	40	50	65	80	100	125	150	200	250	300
阀体流道最小直径	24	37	49	62	75	98	123	148	198	245	295

（5）动力驱动装置

球阀电动装置应符合《普通型阀门电动装置 技术条件》JB/T 8528、《隔爆型阀门电动装置 技术条件》JB/T 8529的规定；球阀气动装置应符合JB/T8864的规定；动力驱动装置连接球阀后按规定进行静压寿命试验，其启闭循环次数应不低于10000次。

（6）操作性能

手动驱动的球阀应安装手柄或手轮。在球阀进出口压差为公称压力条件下，按规定进行启闭力试验，从开启或关闭位置进行启闭操作的力不得超过350N。

动力驱动的球阀应设有应急操作手柄或手轮。当动力驱动装置发生故障时，应能使用应急操作手柄或手轮启闭球阀，启闭力要求不得超过350N。

手轮或手柄按顺时针方向旋转为关闭，并应有开关方向的标志，手轮或手柄应有表示球体通道位置的标志。安装手柄的球阀在全开位置时，手柄应与球体通道平行安装。

手柄或手轮应安装牢固，并在需要时可方便的拆卸或更换。

球阀应有全开或全关位置限位装置。

（7）耐压性能及密封性能

消防球阀应按规定进行耐压性能试验，应能承受4倍额定工作压力的静水压，保持5min，承压壁及阀体与阀盖联结处不得有可见渗漏，壳体（包括填料函及阀体与阀盖联结处）不应有结构损伤。在耐压试验压力下允许填料处泄漏，但当试验压力降到密封试验压力时应无可见泄漏。

球阀应按规定进行密封性能试验时，应能承受2倍额定工作压力的静水压，保持5min，应无可见渗漏。

4. 出厂检验

球阀经生产厂检验部门检验合格，并附有产品合格证方能出厂。出厂检验项目为外观及结构要求；阀体流道；手动驱动及启闭力试验；动力驱动及启闭力试验；耐压性能及密封性能。

5. 标志、包装、运输和贮存

球阀的标志应符合《通用阀门 标志》GB/T 12220的规定。

球阀包装前应将阀体检验时残留在阀体内的水排净后吹干。球阀的流道表面（包括螺纹）应涂以易于去除的防锈油。球阀进出口法兰密封面、焊接端、螺纹端及阀门内腔应用塞子或盖板等加以保护，且易于拆装。球阀应放置在包装箱内，或按用户的要求包装。在运输期间，球阀应处于全开状态，球阀是弹簧复位的常闭式结构除外。

球阀应存放在干燥通风的仓库内，避免与酸、碱、盐等腐蚀性介质接触，必要时采取防雨、防潮措施。

5 常用阀门标准简介

阀门标准分为国家标准和行业标准。随着社会的发展，需要制定新的标准或更新旧的标准来满足人们生产、生活的需要。因此，标准是一种动态信息。国家标准分为强制性国标（GB ）和推荐性国标（GB/T）。强制性国标是保障人体健康、人身、财产安全的标准和法律及行政法规规定强制执行的国家标准；推荐性国标是指生产、交换、使用等方面，通过经济手段或市场调节而自愿采用的国家标准。但推荐性国标一经接受并采用，或各方商定同意纳入经济合同中，就成为各方必须共同遵守的技术依据，具有法律上的约束性。

阀门是机械类产品，因此，有关阀门的行业标准大多是机械行业标准（JB），也有少量其他行业标准，如城市建设行业标准（CJ）、电力行业标准（DL）、化工行业标准（HG）、公安部技术监督委员会标准（GA）、商检行业标准（SN）等。

阀门标准按其内容和作用的不同，可以分为阀门基础标准、阀门材料标准、阀门产品标准、阀门试验和阀门检验标准。其中，阀门基础标准、阀门材料标准、阀门试验和阀门检验标准，主要是为阀门科研、设计和制造服务的，本手册尽可能不涉及或少涉及；阀门产品标准对工程设计和施工单位关系密切，有较强的实用性，本部分以汇集实用性较强的阀门产品标准为主，适当兼顾一些对使用阀门的设计、施工单位有实用价值的基础性标准或其他内容标准。

5.1 阀门之国家标准汇总

现将经过筛选的阀门国家标准目录列于表 5-1。考虑到有些技术书籍和在互联网上刊登产品信息的阀门生产厂家常常引用过时的标准，因此，有必要也将这类标准列于表中，只并在“序号”栏标明“已废止”(包括以明令作废或已被其他新标准涵盖)，“内容简介”栏也不作介绍，并在“代替标准号”栏作一些说明。

阀门—国家标准目录 **表 5-1**

序号	标准号及名称	内 容 简 介	代替标准
1	《管道元件 *DN*(公称尺寸)的定义和选用》GB/T 1047—2005	规定了 *DN*(公称尺寸)的定义和系列,适用于使用 *DN* 标识的相关标准中规定的管道件	代替:《管道元件的公称通径》GB/T 1047—1995
2	《管道元件 *PN*(公称压力)的定义和选用》GB/T 1048—2005	规定了 *PN*(公称压力)的定义和系列,适用于使用 *PN* 标识的相关标准中规定的管道件	代替:《管道元件公称压力》GB/T 1048—1990

续表

序号	标准号及名称	内容简介	代替标准
3	《气动调节阀》GB/T 4213—2008	规定了工业过程控制系统用气动调节阀(亦称控制阀)的产品分类、技术要求、试验方法、检验规则等,适用于气动执行机构与阀组成的各类气动调节阀,有关内容也适用于独立的于气动执行机构和阀组件。不适用于承受放射性工作条件等国家有特定要求工作条件的调节阀	代替《气动调节阀》GB/T 4213—1992
已废止	《工业用阀门的压力试验》GB 4981—1985	—	被《工业阀门 压力试验》"GB/T 13927—2008"代替
4	《自动喷水灭火系统 第2部分:湿式报警阀、延迟器、水力警铃》GB 5135.2—2003	规定了自动喷水灭火系统湿式报警阀、延迟器和水力警铃的要求、试验方法、检验规则等,适用于自动喷水灭火系统中湿式报警阀、延迟器和水力警铃	代替:《自动喷水灭火系统 湿式报警阀的性能要求和试验方法》GB 797—1989
5	《自动喷水灭火系统第4部分:干式报警阀》GB 5135.4—2003	规定了自动喷水灭火系统干式报警阀的要求、试验方法、检验规则和标志、使用说明书等,但不适用于干式报警阀以外的其他附件	
6	《自动喷水灭火系统第5部分:雨淋报警阀》GB 5135.5—2003	规定了自动喷水灭火系统雨淋报警阀的要求、试验方法及检验规则,适用于自动喷水灭火系统中雨淋报警阀	
7	《自动喷水灭火系统第6部分:通用阀门》GB 5135.6—2003	规定了自动喷水灭火系统用闸阀、蝶阀、球阀、截止阀、消防电磁阀、信号阀等阀门的要求、试验方法和检验规则。不适用于自动喷水灭火系统湿式报警阀、干式报警阀、雨淋阀。泡沫灭火系统阀门可参照相关条款	
8	《自动喷水灭火系统第17部分:减压阀》GB 5135.17—2003	规定了自动喷水灭火系统减压阀的术语和定义、分类、型号编制、要求、试验方法、检验规则等,适用于自动喷水灭火系统中的直接作用式和先导式减压阀	
9	《液化石油气瓶阀》GB 7512—2006	规定了液化石油气瓶阀的术语和定义、型号、结构型式及基本尺寸、技术要求、检查与试验方法等,适用于工作温度−40～60℃,*PN*不大于2.5MPa的液化石油气瓶阀	代替:《液化石油气瓶阀》GB 7512—1998
10	《铁制和铜制螺纹连接阀门》GB/T 8464—2008	规定了铁制和铜制螺纹连接的闸阀、截止阀、球阀、止回阀的分类、技术要求、检查方法、检验规则。适用于螺纹连接的闸阀、截止阀、球阀、止回阀;*PN*不大于1.6MPa、*DN*不大于*DN*100的灰铸铁、可锻铸铁材料的阀门;*PN*不大于2.5MPa、*DN*不大于*DN*100的球墨铸铁材料的阀门;*PN*不大于40MPa、工作温度不高于180℃的铜合金阀门;工作介质为水、非腐蚀性液体、空气、饱和蒸汽等	代替:《水暖用内螺纹连接阀门》GB/T 8464—1998部分代替《铁制和铜制球阀》GB/T 15185—1994

续表

序号	标准号及名称	内容简介	代替标准
11	《电站减温减压阀》GB/T 10868—2005	规定了电站减温减压阀(电站减压阀)的订货要求、性能规范、技术要求、检验和试验、性能测试、质量证明书等,适用于工作压力 $P\leqslant25.4$MPa,工作温度 $t\leqslant570$℃参数条件下使用的电站蒸汽系统用电站减温减压阀(电站减压阀)	代替: 《电站减温减压阀技术条件》GB/T 10868—1989
已废止	《氧气瓶阀》GB 10877—1989	—	被《铁制和铜制螺纹连接阀门》GB/T 8464—2008 代替
12	《溶解乙炔气瓶阀》GB 10879—2009	规定了溶解乙炔气瓶阀的型号、基本型式及尺寸、技术要求、检查与试验方法、检验规则等,适用于环境温度为−40～60℃,*PN* 为 3MPa 的溶解乙炔气瓶阀	代替: 《溶解乙炔气瓶阀》GB 10879—1989
13	《船用法兰连接金属阀门的结构长度》GB/T 11698—2008	规定了船用法兰连接金属阀门结构长度及其极限偏差,适用于船舶管路系统中公称压力范围为 *PN* 系列中的 0.25～4.0MPa、CLASS 系列中的 125～300 磅压力级;法兰连接尺寸和密封面按 GB/T 2501、ASME B16.5、ASME B16.47 的金属阀门的设计和说明。本标准未包括的其他公称压力或法兰连接尺寸金属阀门的结构长度可参照相近压力级执行	代替: 《法兰管路系统金属阀门 结构长度》GB/T 11698—1989
14	《通用阀门 标志》GB/T 12220—1989	规定了通用阀门必须使用的和可选择使用的标志内容及标记方法。	备注:等效采用国际标准 ISO 5209—1977
15	《金属阀门 结构长度》GB/T 12221—2005	规定了法兰连接阀门的结构长度、焊接端阀门的结构长度、对夹连接阀门的结构长度、内螺纹连接阀门结构长度、外螺纹连接阀门结构长度及其结构尺寸的极限偏差。适用于 $PN\leqslant4.2$MPa,*DN*3～*DN*4000 的闸阀、截止阀、球阀、蝶阀、旋塞阀、隔膜阀、止回阀等的结构长度	代替: 《阀门的结构长度 对焊连接阀》GB/T 15188.1—1994; 《阀门的结构长度 对夹连接阀门》GB/T 15188.2—1994; 《阀门的结构长度 内螺纹连接阀门》GB/T 15188.3—1994; 《阀门的结构长度 外螺纹连接阀门》GB/T 15188.4—1994; 《法兰连接金属阀门 结构长度》GB/T 12221—1989
16	《多回转阀门驱动装置的连接》GB/T 12222—2005	规定了多回转阀门驱动装置术语和定义,法兰代号和与其相对应的最大转矩及最大推力,与阀门连接的法兰尺寸,驱动件的结构形式和尺寸,适用于闸阀、截止阀、节流阀和隔膜阀用阀门驱动装置与阀门的连接尺寸,该尺寸也适合用于驱动装置与齿轮箱、齿轮箱与阀门的连接	代替: 《多回转阀门驱动装置的连接》GB/T 1222—1989

续表

序号	标准号及名称	内容简介	代替标准
17	《部分回转阀门驱动装置的连接》GB/T 12223—2005	规定了部分回转阀门驱动装置术语和定义，法兰代号和与其相对应的最大转矩值与阀门连接的法兰尺寸，驱动件的结构形式和尺寸，适用于球阀、蝶阀和旋塞阀用阀门驱动装置与阀门的连接尺寸，该尺寸也适合用于驱动装置与齿轮箱、齿轮箱与阀门的连接	代替：《部分回转阀门驱动装置的连接》GB/T 1223—1989
18	《钢制阀门 一般要求》GB/T 12224—2005	规定了钢制阀门的压力—温度额定值、材料、设计要求、检验与试验、标志和无损检验与修复等内容，适用于本标准表1给出的各种材料，阀体可以是铸造、锻造或组焊加工，端部连接可以是法兰、螺纹或焊接端连接，以及对夹式和单法兰安装的阀门	代替：《钢制阀门 一般要求》GB/T 12224—1989
19	《通用阀门 法兰连接铁制闸阀》GB/T 12232—2005	规定了法兰连接铁制闸阀的结构形式、技术要求、试验方法、检验规则等内容，适用于 $PN=0.1\sim2.5$MPa，$DN50\sim DN$ 2000 的法兰连接灰铸铁和球墨铸铁制闸阀	代替：《通用阀门 法兰连接铁制闸阀》GB/T 12232—1989
20	《通用阀门 铁制截止阀与升降式止回阀》GB/T 12233—2006	规定了铁制截止阀与升降式止回阀的分类、要求、试验方法、检验规则等，适用于 $PN=1.0\sim1.6$MPa 、$DN15\sim DN200$ 及工作温度不大于200℃的内螺纹连接和法兰连接的铁制截止阀与升降式止回阀，也适用于节流阀	代替：《通用阀门 铁制截止阀与升降式止回阀》GB/T 12233—1989
21	《石油、天然气工业用螺柱连接阀盖的钢制闸阀》GB/T 12234—2007	规定了螺柱连接阀盖钢制楔式闸板和平行双闸板闸阀的结构形式、技术要求、材料、试验方法和检验规则等，适用于 $PN=1.6\sim42$MPa、$DN25\sim DN600$、使用温度−29～538℃，螺栓连接阀盖、明杆结构的钢制楔式闸板和双闸板、端部连接形式为法兰或焊接端，用于石油、石油相关制品、天然气等介质的闸阀。本标准也适用于端部连接形式为螺纹、卡箍连接方式的闸阀	代替：《通用阀门 法兰和对焊连接钢制闸阀》GB/T 12234—1989
22	《石油、石化及相关工业用钢制截止阀和升降式止回阀》GB/T 12235—2007	规定了螺柱连接阀盖钢制截止阀和升降式止回阀结构形式、技术要求、材料、试验方法和检验规则等内容，适用于 $PN=1.6\sim42$MPa、$DN15\sim DN400$、使用温度−29～538℃，螺栓连接阀盖的、端部连接形式为法兰或焊接，用于石油、石化及相关工业用的钢制截止阀和升降式止回阀。本标准适用于直通式结构、角式结构形式和Y式结构形式的钢制截止阀，钢制升降式止回阀、钢制截止止回阀。钢制节流阀也可参照本标准执行	代替：《通用阀门 法兰连接钢制截止阀和升降式止回阀》GB/T 12235—1989

续表

序号	标准号及名称	内 容 简 介	代替标准
23	《石油、化工及相关工业用的钢制旋启式止回阀》GB/T 12236—2008	规定了螺栓连接阀盖钢制旋启式止回阀的结构形式、技术要求、材料、试验方法和检验规则、标志、防腐、涂漆等内容，适用于螺栓连接阀盖的法兰连接或焊接的钢制旋启式止回阀，其参数为：PN＝1.6～42MPa、DN50～DN600、使用温度－29～538℃，使用介质为石油、化工、天然气及相关制品等	代替：《通用阀门 钢制旋启式止回阀》GB/T 12236—1989
24	《石油、石化及相关工业用的钢制球阀》GB/T 12237—2007	规定了石油、石化及相关工业用的钢制球阀的结构形式、技术要求、材料、试验方法和检验规则等内容，适用于PN＝1.6～10MPa、DN15～DN500，端部连接形式为法兰和焊接的钢制球阀；适用于PN＝1.6～14MPa、DN8～DN50，端部连接形式为螺纹和焊接的钢制球阀	代替：《通用阀门 法兰和对焊连接钢制球阀》GB/T 12237—1989
25	《法兰和对夹连接弹性密封蝶阀》GB/T 12238—2008	规定了法兰和对夹连接弹性密封蝶阀的结构形式、技术要求、材料、试验方法和检验规则等内容，适用于公称压力不大于PN＝2.5MPa，公称尺寸DN50～DN4000的法兰连接弹性密封的蝶阀；公称压力不大于PN＝1.6MPa，公称尺寸DN50～DN1200的对夹连接弹性密封的蝶阀。介质为非腐蚀性的液体和气体，全开位置时，管道内介质的流速不大于5m/s	代替：《通用阀门 法兰和对夹连接蝶阀》GB/T 12238—1989
26	《工业阀门 金属隔膜阀》GB/T 12239—2008	规定了工业用金属隔膜阀的结构形式、技术要求、试验方法和检验规则、标志、防护和贮存等内容，适用于PN＝0.6～2.5MPa（灰铸铁制PN≤1.6MPa）、DN10～DN400，端部连接形式为法兰的金属隔膜阀；PN＝0.6～1.6MPa、DN8～DN80，端部连接形式为螺纹的金属隔膜阀；PN＝0.6～2.0MPa、DN8～DN300，端部连接形式为焊接的金属隔膜阀	代替：《通用阀门 隔膜阀》GB/T 12239—1989
27	《铁制旋塞阀》GB/T 12240—2008	规定了法兰连接和内螺纹连接的铁制旋塞阀的术语和定义、结构与基本参数、技术要求、材料、试验方法、试验规则以及防护等内容，适用于PN＝0.25～2.5MPa，DN15～DN600，形式为短型、常规型、文丘里型和圆孔全通径型的旋塞阀	代替：《通用阀门 铁制旋塞阀》GB/T 12240—1989

续表

序号	标准号及名称	内容简介	代替标准
28	《安全阀 一般要求》GB/T 12241—2005	规定了安全阀的术语，设计和性能要求，试验，排量确定，当量排量计算，标志和铅封，质量保证体系以及安装、调整、维护和修理等一般要求，适用于流道直径大于或等于 8mm，整定压力大于或等于 0.1MPa 的各类安全阀。对安全阀的适用温度未予限定	代替：《安全阀 一般要求》GB/T 12241—1989
29	《压力释放装置 性能试验规范》GB/T 12242—2005	本标准为进行压力释放的动作性能试验(包括机械特性)及排量的试验提供指导和规则(包括编制试验报告)。压力释放装置用来防止锅炉、压力容器及相关管道设备的超压，而这些试验则用来确定压力释放装置的动作性能和排量	代替：《安全阀 性能试验方法》GB/T 12242—1989
30	《弹簧直接载荷式安全阀》GB/T 12243—2005	规定了弹簧直接载荷式安全阀的设计、材料和结构、性能、试验和检验、标志和铅封、供货等要求，适用于整定压力为 0.1～42.0MPa，流道直径大于或等于 8mm 的蒸汽锅炉、压力容器和管道用安全阀	代替：《弹簧直接载荷式安全阀》GB/T 12243—1989
31	《减压阀 一般要求》GB/T 12244—2006	规定了减压阀的术语和定义、订货要求、压力-温度等级、材料、技术要求、性能要求、试验方法、检验规则、标志及供货等内容，适用 $PN=1.0\sim6.3$MPa，$DN20\sim DN300$，介质为气体、蒸汽、水等管道用减压阀	代替：《减压阀 一般要求》GB/T 12244—1989
32	《减压阀 性能试验方法》GB/T 12245—2006	规定了一般减压阀性能试验的术语、一般要求、测试仪表、试验方法、试验报告等内容，适用于工业管道用先导式减压阀和直接作用式减压阀	代替：《减压阀 性能试验方法》GB/T 12245—1989
33	《先导式减压阀》GB/T 12246—2006	规定了先导式减压阀的结构型式、技术要求、试验方法、检验规则和标志，适用 $PN=1.6\sim6.3$MPa，$DN20\sim DN300$，介质为气体或液体的管道用先导式减压阀	代替：《先导式减压阀》GB/T 12246—1989
34	《蒸汽疏水阀 分类》GB/T 12247—1989	规定了蒸汽疏水阀的基本分类，适用于按蒸汽疏水阀启闭件的驱动方式来进行分类，而不考虑其具体结构。此件标准较为陈旧，慎用。建议参阅《蒸汽疏水阀 技术条件》GB/T 22654—2008	等效采用国际标准 ISO 6704—1982
已废止	《蒸汽疏水阀 术语》GB/T 12248—1989	—	被《蒸汽疏水阀术语、标志、结构长度》GB/T 12250—2005 代替

续表

序号	标准号及名称	内容简介	代替标准
35	《蒸汽疏水阀 术语、标志、结构长度》GB/T 12250—2005	规定了机械型、热静力型和热动力型蒸汽疏水阀的术语、结构长度和标志的一般要求，适用于 PN=1.6～16MPa，DN15～DN150 的蒸汽疏水阀	代替： 《蒸汽疏水阀 术语》GB/T 12248—1989 《蒸汽疏水阀 标志》GB/T 12249—1989 《蒸汽疏水阀 结构长度》GB/T 12250—1989
已废止	《通用阀门 供货要求》GB/T 12252—1989	—	被《通用阀门 供货要求》JB/T 7928—1999 代替
已废止	《氩气瓶阀》GB 13438—1992	—	被《气瓶阀通用技术条件》GB 15382—2009 代替
已废止	《液氯瓶阀》GB 13439—1992	—	被《气瓶阀通用技术条件》GB 15382—2009 代替
36	《蒸汽供热系统凝结水回收及蒸汽疏水阀技术管理要求》GB/T 12712—1991	规定了蒸汽供热系统中凝结水回收的原则，回收系统的确定和蒸汽疏水阀的选择、安装、运行管理等有关技术要求，适用于工矿、企事业单位中 PN≤2.45MPa，介质温度 t≤350℃的蒸汽供热系统中凝结水回收系统的设计、改造、安装和运行管理	
37	《工业阀门 压力试验》GB/T 13927—2008	规定了工业用金属阀门的压力试验术语、压力试验相关情形、压力试验要求、试验方法和步骤及试验结果要求，适用于工业用金属阀门。本标准应与阀门产品标准配套使用。经供需双方同意也可适用于其他类型阀门。	代替： 《通用阀门 压力试验》GB/T 13927—1992
38	《通用阀门 铁制旋启式止回阀》GB/T 13932—1992	规定了铁制旋启式止回阀的结构型式、技术要求、试验方法等基本要求，适用于 PN=0.25～4.0MPa，DN50～DN1800，温度不高于 350℃，工作介质为蒸汽、空气和水，法兰连接的灰铸铁和球墨铸铁制旋启式止回阀	
39	《铁制和铜制球阀》GB/T 15185—1994	规定了铁制和铜制球阀的产品分类、技术要求、试验方法、检验规则、标志等内容，适用于法兰连接、内螺纹连接的 PN≤1.6MPa，DN8～DN300 的灰铸铁制、PN≤4.0MPa 的球墨铸铁制：PN≤2.5MPa 的可锻铸铁制及 PN≤2.5MPa 的铜合金制球阀。其他连接形式的球阀可参照执行	此项标准原编号为 GB 15185—94，当时尚未区分强制性和推荐性标准
已废止	《阀门的结构长度 对焊连接阀》GB/T 15188.1—1994	—	
已废止	《阀门的结构长度 对夹连接阀门》GB/T 15188.2—1994	—	被《金属阀门 结构长度》GB/T 12221—2005 代替

续表

序号	标准号及名称	内容简介	代替标准
已废止	《阀门的结构长度 内螺纹连接阀门》GB/T 15188.3—1994	—	被《金属阀门 结构长度》GB/T 12221—2005代替
已废止	《阀门的结构长度 外螺纹连接阀门》GB/T 15188.4—1994	—	
40	《气瓶阀通用技术条件》GB 15382—2009	规定了气瓶阀性能试验的术语和定义、技术要求、形式试验、检验、合格判定原则、产品合格证等内容，适用于环境温度为-40～60℃，公称工作压力不大于30MPa、可搬运、可重复充装的压缩、液化或溶解气体气瓶用阀。不适用于低温设备、灭火器、车用液化石油气(LPG)瓶、车用压缩天然气(CNG)瓶、呼吸用气瓶阀、非重复充装瓶阀；也不包括带有减压装置、余压保护装置和止回装置瓶阀的具体要求	代替： 《气瓶阀通用技术条件》GB 15382—1994； 《氧气瓶阀》GB 10877—1989； 《氩气瓶阀》GB 13438—1992； 《液氯瓶阀》GB 13439—1992； 《液氨瓶阀》GB 17877—1999
41	《工业过程控制阀 第1部分：控制阀术语和总则》GB/T 17213.1—1998/IEC 534—1：1987	GB/T 17213适用于各种类型的工业过程控制阀。该系列标准的第1部分给出了部分基本术语，同时就使用GB/T 17213其他各部分的要求作了说明。本标准是根据国际电工委员会《工业过程控制阀 第1部分：控制阀术语和总则》(第二版)IEC 534—1：1987进行修订的，在技术内容上与该国际标准等效	
42	《工业过程控制阀 第2-1部分：流通能力 安装条件下流体流量的计算公式》GB/T 17213.2—2005/IEC 60534-2-1：1998	GB/T 17213的本部分包括预测流经控制阀的可压缩流体和不可压缩流体流量的计算公式。不可压缩流体流量的计算公式是根据牛顿不可压缩流体的标准流体动力学方程导出的，它不能扩展到非牛顿流体、混合流体、悬浮液或两相流体。 本部分提出的公式适用于气体或蒸汽，不适用于气体-液体、蒸汽-液体和气体-固体混合物的多相流	
43	《工业过程控制阀 第3—1部分：尺寸 两通球形直通控制阀法兰端面距和两通球形角形控制阀法兰中心至法兰端面的间距》GB/T 17213.3—2005/IEC 60534-3-1：2000	GB/T 17213规定了一定公称通径和压力等级的两通球形直通控制阀的端面距(FTF)和角形控制阀法兰中心至法兰端面的间距(CTF)。直通控制阀的公称通径为*DN*15～*DN*400，角形控制阀的公称通径为*DN*25～*DN*400。	
44	《工业过程控制阀 第4部分：检验和例行试验》GB/T 17213.4—2005/IEC 60534—4：1999	GB/T 17213的本部分规定了按照其他各部分制造的控制阀的检验和例行试验要求。自本部分实施起，检验和例行试验要求应取自本部分，连同本部分4.1所要求的任何附加资料或买方的实施规程一起执行	

续表

序号	标准号及名称	内容简介	代替标准
45	《工业过程控制阀 第5部分：标志》GB/T 17213.5—2008/IEC 60534-5：2004	GB/T 17213的本部分规定了控制阀的强制性标志和补充标志。有些强制性标志可能不适用于一些结构特殊的控制阀，而有些补充标志则可能仅适用于特殊类型的控制阀。本部分建议，除非制造厂与买方另行商定，各种阀的标志应符合本部分的规定	代替：《工业过程控制阀 第5部分：标志》GB/T 17213.5—1998
46	《工业过程控制阀 第6-1部分：定位器与控制阀执行机构连接的安装细节 定位器在直行程执行机构上的安装》GB/T 17213.6—2005/IEC 60534-6-1：1997	GB/T 17213的本部分旨在使响应直行程运动的各种定位器能直接的或利用一个过渡支架安装于控制阀的执行机构上。本部分适用于各种执行机构和定位器要求互换的场合	
47	《工业过程控制阀 第7部分：控制阀数据单》GB/T 17213.7—1998/IEC 534-7：1989	填写控制阀规格书是任何一个过程控制系统在整个设计、采购和安装调试过程中的一个重要的组成部分。为此，许多大的控制阀用户和承包商都自定了数据单，以便尽可能地消除对控制阀规格的误解。目前，这些数据单格式、内容大多各不相同，使众多制造厂和承包商不知所措。 制定控制阀标准数据单的目的在于促进数据单内容和格式的统一，用户、承包商和制造厂普遍采用标准格式是十分必要的。 本标准提出了一份各种要求的清单，这些要求都是采购绝大多数过程系统用控制阀所必需的。但标准并不打算罗列出任何可以想象的过程系统的所有可能的要求。 为了保证能充分理解缩略语和填写数据的一致性，标准附有详细的说明	
48	《工业过程控制阀 第8部分：噪声的考虑 第1节：实验室内测量空气动力流流经控制阀产生的噪声》GB/T 17213.8—1998/IEC 534-8-1：1986	规定了在实验室内测量可压缩流体流经控制阀和/或附属管道装置（包括固定节流装置）时，由这些设备辐射出在空中传播的声压级所使用的设备、测量方法和测量程序。 本标准不适用于直接向大气排放的控制阀	
49	《工业过程控制阀 第2-3部分：流通能力 试验程序》GB/T 17213.9—2005/IEC 60534-2-3：1997	GB/T 17213的本部分适用于工业过程控制阀，并提供流通能力试验程序以确定GB/T 17213.2给出的计算公式中使用的变量数值	
50	《工业过程控制阀 第2-4部分：流通能力 固有流量特性和可调比》GB/T 17213.10—2005/IEC 60534-2-4：1989	GB/T 17213的本部分适用于流通能力。规定了如何描述典型控制阀的固有流量特性及固有可调比，同时也规定了制订相关准则以遵守制造商确定的流量特性的方法	

续表

序号	标准号及名称	内 容 简 介	代替标准
51	《工业过程控制阀 第3-2部分：尺寸 角行程控制阀(蝶阀除外)的端面距》GB/T 17213.11—2005/IEC60534-3-2：2001	GB/T 17213的本部分适用于系列控制阀： 类型：带法兰或不带法兰的部分球形和偏心旋转控制阀，公称通径为 *DN*20～*DN*400。 本部分仅适用于凸面法兰；不适用于焊接和螺纹连接的控制阀	
52	《工业过程控制阀 第3-3部分：尺寸 对焊式两通球形直通控制阀的端距》GB/T 17213.12—2005/IEC 60534-3-3：1998	GB/T 17213的本部分规定了公称通径为 *DN* 15～*DN*450的对焊式两通球形直通控制阀在给定公称通径和压力等级时的端距	
53	《工业过程控制阀 第6-2部分：定位器与控制阀执行机构连接的安装细节 定位器在角行程执行机构上的安装》GB/T 17213.13—2005/IEC 60534-6-2：2000	GB/T 17213的本部分规定了旨在使响应角行程运动的各种定位器能直接地或利用一个过渡支架安装在控制阀的执行机构上。本部分适用于执行机构和定位器要求互换的场合	
54	《工业过程控制阀 第8-2部分：噪声的考虑 实验室内测量液动流流经控制阀产生的噪声》GB/T 17213.14—2005/IEC 60534-8-2：1991	GB/T 17213的本部分规定了液动流流经控制阀产生的噪声的声压级测量方法，还规定了确定这些特性而在试验室内测量空气传播的噪声所需的设备、方法和程序	
55	《工业过程控制阀 第8-3部分：噪声的考虑 空气动力流流经控制阀产生的噪声预测方法》GB/T 17213.15—2005/IEC60534-8-3：2000J	GB/T 17213的本部分规定了一种预测可压缩流体流经控制阀及与之相连接渐扩管道所产生的外部声压级的理论方法，方法中考虑的气体为基于理想气体定律的单相干燥气体或蒸汽。本部分仅考虑由气体动力流流经控制阀及相连管道所产生的噪声，不考虑由反射、机械振动、不稳定的流动状态和其他不可预测因素引起的噪声	
56	《工业过程控制阀 第8-4部分：噪声的考虑 液体流流经控制阀产生的噪声预测方法》GB/T 17213.16—2005/IEC 60534-8-4：1994	GB/T 17213的本部分可使工业过程装置的设计、操作人员能够确定特定场所中由于液体流经控制阀产生的噪声。利用确定控制阀具体特性系数以及统一的计算方法，就能够预测辐射到管道内的声功率以及由控制阀和管道系统辐射出在空气中传播的噪声。 目前，控制阀的用户普遍要求了解管道外的声压级，为此，本部分提供了一种确定此声压级数值的方法	

续表

序号	标准号及名称	内 容 简 介	代替标准
57	《管线阀门 技术条件》GB/T 19672—2005	规定了法兰连接和焊接连接的闸阀、球阀、止回阀和旋塞阀的术语、结构形式和参数、订货要求、技术要求、材料、检验规则、试验方法、标志等，适用于公称压力 $PN=1.6\sim42$MPa、公称通径 $DN15\sim DN1200$ 的天然气和石油输送管线用的闸阀、球阀、止回阀和旋塞阀	
58	《气动减压阀和过滤减压阀 第1部分：商务文件中应包含的主要特性和产品标识要求》GB/T 20081.1—2006	规定了在商务文件中应包含的减压阀的主要特性，这一规定也适用于过滤减压阀。此外，本部分还规定了减压阀和过滤减压阀的产品标识要求。 本部分适用于额定输入压力不超过2.5MPa(25bar)和输出调节压力不超过1.6MPa(16bar)的减压阀，并适用于额定输入与输出压力不超过1.6MPa(16bar)且用机械方法除污的过滤减压阀。减压阀和过滤减压阀的最高工作温度为800℃，适用于轻合金（铝等）、压铸锌合金、黄铜、钢和塑料等结构材料，额定压力应选用《流体传动系统及元件 公称压力系列》GB/T 2346 规定的推荐压力	
59	《气动减压阀和过滤减压阀 第2部分：评定商务文件中应包含的主要特性的测试方法》GB/T 20081.2—2006	规定了按 GB/T 20081.1 的主要特性进行测试的测试项目、程序和结果报告的方法	
60	《阀门 术语》GB/T 21465—2008	给出了阀门的术语及定义，适用于各类阀门	代替： 《阀门 名词术语》JB/T 2765—1981
61	《钢制旋塞阀》GB/T 22130—2008	规定了法兰端、对焊端、承插焊端和螺纹连接的钢制旋塞阀的结构与基本参数、技术要求、材料、试验方法、检验规则以及防护、标志、包装、运输、贮存，适用于 $PN=1.0\sim42$MPa、$DN25\sim DN600$，阀门的连接方式为法兰、焊接、螺纹连接，材料为碳钢、合金钢、奥氏体不锈钢，形式为短型、常规型、文丘里型和圆孔全通径型的旋塞阀	
62	《液化气体设备用紧急切断阀》GB/T 22653—2008	规定了液化气体设备用紧急切断阀的术语和定义、结构形式、参数、型号、技术要求、试验方法、检验规则、标志、涂漆及供货要求等内容	代替： 《液化石油气设备用紧急切断阀 技术条件》JB/T 9094—1999
63	《蒸汽疏水阀 技术条件》GB/T 22654—2008	规定了蒸汽疏水阀的参数、技术要求、试验方法、试验规则、标志和供货要求等内容，适用于公称压力 $PN\leqslant$ 26MPa，公称尺寸不大于 $DN150$，介质温度不大于550℃的机械型、热静力型和热动力型蒸汽疏水阀	代替： 《蒸汽疏水阀 技术条件》JB/T 9093—1999

续表

序号	标准号及名称	内容简介	代替标准
64	《普通型阀门电动装置技术条件》GB/T 24923—2010	规定了普通型阀门电动装置的术语和定义、技术要求、试验方法、检验规则、标志、包装、运输和贮存，适用于开关型阀门用普通型阀门电动装置	
65	《低温阀门 技术条件》GB/T 24925—2010	规定了低温阀门的术语、结构形式、技术要求、试验方法、检验规则、标志、装运及贮存，适用于 *PN*＝1.6～42MPa，*DN*15～*DN*600，介质温度－196～－29℃的法兰、对夹和焊接连接的低温闸阀、截止阀、止回阀、球阀和蝶阀。其他低温阀门亦可参照使用	涵盖 JB/T 7749—1995
66	《焊接、切割及类似工艺用管路减压器》GB/T 25473—2010	规定了焊接、切割及类似工艺用管路减压器的定义、符号和单位、制造要求、物理特性及程序和标志、使用说明书、包装、贮存、检验规则等要求，适用于将压力在 30MPa 以内气瓶压缩气体或甲基乙炔—丙二烯混合物(MPS)、溶解乙炔汇流到总管的高压气体，调节至所需输出压力的单级和双级管路减压器，但不适用于 GB/T 7899 所述的直接安装在气瓶上的减压器	本标准修改采用《气焊设备用于 300bar 以下的焊接、切割及相关工艺用汇流系统上的压力调节器》ISO 7291:1999(英文版)
67	《排污阀》GB/T 26145—2010	规定了排污阀产品的结构形式、技术要求、材料、试验方法、检验规则和标志、包装、运输、贮存及供货，适用于 *PN*＝1.0～32MPa 流体介质的压力容器和 *PN*＝1.0～16MPa 气体介质的压力管道设备，*DN*15～*DN*300 的排污阀	涵盖 JB/T 6900—1993 排污阀
68	《偏心半球阀》GB/T 26146—2010	规定了偏心半球阀的术语和定义、结构形式、型号和参数、技术要求、材料、试验方法、检验规则、标志、防护、包装和贮存，适用于 *PN*＝0.25～2.5MPa，*DN*140～*DN*2000 的灰铸铁和球墨铸铁半球阀；公称压力 *PN*＝0.25～10MPa，*DN*140～*DN*2000 的碳钢、合金钢和不锈钢半球阀	
69	《氨用截止阀和升降式止回阀》GB/T 26478—2011	规定了氨用截止阀和升降式止回阀的结构形式、技术要求、材料、试验方法、检验规则标志、涂漆、包装和贮存，适用于 *PN*＝1.0～4.0MPa，不大于 *DN*300，适用温度为－46～150℃，使用介质为氨气、氨水和液氨，端部连接形式为螺纹、焊接和法兰连接的截止阀和升降止回阀。氨用节流阀可参照使用本标准	

续表

序号	标准号及名称	内容简介	代替标准
70	《阀门的检验和试验》GB/T 26480—2011	规定了石油、石化及相关工业用阀门的检验试验的术语和定义、检查、检验和补充检验、压力试验、试验结果、压力试验方法、阀门的合格证书和再试验，适用于金属和金属组成的金属密封副、金属和非金属弹性材料组成弹性密封副、非金属和非金属材料组成的非金属密封副的闸阀、截止阀、旋塞阀、球阀、止回阀和蝶阀的检验和压力试验。经供需双方同意后，也可适用于其他类型的阀门。	
71	《低温球阀通用规范》GJB 4040—2000(K)	规定的检验项目包括：铸件外观检验；壳体试验；上密封试验；低压密封试验；高压密封试验；双截断和排放密封试验；高压气体壳体试验 规定了低温球阀的技术要求、质量保证规定和交货准备等，适用于导弹、运载火箭等地面设备和试验设备中低温管路系统用 $PN=0.5\sim10$MPa、$DN25\sim DN100$、工作介质温度为$-253\sim-183$℃的球阀。其他球阀亦可参照使用。	注：GJB系国家军用标准，即国军标。国军标体系比较完善，民品的生产可以参考这个标准。但国军标要求较高，又不大注重经济性，所以参考可以，不适合民品完全应用
72	《军用轻便球阀通用规范》GJB 4251—2001	规定了军用轻便球阀的产品标记、结构、尺寸、性能、技术要求、检验规则及试验方法，适用于军用轻便球阀（以下简称轻便球阀）的设计、生产、选型、订货和验收	

5.2 阀门之行业标准汇总

现将阀门类相关的行业标准目录汇总，见表5-2。考虑到有些技术书籍和在互联网上刊登产品信息的阀门生产厂家常常引用过时的标准，因此，也将这类标准列于表中，只是“序号”栏不编号，“内容简介”栏也不作介绍，只在“代替标准号”栏作一些说明。

阀门—行业标准目录 **表 5-2**

序号	标准号及名称	内容简介	代替标准
1	《阀门的标志和涂漆》JB/T 106—2004	规定了各类通用阀门的标志内容、标记式样、标记方法和尺寸、阀门的涂漆颜色，适用于各类通用阀门	代替： 《阀门 标志和识别涂漆》JB/T 106—1978
2	《阀门 型号编制方法》JB/T 308—2004	规定了通用阀门的型号编制、类型代号、驱动方式代号、连接形式代号、结构形式代号、密封面材料代号、阀体材料代号和压力代号的表示方法，适用于通用中闸阀、截止阀、节流阀、蝶阀、球阀、隔膜阀、旋塞阀、止回阀、安全阀、减压阀、蒸汽疏水阀、排污阀、柱塞阀的型号编制	代替： 《阀门 型号编制方法》JB/T 308—1975

续表

序号	标准号及名称	内容简介	代替标准
3	《锻造角式高压阀门 技术条件》JB/T 450—2008	规定了锻造角式高压阀门(以下简称阀门)结构型式、技术要求、试验方法与检验规则、标志、包装和贮运以及角式阀门的结构长度、螺纹法兰相互连接的装配尺寸、锻造高压用双头螺柱、阶端双头螺柱及螺孔尺寸、锻造高压用螺母。适用于公称压力 *PN*160～*PN*320(即 *PN*＝16～32MPa),公称通经 *DN*3～*DN*80 的法兰连接角式截止阀、外螺纹角式截止阀、焊接角式截止阀、角式节流阀;*DN*50～*DN*200 的平衡角式截止阀、节流阀(以下简称平衡式阀);介质温度－29～200℃;介质为氮氢混合气体、尿素、甲胺液等。 其他结构形式的锻造高压阀门也可参照本标准。	代替: 《*PN*16.0～32.0MPa 锻造角式高压阀门、管件、紧固件技术条件》JB/T 450—1992; 《*PN*＝16.0～32.0MPa 锻造高压阀门结构长度》JB/T 2766—1992; 《*PN*16.0～32.0MPa 双头螺柱》JB/T 2773—1992 《*PN*16.0～32.0MPa 阶端双头螺柱及螺孔尺寸》JB/T 2774—1992;《*PN*16.0～32.0MPa 螺母》JB/T 2775—1992
4	《*PN*2500 超高压阀门和管件 第1部分:阀门型式和基本参数》JB/T 1308.1—2011	规定了公称压力为 *PN*＝250MPa 的阀门的形式和基本参数,适用于 *PN*＝250MPa、*DN*3～*DN*25、介质为乙烯、聚乙烯等非腐蚀性介质的锻造钢制阀门	代替: 《*PN*250MPa 阀门型式与基本参数》JB/T 1308.1—1999
5	《*PN*2500 超高压阀门和管件 第2部分:阀门、管件和紧固件》JB/T 1308.2—2011	规定了超高压阀门、管件和紧固件的技术条件,适用 *PN*＝250MPa、*DN*3～*DN*25 的乙烯、聚乙烯等非腐蚀性介质的锻造钢制阀门、管件和紧固件	代替: 《*PN*250MPa 阀门、管件和紧固件 技术条件》JB/T 1308.2—1999
6	《弹簧式安全阀 结构长度》JB/T 2203—1999	规定了弹簧式安全阀的结构长度,适用于 *PN*＝1.0～32.0MPa、公称通径 *DN*10～*DN*200 的工业设备和管道用安全阀	代替: 《弹簧式安全阀 结构长度》JB/T 2203—1977
7	《减压阀结构长度》JB/T 2205—2000	规定了法兰连接金属减压阀的结构长度,适用于 *PN*＝1.0～6.4MPa,公称通径 *DN*20～*DN*300,工作温度 $t \leqslant$ 425℃的工业管道用减压阀。其他连接形式的减压阀可参照执行	代替: 《减压阀结构长度》JB/T 2205—1977
已废止	《阀门 名词术语》JB/T 2765—1981	—	被《阀门 术语》GB/T 21465—2008 代替
已废止	《*PN*16.0～32.0MPa 锻造高压阀门结构长度》JB/T 2766—1992	—	被《锻造角式高压阀门 技术条件》JB/T 450—2008 代替
8	《阀门零部件 高压螺纹法兰》JB/T 2769—2008	规定了法兰连接锻造角式高压阀门用透镜垫密封螺纹法兰形式、尺寸、技术要求等,适用于 *PN*＝16.0～32.0MPa、*DN*3～*DN*200 的螺纹法兰	代替: 《螺纹法兰》JB/T 2769—1992

续表

序号	标准号及名称	内容简介	代替标准
9	《PN16.0～32.0 接头螺母》JB/T 2770—1992	规定了锻造高压阀门用外螺纹连接接头螺母形式、尺寸、技术要求等，适用于 PN=16.0～32.0MPa、DN3～DN200 的接头螺母	
10	《PN16.0～32.0 接头》JB/T 2771—1992	规定了锻造高压阀门用外螺纹连接接头形式、尺寸、技术要求，适用于 PN=16.0～32.0MPa、DN3～DN200 的接头	
11	《阀门零部件 高压盲板》JB/T 2772—2008	规定了锻造角式高压阀门用无孔透镜垫密封盲板形式、尺寸、技术要求等，适用于 PN=16.0～32.0MPa、DN3～DN200 的盲板	代替：《PN16.0～32.0 接头》JB/T 2771—1992
12	《电站阀门 一般要求》JB/T 3595—2002	规定了电站阀门的压力温度等级及材料、设计、检验、标志、包装、保管、运输、交付文件等方面的一般要求，并给出了订货要求的指南	代替：《电站阀门技术条件》JB/T 3595—1993
13	《电站阀门 型号编制方法》JB/T 4018—1999	适用于火力发电站锅炉管道系统的闸阀(快速排污阀)、截止阀(三通阀、快速启闭阀、高压加热器的进口阀)、止回阀(高压加热器的出口阀)、安全阀、调节阀、给水分配阀、旁通阀、球阀、减压阀、节流阀、旋塞阀、蝶阀、疏水阀、减温减压阀、水压试验阀(堵阀)等。水力发电站和其他能源的电站使用的阀门也可参照使用	代替：《电站阀门 型号编制方法》JB 4018—1985
14	《管线用钢制平板闸阀》JB/T 5298—1991	规定了管线用钢制平板闸阀产品的术语、形式与基本参数、技术要求、试验方法、检验规则等基本要求，适用于 PN=1.6～16MPa，DN50～DN1000，温度－29～121℃，介质为石油、天然气等管线用钢制平板闸阀	
15	《液控止回蝶阀》JB/T 5299—1998	规定了液控止回蝶阀的基本结构形式、要求、试验方法、检验规则等要求，适用于公称压力 PN=0.25～2.5MPa，公称通径 DN200～DN3 000，工作温度不高于 80℃，工作介质为水及其他非腐蚀性介质的法兰及对夹连接的液控止回蝶阀	代替：《通用阀门 液控蝶式止回阀》JB/T 5299—1991
16	《工业用阀门材料 选用导则》JB/T 5300—2008	推荐了阀门主要零件选用的基本材料，适用于灰铸铁、可锻铸铁、球墨铸铁、铜合金、钛合金、碳素钢、高温钢、低温钢、不锈耐酸钢制造的阀门	代替：《通用阀门 材料》JB/T 5300—1991

续表

序号	标准号及名称	内容简介	代替标准
17	《变压器用蝶阀》JB/T 5345—2005	规定了变压器用蝶阀的产品型号、技术条件、测试项目、方法及规则和标志及包装，适用于油浸式变压器所安装的蝶阀，其他绝缘介质的变压器所安装的类似产品也可参照采用	
18	《阀门密封面等离子弧堆焊技术要求》JB/T 6438—1992	规定了阀门密封面等离子堆焊对焊工、堆焊材料、常用基体材料、堆焊工艺、质量检验、缺陷修复等方面的要求，适用于碳钢、合金钢、不锈钢等通用、电站、石油化工阀门密封面等离子弧堆焊钴基、镍基、铁基合金粉末材料的制造与检验	此项标准年限已久，建议慎用
19	《阀门受压铸钢件磁粉探伤检验》JB/T 6439—2008	规定了阀门受压铸钢件的磁粉检测一般要求、检验方法、质量等级及检验报告，适用于阀门受压导磁铸钢件表面缺陷的检验和质量评级及验收。与管道配套的法兰、管件等受压铸钢件及非受压铸钢件的磁粉检测也可参照执行	代替：《阀门受压铸钢件 磁粉探伤检验》JB/T 6439—1992
20	《阀门受压铸钢件射线照相检验》JB/T 6440—2008	规定了碳钢、合金钢、不锈钢阀门受压铸钢件的 X 射线和 γ 射线照相检测的一般要求、具体要求、射线底片缺陷分类和评定方法、验收要求、射线照相检测记录以及胶片系统的特性指标、射线照相重点检测部位、确定射线源到铸钢件最小距离(f)的方法、黑度计定期校验方法、焦点尺寸计算办法、专用像质计的形式和规格、搭接标记的摆放位置等，适用于阀门受压铸钢件的射线检测。配套的管件、法兰等受压铸钢件的射线检测也可参照本标准执行	代替：《阀门受压铸钢件 射线照相检验》JB/T 6440—1992
21	《压缩机用安全阀》JB/T 6441—2008	规定了气体压缩机用弹簧直接载荷式安全阀的设计和结构、性能、试验和检验、标志、锁定和铅封、供货等要求，适用于整定压力不大于 42.0MPa、公称尺寸不大于 $DN40$ 的安全阀	代替：《压缩机用安全阀》JB/T 6441—1992
22	《真空阀门》JB/T 6446—2004	规定了真空阀门的形式与基本参数、技术要求、试验方法、检验规则等内容，适用于应用在真空系统中的电磁真空带充气阀、电磁高真空挡板阀、电磁高真空充气阀、高真空微调阀、高真空隔膜阀、高真空蝶阀、高真空挡板阀、高真空插板阀、高真空调节阀、真空球阀、超高真空挡板阀、超高真空插板阀	代替：JB/T 6446—1992，JB/T 4077～4080—1991，JB/T 4083—1991

续表

序号	标准号及名称	内容简介	代替标准
23	《阀门的耐火试验》JB/T 6899—1993	规定了阀门耐火试验的一般要求、试验系统、试验方法和性能要求，适用于有耐火要求、公称压力 $PN \leqslant 42.0$MPa 的各种公称通径阀门的试验	
已废止	《排污阀》JB/T 6900—1993	—	被《排污阀》GB/T 26145—2010 涵盖
24	《封闭式眼镜阀》JB/T 6901—1993	规定了封闭式眼镜阀的结构形式、技术要求、试验方法等内容，适用于公称通径 $DN200 \sim DN3000$，公称压力 $PN=0.05 \sim 0.25$MPa 的煤气管线用封闭式眼镜阀	多年未修订，慎用
25	《阀门铸钢件液体渗透检测》JB/T 6902—2008	规定了对表面开口缺陷的液体渗透检测的一般要求、渗透检测方法、缺陷显示痕迹的等级分类，适用于阀门在制造、安装及使用过程中产生的表面开口缺陷的检测。不适用于非表面开口缺陷及多孔性的材料	代替：《阀门液体渗透检查方法》JB/T 6902—1993
26	《阀门锻钢件超声波检查方法》JB/T 6903—2008	规定了阀门锻钢件采用A型脉冲反射式超声波探伤仪检测工作缺陷的超声波检验的一般要求、检验方法、缺陷等级分类和检测报告。适用于碳钢、低合金钢锻件的超声波检测；不适用于奥氏体不锈钢锻件和管材、钢板、焊缝等阀门制品或原材料的超声波检测	代替：《阀门锻钢件超声波检查方法》JB/T 6903—1993
已废止	《气瓶阀的检验与试验》JB/T 6904—1993	—	已于2005年4月废止
27	《制冷装置用截止阀》JB/T 7245—1994	规定了制冷装置用截止阀的型式和基本参数、技术要求、试验方法、检验规则等内容，适用于 $PN \leqslant 3$MPa、$DN4 \sim DN300$、温度 $-50 \sim 160$℃，以R12、R22、R502和R717等为制冷剂的制冷装置用通用管路截止阀（以下简称截止阀）。其他用途的制冷截止阀可参照执行	多年未修订，慎用
已废止	《气动空气减压阀技术条件》JB/T 7376—1994	—	被"GB/T 20081.1—2006、GB/T 20081.2—2006"涵盖
28	《空气分离设备用切换蝶阀》JB/T 7550—2007	规定了气动双位式切换蝶阀的术语、基本参数、技术性能、试验方法、试验规则等内容，适用于大、中、小型空气分离设备中气体切换，公称压力为 $PN=0.6 \sim 1.0$MPa，公称通径为 $DN50 \sim DN1\,200$ 的切换蝶阀	代替：《空气分离设备用切换蝶阀》JB/T 7550—1994
已废止	《管线球阀》JB/T 7745—1995	—	被《管线阀门 技术条件》GB/T 19672—2005 涵盖

续表

序号	标准号及名称	内容简介	代替标准
29	《紧凑型钢制阀门》JB/T 7746—2006	规定了紧凑型钢制阀门的结构形式、要求、试验方法、试验规则及标志和供货要求等，包括闸阀、截止阀、节流阀、升降式止回阀等，适用于 $PN=1.6\sim25.0$MPa、$DN8\sim DN65$ 的内螺纹和承插焊连接的阀门。适用介质为石油和石油相关产品、天然气、蒸汽等，也适用于阀盖为波纹管密封连接的 $PN=1.6\sim25.0$MPa、$DN8\sim DN50$ 的阀门	代替：《管线球阀》JB/T 7746—1995
30	《针形截止阀》JB/T 7747—2010	规定了针形截止阀的结构形式、参数、技术要求、试验方法、试验规则等内容，包括闸阀、截止阀、节流阀、升降式止回阀等，适用于公称压力 $PN\leqslant32.0$MPa，公称尺寸 $DN2.5\sim DN25$ 的钢制针形截止阀；$PN=1.6\sim2.5$MPa，公称尺寸 $DN10\sim DN15$ 的铜制针形截止阀。其他参数的针形截止阀可参照执行	代替：《针形截止阀》JB/T 7747—1995
已废止	《阀门清洁度和测定方法》JB/T 7748—1995	—	代替情况：在有清洁度要求的产品中，其产品标准中已规定了有关清洁度的要求
已废止	《低温阀门技术条件》JB/T 7749—1995	—	被《低温阀门技术条件》GB/T 24925—2010 涵盖
31	《阀门铸钢件 外观质量要求》JB/T 7927—1999	等效采用美国制造者协会标准《阀门、法兰、管件及其他管路附件的铸钢件质量标准，用于表面缺陷评定的目视检验法》MSS-SP55—1996，规定了阀门、法兰、管件和其他受压铸钢件的表面缺陷类型及其特征，适用于阀门、法兰、管件和其他受压铸钢件的表面质量的目视检查及验收	代替：《阀门铸钢件 外观质量要求》JB/T 7927—1995
32	《通用阀门 供货要求》JB/T 7928—1999	规定了工业管道阀门的涂层、装运和贮存等要求，适用于工业管道和设备	代替：《通用阀门 供货要求》JB/T 7928—1995
33	《执行器 术语》JB/T 8218—1999	适用于工业生产过程中控制工艺流体的控制阀、电磁阀、自力式词节阀等执行器产品的术语和定义，主要供制订执行器产品标准、编制文件、编写教材和书刊以及翩泽文献等工作使用	代替：《执行器 术语》JB/T 8218—1995
34	《金属密封蝶阀》JB/T 8527—1997	规定了金属密封蝶阀的定义、型号和参数，结构型式，技术要求，试验方法等内容，适用于 $PN=0.05\sim5.00$MPa、$DN50\sim DN4000$ 的法兰和对夹连接金属密封蝶阀	

续表

序号	标准号及名称	内容简介	代替标准
35	《普通型阀门电动装置 技术条件》JB/T 8528—1997	规定了普通型阀门电动装置的定义，技术要求，试验方法，检验规则，标志、包装和贮存，适用于电动机驱动，电触点控制，单一转速式闸阀、截止阀、节流阀、隔膜阀、球阀和蝶阀等阀门用普通型阀门电动装置	代替：《阀门电动装置 技术条件》ZB J16002—87
36	《隔爆型阀门电动装置 技术条件》JB/T 8529—送审稿	规定了隔爆型阀门电动装置的技术要求、试验方法、检验规则等内容，适用于防爆型式为d、类别为Ⅱ类，爆炸性气体混合物为A、B、C三级，允许最高表面温度为T4～T6的电动装置的设计、制造与检验	"JB/T 8529—送审稿"是对JB/T 8529—1997的修订，从颁发生效之日起，代替JB/T 8529—1997
37	《阀门电动装置型号编制方法》JB/T 8530—1997	规定了阀门电动装置的型号编制方法，适用于电动机驱动，电触点控制，单一转速式闸阀、截止阀、节流阀、隔膜阀、球阀、旋塞阀和蝶阀等阀门用电动装置	
38	《阀门手动装置 技术条件》JB/T 8531—1997	规定了阀门手动装置的技术要求，试验方法，检验规则等内容，适用于人力通过蜗轮副、齿轮副等减速传动，直接操作的闸阀、截止阀、节流阀、隔膜阀、球阀和蝶阀等阀门用手动装置	
39	《对夹式刀形闸阀》JB/T 8691—1998	规定了对夹式刀形闸阀的定义，分类，要求，试验方法，检验规则和质量保证等内容，适用于 *PN*≤2.5MPa、*DN*50～*DN* 700、工作介质为含固体颗粒的流体等的对夹式刀形闸阀	
40	《烟道蝶阀》JB/T 8692—1998	规定了截流和调节流量用烟道蝶阀的分类，要求，试验方法，检验规则等内容，适用于 *PN*≤0.6MPa，公称通径不大于 *DN*3000，温度不高于450℃，介质为空气、含尘烟气和工业区煤气等，法兰和对夹连接的烟道蝶阀	
41	《阀门气动装置技术条件》JB/T 8864—2004	规定了工业用阀门气动装置的定义、技术要求、试验方法、检验规则等内容，适用于工业用阀门配套的作直线运动的直线型气动装置，以及作回转运动的回转型气动装置(360°转动)，带有电磁控制的气动装置。 气动装置的使用条件如下：工作压力：*PN*=0.4～0.7MPa；公称通径不大于 *DN*3000，工作环境温度 −20～80℃；气源应为清洁、干燥的空气，不得含有腐蚀性气体、溶剂或其他液体	代替：《阀门气动装置技术条件》JB/T 8864—1999

续表

序号	标准号及名称	内容简介	代替标准
42	《对夹式止回阀》JB/T 8937—2010	规定了对夹式止回阀结构形式与尺寸、技术要求、材料、试验方法和检验规则等内容，适用于对夹式止回阀，具体适用参数为： 公称压力 *PN*≤42.0MPa、公称尺寸 *DN*50～*DN*2100 的对夹双瓣旋启式止回阀； 公称压力 *PN*≤42.0MPa、公称尺寸 *DN*50～*DN*1200 的长系列对夹单瓣旋启式止回阀及对夹蝶式止回阀； 公称压力 *PN*≤26.0MPa、公称尺寸 *DN*50～*DN*500 的短系列对夹单瓣旋启式止回阀； 公称压力 *PN*≤16.0MPa、公称尺寸 *DN*15～*DN*350 的对夹升降式止回阀。 双法兰双瓣旋启式止回阀可参照执行	代替： 《对夹式止回阀》JB/T 8937—1999
43	《阀门的检验与试验》JB/T 9092—1999	适用于金属密封副、弹性密封副和非金属密封副（如陶瓷阀、止回阀和蝶阀的）检验和压力试验。经供需双方同意后也可适用于其他类型的阀门。 弹性密封副是指：(1)软密封副、固体和半固体润滑脂类组成的密封副（如油封旋塞阀）；(2)非金属和金属材料组成的密封副；(3)按本规范表 3 规定的弹性密封泄漏率的其他类型密封副	代替： 《阀门的试验与检验》ZBJ 16 006—1990
已废止	《蒸汽疏水阀技术条件》JB/T 9093—1999	—	被《蒸汽疏水阀 技术条件》GB/T 22654—2008 代替
已废止	《液化石油气设备用紧急切断阀 技术条件》JB/T 9094—1999	—	被《液化气体设备用紧急切断阀》GB/T 22653—2008 代替
44	《陶瓷密封阀门 技术条件》JB/T 10529—2005	规定了陶瓷密封闸阀、球阀、截止阀的术语、分类、技术要求、检验规则等内容，适用于 *PN*＝0.6～16.0MPa、*DN*15～*DN*1000，介质为固相混合物或腐蚀性流体的陶瓷密封面及衬里的阀门	
45	《氧气用截止阀》JB/T 10530—2005	规定了氧气用截止阀的术语定义、订货要求、结构形式和参数、技术要求、检验和试验、安装、操作、维护等要求，适用于 *PN*＝16～40MPa，*DN*15～*DN*500，温度－40～150℃的法兰连接氧气管路用截止阀。氮气、氢气等相关气体用阀门也可参照使用	

续表

序号	标准号及名称	内容简介	代替标准
46	《水力控制阀》JB/T 10674—2000	规定了以水力驱动以隔膜或活塞作为传感元件的直通式、直流式、角式水力控制阀的结构形式、技术要求、材质、试验方法、检验规则等内容，适用于 *PN*=1.0～2.5MPa、*DN*50～*DN*1000、介质温度为0～80℃，工作介质为清水的水力控制阀。活塞式水力控制阀也可参照执行	
47	《波纹管密封钢制截止阀》JB/T 11150—2011	规定了波纹管密封钢制截止阀的结构形式、参数、技术要求、检验方法等内容，适用于 *PN*＝1.6～26.0MPa、*DN*15～*DN*400 的波纹管密封钢制截止阀。波纹管密封钢制节流阀、波纹管密封钢制截止止回阀也可参照执行	
48	《金属密封提升式旋塞阀》JB/T 11152—2011	规定了金属密封提升式旋塞阀的结构形式、参数、技术要求、材料、试验方法、检验规则等内容，适用于 *PN*＝1.6～16.0MPa、*DN*25～*DN*300 的金属密封提升式旋塞阀	
49	《石油、天然气工业用清管阀》JB/T 11175—2011	规定了石油、天然气工业用的法兰连接钢制清管阀的术语和定义、分类、结构形式和参数、技术要求、材料、试验方法、检验规则等内容，适用于 *PN*＝1.6～*PN*26.0MPa、*DN*50～*DN*700，工作介质为天然气、油品等，用于输送管线的扫管工艺，作接收、发射清管器用的清管阀	
50	《管线用钢制平板闸阀 产品质量分等》JB/T 53242—1999（内部使用）	规定了管线用钢制平板闸阀产品的质量等级，试验与检验方法，抽样和评定方法，适用于《管线用钢制平板闸阀》JB/T 5298 规定的管线用钢制平板闸阀（简称平板阀）	代替：《管线用钢制平板闸阀 产品质量分等》JB/T 53242—1994
51	《供热用偏心蝶阀》CJ/T 92—1999	规定了供热用偏心蝶阀的术语、型号、结构形式、技术要求、试验方法、检测规则等内容，适用于公称压力 *PN*＝1.0～2.5MPa，*DN*50～*DN*1200mm，介质温度不大于350℃，介质为热水、蒸汽的法兰和对夹连接偏心蝶阀	
52	《供水用偏心信号蝶阀》CJ/T 93—1999	规定了供水用偏心信号蝶阀的术语、型号、结构形式、技术要求、试验方法、检测规则等内容，适用于供水系统（含消防供水系统）中要求有启闭状态信号显示的公称压力 *PN*≤2.5MPa，工作介质为清水的偏心信号蝶阀	

续表

序号	标准号及名称	内容简介	代替标准
53	《自含式温度控制阀》CJ/T 153—2001	规定了自含式温度控制阀的定义、产品分类、要求、试验方法、检验规则等内容，适用于以饱和蒸汽或热水为热媒的热交换系统的自含式温度控制阀门	
54	《给排水用缓闭止回阀通用技术要求》CJ/T 154—2001	规定了给排水用缓闭止回阀的产品分类、要求、试验方法、检验规则等内容，适用于*PN*≤4.0MPa，公称通径不大于*DN*4000，工作温度不大于80℃，工作介质为饮用水、原水、工业循环水、海水、污水及其他非腐蚀性介质的法兰连接的缓闭止回阀	
55	《多功能水泵控制阀》CJ/T 167—2002	规定了多功能水泵控制阀的结构型式及参数、技术要求、性能要求、试验方法、检验规则等内容，适用于*PN*=1.0MPa、*PN*=1.6MPa、*PN*=2.5MPa、*PN*=4.0MPa，*DN*50～*DN*1200，介质为清水、污水及油品管道上的多功能水泵控制阀	
56	《自力式流量控制阀》CJ/T 179—2003	规定了自力式流量控制阀的型号编制、基本参数、技术要求、检验方法等方面的内容，适用于以水为介质的供热(冷)系统使用的控制阀，其介质进口压力不大于1.6MPa，温度为4～150℃	
57	《水力控制阀 CJ/T219—2005》	规定了水力控制阀结构与型号、技术要求、试验方法、检验规则等基本要求，适用于*PN*≤2.5MPa，*DN*50～*DN*800，介质温度不大于80℃，工作介质为清水的生产、生活及消防等给水系统用水力控制阀	
58	《电站阀门电动执行机构》DL/T641—2005	规定了各类电站阀门用电动执行机构的技术要求及适用范围，内容包括术语和定义、分类及形式、技术要求、选型、试验方法、检验规则等	代替：《电站阀门电动装置》DL/T 641—1997
59	《电站隔膜阀选用导则》DL/T 716—2000	规定了电站隔膜阀选用的基本要求，包括结构形式、技术要求、材质的选择、试验方法、供货要求及质量保证等，适用于*PN*≤1.6MPa、*DN*15～*DN*400法兰连接的隔膜阀和*PN*≤1.6MPa、*DN*8～*DN*80内螺纹连接的隔膜阀	
60	《火力发电站用钢制通用阀门订货、验收导则》DL/T922—2005	规定了火力发电用钢制通用阀门的选型、订货和验收的有关要求，适用于最高工作温度不大于600℃，最高公称压力不大于60.0MPa的火力发电用铸造、锻造、法兰、焊接、对夹及螺纹连接式的钢制闸阀、截止阀、节流阀、止回阀、蝶阀、球阀、旋塞阀等各类通用阀门	

续表

序号	标准号及名称	内容简介	代替标准
61	《火力发电用止回阀技术条件》DL/T 923—2005	规定了火力发电用止回阀的分类、技术要求、检验和试验的要求与方法，适用于 $PN \leqslant 42$MPa，工作温度不大于540℃的火力发电汽、水系统用的止回阀。火力发电其他系统和水力发电用的止回阀可参照执行	
62	《电站锅炉安全阀应用导则》DL/T 959—2005	规定了电站锅炉用安全阀的选用和性能要求及其试验、校验方法，适用于电站锅炉以蒸汽为介质、喉部直径为20～250mm，工作压力为0.35～30MPa，工作温度小于610℃的锅炉安全阀。其他如除氧器、加热器、连排扩容器等压力容器的安全阀可参照执行	
63	《氟塑料衬里阀门通用技术条件》HG/T 3704—2003	规定了氟塑料衬里阀门的产品分类、要求、试验方法、检验规则等内容，适用于法兰连接和对夹连接的氟塑料衬里阀门	
64	《消防球阀》GA 79—2010	规定了消防球阀的分类、型号、技术要求、试验方法、检验规则等内容，适用于输送水、泡沫混合液及其他液体灭火剂，介质温度为－40～70℃的球阀；不适用于输送气体灭火剂、干粉灭火剂的球阀	代替：《消防球阀性能要求和试验方法》GA 79—1994
65	《出口阀门检验规程》SN/T 1455—2004	规定了出口阀门的抽样、检验和检验结果的判定。适用于截止阀、闸阀、蝶阀、球阀、止回阀等工业管道通用阀门的检验，其他的阀门检验亦可参照执行。不适用于公称压力 $PN<6.3$MPa的铜制阀门和特殊用途阀门的检验	

5.3 阀门综合性标准简介

阀门的综合性标准，分为国家标准与行业标准，现将其中的常用标准主要内容介绍如下。

5.3.1 钢制阀门一般要求

推荐网址：新浪爱问-共享资料 http：//ishare. iask. sina. com. cn/

豆丁网 http：// www. docin. com/

《钢制阀门 一般要求》GB/T 12224—2005，规定了钢制阀门的压力-温度额定值、材料、设计要求、检验与试验、标志和无损检验与修复等内容，适用于该标准表1给出的各种材料类别（包括 WCB、WCC、16MnR、09Mn、Cr0. 5Mo、2Cr1Mo、5Cr0. 5Mo、

304、316、304L、316L、321、347)，阀体可以是铸造、锻造或组焊加工，端部连接可以是法兰、螺纹或焊接端连接，以及对夹式和单法兰安装的阀门。此项标准代替《钢制阀门一般要求》GB/T 12224—1989。

此标准适用阀门的参数范围：

(1) 公称压力 PN＝1.6～76MPa 的阀门，公称压力 PN＝76MPa 仅适用于焊接端阀门；

(2) 公称尺寸不大于 DN1250 的法兰焊接端阀门和对焊接端阀门；

(3) 公称尺寸不大于 DN65 的承插焊接端阀门和螺纹连接端阀门；

(4) 额定温度不大于 540℃、公称压力 PN＝42MPa 的螺纹连接端阀门；

(5) 公称压力 PN＝1.6～2.5MPa 的法兰连接端阀门，额定温度不大于 540℃。

此项标准的重点内容是给出了各种材料类别“标准压力等级阀门压力-温度额定值”，这对于阀门的设计、制造是必不可少的技术数据，对于阀门选用并无直接关系。

5.3.2 铁制和铜制螺纹连接阀门

推荐网址：标准下载网 http：//www.bzxz.net/　豆丁网　http：// www.docin.com/

《铁制和铜制螺纹连接阀门》GB/T 8464—2008，规定了铁制和铜制螺纹连接的闸阀、截止阀、球阀、止回阀的分类、技术要求、检查方法、检验规则、标志、包装、运输及贮存。

适用于：螺纹连接的闸阀、截止阀、球阀、止回阀；$PN \leqslant 1.6$MPa、公称尺寸不大于 DN100 的灰铸铁、可锻铸铁材料的阀门；$PN \leqslant 2.5$MPa、公称尺寸不大于 DN100 的球墨铸铁材料的阀门；$PN \leqslant 4.0$MPa、工作温度不高于 180℃的铜合金阀门；工作介质为水、非腐蚀性液体、空气、饱和蒸汽等。此标准代替《水暖用内螺纹连接阀门》GB/T 8464—1998，部分代替《铁制和铜制球阀》GB/T 15185—1994。

螺纹连接闸阀结构形式如图 5-1 所示；螺纹连接截止阀的结构形式如图 5-2 所示；螺纹连接球阀的结构形式如图 5-3 所示；螺纹连接止回阀的结构形式如图 5-4 所示。

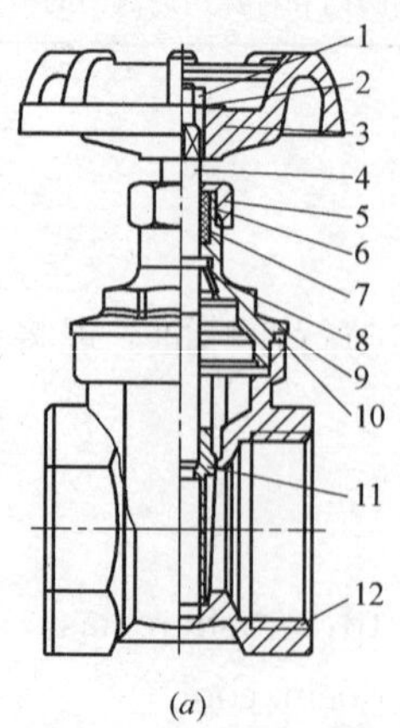

(a)

1—螺母；2—铭牌；3—手轮；4—阀杆；5—压紧螺母；6—压圈；7—填料；8—紧圈；9—阀盖；10—垫片；11—闸板；12—阀体

图 5-1 螺纹连接闸阀结构形式

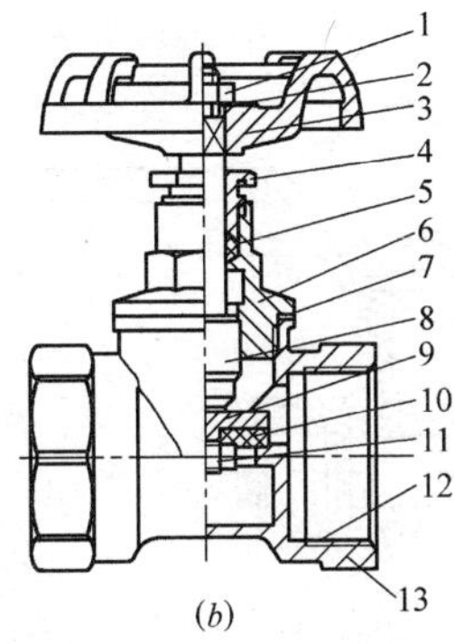

1—螺母；2—铭牌；3—手轮；4—压紧螺母；5—压圈；6—填料；7—定位套；8—垫片；9—阀盖；10—阀杆；11—闸板；12—阀座；13—阀体

图 5-1 螺纹连接闸阀结构形式（续）

以上几种螺纹连接阀门的公称通径不大于 $DN100$，灰铸铁阀门的公称压力 $PN \leqslant 1.6MPa$，可锻铸铁阀门的公称压力 $PN \leqslant 2.5MPa$，球墨铸铁和铜合金阀门的公称压力 $PN \leqslant 4.0MPa$。

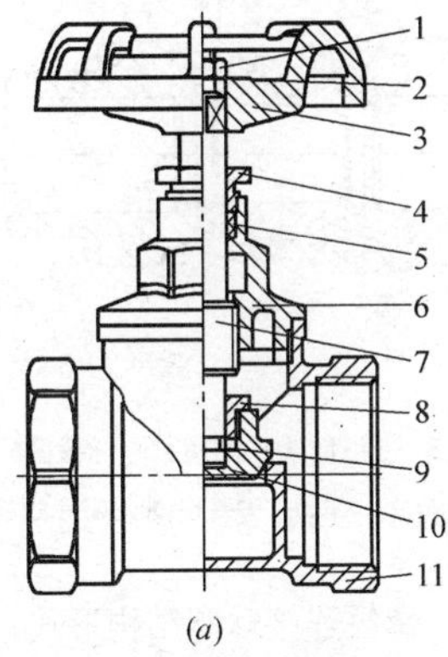

1—螺母；2—铭牌；3—手轮；4—填料压盖；5—填料；6—阀盖；7—阀杆；8—瓣盖；9—挡圈；10—阀瓣；11—阀体

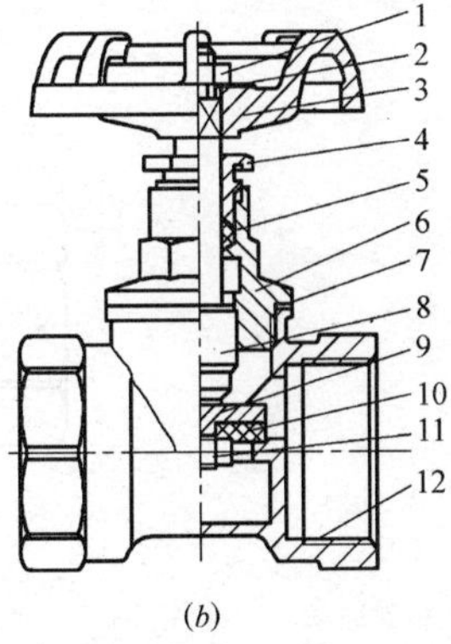

1—螺母；2—铭牌；3—手轮；4—填料压盖；5—填料；6—阀盖；7—口面垫圈；8—阀杆；9—密封座；10—阀瓣；11—螺母；12—阀体

图 5-2 螺纹连接截止阀结构形式

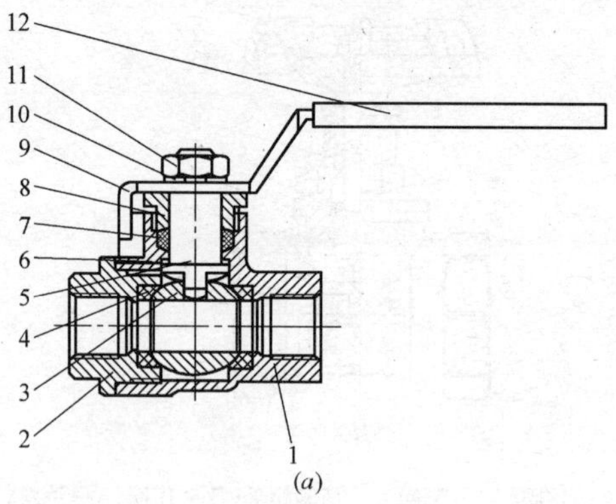

(a)

1—阀体；2—阀盖；3—球体；4—阀座；5—阀杆；6—阀杆垫圈；7—填料；
8—填料压盖瓣盖；9—手柄；10—垫圈；11—螺母；12—手柄套

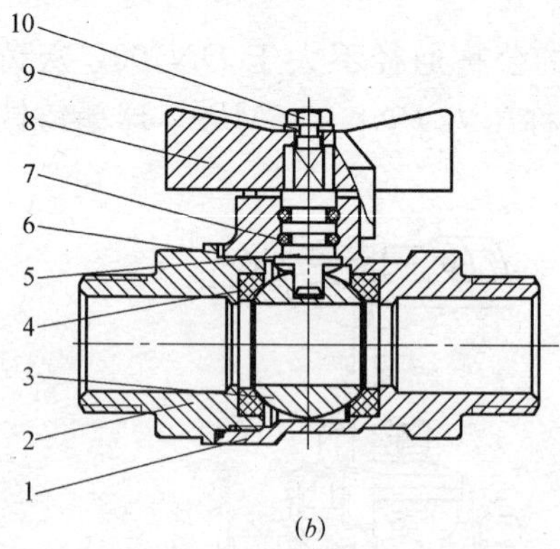

(b)

1—阀体；2—阀盖；3—球体；4—阀座；5—阀杆；6—口面垫圈；
7—O形圈；8—手柄；9—垫圈；10—螺栓

图 5-3　螺纹连接球阀结构形式

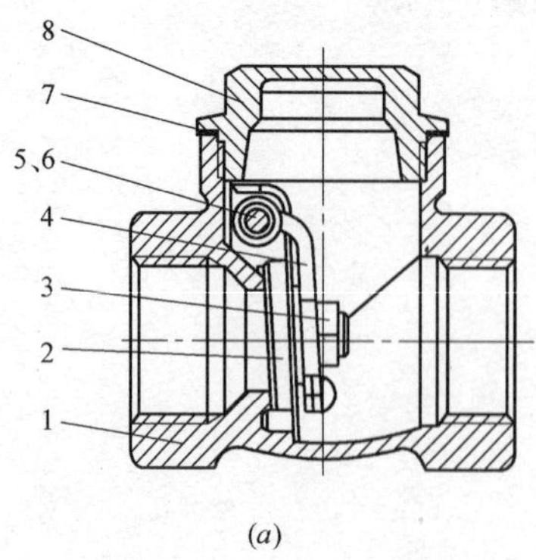

(a)

1—阀体；2—阀瓣；3—螺母；4—摇杆；5—销轴螺母；
6—销轴；7—垫圈；8—阀盖

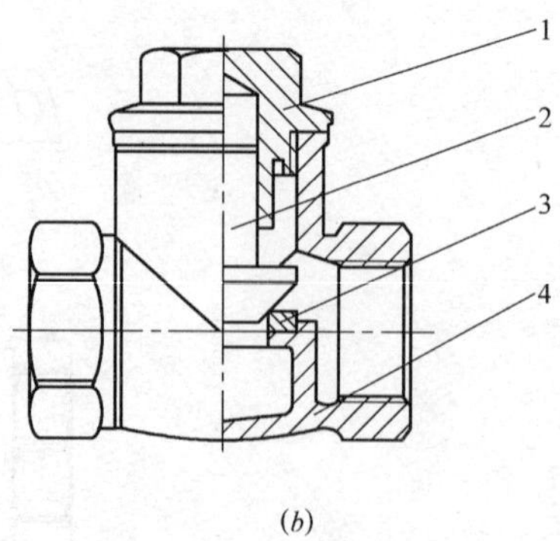

(b)

1—阀盖；2—阀瓣；3—阀座；4—阀体

图 5-4　螺纹连接止回阀结构形式

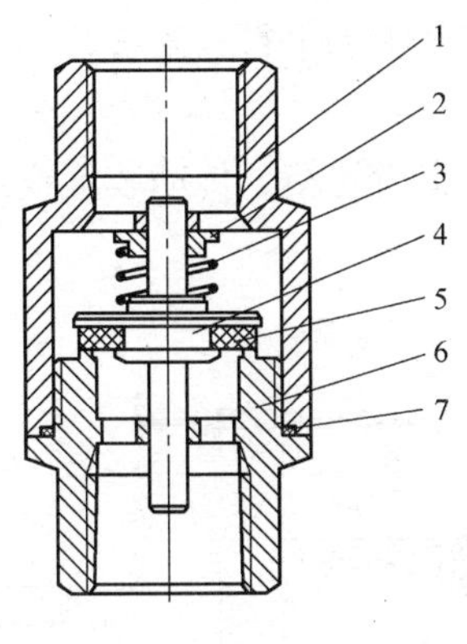

(c)

1—阀盖；2—弹簧挡圈；3—弹簧；4—弹簧架；
5—阀瓣；6—阀体；7—口面垫圈

图 5-4 螺纹连接止回阀结构形式（续）

5.3.3 法兰连接铁制闸阀

推荐网址：标准下载网 http：//ww. bzxz. com/

豆丁网 http：// www. docin. com/

《通用阀门 法兰连接铁制闸阀》GB/T 12232—2005，规定了法兰连接铁制闸阀的结构形式、技术要求、试验方法、检验规则、标志和供货要求等内容，适用于 PN=0.1～2.5MPa，DN50～DN2000 的法兰连接灰铸铁和球墨铸铁制闸阀。代替《通用阀门 法兰连接铁制闸阀》GB/T 12232—1989。

此种法兰连接铁制闸阀的结构分为明杆式和暗杆式，分别如图 5-5、图 5-6 所示。阀

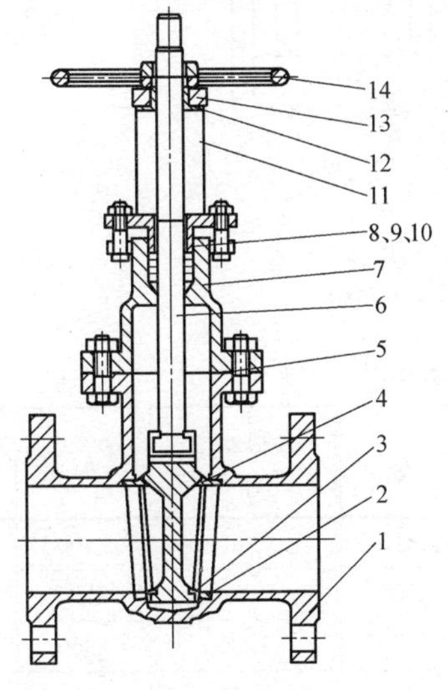

图 5-5 明杆闸阀结构形式

1—阀体；2—阀体密封圈（阀座）；3—闸板密封圈；4—闸板；5—垫片；6—阀杆；7—阀盖；8—填料垫；9—填料；10—填料压盖；11—支架；12—阀杆螺母；13—螺母轴承盖；14—手轮

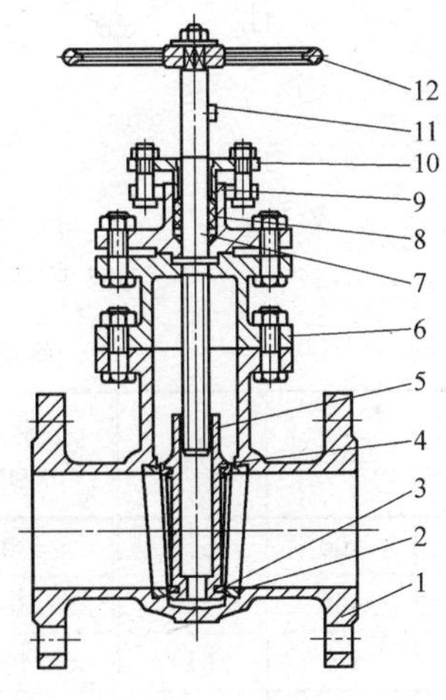

图 5-6 暗杆闸阀结构形式

1—阀体；2—阀体密封圈（阀座）；3—闸板密封圈；4—闸板；5—阀杆螺母；6—阀盖；7—阀杆；8—填料；9—填料箱；10—填料压盖；11—指示牌；12—手轮

板有以下楔式单闸板、楔式双闸板和平行双闸板几种形式，应在工程设计和订货或采购时注明。

法兰连接铁制闸阀中，不带齿轮箱、传动装置或指示针的闸阀如图 5-7 所示，其最大开启高度见表 5-3 的规定。

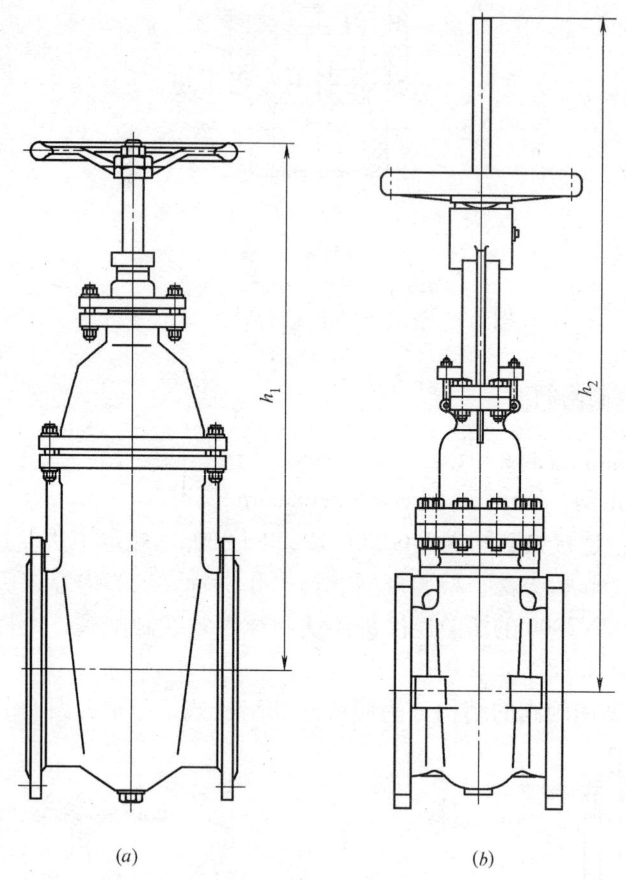

图 5-7 闸阀的最大开启高度

(*a*) 暗杆闸阀；(*b*) 明杆闸阀（全开位置）

闸阀的最大开启高度（mm） **表 5-3**

公称通径 *DN*	h_1	h_2	公称通径 *DN*	h_1	h_2	公称通径 *DN*	h_1	h_2
50	400	510	300	1125	1675	900	2400	4150
65	425	560	350	1150	1900	1000	2500	4450
80	475	610	400	1275	2070	1200	2950	—
100	575	720	450	1350	2250	1400	3300	—
125	650	875	500	1500	2430	1600	3500	—
150	700	950	600	1700	2850	1800	3800	—
200	850	1200	700	1800	3250	2000	4250	—
250	1025	1400	800	2000	3750	—	—	—

5.3.4 金属阀门结构长度

推荐网址：标准库 http：//www. bzko. com/

豆丁网 http：// www. docin. com/

《金属阀门 结构长度》GB/T 12221—2005，规定了法兰连接阀门的结构长度、焊接端阀门的结构长度、对夹连接阀门的结构长度、内螺纹连接阀门结构长度、外螺纹连接阀门结构长度，及其结构尺寸的极限偏差。适用于 $PN \leqslant 4.2$MPa，$DN3 \sim DN4000$ 的闸阀、截止阀、球阀、蝶阀、旋塞阀、隔膜阀、止回阀等的结构长度。

此项标准代替：《阀门的结构长度 对焊连接阀》GB/T 15188.1—1994、《阀门的结构长度 对夹连接阀门》GB/T 15188.2—1994、《阀门的结构长度 内螺纹连接阀门》GB/T 15188.3—1994、《阀门的结构长度 外螺纹连接阀门》GB/T 15188.4—1994、《法兰连接金属阀门 结构长度》GB/T 12221—1989。

直通式阀门结构长度如图 5-8 所示，角式阀门结构长度如图 5-9 所示，对夹连接阀门结构长度如图 5-10 所示。

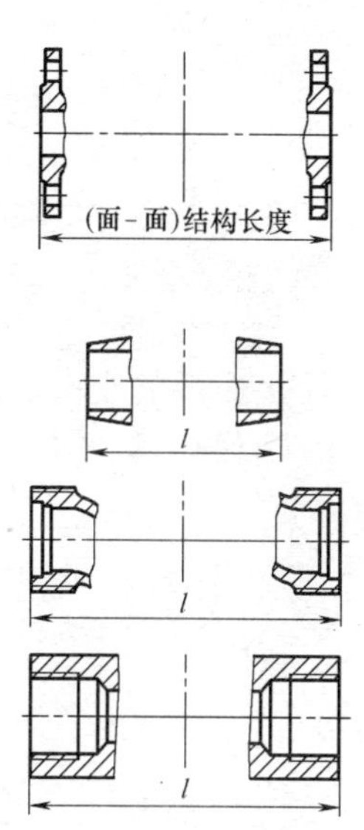

图 5-8 直通式阀门结构长度

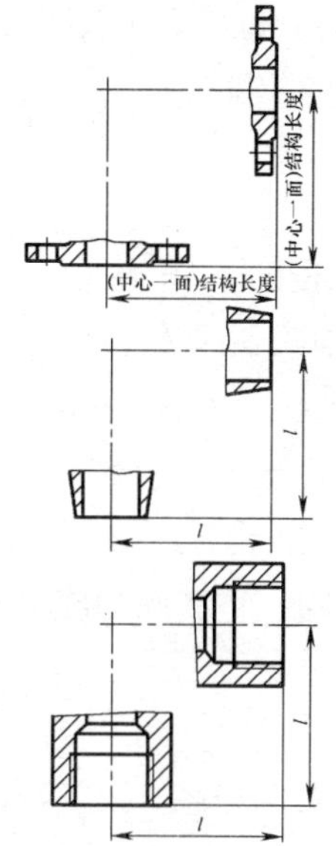

图 5-9 角式阀门结构长度

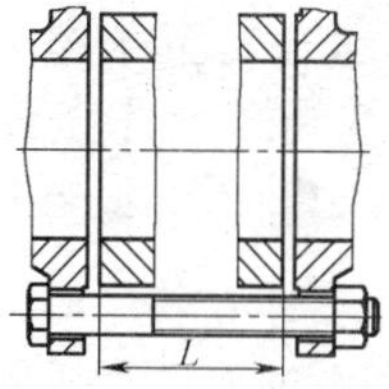

图 5-10 对夹连接阀门结构长度

此项标准还有 6 个阀门结构长度基本系列表和 14 个阀门结构长度尺寸表，由于数据密集，占用篇幅较多，不再列表，读者需要时可查标准原文。

此项标准的 6 个阀门结构长度基本系列表是：

（1）法兰连接阀门结构长度基本系列表；

（2）直通式焊接端阀门结构长度基本系列表；

（3）角式焊接端阀门结构长度基本系列表；

（4）对夹连接阀门结构长度基本系列表；

（5）内螺纹连接阀门结构长度基本系列表；

（6）外螺纹连接阀门结构长度基本系列表。

此项标准的 14 个阀门结构长度尺寸表是：

（1）法兰连接闸阀结构长度表；

（2）对夹连接刀形闸阀结构长度表；

（3）焊接端闸阀结构长度表；

（4）蝶阀和蝶式止回阀结构长度表；

（5）法兰连接球阀和旋塞阀结构长度表；

（6）焊接端球阀结构长度表；

（7）焊接端旋塞阀结构长度表；

（8）法兰连接截止阀、节流阀及止回阀结构长度表；

（9）焊接端直通式截止阀、节流阀及止回阀结构长度表；

（10）焊接端角式截止阀、节流阀及止回阀结构长度表；

（11）对夹连接旋启式止回阀结构长度表；

（12）对夹连接升降式止回阀结构长度表；

（13）法兰连接隔膜阀结构长度表；

（14）法兰连接铜合金的闸阀、截止阀及止回阀结构长度表。

此外，还有一个“焊接端阀门结构长度公差表”。

5.3.5　管线阀门技术条件

推荐网址：新浪爱问-共享资料　http：//ishare. iask. sina. com. cn/

豆丁网　http：// www. docin. com/

《管线阀门 技术条件》GB/T 19672—2005，规定了法兰连接和焊接连接的闸阀、球阀、止回阀和旋塞阀的术语、结构形式和参数、订货要求、技术要求、材料、检验规则、试验方法、标志等，适用于公称压力 PN=1. 6～42. 0MPa、公称通径 DN15～DN1200 的天然气和石油输送管线用的闸阀、球阀、止回阀和旋塞阀。

管线阀门结构形式如下。

1. 闸阀

平板单闸板闸阀如图 5-11、平板双闸板图 5-12 所示。

2. 球阀

焊接球阀阀体的典型结构如图 5-13、三片式结构球阀见图 5-14 所示。

3. 旋塞阀

旋塞阀如图 5-15 所示。

4. 止回阀

止回阀的几种典型结构形式如下。

全径旋启式止回阀的典型结构形式如图 5-16 所示，所谓“全径”，系指阀门内流道内径尺寸与公称内径尺寸相同的阀门；缩径旋启式止回阀的典型结构形式如图 5-17 所示，所谓“缩径”，系指阀门内流道孔通径缩小的阀门；单瓣对夹止回阀-长系列如图5-18所示；双瓣对夹止回阀-长系列如图 5-19 所示；双瓣对夹止回阀-短系列如图 5-20 所示。

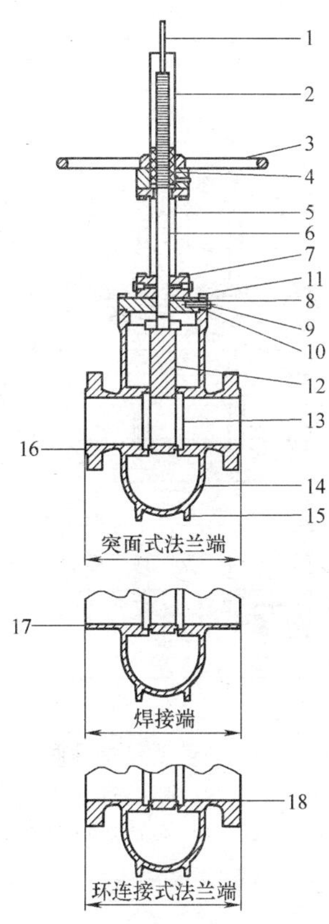

图 5-11　平板单闸板闸阀

1—阀杆指示器；2—阀杆罩；3—手轮；4—阀杆螺母；5—支架；6—阀杆；7—支架螺栓；8—阀杆填料；9—泄压阀；10—阀盖；11—阀盖螺栓；12—闸板；13—阀座圈；14—阀体；15—支撑筋或支撑腿；16—凸面；17—焊接端；18—环接端

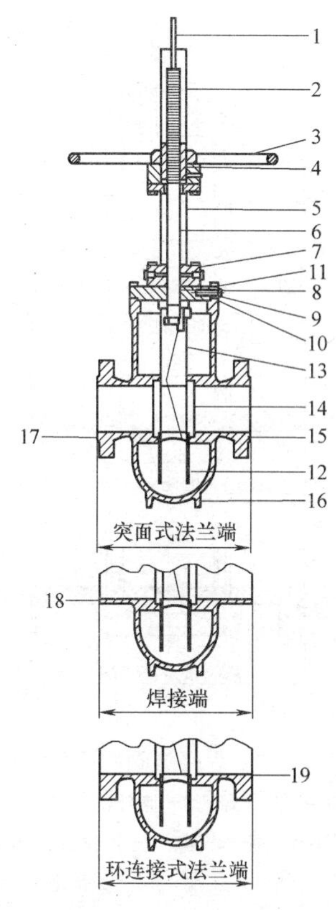

图 5-12　平板双闸板闸阀

1—阀杆指示器；2—阀杆罩；3—手轮；4—阀杆螺母；5—支架；6—阀杆；7—支架螺栓；8—阀杆填料；9—泄压阀；10—阀盖；11—阀盖螺栓；12—导向筋；13—阀板组件；14—阀座圈；15—阀体；16—支撑筋或支撑腿；17—凸面；18—焊接端；19—环接端

5.3.6　液化气体设备用紧急切断阀

推荐网址：土木工程网　http：//www. civilcn. com/

豆丁网　http：// www. docin. com/

《液化气体设备用紧急切断阀》GB/T 22653—2008，规定了液化气体设备用紧急切断阀的术语和定义、结构形式、参数、型号、技术要求、试验方法、检验规则、标志、涂漆及供货要求等内容，适用于液化气体设备用的紧急切断阀，其 $PN=1.0\sim2.5$MPa，$DN15\sim DN350$，工作温度不大于 50℃，适用介质为液化石油气、液氨、液氯、液态二氧化硫、丙烯、丙烷、丁烷、丁二烯及其混合物。

此项标准代替：《液化石油气设备用紧急切断阀 技术条件》JB/T 9094—1999。

1. 液化气体设备用紧急切断阀

（1）管道用紧急切断阀

管道用紧急切断阀的结构形式如图 5-21 所示。

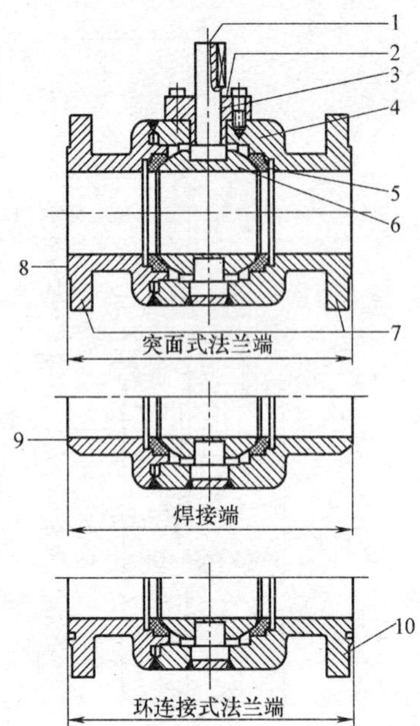

图 5-13　焊接球阀的典型结构

1—阀杆；2—压盖；3—阀杆密封件；4—阀体；5—阀座环；6—球体；7—密封件；8—凸面；9—焊接端；10—环接端

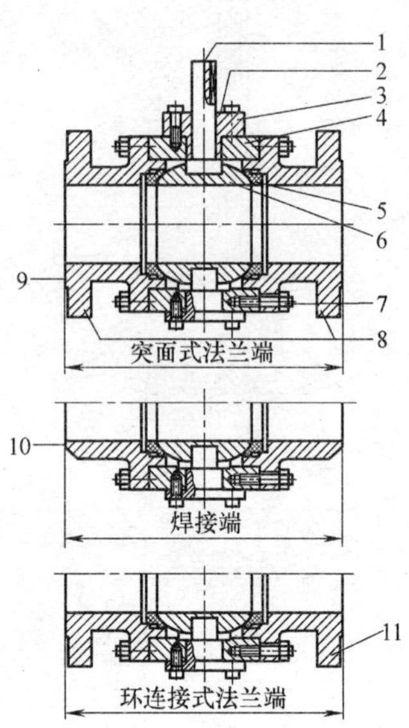

图 5-14　三片式结构球阀

1—阀杆；2—压盖；3—阀杆密封件；4—阀体；5—阀座环；6—球体；7—阀体螺栓；8—密封件；9—凸面；10—焊接端；11—环接端

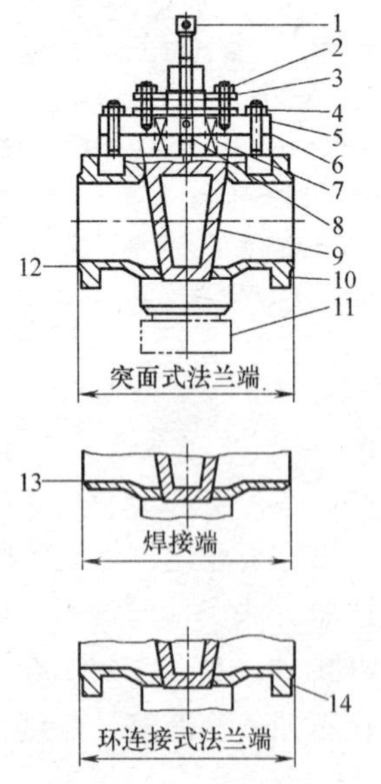

图 5-15　旋塞阀

1—润滑器调节螺钉；2—压盖螺栓和螺母；3—压盖；4—阀盖螺栓和螺母；5—阀盖；6—阀盖垫片；7—阀杆填料；8—润滑式止回阀；9—旋塞；10—阀体；11—限动环；12—凸面；13—焊接端；14—环接端

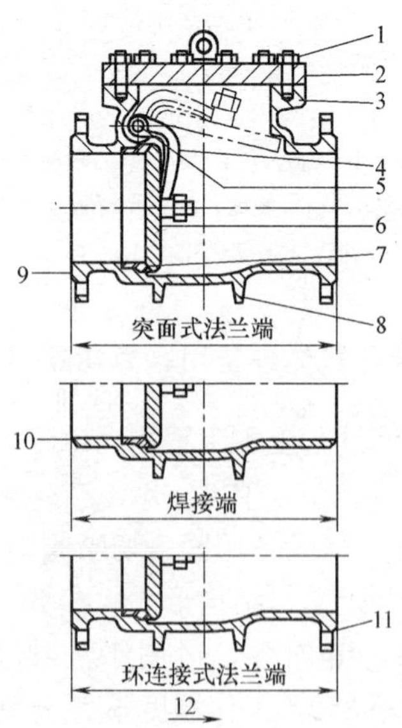

图 5-16　全径旋启式止回阀

1—阀盖螺栓；2—盖；3—阀体；4—阀瓣臂；5—轴；6—阀座环；7—锤瓣；8—支撑筋或支撑腿；9—凸面；10—焊接端；11—环接端；12—流体方向

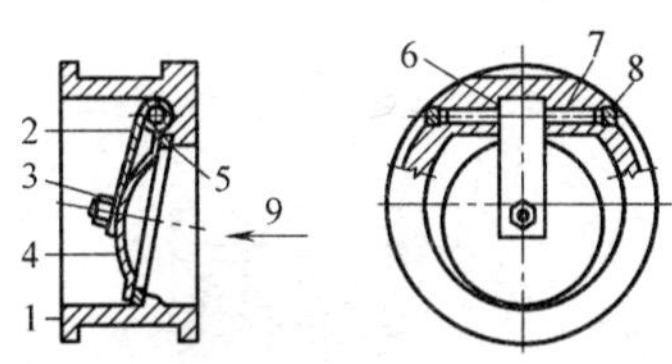

图 5-18 单瓣对夹止回阀-长系列

1—阀体；2—铰链；3—螺母；4—封闭板/螺栓组件；5—阀座环；6—轴承定位块；7—铰链销；8—铰链销挡块；9—流体方向

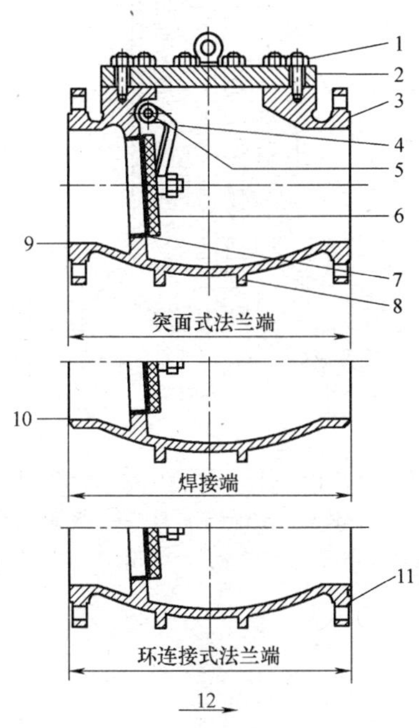

图 5-17 缩径旋启式止回阀

1—阀盖螺栓；2—盖；3—阀体；4—阀瓣臂；5—轴；6—阀瓣；7—阀座环；8—支撑筋或支撑腿；9—凸面；10—焊接端；11—环接端；12—流体方向

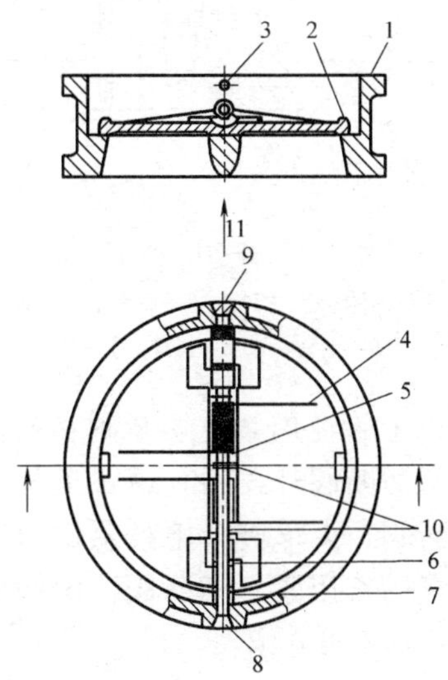

图 5-19 双瓣对夹止回阀-长系列

1—阀体；2—封闭板；3—定位销；4—弹簧；5—铰链销；6—平板轴承；7—阀体轴承；8—定位销挡块；9—铰链销挡块；10—弹簧轴承；11—流体方向

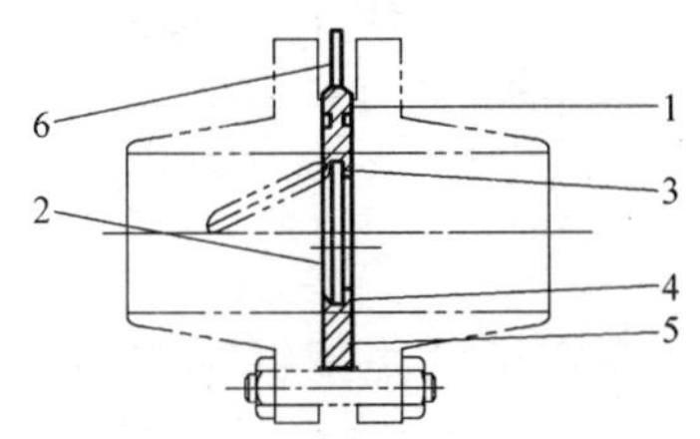

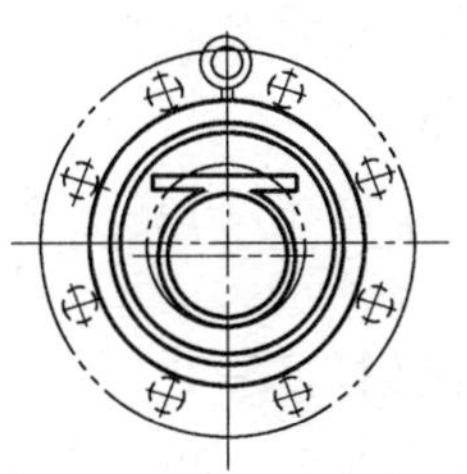

图 5-20 双瓣对夹止回阀-短系列

1—阀体；2—阀瓣；3—销；4—阀瓣密封圈；5—阀体密封圈；6—起吊环首螺栓

（2）站用紧急切断阀

站用 *DN*15～*DN*80 紧急切断阀的典型结构如图 5-22 所示；站用 *DN*100～*DN*350 紧急切断阀的典型结构如图 5-23 所示。

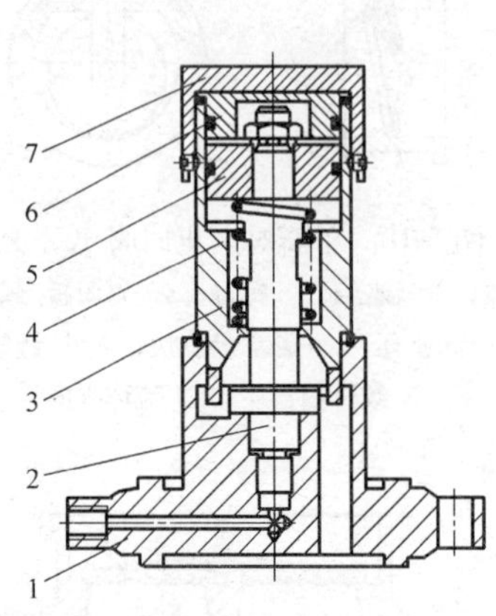

图 5-21　管道用紧急切断阀

1—阀体；2—阀杆；3—阀瓣；4—弹簧；5—活塞；6—密封环；7—压盖

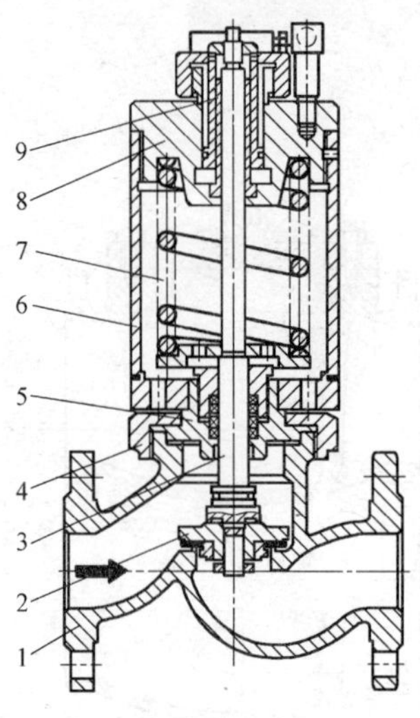

图 5-22　站用 *DN*15～*DN*80 紧急切断阀

1—阀体；2—阀瓣；3—先导式阀杆；4—阀盖螺母；5—阀盖；6—钢筒；7—弹簧；8—油缸体；9—活塞

除以上管道用紧急切断阀和液化气站用紧急切断阀外，还有罐式集装箱用紧急切断阀、火车槽车用紧急切断阀和两种汽车槽车用紧急切断阀，因均属于专用设备，不再介绍。

2. 紧急切断阀的工作压力

紧急切断阀的工作压力为罐体的设计压力，其最高工作压力按表 5-4 的规定。

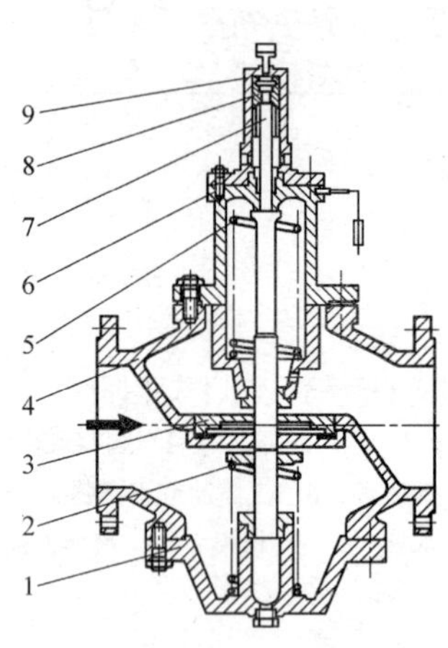

图 5-23　站用 *DN*100～*DN*350 紧急切断阀

1—下阀盖；2—下弹簧；3—阀瓣；4—阀体；5—上弹簧；6—上阀盖；7—先导式阀杆；8—活塞；9—油缸体

5.3.7　紧凑型钢制阀门

推荐网址：中国标准信息网http://www.chinaios.com/

豆丁网　http://www.docin.com/

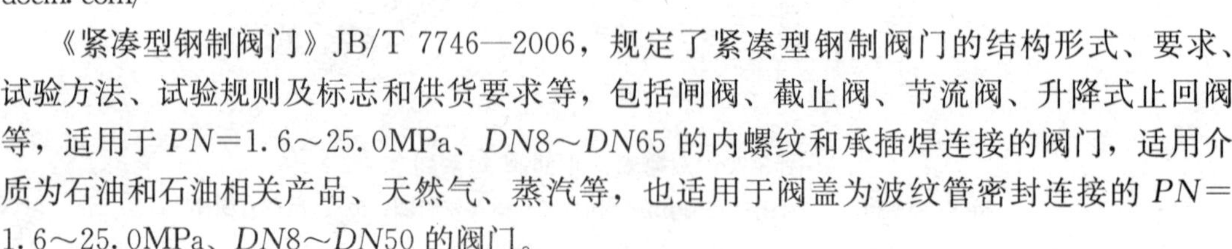

《紧凑型钢制阀门》JB/T 7746—2006，规定了紧凑型钢制阀门的结构形式、要求、试验方法、试验规则及标志和供货要求等，包括闸阀、截止阀、节流阀、升降式止回阀等，适用于 *PN*=1.6～25.0MPa、*DN*8～*DN*65 的内螺纹和承插焊连接的阀门，适用介质为石油和石油相关产品、天然气、蒸汽等，也适用于阀盖为波纹管密封连接的 *PN*=1.6～25.0MPa、*DN*8～*DN*50 的阀门。

此项机械行业标准代替《管线球阀》JB/T 7746—1995。

1. 紧凑型钢制阀门结构形式

（1）明杆闸阀

明杆闸阀的结构如图 5-24 所示。

紧急切断阀的最高工作压力 表 5-4

介质种类		公称压力	最高工作压力(MPa)
液　氨		*PN*25(即 *PN*=2.5MPa)	2.16
液　氯		*PN*20(即 *PN*=2.0MPa)	1.62
液态二氧化硫		*PN*15(即 *PN*=1.5MPa)	0.98
丙　烯		*PN*25(即 *PN*=2.5MPa)	2.16
丙　烷		*PN*20(即 *PN*=2.0MPa)	1.77
液化石油气	50℃饱和蒸汽压力大于 1.62MPa	*PN*25(即 *PN*=2.5MPa)	2.16
	其余情况	*PN*20(即 *PN*=2.0MPa)	1.77
正丁烷		*PN*10(即 *PN*=1.0MPa)	0.79
异丁烷		*PN*10(即 *PN*=1.0MPa)	0.79
丁烯、异丁烯		*PN*10(即 *PN*=1.0MPa)	0.79
丁二烯		*PN*10(即 *PN*=1.0MPa)	0.79

(2) 暗杆闸阀

暗杆闸阀的结构如图 5-25 所示。

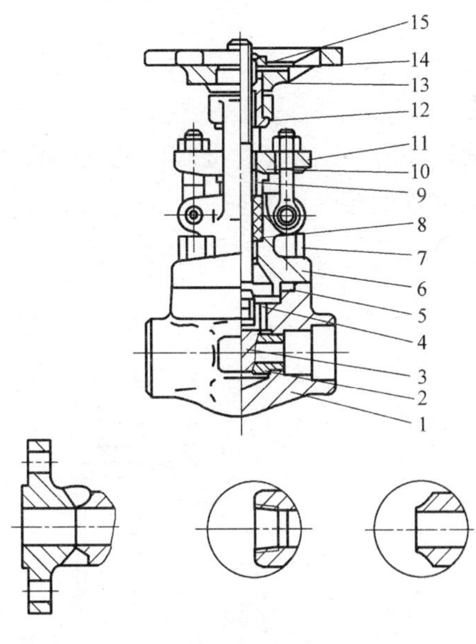

图 5-24 明杆闸阀的结构

1—阀体；2—阀座；3—闸板；4—阀杆；5—垫片；6—阀盖；7—螺栓；8—填料；9—填料压套；10—填料压板；11—活节螺栓；12—阀杆螺母；13—手轮；14—标牌；15—手轮螺母

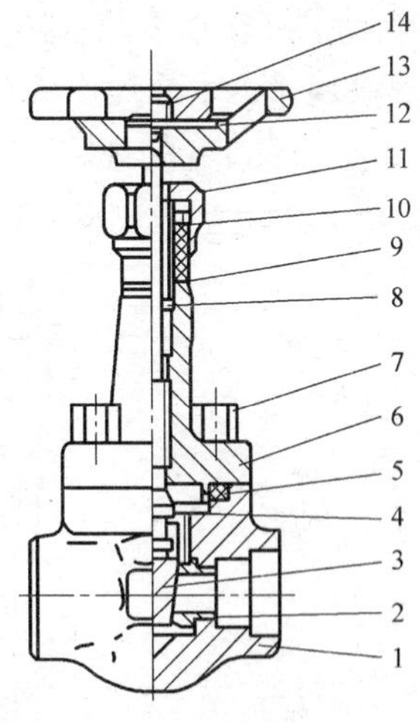

图 5-25 暗杆闸阀的结构

1—阀体；2—阀座；3—闸板；4—阀杆；5—垫片；6—阀盖；7—螺栓；8—填料垫；9—填料；10—填料压套；11—压套螺母；12—标牌；13—手轮；14—手轮螺母

(3) 截止阀、节流阀

截止阀、节流阀的结构如图 5-26 所示。

(4) 升降式止回阀

升降式止回阀的结构如图 5-27 所示。

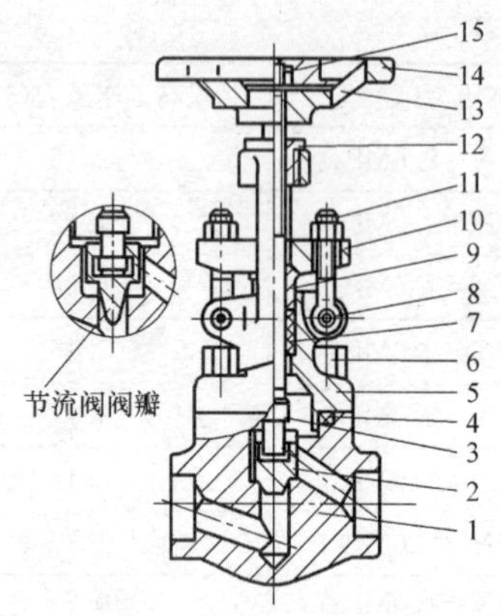

图 5-26　截止阀、节流阀的结构

1—阀体；2—阀瓣；3—阀板；4—垫片；5—阀盖；6—螺栓；7—填料；8—无头铆钉；9—填料压套；10—填料压板；11—活节螺栓；12—阀杆螺母；13—标牌；14—手轮；15—手轮螺母

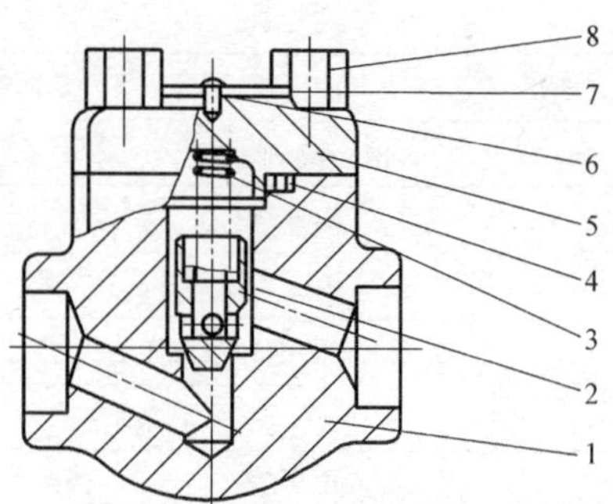

图 5-27　升降式止回阀的结构

1—阀体；2—阀瓣；3—弹簧；4—垫片；5—阀盖；6—铆钉；7—标牌；8—螺栓

（5）波纹管闸阀

波纹管闸阀的结构如图 5-28 所示。

2. 阀门的结构长度及承插焊端部尺寸

内螺纹连接、承插焊连接阀门的结构长度见表 5-5；承插焊连接阀门的端部尺寸，应符合图 5-29 和表 5-6 的规定，或按供需双方合同要求确定。

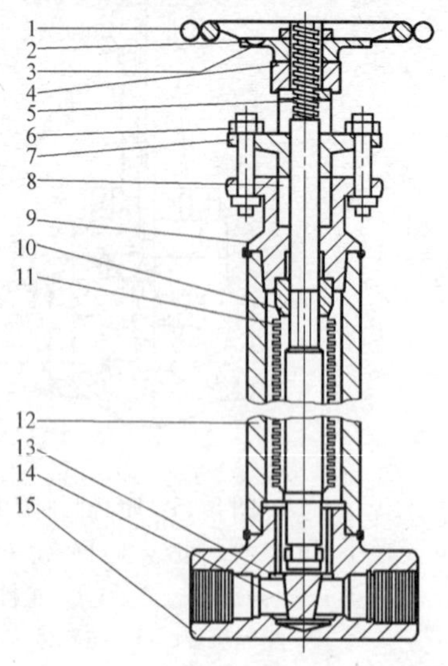

图 5-28　波纹管闸阀的结构

1—手轮；2—标牌；3—手轮螺母；4—阀杆螺母；5—阀杆；6—压套螺栓；7—填料压套；8—填料；9—阀盖；10—波纹管连接件；11—波纹管；12—阀体/阀盖加长部分；13—阀座；14—闸板；15—阀体

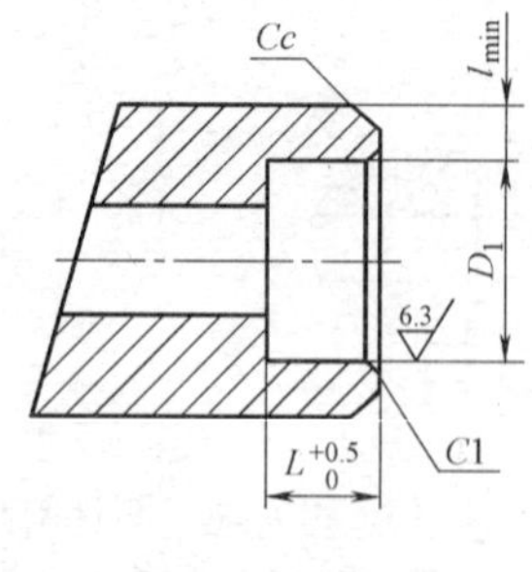

图 5-29　承插焊连接端部形式

内螺纹、承插焊阀门的结构长度（mm） **表 5-5**

公称尺寸 *DN*	闸阀、旋启式止回阀			截止阀、升降式止回阀		
	PN=1.6～14.0MPa		*PN*=25.0MPa	*PN*=1.6～14.0MPa		*PN*=25.0MPa
	短系列	长系列	—	短系列	长系列	—
8	79	80	111	79	80	111
10	79	80	111	79	80	111
15	79	90	111	79	90	111
20	92	100	111	92	100	111
25	111	120	114	111	120	130
32	120	140	120	120	140	152
40	120	170	140	152	170	172
50	140	200	162	172	200	220
65	—	260	—	—	260	—

承插焊连接阀门端部尺寸（mm） **表 5-6**

公称尺寸 *DN*	*D*	极限偏差	*L*	*C*	t_{min}			
	PN=1.6～2.5MPa				*PN*=1.6MPa、*PN*=2.5MPa、*PN*=40MPa	*PN*=2.5MPa、*PN*=10MPa	*PN*=16MPa	*PN*=25MPa
10	18.4	+0.30	10	2	3.1	3.6	3.6	4.4
15	22.5				3.3	4.1	4.1	5.3
20	28.5		11		3.6	4.4	4.4	6.1
25	34.5	+0.35	12	3	3.8	5.1	5.1	6.9
32	43.0		14		3.8	5.3	5.3	8.1
40	49.0		15		4.1	5.6	5.9	8.9
50	61.1		16		4.6	6.1	6.9	10.7
65	76.9		16		5.6	7.6	7.8	12.5

5.3.8 阀门手动装置技术条件

推荐网址：标准库 http：//www.bzko.com/

豆丁网 http：// www.docin.com/

《阀门手动装置 技术条件》JB/T 8531—1997，规定了阀门手动装置的技术要求，试验方法，检验规则，标志、包装和贮存，适用于人力通过蜗轮副、齿轮副等减速传动，直接操作的闸阀、截止阀、节流阀、隔膜阀、球阀和蝶阀等阀门用手动装置。

此项标准提出的对阀门手动装置的技术要求如下：

（1）在工作环境－20～60℃温度条件下应能正常工作；

（2）手动装置与阀门的连接形式和尺寸应符合《多回转阀门驱动装置的连接》（GB 12222）和《部分回转阀门驱动装置的连接》（GB 12223）的规定；

（3）手动装置外表面应平整、光滑，不得有裂纹、毛刺及磕碰等影响外观质量的缺陷；

（4）手动装置外表面涂漆层应附着牢固、平整、光滑、色泽均匀，无污垢、压痕和其他机械损伤。涂漆颜色一般为《漆膜颜色标准样本》GB 3181 规定的编号 B04 银灰色；

（5）手动装置出厂前，箱体内部应清洁、无杂物，并应根据要求注入润滑油或润滑脂；

（6）手动装置主要零件的材料应有出厂合格证、化学成分和机械性能检查报告；

（7）手动装置运转应平稳、灵活，无卡阻及异常声响或现象；

（8）手动装置手轮转动方向，顺时针为关，逆时针为开，且手轮上应有方向指示；

（9）部分回转手动装置应设有机械限位机构，且应能调出所需全开与全关位置；

（10）手动装置输出的允许转矩或推力值应是铭牌数值；

（11）最大手轮力一般应小于 450N，当大于 450N 时允许用增力杆；

（12）手动装置瞬时承受 2 倍铭牌转矩或推力时，所有承载零件不应有损坏现象。

5.3.9 低温阀门技术条件

推荐网址：标准分享网 http：//www.bzfxw.com/

豆丁网 http：// www.docin.com/

《低温阀门 技术条件》GB/T 24925—2010，规定了低温阀门的术语、结构形式、技术要求、试验方法、检验规则、标志、装运及贮存，适用于 PN=1.6～42MPa，DN15～DN600，介质温度－196～－29℃的法兰、对夹和焊接连接的低温闸阀、截止阀、止回阀、球阀和蝶阀。其他低温阀门亦可参照使用。

此项标准涵盖《低温阀门技术条件》JB/T 7749—1995。

1. 低温闸阀

低温闸阀如图 5-30 所示。

2. 低温截止阀

低温截止阀如图 5-31 所示。

3. 低温旋启式止回阀

低温旋启式止回阀如图 5-32 所示。

4. 对夹低温止回阀

对夹低温止回阀如图 5-33 所示。

5. 低温球阀

低温球阀如图 5-34 所示。

6. 低温涡轮蜗杆传动蝶阀

低温涡轮蜗杆传动蝶阀如图 5-35 所示。

5.3.10 工业阀门压力试验

推荐网址：标准下载网 http：//www.bzxz.net/

豆丁网 http：// www.docin.com/

《工业阀门 压力试验》GB/T 13927—2008，规定了工业用金属阀门的压力试验术语、压力试验相关情形、压力试验要求、试验方法和步骤及试验结果要求，适用于工业用金属阀门。本标准应与阀门产品标准配套使用。经供需双方同意也可适用于其他类型阀门。

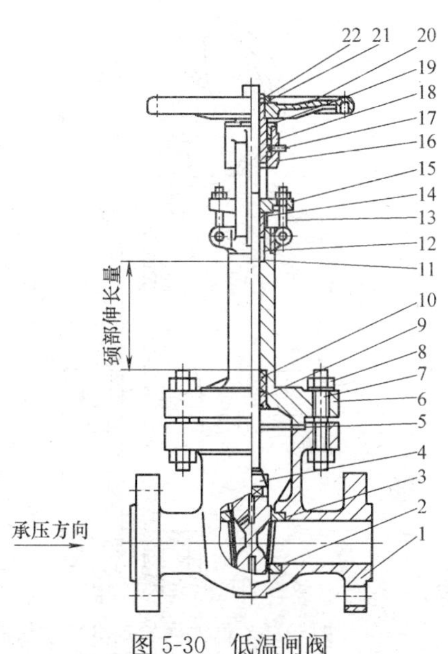

图 5-30 低温闸阀

1—阀体；2—阀座；3—闸板；4—阀杆；5—垫片；6—阀盖；7—螺柱；8—螺母；9—上密封座；10—支撑轴承；11—填料垫；12—填料；13—活节螺栓；14—填料压套；15—填料压盖；16—支架；17—油杯；18—阀杆螺母；19—压盖；20—手轮；21—螺母；22—螺钉

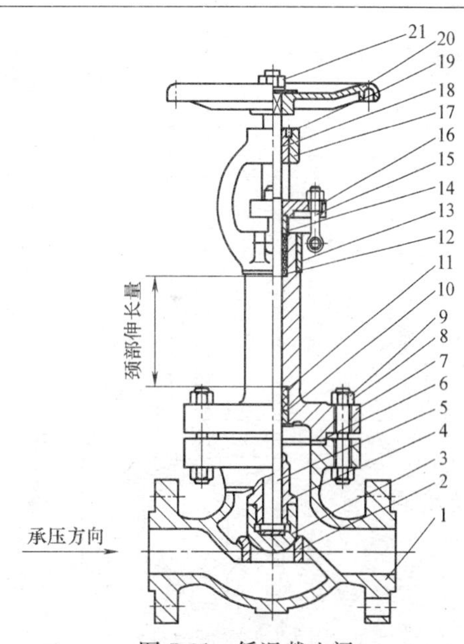

图 5-31 低温截止阀

1—阀体；2—阀座；3—阀瓣；4—阀瓣卡套；5—阀杆；6—垫片；7—阀盖；8—螺柱；9—螺母；10—上密封座；11—支撑轴承；12—填料垫；13—填料；14—填料压套；15—活节螺栓；16—填料压盖；17—支架；18—阀杆螺母；19—螺钉；20—手轮；21—螺母

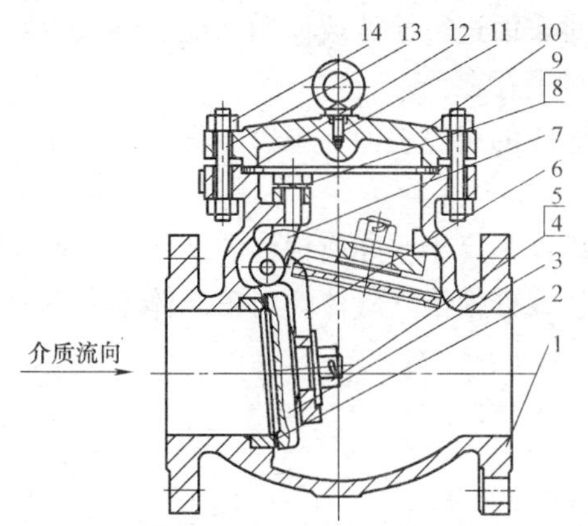

图 5-32 低温旋启式止回阀

1—阀体；2—阀座；3—阀瓣；4—螺母；5—垫圈；6—摇臂；7—支架；8—螺栓；9—垫圈；10—阀盖；11—螺钉；12—垫片；13—螺柱；14—螺母

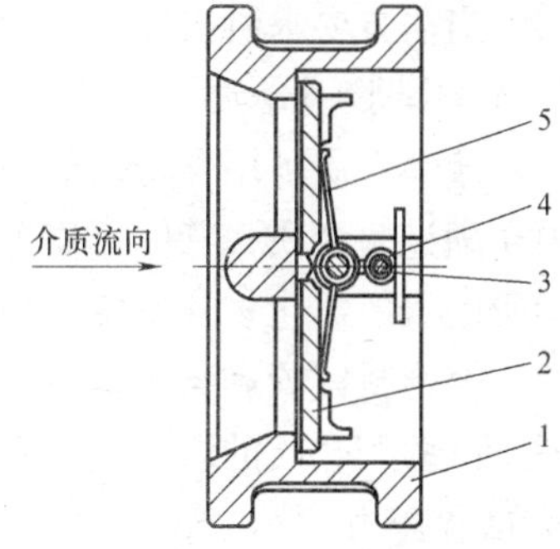

图 5-33 对夹低温止回阀

1—阀体；2—阀瓣；3—销轴；4—挡销；5—扭簧

此项标准代替《通用阀门 压力试验》GB/T 13927—1992。

需要明确的是，此项《工业阀门 压力试验》GB/T 13927—2008 标准是指阀门出厂前的试验，不适用于阀门进入施工现场后、安装前进行的试验。尽管如此，工程设计及施工人员还是应当了解阀门出厂前的试验要求。

1. 压力试验基本要求

(1) 每只阀门出厂前均应进行压力试验，压力试验应在制造厂内进行，检测仪表的精

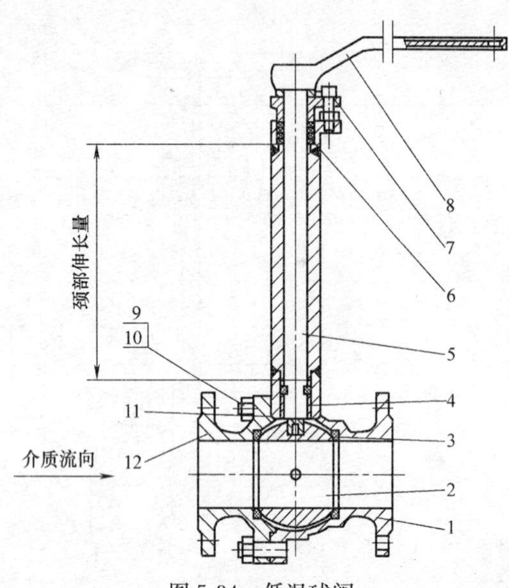

图 5-34 低温球阀

1—右阀体；2—球体；3—阀座；4—轴承；5—阀杆；6—填料；7—填料压盖；8—手柄；9—螺柱；10—螺母；11—密封垫片；12—左阀体

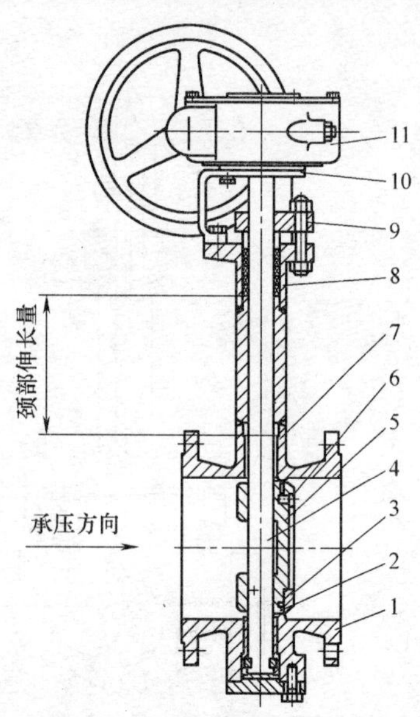

图 5-35 低温涡轮蜗杆传动蝶阀

1—阀体；2—密封圈；3—压板；4—阀杆；5—蝶板；6—螺栓；7—轴承；8—填料；9—填料压盖；10—支架；11—涡轮装置

度应不低于 1.6 级。

(2) 在阀门壳体进行压力试验前，不允许对表面进行涂漆或使用其他防渗漏涂层；允许无密封作用的化学防腐蚀处理或衬里阀门的衬里存在。

(3) 当需方要求再次压力试验时，对已经涂漆的阀门表面，可以不再去除涂漆。

2. 压力试验用介质

(1) 液体介质可用含防锈剂的水、煤油或黏度不高于水非腐蚀性的液体，并保证阀门壳体内充满试验介质；气体介质可用氮气、空气或其他惰性气体；对奥氏体不锈钢进行试验时，所用水的氯化物含量应不超过 100mg/L。

(2) 上密封试验和高压密封试验应使用液体介质。

(3) 试验用介质的温度应为 5～40℃之间。

3. 试验压力

(1) 壳体试验压力

1) 液体介质为液体时，试验压力至少是阀门在 20℃时允许工作压力的 1.5 倍 (1.5×CWP)。

缩写符号 CWP，表示冷态工作压力，即介质温度在－20～38℃时，阀门最大允许工作压力。

2) 液体介质为气体时，试验压力至少是阀门在 20℃时允许工作压力的 1.1 倍 (1.1×CWP)。

(2) 上密封试验压力

上密封试验压力至少是阀门在 20℃时允许工作压力的 1.1 倍 (1.1×CWP)。

(3) 密封试验压力

1）试验介质为液体时，试验压力至少是阀门在 20℃时允许最大工作压力的 1.1 倍（1.1×CWP）；如阀门铭牌标示对最大工作压差或阀门配带的操作机构不适宜高压密封试验时，试验压力按阀门铭牌标示的最大工作压力的 1.1 倍。

2）试验介质为气体时，试验压力为 0.6±0.1 MPa；当阀门的公称压力小于 $PN=$1.0 MPa 时，试验压力按阀门在 20℃时允许最大工作压力的 1.1 倍（1.1×CWP）。

（4）压力试验项目

压力试验项目应按表 5-7 的要求。表中的某些试验项目是可以"选择"的，合格的阀门应能通过这些试验。当订货合同有要求时，生产厂应对表中的"选择"项目进行试验。

压力试验项目要求 **表 5-7**

试验项目	阀门范围	闸阀	截止阀	旋塞阀	止回阀	浮动球球 阀	蝶阀、固定球球阀
液体壳体试验	所有	必须	必须	必须	必须	必须	必须
气体壳体试验	所有	选择	选择	选择	选择	选择	选择
上密封试验	所有	选择	选择	不适用	不适用	不适用	不适用
气体低压密封试验	≤DN100、PN≤25.0MPa	必须	选择	必须	选择	必须	必须
	>DN100、PN≤10.0MPa						
	≤DN100、PN>25.0MPa	选择	选择	选择	选择	必须	选择
	>DN100、PN>10.0MPa						
液体高压密封试验	≤DN100、PN≤25.0MPa	选择	必须	选择	必须	选择	选择
	>DN100、PN≤10.0MPa						
	≤DN100、PN>25.0MPa	必须	必须	必须	必须	选择	必须
	>DN100、PN>10.0MPa						

注：1. 油封式的旋塞阀应进行高压密封试验，低压密封试验为"选择"，试验时应保留密封油脂。
2. 除波纹管阀杆密封结构阀门外，所有具有上密封结构的阀门都应进行上密封试验。
3. 弹性密封阀门经高压密封试验后，可能会降低其在低压工况的密封性能。

（5）试验持续时间

阀门各项试验，保持试验压力的持续时间按表 5-8 的规定，此外还应满足具体的检漏方法对试验压力持续时间的要求。

保持试验压力的持续时间（s） **表 5-8**

阀门公称尺寸	保持试验压力最短持续时间			
	壳体试验	上密封试验	密封试验	
			止回阀	其他类型阀门
≤DN50	15	15	15	60
DN65～DN150	60	60	60	60
DN200～DN 300	120	60	120	60
≥DN350	300	60	120	120

注：保持试验压力最短持续时间是指阀门内试验介质升压至规定压力后，保持该试验压力的最少时间。

4. 密封试验检查

主要类型阀门的密封试验方法和检查应按表 5-9 的规定。

阀门的密封试验方法和检查 表 5-9

阀门种类	试验检查方法
闸 阀 球 阀 旋塞阀	阀门的启闭件处于部分开启状态,封闭阀门两端,给阀门内腔充满试验介质,并逐渐加压至规定试验压力,再关闭阀门启闭件,按规定时间保持一端的试验压力,释放另一端的压力,检查该端的泄漏情况。 重复上述步骤,将阀门换方向进行试验和检查
截止阀 隔膜阀	封闭阀门对阀座密封不利的一端,关闭阀门的启闭件,给阀门内腔充满试验介质,并逐渐加压至规定试验压力,检查另一端的泄漏情况
蝶 阀	封闭阀门的一端,关闭阀门的启闭件,给阀门内腔充满试验介质,并逐渐加压至规定试验压力,在规定的时间内保持试验压力不变,检查另一端的泄漏情况。 重复上述步骤,将阀门换方向进行试验和检查
止回阀	在止回阀的阀瓣关闭状态下,封闭止回阀的出口端,给阀门出口端内腔充满试验介质,并逐渐加压至规定试验压力,检查进口端的泄漏情况
双截断与 排放结构	关闭阀门的启闭件,在阀门的一端充满试验介质,逐渐加压至规定试验压力,并在规定的时间内保持试验压力不变,检查两个阀座中腔的螺塞孔处的泄漏情况。 重复上述步骤和动作,将阀门换方向试验另一端的泄漏情况
单向密 封结构	关闭阀门的启闭件,按阀门标记显示的流向方向封闭该端后,充满试验介质,逐渐加压至规定试验压力,并在规定的时间内保持试验压力不变,检查另一端的泄漏情况

5.3.11 阀门的检验和试验

推荐网址:标准库 http://www.bzko.com/

豆丁网 http:// www.docin.com/

《阀门的检验和试验》GB/T 26480—2011,规定了石油、石化及相关工业用阀门的检验试验的术语和定义、检查、检验和补充检验、压力试验、试验结果、压力试验方法、阀门的合格证书和再试验,适用于金属和金属组成的金属密封副、金属和非金属弹性材料组成弹性密封副、非金属和非金属材料组成的非金属密封副的闸阀、截止阀、旋塞阀、球阀、止回阀和蝶阀的检验和压力试验。经供需双方同意后,也可适用于其他类型的阀门。

规定的检验项目包括:铸件外观检验;壳体试验;上密封试验;低压密封试验;高压密封试验;双截断和排放密封试验;高压气体壳体试验。

因石油、石化类阀门要求较高,故此项标准对阀门的检验和试验方面的要求较为详尽,内容较多,这里不再占用较多的篇幅介绍。

与《工业阀门 压力试验》GB/T 13927—2008 不同的是,《阀门的检验和试验》GB/T 26480—2011 适用于石油、石化及相关工业用阀门。

5.3.12 超高压阀门形式和基本参数

推荐网址:标准分享网 http://www.bzfxw.com/

豆丁网 http:// www.docin.com/

《*PN*2500 超高压阀门和管件 第 1 部分：阀门型式和基本参数》JB/T 1308.1—2011，规定了公称压力为 *PN*2500（相当于 *PN*＝250MPa）的阀门的形式和基本参数。本标准适用于 *PN*＝250MPa、*DN*3～*DN*25、介质为乙烯、聚乙烯等非腐蚀性介质的锻造钢制阀门。

此项标准代替《*PN*250MPa 阀门形式与基本参数》JB/T 1308.1—1999。

1. 形式和基本参数

阀门的形式和基本参数按表 5-10 的规定。

阀门的形式和基本参数 **表 5-10**

型　式	公称尺寸 *DN*					
	3	6	10	15	20	25
管接头连接角式截止阀	○	○	○	○	—	—
管接头连接加热角式截止阀	—	○	○	—	—	—
法兰连接角式截止阀	—	—	—	—	○	○
法兰连接加热角式截止阀	—	—	—	○	○	—
管接头连接角式节流阀	○	○	○	—	—	—
管接头连接加热角式节流阀	—	○	○	—	—	—
管接头连接锥面止回阀	○	○	○	○	—	—
管接头连接球面止回阀	—	—	○	○	—	—
法兰连接锥面止回阀	—	—	—	—	○	○
法兰连接加热球面止回阀	—	—	—	○	○	—

注："○"表示有此规格；"—"表示无此规格。

2. 不同温度下的允许工作压力

阀门在不同温度下的允许工作压力按表 5-11 的规定。

阀门在不同温度下的允许工作压力 **表 5-11**

工作温度(℃)	−40～200	201～250	251～280
工作压力(MPa)	250	220	200

5.3.13 锻造角式高压阀门技术条件

推荐网址：标准分享网 http：//www.bzfxw.com/

豆丁网 http：// www.docin.com/

《锻造角式高压阀门 技术条件》JB/T 450—2008，规定了锻造角式高压阀门（以下简称阀门）结构形式、技术要求、试验方法与检验规则、标志、包装和贮运以及角式阀门的结构长度、螺纹法兰相互连接的装配尺寸、锻造高压用双头螺柱、阶端双头螺柱及螺孔尺寸、锻造高压用螺母。适用于公称压力 *PN*160～*PN*320（即 *PN*＝16～32MPa），公称尺寸 *DN*3～*DN*80 的法兰连接角式截止阀、外螺纹角式截止阀、焊接角式截止阀、角式节流阀；*DN*50～*DN*200 的平衡角式截止阀、节流阀（以下简称平衡式阀）；介质温度−29～200℃；介质为氮氢混合气体、尿素、甲胺液等。

其他结构形式的锻造高压阀门也可参照本标准。

此项标准代替：《*PN*16.0～32.0MPa 锻造角式高压阀门、管件、紧固件技术条件》JB/T 450—1992、《*PN*16.0～32.0MPa 锻造高压阀门结构长度》JB/T 2766—1992、《*PN*16.0～32.0MPa 双头螺柱》JB/T 2773—1992、《*PN*16.0～32.0MPa 阶端双头螺柱及螺孔尺寸》JB/T 2774—1992 和《*PN*16.0～32.0MPa 螺母》JB/T 2775—1992。

1. 角式高压阀门结构形式

(1) 角式截止阀结构如图 5-36 所示。

(2) 平衡角式截止阀结构如图 5-37 所示。

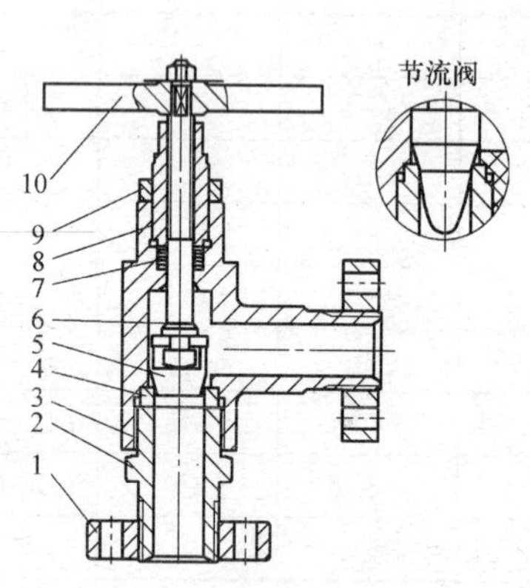

图 5-36 角式截止阀结构

1—螺纹法兰；2—阀座；3—阀体；4—阀座；5—阀瓣；6—阀杆；7—填料；8—阀杆螺母；9—锁紧螺母；10—手柄

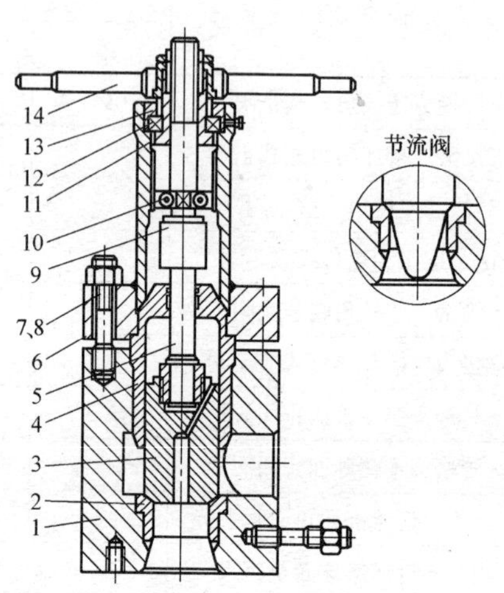

图 5-37 平衡角式截止阀结构

1—阀体；2—阀座；3—阀瓣；4—阀盖；5—阀杆；6—支架法兰；7—双头螺柱；8—螺母；9—阀杆连接套；10—夹板；11—阀杆螺母；12—轴承；13—锁紧螺母；14—手柄

2. 角式阀门的结构长度

(1) 外螺纹角式阀门的结构长度如图 5-38 所示，尺寸按表 5-12 的规定。

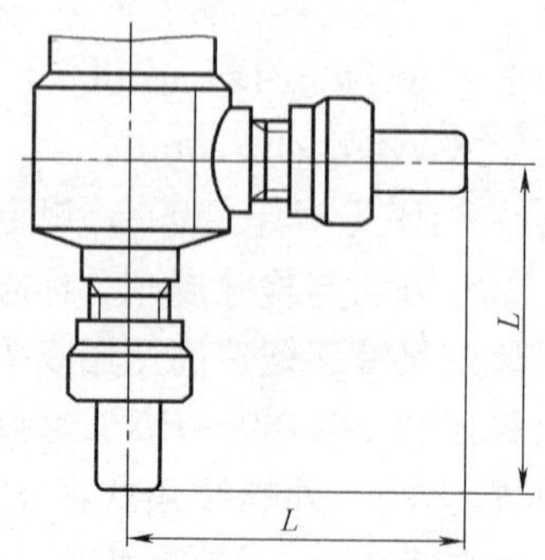

图 5-38 外螺纹角式阀门的结构长度

外螺纹角式阀门的结构长度（mm） **表 5-12**

公称压力 *PN*（MPa）	公称尺寸 *DN*			
	3、6	10	15	25
	结构长度 *L*			
16、22	—	130	140	165
25、32	90	—		

（2）螺纹法兰和焊接连接的角式截止阀的结构长度如图 5-39 所示，尺寸按表 5-13 的规定。

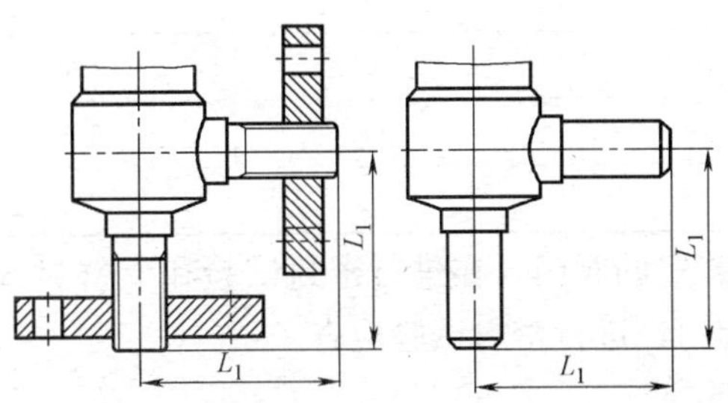

图 5-39 螺纹法兰和焊接连接的角式截止阀的结构长度

螺纹法兰和焊接连接的角式截止阀的结构长度（mm） **表 5-13**

公称尺寸 *DN*	10	15	25	32	40	50	65	80	100	125	150
结构长度 L_1	90	105	120	135	165	190	215	260	290	320	350

（3）平衡角式截止阀的结构长度如图 5-40 所示，尺寸按表 5-14 的规定。

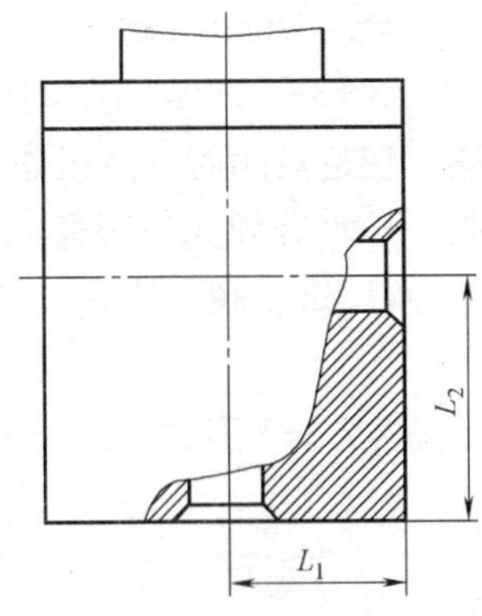

图 5-40 平衡角式截止阀的结构长度

3. 压力试验

（1）阀门壳体试验时，在试验压力的最短持续时间后，阀门的各个部位不得有可见渗漏，填料能预紧保持试验压力。试验不合格者应当报废，不得返修或补焊。

（2）密封试验时，在试验压力的最短持续时间后，通过阀座密封面泄漏的最大允许泄漏率应符合 JB/T9092 的规定；镶座圈的背面处应无可见渗漏；上密封试验时，在试验压力的最短持续时间后，应无可见渗漏。

平衡角式截止阀的结构长度 表 5-14

公称尺寸 DN	公称压力 PN(MPa)			
	16、22		25、32	
	结构长度(mm)			
	L_1	L_2	L_1	L_2
50	—	—	120	100
65	120	115	130	115
80	130	130	150	130
100	150	160	170	160
125	170	175	190	175
150	190	205	215	205
200	—	—	250	250

(3) 带有其他驱动装置的阀门，在进行密封试验和上密封试验时，应当使用其所配置的驱动装置启闭操作阀门，进行密封试验检查。

4. 产品出厂检验

每只阀门出厂前均应在涂漆之前按出厂检验项目进行检验，合格后方可出厂。出厂检验项目有：壳体强度、液体密封试验、低压气体密封试验、上密封试验和阀门标志检查、铭牌检查。

5.3.14 电站阀门型号编制方法

推荐网址：新浪爱问-共享资料 http：//ishare. iask. sina. com. cn/

豆丁网 http：// www. docin. com/

《电站阀门 型号编制方法》JB/T 4018—1999，适用于火力发电站锅炉管道系统的闸阀（快速排污阀）、截止阀（三通阀、快速启闭阀、高压加热器的进口阀）、止回阀（高压加热器的出口阀）、安全阀、调节阀、给水分配阀、旁通阀、球阀、减压阀、节流阀、旋塞阀、蝶阀、疏水阀、减温减压阀、水压试验阀（堵阀）等。水力发电站和其他能源的电站使用的阀门也可参照使用。

此项标准代替《电站阀门 型号编制方法》JB 4018—1985。

此项标准的主要内容如下：

1. 阀门类型代号。
2. 传动方式代号。
3. 连接形式代号。
4. 各类阀门的结构形式代号。
5. 阀门密封面或衬里材料代号。
6. 公称压力代号，其数值单位为 MPa。
7. 阀体材料代号。

在进行工程设计或产品订货时，需要明确《电站阀门 型号编制方法》JB/T 4018—1999 与《阀门 型号编制方法》JB/T 308—2004 的关系，不要将两者混淆到一起，以免供需双方产生歧义。

5.3.15 工业用阀门材料选用导则

推荐网址：标准下载论坛 http：//www. bzxzw. com/

豆丁网 http：// www. docin. com/

《工业用阀门材料 选用导则》JB/T 5300—2008，推荐了阀门主要零件选用的基本材料，如灰铸铁阀门、可锻铸铁阀门、球墨铸铁阀门、铜合金阀门、钛合金阀门、碳素钢阀门、高温钢阀门、低温钢阀门、不锈耐酸钢阀门等主要零件材料的选用规定，是阀门制造的基础性标准。

此项标准代替《通用阀门 材料》JB/T 5300—1991。

5.3.16 通用阀门供货要求

推荐网址：新浪爱问-共享资料 http：//ishare. iask. sina. com. cn/

豆丁网 http：// www. docin. com/

《通用阀门 供货要求》JB/T 7928—1999，规定了工业管道阀门的涂层、装运和贮存等要求，适用于工业管道和设备。

此项标准代替《通用阀门 供货要求》JB/T 7928—1995。

1. 一般要求

（1）阀门必须按相应的技术标准、设计图样、技术文件和订货合同的规定进行制造，并经检验合格，方可出厂。

（2）当有特殊要求时，应经供需双方协商，并在合同中规定，并按规定进行检验和供货。

2. 涂层

（1）除奥氏体不锈钢及铜制阀门外，其他金属制阀门的非加工外表面应涂漆或按合同规定施以涂层。

（2）加工过的外表面，必须涂易除去的防锈漆。除合同另有规定外，阀门内腔不得涂漆，但应采取防锈措施。

3. 标志

（1）阀门应有清晰的标志，并符合《通用阀门 标志》GB/T 12220。

（2）标牌应牢固地固定在阀门的明显部位，其内容必须齐全、正确，并符合《标牌》GB/T 13306 的规定。

4. 装运

（1）阀门在工厂试验合格后，应将表面油污清除干净，除去内腔残存的试验介质。

（2）阀门出厂时，球阀和旋塞阀的启闭件应处于开启位置，非金属特性材料密封蝶阀的蝶板应打开 4°～5°，止回阀的启闭件应处于关闭位置，其他阀门的启闭件应处于关闭位置。

（3）阀门两端法兰密封面、焊接端、螺纹端和阀门内腔应用端盖加以保护，且应易于装拆。阀杆外露部分应加以保护。

（4）阀门应装有无腐蚀性的符合使用要求的填料。

(5) 阀门的包装发运除按合同要求外，其包装应符合《机电产品包装通用技术条件》GB/T 13384 的规定。

(6) 阀门出厂时应随带产品合格证、产品说明书和装箱单，其内容应符合相关标准的规定。

5. 贮存和质量保证

(1) 阀门应贮存在干净的室内整齐堆放，不允许露天存放，以防止损坏或腐蚀。

(2) 自发货日期起 18 个月内，在产品说明书规定的条件下，阀门因材料缺陷、制造质量、设计等原因造成的损坏，应由制造厂负责免费保修或更换零件或整台产品。

5.3.17 关于“通用阀门标志”

推荐网址：标准下载网 http：//www.bzxz.net/

豆丁网 http：// www.docin.com/

《通用阀门 标志》GB 12220—1989 标准已颁发多年，当时尚未区分强制性标准 (GB) 与推荐性标准 (GB/T)，加之多年未修订，虽未明令作废，但不宜作为强制性标准看待。此项标准中的“标志”规定了通用阀门必须使用的和可选择使用的标志内容及标记方法，系等效采用国际标准 ISO 5209—1977。

现行机械行业标准《阀门的标志和涂漆》JB/T 106—2004 和《阀门 型号编制方法》JB/T 308—2004，可以涵盖 GB 12220—1989 标准的大部分内容。

5.3.18 关于“阀门的检验与试验”

推荐网址：标准下载网 http：//www.bzxz.net/

豆丁网 http：// www.docin.com/

《阀门的检验与试验》JB/T 9092—1999，规定了阀门的检验与压力试验的要求，适用于金属密封副、弹性密封副和非金属密封副（如陶瓷）的闸阀、截止阀、旋塞阀、球阀、止回阀和蝶阀的检验和压力试验。经供需双方同意后也可适用于其他类型的阀门。其中，弹性密封副系指：(1) 软密封副、固体和半固体润滑脂类组成的密封副（如油封旋塞阀）；(2) 非金属和金属材料组成的密封副；(3) 按表规定的弹性密封泄漏率的其他类型密封副。

1. 检验

制造厂应对每台阀门进行检验，以保证符合相关产品标准的规定。

2. 压力试验

压力试验应在阀门制造厂内进行，用于压力试验的设备在试验时不应有施加影响阀座密封的外力。

压力试验的各项具体要求，都是针对制造厂提出的，与工程设计、施工方面没有直接关系，故从略。

对于使用阀门的工程设计、施工方面，需要正确的选用和安装阀门。严格进货检验，保存好合格证，并按工程设计和施工验收质量规范的要求，在安装前对阀门进行压力试验。

5.3.19 出口阀门检验规程

推荐网址：道客巴巴 http：//www.doc88.com/

豆丁网 http：// www.docin.com/

《出口阀门检验规程》SN/T 1455—2004，规定了出口阀门的抽样、检验和检验结果的判定。适用于截止阀、闸阀、蝶阀、球阀、止回阀等工业管道通用阀门的检验，其他的阀门检验亦可参照执行。不适用于公称压力 PN＜6.3MPa 的铜制阀门和特殊用途阀门的检验。

1. 术语和定义

(1) 检验批 为实施抽样检验而汇集的同一种类、相同或不同型号规格的产品，称为检验批，简称批。

(2) 代表性资格 为实施抽样检验而抽取的代表检验批品质的产品规格。

(3) 代表性样本 为实施抽样检验，在代表性规格中抽取的代表该规格产品品质的样本。

2. 检验

(1) 交收检验

1) 抽样检验 提交检验的产品须经出口生产企业检验合格，并提供该企业检验部门出具的检验报告。

2) 抽样方案

A. 采用《抽样标准》GB/T 2828 中正常检查一次抽样方案。

B. 代表性规格数按《抽样标准》GB/T 2828 中的一般检查水平Ⅱ确定（型号规格为1时取1），并按大通径、高压力及数量多优先选取。

C. 压力试验代表性样本数按《抽样标准》GB/T 2828 中的特殊检查水平 S-1 确定；其他项目样本《抽样标准》GB/T 2828 中的特殊检查水平 S-3 确定。

D. 交收检验项目、技术要求、检验方法及不合格分类见表 5-15；合格质量水平 AQL 值的确定见表 5-16。

交收检验项目、技术要求、检验方法及不合格分类 **表 5-15**

序号	不合格分类	检验项目		技术要求	检验方法
1	A	压力试验	壳体	按相应产品标准规定	按 GB/T 13927、JB 9092、API 598 等标准规定
			上密封		
			密封		
2	B	装配质量		按装配工艺规程规定	感官、检具测试
3		连接尺寸		按相应产品标准规定	长度螺纹检具测量
4		标志		按 GB/T 12220 标准规定	目测检查
5	C	外观	铸件质量	按 GB/T12231、JB/T 7927 标准规定	目测检查
			油漆	按油漆工艺规程规定	目测检查
6		包装		按 GB/T12252 标准规定	目测检查

合格质量水平 AQL 值的确定　　表 5-16

不合格分类	A	B	C
合格质量水平 AQL 值	2.5	4.0	6.5

3）抽样方法　从提交的检验批中随机抽取代表性规格，随后在代表性规格中抽取代表性样本。

4）检验内容

A. 检验项目包括压力试验、装配质量、连接尺寸、外观、标志及包装，见表 5-15。

B. 检验方法见表 5-15（相应产品标准中的检验方法）。

5）检验结果的判定

根据检验结果，当各代表规格样本的 A 类、B 类、C 类的不合格品数均不大于相应的合格判定数 A_c，则判定该批合格。

6）有效期

交收检验的有效期为一年。

（2）形式检验

1）有下列情况之一者，应进行形式检验。

A. 出口产品为新产品；

B. 停产超过一年，恢复生产出口；

C. 检验检疫机构统一组织安排。

2）形式检验项目和方法按相应产品标准的规定进行。

3. 不合格的处理

（1）交收检验不合格的处理

合格检验批中的不合格品，应调换或返工整理为合格品。不合格品经返工整理后，允许再提交检验一次。

（2）形式检验不合格的处理

形式检验不合格，应停止其同类产品交收检验的提交，直至形式检验合格。

5.4　通用阀门简介

通用阀门标准分为国家标准与行业标准，现仅介绍其中常用标准的主要内容。

5.4.1　管线用钢制平板闸阀

推荐网址：标准库　http：//www. bzko. com/

豆丁网　http：// www. docin. com/

《管线用钢制平板闸阀》JB/T 5298—1991，规定了管线用钢制平板闸阀产品的术语、形式与基本参数、技术要求、试验方法、检验规则和标志、包装、贮存的基本要求，适用于 PN＝1.6～16MPa，DN50～DN1000，温度－29～121℃，介质为石油、天然气等管线用钢制平板闸阀。

此种平板闸阀系指两密封面与垂直中心线平行、弹性浮动阀座与阀板在启闭中始终保持相互贴合、闸板为板状的一种平行式闸阀。管线用钢制平板闸阀如图 5-41 所示，有单闸板、双闸板以及带导流孔和无带导流孔 4 种。

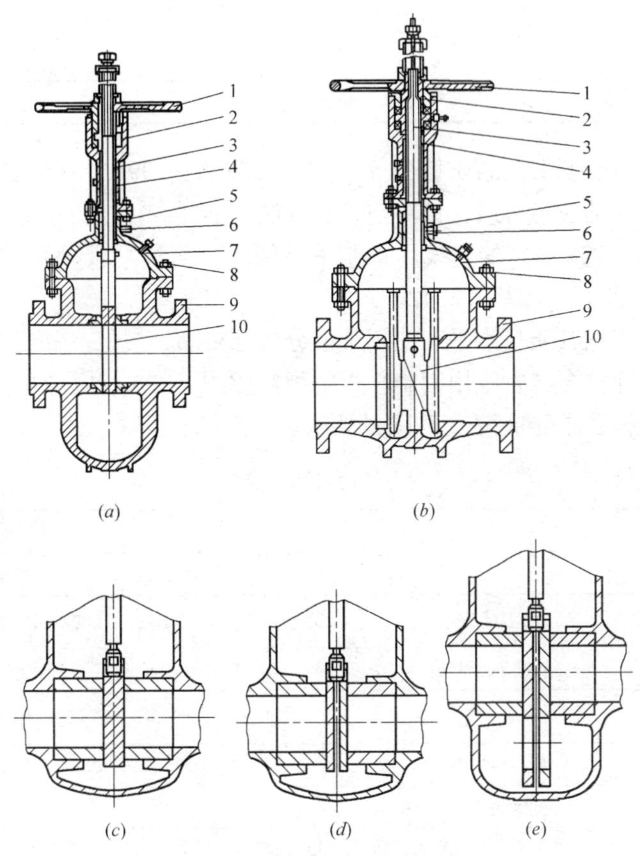

图 5-41　管线用钢制平板闸阀

(a) 单闸板；(b) 双闸板 (c) 无导流孔单闸板；(d) 无导流孔双闸板；(e) 带导流孔双闸板

1—手轮；2—阀杆螺母；3—阀杆；4—支架；5—填料；6—填料塞；7—阀盖；8—螺栓；9—阀体；10—阀板

带导流孔的闸阀全开时，阀座通道与阀板通道应一致；无导流孔的闸阀全开时，阀板不应残留在通道内。要求有油封的闸阀，在阀板阀座密封处应设有密封脂注入结构。

公称压力按 GB/T 1048—2005 标准的规定；公称通径按 GB/T 1047 标准的规定。

法兰连接闸阀的结构长度按 JB/T 5298—1991 标准之表 1 的规定；焊接连接闸阀的结构长度按 JB/T 5298—1991 标准之表 2 的规定。读者需要时可查阅标准原文。

阀门壳体试验和密封试验的持续时间见表 5-17。

5.4.2　管线用钢制平板闸阀产品质量分等

推荐网址：缺少网　http：//www. queshao. com/

　　　　　豆丁网　http：// www. docin. com/

壳体试验和密封性试验的持续时间 **表 5-17**

公称通径 DN (mm)	壳体试验	密封试验
	min	
50～100	2	2
150～250	5	5
300～450	15	5
≥500	30	5

《管线用钢制平板闸阀 产品质量分等》JB/T 53242—1999（内部使用），规定了管线用钢制平板闸阀产品的质量等级，试验与检验方法，抽样和评定方法。适用于《管线用钢制平板闸阀》JB/T 5298 规定的管线用钢制平板闸阀（简称平板阀），代替《管线用钢制平板闸阀 产品质量分等》JB/T 53242—1994。

平板闸阀产品根据其质量水平和使用价值分为合格品、一等品和优等品三个等级。

平板闸阀产品除符合《管线用钢制平板闸阀》JB/T 5298 相应产品标准规定外，各等级的考核项目和指标要求还应按表 5-18 的要求。

考核项目和指标 **表 5-18**

考核项目					质量等级		
					合格品	一等品	优等品
壳体试验	压力(MPa)				按 JB/T 9092—1991 中 4.7.1 的规定		
	持续时间(s)				≥t	≥$2t$	≥$3t$
	要求				无可见渗漏及结构损伤		
密封试验	压力(MPa)				按 JB/T 9092—1991 中 4.7.2 的规定		
	持续时间(s)				≥t	≥$2t$	≥$3t$
	持续时间	弹性密封	液体	泄漏量 (mm³/s)	0		
			气体		0		
		金属密封	液体		0.1×DN	0.01×DN	0.005×DN
			气体		3×DN	0.3×DN	0.15×DN
阀前密封试验	压力(MPa)				按 JB/T 9092—1991 中 6.3 的规定		
	持续时间(s)				≥t	≥$2t$	≥$3t$
	持续时间	弹性密封	液体	泄漏量 (mm³/s)	0		
			气体		0		
		金属密封	液体		0.1×DN	0.01×DN	0
			气体		0.3×DN	0.15×DN	0
静压寿命试验(次)					—	3 000	6 000
铸件重量					按 JB/T 53173 相应等级的规定		
清洁度(g)					≤0.05(DN25)²	≤0.04(DN25)²	≤0.03(DN25)²

注：1. 液体密封或气体密封由制造厂家任选一项。

2. t 是《管线用钢制平板闸阀》JB/T 5298—1991 中 6.1 规定的试验持续时间。

5.4.3 对夹式刀形闸阀

推荐网址：道客巴巴 http：//www. doc88. com/

豆丁网 http：// www. docin. com/

《对夹式刀形闸阀》JB/T 8691—1998，规定了对夹式刀形闸阀的定义，分类，要求，试验方法，检验规则，标志、包装、运输、贮存和质量保证，适用于 $PN \leqslant 2.5$MPa、DN50～DN700、工作介质为含固体颗粒的流体等的对夹式刀形闸阀。

对夹式刀形闸阀系指阀门在管道或设备中采用长螺栓对夹紧固连接的方式，其启闭件为一块平板的刀形闸阀。此种对夹式闸阀本身无连接法兰，靠其两侧的管道或设备的法兰和长螺栓对之夹持固定。

1. 型号标识及基本参数

对夹式刀形闸阀的标识方法按 JB/T 308 标准（由于此项闸阀标准为 JB/T 8691—1998，故此处标识方法系指《阀门 型号编制方法》JB/T 308—1975）的规定，如果阀体通道是三角形或五角形的，应在表示“结构形式”的单元中以角标形式标注“3”或“5”，以区别圆形通道。

现以手动、对夹连接、阀体通道为五角形、阀座密封面材料为合金钢、公称压力 PN=1.6MPa、阀体材料为碳钢的平行式单闸板刀形闸阀为例，其型号为：Z73$_5$H-16C。

对夹式刀形闸阀的基本参数中，公称通径 DN 按 GB/T1047 的规定，公称压力 PN 按 GB/T 1048 的规定。

2. 几种手动对夹式刀形闸阀的结构

图 5-42～图 5-45 所示为几种手动对夹式刀形闸阀的结构。

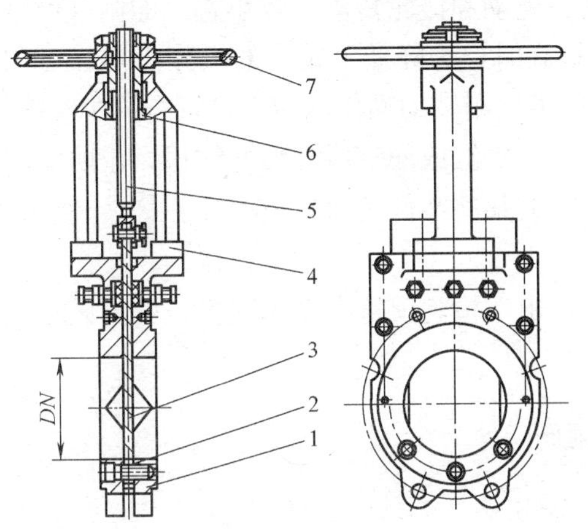

图 5-42 对夹式刀形闸阀的结构之一

1—阀体；2—密封条；3—闸板；4—支架；5—阀杆；6—阀杆螺母；7—手轮

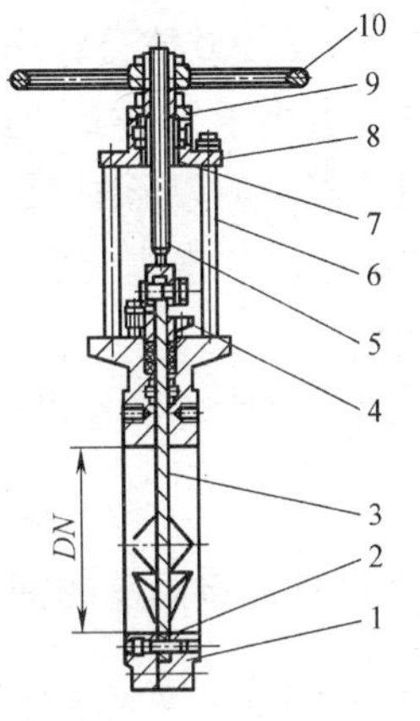

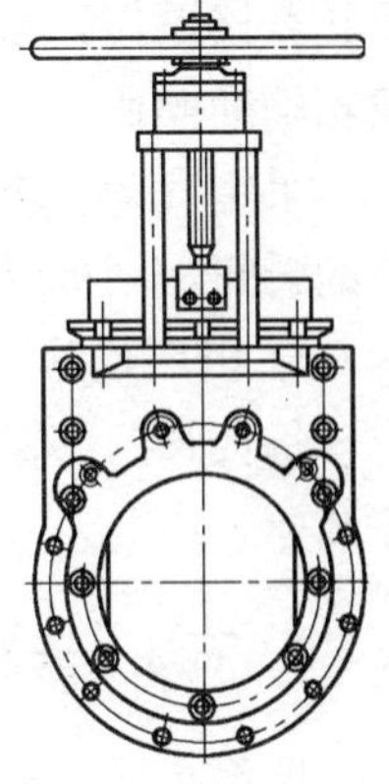

图 5-43 对夹式刀形闸阀的结构之二

1—阀体；2—密封圈；3—闸板；4—填料压盖；5—阀杆；6—立柱；7—阀杆螺母；8—轴承座；9—端盖；10—手轮

3. 阀体

阀体可以设计成分体式或整体式，其最小壁厚见 JB/T 8691—1998 标准之表 1，这里不再列表。

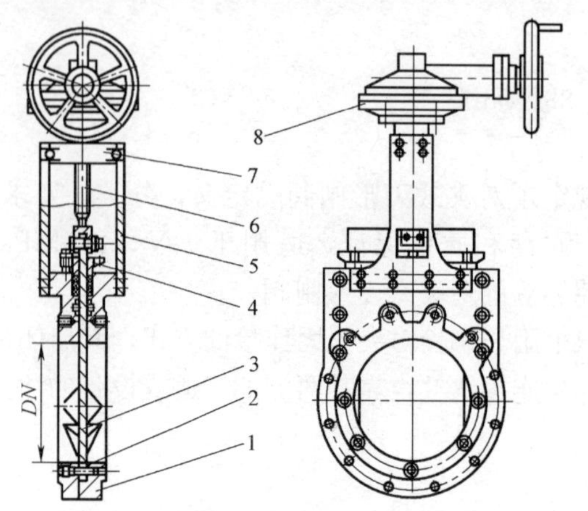

图 5-44　对夹式刀形闸阀的结构之三
1—阀体；2—密封圈；3—闸板；4—填料压盖；5—支撑杆；6—阀杆；7—接座；8—锥齿轮减速箱

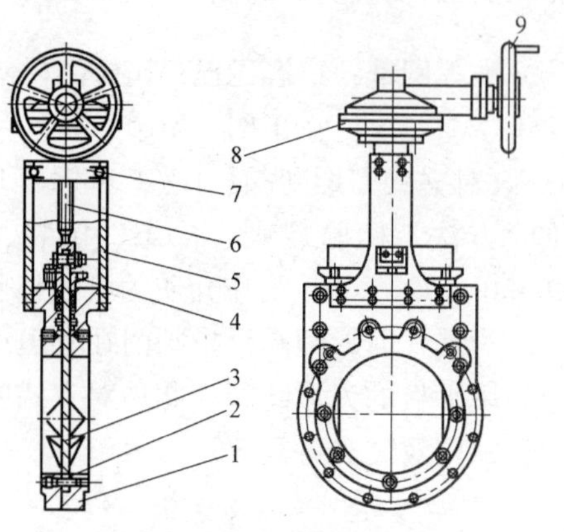

图 5-45　对夹式刀形闸阀的结构之四
1—阀体；2—密封圈；3—楔块；4—填料压盖；5—支撑杆；6—阀杆；7—接座；8—锥齿轮减速箱；9—手轮

阀体的结构长度和极限偏差按 GB/T 15188.2—1994 之表 6 和表 7 的规定。

阀体材料有灰铸铁（HT250、HT300）、球墨铸铁（QT400-15、QT450-10）、碳素钢（WCB）、奥氏体不锈钢（ZG1Cr18Ni9Ti、CF8）；闸板材料为奥氏体不锈钢；阀杆材料为不锈钢棒。

4. 驱动方式

刀形闸阀的驱动方式为手动、气动、液动、电动和链轮传动。较小直径的闸阀通常用手轮直接操作，当不小于 *DN*400 或公称压力较高时，为降低手轮上的操作力矩，可用齿轮箱辅助操作。如需方要求小于 *DN*400 时采用齿轮箱辅助操作，应在订货合同中注明。

采用气动或液动装置驱动的刀形闸阀，其工作气缸或液缸应有缓冲结构，以防关闭结束的瞬间，闸板以过快的速度冲击阀门底部，造成某些零件的变形或损坏。

5. 出厂检验

每台阀门都要经过出厂检验合格方可出厂，出厂检验项目有壳体试验、密封试验、涂漆和标志。

5.4.4　石油、天然气用螺柱连接阀盖的钢制闸阀

推荐网址：标准库　http：//www. bzko. com/

　　　　　豆丁网　http：// www. docin. com/

《石油、天然气工业用螺柱连接阀盖的钢制闸阀》GB/T 12234—2007，规定了螺柱连接阀盖钢制楔式闸板和平行双闸板闸阀的结构形式、技术要求、材料、试验方法和检验规则、标志、包装和贮运，适用于 *PN*＝1.6～42MPa、*DN*25～*DN*600、使用温度－29～538℃，螺栓连接阀盖、明杆结构的钢制楔式闸板和双闸板、端部连接形式为法兰或焊接端，用于石油、石油相关制品、天然气等介质的闸阀。本标准也适用于端部连接型式为螺纹、卡箍连接方式的闸阀。

此项标准代替《通用阀门 法兰和对焊连接钢制闸阀》GB/T 12234—1989。

1. 闸阀的典型结构

闸阀的典型结构如图 5-46 所示。

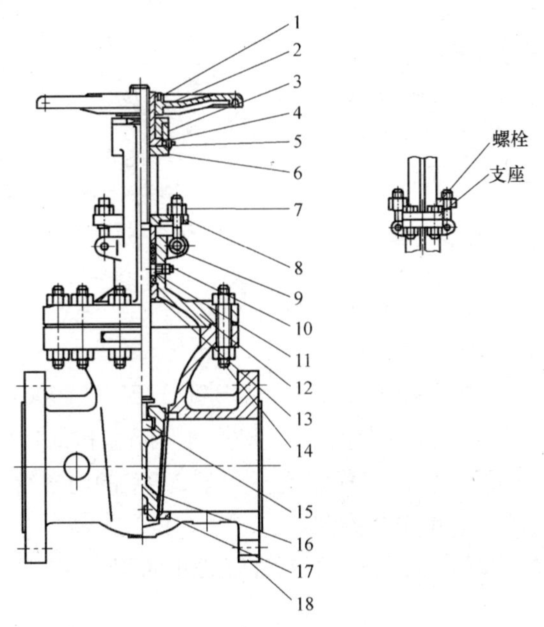

图 5-46 闸阀的典型结构

1—锁紧螺母；2—手轮；3—压盖；4—阀杆螺母；5—油杯；6—阀盖；7—活节螺栓、螺母；8—填料压板；9—填料压套；10—螺塞；11—压环；12—填料；13—上密封座；14—螺栓、螺母；15—阀杆；16—阀板；17—阀座；18—阀体

2. 结构长度

阀体的结构长度和极限偏差按《金属阀门 结构长度》GB/T 12221—2005 的规定，或按订货合同的要求。

《阀门的结构长度 对夹连接阀门》GB/T 12221—1994（该标准现已被《金属阀门 结构长度》GB/T 12221—2005 代替）之表 6 和表 7 的规定。

3. 连接端

(1) 法兰连接端按《整体钢制管法兰》GB/T 9113 的规定，密封面表面粗糙度按《钢制管法兰 技术条件》GB/T 9124 的规定，或按订货合同的要求。

(2) 焊接连接端的尺寸按《钢制阀门 一般要求》GB/T 12224 的规定，或按订货合同的要求。

(3) 螺纹连接端的尺寸按《55°密封管螺纹 圆锥内螺纹与圆锥外螺纹》GB/T 7306.2 的规定，或按订货合同的要求。

(4) 卡箍连接的尺寸按订货合同的要求。

4. 阀体

阀体应铸造或锻造成型，阀体材料应符合《通用阀门 碳素钢锻件技术条件》GB/T 12228、《通用阀门 碳素钢铸件技术条件》GB/T 12229、《通用阀门 不锈钢铸件技术条件》GB/T 12230 的要求。

5. 闸板

闸板的结构如图 5-47 所示。

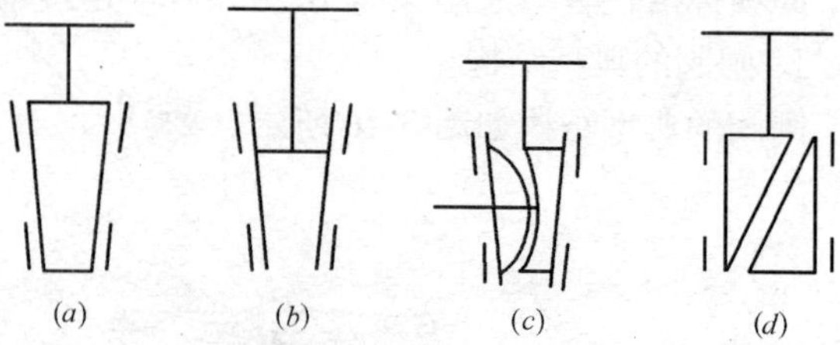

6. 出厂检验

阀门出厂前应逐台进行检验，合格后方可出厂。出厂检验项目有：壳体试验、上密封试验、密封试验、阀体壁厚测量、阀杆硬度测量、阀体标志检查、铭牌内容检查及无损检测。

图 5-47　闸板的结构

(*a*) a 型：楔式刚性闸板；(*b*) b 型：楔式弹性闸板；(*c*) c 型：楔式双闸板；(*d*) d 型：平行式双闸板

5.4.5　铁制截止阀与升降式止回阀

推荐网址：标准库　http：//www. bzko. com/

　　　　　豆丁网　http：// www. docin. com/

《通用阀门 铁制截止阀与升降式止回阀》GB/T 12233—2006，规定了铁制截止阀与升降式止回阀的分类、要求、试验方法、检验规则、标志和供货要求等，适用于 *PN*=1. 0～1. 6MPa 、*DN*15～*DN*200 及工作温度不大于 200℃的内螺纹连接和法兰连接的铁制截止阀和升降式止回阀，也适用于节流阀。

此项标准代替《通用阀门 铁制截止阀与升降式止回阀》GB/T 12233—1989。

1. 结构形式

(1) 截止阀

内螺纹连接截止阀如图 5-48 所示，法兰连接截止阀如图 5-49 所示。

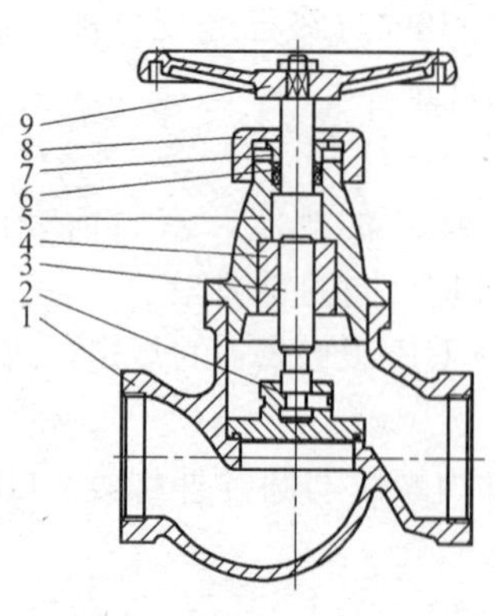

图 5-48　内螺纹连接截止阀

1—阀体；2—阀瓣；3—阀杆；4—阀杆螺母；5—阀盖；6—填料；7—填料压套；8—压套螺母；9—手轮

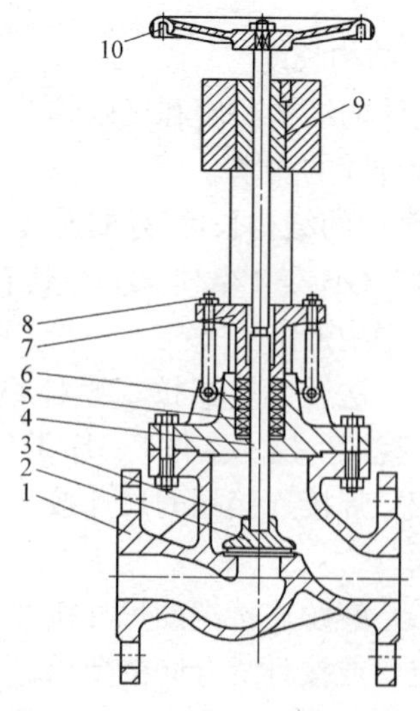

图 5-49　法兰连接截止阀

1—阀体；2—阀瓣；3—阀瓣盖；4—阀杆；5—阀盖；6—填料；7—填料压盖；8—活节螺栓；9—阀杆螺母；10—手轮

（2）止回阀

内螺纹连接升降式止回阀如图 5-50 所示，法兰连接升降式止回阀如图 5-51 所示。升降式止回阀应安装在水平管路上，以利于阀瓣在垂直方向做上下运动。

（3）节流阀

法兰连接节流阀如图 5-52 所示。

2. 阀体

（1）内螺纹连接截止阀、升降式止回阀的结构长度按表 5-19 的规定。

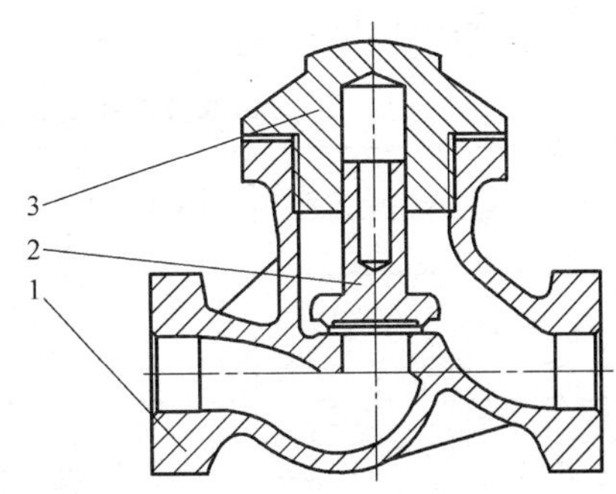

图 5-50 内螺纹连接升降式止回阀

1—阀体；2—阀瓣；3—阀盖

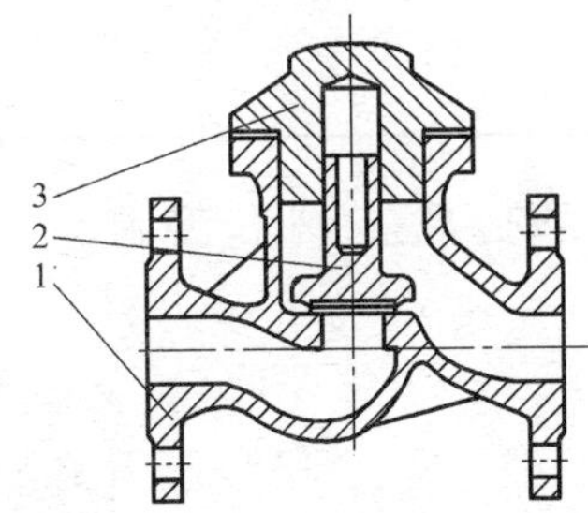

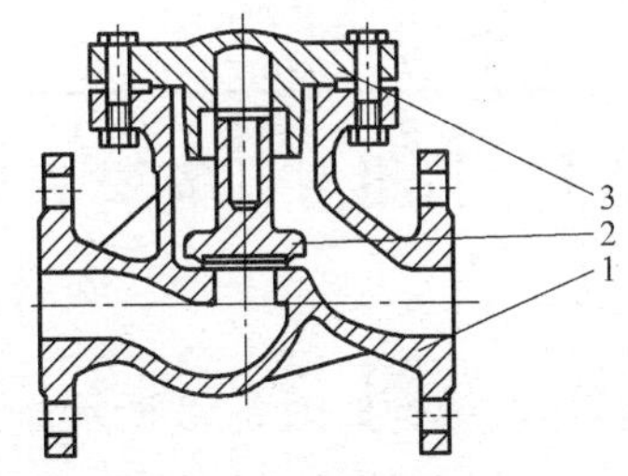

图 5-51 法兰连接升降式止回阀

1—阀体；2—阀瓣；3—阀盖

（2）法兰连接截止阀、升降式止回阀的结构长度应按《金属阀门 结构长度》GB/T 12221 的规定。

（3）阀体的最小壁厚应按 GB/T 12233—2006 标准之表 2 的规定，这里不再列出。

3. 出厂检验项目

阀门的出厂检验项目有壳体试验、密封试验、上密封试验和标志。

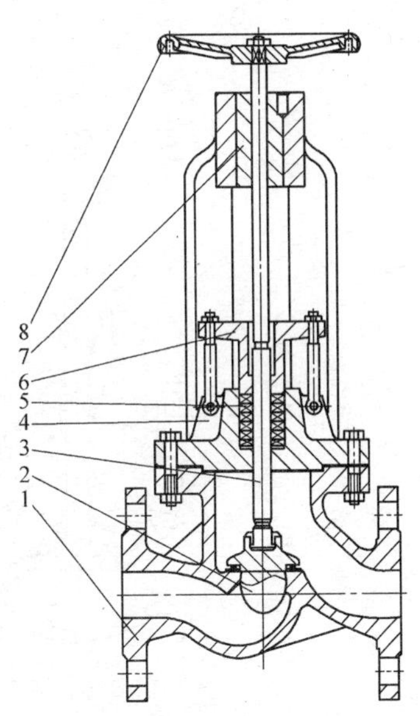

图 5-52 法兰连接节流阀

1—阀体；2—阀瓣；3—阀杆；4—阀盖；5—填料；6—填料压盖；7—阀杆螺母；8—手轮

5.4.6 石油、石化用钢制截止阀和升降式止回阀

推荐网址：新浪爱问-共享资料 http：//ishare.iask.sina.com.cn/

豆丁网 http：//www.docin.com/

《石油、石化及相关工业用钢制截止阀和升降式止回阀》GB/T 12235—2007，规定了螺柱连接阀盖钢制截止阀和升降式止回阀结构形式、技术要求、材料、试验方法和检验规则、标志、包装和储运等内容，适用于PN=1.6～42MPa、DN15～DN400、使用温度－29～538℃，螺栓连接阀盖的、端部连接形式为法兰或焊接，用于石油、石化及相关工业用的钢制截止阀和升降式止回阀。本标准适用于直通式结构、角式结构形式和 Y 式结构形式的钢制截止阀，钢制升降式止

回阀、钢制截止止回阀。钢制节流阀也可参照本标准执行。

内螺纹连接截止阀、升降式止回阀的结构长度（mm） 表 5-19

公称尺寸 *DN*	结构长度		偏 差
	短系列	长系列	
15 20	65 75	90 100	+1.0 −1.5
25 32 40 50	90 105 120 140	120 140 170 200	+1.0 −2.0
65	165	260	+1.5 −2.0

此项标准代替《通用阀门 法兰连接钢制截止阀和升降式止回阀》GB/T 12235—1989。

1. 结构形式

（1）直通式截止阀结构如图 5-53 所示。

（2）角式截止阀结构如图 5-54 所示。

（3）Y 形截止阀结构如图 5-55 所示。

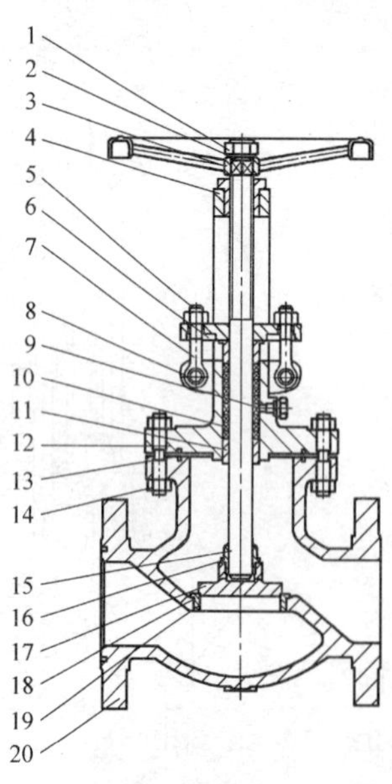

图 5-53 直通式截止阀结构

1—螺母；2—垫片；3—手轮；4—螺杆螺母；5—填料压盖；6—填料压套；7—螺母、活节螺栓；8—销；9—螺塞；10—填料；11—上密封座；12—阀盖；13—密封环；14—螺母、螺柱；15—阀杆；16—压盖；17—对开环；18—阀瓣；19—阀座；20—阀体

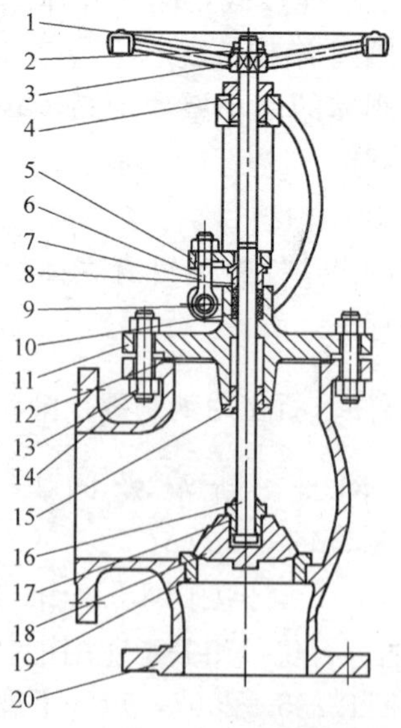

图 5-54 角式截止阀结构

1—螺母；2—垫片；3—手轮；4—螺杆螺母；5—填料压板；6—螺母；7—活节螺栓；8—填料压套；9—销；10—填料；11—压盖；12—中口垫片；13—螺母；14—螺柱；15—上密封座；16—阀杆；17—压盖；18—阀瓣；19—阀座；20—阀体

（4）升降式截止阀结构如图 5-56 所示。

（5）截止止回阀结构如图 5-57 所示。

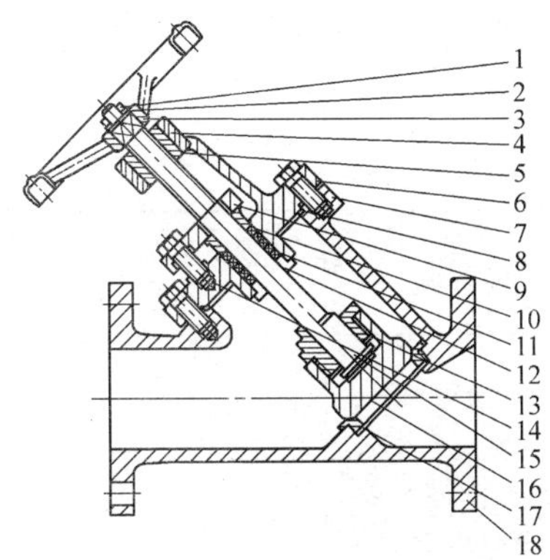

图 5-55 Y形截止阀结构

1—螺母；2—垫片；3—手轮；4—销；5—阀杆螺母；6—阀盖；7—螺栓；8—中口垫片；9—填料压板；10—填料压套；11—填料；12—上密封座；13—压盖；14—螺栓；15—阀杆；16—阀瓣；17—阀座；18—阀体

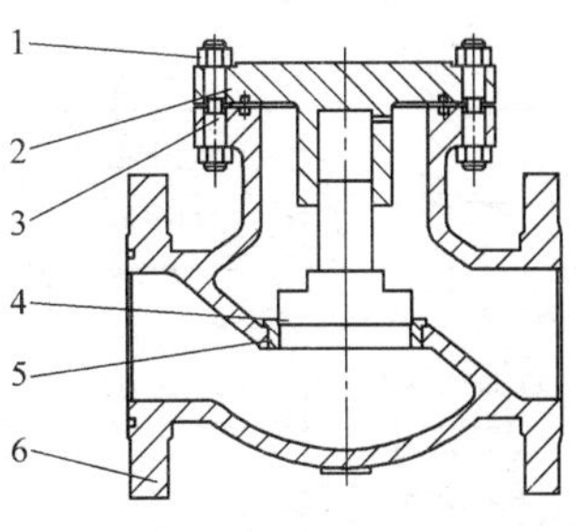

图 5-56 升降式止回阀结构

1—螺母、螺柱；2—阀盖；3—密封环；4—阀瓣；5—阀座；6—阀体

2. 结构长度和连接端

截止阀的结构长度按《金属阀门 结构长度》GB/T 12221 的规定，或按订货合同的要求；升降式止回阀和截止止回阀的结构长度应当与相同压力等级和公称尺寸的截止阀相同。

阀门法兰连接端按《整体钢制管法兰》GB/T 9113 的规定，密封面表面粗糙度按《钢制管法兰 技术条件》GB/T 9124 的规定，或按订货合同的要求。

阀门焊接连接端的尺寸按《钢制阀门 一般要求》GB/T 12224 的规定，或按订货合同的要求。

3. 阀体

阀体应当是铸造或锻造成型，阀体材料应符合《通用阀门 碳素钢锻件技术条件》GB/T 12228、《通用阀门 碳素钢铸件技术条件》GB/T 12229 和《通用阀门 不锈钢铸件技术条件》GB/T 12230 的规定。

除焊接连接端阀门的焊接端部外，阀门壳体的最小壁厚应符合 GB/T 12235—2007 标准中表 1 的规定。

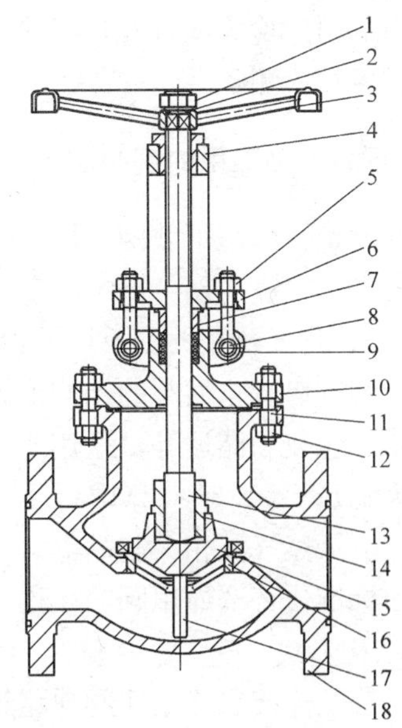

图 5-57 截止止回阀结构

1—螺母；2—垫片；3—手轮；4—阀杆螺母；5—螺母、活节螺栓；6—填料压板；7—填料压套；8—销；9—填料；10—阀盖；11—中口垫片；12—螺母、螺柱；13—螺杆；14—套筒；15—阀瓣；16—阀座；17—导向杆；18—阀体

公称尺寸大于等于 $DN250$ 的截止阀、升降式止回阀和截止止回阀，在阀座或阀体上，应当设置有阀瓣升降运动的导向支撑。

4. 阀体与阀盖连接垫片

阀体与阀盖连接垫片应选用抗腐蚀性能不低于阀体材料的垫片，可按表 5-20 选用。此表对于管路法兰垫片的选用也具有参考意义。

阀体与阀盖连接用垫片　　表 5-20

垫片类型	使用压力(MPa)	使用温度(℃)	垫片类型	使用压力(MPa)	使用温度(℃)
非金属平垫片(非石棉垫片)	≤25	≤425	柔性石棉金属缠绕垫	≤260	≤550
金属包覆垫片	≤25	≤425	柔性石棉波纹复合垫片	≤260	≤550
柔性石墨复合增强垫	≤25	≤425	金属环形垫(八角垫、椭圆垫)	≤420	≤550

5. 填料

阀门的填料应采用适用温度为－29～538℃、适用介质为蒸汽和石油制品介质、含有金属缓蚀剂的柔性石墨及柔性石墨编织填料。

6. 出厂检验项目

阀门的出厂检验项目有：壳体试验、密封试验、上密封试验、阀门标志检查、铭牌内容检查和无损检测。

5.4.7　石油、化工用的钢制旋启式止回阀

推荐网址：标准下载网　http：//www.bzxz.net/

豆丁网　http：// www.docin.com/

《石油、化工及相关工业用的钢制旋启式止回阀》GB/T 12236—2008，规定了螺栓连接阀盖钢制旋启式止回阀的结构形式、技术要求、材料、试验方法和检验规则、标志、防腐、涂漆、包装和储运等，适用于螺栓连接阀盖的法兰连接或焊接的钢制旋启式止回阀，其参数为：PN＝1.6～42MPa、$DN50$～$DN600$、使用温度－29～538℃，使用介质为石油、化工、天然气及相关制品等。

此项标准代替《通用阀门 钢制旋启式止回阀》GB/T 12236—1989。

1. 结构形式

(1) 法兰连接启式止回阀典型结构如图 5-58 所示。

(2) 法兰连接启式缓闭止回阀典型结构如图 5-59 所示。

2. 结构长度和连接端

截止阀的结构长度按《金属阀门 结构长度》GB/T 12221 的规定，或按订货合同的要求。

与管道连接的端法兰《整体钢制管法兰》GB/T 9113 的规定。

焊接连接端的尺寸按《钢制阀门 一般要求》GB/T 12224 的规定，或按订货合同的要求。

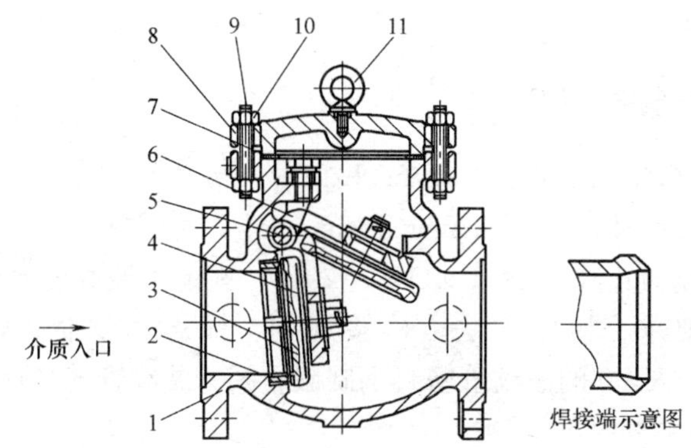

图 5-58 法兰连接启式止回阀典型结构

1—阀体；2—阀座；3—阀瓣；4—摇杆；5—销轴；6—支架；7—垫片；8—阀盖；9—螺柱；10—螺母；11—吊环螺钉

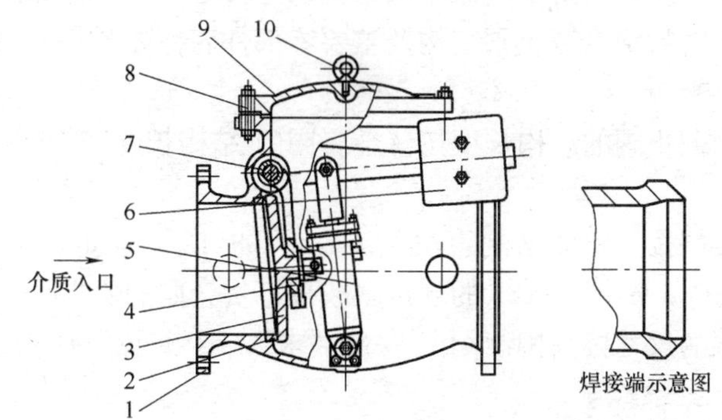

图 5-59 法兰连接启式缓闭止回阀典型结构

1—阀体；2—阀座；3—阀瓣；4—摇杆；5—油缸；6—重锤；7—销；8—垫片；9—阀盖；10—吊环螺钉

3. 阀体

阀体应当是铸造或锻造成型。除焊接连接端阀门的焊接端部外，阀门壳体的最小壁厚应符合 GB/T12236-2008 标准中表 1 的规定。

4. 阀体与阀盖连接垫片

阀体与阀盖连接垫片应选用下列材料的一种，这对于管路法兰垫片的选用也具有参考意义。

(1) 柔性石墨增强复合垫；

(2) 金属包覆垫；

(3) 金属缠绕垫；

(4) 带中心加强环的金属缠绕垫；

(5) 金属波齿垫；

(6) 金属环形垫。

5. 出厂检验项目

阀门的出厂检验项目有：壳体试验、密封试验、阀门标志检查、铭牌内容检查、涂漆和包装。

5.4.8 波纹管密封钢制截止阀

推荐网址：标准分享网 http：//www. bzfxw. com/

豆丁网 http：// www. docin. com/

《波纹管密封钢制截止阀》JB/T 11150—2011，规定了波纹管密封钢制截止阀的结构形式、参数、技术要求、检验方法、检验规则、标志和供货，适用于 PN＝1.6～26.0MPa、DN15～DN400 的波纹管密封钢制截止阀。波纹管密封钢制节流阀、波纹管密封钢制截止止回阀也可参照执行。

1. 结构形式

（1）法兰连接端波纹管密封钢制截止阀如图 5-60 所示。

（2）焊接连接端波纹管密封钢制截止阀如图 5-61 所示。

（3）法兰连接端波纹管密封钢制截止阀结构及主要零部件名称如图 5-62 所示。

（4）高压波纹管密封钢制截止阀结构及主要零部件名称如图 5-63 所示。

2. 结构长度和连接端

波纹管密封钢制截止阀的结构长度按《金属阀门 结构长度》GB/T 12221 的规定，或按订货合同的要求。

阀门的法兰连接端按《整体钢制管法兰》GB/T 9113 的规定，密封面表面粗糙度按《钢制管法兰 技术条件》GB/T 9124 的规定，或按订货合同的要求。

阀门焊接连接端的尺寸按《钢制阀门 一般要求》GB/T 12224 的规定，或按订货合同的要求。

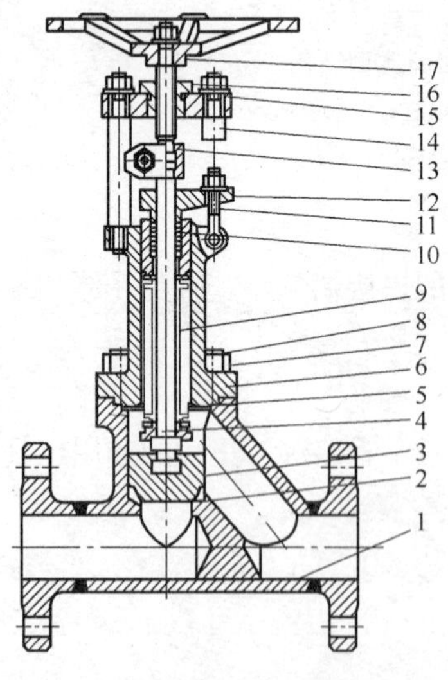

图 5-60 法兰连接端波纹管密封钢制截止阀

1—阀体；2—阀座；3—阀瓣；4—阀杆；5—垫片；6—阀盖；7—螺母；8—螺柱/螺栓；9—波纹管组件；10—填料；11—活节螺栓；12—填料压板；13—连接块；14—立柱；15—横梁；16—阀杆螺母；17—手轮

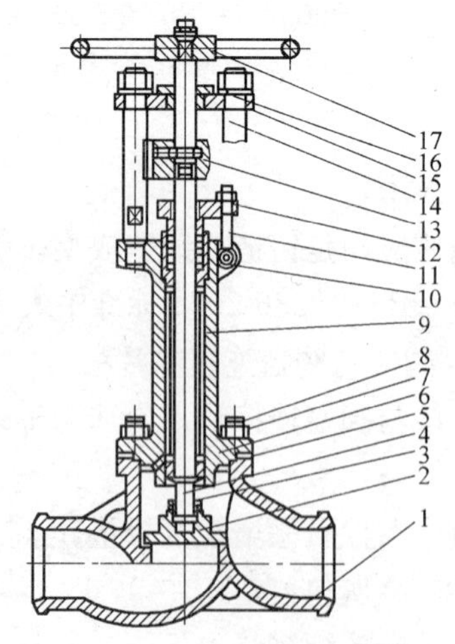

图 5-61 焊接连接端波纹管密封钢制截止阀

1—阀体；2—阀瓣；3—阀瓣盖；4—阀杆；5—垫片；6—阀盖；7—螺母；8—螺柱/螺栓；9—波纹管组件；10—填料；11—活节螺栓；12—填料压板；13—连接块；14—立柱；15—横梁；16—阀杆螺母；17—手轮

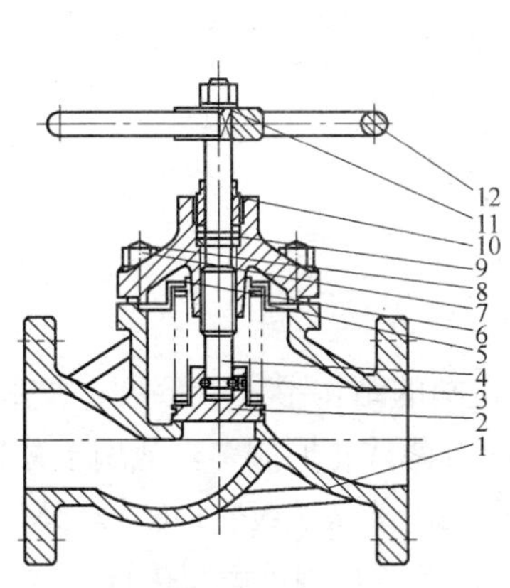

图 5-62 法兰连接端波纹管密封钢制截止阀

1—阀体；2—阀瓣；3—波纹管；4—阀杆；5—波纹管座；6—阀盖；7—螺母；8—螺柱/螺栓；9—填料；10—填料压盖；11—铭牌；12—手轮

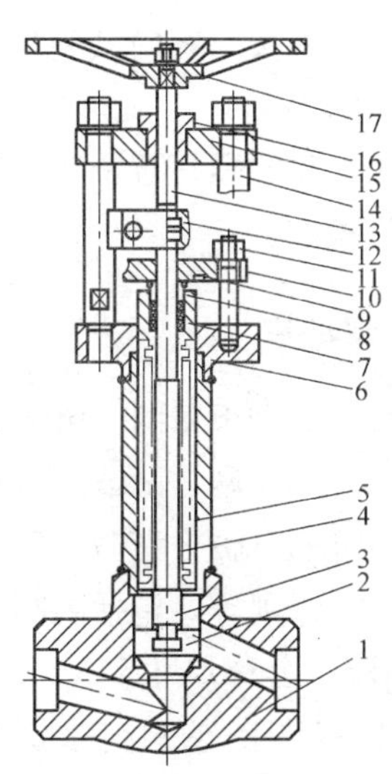

图 5-63 高压波纹管密封钢制截止阀

1—阀体；2—阀瓣；3—下阀杆；4—波纹管组件；5—接管；6—上法兰；7—填料；8—填料压套；9—填料压板；10—螺柱/螺栓；11—螺母；12—连接块；13—上阀杆；14—立柱；15—横梁；16—阀杆螺母；17—手轮

3. 阀体和阀盖

阀体和阀盖的最小壁厚，阀体为锻钢时，按《紧凑型钢制阀门》JB/T 7746 的规定；阀体为铸钢时，按《石油、石化及相关工业用钢制截止阀和升降式止回阀》JB/T 12235 的规定。

阀体和阀盖的连接法兰、密封垫片和螺柱/螺栓、螺母的连接结构或焊接结构形式。除公称尺寸不应大于 *DN*50 的阀体与阀盖连接法兰外形应采用方形的以外，其余公称尺寸的连接法兰应是圆形的。

阀门壳体的金属材料应符合《钢制阀门 一般要求》GB/T 12224 的要求。

4. 波纹管组件

波纹管的制造、试验和验收应符合《阀门用金属波纹管》JB/T 10507 的规定。

波纹管采用与阀门相同的压力-温度等级。波纹管应能承受主体阀门 38℃条件下的最大允许工作压力 1.1 倍的密封试验和 38℃条件下最大允许工作压力 1.5 倍的强度试验。进行压力试验时，焊缝不能开裂、泄漏，波纹管不能发生扭曲。

波纹管的常用不锈钢材料见 JB/T 11150—2011 标准之表 1。波纹管既可以是无缝结构，也可以是纵向对焊结构。波纹管及其端部连接件，应具有焊接性，并且对波纹管的耐蚀性无不良影响。

5. 阀门压力试验

阀门壳体试验的试验压力为公称压力的 1.5 倍；高压密封试验的试验压力为公称压力

的 1.1 倍；低压密封试验的试验压力为 0.6MPa。

试验持续时间按《阀门试验与检验》JB/T 9092 的规定。

6. 出厂检验项目

阀门的出厂检验项目有：壳体试验、密封试验、氦质谱检验、阀体标志检查、铭牌内容检查、无损检测。

5.4.9　针形截止阀

推荐网址：标准下载网　http：//www. bzxz. net/

豆丁网　http：// www. docin. com/

《针形截止阀》JB/T 7747—2010，规定了针形截止阀的结构形式、参数、技术要求、试验方法、试验规则等，包括闸阀、截止阀、节流阀、升降式止回阀等，适用于公称压力 $PN\leqslant$32.0MPa，公称尺寸 DN2.5～DN25 的钢制针形截止阀；PN=1.6～2.5MPa，公称尺寸 DN10～DN15 的铜制针形截止阀。其他参数的针形截止阀可参照执行。

此项标准代替《针形截止阀》JB/T 7747—1995。

1. 结构形式

针形截止阀的典型结构如图 5-64～图 5-69 所示。钢制针形截止阀的公称尺寸为 DN2.5、DN6、DN8、DN10、DN15、DN20、DN25；铜制针形截止阀的公称尺寸为 DN10、DN15。

2. 阀体和阀盖

钢制针形截止阀的阀体和阀盖的公称壁厚按 JB/T 7747—2010 标准之表 3 的规定；铜制针形截止阀的阀体和阀盖按 JB/T 7747—2010 标准之表 4 的规定。

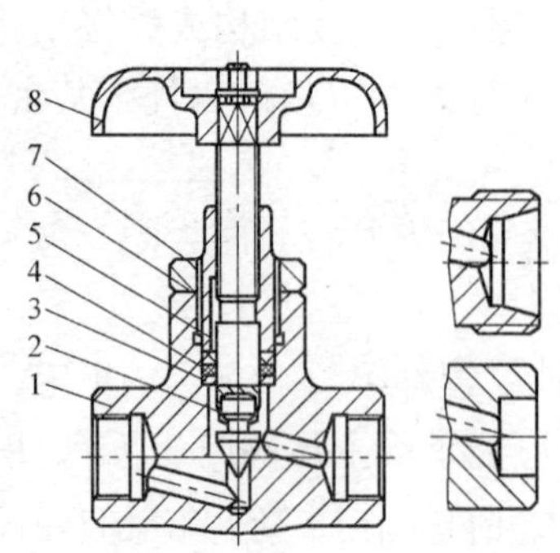

图 5-64　整体钢制针形截止阀

1—阀体；2—阀瓣；3—填料垫；4—填料；5—阀杆；6—阀杆螺母；7—锁紧螺母；8—手轮

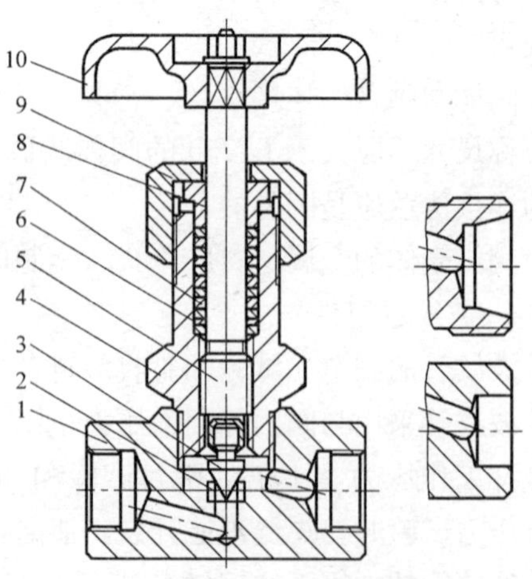

图 5-65　分体钢制针形截止阀

1—阀体；2—阀座；3—阀瓣；4—阀盖；5—阀杆；6—填料垫；7—填料；8—填料压盖；9—压盖螺母；10—手轮

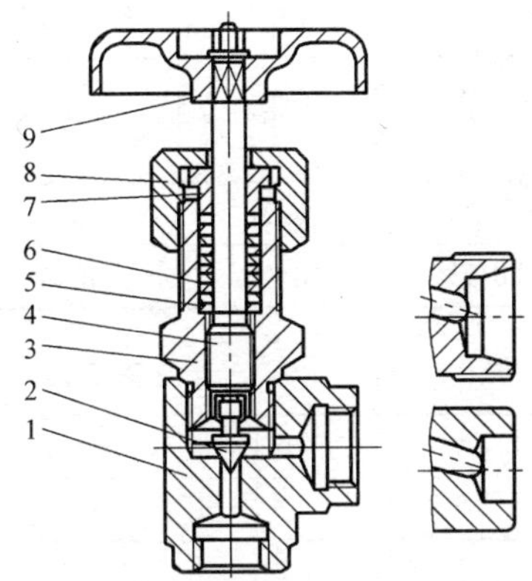

图 5-66 角式钢制针形截止阀

1—阀体；2—阀瓣；3—阀盖；4—阀杆；5—填料垫；6—填料；7—填料压盖；8—压盖螺母；9—手轮

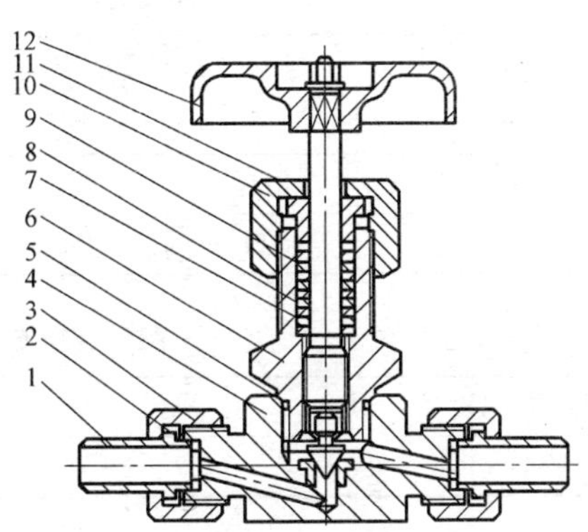

图 5-67 接头连接钢制针形截止阀

1—接头；2—接头垫；3—接头螺母；4—阀体；5—阀瓣；6—阀盖；7—填料垫；8—填料；9—阀杆；10—填料压盖；11—压盖螺母；12—手轮

阀体和阀盖推荐采用如图 5-64 所示的整体式结构，也可以采用如图 5-65、图 5-66 所示的分体式结构，但分体式结构的阀体和阀盖连接必须可靠，防止松动。

3. 阀体连接端

阀体连接端的形式有：螺纹连接、焊接和卡套连接等。

内螺纹连接采用圆锥管螺纹，其规格应符合《55°密封管螺纹 第 2 部分：圆锥内螺纹与圆锥外螺纹》GB/T 7306.2 和《60°密封管螺纹》GB/T 12716 的规定。螺纹规格与公称通径 *DN* 的对应关系按表 5-21 的规定。表中，Rc 表示 55°圆锥内螺纹，NPT 表示 60°圆锥管螺纹。

承插焊连接的阀门连接端承插口尺寸按表 5-22 的规定或按订货合同的要求。

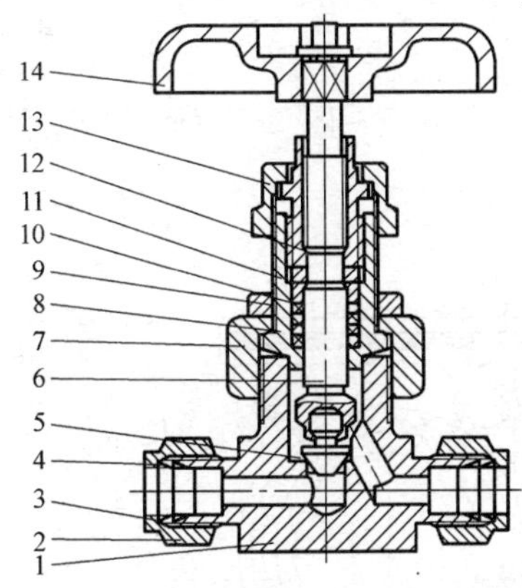

图 5-68 卡套钢制针形截止阀

1—阀体；2—接头螺母；3—卡套；4—卡环；5—阀瓣；6—阀杆；7—压盖螺母；8—阀盖；9—锁紧螺母；10—填料；11—压套；12—阀杆螺母；13—压盖螺母；14—手轮

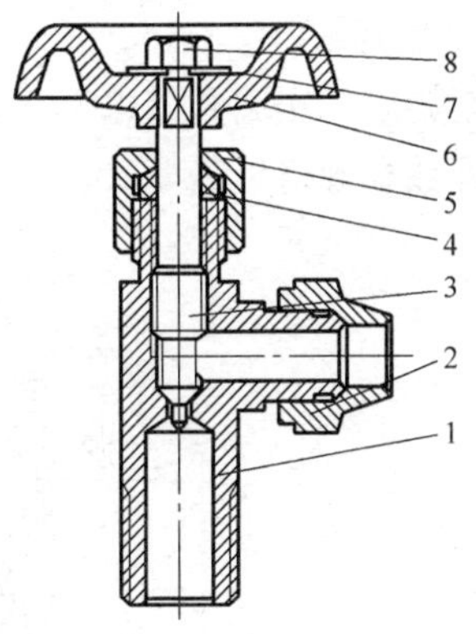

图 5-69 角式铜制针形截止阀

1—阀体；2—卡管接头；3—阀杆；4—填料；5—填料压盖；6—手轮；7—垫圈；8—螺母

内螺纹规格与公称通径的对应关系　　表 5-21

公称通径 DN		3	6	10	15	20	25
螺纹规格	55°	Rc1/8	Rc1/4	Rc3/8	Rc1/2	Rc3/4	Rc1
	60°	NPT1/8	NPT1/4	NPT3/8	NPT1/2	NPT3/4	NPT1

阀门连接端承插口尺寸 (mm)　　表 5-22

公称通径 DN	6	10	15	20	25
承插口尺寸	14.4	18.4	22.5	28.5	34.5

4. 壳体强度及密封性

针形截止阀在经过 1.5 倍最大工作压力的壳体强度试验后，阀门壳体及各连接处，不允许有可见泄漏，无结构损伤。

针形截止阀密封试验的最大允许泄漏量应符合《工业阀门 压力试验》GB/T 13927 的规定。

5. 出厂检验项目

阀门的出厂检验项目有：壳体试验、密封试验、标志及外观。

5.4.10　铁制旋启式止回阀

推荐网址：标准库　http：//www.bzko.com/

豆丁网　http：// www.docin.com/

《通用阀门 铁制旋启式止回阀》GB/T 13932—1992，规定了铁制旋启式止回阀的结构形式、技术要求、试验方法等基本要求，适用于 *PN*＝0.25～4.0MPa，*DN*50～*DN*1800，温度不高于 350℃，工作介质为蒸汽、空气和水，法兰连接的灰铸铁和球墨铸铁制旋启式止回阀。

1. 结构形式

铁制旋启式止回阀（以下简称止回阀）的结构如图 5-70～图 5-73 所示，各型止回阀的基本参数和规格见表 5-23。

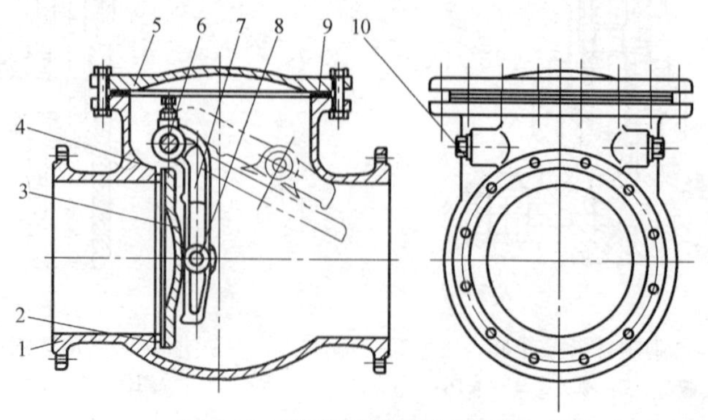

图 5-70　旋启单瓣卧式止回阀

1—阀体；2—阀体密封圈（阀座）；3—阀瓣；4—阀瓣密封圈；5—阀盖；6—摇杆轴；7—摇杆；8—销轴；9—垫片；10—螺塞

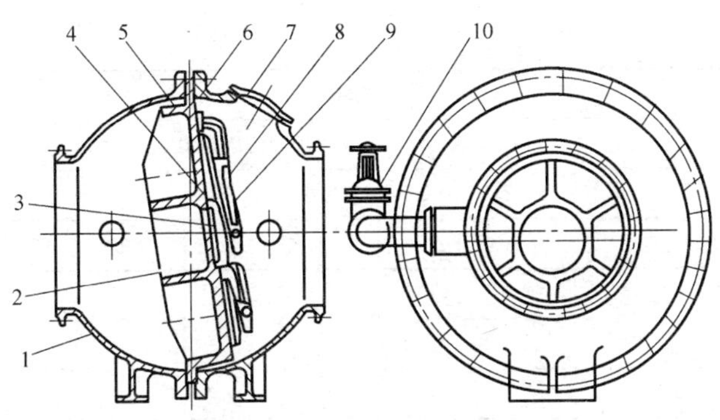

图 5-71　旋启多瓣卧式止回阀

1—阀体（一）；2—阀体密封圈（阀座）；3—阀瓣；4—阀瓣密封圈；5—隔板；6—阀体（二）；7—阀盖；8—摇杆轴；9—摇杆；10—旁通阀

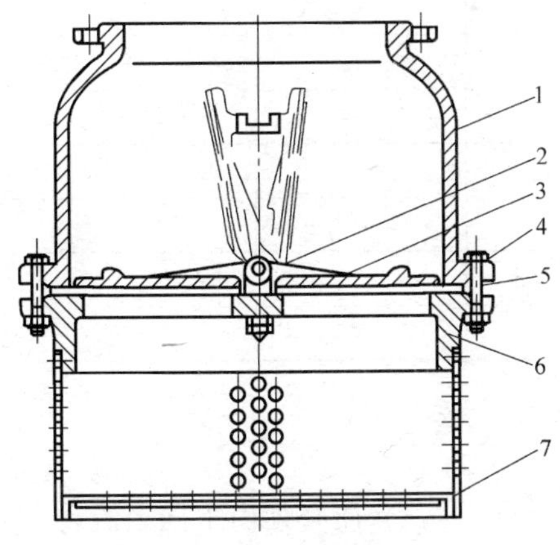

图 5-72　旋启双瓣立式止回阀

1—阀体；2—轴销；3—阀瓣；4—阀体密封圈；5—垫片；6—隔板；7—过滤网

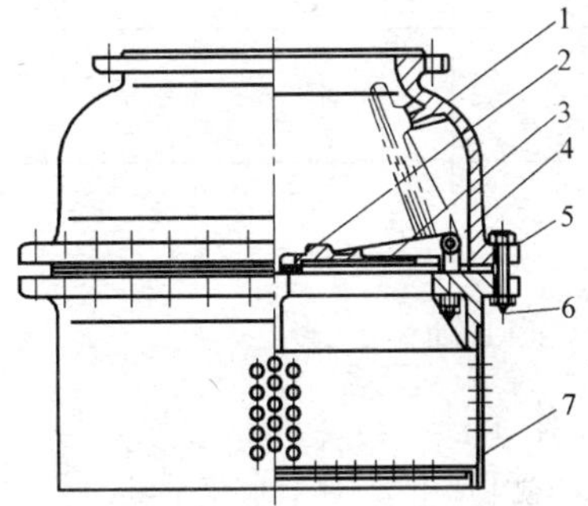

图 5-73　旋启多瓣立式止回阀

1—阀体；2—阀体密封圈；3—阀瓣；4—轴销；5—垫片；6—隔板；7—过滤网

各型止回阀的基本参数和规格　　**表 5-23**

公称通径 *DN*	灰铸铁制				球墨铸铁制
	公称压力 PN(MPa)				
	0.25,0.6,1.0				1.6,2.5,4.0
	单瓣卧式	多瓣卧式	双瓣立式	多瓣立式	单瓣卧式
50	○	—	—	—	○
65	○	—	—	—	○
80	○	—	—	—	○
100	○	—	—	—	○
125	○	—	—	—	○
150	○	—	—	—	○
200	○	—	—	—	○
250	○	—	—	—	—
300	○	—	—	—	—

续表

公称通径 DN	灰铸铁制				球墨铸铁制
	公称压力 PN(MPa)				
	0.25,0.6,1.0				1.6,2.5,4.0
	单瓣卧式	多瓣卧式	双瓣立式	多瓣立式	单瓣卧式
350	○	—	○	○	—
400	○	—	○	○	—
450	○	—	○	○	—
500	○	—	○	○	—
600	○	—	○	○	—
700	—	○	—	—	—
800	—	○	—	—	—
900	—	○	—	—	—
1000	—	○	—	—	—
1200	—	○	—	—	—
1400	—	○	—	—	—
1600	—	○	—	—	—
1800	—	○	—	—	—

注：立式止回阀也称为底阀。

2. 工作条件

卧式止回阀主要用于水平管路上，当用于垂直管路上时，介质必须由下向上流动。立式止回阀用于水泵的吸入管垂直管道下端。

3. 结构长度

止回阀的结构长度应符合《金属阀门 结构长度》GB/T 12221 标准和 GB/T 13932 标准之表 2 的要求。

4. 阀体和阀盖的壁厚

阀体和阀盖的最小壁厚应符合 GB/T 13932 标准之表 3 的要求。

5. 压力试验

止回阀的压力试验应按《工业阀门 压力试验》GB/T 13927 标准的规定。

5.4.11 对夹式止回阀

推荐网址：标准库 http：//www. bzko. com/

豆丁网 http：// www. docin. com/

《对夹式止回阀》JB/T 8937—2010，规定了对夹式止回阀结构形式与尺寸、技术要求、材料、试验方法和检验规则等要求。适用于对夹式止回阀，具体适用参数为：

公称压力 *PN*≤42.0MPa、公称尺寸 *DN*50～*DN*2 100 的对夹双瓣旋启式止回阀；

公称压力 *PN*≤42.0MPa、公称尺寸 *DN*50～*DN*1 200 的长系列对夹单瓣旋启式止回阀及对夹蝶式止回阀；

公称压力 $PN \leqslant 26.0$MPa、公称尺寸 $DN50 \sim DN500$ 的短系列对夹单瓣旋启式止回阀；

公称压力 $PN \leqslant 16.0$MPa、公称尺寸 $DN15 \sim DN350$ 的对夹升降式止回阀。

双法兰双瓣旋启式止回阀可参照执行。

此项标准代替《对夹式止回阀》JB/T 8937—1999。

1. 结构形式

对夹双瓣旋启式止回阀如图 5-74 所示，长系列对夹单瓣旋启式止回阀如图 5-75 所示，短系列对夹单瓣旋启式止回阀如图 5-76 所示，对夹升降式止回阀如图 5-77 所示，对夹蝶式止回阀如图 5-78 所示，凸耳对夹双瓣旋启式止回阀如图 5-79 所示，双法兰双瓣旋启式止回阀如图 5-80 所示。

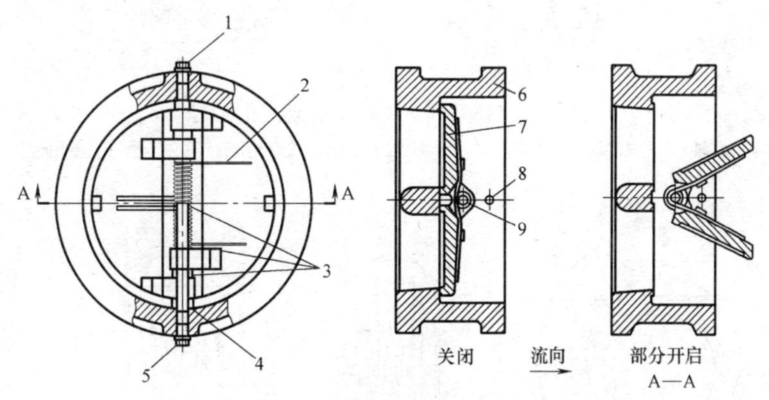

图 5-74　对夹双瓣旋启式止回阀

1—支撑轴螺塞；2—弹簧；3—阀瓣隔圈；4—阀体隔圈；5—限位轴螺塞；6—阀体；7—阀瓣；8—限位轴；9—支撑轴

2. 阀体最小壁厚及结构长度

钢制对夹旋启式止回阀及钢制对夹蝶式止回阀阀体的最小壁厚应符合 JB/T 8937 标准表 1 的规定，铁制对夹旋启式止回阀及铁制对夹蝶式止回阀阀体的最小壁厚应符合 JB/T 8937 标准表 2 的规定，对夹升降式止回阀阀体的最小壁厚应符合《钢制阀门　一般要求》GB/T 12224 的规定。

对夹双瓣旋启式止回阀、长系列对夹单瓣旋启式止回阀、对夹蝶式止回阀阀体的结构长度按 JB/T 8937 标准表 3 的规定。短系列对夹单瓣旋启式止回阀的结构长度按 JB/T 8937 标准表 4 的规定。对夹升降式止回阀的结构长度按 JB/T 8937 标准表 5 的规定。

对于公称尺寸不大于 $DN250$ 的对夹式止回阀，结构长度的极限偏差为±1.5mm。对于公称尺寸不小于 $DN300$ 的对夹式止回阀，结构长度的极限偏差为±3.0mm。

3. 连接结构

对夹式止回阀一般采取图 5-81 所示的对夹连接结构，也可采取图 5-82 所示的凸耳对夹连接结构，如果阀体的长度允许（阀的两法兰之间足以放置螺母），也可以图 5-83 所示的法兰连接结构。

4. 壳体试验和密封试验

对夹式止回阀的壳体试验和密封试验按《阀门的检验与试验》JB/T 9092 的规定。

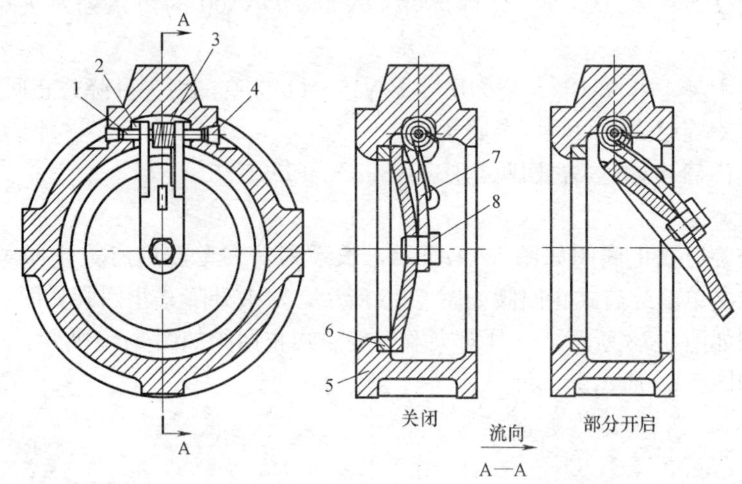

图 5-75　长系列对夹单瓣旋启式止回阀

1—销轴；2—隔圈；3—弹簧；4—螺塞；5—阀体；6—阀座；7—摇臂；8—定位销

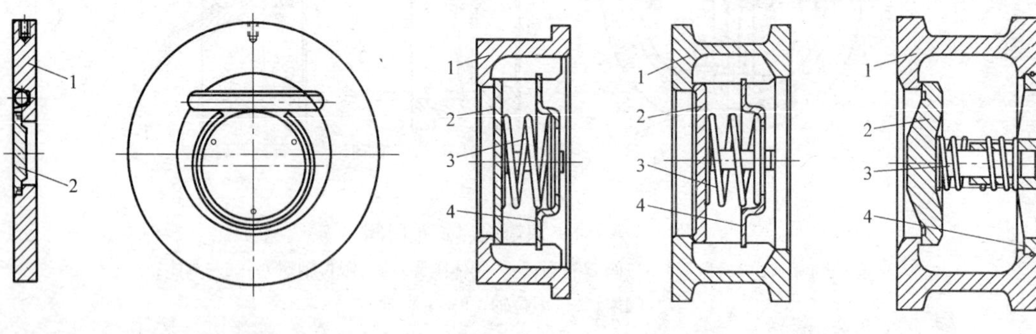

图 5-76　短系列对夹单瓣旋启式止回阀

1—阀体；2—阀瓣

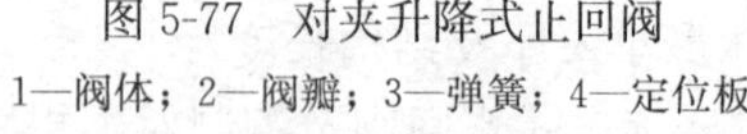

图 5-77　对夹升降式止回阀

1—阀体；2—阀瓣；3—弹簧；4—定位板

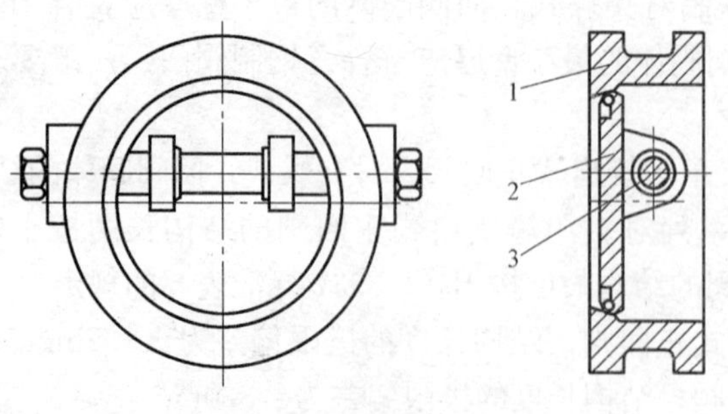

图 5-78　对夹蝶式止回阀

1—阀体；2—阀瓣；3—阀轴

5. 出厂检验项目

阀门的出厂检验项目有：壳体试验、密封试验、阀门标志检查及铭牌内容检查。

5.4.12　液控止回蝶阀

推荐网址：道客巴巴 http：//www.doc88.com/

豆丁网

http：// www.docin.com/

《液控止回蝶阀》JB/T 5299—1998，规定了液控止回蝶阀的基本结构形式、要求、试验方法、检验规则等要求，适用于公称压力 PN=0.25～2.5MPa，公称通径 DN200～DN3000，工作温度不高于 80℃，工作介质为水及其他非腐蚀性介质的法兰及对夹连接的液控止回蝶。

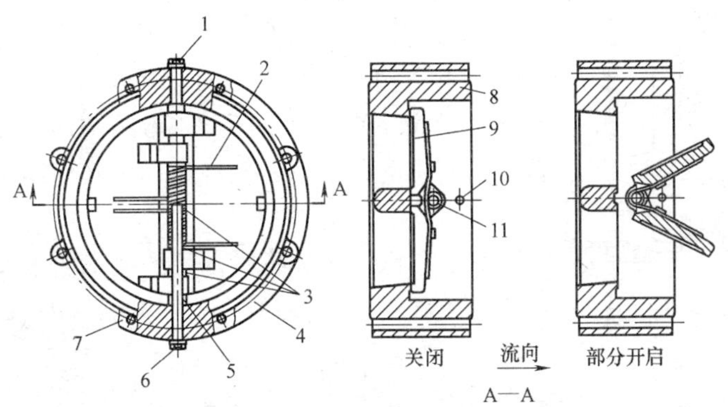

图 5-79 凸耳对夹双瓣旋启式止回阀

1—支撑轴螺塞；2—弹簧；3—隔圈；4—全法兰；5—阀体隔圈；6—限位轴螺塞；7—凸耳法兰；8—阀体；9—阀瓣；10—限位轴；11—支撑轴

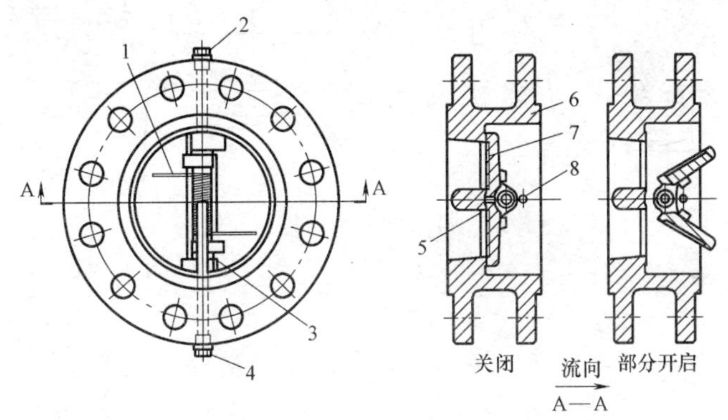

图 5-80 双法兰双瓣旋启式止回阀

1—弹簧；2—支撑轴螺塞；3—隔圈；4—限位轴螺塞；5—支撑轴；6—阀体；7—阀瓣；8—限位轴

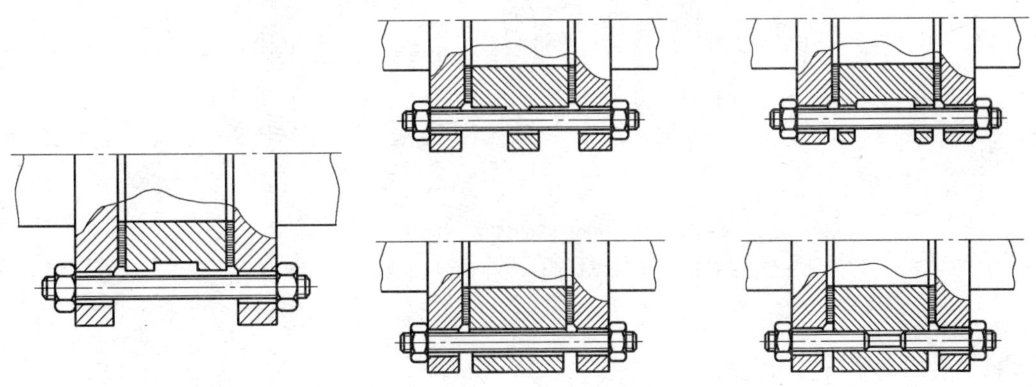

图 5-81 对夹连接　　图 5-82 凸耳对夹连接

此项标准代替《通用阀门 液控蝶式止回阀》JB/T 5299—1991。

1. 结构形式

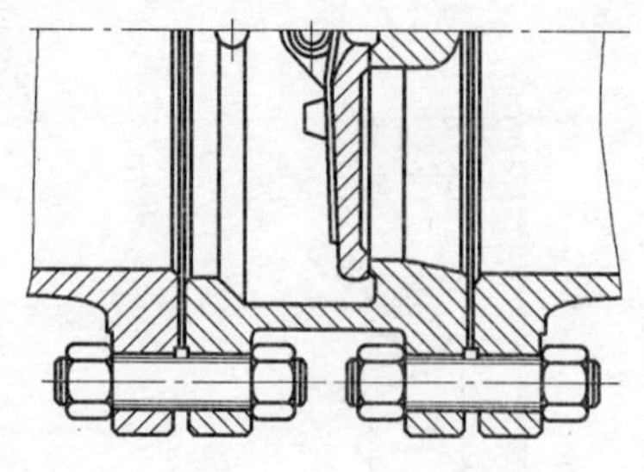

图 5-83　法兰连接

带蓄能器的液控止回蝶阀的基本结构及主要零部件名称如图 5-84 所示，带重锤的液控止回蝶阀的基本结构及主要零部件名称如图 5-85 所示。液控止回蝶阀除使用以上两种基本结构形式外，在符合本标准要求的条件下，允许设计成其他结构形式。

2. 阀门本体

阀门本体各零部件的技术要求及材料选用按《法兰和对夹连接弹性密封蝶阀》GB/T 12238 的规定。

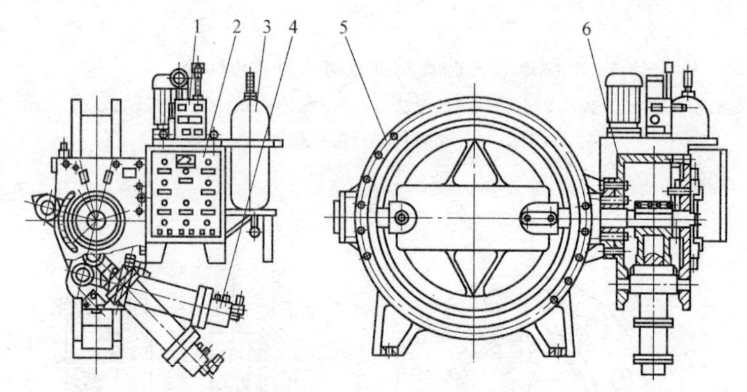

图 5-84　带蓄能器的液控止回蝶阀

1—液压站；2—电器；3—蓄能器；4—油缸；5—阀门本体部分；6—机械驱动装置

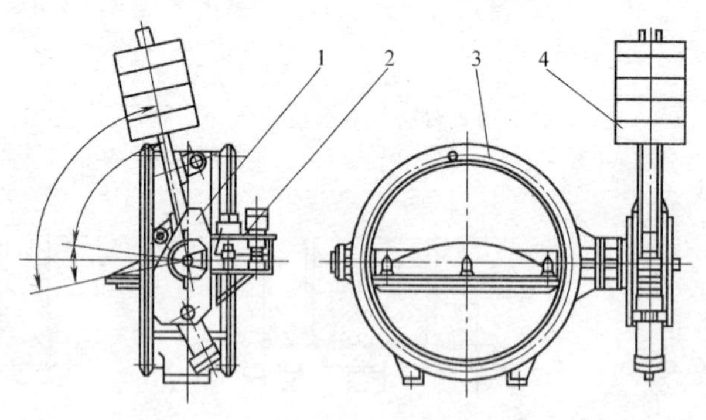

图 5-85　带重锤的液控止回蝶阀

1—液动装置；2—液压控制部件；3—阀门本体部分；4—重锤

3. 启闭动作

(1) 启闭动作与指示机构

液控止回蝶阀应有切断和止回两种功能，关闭分快慢两个阶段，快慢关断的角度可以调节。可调整的启闭时间及角行程范围按表 5-24 的规定。液控止回蝶阀的蝶板启闭应灵活，并有正确显示蝶板开度位置的指示机构。

可调整的启闭时间及角行程范围 表 5-24

项目		公称通径 DN	可调整的启闭时间范围(s)	角行程范围
开阀		<1000	10～60	0°～90°
		≥1000～3000	25～120	
关阀	快关	<1000	2～25	90°～65°±13°
		≥1000～3000	3～30	
	慢关	<1000	3～60	65°±13°～0°
		≥1000～3000	4～60	

注：全开位置为 90°，全关位置为 0°。超出此范围按用户要求调整。

(2) 启闭动作试验

在空载无介质条件下进行启闭动作试验，按表 5-24 的规定，检验液控止回蝶阀开启、关闭时间及快关、慢关的角度。

在空载无介质条件下，从全开到全关 3 次以上，检验液控止回蝶阀动作的灵活性和可靠性。

4. 出厂检验项目

液控止回蝶阀的出厂检验项目有：壳体试验及密封性能、启闭动作试验、蓄能器及重锤动作试验、液压系统试验和液压缸试验。

5.4.13 金属密封蝶阀

推荐网址：标准库 http://www.bzko.com/

豆丁网 http:// www.docin.com/

《金属密封蝶阀》JB/T 8527—1997，规定了金属密封蝶阀的定义、型号和参数，结构形式，技术要求，试验方法，检验规则等要求，适用于 $PN=0.05\sim5.00$MPa、$DN50\sim DN4000$ 的法兰和对夹连接金属密封蝶阀。

金属密封蝶阀即蝶阀密封副，也就是阀体密封面（也称阀座）与蝶板密封面材料，配对为金属对金属的蝶阀。金属密封蝶阀的密封型式分为单向密封和双向密封，单向密封即只能在蝶阀上标识的密封方向密封，双向密封能在两个方向即蝶阀上标识的主密封方向密封（正向）和与主密封方向相反的方向（反向）都能密封。双向密封蝶阀的代号，用小写汉语拼音字母“s”表示，标注在类型代号右下角。

1. 结构形式

金属密封蝶阀的基本结构为对夹式和法兰连接式，其主要零部件名称分别见如图 5-86、图 5-87 所示。蝶阀的结构形式可采用垂直板式、斜板式和杠杆式等。蝶阀的连接型式可采用对夹连接（如图 5-88、图 5-89 所示）或双法兰连接（如图 5-90 所示）。

2. 主要技术要求

(1) 金属密封蝶阀适用于下列使用条件：截流并密封；在一定范围内调节流量；最高适用温度为 450℃，蝶阀应在标示的温度、压力下连续工作，但最低工作温度应不低于 −25℃。

(2) 蝶阀进口处的最高流速应不超过表 5-25 中的数值。

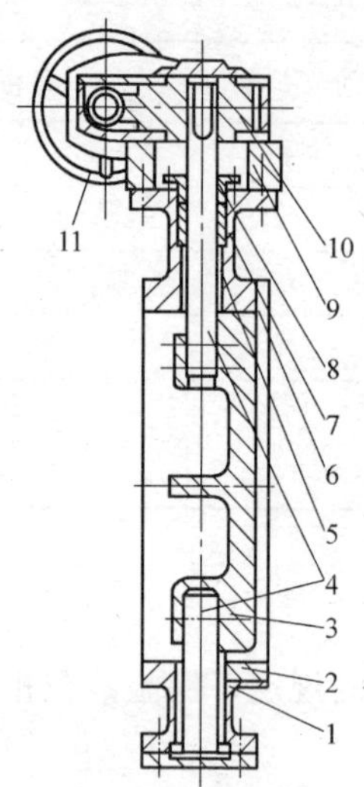

图 5-86　对夹连接阀

1—阀体；2—阀体密封圈（阀座）；3—蝶板；4—阀杆；5—轴套；6—压圈；7—填圈；8—填料压盖；9—连接座；10—涡轮减速箱；11—手轮

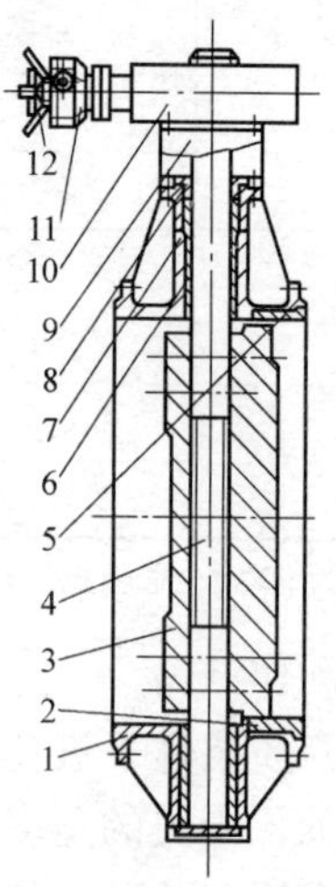

图 5-87　双法兰连接蝶阀

1—阀体；2—阀体密封圈（阀座）；3—蝶板；4—阀杆；5—压圈；6—轴套；7—填圈；8—填料压盖；9—隔热连接座；10—二级驱动装置；11—一级驱动装置；12—手轮

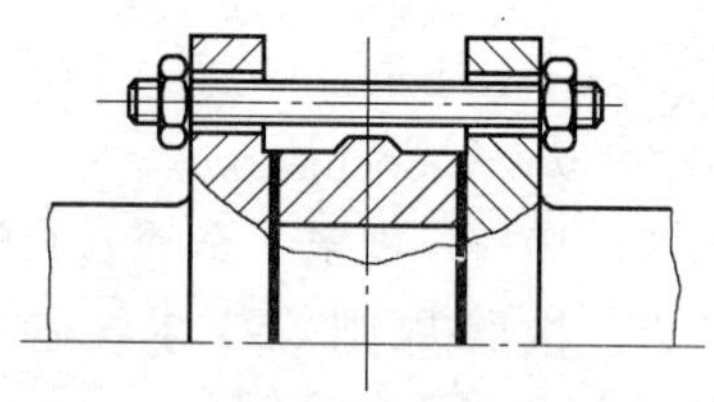

图 5-88　对夹连接

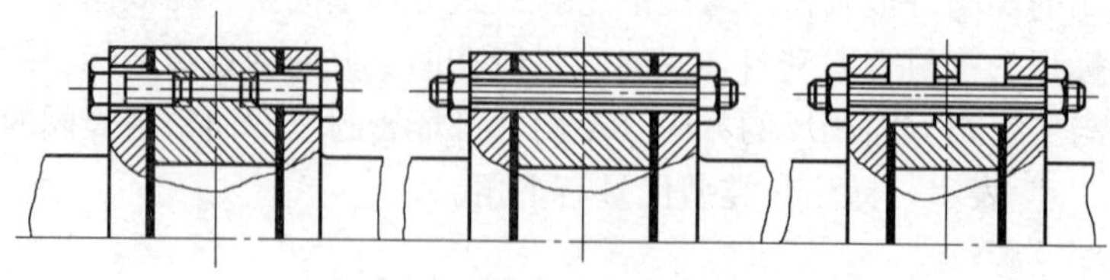

图 5-89　其他形式对夹连接

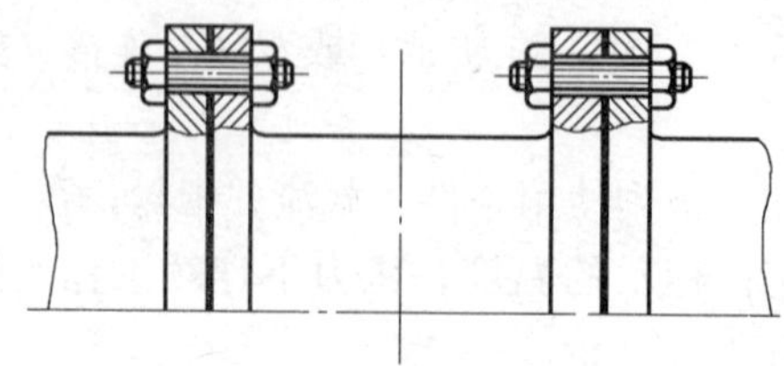

图 5-90　双法兰连接

蝶阀进口处的最高流速 **表 5-25**

公称压力 PN(MPa)		0.05～1.0	1.6～5.0
介质流速(m/s)	液体	3	4
	气体	30	30

(3) 蝶阀阀体上应标有指示蝶阀密封方向或主阀密封方向的箭头。对单向密封蝶阀，在箭头上部标上“密封方向”字样；对双向密封蝶阀，在箭头上部标上“主密封方向”字样。箭头和字样可在阀体上铸出，也可在标牌上标示。

(4) 双法兰连接蝶阀和对夹连接蝶阀的结构长度均按《金属阀门 结构长度》GB/T 12221 的规定。公称压力大于 4.0MPa 或公称通径大于 2000mm 的蝶阀结构长度可按有关标准或用户要求确定。

3. 出厂检验项目

出厂检验项目有壳体试验和密封试验。壳体试验和密封试验按《工业阀门 压力试验》GB/T 13927 的规定进行，但最大允许泄漏量按表 5-26 的规定，用户可根据使用要求选取泄漏量等级，并在订货合同中注明。进行密封试验时，对于单向密封蝶阀，按阀体上指示的方向施压；对于双向密封蝶阀，分别从两边施压。

最大允许泄漏量 **表 5-26**

试验介质	最大允许泄漏量(mm^3/s)			
	B级	C级	D级	E级
液体	0.01×DN	0.03×DN	0.10×DN	0.20×DN
气 体	0.03×DN	3×DN	30×DN	200×DN

注：表内为单向（正压）密封的泄漏量，当为双向密封时，反向泄漏量应不超过正向的两倍。

5.4.14 法兰和对夹连接弹性密封蝶阀

推荐网址：中国机械 CAD 论坛 http：//www.jxcad.com.cn/

豆丁网 http：// www.docin.com/

《法兰和对夹连接弹性密封蝶阀》GB/T 12238—2008，规定了法兰和对夹连接弹性密封蝶阀的结构形式、技术要求、材料、试验方法和检验规则，适用于公称压力 $PN\leqslant$ 2.5MPa，公称尺寸 DN50～DN4000 的法兰连接弹性密封的蝶阀；公称压力 $PN=$ 1.6MPa，公称尺寸 DN50～DN1200 的对夹连接弹性密封的蝶阀。介质为非腐蚀性的液体和气体，全开位置时，管道内介质的流速不大于 5m/s。

此项标准代替《通用阀门 法兰和对夹连接蝶阀》GB/T 12238—1989。

1. 结构形式

双法兰连接蝶阀见如图 5-91、对夹式连接蝶阀见图 5-92，蝶阀的连接形式有如图 5-93 所示的双法兰连接和如图 5-94 所示的单法兰、无法兰和 U 形法兰。

2. 参数

法兰连接弹性密封蝶阀的公称压力 $PN\leqslant$2.5MPa，公称通径为 DN50～DN4000，对夹连接弹性密封蝶阀的公称压力 $PN\leqslant$1.5MPa，公称通径为 DN50～DN1200。

蝶阀的最大工作压力和工作温度，应在蝶阀的铭牌上标出。所有类型的蝶阀都应在介质温度为－10～65℃的范围内和所标示的工作压力下连续工作。

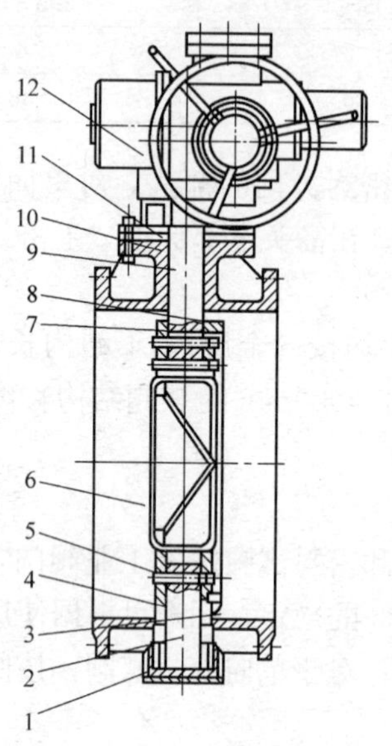

图 5-91　双法兰连接蝶阀

1—阀体；2—轴承；3—阀体密封圈；4—下阀杆；5—锥销；6—蝶板；7—密封圈压板；8—蝶板密封圈；9—上阀杆；10—密封填料；11—填料压盖；12—电动执行器

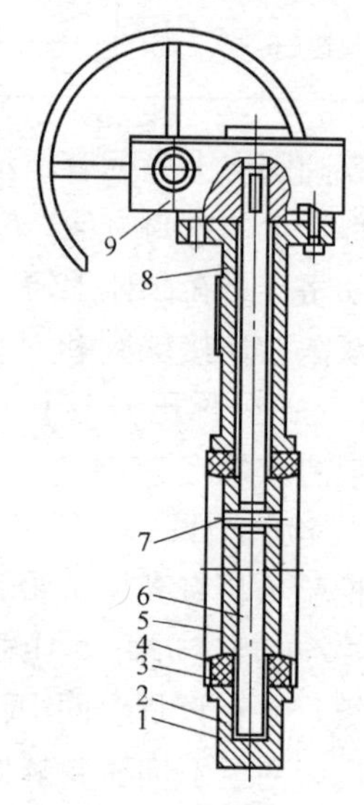

图 5-92　对夹式连接蝶阀

1—阀体；2—长衬套；3—O形密封圈；4—橡胶衬套（阀座）；5—蝶板；6—阀杆；7—锥销；8—短衬套；9—手动装置

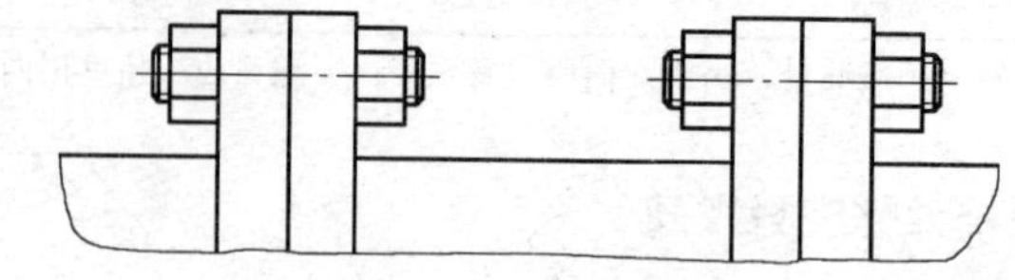

图 5-93　双法兰连接蝶阀

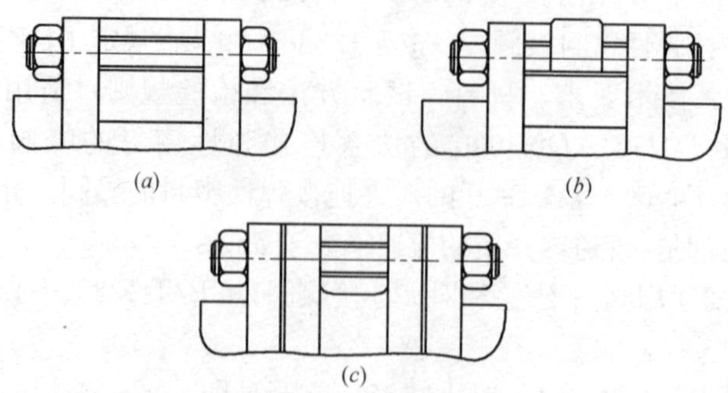

图 5-94　对夹连接

(*a*) 单法兰；(*b*) 无法兰；(*c*) U形法兰

蝶阀使用介质为非腐蚀性的液体和气体，全开位置时，管路内介质的流速不大于5m/s。

3. 蝶阀的性能

蝶阀的密封应良好，关闭后不得有可见渗漏，但订货合同另有规定的除外。

在空载和最大允许工作压差时，利用设计配置的驱动机构应能平稳地启闭操作蝶阀，无卡阻现象，且能达到密封要求。

4. 蝶阀的使用

蝶阀应可以进行流量调节。有介质流向规定的蝶阀，应按流向标示的方向安装使用。蝶阀不宜安装在自由排空的管路上。

5. 阀体

蝶阀的结构长度按《金属阀门 结构长度》GB/T 12221 的规定，或按订货合同的要求。

铁制蝶阀连接端法兰尺寸按《整体铸铁法兰》GB/T 17241.6 的规定，或按订货合同的要求。钢制蝶阀连接端法兰尺寸按《整体钢制管法兰》GB/T 9113 的规定。

双法兰和对夹连接法兰的两端密封面应互相平行，法兰密封面与蝶阀通道轴线应垂直，其轴线应与蝶阀通道轴线同轴。

短结构长度的法兰和对夹连接蝶阀，允许有带螺纹的螺栓孔。

两端法兰螺栓孔的轴线相对于法兰的孔轴线的位置度公差按表 5-27 的规定。

法兰的孔轴线的位置度公差（mm） **表 5-27**

法兰螺栓孔直径	11.0～17.0	22.0～30.0	33.0～48.0	56.0～62.0
位置度公差	<1.0	<1.5	<2.5	<3.0

阀体材料为 HT200 时，公称通径应不大于 *DN*2000，阀体最小壁厚按 GB/T 12238 标准之表 3 的规定。阀体采用其他材料制造，其最小壁厚可参考 GB/T 12238 标准附录 A 的计算得出。

6. 操作机构

蝶阀的驱动可采用手动、电动、液动和气动等形式。不论采取何种驱动装置操作，用手轮或手柄时，操作力应不大于 350N。

对用手轮（包括驱动装置的手轮）或扳手操作的蝶阀，除订货合同另有规定外，当面向手轮或手柄时，顺时针方向转动手轮或扳手，阀门应为关闭。扳手操作的蝶阀应至少有 3 个以上不同开度的锁定机构。手柄操作的蝶阀全开时，手柄应与管路轴线平行。

手轮的轮缘或手柄上应有明显的指示蝶板关闭方向的箭头和“关”字，或标上开-关双向箭头和“开”、“关”字样。

所有蝶阀都应有表示蝶板位置的指示机构和保证蝶板在全开和全关位置的限位机构。

7. 出厂检验项目

蝶阀的出厂检验项目有：壳体试验、空载操作试验、密封性能、阀门壁厚测量、阀杆硬度测量、阀体标志检查、铭牌内容检查。

5.4.15 铁制和铜制球阀

推荐网址：标准库 http：//www.bzko.com/

豆丁网 http：// www.docin.com/

《铁制和铜制球阀》GB/T 15185—1994，此项标准原编号为 GB 15185—94，当时尚末区分强制性和推荐性标准。该标准规定了铁制和铜制球阀的产品分类、技术要求、试验方法、检验规则，适用于法兰连接、内螺纹连接的 $PN \leqslant 1.6\text{MPa}$，$DN8 \sim DN300$ 的灰铸铁制、$PN \leqslant 4.0\text{MPa}$ 的球墨铸铁制：$PN \leqslant 2.5\text{MPa}$ 的可锻铸铁制及 $PN \leqslant 2.5\text{MPa}$ 的铜合金制球阀。其他连接形式的球阀可参照执行。

1. 结构形式

球阀的结构形式可分为浮动球式和固定球式，浮动球式如图 5-95 所示，固定球式如图 5-96 所示。

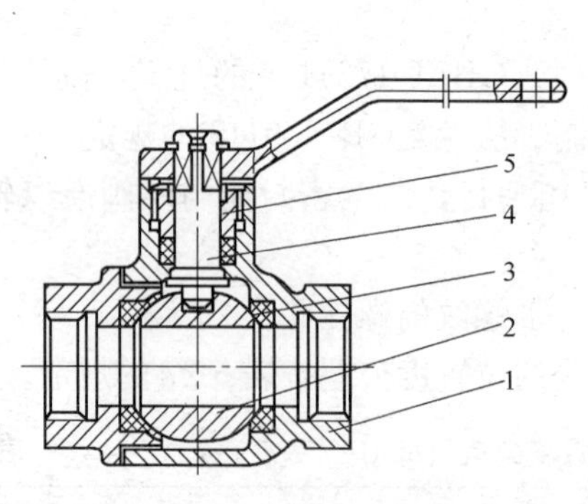

图 5-95　浮动球阀

1—阀体；2—球体；3—密封圈；4—阀杆；5—填料压盖

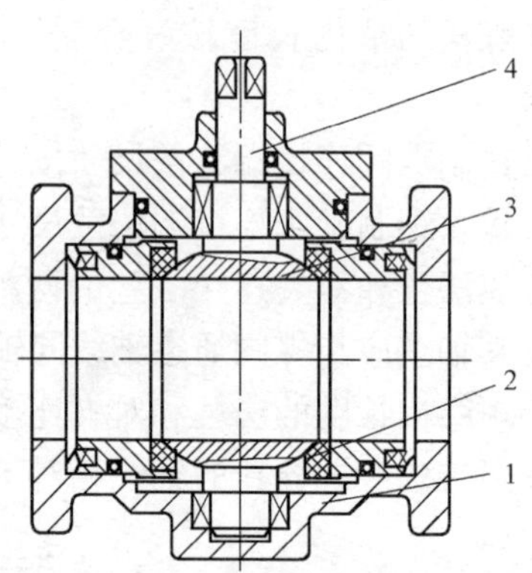

图 5-96　固定球阀

1—阀体；2—密封圈；3—球体；4—阀杆

2. 阀体

阀体的结构形式分为整体式和组合式，见表 5-28 所示；按阀体通道的型式又分为缩径式和不缩径式，见表 5-29 所示。

法兰连接球阀和内螺纹连接球阀的结构长度按《金属阀门 结构长度》GB/T 12221 的规定。内螺纹尺寸与公称通径 DN 的对应关系见表 5-30。

球阀的整体式和组合式　　**表 5-28**

整体式				组合式		
封闭式	轴向装入式	顶部装入式	底部敞开式	两体组合式	三体组合式	对夹式(三体)

阀体通道的缩径式和不缩径式　　**表 5-29**

缩径式	不缩径式

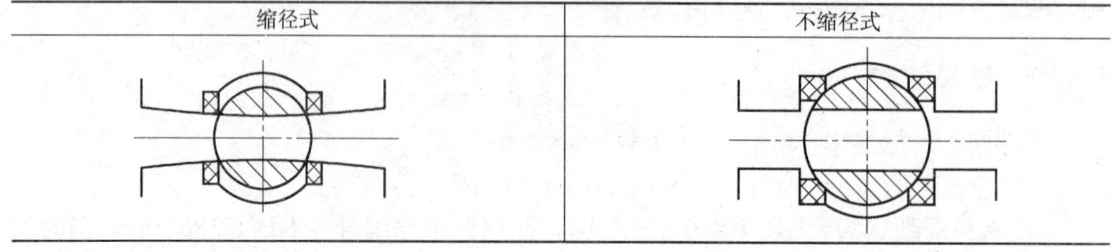

内螺纹规格与公称通径 *DN* 的对应关系　　表 5-30

公称通径 *DN*(mm)	8	10	15	20	25	32	40	50
管螺纹规格(in)	¼″	3/8″	½″	¾″	1″	1¼″	1½″	2″

3. 壳体强度及密封性要求

球阀的壳体强度应符合《工业阀门 压力试验》GB/T 13927 的规定，非金属弹性密封球阀密封试验的最大允许泄漏量按 GB/T13927 中 A 级的要求。

4. 防静电结构

对于有防静电要求的球阀应设计成防静电结构，即保证阀体、球体和阀杆之间能导电的结构。对于公称通径 *DN*≤50 的球阀，阀体和阀杆之间能够导电，且满足下列要求：

(1) 安装后能防止外界物质侵入并不受周围介质腐蚀。

(2) 经过压力试验并至少开关五次的新的干燥球阀，在电源电压不超过 12V 时，阀体、球体和阀杆的防静电电路的电阻应小于 10Ω。

5. 耐火要求

有耐火要求的球阀应设计成耐火结构，并符合《阀门的耐火试验》JB/T 6899 的要求。耐火结构系指软密封被烧坏时仍能保持密封的结构。

6. 扳手和手轮

球阀的扳手长度或手轮直径，在设计给定的最大压差下，启闭球阀的力不得大于表 5-31 的规定。

扳手或手轮以顺时针方向为关闭，手轮上应有表示开关方向的永久性标志。带扳手的球阀，在开启位置时，扳手应与球阀通道平行。球阀应有全开和全关的限位结构。

最大压差下的启闭力　　表 5-31

公称通径 *DN*(mm)	≤20	25	40	≥50
启闭力(N)	360	450	600	700

7. 出厂检验项目

球阀的出厂检验项目有：壳体试验、密封试验。

5.4.16 石油、石化用钢制球阀

推荐网址：标准库　http：//www.bzko.com/

　　　　　豆丁网　http：// www.docin.com/

《石油、石化及相关工业用的钢制球阀》GB/T 12237—2007，规定了石油、石化及相关工业用的钢制球阀的结构形式、技术要求、材料、试验方法，适用于 *PN*＝1.6～10MPa、*DN*15～*DN*500，端部连接形式为法兰和焊接的钢制球阀；适用于 *PN*＝1.6～14MPa、*DN*8～*DN*50，端部连接形式为螺纹和焊接的钢制球阀。

此项标准代替《通用阀门 法兰和对焊连接钢制球阀》GB/T 12237—1989。

1. 结构形式

浮动球球阀（一片式）的典型结构如图5-97所示，浮动球球阀（二片式）的典型结构

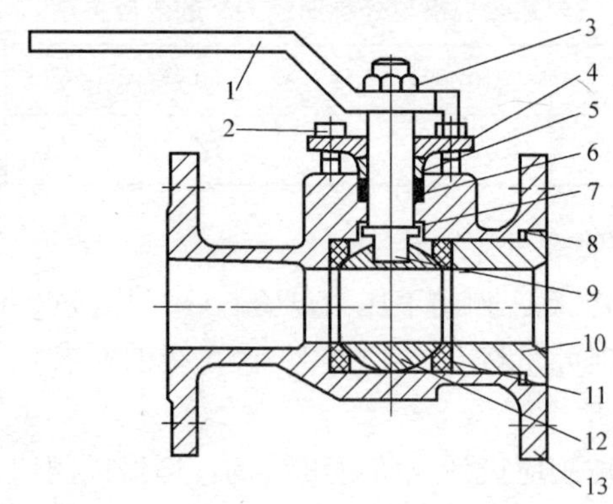

图 5-97 浮动球球阀（一片式）典型结构

1—手柄；2—螺栓；3—螺母；4—填料压板；5—填料压盖；6—填料；7—垫片；8—止推垫片；9—阀杆；10—阀座压盖；11—阀座；12—球体；13—阀体

如图 5-98 所示，固定球球阀的典型结构如图 5-99 所示。

2. 结构长度和连接端

(1) 阀门的结构长度和最大允许偏差按《金属阀门 结构长度》GB/T 12221 的要求，或按订货合同的要求。

(2) 法兰连接端

1) 按《钢制管法兰 技术条件》GB/T 9124 的要求，或按订货合同的要求。

2) 一片式法兰球阀（如图 5-97 所示）非完整密封面的要求：内装阀座从阀体一侧法兰端的流道装入并固定在阀体内，该阀座与阀体的间隙应符合 GB/T 12237—2007 标准的规定。

(3) 对接焊连接端按《钢制阀门 一般要求》GB/T 12224 的要求，或按订货合同的要求。

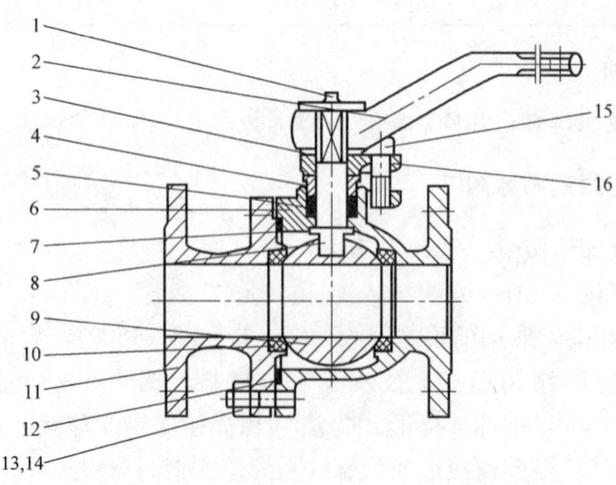

图 5-98 浮动球球阀（二片式）典型结构

1—螺钉；2—手柄；3—限位块；4—填料压套；5—填料；6—右阀体；7—止推垫片；8—阀杆；9—阀体；10—阀座；11—左阀体；12—垫片；13—螺柱；14—螺母；15—螺栓；16—填料压板

(4) 承插焊连接端，承插焊孔的直径和深度按 GB/T 12237—2007 标准之表 2 的规定，承插焊孔的最小壁厚按 GB/T 12237—2007 标准之表 3 的规定；承插焊孔应与阀体通道同轴，其端面应与承插焊孔轴垂直。

(5) 螺纹连接端，螺纹按《55°密封管螺纹 第 2 部分：圆锥内螺纹与圆锥外螺纹》GB/T 7306.2 的规定，螺纹端的最小壁厚按 GB/T 12237—2007 标准之表 3 的规定。

3. 球阀的流道

缩径和不缩径的球阀流道截面都应该是圆形的，其最小直径按 GB/T 12237—2007 标准之表 4 的规定。

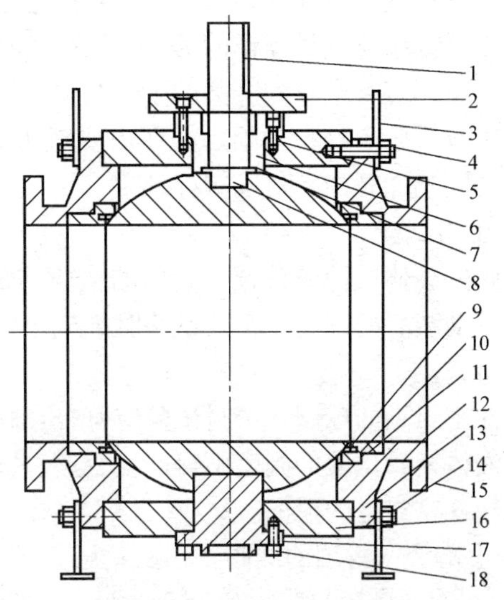

图 5-99 固定球球阀典型结构

1—键；2—连接板；3—吊环；4、5—螺钉；6—填料函；7—止推垫片；8—阀杆；9—阀座；10—阀座支撑；11—垫片；12—垫片；13—连接体；14—螺柱、螺母；15—阀体；16—固定轴；17—螺钉；18—支架

4. 阀体

阀体由铸造或锻造成型，材料应符合《通用阀门 碳素钢锻件技术条件》GB/T 12228、《通用阀门 碳素钢铸件技术条件》GB/T 12229、《通用阀门 不锈钢铸件技术条件》GB/T 12230 的规定。

阀体的最小壁厚按《钢制阀门 一般要求》GB/T 12224 的规定。

5. 壳体的连接

阀门与左阀体的连接可以采用螺柱螺母连接或螺纹连接。阀门与左阀体的连接应考虑能承受管路的拉伸载荷和弯曲载荷。

阀门与左阀体采用螺栓连接形式的，应当选用螺栓配螺母，螺母应采用粗制六角厚螺母。

阀门与左阀体的垫片应采用合适的结构。装配时，严禁采用重油脂或密封剂，允许使用黏度不超过煤油的轻质润滑油。

阀门与左阀体螺栓连接形式的螺柱数量不得少于 4 个，其最小直径按 GB/T 12237—2007 标准之表 5 的规定。

6. 防静电结构

如订货合同有规定，球阀应设计成防静电结构。对不大于 *DN* 50 的球阀，应使阀体和阀杆之间能导电；对大于 *DN* 50 的球阀，则要保证球体、阀杆和阀体之间能导电。阀杆、阀体、球体的防静电电路应有 10Ω 的电阻。

7. 操作

气动、电动或液动球阀，其驱动装置与阀门的连接尺寸按的规定《部分回转阀门驱动装置的连接》GB/T 12223。

用杠杆扳手操作或齿轮箱操作，扳手长度或手轮直径应按下列要求设计：在制造厂推荐的最大压差下，启闭球阀的力不得大于 360N。

除齿轮或其他动力操作机构外，球阀应配尺寸合适的扳手操作。扳手的方向应与球体通道平行；球阀应有表示球体通道位置的指示牌或在阀杆顶部刻槽。

用扳手或手轮直径操作的球阀，以顺时针方向为关，扳手或手轮上应有表示开关方向的标志；球阀应有全开和全关的限位结构。

扳手或手轮应安装牢固，并在需要时可方便地拆卸和更换；拆卸和更换扳手或手轮时，不会影响球阀的密封或阀杆。

8. 压力试验

球阀的壳体试验应符合《阀门的检验与试验》JB/T 9092 的规定。带有电动、气动、液动等驱动装置的阀门，密封试验时，应当使用其所配置的驱动装置启闭操作阀门进行密封试验检查。

弹性密封副的球阀，密封试验应符合《阀门的检验与试验》JB/T 9092 的规定，且经过高压液体密封试验的阀座不得产生变形、损伤及影响低压气体密封试验。不应出现阀座背面或阀杆密封处的泄漏。

金属-陶瓷密封副的球阀，在试验压力的最短持续时间后，每个阀座密封副的泄漏量应不超过 GB/T 12237—2007 标准之表 6 的规定。不应出现阀座背面或阀杆密封处的泄漏。

9. 壳体试验和密封试验

球阀的壳体试验按《阀门的检验与试验》JB/T 9092 的规定进行。

球阀在密封试验前，应将密封面上的油脂清除干净，其密封试验按《阀门的检验与试验》JB/T 9092 和 GB/T 12237—2007 标准的相关规定进行。

10. 出厂检验项目

球阀的出厂检验项目有：壳体试验、密封试验、阀门标志检查、铭牌内容检查、无损检测。

5.4.17 偏心半球阀

推荐网址：标准分享网 http：//www.bzfxw.com/

豆丁网 http：// www.docin.com/

《偏心半球阀》GB/T 26146—2010，规定了偏心半球阀的术语和定义、结构形式、型号和参数、技术要求、材料、试验方法、检验规则、标志、防护、包装和贮存，适用于 PN=0.25～2.5MPa，DN140～DN2000 的灰铸铁和球墨铸铁半球阀，公称压力 PN=0.25～10MPa，DN140～DN2000 的碳钢、合金钢和不锈钢半球阀。

1. 结构分类

偏心半球阀系指阀轴中心线与半球体中心线形成尺寸偏量，且仅在阀门一侧设置密封副的阀门。

偏心半球阀按安装方式分为侧装式和上装式。侧装式系指半球阀的球体从阀体侧面装入阀体内腔的结构形式；上装式系指球体从阀体上端（通道中心线以上）装入阀体内腔的结构形式。按结构分为整体式和分体式；按密封型式分为非金属密封和金属硬密封。

侧装整体式半球阀典型结构如图 5-100 所示，侧装整体对夹式半球阀典型结构如图 5-101 所示，侧装分体式半球阀典型结构如图 5-102 所示，侧装分体式半球阀焊接端典型结构如图 5-103 所示，侧装分体式半球阀带防静电典型结构如图 5-104 所示，上装式半球阀典型结构如图 5-105 所示。

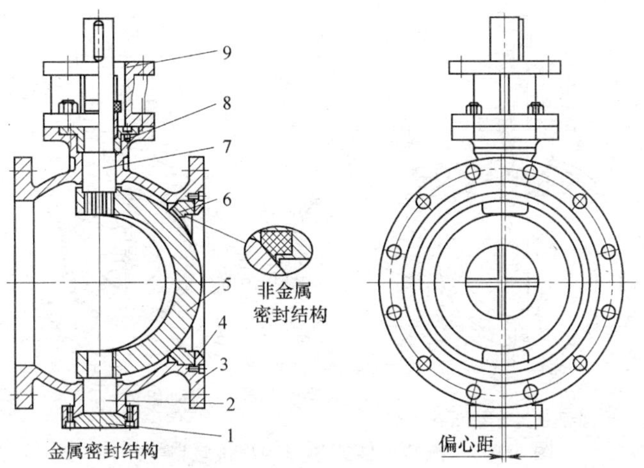

图 5-100 侧装整体式半球阀典型结构

1—下端盖；2—下阀杆；3—主阀体；4—压圈；5—半球体；6—阀座；7—上阀杆；8—填料箱；9—支架

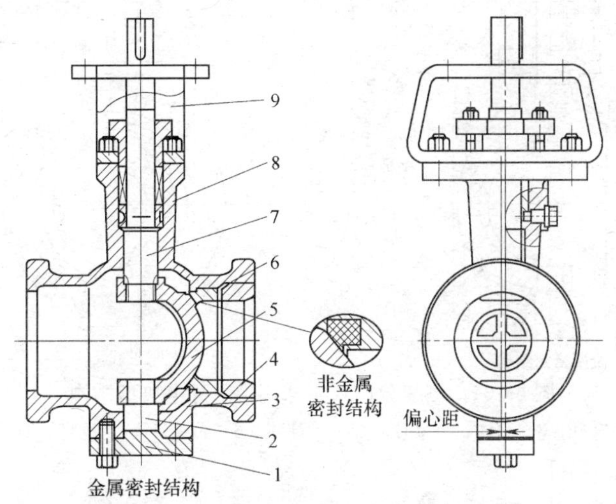

图 5-101 侧装整体对夹式半球阀典型结构

1—下端盖；2—下阀杆；3—主阀体；4—压圈；5—半球体；6—阀座；7—上阀杆；8—止推环；9—支架

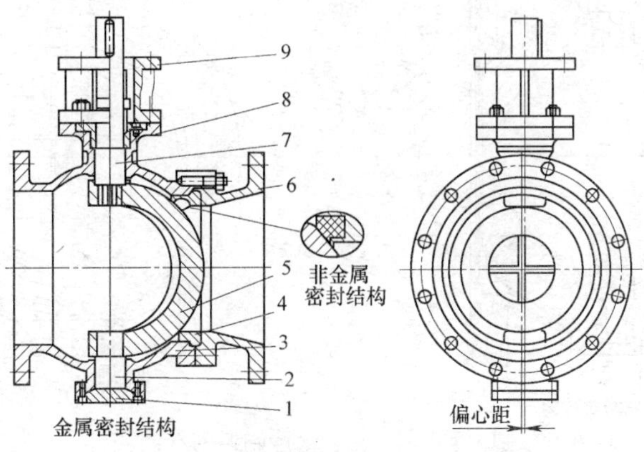

图 5-102 侧装分体式半球阀典型结构

1—下端盖；2—下阀杆；3—主阀体；4—阀座；5—半球体；6—副阀座；7—上阀杆；8—填料箱；9—支架

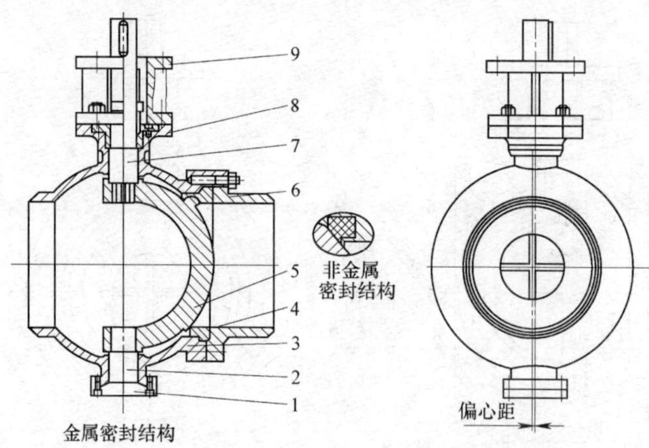

图 5-103　侧装分体式半球阀焊接端典型结构

1—下端盖；2—下阀杆；3—主阀体；4—阀座；5—半球体；6—副阀座；7—上阀杆；8—填料箱；9—支架

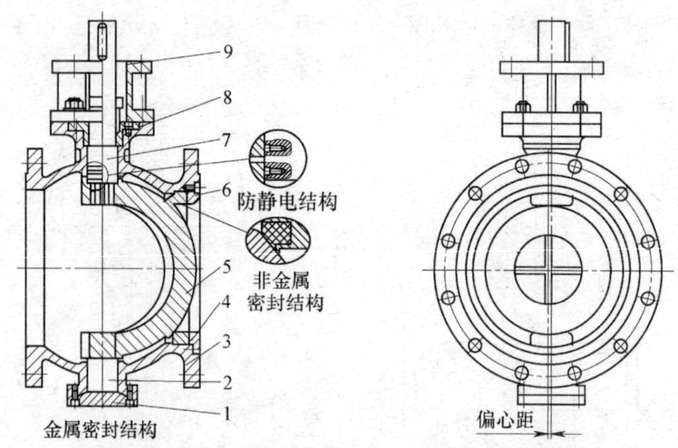

图 5-104　侧装分体式半球阀带防静电典型结构

1—下端盖；2—下阀杆；3—阀体；4—压圈；5—半球体；6—阀座；7—上阀杆；8—填料箱；9—支架

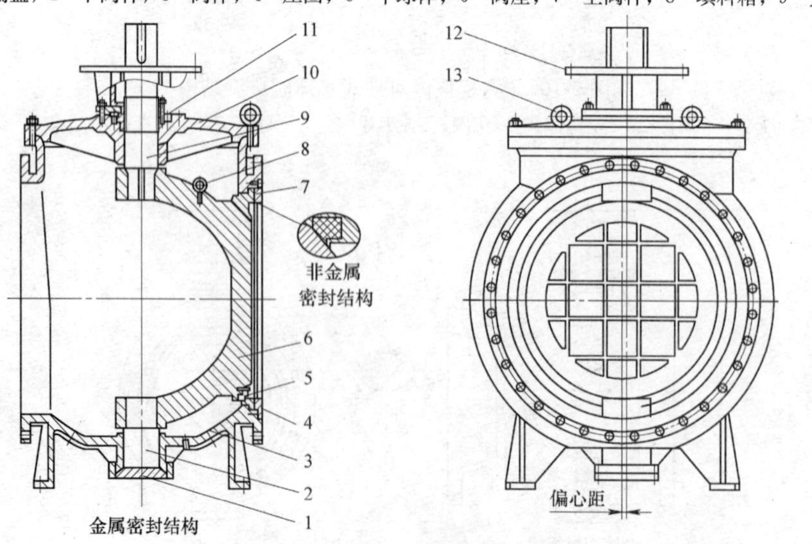

图 5-105　上装式半球阀典型结构

1—下端盖；2—下阀杆；3—阀体；4—压圈；5—球冠；6—半球架；7—阀座；8、13—吊环；9—上阀杆；10—上阀盖；11—填料箱；12—支架

2. 结构长度

半球阀的结构长度一般按《金属阀门 结构长度》GB/T 12221 的规定，公称压力 PN=0.25～2.5MPa 的缩径整体法兰式半球阀的结构长度按表 5-32 的规定，或按订货合同的要求。

PN=0.25～2.5MPa 缩径整体法兰式半球阀的结构长度（mm）　　表 5-32

公称尺寸 *DN*	结构长度	公称尺寸 *DN*	结构长度	公称尺寸 *DN*	结构长度
40	165	250	330	800	1000
50	178	300	356	900	1100
65	190	350	450	1000	1200
80	203	400	530	1200	1300
100	229	450	580	1400	1500
125	254	500	660	1600	1800
150	267	600	680	1800	2100
200	292	700	900	2000	2300

3. 连接端

半球阀的连接端有法兰、焊接、内螺纹及对夹式。

整体铸铁管法兰按《整体铸铁管法兰》GB/T 17241.6 的规定，其他要求按《铸铁管法兰 技术条件》GB/T 17241.7 的规定。

整体钢制管法兰按《整体钢制管法兰》GB/T 9113 的规定，其他要求按《钢制管法兰 技术条件》GB/T 9124 的规定。

焊接连接端的焊接坡口形式及尺寸按《钢制阀门 一般要求》GB/T 12224 的规定。

内螺纹连接端的螺纹按《55°密封管螺纹 圆锥内螺纹与圆锥外螺纹》GB/T 7306.2 的规定。

对夹式连接端形式及尺寸由制造厂家自定。

4. 流道通径

半球阀的介质流道应是圆形的，其流道通径有两种：一种是全通径，流道直径尺寸略小于阀的公称通径；另一种是缩径，流道直径尺寸略小于全通径的流道尺寸。具体尺寸见表 5-33。

流道最小直径（mm）　　表 5-33

公称尺寸 *DN*	流道最小直径		公称尺寸 *DN*	流道最小直径	
	全通径	缩径		全通径	缩径
40	38	32	500	487	385
50	49	38	600	589	487
65	62	49	700	684	538
80	74	62	800	779	589
100	100	74	900	874	684
125	123	100	1000	976	779

续表

公称尺寸 DN	流道最小直径		公称尺寸 DN	流道最小直径	
	全通径	缩径		全通径	缩径
150	150	123	1200	1166	874
200	200	150	1400	1360	976
250	250	200	1600	1520	1166
300	300	250	1800	1710	1458
350	334	266	2000	1900	1570
400	385	303	—	—	—
450	436	334	—	—	—

5. 防静电结构

如订货合同对半球阀有防静电要求时，在阀杆与阀体、阀杆与球体的配合处，应有可靠的防静电装置，以保证阀体、阀杆与球体之间能导电。

6. 驱动装置

半球阀的驱动方式有手动（应有锁定装置）、涡轮传动、气动、电动、液动、电-液联动或其他驱动方式。其驱动装置与阀门的连接尺寸按《部分回转阀门驱动装置的连接》（GB/T 12223）的规定，或按驱动装置制造厂家的标准尺寸选定。

半球阀的驱动装置应有全关或全开的限位结构；半球阀的驱动装置应有开、关过程的指示或显示结构。开关操作的方向，以顺时针方向为关闭，扳手或手轮上应有表示开关方向的标志。半球阀用手动装置驱动，处于全开位置时，扳手的方向应与阀体通道平行。

7. 压力试验

阀门壳体驱动试验及液体密封试验的介质可为淡水（可加防腐剂）、煤油或黏度不大于水的其他非腐蚀性液体，低压气密封试验的介质为压力不超过 0.6MPa 的压缩空气或氮气。

（1）壳体强度试验

壳体试验的试验压力为半球阀在 38℃时的最大允许工作压力的 1.5 倍。试验时，应将阀杆填料密封调整到能维持试验压力的程度，使启闭件处于部分开启状态位置。阀门腔体应充满试验介质，并逐渐加压到试验压力，试验压力的最短持续时间应符合《工业阀门 压力试验》（GB/T 13927）的规定，试验压力在保压和检测期间应保持不变。

（2）液体高压密封试验

液体高压密封试验在液体高压密封试验之后进行，试验压力为最大允许工作压力的 1.1 倍。试验时，按介质流向阀门进口一端，启闭件处于关闭状态，给被封闭的半个阀腔充满试验介质，并逐渐加压到试验压力，试验压力的最短持续时间应符合《工业阀门 压力试验》（GB/T 13927）的规定。对于双向密封半球阀，应对阀座两个方向进行高压密封试验。

（3）气体低压密封试验

当需方有要求时，阀门制造厂家应按《工业阀门 压力试验》（GB/T 13927）的规定，进行气体低压密封试验。

8. 出厂检验项目

半球阀的出厂检验项目主要有：强度试验、密封试验、壁厚测量、带载开关试验、阀门标志、防护及贮运。

5.4.18 钢制旋塞阀

推荐网址：标准下载网 http://www.bzxzw.com/

豆丁网 http://www.docin.com

《钢制旋塞阀》(GB/T 22130—2008)，规定了法兰端、对焊端、承插焊端和螺纹连接的钢制旋塞阀的结构与基本参数、技术要求、材料、试验方法、检验规则，适用于 PN＝1.0～42MPa、DN25～DN600，阀门的连接方式为法兰、焊接、螺纹连接，材料为碳钢、合金钢、奥氏体不锈钢，形式为短型、常规型、文丘里型和圆孔全通径型的旋塞阀。

1. 结构形式

钢制旋塞阀的结构形式如图 5-106～图 5-112 所示，其公称通径范围为 DN15～DN600，公称压力按《管道元件 PN（公称压力）的定义和选用》(GB/T 1048—2005)的规定，其中 PN140（即 PN＝14MPa）的旋塞阀，连接形式仅限于螺纹连接和承插焊连接，且适用公称通径范围为 DN15～DN50。

2. 结构长度

法兰连接结构的长度见 GB/T 22130—2008 标准之表 1。

环连接法兰的结构长度应在 GB/T 22130—2008 标准之表 1 中常规型的基础上增加附加值。

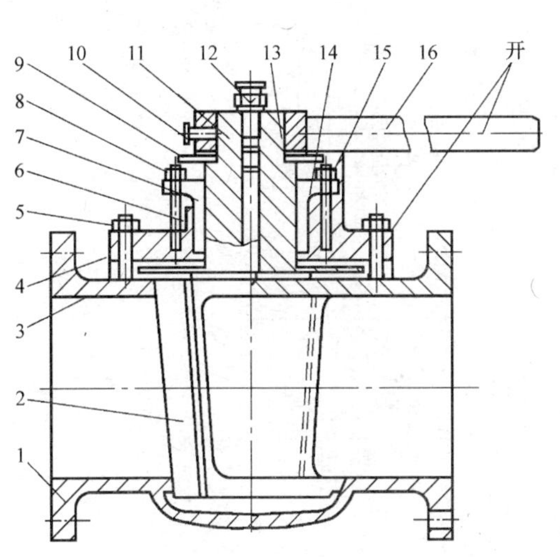

图 5-106 油封/润滑型旋塞阀

1—阀体；2—旋塞；3—垫片或密封圈；4—阀盖；5—填料垫；6—填料；7—填料压盖；8—填料压板；9—指示板和限位板；10—紧定螺栓（钉）；11—止回阀；12—注入油嘴；13—卡圈；14—填料压盖；15—限位块；16—手柄

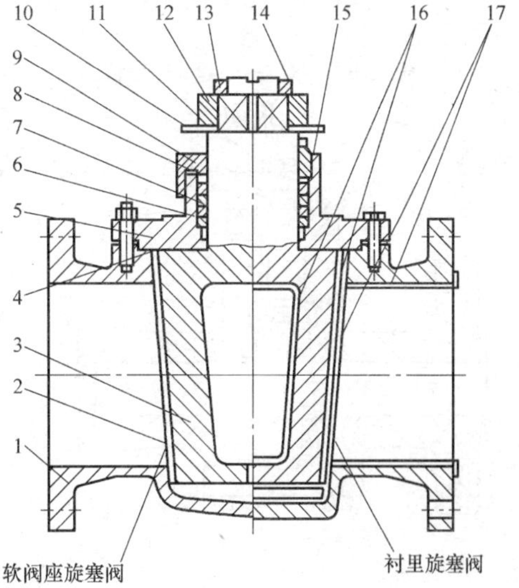

软阀座旋塞阀　衬里旋塞阀

图 5-107 软阀座旋塞阀—衬里旋塞阀

1—阀体；2—软阀座；3—旋塞；4—垫片或密封圈；5—阀盖；6—填料垫；7—填料；8—填料压盖；9—填料压板；10—指示板和限位板；11—卡圈；12—手柄；13—螺母；14—填料压套；15—导电弹性环；16—旋塞衬层；17—阀体衬里

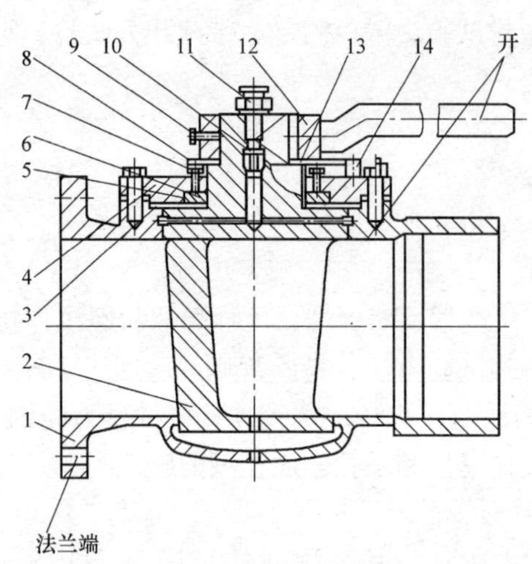

图 5-108 油封/润滑型旋塞阀（无填料压盖式）

1—阀体；2—旋塞；3—垫片或密封圈；4—阀盖；5—填料；6—填料垫板；7—填料压紧螺钉；8—指示板和限位板；9—紧定螺栓（钉）；10—止回阀；11—注入油嘴；12—手柄；13—卡圈；14—限位块

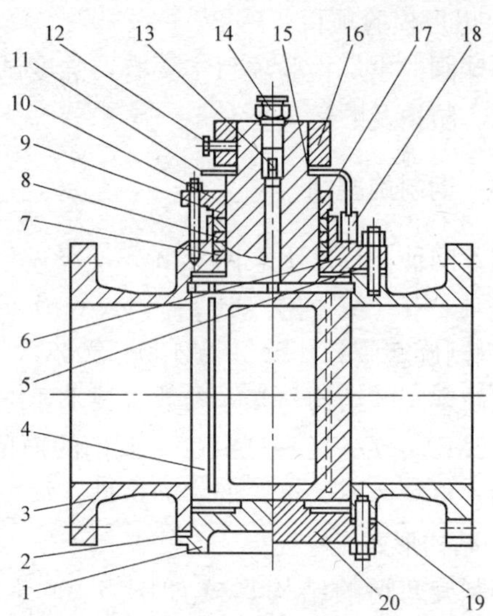

图 5-109 柱形塞油封/润滑型旋塞阀

1—阀盖；2—垫片；3—阀体；4—旋塞；5—垫片或密封圈；6—阀盖；7—填料垫；8—填料；9—填料压套；10—填料压板；11—指示板和限位板；12—紧定螺栓（钉）；13—止回阀；14—注入油嘴；15—卡圈；16—手柄；17—填料压盖；18—限位块；19—垫片；20—阀盖

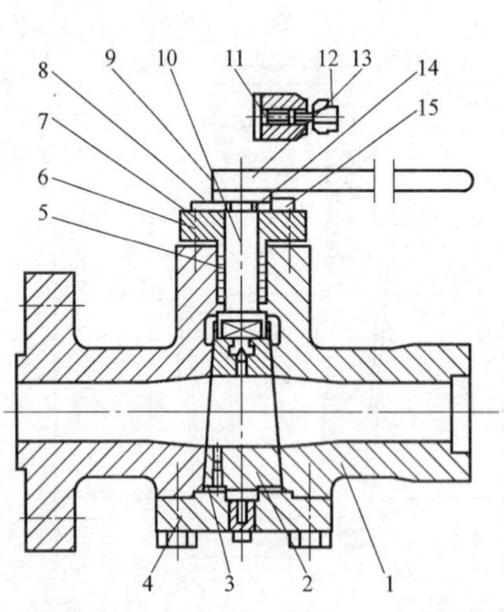

图 5-110 压力平衡式油封旋塞阀

1—阀体；2—旋塞；3—垫片或密封圈；4—阀盖；5—填料；6—填料压盖/阀盖；7—螺栓；8—指示板和限位板；9—紧定螺栓（钉）；10—阀杆；11—止回阀；12—注入油嘴；13—手柄；14—卡圈；15—限位块

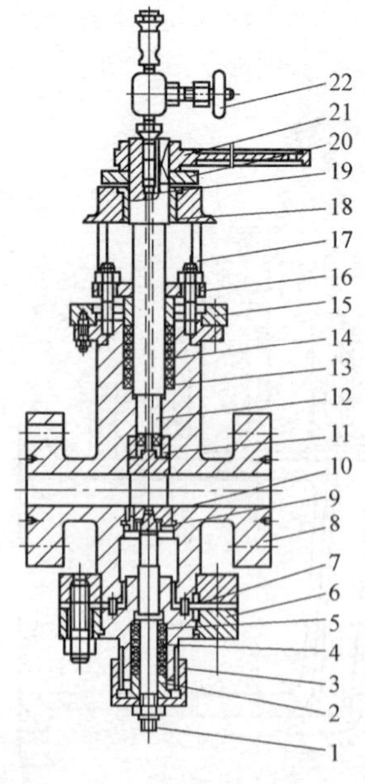

图 5-111 油封旋塞阀（一）

1—顶杆；2—填料压套；3—压套螺母；4—填料；5—填料垫；6—填料箱；7—密封环；8—阀体；9—顶块；10—塞子；11—连接套；12—阀杆；13—填料垫；14—填料；15—填料压套；16—填料压板；17—支架；18—套筒；19—单向阀；20—限位块；21—手柄；22—注油阀

美标体系环连接法兰的结构长度附加值按 GB/T 22130—2008 标准之表 2 的规定。

欧式体系环连接法兰的结构长度按《管线阀门 技术条件》GB/T 19672 的规定，或按订货合同的规定。

对焊连接金属密封阀门的结构长度按《管线阀门 技术条件》GB/T 19672 的规定。

3. 连接端

旋塞阀的连接端可采用法兰连接、对焊连接、承插焊连接和螺纹连接。

法兰连接端的适用范围为 *PN*＝1.0～42.0MPa（*PN*＝14.0MPa 除外），*DN*25～*DN*600，端部法兰应符合《整体钢制管法兰》GB/T 9113 的要求。

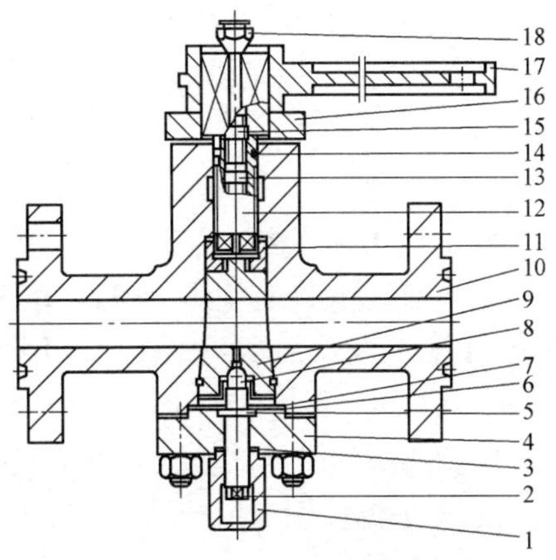

图 5-112 油封旋塞阀（二）

1—螺帽；2—调整螺栓；3—垫片；4—底盖；5—填圈；6—上膜片；7—下膜片；8—顶块；9—塞子；10—阀体；11—连接套；12—阀杆；13—单向阀；14—O 形圈；15—单向阀；16—限位块；17—手柄；18—油杯

对焊连接端的范围：

DIN 系列：*PN*10，*PN*16，*PN*25，*PN*40，*PN*63；ANSI 系列：*PN*20，*PN*50，*PN*68：不小于 *DN*50（NPS≥2）；

DIN 系列：*PN*100，*PN*160，*PN*250；ANSI 系列：*PN*110，*PN*150，*PN*260，*PN*420：不小于 *DN*25（NPS≥1）。

以上 *PN*10～*PN*420 相当于 *PN*＝1.0～42.0MPa。

NPS（Nominal Pipe Size）缩写，系指阀门连接端（包括法兰端和焊接端）的公称直径，后面的数字单位为英寸，属美标体系标注。如 NPS2，指阀门连接端公称直径 2 英寸，相当于常用的 *DN*50。详情可查阅 ASME B16.10。

对焊连接端尺寸按《钢制阀门 一般要求》GB/T 12224—2005 的规定，或按订货合同的规定。阀门制造厂有义务使阀门的焊接端和需方需要的钢管系列、壁厚、材料及焊接工艺相一致。

承插焊连接的范围为所有压力级，*DN*15～*DN*50。

英制钢管（如可以用 55°管螺纹连接的焊接钢管）承插焊端的尺寸按表 5-34 的规定。

承插焊端的尺寸 **表 5-34**

公称尺寸	承插孔最小深度	适用英制管承插孔		承插孔任意位置的最小壁厚
		孔 径	公 差	
15	9.5	21.8	+0.5 0	不小于壳体的最小壁厚
20	12.5	27.25		
25	12.5	33.9		
32	12.5	42.7		
40	12.5	48.8		
50	16.0	61.2		

螺纹连接的范围为所有压力级，DN15～DN50。螺纹端的内螺纹应符合《60°密封管螺纹》GB/T 12716、《米制密封螺丝》GB/T 1415 的规定，任何位置的壁厚应不小于壳体的壁厚。

4. 压力试验

旋塞阀的压力试验按《工业阀门 压力试验》GB/T 13927 的规定。壳体强度试验时，包括填料处不允许有可见泄漏，填料的试验压力与壳体相同。阀座密封试验时，不允许有可见渗漏（A 级）。不允许用低压（≤0.6MPa）气密性试验代替液压密封试验。

软阀座旋塞阀的密封试验压力不应高于 40℃时软阀座的压力额定值，例如聚四氟乙烯软阀座的压力-温度额定值，见 GB/T 22130—2008 标准之表 5。

5. 防静电试验

软阀座旋塞阀的衬里旋塞阀，每种类型、每种规格、每批应进行防静电试验，使用不大于 12V 的直流电源电压，旋塞和阀体之间、阀杆和阀体之间的放电回路的电阻不大于 10Ω。

6. 出厂检验项目

旋塞阀的出厂检验项目主要有：外观、尺寸、壳体试验、密封试验和标志。

7. 需方订货时应提供的资料

（1）旋塞阀形式、公称压力、工作压力、工作温度、公称尺寸、工作介质。

（2）结构长度、连接端型式及标准。

（3）是否有对材料的特殊要求（阀体、旋塞、阀杆、阀座、垫片、衬里等）或指定材料。

（4）压力、温度是否有循环变化要求及变化参数。

（5）是否要求排放孔及位置和连接要求。

（6）是否要求体腔泄放压力和泄放型式及位置要求。

（7）对驱动装置的要求（如隔爆、防护等级和电、气源条件控制要求等）或指定驱动装置。

（8）对润滑脂的特殊要求或指定润滑脂。

（9）是否要求耐火试验。

5.4.19　铁制旋塞阀

推荐网址：标准下载网　http://www.bzxz.net/

豆丁网　http://www.docin.com/

《铁制旋塞阀》GB/T 12240—2008，规定了法兰连接和内螺纹连接的铁制旋塞阀的术语和定义、结构与基本参数、技术要求、材料、试验方法、检验规则以及防护、标志、包装、运输、贮存，适用于 PN=0.25～2.5MPa，DN15～DN600，形式为短型、常规型、文丘里型和圆孔全通径型的旋塞阀。

此项标准代替《通用阀门 铁制旋塞阀》GB/T 12240—1989。

1. 结构形式

铁制旋塞阀的典型结构如图 5-113～图 5-117 所示。

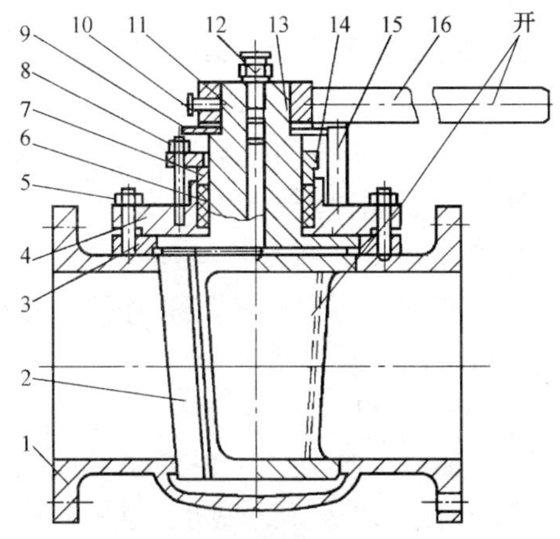

图 5-113 油封/润滑型旋塞阀

1—阀体；2—旋塞；3—垫片或密封圈；4—阀盖；5—填料垫；6—填料；7—填料压套；8—填料压板；9—指示板和限位板；10—紧定螺栓（钉）；11—止回阀；12—注入油嘴；13—卡圈；14—填料压盖；15—限位板；16—手柄

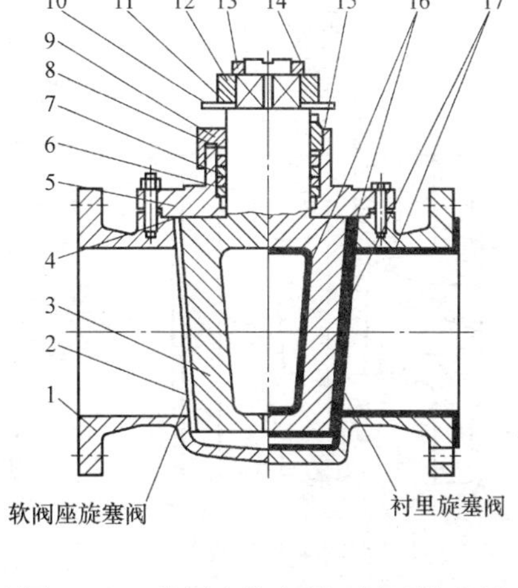

图 5-114 软阀座旋塞阀—衬里旋塞阀

1—阀体；2—软阀座；3—旋塞；4—垫片或密封圈；5—阀盖；6—填料垫；7—填料；8—填料压套；9—填料压板；10—指示板和限位板；11—卡圈；12—手柄；13—螺母；14—填料压套；15—导电弹性环；16—旋塞衬层；17—阀体衬里

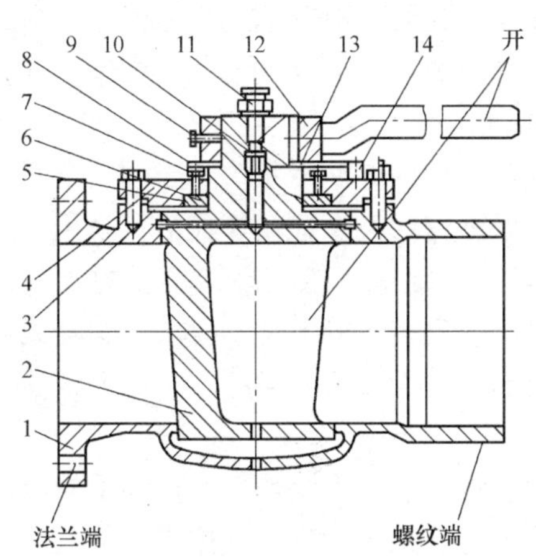

图 5-115 油封/润滑型旋塞阀（无填料压盖式）

1—阀体；2—旋塞；3—垫片或密封圈；4—阀盖；5—填料；6—填料压板；7—填料压紧螺钉；8—指示板和限位板；9—紧定螺栓（钉）；10—止回阀；11—注入油嘴；12—手柄；13—卡圈；14—限位块

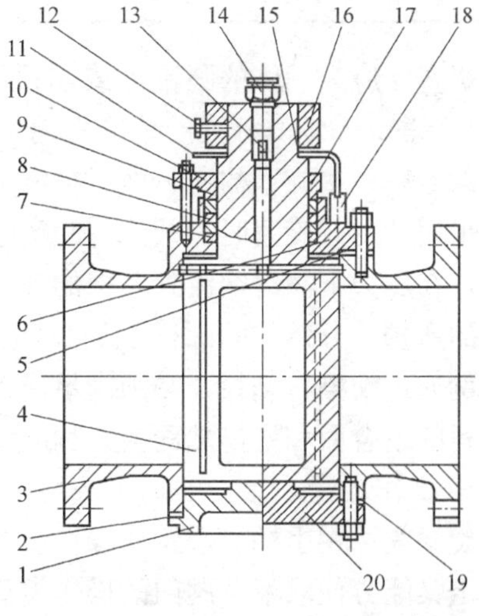

图 5-116 柱形塞油封/润滑型旋塞阀

1—阀盖；2—阀片；3—阀体；4—旋塞；5—垫片或密封圈；6—阀盖；7—填料垫；8—填料；9—填料压套；10—填料压板；11—指示板和限位板；12—紧定螺栓（钉）；13—止回阀；14—注入油嘴；15—卡圈；16—手柄；17—填料盖；18—限位块；19—垫片；20—阀盖

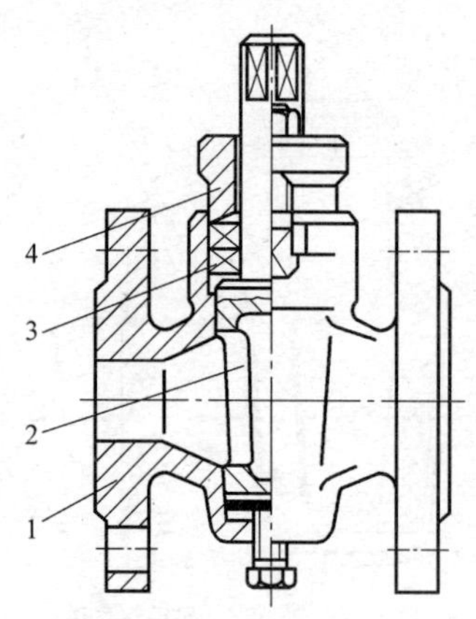

图 5-117 金属密封旋塞阀
1—阀体；2—旋塞；3—填料；4—填料压盖

2. 结构长度、外观及连接端

法兰连接结构长度见 GB/T T12240—2008 标准之表 1 的规定。

旋塞阀外观不应有明显撞伤、裂纹、气孔等缺陷，外表色泽基本一致，无影响性能的锈蚀、油污。

旋塞阀可采用法兰连接，端部法兰应符合《整体铸铁法兰》GB/T 17241.6 的规定；公称通径 *DN*15～*DN*80 的旋塞阀，可采用螺纹连接。

3. 主要技术要求

承压壳体（包括阀体、阀盖等）的最小壁厚应符合 GB/T T12240—2008 标准之表 5 的规定。软密封阀座必须与阀体紧密贴合，必须有防止转动的设计，保持在工况操作条件下不能转动或松动。衬里旋塞阀的衬里应与基体紧密结合。衬橡胶和衬氟塑料的最小衬里厚度按表 5-35 的规定。

橡胶和氟塑料的最小衬里厚度（mm） **表 5-35**

公称通径 *DN*	15～32	40～80	100～150	200～600
橡 胶	2.5	3.0	4.0	5.0
氟塑料	2.5	3.0	4.0	4.0

旋塞体应为一体的圆锥体或圆柱体，由分件组成的圆锥体或圆柱体的塞子不在此项 GB/T 12240—2008 标准的范围之内。旋塞和阀杆可制成一体，也可分开。软阀座旋塞、非油封金属密封旋塞的密封面粗糙度不大于 $Ra0.4\mu m$。

采用油封式旋塞时，阀体与旋塞的表面有沟槽，形成内部润滑系统，当阀门全开或关闭时，在压力下润滑剂流到系统的各部分，使之既保证密封又保证操作灵活；采用一体式旋塞的塞颈、分体式的阀杆或加长阀杆的端部须有指示旋塞通道孔旋转位置的永久性标示，例如，切槽、刻线，必须满足使指示位置不正确的安装不能实现的要求。阀杆或塞颈与填料的结合面和塞体端面与垫片的结合面处的粗糙度不大于 $Ra0.8\mu m$。

4. 操作装置

旋塞阀可用手柄、手轮或操作装置操作，驱动装置应能用手操作。手柄和手轮应能安全规定又能方便取下。阀门的操作类型应由需方确定，旋塞阀操作方式按表 5-36 的规定。

旋塞阀操作方式 **表 5-36**

压力 (MPa)	阀门形式	操作方式与公称通径范围 *DN*(mm)	
		直接操作≤	驱动装置操作≥
0.25,0.6,1.0	短型、文丘里型	*DN*200	*DN*250
	常规型	*DN*150	*DN*200
	圆口全通径型	*DN*100	*DN*150
1.6,2.5,4.0,5.0	短型、文丘里型	*DN*150	*DN*200
	常规型	*DN*100	*DN*150
	圆口全通径型	*DN*80	*DN*100

5. 压力试验

旋塞阀的压力试验按《工业阀门 压力试验》GB/T 13927 的规定。壳体强度试验时，包括填料处不允许有可见泄漏，填料的试验压力与壳体相同。阀座密封试验时，不允许有可见渗漏（A 级）。不允许用低压（≤0.6MPa）气密性试验代替液压密封试验。

软阀座旋塞阀的密封试验压力不应高于 40℃时软阀座的压力额定值，例如 GB/T 12240—2008 标准之表 4，以免阀座变形。

6. 出厂检验项目

旋塞阀的出厂检验项目主要有：外观、尺寸、壳体试验、密封试验、防护和标志。

5.4.20 金属密封提升式旋塞阀

推荐网址：标准分享网 http://www.bzfxw.com/
豆丁网 http://www.docin.com/

《金属密封提升式旋塞阀》JB/T 11152—2011，规定了金属密封提升式旋塞阀的结构形式、参数、技术要求、材料、试验方法、检验规则，适用于 PN=1.6～16.0MPa、DN25～DN300 的金属密封提升式旋塞阀（以下简称旋塞阀）。

1. 结构形式

法兰连接旋塞阀如图 5-118、对焊连接旋塞阀如图 5-119 所示。

2. 结构长度

法兰连接旋塞阀的结构长度按 JB/T 11152—2011 标准之表 1 的规定，或按订货合同

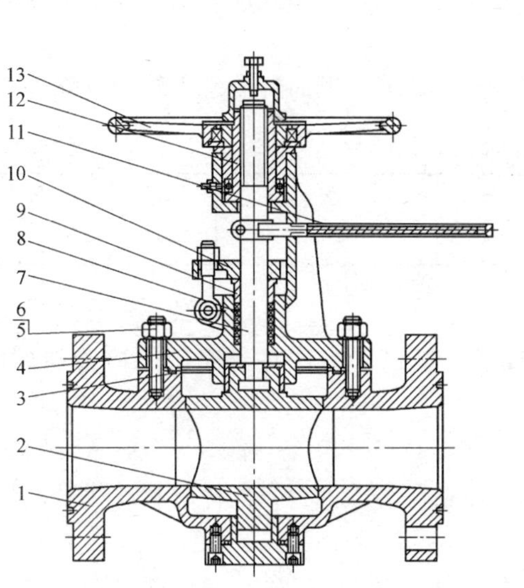

图 5-118 法兰连接旋塞阀

1—阀体；2—旋塞；3—垫片；4—阀盖；5—螺栓；6—螺母；7—阀杆；8—填料；9—填料压套；10—填料压板；11—手柄；12—阀杆螺母；13—手轮

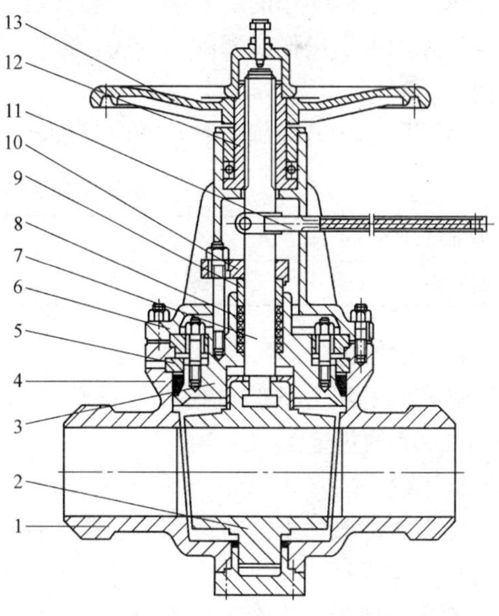

图 5-119 对焊连接旋塞阀

1—阀体；2—旋塞；3—阀盖；4—楔形密封圈；5—四合环；6—支架；7—阀杆；8—填料；9—填料压套；10—填料压板；11—手柄；12—阀杆螺母；13—手轮

的规定；对焊连接旋塞阀的结构长度按 JB/T 11152—2011 标准之表 2 的规定，或按订货合同的规定。

3. 连接端

法兰连接端应按《整体钢制管法兰》GB/T 9113 的规定，或按订货合同的规定，法兰连接端的技术要求按《钢制管法兰 技术条件》GB/T 9124 的规定，或按订货合同的规定。

内螺纹连接端的螺纹应按《55°密封管螺纹》GB/T 7306 的规定，或按订货合同的规定。

4. 通道

旋塞阀的通道一般是圆形的，同一规格的阀门通道有全通径及缩径两种，其最小直径应符合 JB/T 11152—2011 标准表 3 的规定。

5. 密封面和填料、填料箱

阀座密封面和旋塞密封面一般是堆焊金属、表面硬化处理和采用本体金属。

填料在未压紧之前，其截面可以是方形或矩形的。除有特殊要求外，填料箱的深度不应小于 5 圈未经压缩的填料高度。填料箱与填料接触表面粗糙度值应不低于 $Ra3.2\mu m$。

6. 操作

(1) 旋塞阀通常通过操作手轮来升降旋塞，通过操作扳手来旋转旋塞。扳手的长度和手轮的直径的设计原则是：在设计给定的最大压差下，扳手和手轮的操作力不得大于表 5-37 的规定。

(2) 用手柄操作的旋塞阀，当全开启时扳手的方向应与旋塞阀通道平行。

(3) 用手柄操作旋塞阀的开关，以顺时针方向为关闭，旋塞阀应有全开和全关的限位结构。

(4) 用手轮升降旋塞时，逆时针旋转手轮为提升旋塞，顺时针旋转手轮为下降旋塞。

旋塞阀扳手和手轮的最大操作力 **表 5-37**

公称通径 DN(mm)	25	32	40	≥50
最大操作力(N)	450	500	600	700

7. 压力试验

旋塞阀的压力试验包括壳体试验和密封试验，其试验方法按《阀门的检验与试验》JB/T 9092 的规定。

8. 标志

旋塞阀的阀体上应有下列主要永久性标志：制造厂名或商标；阀体材料或代号；公称压力；公称通径。

旋塞阀铭牌上应有下列内容：制造厂名；公称压力；公称通径；产品型号或系列号；常温下的最大允许工作压力；最高允许工作温度；最高允许工作温度下的最大允许工作压力；阀体及密封副材料；产品标准。

9. 出厂检验项目

旋塞阀的出厂检验项目主要有：壳体试验、密封试验、阀体标志检查、铭牌内容检查。

5.4.21 工业用金属隔膜阀

推荐网址：标准资料网 bztp：//www.pv265.com/

豆丁网 http：//www.docin.com/

《工业阀门 金属隔膜阀》GB/T 12239—2008，规定了工业用金属隔膜阀的结构形式、技术要求、试验方法和检验规则，适用于 PN=0.6～2.5MPa（灰铸铁制 PN≤1.6MPa）、DN10～DN400，端部连接形式为法兰的金属隔膜阀；PN=0.6～1.6MPa、DN8～DN80，端部连接形式为螺纹的金属隔膜阀；PN=0.6～2.0MPa、DN8～DN300，端部连接形式为焊接的金属隔膜阀。

此项标准代替《通用阀门 隔膜阀》GB/T 12239—1989。

1. 结构形式

堰式隔膜阀典型结构如图 5-120 所示，直通式隔膜阀典型结构如图 5-121 所示，角式隔膜阀典型结构如图 5-122 所示，直流式隔膜阀典型结构如图 5-123 所示。

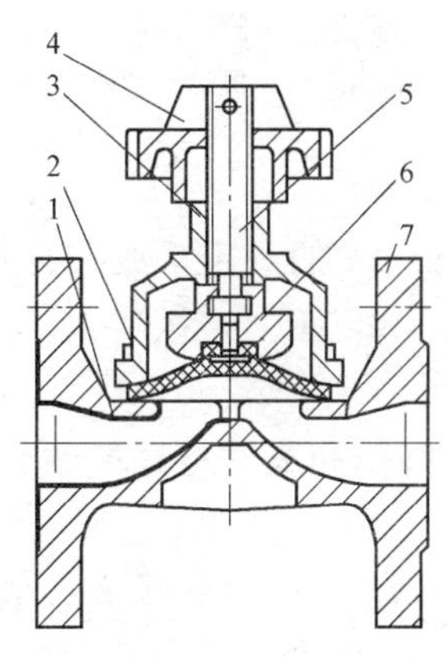

图 5-120 堰式隔膜阀典型结构

1—阀体衬里；2—螺母、螺栓；3—阀盖；4—手轮；5—垫片、阀杆；6—螺钉、隔膜；7—阀体

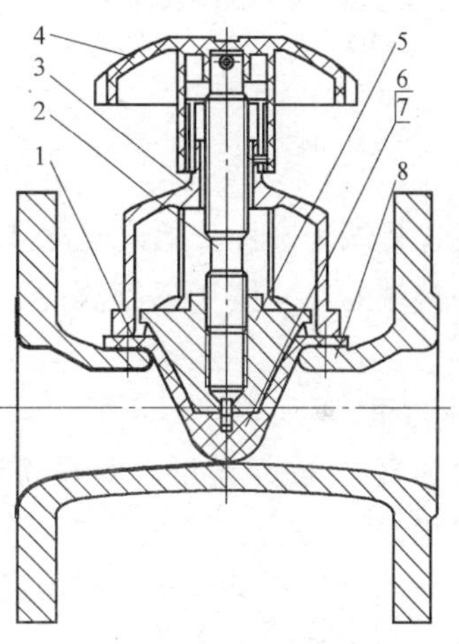

图 5-121 直通式隔膜阀典型结构

1—阀体衬里；2—阀杆；3—阀盖；4—手轮；5—阀瓣；6—螺钉；7—隔膜；8—阀体

2. 结构长度

法兰和焊接连接隔膜阀的结构长度按《金属阀门 结构长度》GB/T 12221 标准的规定，或按订货合同的规定。

内螺纹连接隔膜阀的结构长度按《金属阀门 结构长度》GB/T 12221 标准中 N8 的规定，或按订货合同的规定；外螺纹连接隔膜阀的结构长度视阀门的结构和类型而定。

3. 连接端

法兰连接端应按《铸铁管法兰》GB/T 17241.1～GB/T 17241.7 和《整体钢制管法兰》GB/T 9113 的规定。阀体连接法兰的密封面应互相平行，其平行度为《形状和位置公差及未注公差》GB/T 1184 的规定 12 级精度。除非需方另有规定，隔膜阀阀体端法兰的压力级最小应取 PN10（即 PN=1.0MPa）。

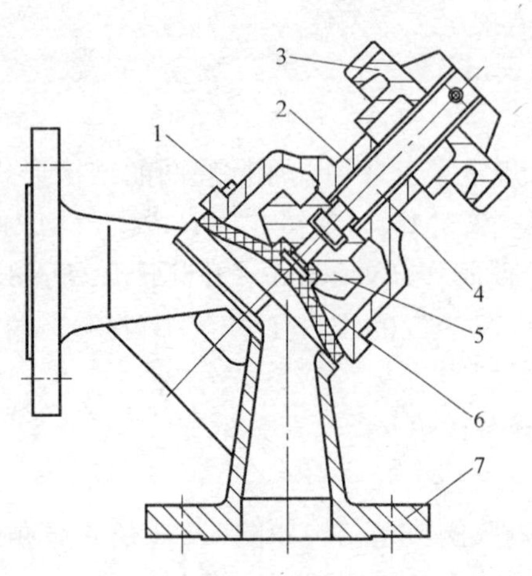

图 5-122 角式隔膜阀典型结构

1—螺母、螺栓；2—阀盖；3—手轮；4—阀杆；5—阀瓣；6—螺钉、隔膜；7—阀体

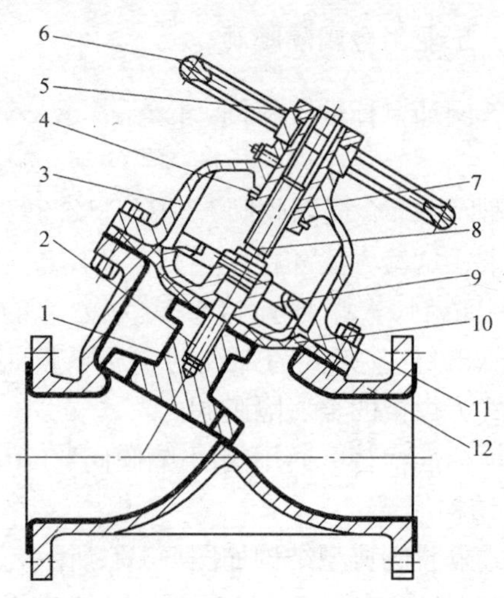

图 5-123 直流式隔膜阀典型结构

1—阀瓣基体、阀瓣；2—螺钉；3—阀盖；4—轴承；5—锁紧螺母；6—手轮；7—阀杆螺母；8—阀杆；9—隔膜压头；10—隔膜；11—螺母、螺栓；12—阀体

内螺纹连接端为圆柱管螺纹或按订货合同的规定。

焊接连接端的尺寸按《钢制阀门 一般要求》GB/T 12224 的规定，或按订货合同的规定。

4. 阀体衬里

阀体分为直形或 90°角形。隔膜阀通常有衬里，如果阀体和阀瓣材质能耐介质腐蚀，也可以不衬里。

阀门衬里的材料按表 5-38 的规定，或按订货合同的规定。衬里厚度按表 5-39 的规定。

阀门衬里材料 **表 5-38**

衬里材料	硬橡胶	软橡胶	氯丁橡胶	丁基橡胶	丁腈橡胶	聚全氟乙丙烯	可溶性聚四氟乙烯
代　号	NR	BR	CR	IIR	NBR	FEP（简称 F46）	PFA

衬里厚度（mm） **表 5-39**

公称通径 *DN*	10,15,20,25,32	40,50,65,80	100,125,150	200,250,300,350,400
衬橡胶厚度	2.5	3	4	5
衬搪瓷厚度	0.8～1.5	0.8～1.5	0.8～1.5	0.8～1.5
衬氟塑料（或树脂）厚度	2.5	3	4	—

橡胶衬里应按《橡胶衬里 第 1 部分 设备防腐衬里》GB 18241.1 的规定，其他材料的衬里可参照执行；除耐油橡胶外，衬胶部位禁止涂任何油类；阀体搪瓷后，瓷面色泽应鲜

明一致，不得有爆瓷、裂纹、暗泡等缺陷，不允许夹杂异物。各种衬里的厚度偏差由制造厂家确定。

5. 操作

(1) 手动操作 当面向手轮，以顺时针方向转动手轮时，应使阀门关闭；手轮上应标志“关”字和指示关闭方向的箭头或开关双向箭头及“开”、“关”两字；手轮的配合应牢固，并能拆卸、更换。

(2) 驱动装置 由阀门驱动装置驱动隔膜阀，其电动装置的连接尺寸应符合《多回转阀门驱动装置的连接》GB/T 12222 的规定，其他驱动装置的连接尺寸由制造厂家确定或按订货合同要求。

(3) 指示器 有开启和关闭指示要求的阀门，应提供指示器来表明阀门开关位置。

6. 压力试验

隔膜阀的壳体试验和密封试验应按《工业阀门 压力试验》GB/T 13927 的规定，阀座泄漏率为 A 级。

7. 阀体和阀盖的标志

在阀体上应有下列标记：制造厂名或商标标记；阀体材料或代号；公称压力或压力等级；公称通径；产品生产系列号。

在阀盖上应有下列标记：阀盖材料；公称压力；公称通径。

隔膜上的标记：制造厂名或商标标记；隔膜材料或代号，其代号按表 5-37 的规定；公称通径；制造日期。

8. 铭牌上的标志

在铭牌上应有下列标志：制造厂名；公称压力或压力等级；公称通径；产品型号；最大允许工作压力；阀体材料；阀体衬里材料或代号，其代号按表 5-37 的规定；产品执行标准号。

9. 出厂检验项目

隔膜阀的出厂检验项目主要有：壳体试验、密封试验、阀体标志检查、阀体衬里检查、铭牌内容检查。

5.4.22 电站隔膜阀选用导则

推荐网址：化工资料下载网 http://www.chemdown.cn/
豆丁网 http://www.docin.com/

《电站隔膜阀选用导则》DL/T 716—2000，火力发电厂的化学水处理、除盐装置、循环水系统以及一般腐蚀性介质流体管路大都需要采用隔膜阀，由于工作介质性质的不同，隔膜件与衬里层的材质也有所不同，故隔膜阀的形式较多，用途各异，因而，正确地选用隔膜阀是十分重要的。

《电站隔膜阀选用导则》DL/T 716—2000 规定了电站隔膜阀选用的基本要求，包括结构形式、技术要求、材质的选择、试验方法、供货要求及质量保证等，适用于 $PN\leqslant 1.6$MPa、DN15～DN400 法兰连接的隔膜阀和 $PN\leqslant 1.6$MPa、DN 8～DN80 内螺纹连接的隔膜阀。

1. 结构形式

隔膜阀的结构图如图 5-124～图 5-132 所示，其结构特点见表 5-40。

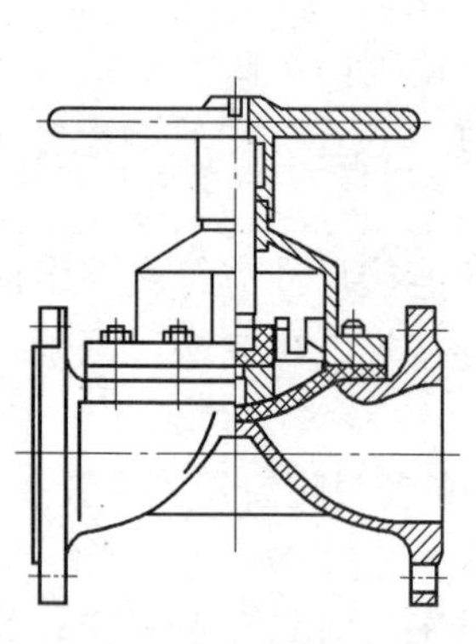

图 5-124　堰式隔膜阀（也称屋脊式）

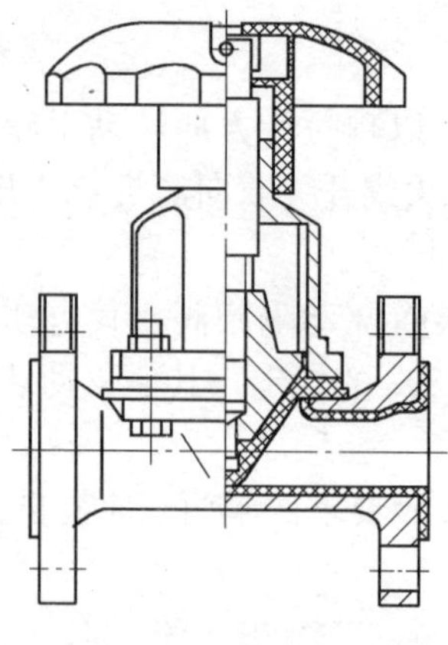

图 5-125　直通式隔膜阀

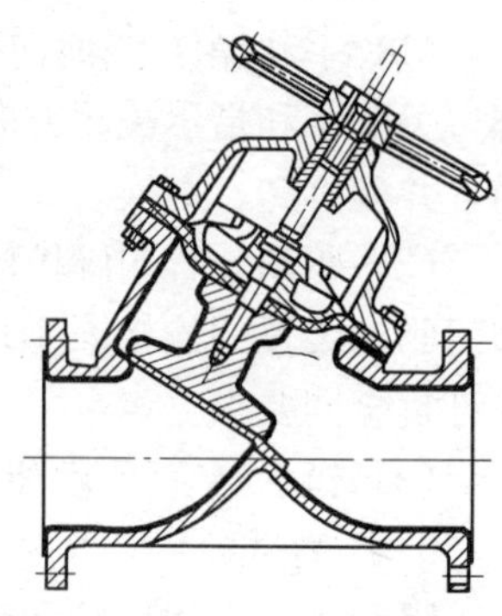

图 5-126　直流式隔膜阀

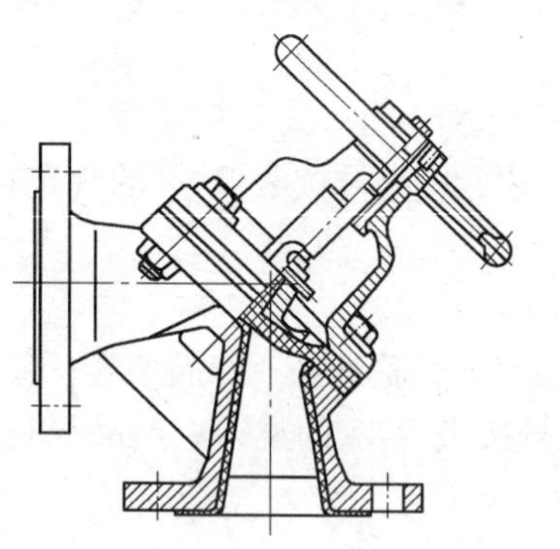

图 5-127　直角式隔膜阀

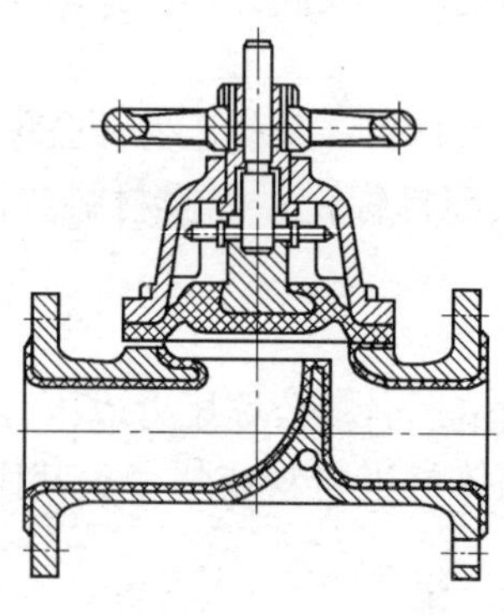

图 5-128　真空式隔膜阀

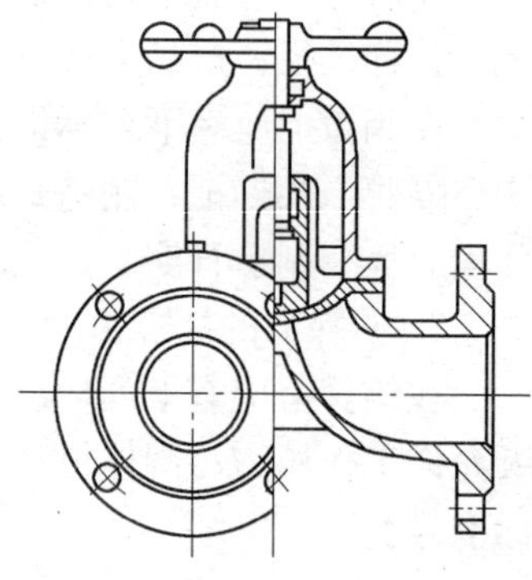

图 5-129　三通式隔膜阀

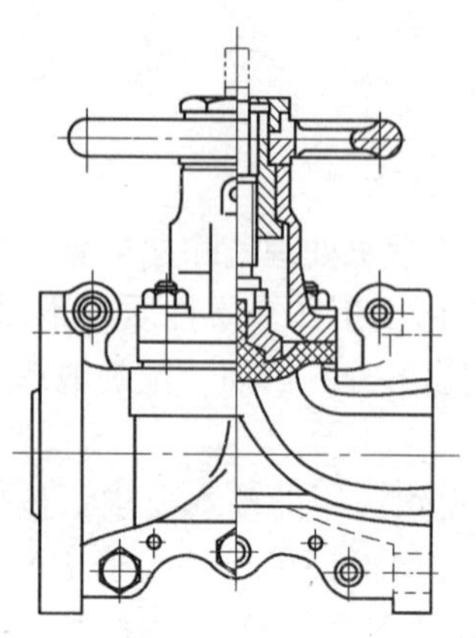

图 5-130　堰式陶瓷隔膜阀

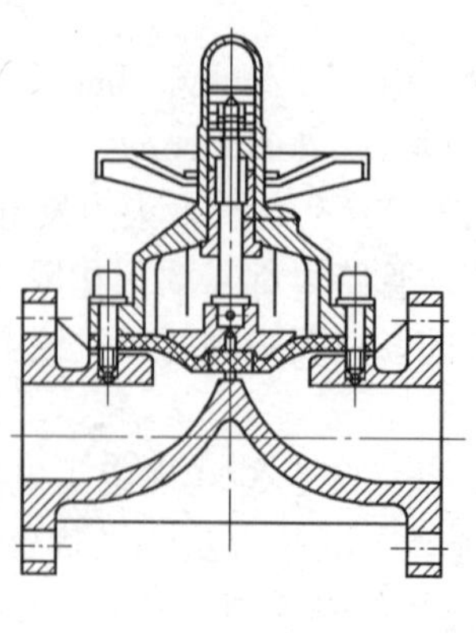

图 5-131　堰式增强塑料隔膜阀

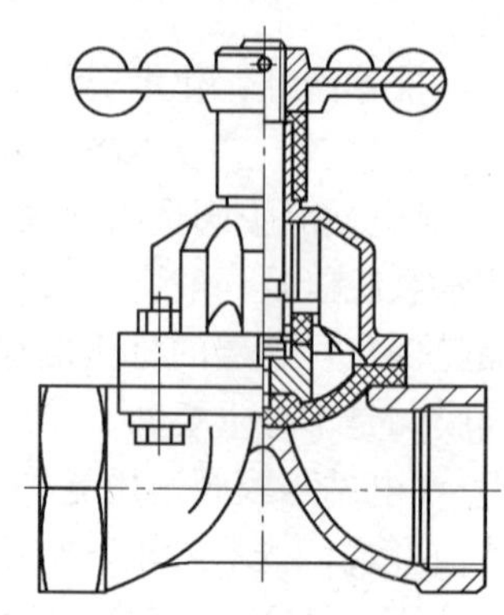

图 5-132　内螺纹隔膜阀

隔膜阀结构特点 **表 5-40**

序号	名称	结构特点
1	堰式隔膜阀（也称屋脊式）	开关行程短，比直通式隔膜阀流动阻力大，对隔膜挠性要求较低，阀腔无淤积介质的死角，分无衬里及有衬里结构（如衬塑、衬胶、衬搪瓷等），具有一定的节流特性，耐蚀性和抗颗粒介质性好，密封可靠，成本低，阀体为整体铸造结构，是各类隔膜阀中应用广泛的一种形式。 连接形式：法兰、螺纹、对焊等（法兰连接型号为 EG41、G41）
2	直通式隔膜阀	流动阻力小，行程比堰式隔膜阀长，对隔膜挠性要求较高，切断性能和流通性能俱佳，耐蚀性，能包容颗粒状介质，内腔分无衬里及有衬里结构（如衬塑、衬胶、衬搪瓷等）。 连接形式：法兰、螺纹、对焊等（法兰连接型号为 EG46、G46）
3	直流式隔膜阀	具有截止阀和隔膜阀的特点，阀座密封采用包覆非金属材料的金属阀瓣，具有较高的承载能力和密封性，另有隔膜作为中法兰密封和阀杆填料密封，又作为隔离阀体和阀瓣的屏障，密封可靠，阀体流量呈线型，流通能力好，流动阻力小，阀体内腔可衬塑、衬胶。 通常为法兰连接（型号为 G45）
4	直角式隔膜阀	入口和出口呈 90°，阀体内有衬胶，阀瓣下有隔膜作为隔离阀体和阀盖的屏障，切断性能和流通性能俱佳，密封可靠，流动阻力小，无淤积介质的死角。 通常为法兰连接（型号为 G48）
5	真空式隔膜阀	具有截止阀的特点，阀体内可衬搪瓷，阀瓣采用金属包覆非金属材料的隔膜作为隔离阀体和阀盖的屏障，具有较高的承载能力和密封性及节流特性，可用于低真空（≤101325Pa）场合。 通常为法兰连接（型号为 G44）
6	三通式隔膜阀	结构紧凑，启闭迅速，能起一定的节流和减缓介质压力波动的作用。 通常为法兰连接（型号为 G49）
7	堰式陶瓷隔膜阀	阀体采用陶瓷整体成型或金属阀体内衬陶瓷的结构，隔膜采用柔软薄膜状 PTFE 材料，以提高耐磨、耐蚀性，隔膜背面应衬厚橡胶，以提高其承载能力。陶瓷件必须能耐 80℃温度变化而不至于损坏。 连接形式主要为对夹式和法兰式（型号为 G41T）
8	堰式增强塑料隔膜阀	除隔膜、阀杆和紧固件外，其他零部件材料均为 RPP 增强塑料，耐蚀性好，密封可靠，可用于强腐蚀性介质。 通常为法兰连接（型号为 G41F—6S）
9	内螺纹隔膜阀	具有截止阀的特点，阀体为灰铸铁、球墨铸铁或奥氏体不锈钢等材质整体铸造结构，以适应不同介质管路的需要。阀瓣下有隔膜作为隔离阀体和阀盖的屏障，密封可靠，流通能力好，流动阻力小，无淤积介质的死角。 通常为内螺纹或外螺纹连接（型号为 G11）

2. 适用范围

常用隔膜阀形式、规格及适用范围见表 5-41。

常用隔膜阀形式、规格及适用范围 **表 5-41**

序号	型号及名称	规格及适用范围
1	G41J-6(10)型衬胶隔膜阀	*DN*25～*DN*400，工作压力 0.25～0.6MPa；*DN*25～*DN*150，工作压力 1.0MPa，适用于工作温度小于等于 85℃的一般腐蚀性介质管路

续表

序号	型号及名称	规格及适用范围
2	EG41J-6(10、16)引进型衬胶隔膜阀	*DN*20～*DN*250，工作压力 0.6～1.6MPa，适用于工作温度－10～105℃的多种腐蚀性介质管路
3	G41J-6 型直流式衬胶隔膜阀	*DN*50～*DN*250，工作压力 0.4～0.6MPa，适用于工作温度小于等于85℃的一般腐蚀性介质管路上作定流向启闭阀
4	G46J-10 型直流式衬胶隔膜阀	*DN*20～*DN*350，工作压力 0.6～1.0MPa，适用于工作温度小于等于85℃的一般腐蚀性流体或粉尘渣浆等介质管路应用
5	EG41F_s-10 引进型衬氟塑料隔膜阀	*DN*15～*DN*250，工作压力 0.4～1.0MPa，适用于工作温度小于等于150℃的强腐蚀性介质管路应用
6	G41C-6 型搪瓷隔膜阀	*DN*15～*DN*250，工作压力 0.4～0.6MPa，适用于工作温度小于等于100℃的含有盐酸、硝酸、王水及大多数无机酸等介质管路应用，但不适宜温度有骤变的工况管路上应用
7	G11W-16 型内螺纹隔膜阀	*DN*8～*DN*80，工作压力 1.0～1.6MPa，适用于工作温度小于等于100℃的非腐蚀性(铸铁体)及一般腐蚀性(球铁及不锈钢体)介质管路应用(可代替同规格的闸阀、截止阀)
8	G41W-6S 型内增强塑料隔膜阀	*DN*15～*DN*200，工作压力 0.4～0.6MPa，适合于工作温度小于等于100℃的强腐蚀性介质管路上应用
9	$G6_K41J$-6(常闭)、$G6_K41J$-6(常开)和 G641J-6、10(往复)型气动衬胶隔膜阀	*DN*25～*DN*200，工作压力 0.4～1.0MPa，适用于工作温度小于等于85℃的一般腐蚀性介质管路上应用，并可附装反馈信号装置，以适应程控、自控的需要
10	$EG6_K41J$ 引进常闭型、$EG6_K41J$ 引进常开型和 G641J 引进往复型气动衬胶隔膜阀	*DN*20～*DN*200，工作压力 0.6～1.6MPa，适用于工作温度－10～105℃的多种腐蚀性介质管路上应用，并可附装反馈信号装置，以适应程控、自控的需要
11	G941J-6 型电动衬胶隔膜阀	*DN*25～*DN*300，工作压力 0.4～0.6MPa，适合于工作温度小于等于85℃的一般腐蚀性介质管路上应用
12	EG941J 型引进型电动衬胶隔膜阀	*DN*20～*DN*200，工作压力 0.6～1.6MPa，适合于工作温度－10～105℃的多种腐蚀性介质管路上应用

注：隔膜阀不应安装在真空管路中。

3. 技术要求

(1) 除非用需方另有规定，隔膜阀阀体端法兰的尺寸按《工业阀门 金属隔膜阀》GB/T 12239 的规定（最小应取 *PN*=1.0MPa 级）。

(2) 隔膜阀的型号编制方法系采用《阀门 型号编制方法》JB 308—1975（现行标准为《阀门 型号编制方法》JB 308—2004）的规定。

例如 $G6_K41J$-6 型隔膜阀，G 为隔膜阀的类型代号，6_K 为气动常开式，4 为法兰连接，1 为堰式结构，J 为衬胶，6 表示公称压力 *PN*=0.6MPa。

(3) 隔膜阀的工作压力和温度等级根据《通用阀门 隔膜阀》GB/T 12239—1989 标准（现已更新为《工业阀门 金属隔膜阀》GB/T 12239—2008）之 4.1 规定。

(4) 隔膜阀的密封试验压力和强度试验压力应符合《通用阀门 压力试验》GB/T 13927（现已更新为《工业阀门 压力试验》GB/T 13927—2008）的规定，分别为阀门选定工作压力的 1.1 倍和 1.5 倍，如表 5-42 所示。

隔膜阀的试验压力　　表 5-42

公称压力级(MPa)	公称通径 DN (mm)	工作压力(MPa)	密封试验压力(MPa)	强度试验压力(MPa)	试验介质温度(℃)
PN0.6(—6 型)	25～150	0.6	0.66	0.9	水，常温
	200～350	0.4	0.44	0.6	
	400	0.25	0.28	0.4	
PN1.0(—10 型)	25～150	1.0	1.1	1.5	
	200～350	0.6	0.66	0.9	
PN1.6(—16 型)	20～50	1.6	1.76	2.4	

注：0.25～1.6MPa 的压力系列分级应符合 GB/T 1048 的规定。

(5) 隔膜阀的结构长度和连接尺寸，除非用户另有要求外，应符合以下标准的规定：

1) EG 型系列隔膜阀的结构长度应符合《金属阀门 结构长度》GB/T 12221 的规定，法兰连接尺寸应符合《整体钢制管法兰》GB/T 9113 的规定。

2) 内螺纹连接隔膜阀的结构长度和偏差应符合《阀门的结构长度 内螺纹连接阀门》GB/T 15188.3 (N8 系列) 的规定 (螺纹为圆柱管螺纹)。

4. 衬里材料

隔膜阀的橡胶衬里材料见表 5-43。

隔膜阀的橡胶衬里材料　　表 5-43

衬里材料(代号)	适用温度(℃)	适 用 介 质
硬橡胶(NR)	≤85	除强氧化剂(如硝酸、铬酸及过氧化氢、苯二硫化碳、四氧化碳等)外，适用于介质浓度为一般腐蚀性的盐酸、硫酸、氢氟酸、磷酸碱、镀金属溶液、氢氧化钠、氢氧化钾、中性盐水溶液、次氯酸钠、湿氯气、氨水以及大部分醇类、醛类、有机酸类等
软橡胶(BR)	≤85	水泥、黏土、煤渣灰、颗粒状化肥、各种浓度稠黏液以及磨损性较强的微颗粒固态流体等
丁基胶(IIR)	≤120	适用于介质浓度为一般腐蚀性的有机酸、碱和氢氧化合物、无机盐酸、元素气体、醇类、醛类、硅类、酮类及脂类等
氯丁胶(CR)	≤105	动植物油类、润滑脂剂及 pH 值变化范围很大的一般腐蚀性泥浆等
铸铁(无衬里)	≤100	非腐蚀性流体

5. 隔膜阀氟塑料和搪瓷衬里

隔膜阀氟塑料和搪瓷衬里见表 5-44。

隔膜阀氟塑料和搪瓷衬里　　表 5-44

衬里材料(代号)	适用温度(℃)	适用介质
聚全氟乙丙烯(FEP)	≤150	除熔融碱金属、元素氟及芳香烃类外的盐酸、硫酸、王水、有机酸、强氧化剂、浓稀酸交替、酸碱交替及各种有机溶剂等 【本阀对使用于高温(>100℃)浓硝酸(～100%)、氯磺酸、新生态氟气和某些溶剂(如芳香烃类)中，塑料衬里有溶胀现象，故应避免在上述介质中应用】
聚偏氟乙烯(PVDF)	≤100	
聚四氟乙烯和乙烯共聚物(PTFE)	≤120	
可溶性聚四氟乙烯(PFA)	≤180	
耐酸搪瓷	≤100	除氢氟酸、浓磷酸、强碱外的一般腐蚀性流体(不允许有温差急变)

6. 隔膜阀隔膜材料

隔膜阀隔膜材料见表 5-45。

隔膜阀隔膜材料 **表 5-45**

隔膜材料(代号)		适用温度(℃)	适用介质
丁基胶(B级)		≤100	有良好的耐酸碱性,适用于介质浓度为一般腐蚀性的有机酸、碱和氢氧化合物、无机盐酸、元素气体、醇类、醛类、硅类、酮类及脂类等
天然胶(Q级)		≤100	用于净化水、无机盐、稀释无机酸等
氟塑料	(FEP)	≤120	多种浓度的硫酸、氢氟酸、王水、高温浓硝酸、各类有机酸及强碱、强氧化剂、浓稀酸交替、酸碱交替和各种有机溶剂等强腐蚀性流体
	(PTFE)	≤120	
	(PFA)	≤150	

7. 供货要求

(1) 在订货时，需方应提供以下内容作为选型的依据：

1) 工作介质的特性（包括介质浓度）;

2) 产品的型号；

3) 公称通径；

4) 公称压力或工作压力；

5) 工作温度；

6) 运行环境温度、湿度；

7) 对阀的衬里及隔膜材质的要求；

8) 阀门的驱动方式。包括气源压力、电源电压，电动装置为户外型、防爆型及启闭时间等特殊要求

9) 气动阀门需常闭式、常开式、往复式（带手操或不带手操机构），以及是否附装其他附件等；

10) 其他特殊要求等（包括要供方提供易损件、备件及售后服务等)。

(2) 由于隔膜阀衬里材质的不同，其适用范围有较大的差异，需方应按本导则的有关技术要求，选择适合需要的隔膜阀。

(3) 供方应按相应的技术标准、设计规范、图纸、技术文件、工艺要求及供货合同的规定进行制造，并按规定试验合格后，方可出厂。

阀门试验合格后，应清除表面的油污，内腔应去除残存的试验介质。除奥氏体不锈钢及铜制阀门外，其他金属制阀门的非加工表面应涂漆或按合同的规定进行涂层，阀体内腔及衬里层、橡胶隔膜等部件均不得涂漆或油酯类涂料。

(4) 隔膜阀出厂应符合《通用阀门 供货要求》JB/T 7928—1999 的规定。

8. 阀门的装运及存放

(1) 出厂及存放隔膜阀时，其启闭件应处于关闭状态，但不可关闭过紧，以防隔膜因长时间受压而失去弹性；

(2) 阀门两端应用盲板保护法兰密封面或螺纹端部及阀门内腔，应采用木材、木质纤维板、塑料制成盲板，并加以固定，且易于装拆；

（3）阀门外露的螺纹（如阀杆、接管）部分应予保护；

（4）阀门装箱应放置缓冲填料或其他符合设计图样及使用要求的填料；

（5）对各类阀门均应装箱发运，必须保证在正常运输过程中不破损和丢失零件。箱装阀门应按装运要求写明发货及到货地名、站名（港名）、收货单位、阀门名称、箱号、毛重量及外形尺寸等。

（6）阀门出厂时应随带产品合格证、产品说明书及装箱单。内容应符合《通用阀门 供货要求》JB/T 7928—1999 的规定。

（7）产品不允许露天存放，室温宜 5～35℃，以防冻裂和橡胶、塑料老化。

5.4.23　安全阀一般要求

推荐网址：新浪爱问-共享资料　http://ishare.iask.sina.com.cn/

豆丁网　http://www.docin.com/

《安全阀 一般要求》GB/T 12241—2005，规定了安全阀的术语，设计和性能要求，试验，排量确定，当量排量计算，标志和铅封，质量保证体系以及安装、调整、维护和修理等一般要求，适用于流道直径大于或等于 8mm，整定压力大于或等于 0.1MPa 的各类安全阀。对安全阀的适用温度未予限定。

此项标准代替《安全阀 一般要求》GB/T 12241—1989

1. 常用术语和定义

（1）安全阀 一种自动阀门，它不借助任何外力而利用介质本身的力来排出一定数量的流体，以防止压力超过额定的安全值。当压力恢复正常后，阀门再行关闭并阻止介质继续流出。

1）直接载荷式安全阀 一种仅靠直接的机械加载装置如重锤、杠杆加重锤或弹簧来克服由阀瓣下介质压力所产生作用力的安全阀。

2）带动力辅助装置的安全阀 系指安全阀借助一个动力辅助装置，可以在压力低于正常整定压力时开启。即使该装置失灵，阀门仍能满足本标准对安全阀的所有要求。

3）带补充载荷的安全阀 此种安全阀在其进口压力达到整定压力前，始终保持有一个用于增强密封的附加力。该附加力（补充载荷）可由外部能源提供，而在安全阀进口压力达到整定压力时应可靠地释放。补充载荷的大小应这样设定，即假定该载荷未能释放时，安全阀仍能在其进口压力不超过国家法规规定的整定压力百分数的前提下达到额定排量。

4）先导式安全阀 一种依靠从导阀排出介质来驱动或控制的安全阀。该导阀应为符合本标准要求的直接载荷式安全阀。

（2）压力

1）整定压力 安全阀在运行条件下开始开启的预定压力，是在阀门进口处测量的表压力。在该压力下，在规定的运行条件下由介质压力产生的使阀门开启的力同使阀辨保持在阀座上的力相互平衡。

2）回座压力 安全阀排放后其阀辨重新与阀座接触，即开启高度变为零时的阀进口静压力。

3）排放压力 整定压力加超过压力。

4）启闭压差 整定压力与回座压力之差。通常用整定压力的百分数来表示；而当整定压力小于 0.3MPa 时则以 MPa 为单位表示。

（3）开启高度 阀瓣离开关闭位置的实际行程。

（4）流道面积

阀进口端至关闭件密封面间流道的最小横截面积，用来计算无任何阻力影响时的理论流量。

（5）流道直径

对应于流道面积的直径。

（6）排量

1）理论排量 流道横截面积与安全阀流道面积相等的理想喷管的计算排量，以质量流量或容积流量表示。

2）额定排量 实测排量中允许作为安全阀应用基准的那一部分。额定排量可以取为下列三者之一：

A. 实测排量乘以减低系数（取 0.9）；

B. 理论排量乘以排量系数，再乘以减低系数（取 0.9）；

C. 理论排量乘以额定（即减低的）排量系数。

3）当量计算排量 当压力、温度或介质情况等使用条件与额定排量的适用条件不同时，安全阀的计算排量。

（7）机械特性

1）频跳 安全阀阀瓣快速异常地来回运动，运动中阀辨接触阀座。

2）颤振 安全阀阀瓣快速异常地来回运动，运动中阀瓣不接触阀座。

2. 设计、材料和结构总则

（1）安全阀应设计有导向机构以保证动作和密封的稳定性。

（2）除非阀座与阀体做成一体，否则阀座应可靠地固定在阀体上以防止在运行时松动。

（3）应对所有外部调节机构采取上锁或铅封措施，以防止或便于发现对安全阀未经许可的调节。

（4）用于有毒或可燃介质的安全阀应为封闭式，以防止介质向外界泄漏。

（5）除非另外采取排泄措施，否则应在安全阀的阀体内液体可能积聚的最低部位设置排泄接口。

3. 端部连接

（1）安全阀的端部连接形式如下：

1）法兰连接按《整体钢制管法兰》GB/T 9113，《整体铸铁法兰》GB/T 17241.6，《阀门零部件 高压螺纹法兰》JB/T 79 或 JB/T 2769（代替《*PN*12.0～32.0MPa 螺纹法兰》JB/T 2769—1992）的规定。

2）螺纹连接按《55°密封管螺纹 第 1 部分：圆柱内螺纹与圆锥外螺纹》GB/T 7306.1～《55°密封管螺纹 第 2 部分：圆锥内螺纹与圆锥外螺纹》GB/T 7306.2 或《阀门结构要素 外螺纹连接端部尺寸》JB/T 1752（即 JB/T 1752—1992，此项标准国家发展和改革委员会已于 2005 年 4 月 15 日明令废止）的规定。

3）焊接端部按《钢制阀门 一般要求》GB/T 12224 的规定。

4）根据用户的要求，端部连接也可按其他标准的规定。

（2）端部连接设计

安全阀端部连接的设计，不论其型式如何，都应使连接管道或支管的通道面积至少等于安全阀进口截面积，如图 5-133 所示。

4. 动作性能

（1）动作性能整定压力偏差不应超过±3%整定压力或±0.015MPa 的较大值。

（2）排放压力的上限应服从有关标准或规范的规定。

（3）开启高度不得小于阀门制造厂标示的设计值。

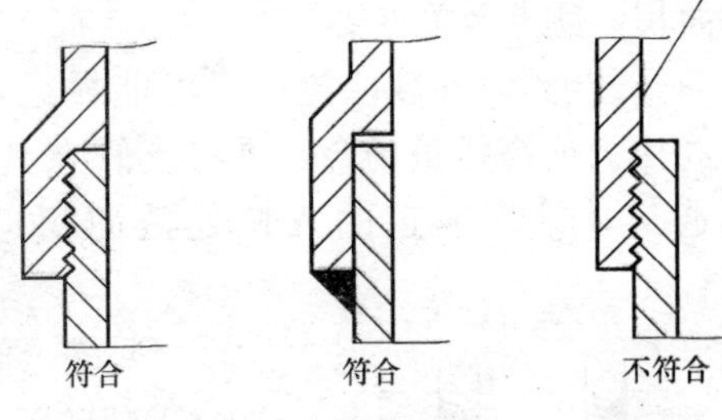

图 5-133 安全阀端部连接的设计

（4）启闭压差

1）对于启闭压差可调节的阀门，启闭压差的极限值根据使用要求可选择下列两者之一：

A. 启闭压差最大值为 7%的整定值，最大值为 2.5%的整定压力。

B. 启闭压差最大值为 15%的整定值。

下列情形不受上述限制：当流道小于 15mm 时，启闭压差最大值为 15%的整定值；当整定压力小于 0.3MPa 时，启闭压差最大值为 0.3MPa。

2）对于启闭压差不可调节的阀门，启闭压差最大值为 15%的整定压力。

3）对用于不可压缩介质的阀门，启闭压差最大值为 20%的整定压力。但当整定压力小于 0.3MPa 时，启闭压差最大值为 0.06MPa。

5. 标志和铅封

（1）阀体上的标志

安全阀阀体上的标志可与阀体一起制造，也可标在固定于阀体的标牌上。标志至少应有以下内容：进口通径 *DN*、阀体材料代号、制造厂名或商标、指示介质流向的箭头。

（2）铭牌上的标志

固定于阀体的标牌上。标志至少应标志以下内容：

1）阀门的极限工作温度，℃；

2）整定压力，MPa；

3）制造厂的产品型号；

4）标明基准流体（空气用 G，蒸汽用 S，水用 L 表示）的额定排量系数或额定排（标明单位），流体代号可置于额定排量系数或额定排量之前或之后。例如 G-0.815 或 G-100000kg/h；

5）流道面积，mm^2，或流道直径，mm；

6）最小开启高度，mm，以及相应的超过压力（以整定压力的百分数表示）。

（3）安全阀检验合格后，在出厂前应由制造厂或有关负责机构进行铅封。

6. 安全阀的安装

（1）安全阀

由于振荡或水锤现象会导致安全阀排量减少或使密封面及其他零件受损，为把这些危险降低至最低限度，在安装安全阀时应注意以下几点：

1）安全阀一般应垂直安装，排出口在上。如采取其他安装形式应征得制造厂同意，并注意的阀体上的介质流向的箭头。

2）当安全阀进口安装在一个支管上时，不允许该支管的最小通道面积小于安全阀进口截面积，此点至关重要。

3）安全阀的安装位置应尽可能靠近被保护的设备或系统，其进口支管应短而直。对于高压力或高排量场合，进口支管在其入口处应有足够大的圆角半径，或具有一个锥形通道，锥形通道的入口处截面积近似为出口处截面积 A 的两倍，如图 5-134 所示。

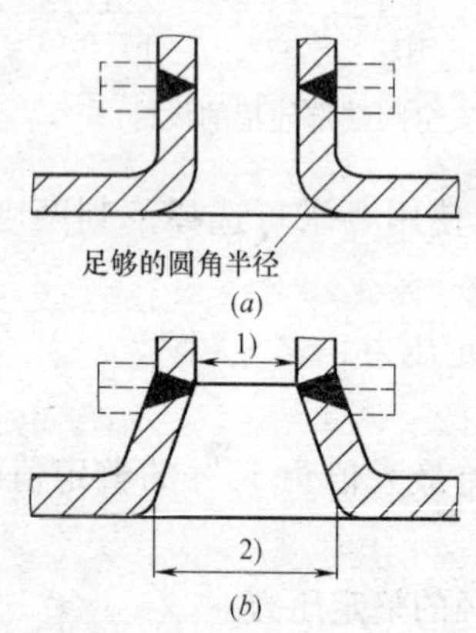

图 5-134 安全阀进口支管
(a) 足够的圆角半径入口；(b) 锥形通道入口
1) 面积 A；2) 面积 $2A$

4）安全阀的进口支管决不应设置在另一支管的正对面。在 GB/T 12241—2005 标准中，切换阀或 Y 形接头不看作为支管。

（2）进口管道

1）在进口支管中或在被保护设备与安全阀之间的压力降应不超过整定压力的 3%或最大允许启闭压力的 1/3（以在实际排放时的较小者为准）。

2）对安装安全阀的管道或容器应牢固的支撑，以保证振动不会传递到安全阀。

3）与安全阀有关的管道，应避免对安全阀产生过大的应力，以防其变形或泄漏。

4）在安全阀进口通常不允许安装阀门或其他隔离装置时，如必须安装时，应征得工程设计和安全监察部门的同意。

（3）排放管道

1）安全阀出口的排放管道应不影响其排量，同时应充分考虑排放时的反作用力的影响。

2）排放管道的截面积应不小于安全阀出口截面积。当多个安全阀共用一个排放总管时，其截面积应足以保证多个安全阀同时排动作时的排放量。

3）应考虑到安全阀出口侧存在的可能影响整定压力和/或排量的背压力（排放背压力和/或附加背压力/）。

4）安全阀的排放或疏液应引导至安全地点；应特别注意危险介质的排放及疏液。

5）应避免出现任何可能导致排放管道系统阻塞的条件；凡适用于场合都应设置输液管。

6）在安全阀出口安装隔离装置时，应不违背相关规程的规定，并征得工程设计和安全监察部门的同意。

7. 安全阀的调整、维护和修理

(1) 安全阀的调整和修理，包括改变整定压力，应由安全阀制造厂、制造厂授权的代表，或经专业培训取得相应资格的人员执行。

（2）修理安全阀所用的关键零件应由原制造厂提供；如由授权的代理机构制造时，则应满足原零件的技术要求。关键零件至少包括喷嘴（阀座）、阀瓣、阀瓣座、阀瓣芯、导向套、阀杆或阀杆组件、调节圈和弹簧。

（3）若改变安全阀的整定压力，必须知道是否要调换弹簧，否则应向制造厂询问。改变后应做好技术备案和现场标识。

（4）安全阀应通过试验来确认其整定压力和密封性。

（5）标明修理机构的标牌应永久地安装在安全阀上，并靠近制造厂铭牌。阀门试验满足要求后，修理机构应对外部调节机构进行铅封。

5.4.24 弹簧直接载荷式安全阀

推荐网址：标准下载网 http://www.bzxzw.net/

豆丁网 http://www.docin.com/

《弹簧直接载荷式安全阀》GB/T 12243—2005，规定了弹簧直接载荷式安全阀的设计、材料和结构、性能、试验和检验、标志和铅封、供货等要求，适用于整定压力为0.1～42.0MPa，流道直径大于或等于 8mm 的蒸汽锅炉、压力容器和管道用安全阀。

此项标准代替《弹簧直接载荷式安全阀》GB/T 12243—1989。

1. 术语和定义

《安全阀 一般要求》GB/T 12241—2005 确立的术语和定义适用于本标准。

2. 一般规定

（1）对于整定压力大于 3.0MPa 的蒸汽用安全阀、介质温度大于 235℃的空气及其他气体用安全阀，应能防止排出的介质直接冲蚀弹簧。

（2）产品设计应保证安全阀即使有部分损坏仍可达到额定排量；当弹簧破损时，阀瓣等零件不会飞出阀体外。

（3）调整弹簧压缩量的机构松动应设有防松装置，以防其松动。

（4）全启式和中启式安全阀应设有限制开启高度的机构。

（5）蒸汽用安全阀应带扳手，以便当介质压力达到额定压力的 75%以上时，能用扳手将阀瓣提升进行试排放，但扳手对阀门达到整定压力时的排放动作不应造成阻碍。

（6）有毒或可燃性介质应使用封闭式安全阀。

（7）安全阀的端部连接按《安全阀 一般要求》GB/T 12241—2005 的规定。

3. 材料要求

（1）钢制阀体的材料应按《通用阀门 碳素钢锻件技术条件》GB/T 12228、《通用阀门 碳素钢铸件技术条件》GB/T 12229、《通用阀门 不锈钢铸件技术条件》GB/T 12230 的规定；铁制阀体的材料应按《可锻铸铁件》GB/T 9440、《通用阀门 球墨铸铁件技术条件》GB/T 12227 的规定；铜合金阀体的材料应按《通用阀门 铜合金铸件技术条件》GB/T 12225 的规定。

其中，铸铁阀体限用于公称压力 1.6MPa 及以下，球墨铸铁和铜合金阀体限用于公称压力 2.5MPa 及以下。

（2）阀座和阀瓣本体材料的抗腐蚀性能应不低于阀体材料。

(3) 导向套的材料应具有良好的耐磨与抗腐蚀性能。

(4) 弹簧的材料应按《圆柱螺旋弹簧设计计算》GB/T 1239.6 选用，并符合相应标准的要求。

4. 性能

(1) 整定压力偏差

压力管道和压力容器用安全阀的整定压力极限偏差按表 5-46 的规定；蒸汽锅炉用安全阀的整定压力极限偏差按表 5-47 的规定。

压力管道和压力容器用安全阀的整定压力极限偏差（MPa） **表 5-46**

整定压力	≤0.5	>0.5
整定压力极限偏差	±0.015	±3%整定压力

蒸汽锅炉用安全阀的整定压力极限偏差（MPa） **表 5-47**

整定压力	≤0.5	>0.5～2.3	>2.3～7.0	>7.0
整定压力极限偏差	±0.015	±3%整定压力	±0.07	±1%整定压力

(2) 排放压力

安全阀的排放压力按表 5-48 的规定

安全阀的排放压力（MPa） **表 5-48**

蒸汽用安全阀	空气或其他气体用安全阀	水或其他液体用安全阀
≤1.03 整定压力	≤1.10 整定压力	≤1.20 整定压力

(3) 启闭压差

蒸汽用安全阀的启闭压差按表 5-49 的规定；空气或其他气体用安全阀的启闭压差按表 5-50 的规定；水或其他液体用安全阀的启闭压差按表 5-51 的规定。

蒸汽用安全阀的启闭压差（MPa） **表 5-49**

整定压力	启闭压差	
	蒸汽动力锅炉用	直流锅炉、再热器和其他蒸汽设备用
≤0.4	≤0.03	≤0.04
>0.4	≤7%整定压力(≤4%整定压力)	≤10%整定压力

注：供需双方可协商采用括号内的数值。

空气或其他气体用安全阀的启闭压差（MPa） **表 5-50**

整定压力	启闭压差	
	金属密封圈	非金属弹性材料密封圈
≤0.2	≤0.03	≤0.05
>0.2	≤15%整定压力	≤25%整定压力

水或其他液体用安全阀的启闭压差（MPa） **表 5-51**

整定压力	≤0.3	>0.3
启闭压差	±0.06	±20%整定压力

（4）开启高度

安全阀的开启高度，全启式为大于等于流道直径的 1/4；全启式为大于等于流道直径的 1/40～1/20；中启式为大于等于流道直径的 1/20～1/4。

当介质压力上升到《弹簧直接载荷式安全阀》GB/T 12243—2005 标准规定的排放压力的上限值以前，开启高度应达到阀门制造厂标志的设计规定值。

（5）密封性

密封试验压力按表 5-52 的规定；密封试验介质按表 5-53 的规定。蒸汽用安全阀进行试验时，用目视或听音的方法就检查阀的出口端，如未发现泄漏现象，则认为密封性合格；空气或其他气体用安全阀进行试验时，检查以每分钟泄漏气泡数表示的泄漏率，对于金属密封面的阀门应不超过表 5-54 所列的数值；对于非金属弹性材料密封面的阀门，应无泄漏现象（每分钟 0 气泡）。

密封试验压力（MPa） **表 5-52**

安全阀适用介质	密封试验压力	
	额定压力不大于 0.3	整定压力大于 0.3
蒸汽	比整定压力低 0.03	90%整定压力或最低回座压力(取较小值)
空气或其他气体	比整定压力低 0.03	90%整定压力
水或其他液体	比整定压力低 0.03	90%整定压力

密封试验介质 **表 5-53**

安全阀适用介质	蒸　汽	空气或其他气体	水或其他液体
密封试验用介质	饱和蒸汽	空气或氮气	水

空气或其他气体用安全阀密封试验的泄漏率 **表 5-54**

常温下的整定压力(MPa)	最大允许泄漏率			
	流道直径不大于 7.8mm		流道直径大于 7.8mm	
	气泡数(个/min)	(cm^3/min)	气泡数(个/min)	(cm^3/min)
≤6.9	40	11.8	20	5.9
>6.9～10.3	60	18.1	30	9.0
>10.3～13.0	80	23.6	40	11.8
>13.0～17.2	100	29.9	50	14.6
>17.2～20.7	100	29.9	60	18.0
>20.7～27.6	100	29.9	80	23.5
>27.6～38.5	100	29.9	100	29.9
>38.5～41.4	100	29.9	100	29.9

水或其他液体用安全阀进行密封试验时，对于金属密封面的阀门，其泄漏率应不超过表 5-55 的规定；对于非金属弹性材料密封面的阀门，应无泄漏现象。

水或其他液体用安全阀金属密封面试验的泄漏率 **表 5-55**

公称通径 DN(mm)	<25	≥25
最大允许泄漏率(cm^3/h)	10	10×(DN/25)

5. 出厂检验项目

安全阀的出厂检验项目有：壳体试验、密封性和整定压力。

6. 标志和铅封

安全阀标志和铅封的要求按《通用阀门 标志》GB/T 12220 和《安全阀 一般要求》GB/T 12241 的规定。

安全阀铭牌上至少应包括以下内容：制造厂名或商标；出厂日期；产品名称、型号和制造编号；公称通径和流道直径（或流道面积）；公称压力和整定压力；超过压力（或排放压力）；开启高度；极限工作温度；标明基准流体（空气用 G，蒸汽用 S，水用 L 表示）的额定排量系数或额定排量；背压力（当适用时）。

5.4.25 弹簧式安全阀结构长度

推荐网址：新浪爱问-共享资料 http://ishare.iask.sina.com.cn/

豆丁网 http://www.docin.com/

《弹簧式安全阀 结构长度》JB/T 2203—1999，规定了弹簧式安全阀的结构长度，适用于 PN=1.0～32.0MPa、公称通径 DN10～DN200 的工业设备和管道用安全阀。

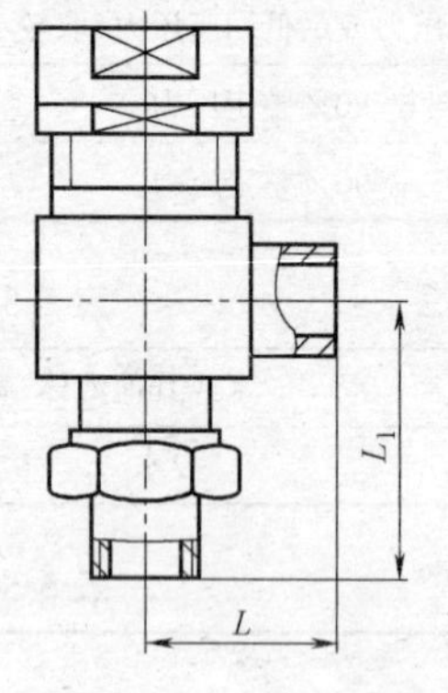

图 5-135 螺纹连接微启式安全阀

此项标准代替《弹簧式安全阀 结构长度》JB/T 2203—1977，由于该标准久未修订，且《安全阀 一般要求》GB/T 12241—2005、《弹簧直接载荷式安全阀》GB/T 12243—2005 在一定程度上涵盖了 JB/T 2203—1999 标准，因此，这里给出弹簧式安全阀的结构长度只能作为参考，应以实物或供货厂家的产品样本提供的尺寸为准。

根据 JB/T 2203—1999 标准的规定，进口为外螺纹、出口为内螺纹连接的微启式安全阀的外形如图 5-135 所示，其结构长度见表 5-56；进口为法兰、出口为内螺纹连接（图 5-136）；进出口为法兰连接（图 5-137）；进出口为螺纹法兰连接（图 5-138）的微启式、双联微启式（图 5-139）和全启式安全阀的结构长度，分别按表 5-57、表 5-58 的规定。

螺纹连接微启式安全阀结构长度（mm） **表 5-56**

公称通径 DN	公称压力 PN(MPa)			
	1.0		1.6,4.0	
	L	L_1	L	L_1
10	30	45	35	35
15	30	45	35	35
20	35	50	40	40
25	40	60	50	50
32	45	70	—	—
40	50	80	—	—

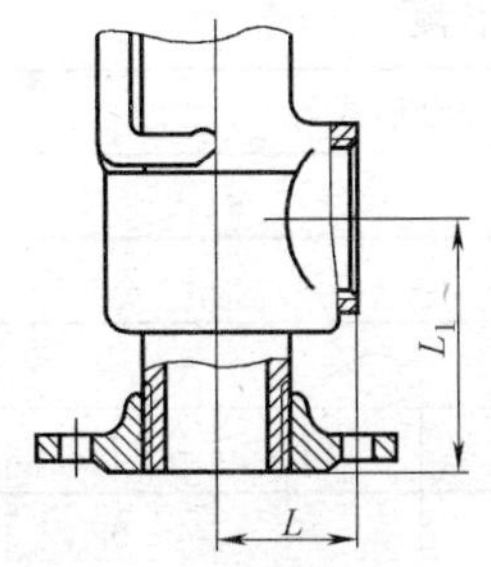

图 5-136 进口法兰、出口内螺纹连接安全阀

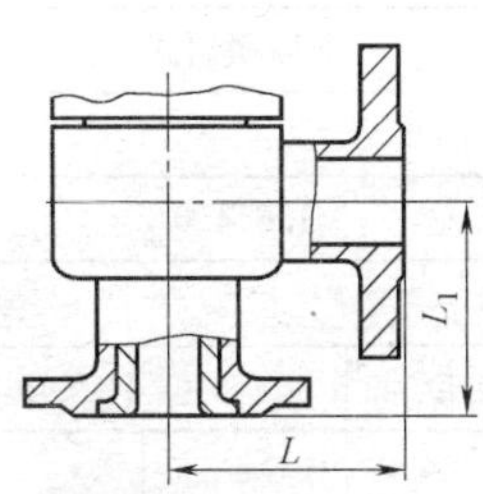

图 5-137 进出口法兰连接安全阀

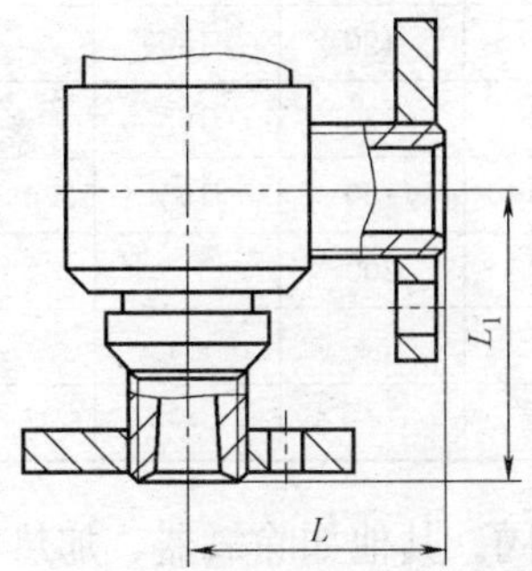

图 5-138 进出口螺纹法兰连接安全阀

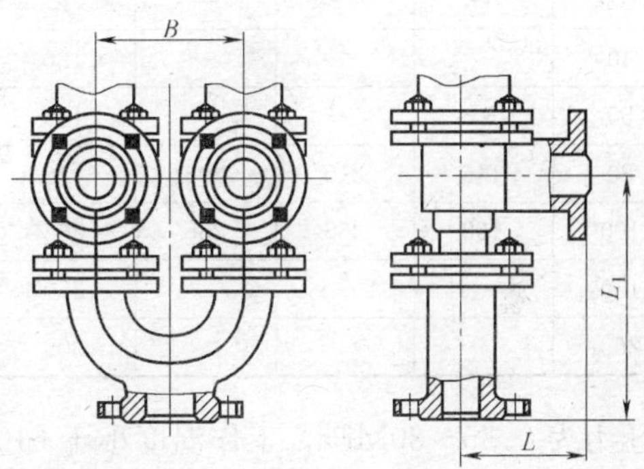

图 5-139 进出口螺纹法兰连接双联式安全阀

微启式安全阀的结构长度　　表 5-57

公称通径 DN	公称压力 PN (MPa)									
	1.0		1.6,4.0		10.0		16.0		32.0	
	结构长度(mm)									
	L	L_1	L	L_1	L	L_1	L	L_1	L	L_1
15	—	—	—	—	42	75	95	95	—	—
25	—	—	100	85	125	100	—	—	—	—
32	—	—	115	100	140	110	130	130	130	130
40	—	—	120	110	135	120	—	—	—	—
50	65	130	135	120	160	130	—	—	—	—
80	90	150	170	135	—	—	—	—	—	—
100	—	—	—	—	—	—	—	—	—	—
150	—	—	—	—	—	—	—	—	—	—
200	—	—	—	—	—	—	—	—	—	—

5.4.26 电站锅炉安全阀应用导则

推荐网址：新浪爱问-共享资料　http://ishare.iask.sina.com.cn/

豆丁网　http://www.docin.com/

《电站锅炉安全阀应用导则》DL/T 959—2005，规定了电站锅炉用安全阀的选用和性能要求及其试验、校验方法，适用于电站锅炉以蒸汽为介质、喉部直径为20～250mm，工

双联微启式和全启式安全阀的结构长度 表 5-58

公称通径 DN	双联微启式			全启式					
	公称压力 PN (MPa)								
	1.6,4.0			1.6,4.0		10.0		16.0,32.0	
	结构长度(mm)								
	L	L_1	B	L	L_1	L	L_1	L	L_1
15	—	—	—	—	—	—	—	95	95
25	—	—	—	—	—	—	—	—	—
32	—	—	—	—	—	—	—	150	150
40	—	—	—	120	110	135	120	180	180
50	—	—	—	135	120	160	130	165	155
80	145	310	205	170	135	175	160	195	185
100	160	355	255	205	160	220	200	—	—
150	—	—	—	250	210	—	—	—	—
200	—	—	—	305	260	—	—	—	—

作压力为0.35～30MPa，工作温度小于610℃的锅炉安全阀。其他如除氧器、加热器、连排扩容器等压力容器的安全阀可参照执行。

1. 常用安全阀类型

电站蒸汽锅炉常用安全阀类型见表5-59。

电站蒸汽锅炉常用安全阀类型 表 5-59

分类方法	类型		说明
按作用原理	直接作用式		直接用机械载荷，如重锤、杠杆加重锤或弹簧来克服阀瓣下的介质压力的安全阀
	非直接作用式	先导式安全阀	由主阀和导阀组成，主阀是依靠从导阀排出的介质来驱动或控制的安全阀，导阀为直接作用式安全阀
		带补充载荷式	在入口压力达到额定压力前，始终保持一增强密封的附加力(补充载荷)，该附加力可由外来的能源提供，而在安全阀达到整定值时，应可靠地释放，即使该压力未释放时，安全阀仍能在整定压力不超过规定压力3%的前提下达到额定排量(对整定压力和工作压力很接近，而密封要求高时，应用此类阀门)
		动力控制安全阀	一种由动力源(电动、气动、汽动或液动)控制其开启或关闭的阀门(大型锅炉的系统中有多只安全阀时，可以配备此类阀门并提起动作，以保护其他安全阀，避免频繁起跳)
按开启高度	微启式安全阀		开启高度大于或等于1/4喉部直径
	微启式安全阀		开启高度在1/40～1/20流道直径的范围内
	中启式安全阀		开启高度介于微启式和全启式之间
	全量型安全阀		阀瓣内径为喉部直径的1.15倍以上，阀瓣开启时，阀座口流体通路面积必须是喉部面积的1.05倍以上；安全阀入口面积是喉部面积的1.7倍以上，开启高度大于1/4喉部直径

续表

分类方法	类型	说明
按有无背压平衡机构	背压平衡式	利用波纹管、活塞或膜片等平衡背压作用的元件，使阀门开启前背压对阀瓣上下两侧的作用相平衡
	常规式	不带背压平衡元件
按阀瓣加载方式	重锤式（重锤或杠杆）	利用重锤或重锤通过杠杆加载
	弹簧式	利用弹簧加载
	气室式	利用压缩空气加载
按动作特性	比例作用式	开启高度随“超过整定压力的增大成比例”变化（一般用于排放液体的安全阀）
	突跳动作时（两段作用式）	起初阀瓣随压力升高而成比例开启，在压力升高一个不大数值后，阀瓣即急速开启到规定的升高值（一般用于排放蒸汽的安全阀）

2. 安全阀工作性能

安全阀的设计整定压力一般应按表 5-60 的规定进行调试与校验。

安全阀的回座压力，对可压缩介质，在压力低于整定压力 10%的范围内，安全阀应关闭；对不可压缩介质，在压力低于整定压力 20%的范围内，安全阀应关闭。

安全阀的启闭压差一般应为整定压力的 4%～7%，最大不得超过整定压力的 10%。用于水侧的安全阀不超过整定压力的 20%。

安全阀的流道面积也称为喉部面积，系指阀瓣进口端到关闭件密封面间流道的最小面积，可用于计算无任何阻力影响时的理论排量及对应的流道直径 D_0。

对于全启式安全阀，其排放面积等于流道面积（A）；对于微启式安全阀，其排放面积等于帘面积（A_1）。所谓帘面积，系指当阀瓣全行程时，在其密封面之间的圆锥形或圆锥形通道面积。

安全阀的排放压力，对于蒸汽用安全阀一般应小于或等于整定压力的 1.03 倍，对于水或其他液体应小于或等于整定压力的 1.20 倍。

当介质压力上升到规定的排放压力上限值前，安全阀的开启高度应达到设计规定的最大值。对于弹簧式直接作用式安全阀，全启式最大开启高度应不小于流道直径的 1/4，微启式最大开启高度应介于流道直径的 1/40～1/20 之间。

关于安全阀的理论排放量是一个相当复杂的问题，主要与安全阀的产品设计有关，故从略。

安全阀的整定压力 **表 5-60**

安装位置		整定压力	
汽包锅炉的汽包或过热器出口	额定蒸汽压力 $p<5.88$(MPa)	控制安全阀	1.04 倍工作压力
		工作安全阀	1.06 倍工作压力
	额定蒸汽压力 $p\geqslant5.88$(MPa)	控制安全阀	1.05 倍工作压力
		工作安全阀	1.08 倍工作压力

续表

安装位置	整定压力	
直流锅炉过热器出口	控制安全阀	1.08倍工作压力
	工作安全阀	1.10倍工作压力
再热器	—	1.10倍工作压力
启动分离器	—	1.10倍工作压力

注：1. 各部件的工作压力系指安全阀安装地点的工作压力（脉冲式安全阀为冲量接出地点的工作压力）。
2. 过热器出口安全阀的整定压力，应保证在该锅炉的一次汽水系统所有的安全阀中，此安全阀最先动作。

3. 安全阀的现场校验与调整

（1）安全阀的现场校验

锅炉安装、大修完毕或安全阀检修后，都应校验安全阀的整定压力。对于带电磁力或其他辅助操作机构的安全阀，除进行检修校验外，还应做电气回路的远程操作试验及自动回路压力继电器的操作试验。

（2）现场校验方法

电站安全阀一般采用在线热态校验，可分为用专门仪器（安全阀在线定压仪）校验和升压实跳校验。不过升压实跳校验因工作环境恶劣，起跳次数多，会带来噪声污染、密封面的损坏和校验时的安全性等问题。

（3）校验周期

在役电站锅炉安全阀每年至少应校验一次。每个小修周期应进行检查，必要时应进行校验或排放试验。各类压力容器的安全阀每年至少应校验一次排放试验或在线校验。安全阀经检验合格后应加铅封，并在设备技术档案中登录。

4. 安全阀的安装

安全阀应按制造厂提供的说明书进行安装。安全阀应垂直安装，并尽可能靠近被保护的设备或系统，使阀的进口支管短而直。

安全阀的进口支管最小截面积应不小于安全阀进口截面积，同时进口支管的压降应不超过整定压力的3%或最大允许启闭压差的1/3，在安全阀与汽包、集箱之间不得装有阀门或其他引出管。如果几个安全阀同时装设在一个与汽包或联箱直通的总管上时，则此管流通截面积应大于与其相连的所有安全阀最小流通截面积总和的1.25倍。

安全阀应装设通往室外的排气管，排气管及其附件（包括消声器）不能影响安全阀的动作；排气管的低点应设疏水装置。在排气管及疏水管上不允许装设阀门。

每只安全阀最好有单独的排气管。如两只或多只安全阀必须装设排汽总管，其尺寸不得使所产生背压超过制造厂推荐的数值，同时还要有条件进行检查和清洗。排气管的固定方式应正确可靠，避免由于排汽反作用力或热膨胀影响安全阀正常动作。对动力控制安全阀，在控制回路中的管道应尽可能短一些，应有15%的倾斜度，以有利于管道内介质的流动，排除凝结水，防止积聚凝结水和冻结。

脉冲式安全阀接入冲量的导管应保温，导管上的阀门全开以及脉冲管上的疏水开度经调整后，都应有防止误开（闭）的措施，导管规格内径不得小于 *DN*15。

压缩空气控制的气室式安全阀必需配有可靠的除油、除湿供气系统和可靠的控制电源，确保连续供给压缩空气。

杠杆式安全阀应有防止重锤自行移动的装置和限制杠杆越位的导架；弹簧式安全阀要有防止随意拧动调整螺丝的装置。

安全阀应有防止人员烫伤的防护装置。在寒冷地区，应对安全阀的阀体、管道和消声器等采取防冻措施。

5. 安全阀的主要部件

安全阀的制造厂应向用户提供主要部件的备件及清单，包括：喷嘴（阀座）、阀瓣、阀瓣座（或反冲盘）、阀芯、导向套、弹簧、阀杆、调节圈、调整螺杆。

6. 安全阀的标志和铭牌

安全阀的阀体上至少有下列标志：公称通径（*DN*）；公称压力（MPa）；阀体材料代号；制造厂名或商标；指示介质流向的箭头。

安全阀的铭牌至少有下列内容：产品型号；公称通径（mm）；公称压力（MPa）；启闭压差（%）；工作温度（阀门设计的极限工作温度）（℃）；基准流体（空气用 G、蒸汽用 S、水用 L 表示）的额定排量或额定排量系数（kg/h 或%）；排放面积或流道直径（mm^2 或 mm）；开启高度（即升程，mm）；制造厂名；制造日期；出厂编号。

5.4.27 减压阀一般要求

推荐网址：标准分享网 http://www.bzfxw.com/

豆丁网 http://www.docin.com/

《减压阀 一般要求》GB/T 12244—2006，规定了减压阀的术语和定义、订货要求、压力-温度等级、材料、技术要求、性能要求、试验方法、检验规则、标志及供货等内容，适用 *PN*＝1.0～6.3MPa，*DN*20～*DN*300，介质为气体、蒸汽、水等管道用减压阀。

此项标准代替《减压阀 一般要求》GB/T 12244—1989。

1. 减压阀类型

根据 GB/T 12244—2006 标准有关术语和定义的界定，减压阀系指通过阀瓣的节流，将进口压力降至某一需要的出口压力，并能在进口压力及流量变化时，利用介质本身能量保持出口压力基本不变的阀门。减压阀的主要类型有：

直接作用式减压阀 利用出口压力变化，直接控制阀瓣运动的减压阀。

先导式减压阀 由主阀和导阀组成，主阀出口压力的变化通过导阀放大，并控制主阀阀瓣动作的减压阀。

膜片式减压阀 采用膜片作敏感元件来带动阀瓣运动的减压阀。

活塞式减压阀 采用活塞作敏感元件来带动阀瓣运动的减压阀。

波纹管减压阀 采用波纹管作敏感元件来带动阀瓣运动的减压阀。

2. 一般要求

(1) 减压阀型号编制方法按《阀门 型号编制方法》JB/T 308 的规定。

(2) 公称尺寸按《管道元件 *DN*（公称尺寸）的定义和选用》GB/T 1047 的规定；公称压力按《管道元件 *PN*（公称压力）的定义和选用》GB/T 1048 的规定。

(3) 法兰连接结构长度按《减压阀结构长度》JB/T 2205 的规定。

(4) 钢制阀门法兰连接尺寸及密封面形状和尺寸按《整体钢制管法兰》GB/T 9113 的规定。

（5）铁制阀门法兰连接尺寸及密封面形状和尺寸按《整体铸铁法兰》GB/T 17241.6的规定。

（6）阀门涂漆按《阀门的标志和涂漆》JB/T 106 的规定。

3. 性能要求

（1）调压性能

在给定的调压范围内，出口压力能在最大值与最小值之间连续调整，不得有卡阻和异常振动。

（2）流量特性

当出口流量变化时，减压阀不得有异常动作，其出口压力负偏差值：对直接作用式减压阀不大于出口压力的 20%；对先导式减压阀不大于出口压力的 10%。

（3）压力特性

当进口压力变化时，减压阀不得有异常振动，其出口压力偏差值：对直接作用式减压阀不大于出口压力的 20%；对先导式减压阀不大于出口压力的 10%。

（4）密封性能

对于弹性密封结构，其渗漏量按表 5-61 的规定；对于金属-金属密封结构，允许渗漏量不大于最大流量的 0.5%。

减压阀出口压力表的升值，当为弹性密封时应为零，当为金属-金属密封时不超过 0.2MPa/min。

减压阀的渗漏量 **表 5-61**

公称通径 *DN*	≤50	65～125	≥150
最大渗漏量[滴(气泡)/min]	5	12	20

（5）连续运转能力

经连续运行试验后仍能满足调压性能、流量特性、压力特性、密封性能的规定。

4. 出厂检验项目

减压阀的出厂检验项目有壳体试验、密封试验和调压试验。

5. 标志和供货

减压阀的阀体上应有如下标志：阀体材料；公称压力；公称通径；熔炼炉号；介质流向；商标。

减压阀的铭牌上应有如下内容：适用介质；进口压力范围；出口压力范围；制造厂名；型号规格；出厂日期。

供货按《通用阀门 供货要求》JB/T 7928 的规定。在运输和存放过程中，调节弹簧应处于自由状态。产品合格证上应标有进口压力范围和出口压力范围。

5.4.28 先导式减压阀

推荐网址：标准下载网 http://www.bzxz.net/

豆丁网 http://www.docin.com/

《先导式减压阀》GB/T 12246—2006，规定了先导式减压阀的结构形式、技术要求、试验方法、检验规则和标志，适用 *PN*＝1.6～6.3MPa，*DN*20～*DN*300，介质为气体或液体的管道用先导式减压阀。

此项标准代替《先导式减压阀》GB/T 12246—1989。

1. 结构形式

先导式减压阀的典型结构形式分为如图 5-140 所示的先导活塞式减压阀和如图 5-141 所示的先导薄膜式减压阀。

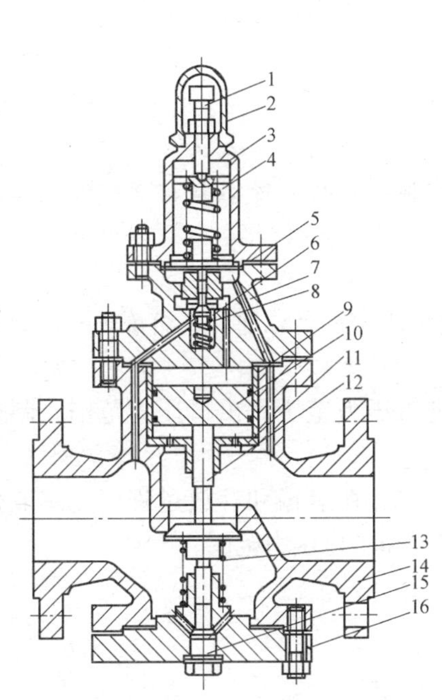

图 5-140 先导活塞式减压阀

1—调节螺钉；2—护罩；3—弹簧罩；4—调节弹簧；5—膜片；6—弹簧；7—阀盖；8—副阀瓣；9—衬套；10—活塞；11—导套；12—主阀瓣组件；13—主弹簧；14—阀体；15—螺塞；16—下阀盖

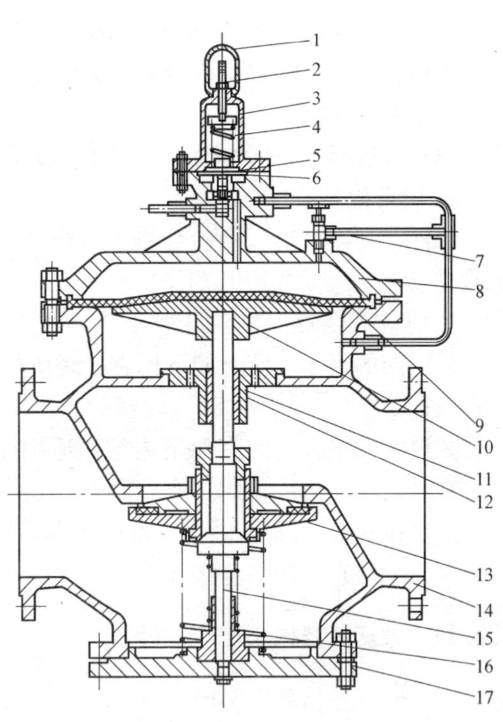

图 5-141 先导薄膜式减压阀

1—护罩；2—调节螺钉；3—弹簧罩；4—调节弹簧；5—副阀瓣；6—膜片；7—截止阀；8—阀盖；9—薄片；10—薄片盘；11—衬套；12—衬套座；13—主阀瓣组件；14—阀体；15—阀杆；16—主弹簧；17—下阀盖

2. 一般要求

法兰连接结构长度按 JB/T 2205 的规定。

钢制法兰连接尺寸及密封面的形式按《整体钢制管法兰》GB/T 9113 的规定，技术要求按《钢制法兰 技术条件》GB/T 9124 的规定；铁制法兰连接尺寸及密封面的形式按《整体铸铁法兰》GB/T 17241.6 的规定，技术要求按《铸铁管法兰技术条件》GB/T 17241.7 的规定。

3. 结构

先导式减压阀应有压力调整机构，借助手轮或其他部件（调节螺钉）对压力进行调节，并有防松装置。

顺时针旋转手轮或调节螺钉，阀瓣为开启状态。

4. 性能

(1) 调压性能

按《减压阀 一般要求》GB/T 12244 的规定。

（2）流量特性

按《减压阀 性能试验方法》GB/T 12245 的规定对减压阀进行试验时，试验过程中减压阀不得有异常振动；出口压力的负偏差值 ΔP_{2G}（ΔP_{2Q}）应不大于出口压力的 10%。

（3）压力特性

按《减压阀 性能试验方法》GB/T 12245 的规定对减压阀进行试验时，试验过程中减压阀不得有异常振动；出口压力的负偏差值 ΔP_{2P}应不大于出口压力的 5%。

（4）密封性能

按《减压阀 一般要求》GB/T 12244 的规定。

5. 出厂检验项目

每件产品需经出厂检验合格方可出厂。出厂检验项目有壳体试验、密封试验和调压试验。

6. 标志和供货

减压阀的阀体上应有如下标志：阀体材料；公称压力；公称通径；熔炼炉号；介质流向；商标。

减压阀的铭牌上应有如下内容：适用介质；进口压力范围；出口压力范围；制造厂名；型号规格；出厂日期。

供货按《通用阀门 供货要求》JB/T 7928 的规定。在运输和存放过程中，调节弹簧应处于自由状态。产品合格证上应标有进口压力范围和出口压力范围。

5.4.29 减压阀结构长度

推荐网址：精品资料网 http://www.cnshu.cn/

豆丁网 http://www.docin.com/

《减压阀结构长度》JB/T 2205—2000，规定了法兰连接金属减压阀的结构长度，适用于 PN=1.0～6.4MPa，公称通径 DN20～DN300，工作温度 t≤425℃的工业管道用减压阀。其他连接形式的减压阀可参照执行。

此项标准代替《减压阀结构长度》JB/T 2205—1977。

减压阀的结构长度系指阀体终端两个垂直于阀门通道轴线平面之间的距离，其结构长度 L 见表 5-62 的规定，结构长度公差见表 5-63 的规定。

结构长度 L **表 5-62**

公称通径 DN (mm)	公称压力 PN(MPa)		
	1.0	1.6 和 2.5	4.0 和 6.4
	结构长度 L(mm)		
20	140	160	180
25	160	180	200
32	180	200	220
40	200	220	240
50	230	250	270

续表

<table>
<tr><th rowspan="3">公称通径
DN
(mm)</th><th colspan="4">公称压力 PN(MPa)</th></tr>
<tr><th>1.0</th><th colspan="2">1.6 和 2.5</th><th>4.0 和 6.4</th></tr>
<tr><th colspan="4">结构长度 L(mm)</th></tr>
<tr><td>65</td><td>—</td><td colspan="2">280</td><td>300</td></tr>
<tr><td>80</td><td>—</td><td colspan="2">310</td><td>330</td></tr>
<tr><td>100</td><td>—</td><td colspan="2">350</td><td>380</td></tr>
<tr><td>125</td><td>—</td><td colspan="2">400</td><td>450</td></tr>
<tr><td>150</td><td>—</td><td colspan="2">450</td><td>500</td></tr>
<tr><td>200</td><td>—</td><td>500</td><td>550</td><td>560</td></tr>
<tr><td>250</td><td>—</td><td>600</td><td>650</td><td>—</td></tr>
<tr><td>300</td><td>—</td><td>750</td><td>800</td><td>—</td></tr>
</table>

结构长度公差（mm） **表 5-63**

结构长度 L	140～200	220～300	310～400	450～550	560～650	700～800
公　差	±1.0	±1.2	±1.5	±2.0	±2.5	±3.0

5.4.30 蒸汽疏水阀术语、标志、结构长度

推荐网址：中国阀门技术网　http://valve9.com/

　　　　　豆丁网　http://www.docin.com/

《蒸汽疏水阀术语、标志、结构长度》GB/T 12250—2005，规定了机械型、热静力型和热动力型蒸汽疏水阀的术语、结构长度和标志的一般要求，适用于 PN=1.6～16MPa，DN15～DN150 的蒸汽疏水阀。

此项标准代替《蒸汽疏水阀 术语》GB/T 12248—1989、《蒸汽疏水阀 标志》GB/T 12249—1989、《蒸汽疏水阀 结构长度》GB/T 12250—1989。

1. 术语

(1) 有关压力的常用术语

最高允许压力 在给定温度下蒸汽疏水阀壳体能够持久承受的最高压力。

工作压力 在工作条件下蒸汽疏水阀进口端的压力。

最高工作压力 在正确动作条件下，蒸汽疏水阀进口端的最高压力，它由制造厂给定。

最低工作压力 在正确动作情况下，蒸汽疏水阀进口端的最低压力。

工作背压 在工作条件下，蒸汽疏水阀出口端的压力。

背压率 工作背压与工作压力的百分比。

工作压差 工作压力与工作背压的差值。

(2) 有关温度的常用术语

工作温度 在工作条件下蒸汽疏水阀进口端的温度。

开阀温度 在排水温度试验时，蒸汽疏水阀开启时的进口温度。

关阀温度 在排水温度试验时，蒸汽疏水阀关闭时的进口温度。

排水温度 蒸汽疏水阀能连续排放热凝结水的温度。

过冷度 凝结水温度与相应压力下饱和温度之差的绝对值。

开阀过冷度 开阀温度与相应压力下饱和温度之差的绝对值。

关阀过冷度 关阀温度与相应压力下饱和温度之差的绝对值。

(3) 有关排量的术语

冷凝结水排量 在给定压差和 20℃ 条件下蒸汽疏水阀 1h 内能排出凝结水的最大重量。

热凝结水排量 在给定压差和温度下蒸汽疏水阀 1h 内能排出凝结水的最大重量。

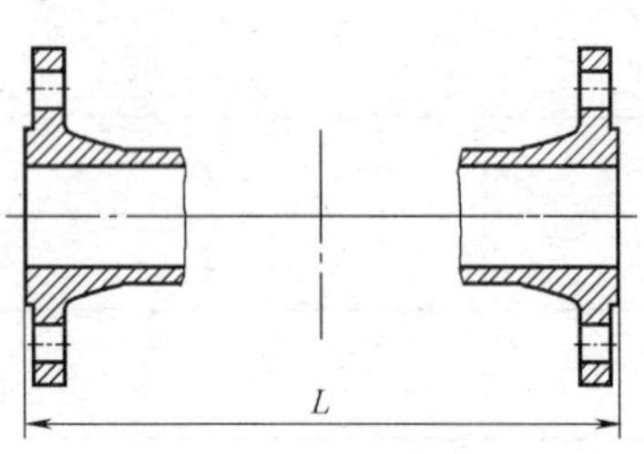

图 5-142　法兰连接蒸汽疏水阀的结构长度

(4) 有关漏气量和负荷率的术语

2. 分类

蒸汽疏水阀的分类按《蒸汽疏水阀 分类》GB/T 12247 的规定。

3. 结构长度

法兰连接蒸汽疏水阀的结构长度 L 如图 5-142 所示，其尺寸见表 5-64，极限偏差见表 5-65；内螺纹连接和承插焊连接蒸汽疏水阀的结构长度 L 如图 5-143 所示，其尺寸见表 5-66，极限偏差见表 5-67。

法兰连接蒸汽疏水阀的结构长度 (mm)　　表 5-64

<table>
<tr><th rowspan="2">公称通径 DN</th><th colspan="8">结构长度系列</th></tr>
<tr><th>1</th><th>2</th><th>3</th><th>4</th><th>5</th><th>6</th><th>7</th><th>8</th></tr>
<tr><td>15</td><td rowspan="2">150</td><td rowspan="2">170</td><td>175</td><td rowspan="2">210</td><td rowspan="2">230</td><td rowspan="3">250</td><td rowspan="2">290</td><td rowspan="2">480</td></tr>
<tr><td>20</td><td>195</td></tr>
<tr><td>25</td><td>160</td><td>210</td><td>215</td><td>230</td><td>310</td><td>380</td><td rowspan="2">580</td></tr>
<tr><td>32</td><td rowspan="3">230</td><td rowspan="3">270</td><td>245</td><td rowspan="3">320</td><td>350</td><td>270</td><td>450</td></tr>
<tr><td>40</td><td>260</td><td>420</td><td>280</td><td>490</td><td rowspan="2">680</td></tr>
<tr><td>50</td><td>265</td><td>500</td><td>290</td><td>560</td></tr>
<tr><td>65</td><td>290</td><td>340</td><td>410</td><td rowspan="2">450</td><td rowspan="3">550</td><td rowspan="3">572</td><td rowspan="3">580</td><td rowspan="5">—</td></tr>
<tr><td>80</td><td>310</td><td>380</td><td>430</td></tr>
<tr><td>100</td><td>350</td><td>430</td><td>460</td><td>520</td></tr>
<tr><td>125</td><td>400</td><td>500</td><td rowspan="2">—</td><td>600</td><td rowspan="2">—</td><td rowspan="2">—</td><td rowspan="2">—</td></tr>
<tr><td>150</td><td>480</td><td>550</td><td>700</td></tr>
</table>

法兰连接蒸汽疏水阀的结构长度极限偏差 (mm)　　表 5-65

结构长度 L	≤250	＞250～500	＞500～800
极限偏差	±2	±3	±4

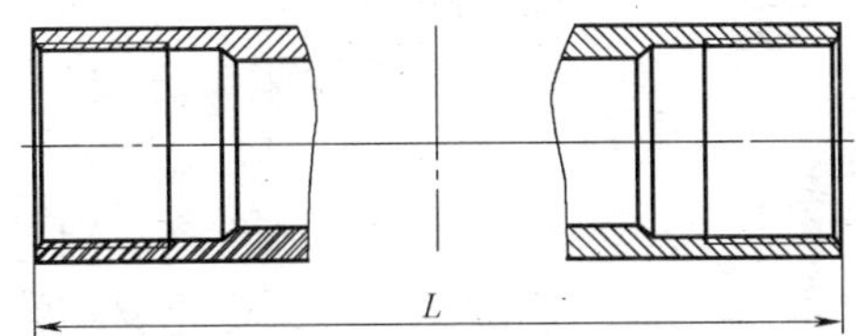

图 5-143 内螺纹连接和承插焊连接蒸汽疏水阀的结构长度

内螺纹连接和承插焊连接蒸汽疏水阀的结构长度（mm） 表 5-66

公称通径 DN	结构长度系列							
	1	2	3	4	5	6	7	8
15	65	75	80	90	110	120	130	150
20	75	85	90	100				
25	85	95	100	120	120			
40	110	130	120	140	270	—		
50	120	140	130	160	300			

内螺纹连接和承插焊连接蒸汽疏水阀的结构长度极限偏差（mm） 表 5-67

结构长度 L	≤150	>150～300
极限偏差	±1.6	±2

4. 标志

蒸汽疏水阀的标志可设在阀体上，也可标在标牌上，标牌必须与阀体或阀盖牢固固定。标志不得被覆盖。

标志内容必须有：产品型号；公称通径；公称压力；制造厂名称和商标；介质流动方向的指示箭头；最高工作压力；最高工作温度。

可选择使用的标志内容有：阀体材料；最高允许压力；最高允许温度；最高排水温度；出厂编号、日期。

如果有的上述标志已铸造在阀体上，也可以重复标在标牌上。

5.4.31 蒸汽疏水阀分类

推荐网址：中国机械 CAD 论坛 www.jxcad.com.cn/

豆丁网 http://www.docin.com/

《蒸汽疏水阀 分类》GB/T 12247—1989 标准等效采用国际标准《蒸汽疏水阀 分类》ISO 6704—1982。

1. 主题内容及适用范围

蒸汽疏水阀是从贮有蒸汽的密闭容器或管路内自动排出凝结水，同时保持不泄漏新鲜蒸汽的一种自动控制装置，在必要时也允许蒸汽按预定的流量通过。

GB/T 12247—1989 标准规定了蒸汽疏水阀的基本分类；适用于按蒸汽疏水阀启闭件的驱动方式来进行分类，而不考虑其具体结构。

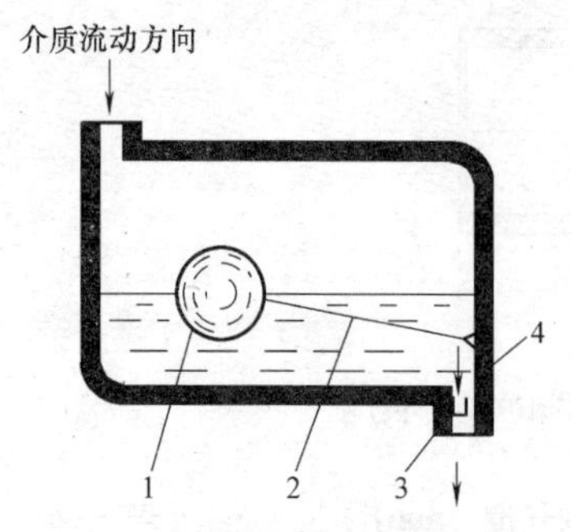

图 5-144 密闭浮子式蒸汽疏水阀

1—密闭浮子；2—杠杆；3—阀座；4—启闭件

2. 分类

按启闭件的驱动方式，蒸汽疏水阀可分为以下 3 大类：

(1) 机械型蒸汽疏水阀

由凝结水液位变化驱动的机械型蒸汽疏水阀主要有以下 3 种类型。

1) 密闭浮子式蒸汽疏水阀 密闭浮子式蒸汽疏水阀如图 5-144 所示，其动作原理系由壳体内凝结水的液位变化导致启闭件的开关动作。

2) 开口向上浮子式蒸汽疏水阀 开口向上浮子式蒸汽疏水阀如图 5-145 所示，其动作原理系由浮子内凝结水的液位变化导致启闭件的开关动作。

3) 开口向下浮子式蒸汽疏水阀 开口向下浮子式蒸汽疏水阀如图 5-146 所示，其动作原理系由浮子内凝结水的液位变化导致启闭件的开关动作。

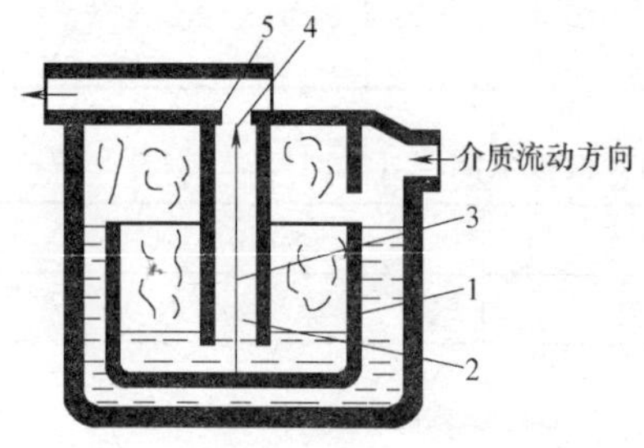

图 5-145 开口向上浮子式蒸汽疏水阀

1—浮子（桶形）；2—虹吸管；3—顶杆；4—启闭件；5—阀座

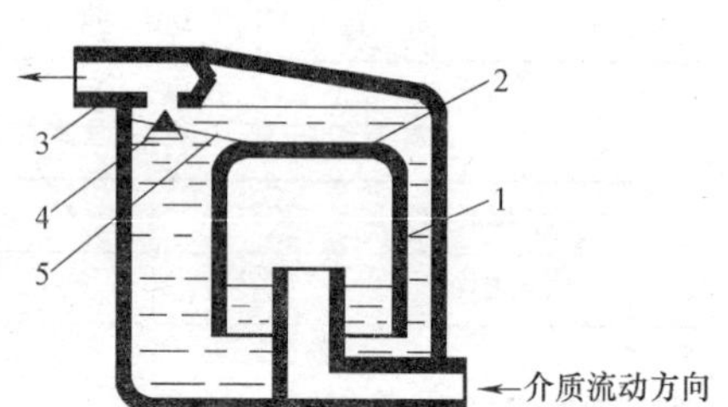

图 5-146 开口向下浮子式蒸汽疏水阀

1—浮子；2—放气孔；3—阀座；4—启闭件；5—杠杆

(2) 热静力型蒸汽疏水阀

由凝结水温度变化驱动的热静力型蒸汽疏水阀主要有以下 3 种类型。

1) 蒸汽压力式蒸汽疏水阀 蒸汽压力式蒸汽疏水阀如图 5-147 所示，其动作原理系由凝结水的压力与可变形元件内挥发性液体的蒸汽压力之间的不平衡来驱动启闭件的开关动作。

2) 双金属片式或热弹性元件式蒸汽疏水阀 双金属片式或热弹性元件式蒸汽疏水阀如图 5-148 所示，其动作原理系凝结水的温度引起双金属片式或热弹性元件变形来驱动启闭件的开关动作。

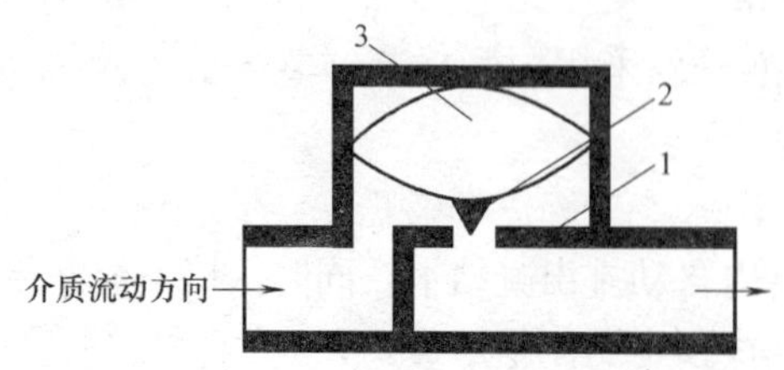

图 5-147 蒸汽压力式蒸汽疏水阀

1—阀座；2—启闭件；3—可变形元件

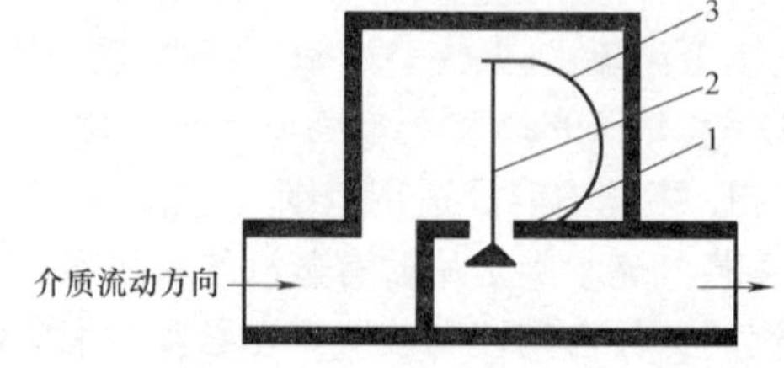

图 5-148 双金属片式或热弹性元件式蒸汽疏水阀

1—阀座；2—启闭件；3—双金属片

3）液体或固体膨胀式蒸汽疏水阀 液体或固体膨胀式蒸汽疏水阀如图 5-149 所示，其动作原理系由于凝结水的温度变化而作用于膨胀系数较大的元件上，以驱动启闭件的开关动作。

（3）热动力型蒸汽疏水阀

由凝结水动态特性驱动的热动力型蒸汽疏水阀主要有以下 3 种类型。

1）盘式蒸汽疏水阀 盘式蒸汽疏水阀如图 5-150 所示，其动作原理系由进口和压力室之间的压差变化而导致启闭件的开关动作。

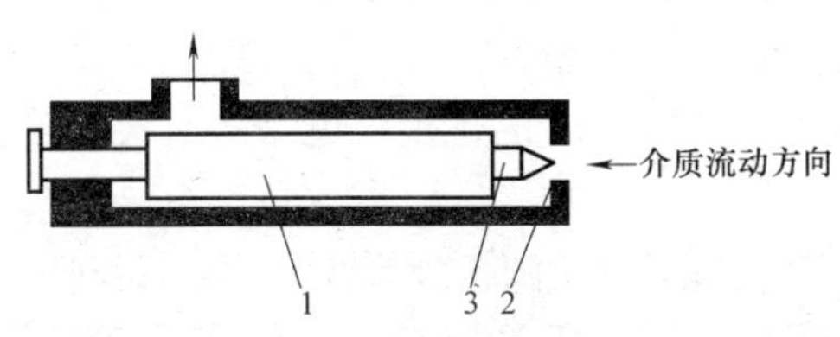

图 5-149 液体或固体膨胀式蒸汽疏水阀
1—可膨胀元件；2—阀座；3—启闭件

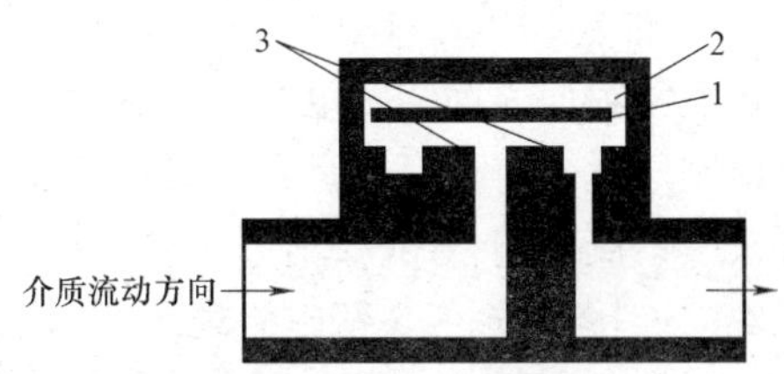

图 5-150 盘式蒸汽疏水阀
1—启闭件；2—压力室；3—阀座

2）脉冲式蒸汽疏水阀 脉冲式蒸汽疏水阀如图 5-151 所示，其动作原理系由进口和压力室之间的压差变化而导致启闭件的开关动作。

3）迷宫式或孔板式蒸汽疏水阀 迷宫式或孔板式蒸汽疏水阀如图 5-152 所示，其动作原理系由节流孔控制凝结水的排放量，并使热凝结水汽化而减少蒸汽的流出。

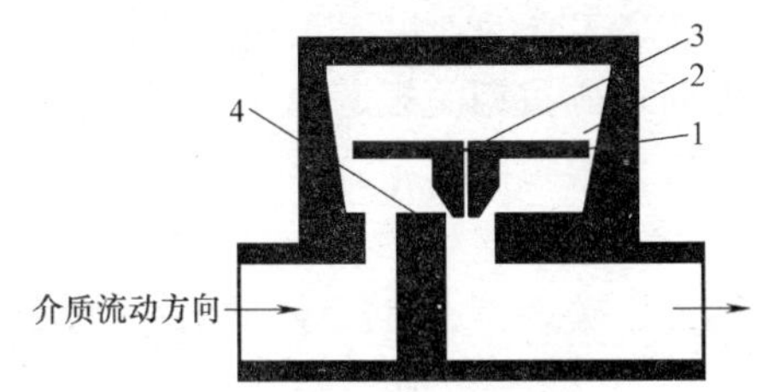

图 5-151 脉冲式蒸汽疏水阀
1—启闭件；2—压力室；
3—泄压孔；4—阀座

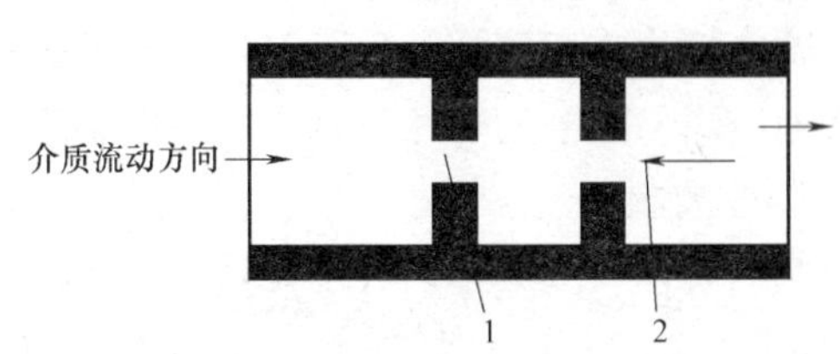

图 5-152 迷宫式或孔板式蒸汽疏水阀
1—节流孔（一个或一个以上）；
2—可（任意）调节的启闭件

5.4.32 蒸汽疏水阀技术条件

推荐网址：巴巴客 http://www.babake.net/

豆丁网 http://www.docin.com/

《蒸汽疏水阀 技术条件》GB/T 22654—2008，规定了蒸汽疏水阀的参数、技术要求、试验方法、试验规则、标志和供货要求等内容，适用于公称压力 $PN \leqslant 26$MPa，公称尺寸不大于 $DN150$，介质温度不大于 550℃的机械型、热静力型和热动力型蒸汽疏水阀。

此项标准代替《蒸汽疏水阀 技术条件》JB/T 9093—1999。

1. 主要参数

蒸汽疏水阀的公称通径应不大于 $DN150$，并应符合《管道元件 DN（公称尺寸）的定义和选用》GB/T 1047 的规定；蒸汽疏水阀的公称压力 $PN \leqslant 26.0$MPa，并应符合《管

道元件 PN（公称压力）的定义和选用》GB/T 1048 的规定。

2. 结构长度和连接端

蒸汽疏水阀的结构长度按《蒸汽疏水阀术语、标志、结构长度》GB/T 12250 的规定。

对于蒸汽疏水阀的不同连接端有如下规定：

钢制阀法兰连接端按《整体钢制管法兰》GB/T 9113、《对焊钢制管法兰》GB/T 9115 和《带颈承插焊钢制管法兰》GB/T 9117 的规定，密封面表面粗糙度按《钢制管法兰 技术条件》GB/T 9124 的规定；铁制阀法兰连接端按《整体铸铁法兰》GB/T 17241.6 的规定，密封面表面粗糙度按《铸铁管法兰 技术条件》GB/T 17241.7 的规定。

钢制阀承插焊连接端部按《紧凑型钢制阀门》JB/T 7746 的规定；钢制阀对接焊连接端部按《钢制阀门 一般要求》GB/T 12224 的规定。

螺纹连接端按《55°密封管螺纹 第 1 部分：圆柱内螺纹与圆锥外螺纹》GB/T 7306.1、《55°密封管螺纹 第 2 部分：圆锥内螺纹与圆锥外螺纹》GB/T 7306.2 或《60°密封管螺纹》GB/T 12716 的规定。

3. 阀体和外观

阀体应当是铸造或锻造成型，若阀体端法兰需要采用焊接时，应当采用承插焊或对接焊形式，法兰应当是锻造材料。该法兰与阀体的焊接应按《钢制压力容器》GB/T 150 的规定。阀体和阀盖可用法兰或螺纹连接。

钢制蒸汽疏水阀壳体的最小壁厚按《钢制阀门 一般要求》GB/T 12224 的规定；铁制蒸汽疏水阀壳体的最小壁厚按 GB/T 22654—2008 标准之表 1 的规定。

除奥氏体不锈钢阀门外，其他金属的非加工外表面均应按相关规定涂漆。经过加工的外表面应涂易除去的防锈漆，阀门内腔不得涂漆，但应采取防锈措施。

4. 主要材料

阀门壳体一般选用铜合金铸件、灰铸铁、球墨铸铁、碳素钢、奥氏体不锈钢、合金钢等材料。

自由浮球式疏水阀的浮球、双金属片式疏水阀的金属片、圆盘式疏水阀的阀片、膜盒式疏水阀膜盒及倒吊桶疏水阀的浮桶等元件应选用不锈钢制造，并符合《不锈钢棒》GB/T 1220 的规定。

5. 主要性能要求

阀门壳体在规定的时间内承受 1.5 倍公称压力后，不得有渗漏和变形。

向疏水阀通入蒸汽时，疏水阀应关闭，再引入一定负荷率的热凝结水时，疏水阀应开启。凝结水排出后疏水阀应关闭。

最高工作压力不大于设计给定值，最低工作压力不小于设计给定值。

不同型式的疏水阀的最高背压率为：机械型不小于 80%；热动力型不小于 50%，其中脉冲式不小于 25%；热静力型不小于 30%。

对漏气率的要求为：除脉冲式和孔板式外，负荷率在 (6±3)%的条件下，疏水阀的有负荷率应不大于 3%；机械型和热静力疏水阀的无负荷漏气率不大于 0.5%。

6. 出厂试验项目、标志和供货要求

蒸汽疏水阀的出厂试验项目有：壳体强度试验、动作试验、外观和标志。

蒸汽疏水阀的标志按《蒸汽疏水阀术语、标志、结构长度》GB/T 12250 的规定。

供货要求按《通用阀门 供货要求》JB/T 7928。

5.4.33 气动调节阀

推荐网址：新浪爱问-共享资料 http://ishare.iask.sina.com.cn/

豆丁网 http://www.docin.com/

《气动调节阀》GB/T 4213—2008，规定了工业过程控制系统用气动调节阀（亦称控制阀）的产品分类、技术要求、试验方法、检验规则等，适用于气动执行机构与阀组成的各类气动调节阀，有关内容也适用于独立的于气动执行机构和阀组件。不适用于承受放射性工作条件等国家有特定要求工作条件的调节阀。

此项标准代替《气动调节阀》GB/T 4213—1992。

1. 分类

(1) 按调节阀动作方式 可分为直行程调节阀和角行程调节阀。

(2) 按调节阀调节方式 可分为调节型、切断型和调节切断型。

(3) 按调节阀作用方式 可分为气关型和气开型。

(4) 按调节阀执行机构形式 可分为气动薄膜调节阀和气动活塞调节阀。

2. 通用要求

(1) 公称通径 *DN* 范围

*DN*6，*DN*10，*DN*15 ～ *DN*150，*DN*200，*DN*250，*DN*300，*DN*350，*DN*400，*DN*450，*DN*500，*DN*600，*DN*700，*DN*800，*DN*900，*DN*1000，*DN*1200，*DN*1400，*DN*1600，*DN*1800，*DN*2000。

(2) 公称压力（*PN*）范围

调节阀的公称压力标志 *PN*，其后面的数值单位为 1/10MPa。公称压力标志 *PN* 数值为：2.5，6，10，20，25，40，50，64，100，110，160，250，260，320，1600，2500。

PN 压力标志与以等级（class）形式标志的两种公称压力，系不同的压力系列，没有准确的对应关系，其中部分较接近的对应关系为：

*PN*20，class150；*PN*50，class300；*PN*64，class400；*PN*110，class600；*PN*160，class900；

*PN*260，class1 500；*PN*420，class2500。

(3) 输入信号范围

调节阀的标准输入压力信号范围为 20～100kPa；

切断型调节阀的输入信号范围可在气源压力额定值内任意选取；

带有电-气阀门定位器的调节阀，标准输入电信号范围为直流 4～20mA；

(4) 气源

1) 气源压力的最大值 气动薄膜调节阀为 600kPa；气动活塞调节阀为 700kPa。

2) 气源的湿度 操作压力下的气源，其露点应比调节阀工作环境温度至少低 10℃。

3) 气源的质量 气源的气体质量应符合 GB/T 4213—2008 标准 4.8.3 的规定。

(5) 正常工作条件

调节阀在－25～＋55℃或－40～＋70℃的温度条件下、5％～100％的相对湿度条件下应能正常工作，除非供需双方商定另有规定。

（6）信号接管螺纹

气动执行机构与信号传递管道连接的螺纹尺寸一般应为 M10×1、M16×1.5 及 RC1/4、RC3/8 、RC1/2。

（7）连接端形式与尺寸

调节阀连接端形式为法兰、螺纹或焊接，其形式和尺寸应符合《工业过程控制阀》GB/T 17213 及其他相关国家标准或行业标准的规定。

3. 主要技术要求

调节阀的基本误差、回差、死区、始终点偏差及额定行程偏差应符合 GB/T 4213—2008 标准表 1 的规定。

4. 外观

调节阀外表及气动执行机构应涂漆，不锈钢或铜质的阀可不涂漆。紧固件不得有松动、损伤现象。阀上应有标尺行程指针或其他阀位标志。

5. 出厂检验项目

气动执行机构和阀单独出厂时按以下规定项目进行检验。

调节型的出厂检验项目有：基本误差；回差；死区；始终点偏差；额定行程偏差；泄漏量；填料函及其连接处密封性；气室密封性；耐压强度；外观。

切断型的出厂检验项目有：额定行程偏差；泄漏量；填料函及其连接处密封性；气室密封性；耐压强度；外观。

执行机构的出厂检验项目有：基本误差；回差；死区；气室密封性；外观。

阀的出厂检验项目有：泄漏量；填料函及其连接处密封性；耐压强度；外观。

6. 标志、包装及贮存

阀体上应铸出指示介质流向的箭头（没有规定流向的除外）及公称压力标志。

铭牌应固定在气动执行器的适当位置，并应标出：产品名称、型号；公称通径；公称压力；工作温度；弹簧压力范围；额定行程；额定流量系数；流量特性；阀体材料；设计位号；产品制造编号；制造厂名称；产品制造日期等。

产品包装前，所有无涂覆层的外加工表面均应涂防锈油或采取其他防锈措施，阀孔出入口及信号传送管螺纹孔应予封闭保护，并按《仪器仪表包装通用技术条件》GB/T 15464 的要求妥善包装，以便运输途中不致损坏。随同调节阀装箱的技术文件有：产品出厂合格证；产品使用说明书；装箱单。

调节阀应贮存在温度为 5～40℃、相对湿度不大于 80％的室内，空气中应不含对调节阀有腐蚀性的有害成分。

5.4.34　电站减温减压阀

推荐网址：新浪爱问-共享资料　http://ishare.iask.sina.com.cn/

豆丁网　http://www.docin.com/

《电站减温减压阀》GB/T 10868—2005，规定了电站减温减压阀（电站减压阀）的订货要求、性能规范、技术要求、检验和试验、性能测试、质量证明书、标志、包装、保管和运输等，适用于工作压力 $P\leqslant 25.4$MPa，工作温度 $t\leqslant 570$℃参数条件下使用的电站蒸汽系统用电站减温减压阀（电站减压阀）。

此项标准代替《电站减温减压阀 技术条件》GB/T 10868—1989。

1. 常用术语和定义

减温减压阀 系指在一个阀内将蒸汽的温度和压力降低到规定数值的一种阀门。

减压阀 系指在一个阀内将蒸汽的压力降低到规定数值的一种阀门。

额定行程 系指节流件从关闭位置到规定全开位置的位移。

额定流量 系指在规定条件下，流体通过阀门额定行程时的流量。

泄漏量 系指在阀门一定关闭作用力下，处于全关位置并对应于规定的压力和压差下，漏过阀门的流量。

执行机构 系指将信号转换成相应的运动（电动、气动、液动或其任何一种组合），改变阀内部调节机构位置的装置或机构。

减压比 系指阀门出口与进口的绝对压力之比。

调压性能 系指进口压力一定，连续调节出口压力时，阀门的可调程度。

调温性能 系指进口温度一定，连续调节出口温度时，阀门的可调程度。阀门的减温幅度取决于阀门本身的结构和减温水调节量。

2. 主要性能要求

（1）调压性能

在阀门减压比范围内，出口压力应能在最大与最小值之间连续可调，不得有卡阻和异常振动现象。

（2）调温性能及偏差

阀门出口温度在饱和温度以上（含饱和温度）应任意可调，偏差值为±2.5℃，饱和温度时负偏差为零。

（3）压力特性

当减压比和流量确定时，改变进口压力 30％时，其出口压力偏差值应符合表 5-68 的规定。

出口压力偏差值（进口压力变化时）(MPa) **表 5-68**

出口压力	≤1.0	1.0～1.6	1.6～3.0	＞3.0
偏差值	±0.03	±0.05	±0.07	±0.10

（4）流量特性

当减压比确定时，改变出口流量 30％时，其出口压力偏差值应符合表 5-69 的规定。

出口压力偏差值（流量变化时）(MPa) **表 5-69**

出口压力	≤1.0	1.0～1.6	1.6～3.0	＞3.0
偏差值	±0.05	±0.07	±0.10	±0.13

（5）噪声

阀门正常工作时，在其出口中心线同一水平面下游 1m 并距管壁 1m 处测量噪声，总体噪声水平应符合表 5-70 的规定。

总体噪声水平 表 5-70

操作人员至阀门距离(m)	1	2	3	6	15	30	100
噪声水平[dB(A)]	85	88	90	93	97	100	105

3. 主要技术要求

减温减压阀除应符合《电站阀门 一般要求》JB/T 3595 有关规定外，还应符合 GB/T 10868—2005 标准的以下要求：

公称通径应符合《管道元件 *DN*（公称尺寸）的定义和选用》GB/T 1047 的规定；公称压力应符合《管道元件 *PN*（公称压力）的定义和选用》GB/T 1048。当介质最高温度大于 450℃时，应以工作压力和工作温度的形式标注，如工作压力为 10MPa，工作温度为 540℃，应标注为“$P_{54}10$”。

阀门壁厚设计应考虑工作压力、工作温度的剧烈变化而引起的热应力，最小壁厚应满足安全使用要求。

在阀门减温水与蒸汽混合处，结构设计应防止减温水直接冲刷阀体内壁。减温水进入阀门前须配置调节阀，以准确控制阀门的出口温度。

阀门执行机构的选择应符合《工业过程测量和控制系统用电动执行机构 》JB/T 8219 和其他相关标准的规定，输出力矩应满足开启、关闭及过程调节的需要。

4. 压力试验

(1) 壳体试验

阀门应逐台进行壳体水压试验，试验压力和持续时间及合格要求应符合《电站阀门 一般要求》JB/T 3595 的规定。

(2) 泄漏量试验

阀门应逐台进行泄漏量试验，试验方法见 GB/T 10868—2005 标准之附录 C。

各泄漏等级阀门所允许的泄漏量应符合 GB/T 10868—2005 标准之表 7 的规定。

5. 性能测试

制造厂家应按 GB/T 10868—2005 标准的规定对阀门产品进行以下项目的性能测试：流量及变化范围；调压性能；调温性能及偏差；压力特性；流量特性；噪声。

6. 质量证明书

减温减压阀的质量证明书至少应包括以下内容：阀门承压材料的牌号、化学成分和力学性能报告；无损检测报告；壳体试验报告；泄漏量试验报告。

7. 标志、包装和运输

(1) 标志

阀门的型号编制方法应符合《电站阀门 型号编制方法》JB/T 4018 的规定。

阀门的标志应符合《通用阀门 标志》JB/T 12220 的规定。

阀门的铭牌至少应包括以下内容：

1) 产品名称及型号；

2) 产品编号、特种设备制造许可证编号；

3) 公称压力 *PN*（MPa)、工作压力 p（MPa)；

4) 进口公称尺寸 DN_1（mm)，出口公称尺寸 DN_2（mm)；

5）进口工作压力 P_1（MPa），出口工作压力 P_2（MPa）；

6）进口工作温度 t_1（℃），出口工作温度 t_2（℃）；

7）最高允许压差 ΔP（MPa）；

8）额定流量系数 C；

9）阀体/阀盖材料；

10）制造商名称；

11）制造日期。

（2）包装、运输

1）阀门的油漆包装应符合《阀门的标志和涂漆》JB/T 106 的规定；

2）阀门的进、出口应采取保护措施，并易于装拆；

3）阀门装箱前阀瓣应处于关闭状态；

4）阀门装箱时，应予稳固，以免运输途中损坏；

5）阀门出厂时应附以下技术文件：产品合格证；产品质量证明书；产品使用说明书；装箱单。

5.5 专用阀门简介

专用阀门产品标准，分为国家标准与行业标准，现仅介绍其中常用标准的主要内容。

5.5.1 给排水用缓闭止回阀通用技术条件

推荐网址：土木工程网 www.civilcn.com/

豆丁网 http://www.docin.com/

《给排水用缓闭止回阀通用技术条件》CJ/T 154—2001，规定了给排水用缓闭止回阀的产品分类、要求、试验方法，适用于 $PN \leqslant 4.0$MPa，公称通径不大于 DN4000，工作温度不大于 80℃，工作介质为饮用水、原水、工业循环水、海水、污水及其他非腐蚀性介质的法兰连接的缓闭止回阀。

给排水用缓闭止回阀的启闭件（阀瓣、蝶板）可以借助或不借助介质作用力，自动阻止介质逆流，此种止回阀设有缓闭装置，是能够防止或消除破坏性水锤的止回阀。

1. 分类

缓闭止回阀有以下不同的分类方法：

（1）按结构分

1）旋启式缓闭止回阀；

2）蝶式双瓣缓闭止回阀；

3）蝶形缓闭止回阀。

（2）按缓闭装置中采用的阻尼介质分

1）油压缓闭止回阀 阻尼介质采用机械油；

2）水压缓闭止回阀 阻尼介质采用水。

（3）按缓闭装置形式分

1）自阻尼缓闭止回阀 缓闭装置设在阀体内，管道介质作为阻尼介质；

2）外阻尼缓闭止回阀 缓闭装置设在阀体外，非管道介质作为阻尼介质；

3）液控蝶形缓闭止回阀（简称液控蝶形止回阀） 由液动装置控制缓闭装置活塞至工作状态，以重锤势能控制缓闭装置自动分阶段按程序关闭阀门，具有截断和缓闭止回两种功能，以实现泵阀联动控制。

2. 结构形式

缓闭止回阀的结构形式如图 5-153～图 5-157 所示。

3. 主要技术要求

(1) 法兰连接缓闭止回阀的结构长度应按《金属阀门 结构长度》GB/T 12221 的规

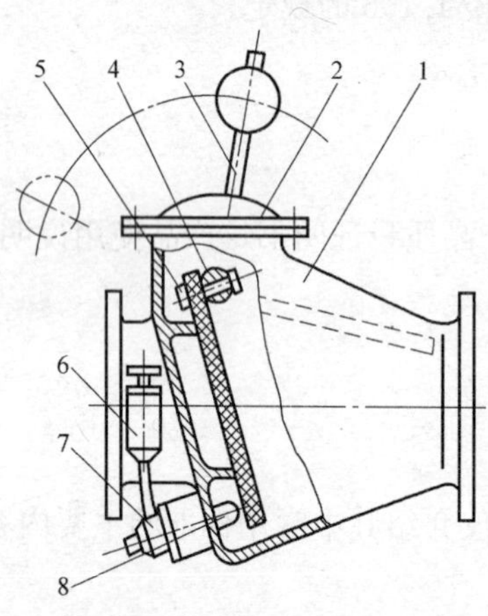

图 5-153 自阻尼旋启式缓闭止回阀

1—阀体；2—阀盖；3—重锤；4—阀轴；5—阀瓣；6—节流阀；7—缓闭装置；8—活塞

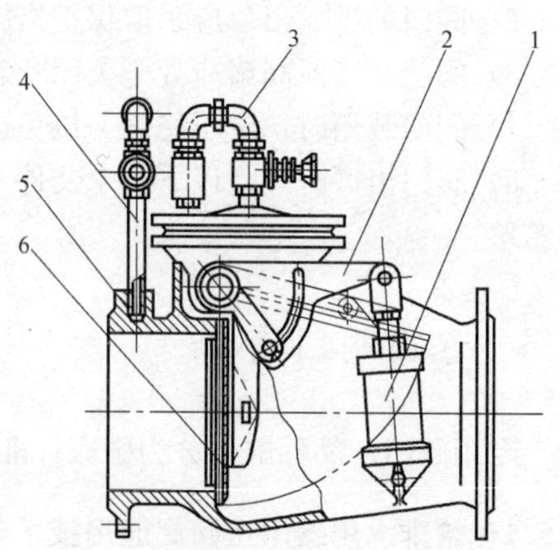

图 5-154 外阻尼旋启式缓闭止回阀

1—缓闭装置；2—扇形臂和连杆；3—阀后补气装置；4—阀前补气装置；5—阀体；6—阀瓣

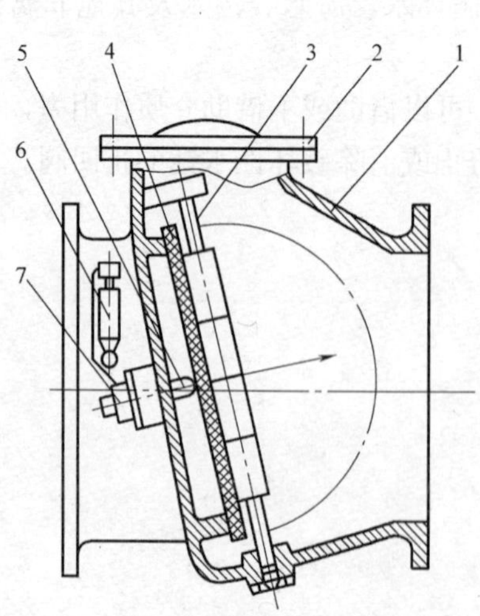

图 5-155 外阻尼蝶式双瓣缓闭止回阀

1—阀体；2—阀盖；3—阀轴；4—阀瓣（双）；5—活塞（双）；6—节流阀；7—缓闭装置

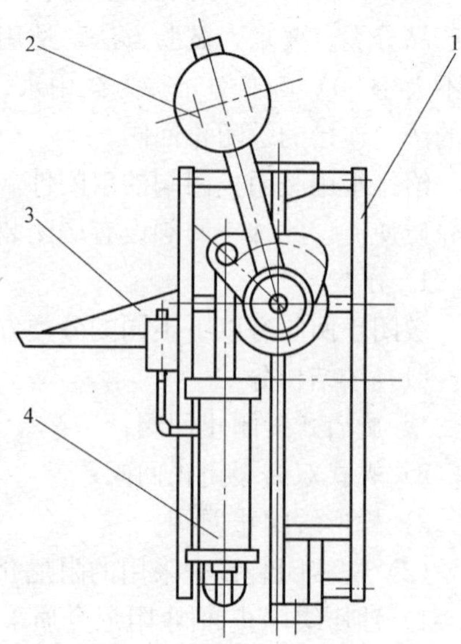

图 5-156 外阻尼蝶形缓闭止回阀

1—阀体；2—重锤；3—蝶板；4—缓闭装置

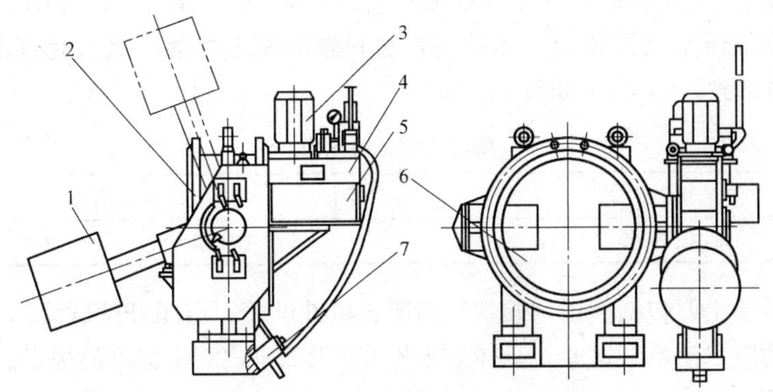

图 5-157 液控蝶形缓闭止回阀

1—重锤；2—阀体；3—电机；4—油箱；5—电气箱；6—蝶板；7—摆动油缸

定，当止回阀开启时，阀板伸出长度不应影响使用。

(2) 法兰连接尺寸及密封面型式应符合《整体铸铁法兰》GB/T 17241.6、《铸铁管法兰技术条件》GB/T 17241.7 或《钢制管法兰类型与参数》GB/T 9112 的规定。

(3) 缓闭止回阀的关闭过程应分速闭及缓闭两个阶段，其缓闭时间应可调节。

(4) 缓闭止回阀的逆止阀瓣的缓闭开度即缓闭活塞的伸出长度应全程可控。

(5) 缓闭止回阀的逆止阀瓣（蝶板）应启闭灵活、无卡阻现象。

(6) 缓闭装置中的阻尼活塞的动作应灵活可靠，当逆止阀瓣（蝶板）开启时，能自动迅速伸出到预定工作位置；当逆止阀瓣（蝶板）关闭到缓闭位置时，能起有效的缓闭作用。缓闭装置中阻尼活塞缸的容量应与使用的调节阀等匹配，避免阻尼活塞缸和管道的压力过高，达到可调和消锤的目的。

(7) 外阻尼缓闭止回阀、液控蝶形止回阀的缓闭装置应附设监控阻尼介质液位的机构。

(8) 自阻尼缓闭止回阀不允许带有固体颗粒的原水、污水等直接进入缓闭装置内，以免堵塞或损伤密封件。

(9) 蝶形缓闭止回阀、液控蝶形止回阀应设有正确显示蝶板开度位置的指示机构。

(10) 液控蝶形止回阀应设置重锤或蓄能器作为附加力源，以备断电时自动关闭阀门。

4. 出厂试验项目

缓闭止回阀的出厂试验项目有：壳体试验；密封试验和缓闭装置试验。

壳体试验的试验压力应符合表 5-71 的规定，试验持续时间应符合《工业阀门 压力试验》GB/T 13927 的规定。

壳体试验压力 **表 5-71**

公称压力 PN(MPa)	试验介质	试验压力
<0.25	常温下净水	0.1+20℃下最大允许工作压力
≥0.25	常温下净水	20℃下最大允许工作压力的 1.5 倍

注：20℃下最大允许工作压力值，按有关产品标准规定。

阀座密封试验的试验压力按表 5-72 的规定，持续时间应符合《工业阀门 压力试验》

GB/T 13927的规定。试验时，阀瓣（蝶板）应以正常方式关闭，从出口端引入试验介质（净水），并逐渐加压至试验压力，然后检查密封副的密封性能。最大允许泄漏量应符合《工业阀门 压力试验》GB/T 13927的规定。

阀座密封试验压力 表5-72

试验介质	试验压力
常温下净水	20℃下最大允许工作压力的1.1倍

缓闭装置试验主要包括阀瓣（蝶板）启闭灵敏性试验、启闭开度试验、启闭时间试验和缓闭装置中的阻尼活塞缸试验，具体要求按CJ/T 154—2001标准的规定。

5. 出厂检验

制造厂家质量检验部门应对缓闭止回阀逐台检验，检验项目为壳体试验、密封试验和缓闭装置试验，并出具合格证方可出厂。

6. 标志、包装、运输、贮存

缓闭止回阀的标志按《通用阀门 标志》GB/T 12220的规定；包装、运输前应将液压装置中的油放净；包装、运输、贮存按《通用阀门 供货要求》JB/T 7928的规定。

5.5.2 火力发电用止回阀技术条件

推荐网址：国标久久 http://www.gb99.cn/

豆丁网 http://www.docin.com/

《火力发电用止回阀技术条件》DL/T 923—2005，规定了火力发电用止回阀的分类、技术要求，适用于$PN \leqslant 42$MPa，工作温度不大于540℃的火力发电汽、水系统用的止回阀。火力发电其他系统和水力发电用的止回阀可参照执行。

1. 结构形式

火力发电用止回阀按结构可分为升降式、旋启式和蝶式3种基本形式，分别如图5-158～图5-160所示。旋启式分为单瓣式、双瓣式和多瓣式。止回阀的连接形式有法兰连接、螺纹连接、对夹连接和焊接。

止回阀的型号编制应符合《电站阀门 型号编制方法》JB/T 4018，公称通径应符合《管道元件 *DN*（公称尺寸）的定义和选用》GB/T 1047，公称压力应符合《管道元件 *PN*（公称压力）的定义和选用》GB/T 1048。

2. 主体部分

（1）阀体一般由铸造、锻造或焊接而成，阀门结构长度应符合《金属阀门 结构长度》GB/T 12221。阀体过流面的最小直径宜大于法兰公称通径的90%。

（2）钢制管法兰连接尺寸和密封面形式应符合《凸面整体铸钢管法兰》JB/T 79.1、《凹凸面整体铸钢管法兰》JB/T 79.2、《榫槽面整体铸钢管法兰》JB/T 79.3、《环连接面整体铸钢管法兰》JB/T 79.4或《整体钢制管法兰》GB/T 9113、《对焊钢制管法兰》GB/T 9115的规定；铁制管法兰连接尺寸和密封面形式应符合《整体铸铁法兰》GB/T 17241.6的规定。

（3）阀盖与阀体采用法兰连接时，公称压力$PN \leqslant 2.5$MPa的阀门可采用平面式，其他压力等级阀门采用凹凸式、榫槽式、梯形槽及自压密封等形式。

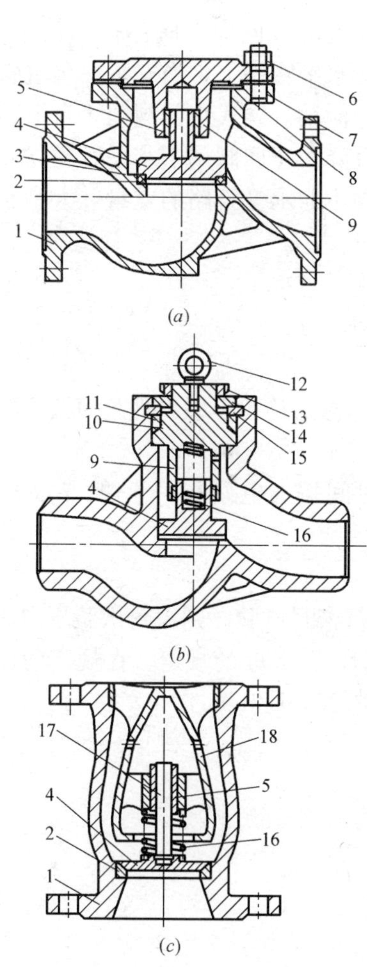

图 5-158 升降式止回阀

(a) 法兰连接直通式升降止回阀；

(b) 焊接连接直通式升降止回阀；

(c) 法兰连接立式升降止回阀

1—阀体；2—阀体密封圈；3—阀瓣密封圈；4—阀瓣；5—轴套；6—螺母；7—螺柱；8—垫片；9—阀盖；10—填料；11—压环；12—吊环螺钉；13—锁紧螺母；14—压盖；15—四开环；16—弹簧；17—轴；18—导流体

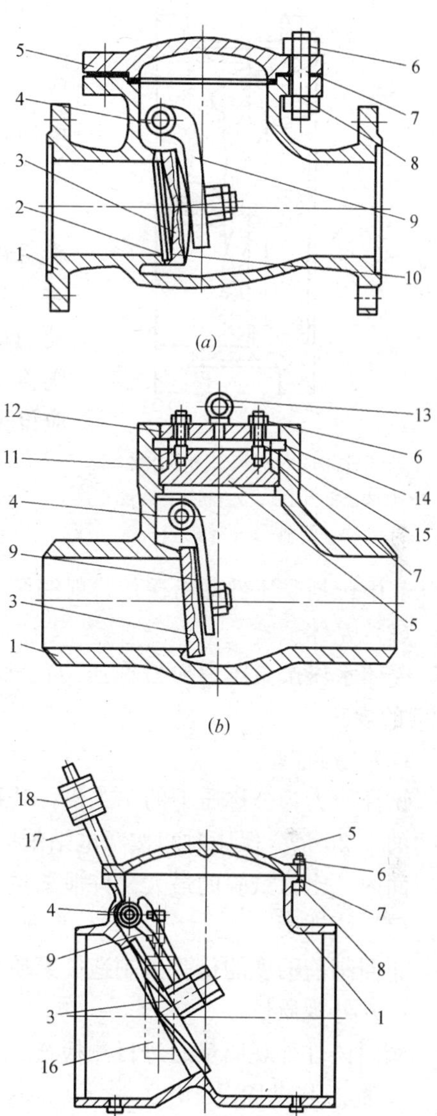

图 5-159 旋启式止回阀

(a) 法兰连接单瓣旋启式止回阀；

(b) 焊接单瓣旋启式止回阀；

(c) 气动焊接单瓣旋启式止回阀

1—阀体；2—阀体密封圈；3—阀瓣；4—轴销；5—阀盖；6—螺母；7—螺柱；8—垫片；9—摇柱；10—阀瓣密封圈；11—填料；12—压盖；13—吊环螺钉；14—四开环；15—压环；16—气缸；17—加长杆；18—重锤

(4) 升降式止回阀阀瓣应有可靠的导向装置；旋启式止回阀阀瓣摇杆的连接应转动灵活，保证密封，并设有防松结构；蝶式止回阀阀板与阀轴的连接应保证在正常工作情况下

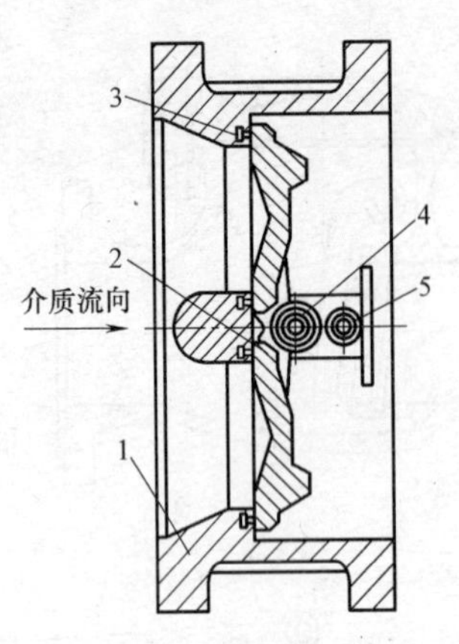

图 5-160 对夹蝶式止回阀
1—阀体；2—阀板；3—阀体密封圈；4—阀轴；5—弹簧

不松动。

(5) 阀座和阀瓣密封面可在阀体、阀瓣上加工而成，也可镶嵌密封面或堆焊其他金属。密封面有平面、锥面和球面等形式。

3. 安装

在管路中，介质流动方向应与阀体标示箭头一致。旋启式止回阀安装在水平管路上，当安装在垂直管路上时，介质应自下向上流动。立式止回阀用于自下向上流动的垂直管路上。升降式止回阀用于水平管道，安装时阀盖应向上。止回阀不应承受管路的重量，大型止回阀应设独立支承。

4. 出厂检验项目

产品出厂检验项目有：

(1) 无损探伤

其中包括受压件磁粉探伤、射线照相；铸钢件液体渗透检验；锻钢件超声波检验。

(2) 壳体试验

壳体水压试验压力为公称压力的 1.5 倍，保压时间按《电站阀门 一般要求》JB/T 3595 的规定。

(3) 密封试验

试样压力为公称压力的 1.1 倍，若按工作压力进行密封试验，则密封试验压力为工作压力的 1.25 倍。保压时间按《电站阀门 一般要求》JB/T 3595 的规定。在规定的试验持续时间内，密封试验的最大允许泄漏量不应超过 0.03DN mL/min。

(4) 清洁度

止回阀清洁度的检验由制造厂家质检部门规定。

(5) 外观质量

阀门铸件外观质量通过目测检查、验收。

5. 标志与供货

(1) 标志

产品标志应符合《通用阀门 标志》GB/T 12220 的规定；产品标牌应符合《标牌》GB/T 13306 的规定。

包装贮运标志应符合《包装标准》GB 191 的规定。

(2) 供货

阀门一般包装发运，产品包装一般应符合《机电产品包装通用技术条件》GB/T 13384、《锅炉油漆和包装技术条件》JB/T 1615 的规定，并附产品合格证、使用说明书和装箱单。

阀门应处于关闭状态，两端以盖板封闭，防止污染和损坏。平时应存放在室内，不得堆置或存放在室外。

5.5.3 氨用截止阀和升降式止回阀

推荐网址：搜标准网 http://www.biaozhunw.com/

豆丁网 http://www.docin.com/

《氨用截止阀和升降式止回阀》GB/T 26478—2011，规定了氨用截止阀和升降式止回阀的结构形式、技术要求、材料、试验方法、检验规则，适用于 PN=1.0～4.0MPa，公称通径不大于 DN300，适用温度为－46～150℃，使用介质为氨气、氨水和液氨，端部连接形式为螺纹、焊接和法兰连接的截止阀和升降止回阀。氨用节流阀可参照使用本标准。

1. 结构形式

直通式截止阀如图 5-161 所示；角式截止阀如图 5-162 所示；流体管道焊接截止阀如图 5-163 所示；升降式止回阀的截止阀如图 5-164 所示。

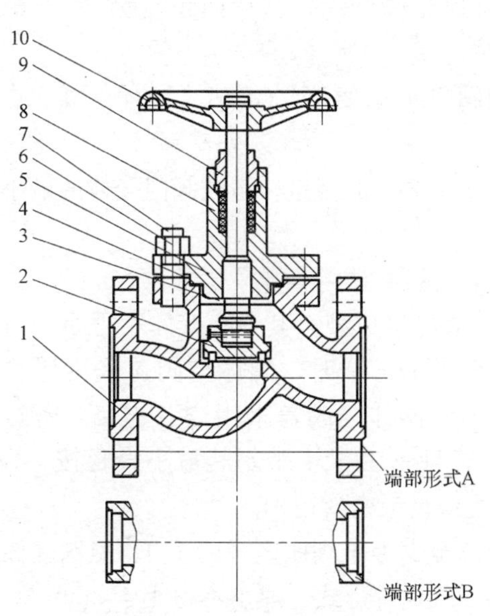

图 5-161 直通式截止阀

1—阀体；2—阀瓣；3—阀杆；4—垫片；5—阀盖；6—螺母；7—螺柱；8—填料；9—压紧螺母；10—手轮

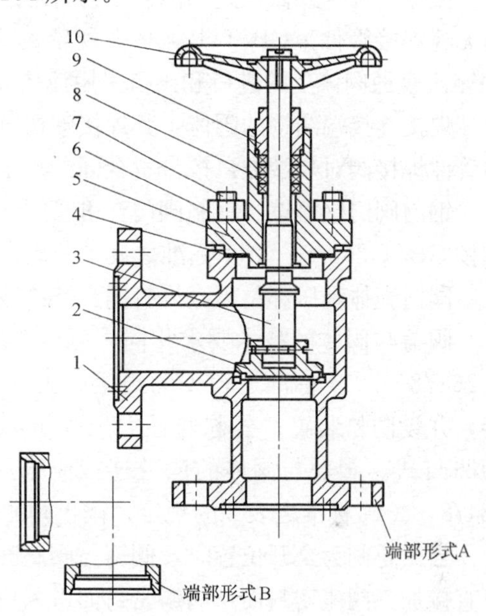

图 5-162 角式截止阀

1—阀体；2—阀瓣；3—阀杆；4—垫片；5—阀盖；6—螺母；7—螺柱；8—填料；9—压紧螺母；10—手轮

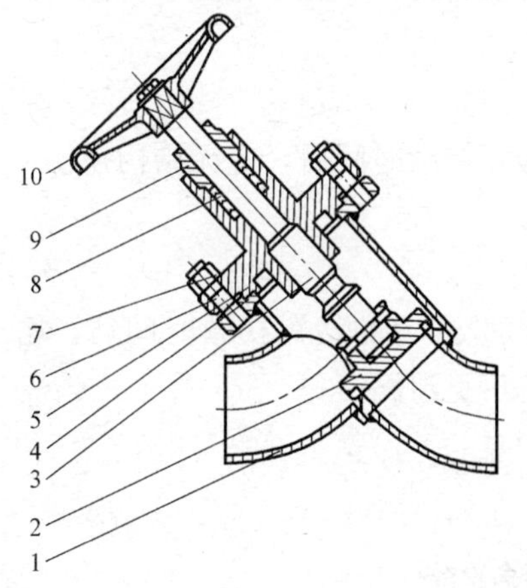

图 5-163 流体管道焊接截止阀

1—阀体；2—阀瓣；3—阀杆；4—垫片；5—阀盖；6—螺柱；7—螺母；8—填料；9—压紧螺母；10—手轮

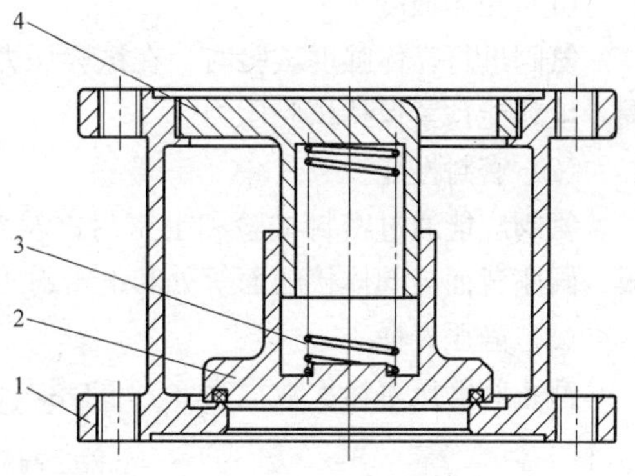

图 5-164 升降式止回阀

1—阀体；2—阀瓣；3—弹簧；4—支承座

2. 主体要求

(1) 结构长度

截止阀的结构长度按《金属阀门 结构长度》GB/T 12221 的规定；止回阀按《金属阀门 结构长度》GB/T 12221 中对夹连接升降式止回阀结构长度的规定。

(2) 阀门结构

法兰式氨阀的端部法兰应与阀体制成整体，阀体与管路连接的接孔应当是圆的，阀内流道截面积应不小于阀体与管路连接的接孔的截面积。

流体管件焊接截止阀的阀体分为直通式和直角式，直通阀体上的进口和出口采用《钢制无缝焊接管件》GB/T 12459 中规定的钢制对焊无缝管件，其弯曲角度为 30°±5°至 60°±5°直通阀体上的进口和出口采用流体管。

焊接连接端结构的阀体，其焊接端按《钢制阀门 一般要求》GB/T 12224 的规定；流体管件焊接阀对焊端坡口按订货合同的规定。

钢制阀门壁厚按《钢制阀门 一般要求》GB/T 12224 的规定；铸铁阀门壳体的最小壁厚按 GB/T 26478—2011 标准之表 1 的规定。

阀门壳体承压部位不允许打固定铭牌或标牌，可打在法兰等非承压部位。

阀盖与阀体的技术要求相同，可铸造、锻造或焊接成型，其最小壁厚不得小于 GB/T 26478—2011 标准之表 1 的规定。公称通径小于 *DN*50 时，阀体与阀盖采用螺纹连接，并设防松装置；公称通径大于等于 *DN*50 时，阀体与阀盖采用法兰连接，密封面为凹凸式。阀盖与阀体的法兰连接应采用螺柱，且不少于 4 个，其最小直径按 GB/T 26478—2011 标准之表 2 的规定。截止阀的阀盖上应设上密封结构。

当截止阀为全开位置时，阀瓣与阀座间的距离至少等于阀座直径的 1/4。氨阀壳体上可直接加工阀座密封面，阀瓣密封面可采用平面、锥面等形式，厚度不得小于 3mm。

止回阀应设缓冲机构，使启闭件的位移缓慢进行，防止端部产生快速锤击。启闭件与阀座间设弹簧使之回位。

截止阀的手轮应为顺时针旋转为关，逆时针旋转为开，且手轮上应有标识。

3. 性能

(1) 壳体强度

氨阀进行壳体强度试验时，在试验压力的最短持续时间后，应无结构损伤，无可见渗漏，填料能预紧保持试验压力。

(2) 密封性能

氨阀应能通过密封试验和上密封试验，在试验压力的最短持续时间后，密封副、阀瓣、阀座背面与阀体接触面等处和上密封不得有可见泄漏。

(3) 静压寿命

截止阀静压寿命次数见表 5-73 的要求。

截止阀静压寿命次数 **表 5-73**

公称通径 *DN*	≤100	≥2500
静压寿命次数(次)	≥125	≥2000

4. 材料

阀门金属材料一般应符合《钢制阀门 一般要求》GB/T 12224 和《工业用阀门材料选用导则》JB/T 5300 的规定。氨用阀门所有零部件不允许使用铜质材料。

阀门材料应符合《通用阀门 灰铸铁件技术条件》GB/T 12226、《通用阀门 球墨铸铁件技术条件》GB/T 12227、《通用阀门 碳素钢锻件技术条件》GB/T 12228、《通用阀门 碳素钢铸件技术条件》GB/T 12229 及《阀门用低温钢铸件技术条件》JB/T 7248 的规定。

灰铸铁类阀门适用于公称压力 $PN \leqslant 1.0$MPa、温度为－10～＋150℃的氨气、氨水等介质；球墨铸铁类阀门适用于公称压力 $PN \leqslant 4.0$MPa、温度为－30～＋150℃的氨气、氨水等介质；流体管件焊接类阀门适用于公称压力 $PN \leqslant 4.0$MPa、温度为－30～＋150℃的氨气、氨水介质工艺管道；钢制阀门适用于公称压力 $PN \leqslant 4.0$MPa、温度为－46～＋150℃的液氨、氨气、氨水等介质，钢制阀门阀体、阀盖材料按表 5-74 的规定。

钢制阀门阀体、阀盖材料 **表 5-74**

材料代号	公称压力 PN（MPa）	使用温度(℃)
WCB,WCC	≤4.0	－29～＋150
LCB,LCC	≤4.0	－46～＋150

阀瓣材料的抗腐蚀性能不得低于阀体材料，密封面可采用巴氏合金、聚四氟乙烯等材料。

阀杆应采用抗腐蚀性能不低于阀体的不锈钢材料，应符合《不锈钢棒》GB/T 1220 的要求。

5. 出厂检验项目

产品出厂检验项目有：壳体试验；密封试验；上密封试验（止回阀无此项）；阀门标识检查；铭牌内容检查。

6. 标志

阀门应按《通用阀门 标志》GB/T 12220 的规定进行标记，并符合其中 8.2、8.3 的规定。

在阀体上应铸有以下永久性标记：制造厂名或商标名；阀体材料或代号；公称压力；公称通径；介质流向标记；熔炼炉号或锻打批号。

对公称通径较大（如 DN50 以上）的阀门，阀体上应尽可按上述要求标记；如阀门的尺寸较小，可省略几项内容标记在铭牌上。可省略内容依次如下：公称通径；公称压力；阀体材料。

阀门铭牌上的标志应有以下内容：制造厂名；公称压力；公称通径；产品型号；材料；依据的标准号。

7. 涂漆、包装和贮运

除奥氏体不锈钢阀内外，其他材料的阀门表面按《阀门的标志和涂漆》JB/T 106 的规定或按需方要求涂漆。阀门流道表面及螺纹连接端的螺纹应涂易于除去的防锈油脂。

包装时应用合适的材料对阀门的两侧端口封堵保护，并易于拆除。阀门应装箱运输，并处于关闭状态。

5.5.4 氧气用截止阀

推荐网址：文档投稿 http://max.book118.com/
豆丁网 http://www.docin.com/

《氧气用截止阀》JB/T 10530—2005，规定了氧气用截止阀的术语定义、订货要求、结构形式和参数、技术要求、检验和试验、订货要求和安装、操作和维护等要求，适用于 *PN*=16～40MPa，*DN*15～*DN*500，温度－40～150℃的法兰连接氧气管路用截止阀。氮气、氢气等相关气体用阀门也可参照使用。

1. 结构形式

氧气用截止阀的典型结构如图 5-165 所示；带旁通氧气用截止阀的典型结构如图 5-166 所示，旁通系指用于连接阀门进口和出口的阀体管路装置。

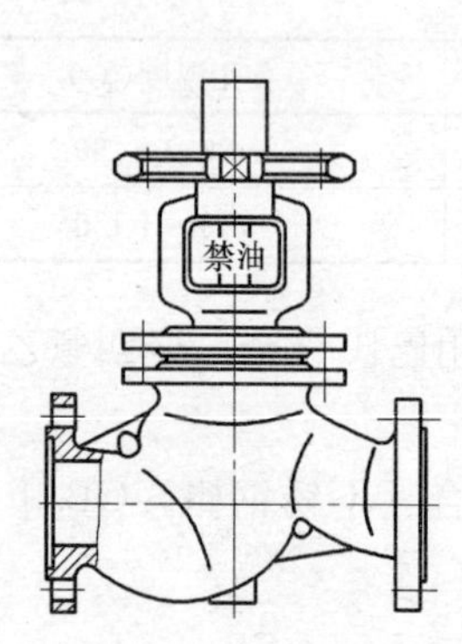

图 5-165 氧气用截止阀

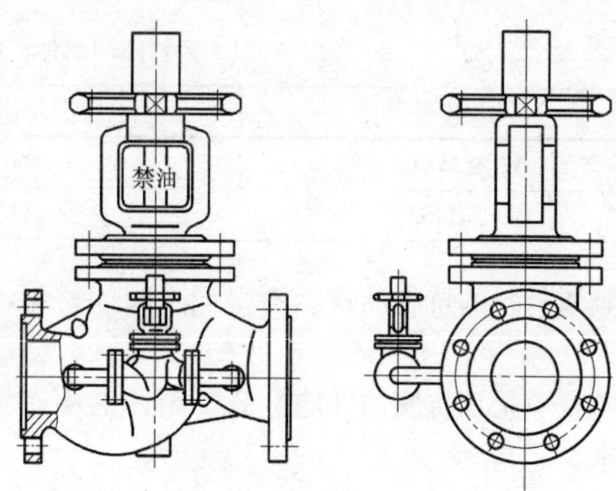

图 5-166 带旁通氧气用截止阀

2. 参数及结构长度偏差

阀门公称通径按《管道元件 *DN*（公称尺寸）的定义和选用》GB/T 1047，阀门公称压力按《管道元件 *PN*（公称压力）的定义和选用》GB/T 1048。

阀门的连接形式为法兰，法兰尺寸按《整体钢制管法兰》GB/T 9113 的规定。

阀门的结构长度及偏差按《金属阀门 结构长度》GB/T 12221 的规定。

3. 主要技术要求

(1) 总体要求

氧气用截止阀的设计和制造应符合《深度冷冻法生产氧气及相关气体安全技术规程》GB 16912 的有关要求。

氧气用截止阀的阀杆应设置有上密封结构，并应设计为防转动结构，以使阀瓣随阀杆升降时不致产生旋转摩擦。阀杆外露部分应有保护措施，防止灰尘和油污，并有“禁油”标记。

阀门流道应流畅、光滑，流道各处截面积应不小于阀门的公称通径面积。阀瓣的开启面积应不小于阀座内径的 1/4。阀门应设有开度指示，手轮上应有“开-关”方向字样及箭头。支架轴承的润滑应采用氟化脂润滑剂。

在阀门两端法兰上应备有导电螺栓孔，使螺栓连接导线良好接地，防止静电积聚。

公称通径大于 *DN*150 的阀门应设置旁通装置，并有介质流向指示。

（2）壳体壁厚

阀门壳体材料采用奥氏体不锈钢时，其最小壁厚按《氧气用截止阀》JB/T 10530 标准之表 1 的规定；壳体材料采用铜合金时，其壁厚由产品设计确定。

（3）阀杆直径

对于公称通径小于等于 *DN*150 的阀门，其阀杆最小直径按《氧气用截止阀》JB/T 10530 标准之表 2 的规定；大于 *DN*150 的阀门，阀杆直径由产品设计确定。

（4）材料

氧气用截止阀材料选用应按表 5-75 的规定。密封面采用本体材料或堆焊硬质合金。

氧气用截止阀材料选用 **表 5-75**

零件名称	材料名称	推荐牌号
壳 体	铜合金	ZCuZnSi4I
	奥氏体不锈钢	1Cr18Ni9Ti、CF3 等
启闭件	铜合金	QAl9-4、ZCuZn25Al6Fe3Mn3
	铬不锈钢或铬镍不锈钢	1Cr18Ni9Ti、2Cr13 等
阀 杆	铜合金	QAl9-4
	铬不锈钢或铬镍不锈钢	2Cr13、1Cr18Ni9Ti
填 料	聚四氟乙烯	SFB-2
垫 片	聚四氟乙烯	SFB-2
	缠绕垫片	F-4 带＋1Cr18Ni9Ti 钢带
紧固件	铬不锈钢或铬镍不锈钢	2Cr13、1Cr18Ni9Ti

（5）脱脂处理

脱脂处理系指用丙酮、酒精或其他无机非可燃清洗剂等脱脂剂去除工件表面油污的处理过程。

对整台阀门的全部零部件（含工装、工具）必须进行彻底的脱脂处理，可采用浸渍和擦洗相结合方法，浸渍时间不小于 15min，擦洗用白色非棉制布。

4. 压力试验

（1）壳体试验

壳体试验应在阀门装配前进行，且不得涂漆或掩盖表面缺陷的其他涂层。试验介质为洁净水或无油干燥的压缩空气。采用液体试验时，试验压力为公称压力的 1.5 倍；采用液体试验时，试验压力为公称压力的 1.1 倍。保压试验压力的最短持续时间按表 5-76 的规定。

（2）上密封试验

上密封试验应在壳体试验后进行，将阀门的两端封闭，启闭件处于全开启位置，阀门填料压盖处于松开状态，向阀门体腔内缓慢加压，试验压力为公称压力的 1.1 倍，保压试验压力的最短持续时间按表 5-76 的规定。

（3）密封试验

密封试验时，阀门处于全关闭状态，在阀门介质流向的进口端缓慢加压，试验压力为公称压力的 1.1 倍，保压试验压力的最短持续时间按表 5-76 的规定。

保压试验压力的最短持续时间 **表 5-76**

公称通径 *DN*	保压试验压力的最短持续时间(min)		
	壳体试验	密封试验	上密封试验
≤150	5	5	5
>150～500	10	10	5

5. 脱脂检验

对整个阀门的全部零部件（含工装、工具）必须进行严格的脱脂清洗处理。脱脂清洗剂可用丙酮、酒精或其他无机非可燃清洗剂，清洗采用浸渍和擦洗相结合，浸渍时间不少于 15min，擦洗采用白色非棉织布。脱脂处理后应按 JB/T 10530—2005 标准之附录 B 规定的方法对零部件表面进行油及油脂残留量检查。

6. 出厂检验项目

产品出厂检验项目有：壳体试验；上密封试验；密封试验；零部件含油量检验；标志和包装。

7. 标志、包装和贮存

阀门的标志应符合《通用阀门 标志》GB/T 12220 的规定，并有“禁油”字样的永久性标记及特种设备制造许可证（或安全注册）标记。

每台出厂的阀门产品都要附合格证，且至少应包括以下内容：产品名称、商标、型号、制造厂；公称压力 *PN*、公称通径 *DN*、适用介质、适用温度；产品编号、制造日期；特种设备制造许可证（或安全注册）标记；依据标准、检验结论及检验日期；检验人员及检验负责人签章。

包装前，阀门的启闭件应处于关闭状态，并进行禁油保护，阀门内腔及两端法兰密封面应用便于拆卸的端盖封闭保护。阀门应用塑料膜袋封闭包装后，装入木箱内并予稳固，木箱外应有“禁油”字样与吊钩位置字样的标记。包装箱内应附有说明书和装箱单，并符合《通用阀门供货要求》JB/T 7928 的规定。

阀门应存放在干燥禁油的室内，并堆放整齐，不允许露天存放。

8. 安装、操作与维护

(1) 安装

氧气用阀门的安装必须严格遵守有关规定，严禁与油类接触。介质流向必须与阀门标识一致，阀杆宜垂直向上安装。阀门安装不能影响阀门的密封性，法兰垫片宜采用聚四氟乙烯缠绕式密封垫片。阀门不能安装在靠近明火或油污的使用点上，并应设在不产生火花的保护外罩内。阀门安装应有良好的接地装置，法兰螺栓要有良好跨接，以防静电。安装大口径阀门及管路应有足够支撑。

(2) 操作

氧气用阀门的安装及操作人员所用工具、手套、工作服等用品及阀门零部件严禁沾染油脂。开关阀门应缓慢进行，手动操作时，操作人员应站在阀门的侧面，不得将截止阀作为调节阀使用和操作。对于公称通径大于 *DN*150 的阀门，在开、关前应采取减小主阀前后压差的措施。

(3) 维护

氧气用阀门应定期维护、保养或检测，以保证阀门的密封性和安全性。阀门的维护、保养、检测和修理只能由制造厂或其他有资格的单位执行。

5.5.5 石油、天然气工业用清管阀

推荐网址：标准下载站 http://www.anystandards.com/

豆丁网 http://www.docin.com/

《石油、天然气工业用清管阀》JB/T 11175—2011，规定了石油、天然气工业用的法兰连接钢制清管阀的术语和定义、分类、结构形式和参数、技术要求、材料、试验方法、检验规则，适用于 PN=1.6～26.0MPa、DN50～DN700，工作介质为天然气、油品等，用于输送管线的扫管工艺，作接收、发射清管器用的清管阀。

1. 结构类型

清管阀按介质流动特征分为介质断流（Ⅰ型）和介质不断流（Ⅱ型）两种基本功能类型，其区别是因阀体的不同来实现不同介质流量特征，其球体结构分别如图 5-167、图 5-168 所示。

Ⅰ型清管阀：当阀体处于装入或取出清管器的位置时介质断流，并且球体通道直径与管道内径和使用的清管器相匹配，保证清管器进入本阀。

Ⅱ型清管阀：该型清管器在Ⅰ型清管阀的基础上附加球体旁通通道而成，当阀体处于装入或取出清管器的位置时，因设有球体旁通通道，整个操作过程中介质不会断流。球体旁通通道截面积一般为两端通道流通面积的 15%～30%。

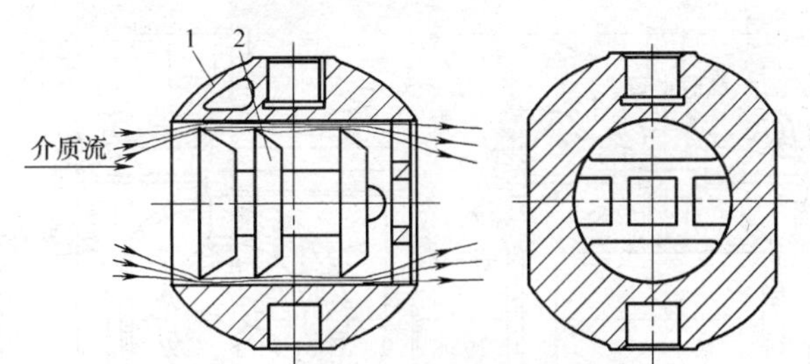

图 5-167 Ⅰ型清管阀的球体示意图

1—球体；2—清管器

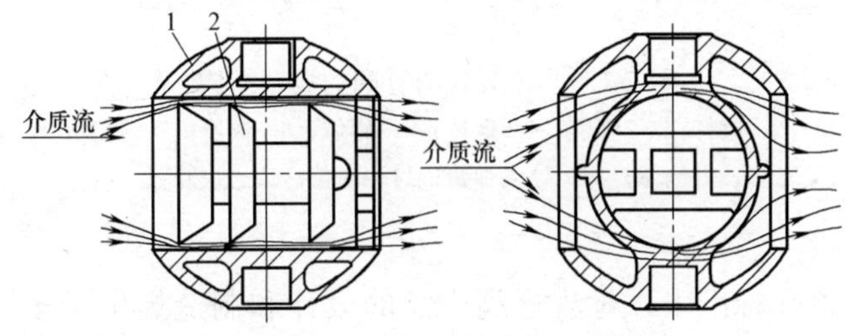

图 5-168 Ⅱ型清管阀的球体示意图

1—球体；2—清管器

2. 结构形式

清管阀的基本结构为法兰连接的固定式球阀加水平位置的快开门结构，其典型结构形式通常有顶装式和侧装式，主要结构形式和零件名称如图 5-169、图 5-170 所示。

清管阀的公称通径为 DN20～DN700，并应符合《管道元件 DN（公称尺寸）的定义

和选用》GB/T 1047 的规定；公称压力为 $PN16\sim PN260$（亦即 $PN=1.6\sim26.0$MPa），并应符合《管道元件 PN（公称压力）的定义和选用》GB/T 1048 的规定。

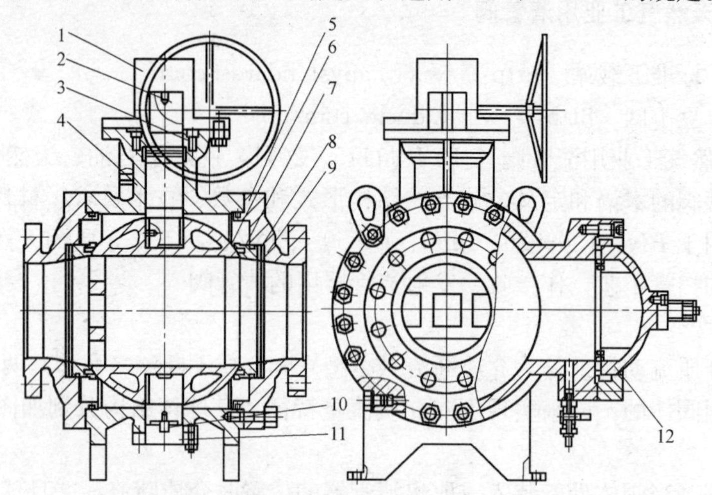

图 5-169　侧装式清管阀的典型结构

1—驱动装置；2—阀杆；3—填料阀盖；4—阀体；5—侧体；6—球体；7—阀座；8—弹簧；9—调整垫；10—导电弹簧；11—底盖；12—快卸盖

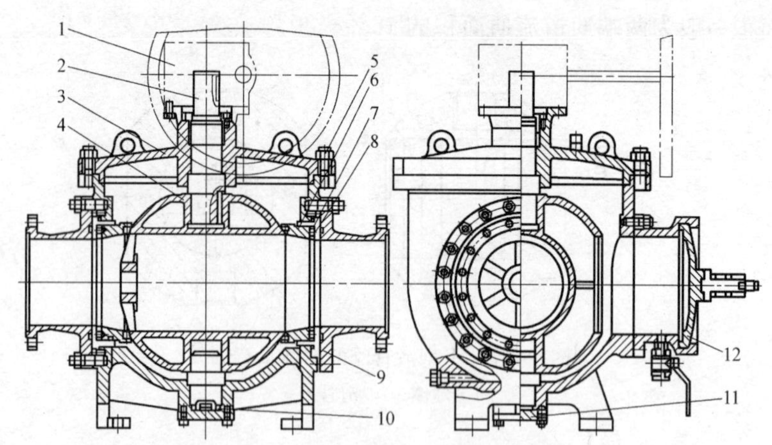

图 5-170　顶装式清管阀的典型结构

1—驱动装置；2—阀杆；3—阀盖；4—球体；5—阀体；6—阀座；7—弹簧；8—调整垫；9—侧体；10—导电弹簧；11—底盖；12—快卸盖

3. 主要技术要求

JB/T 11175—2011 标准中，对清管阀产品的设计和制造提出了多方面的技术要求，依次有：压力-温度额定值、结构长度及偏差、清管阀性能、防静电结构、耐火结构、注脂机构、阀体、球体、阀座、阀杆、侧体、快开门装置、壳体的连接、手柄和驱动装置、压力平衡装置、清管阀启闭操作、无损检测等，共 17 个项目。现从清管阀的应用角度出发，仅将与工程设计和施工安装的相关项目简介如下，如需更全面地了解其技术要求，请查阅 JB/T 11175—2011 标准原文。更实用的技术文件当属制造厂家提供的产品使用说明书，这是工程设计和施工单位必不可少的技术文件。

（1）清管阀性能

清管阀应具有双截断和泄放功能（BDD）。若有要求，清管阀在全开启或全关闭位置均应具有双截断和泄放功能（BDD）。

双截断和泄放功能（BDD）系指具有两个密封副的阀门，在关闭位置时，两个密封副可同时保持密封状态，中腔内（两个密封副之间）的阀体有一个泄放介质压力的接口。

（2）防静电结构及耐火结构

防静电结构系指保证阀体、球体与上下轴之间能导电的结构。清管阀应设计成防静电的结构，并符合《管线阀门 技术条件》GB/T 19672 的规定。

耐火结构系指当阀门的软密封被烧坏时，仍能保持一定程度的密封性能的结构。清管阀应具有耐火结构设计，并符合《管线阀门 技术条件》GB/T 19672 的规定。

（3）结构长度及偏差

法兰连接式清管阀的结构长度制造厂家确定，或按供需双方订货合同的规定；结构长度的偏差应按《金属阀门 结构长度》GB/T 12221 的规定。

（4）阀体

清管阀壳体（包括阀体、泄压装置、排污装置、阀盖、侧体、快开门及压力平衡装置）。阀体上应有清晰地收发方向标志。

阀体具有取放清管器的通道，内径应能保证取放清管器。在阀体取放清管器的通道外端连接快开门装置。阀体必须设置腔体压力泄压装置和排污装置，泄压装置和排污装置在不操作时要保持密封。

当介质有可能在阀腔内被截流时，应确保阀腔压力不超过清管阀在38℃时，最高工作压力的1.33倍。如有要求时，应设置阀腔压力安全泄放阀，其最小公称通径应不小于DN15。

（5）球体

球体通道应为圆形，通道一侧设有栅栏，其强度应满足管线清管时清管器在最高速度下的冲击。通道的直径和长度应能方便地收发清管器。通常，对于使用清管球的清管阀，球体通道长度应不小于1.1DN；对于使用机械清管器的清管阀，球体通道长度应不小于1.5DN；对于使用泡沫清管器的清管阀，球体通道长度应不小于2DN。球体通道的最小直径一般与管道内径和使用的清管器相匹配。Ⅱ型清管阀的球体应设有旁通通道。

清管阀在发射或接受清管器时，应保证阀体通道与阀体通道在同一轴线上；在取放清管器时，应保证球体通道口与阀体取放清管器的通道口对齐，且方向一致。

（6）阀座、阀杆与侧体

阀座的密封面与球体应能够实现紧密贴合，以满足清管阀操作条件下的密封；阀座通道应有圆锥过渡，并保证阀座通道与阀体通道安装在同一轴线上；阀座通道的最小直径应与管道内径和使用的清管器相匹配。

阀杆上端应有阀门开关位置的明显指示，其指示方向应为球体主通道开口（无栅栏）方向。

侧体通道直径应与管道内径一致。

（7）快开门装置

快开门装置系指一个连接在阀体上，能够实现清管器快速填装或收取装置。

快开门装置连接在阀体取放清管器的通道端，也可在阀体取放清管器的通道端整体加工，快开门装置内径应能保证取放清管器；快开门应有可以启闭的密封机构，此机构必须在快开门关闭时保持密封；快开门必须设有安全连锁机构，以防止对快开门密封结构的误操作。

(8) 壳体的连接

阀体与侧体、阀体与阀盖应采用螺柱配厚螺母连接。阀体与侧体的连接应能承受管道的拉伸载荷和弯曲载荷；阀体与阀盖、快开门装置等的连接螺栓应能承受规定的阀门操作和额定压力。

阀体与侧体的连接螺柱不得少于 4 个，连接螺母的支撑面与法兰面应平行，且垂直于螺柱的中心线；侧体连接法兰的背面应加工或锪平。

阀体与侧体、阀盖、快开门装置连接螺柱，其最小截面积应符合《石油、石化及相关工业用的钢制球阀》GB/T 12237 的规定。

连接在阀体上的泄压装置、排污装置、压力平衡装置、安全泄放阀等应按《钢制阀门一般要求》GB/T 12224 中辅助连接件的规定执行。

(9) 手柄和驱动装置

清管器的手柄或驱动装置在全开位置应表示球体通道方向与管线方向一致，清管阀处于接受或发射清管器状态；在全关位置应表示球体通道方向与管线方向垂直，清管阀处于装填或收取清管器状态。

驱动装置应有开关位置指示器，并有全开和全关的限位结构，且能进行限位调整。

(10) 压力平衡装置

压力平衡装置亦称旁通内压平衡装置，它连接在阀门腔体与管路之间，是能够实现清管阀中腔压力与管路压力一致的装置。

当公称压力 $PN \geqslant 10$MPa 时，清管阀宜设置压力平衡装置，除非用户另有约定。压力平衡装置应设有关闭开关，以便在填装或收取清管器时关闭压力平衡装置。

(11) 清管器启闭操作

清管器亦称管道清洁器，系由气体、水或管道输送压力介质推动，用于清理管道的专用器具，其缩写为 PIG。

清管器应能满足正常连续循环启闭动作 5 次的操作参见 JB/T 11175—2011 标准之附录 A（资料性附录）“清管器的操作要求”；更重要的是应当认真熟悉制作厂家的有关清管器启闭操作的技术文件，并认真执行。因为前者是对清管器制作厂家的要求，后者是厂家根据清管器产品对用户的技术指导，应当更有针对性。

4. 主要试验项目

(1) 壳体试验

清管阀的壳体试验应按《管线阀门 技术条件》GB/T 19672 的规定执行，在阀门两端封闭前应：关闭快开门、关闭泄压装置、关闭排污装置、对开压力平衡装置（如果有此装置）。

(2) 密封试验

清管阀的密封试验应按《管线阀门 技术条件》GB/T 19672 的规定执行；若有压力平

衡装置，应先关闭压力平衡装置通道，并进行以下操作：

Ⅰ型清管阀 应使球体处于取放清管器的位置，在阀门的进出口两端分别加压，取放清管器的通道敞开直通大气，以检查泄漏量。

Ⅱ型清管阀 应使球体处于取放清管器的位置，在阀门的任意端加压，取放清管器的通道敞开直通大气，以检查泄漏量。

(3) 启闭操作试验

1) 清管阀的启闭操作试验应在密封试验合格后进行。试验介质可以是清洁的常温水或煤油。

2) 试验操作过程

清管阀应先使球体处于取放清管器的位置（指示为全关位置），快开门装置、泄压装置处于打开状态，压力平衡装置（如果有此装置）通道处于关闭状态；

关闭快开门装置，关闭泄压装置，打开压力平衡装置（如果有此装置）通道，操作清管阀到发射或接收清管器的位置（指示为全开位置）；

操作清管阀到取放清管器的位置（指示为全关位置），打开泄压装置，打开快开门装置，关闭压力平衡装置（如果有此装置）通道。

3) 上述1)、2) 过程为一个循环，循环操作5次后，进行密封试验，应符合密封性能要求。用于气体介质的清管阀，密封试验压力为0.4～0.7MPa。

5. 出厂检验项目

每只清管阀出厂前均应进行出厂检验，合格后应附合格证方可出厂。出厂检验项目有壳体试验；高压（液体）密封试验及低压（气体）密封试验；

6. 标志与供货包装

(1) 标志内容

清管阀的标志原则上应符合《通用阀门 标志》GB 12220—1989的规定，但由于该标准已颁布多年，当时尚未区分强制性标准（GB）与推荐性标准（GB/T），加之多年未修订，不宜作为强制性标准看待。此项标准中的“标志”规定了通用阀门必须使用的和可选择使用的标志内容及标记方法，系等效采用国际标准ISO 5209—1977。此外，亦可参考现行机械行业标准《阀门的标志和涂漆》JB/T 106—2004和《阀门 型号编制方法》JB/T 308—2004，可以涵盖《通用阀门 标志》GB 12220—1989标准的大部分内容。

(2) 阀体上的标记

阀体上应有下列永久性标记：制造厂商标；阀体材料；公称压力或压力等级；公称通径；熔炼炉号或锻打批号。

(3) 标牌上的标志

清管器的标牌上至少应有下列内容：制造厂的厂名及商标；公称压力或压力等级；公称通径；阀体材料标记；38℃时的最大工作压力额定值；最高工作温度和对应的最大工作压力额定值；适用温度；适用清管器规格；密封面配对材料；产品执行标准号；产品编号；制造年月。

(4) 其他标记

带有抗静电结构的清管阀应标志“AS”；带有耐火结构的清管阀应标志“FD”；在取放清管器通道外端的快开门装置处应标志有安全警示牌，并至少包含启闭快开门密封机构的操作内容；清管阀应有根据介质流向确定的接受和/或发射清管器的方向标志。

（5）供货与包装

清管阀的供货和包装按《通用阀门 供货要求》JB/T 7928 的规定。

5.5.6 空气分离设备用切换蝶阀

推荐网址：新浪爱问-共享资料 http：//ishare. iask. sina. com. cn/

豆丁网 http：// www. docin. com/

《空气分离设备用切换蝶阀》JB/T 7550—2007，规定了气动双位式切换蝶阀的术语、基本参数、技术性能、试验方法、试验规则及标志、包装、运输和贮存，适用于大、中、小型空气分离设备中气体切换，公称压力为 $PN=0.6\sim1.0$MPa，公称通径为 $DN50\sim DN1200$ 的切换蝶阀，

此项标准代替《空气分离设备用切换蝶阀》JB/T 7550—1994。

1. 基本参数

不同公称通径切换蝶阀的结构长度（基本尺寸 l 及其偏差 Δl）见表 5-77，或按《金属阀门 结构长度》GB/T 12221 的规定。

切换蝶阀的气缸工作压力小于或等于 0.6MPa（执行机构）。

切换蝶阀的适用温度为－20～＋200℃。

公称通径及结构长度（mm） **表 5-77**

<table>
<tr><td colspan="3">公称通径 DN</td><td>50</td><td>80</td><td>100</td><td>125</td><td>150</td><td>200</td><td>250</td><td>300</td></tr>
<tr><td rowspan="4">结构长度</td><td rowspan="2">基本尺寸 l</td><td>法兰型</td><td colspan="4">—</td><td>210</td><td>230</td><td>250</td><td>300</td></tr>
<tr><td>对夹型</td><td>100</td><td>100</td><td>100</td><td>120</td><td>146</td><td>146</td><td>150</td><td>150</td></tr>
<tr><td rowspan="2">偏差 Δl</td><td>法兰型</td><td colspan="4">—</td><td colspan="4">±2</td></tr>
<tr><td>对夹型</td><td colspan="4">±1</td><td colspan="4">±2</td></tr>
<tr><td colspan="3">公称通径 DN</td><td>350</td><td>400</td><td>500</td><td>600</td><td>700</td><td>800</td><td>900</td><td>1000</td></tr>
<tr><td rowspan="4">结构长度</td><td rowspan="2">基本尺寸 l</td><td>法兰型</td><td>350</td><td>400</td><td>500</td><td>390</td><td>430</td><td>470</td><td>510</td><td>550</td></tr>
<tr><td>对夹型</td><td>165</td><td>170</td><td>200</td><td>230</td><td>230</td><td>240</td><td>300</td><td>300</td></tr>
<tr><td rowspan="2">偏差 Δl</td><td>法兰型</td><td colspan="3">±2</td><td colspan="5">—</td></tr>
<tr><td>对夹型</td><td colspan="3">±2</td><td colspan="5">±3</td></tr>
</table>

2. 主要技术性能

当气缸工作压力为 0.5MPa 时，切换蝶阀的启闭时间见表 5-78。

要求快速启闭切换蝶阀的寿命应大于 6×10^4 次，且连续运行周期应大于一年；不要求快速启闭切换蝶阀的连续运行周期应大于两年。

启闭时间 **表 5-78**

<table>
<tr><td>公称通径 DN(mm)</td><td>50</td><td>80</td><td>100</td><td>125</td><td>150</td><td>200</td><td>250</td><td>300</td></tr>
<tr><td>要求快速启闭(s)</td><td colspan="4">≤1.5</td><td colspan="4">≤2</td></tr>
<tr><td>不要求快速启闭</td><td colspan="8">不作要求</td></tr>
<tr><td>公称通径 DN(mm)</td><td>350</td><td>400</td><td>500</td><td>600</td><td>700</td><td>800</td><td>900</td><td>1 000</td></tr>
<tr><td>要求快速启闭(s)</td><td colspan="3">≤2</td><td colspan="3">≤8</td><td colspan="2">≤12</td></tr>
<tr><td>不要求快速启闭</td><td colspan="8">不作要求</td></tr>
</table>

3. 主要技术要求

(1) 与压力有关的要求

1) 切换蝶阀的计算压力应大于或等于公称压力 PN 的 1.2 倍。

2) 切换蝶阀应经 1.5 倍公称压力 PN 的壳体强度试验，无渗漏，无结构损伤。

3) 气动执行机构的气缸、气缸盖和气缸座应经 0.9MPa 压力的水压试验合格。

4) 切换蝶阀应经密封试验，其泄漏率应符合切换蝶阀的渗漏率按《工业阀门 压力试验》GB/T 13927 的规定，非金属弹性密封阀门按 A 级、金属密封阀门按 B 级的规定。

(2) 切换蝶阀的使用条件

1) 流通介质应先经过过滤装置除去机械杂质。

2) 工作介质流经切换蝶阀的流速应不大于 25m/s。

3) 气动执行机构的所有气源应清洁、干燥。

(3) 安装和运转

1) 切换蝶阀的安装方式应在工程设计或有关技术文件中作出规定。

2) 切换蝶阀应能指示蝶板所处位置，并应具备保持蝶板在全开位置及关紧位置的限位装置。

3) 切换蝶阀的内部清洁度应不大于按 JB/T 7550—2007 标准之 6.9 规定计算出的 G 值。

4) 切换蝶阀总装后运转应灵活，启闭顺畅，无阻滞。

5) 切换蝶阀外表应清洁，漆面平整光滑，色泽均匀一致，外露紧固件需经表面镀饰处理。

4. 出厂检验

每台切换蝶阀均需进行出厂检验。由切换器自动控制蝶板启闭 600～1000 次的空载运转后，在切换蝶阀不加压的情况下进行出厂检验。

切换蝶阀的出厂检验应考核其渗漏率和切换时间，检查传动机构运转情况，各密封副、各摩擦副，均合格、无异常。

5. 标志、包装、运输和贮存

切换蝶阀阀体上的标志应符合《通用阀门 标志》GB/T 12220 的规定，并在适当部位设置铭牌，铭牌应符合《标牌》GB/T 13306 的规定。

切换蝶阀的不涂（镀）的加工表面应涂防锈剂，制造厂应确保自发货起，在正常贮运条件下，防锈有效期不少于一年。切换蝶阀的两端应采用木质或其他有一定强度的材料制作的盲板可靠封堵。切换蝶阀应与产品合格证、产品使用说明书和装箱单及包装好的备件一起装箱。

切换蝶阀应存放在干燥、通风的库房内，不得露天贮运和堆置。

包装、运输和贮存应按《通用阀门 供货要求》GB/T 7928 的规定。

5.5.7 供水用偏心信号蝶阀

推荐网址：科创论坛 http：//www.baike.com/

豆丁网 http：// www.docin.com/

《供水用偏心信号蝶阀》CJ/T 93—1999，规定了供水用偏心信号蝶阀的术语、型号、结构形式、技术要求、试验方法、检测规则、标志及供货要求，适用于供水系统（含消防供水系统）中要求有启闭状态信号显示的公称压力 $PN \leqslant 2.5\text{MPa}$，工作介质为清水的偏心信号蝶阀。

1. 结构形式

偏心蝶阀系指除中心蝶阀以外的蝶阀，其型号编制方法见 CJ/T 93—1999 编制之附录 A。对夹连接和法兰连接偏心信号蝶阀的基本结构形式和主要零部件名称分别如图 5-171 和图 5-172 所示。

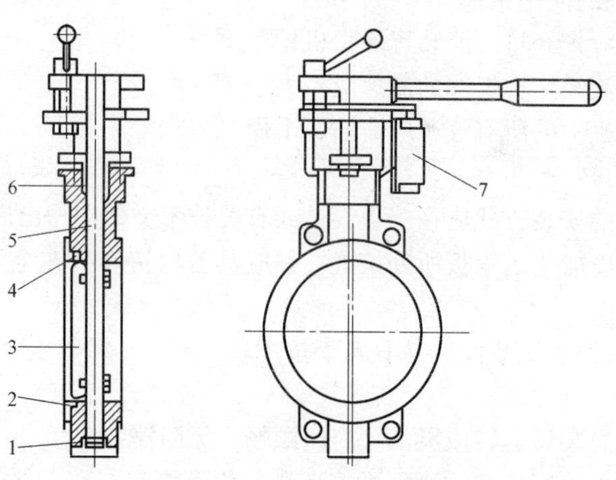

图 5-171　对夹连接蝶阀

1—阀体；2—盖板；3—蝶板；4—密封圈；5—阀杆；6—填料；7—信号装置

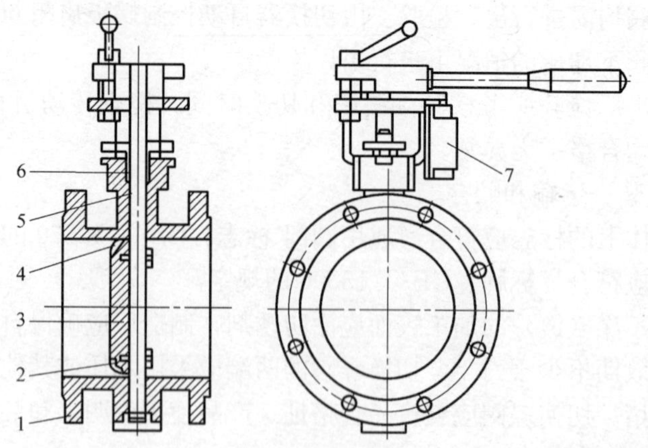

图 5-172　法兰连接蝶阀

1—阀体；2—盖板；3—蝶板；4—密封圈；5—阀杆；6—填料；7—信号装置

偏心信号蝶阀密封副的形式有以下几种：

（1）金属与金属弹性密封；

（2）金属与金属复合非金属密封；

（3）金属与非金属密封；

（4）金属与金属刚性密封；

(5) 非金属与非金属密封。

2. 结构长度和法兰

法兰连接信号蝶阀和对夹连接信号蝶阀的结构长度应符合《金属阀门 结构长度》GB/T 12221 的规定。

法兰连接尺寸和法兰密封形式：灰铸铁法兰连接尺寸和法兰密封面型式应符合《整体铸铁法兰》GB/T 17241.6 和《铸铁管法兰技术条件》GB/T 17241.7 的规定；钢制法兰连接尺寸和法兰密封面形式应符合《整体钢制管法兰》GB/T 9113 的规定。

双法兰和对夹连接法兰的两端密封面应相互平行，与蝶阀通道垂直，其平行度和垂直度公差应符合《形状和位置公差及未注公差》GB/T 1184 中表 B3 的 12 级精度。

两端法兰螺栓孔的轴线相对于阀体（法兰）轴线的位置度公差应符合表 5-79 的规定。两端法兰的螺栓孔一般为通孔，当轴颈或筋板有妨碍时，也可用带螺纹的盲孔。

法兰螺栓孔轴线的位置度公差（mm） **表 5-79**

法兰螺栓孔直径	11.0～17.5	22.0～30.0	33.0～48.0	52.0～62.0
位置度公差 ϕ	1.0	1.5	2.6	3.0

3. 信号蝶阀性能

(1) 消防场合对阀门的要求

阀门壳体试验应能承受 4 倍公称压力的内部静水压，保持 1min，无外泄漏，壳体（包括填料函及阀体与阀盖连接处）不应有结构损伤。

密封试验时，其进口应能承受 2 倍公称压力的静水压，保持 1min 无可见泄漏。

(2) 非消防场合使用的信号蝶阀其壳体试验和密封试验应符合《工业阀门 压力试验》GB/T 13927 的规定。

(3) 信号蝶阀的启闭状态和显示方法应同时满足的要求

通过接线盒送出信号，在阀门启闭全行程范围内，按阀门由开启到关闭过程，角行程不超过 15°范围内应为开启信号输出，当角行程超过 15°直至关闭范围应为关闭信号输出；

在非消防场合，允许按用户要求调整启闭状态的显示位置，但供需双方应作出书面规定。

(4) 信号装置

信号装置按 CJ/T 93—1999 标准的相关规定进行过载能力试验、耐电压能力测试、绝缘电阻测试并符合规定；信号装置应密封、防尘、防潮湿，防护等级应符合《外壳防护等级（IP 代码)》GB 4208 的规定。

(5) 外观和清洁度

偏心蝶阀铸件外观质量应符合《阀门铸钢件 外观质量要求》JB/T 7927 的规定；偏心蝶阀清洁度的最大允许值应符合相关产品标准的规定。

4. 试验方法

偏心蝶阀的试验包括壳体试验、密封试验及启闭显示以信号灯的信号和角行程的大小进行判断，其试验方法按 CJ/T 93—1999 标准的规定。

信号装置检查包括过载能力试验、耐压能力试验、绝缘电阻测试、接触电阻试验，流量系数和流阻系数的试验应按《通用阀门流量系数和流阻系数的试验方法》JB/T 5296 的规定进行。

5. 检验规则

产品应进行逐台进行出厂检验，检验项目有外观检验、壳体试验、密封试验和信号显示试验。其中如有一项不合格，则该产品判定为不合格。

6. 标志

偏心信号蝶阀的标志应符合《通用阀门 标志》GB/T 12220 的规定。

7. 供货

偏心信号蝶阀的供货应符合《通用阀门 供货要求》JB/T 7928 的规定。

5.5.8 供热用偏心蝶阀

推荐网址：土木工程网　http：//www. civilcn. com/
豆丁网　http：// www. docin. com/

《供热用偏心蝶阀》CJ/T 92—1999，规定了供热用偏心蝶阀的术语、型号、结构形式、技术要求、试验方法、检测规则及供货要求，适用于公称压力 PN＝1.0～2.5MPa，DN50～DN1200mm，介质温度不大于 350℃，介质为热水、蒸汽的法兰和对夹连接偏心蝶阀。

1. 结构形式

偏心蝶阀系指除中心蝶阀以外的蝶阀，对夹连接蝶阀、法兰连接蝶阀基本结构形式和主要零部件名称分别如图 5-173 和图 5-174。

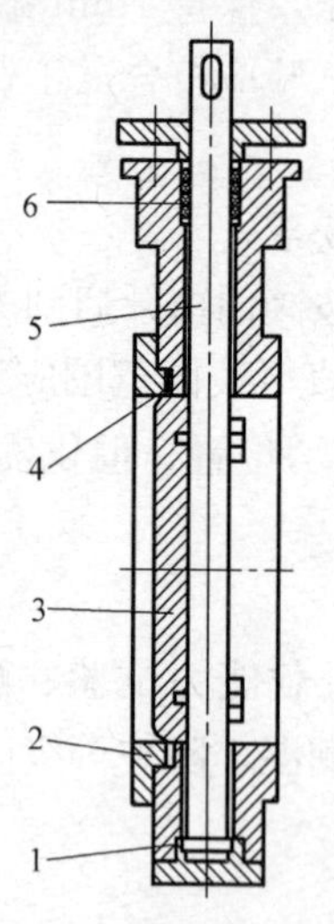

图 5-173　对夹连接蝶阀
1—阀体；2—盖板；3—蝶板；
4—密封圈；5—阀杆；6—填料

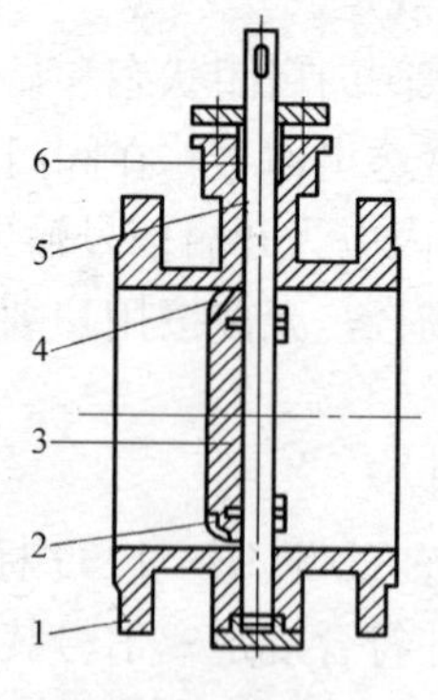

图 5-174　法兰连接蝶阀
1—阀体；2—盖板；3—蝶板；
4—密封圈；5—阀杆；6—填料

偏心蝶阀密封副的形式有以下几种：

(1) 金属与金属弹性密封；

(2) 金属与金属复合非金属密封；

(3) 金属与非金属密封；

(4) 金属与金属刚性密封;

(5) 非金属与非金属密封。

2. 结构长度和法兰

法兰连接信号蝶阀和对夹连接信号蝶阀的结构长度应符合《金属阀门 结构长度》GB/T 12221 的规定。

法兰连接尺寸和法兰密封形式:灰铸铁法兰连接尺寸和法兰密封面形式应符合《整体铸铁法兰》GB/T 17241.6 的规定;钢制法兰连接尺寸和法兰密封面形式应符合《整体钢制管法兰》GB/T 9113 的规定。

双法兰和对夹连接法兰的两端密封面应相互平行,与蝶阀通道垂直,其平行度和垂直度公差应符合《形状和位置公差及未注公差》GB/T 1184 中表 B3 的 12 级精度。

两端法兰螺栓孔的轴线相对于阀体(法兰)轴线的位置度公差应符合表 5-80 的规定。两端法兰的螺栓孔一般为通孔,当轴颈或筋板有妨碍时,也可用带螺纹的盲孔。

法兰螺栓孔轴线的位置度公差(mm) **表 5-80**

法兰螺栓孔直径	11.0～17.5	22.0～30.0	33.0～48.0	52.0～62.0
位置度公差 ϕ	1.0	1.5	2.6	3.0

3. 信号蝶阀壳体试验

阀门壳体试验应能承受 4 倍公称压力的内部静水压,保持 1min,无外泄漏,壳体(包括填料函及阀体与阀盖连接处)不应有结构损伤。

密封试验时,其进口应能承受 2 倍公称压力的静水压,保持 1min 无可见泄漏。

偏心蝶阀的壳体试验、密封试验按《工业阀门 压力试验》GB/T 13927 的规定进行,流量系数和流阻系数的试验应按《通用阀门流量系数和流阻系数的试验方法》JB/T 5296 的规定进行。

4. 检验规则

产品应进行逐台进行出厂检验,检验项目有外观检验、壳体试验和密封试验。其中如有一项不合格,则该产品判定为不合格。

5. 标志

偏心信号蝶阀的标志应符合《通用阀门 标志》GB/T 12220 的规定。

6. 供货

偏心信号蝶阀的供货应符合《通用阀门 供货要求》JB/T 7928 的规定。

5.5.9 变压器用蝶阀

推荐网址:标准下载网 http://www.bzxz.net/

豆丁网 http:// www.docin.com/

《变压器用蝶阀》JB/T 5345—2005,规定了变压器用蝶阀的产品型号、技术条件、测试项目、方法及规则和标志及包装,适用于油浸式变压器所安装的蝶阀,其他绝缘介质的变压器所安装的类似产品也可参照采用。

此项标准代替《阀门受压铸钢件 射线照相检验》JB/T 6440—1992。

1. 蝶阀分类

变压器用蝶阀按结构分为板式和真空式；按材料分为钢（铁）型和铝合金型，其基本参数见表 5-81。

变压器用蝶阀基本参数 **表 5-81**

公称通径 DN (mm)	公称压力(kPa)	连接螺栓孔中心圆直径 (mm)	连接螺栓 (数量×规格)
40	150	85,90	4×M12
50	150	110,125	4×M12
80	150	150,160	4×M16
100	250	170,180	8×M16
125	250	200,210	8×M16
150	250	225,240	8×M20
200	250	295	8×M20
250	250	345	12×M20

2. 技术要求

(1) 变压器用蝶阀的正常使用条件：环境温度为－25～40℃；工作温度为－25～105℃。当使用条件与上述规定不符时，应由用户与制造方协商确定。

(2) 阀体与密封圈接触面应光滑平整，不允许有裂纹、气孔、疏松和浇注不足等缺陷。蝶阀的密封圈形状和尺寸应符合《液压软管接头连接尺寸 焊接式或快换式》GB/T 9065.3 的规定。

(3) 蝶阀进出口两密封面应相互平行，其平行度公差等级按 GB/T 1184《形状和位置公差及未注公差》中附录一的 12 级；两端连接法兰相对螺栓孔的同轴度不超过螺栓与螺孔间隙 1/2；连接法兰螺栓孔位置度不超过螺栓与螺孔间隙 1/4。

(4) 阀体与阀杆之间的密封性能应可靠，阀杆转动应灵活、无卡滞现象。最大转动力矩应符合表 5-82 的规定。

(5) 蝶阀应有限位装置，以保证关闭严密；阀板在开启和关闭位置时，应有锁定装置。

(6) 真空蝶阀应能承受 0.5MPa 的气压、持续时间 1min 内无渗漏；板式蝶阀应在 0.5MPa 的油压下、以热变压器油（80℃）试验时，5min 内渗漏的油量不得超过 10g。

真空蝶阀应能承受真空度为 133Pa 的真空试验，持续时间 10min 内渗气率应小于 1.33Pa・L/s。

(7) 蝶阀整体应能承受 120℃热变压器油、168h 的高温老化试验，试验后仍满足密封性能的要求。

(8) 蝶阀应能承受 1000 次的机械转动试验，其后仍能满足密封性能的要求。

最大转动力矩 **表 5-82**

公称通径 DN (mm)	40	50	80	100	125	150	200	250
最大转动力矩 (N・m)	20	25	40	50	90	130	150	170

3. 例行试验项目和方法

蝶阀的例行试验项目系指开闭试验和密封试验。

开闭试验可手工操作，用扳手以正、反方向旋转蝶阀转轴，开启、关闭反复10～15次，应转动自如，无卡滞现象。

真空蝶阀的密封试验方法，是将蝶阀夹紧密封，向蝶阀单侧充以0.5MPa的气压、持续1min置于水中，水中蝶阀应无气泡产生。

板式蝶阀的密封试验方法，是将蝶阀关闭固定在专用容器上，向容器注油、加压至0.5MPa、持续5min，蝶阀渗漏的油量不得超过10g。

4. 标志和包装

蝶阀应有明显的"开"与"关"标志。在明显位置固定标牌，标牌按《标牌》GB/T 13306的规定。

蝶阀出厂标志应附产品合格证，并应有以下内容：产品名称；产品型号；试验项目和检验结果；制造厂名称及地址；生产日期。

蝶阀包装时应关闭，每只蝶阀应单独包装，并附有产品使用说明书。包装应防潮、防腐蚀、防磕碰。

5.5.10 气瓶阀通用技术条件

推荐网址：标准下载网 http：//www.bzxz.net/

豆丁网 http：// www.docin.com/

强制性国家标准《气瓶阀通用技术条件》GB 15382—2009，规定了气瓶阀性能试验的术语和定义、技术要求、形式试验、检验、合格判定原则、标志、包装、运输及贮存、产品合格证等，适用于环境温度为－40～60℃，公称工作压力不大于30MPa、可搬运、可重复充装的压缩、液化或溶解气体气瓶用阀。不适用于低温设备、灭火器、车用液化石油气（LPG）瓶、车用压缩天然气（CNG）瓶、呼吸用气瓶阀、非重复充装瓶阀；也不包括带有减压装置、余压保护装置和止回装置瓶阀的具体要求。

此项标准代替《气瓶阀通用技术条件》GB 15382—1994、《氧气瓶阀》GB 10877—1989、《氩气瓶阀》GB 13438—1992、《液氯瓶阀》GB 13439—1992、《液氨瓶阀》。GB 17877—1999

1. 通用要求

气瓶阀在用于环境温度为－40～60℃范围内应能正常工作。在短时间（如用于充气）工作，此温度范围可适当扩大；当气瓶长时间要求用于更低或更高的使用温度范围时，供需双方应签订协议，并在供方出具的说明书中明确。

2. 气瓶阀的主要零部件

气瓶阀由以下主要零部件组成：

1）阀体，包括出气口、与气瓶连接的进气口；

2）操作机构；

3）保证内部气密性的零部件；

4）保证外部气密性的零部件；

气瓶阀可根据使用要求增加以下主要零部件：

1）压力泄放装置；

2）流量限制装置；

3）防止空气进入气瓶的零部件；

4）出气口减压结构；

5）虹吸弯管；

6）出气口连接处的保护零部件等。

3. 基本形式

（1）气瓶阀的内部结构

常用气瓶阀的内部结构，有以下几种形式：

1）活瓣式 活门和阀杆用连接板连接，如图 5-175～图 5-177 所示；

2）连接式 活门、阀杆、压帽组合而不可自由分开，如图 5-178 所示；

3）针型式 通过阀杆直接密封，如图 5-179 所示；

4）隔膜式 通过膜片密封，如图 5-180 所示。

（2）气瓶阀的压力泄放装置

气瓶阀可根据需要带有以下不同的压力泄放装置：

1）如图 5-176 所示带有爆破片的压力泄放装置；

2）如图 5-177 所示带有弹簧的压力泄放装置；

3）如图 5-178 所示带有易熔合金塞加爆破片的复合式压力泄放装置；

4）如图 5-179 所示带有易熔合金塞的压力泄放装置。

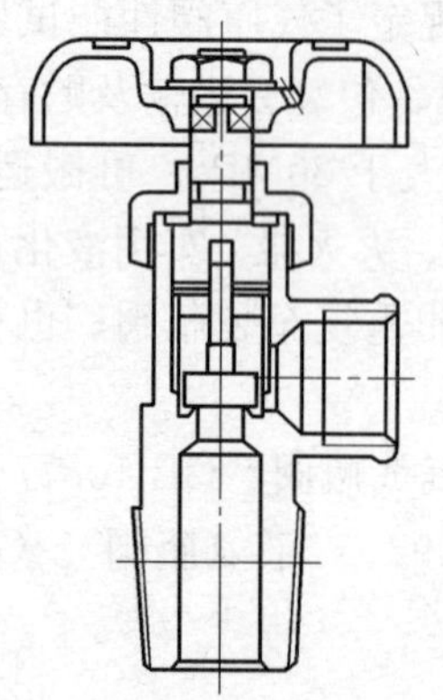

图 5-175 活瓣式（一）

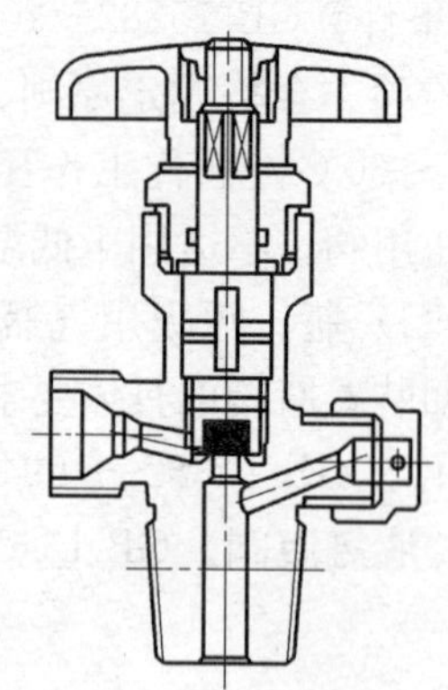

图 5-176 活瓣式（二）

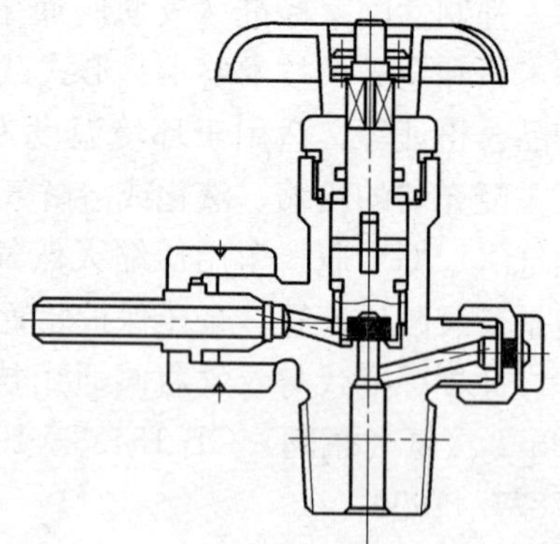

图 5-177 活瓣式（三）

（3）进出口尺寸和连接形式

气瓶阀的进出口尺寸和连接形式宜采用符合《气瓶专用螺纹》GB 8335、《55°非密封管螺纹》GB/T 7307、《气瓶阀出气口连接型式和尺寸》GB 15383 和《60°密封管螺纹》GB/T 12716 要求的螺纹，当采用直螺纹时应符合《普通螺纹 基本尺寸》GB/T 196 和《普通螺纹 公差》GB/T 197 的要求。阀的进出口连接螺纹的精度应符合相关标准的规定。

阀的压力泄放装置的泄气通道，应满足在压力泄放装置动作后能快速泄放到大气中的要求，泄气通道口（即压力开口）截面积应不小于阀进气口截面积。

4. 技术性能

（1）启闭性

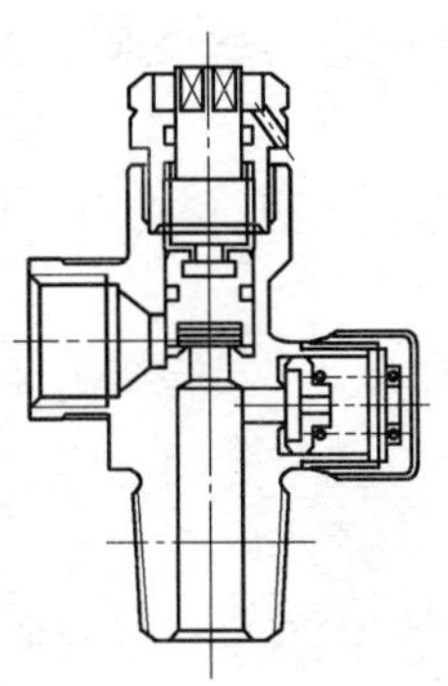
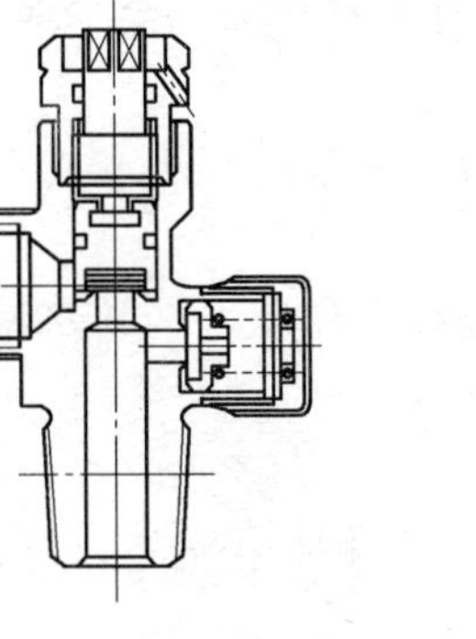

图 5-178　连接式

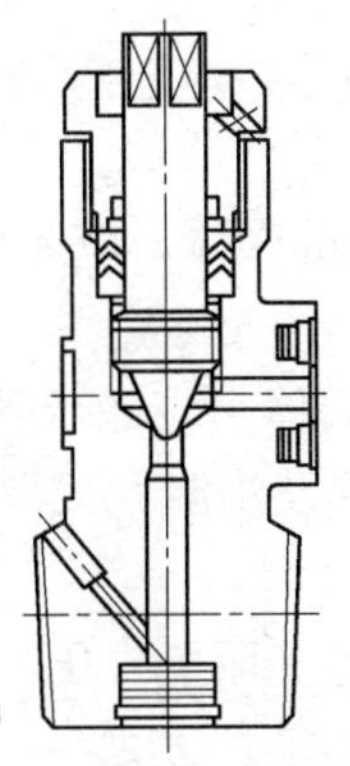

图 5-179　针型式

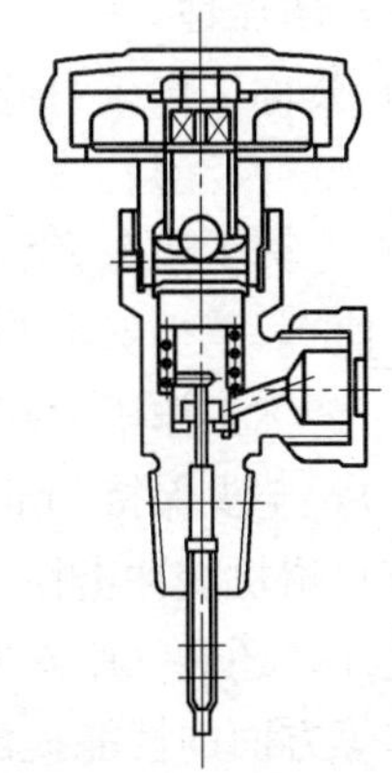

图 5-180　隔膜式

1）顺时针方向为关闭；

2）无论阀中有无压力都能灵活的开启或关闭；

3）在公称工作压力时，阀的启闭力矩不大于 7N·m；手轮直径 D 应小于 65mm，启闭力矩不大于 7D/65N·m；

4）对用于强氧化性气体的阀，为了避免压力过度急放，全开启应旋转一圈以上；

5）为了保证在突发力矩情况下的安全性，还要进行阀门操作机构承担的阻力矩试验（阻力矩系指作用在阀的操作机构上，阀不损坏而能承受的最大开启或关闭力矩两者中之较小值），使用 25N·m 的力矩关闭阀门，操作机构应无断裂现象，并能开启阀门；对于手轮直径 D 应小于 65mm 阀门，其操作机构承受力矩试验可以根据供需双方协议进行。

（2）气密性

1）在 1.2 倍公称工作压力时，阀处于关闭和任意开启状态，至少保持 1min 无泄漏；

2）在 0.05MPa 压力时，阀处于关闭和任意开启状态，至少保持 1min 无泄漏；

3）有真空要求的阀，其真空度应不低于 13.3Pa。

（3）耐振性

在公称工作压力下，阀的位移幅值为 2mm（$P-P$），频率为 33.3Hz，沿任一方向振动 30mm 后，所有螺纹连接处均应无松动和泄漏。

（4）耐温性

在公称工作压力时，阀在－40±2℃温度内，保持 3h 应无泄漏；

在公称工作压力时，阀在＋60±2℃温度内，保持 3h 应无泄漏。

（5）耐用性

在规定的力矩下，阀应满足以下要求：

1）启闭力矩 7N·m，活瓣式阀全行程启闭 8000 次，应无泄漏；

2）启闭力矩 7N·m，连接式阀全行程启闭 2500 次，应无泄漏；

3）启闭力矩 10N·m，隔膜式阀全行程启闭 2500 次，应无泄漏；

4）启闭力矩 10N·m，针型式阀全行程启闭 10000 次，应无泄漏；

5）对于手轮直径 D 应小于 65mm 阀门，启闭力矩为不大于 $7D/65$N·m，全行程启闭次数按照以上 1)～4）要求，应无泄漏。

（6）耐压性

1）公称工作压力低于7MPa的阀体，应能承受5倍公称工作压力，至少保持5min，无永久变形及渗漏。

2）公称工作压力低在7～20MPa的阀体，应能承受4倍公称工作压力（或69MPa中的较小值），至少保持5min，无永久变形及渗漏。

3）公称工作压力高于20MPa的阀体，应能承受3倍公称工作压力（或83MPa中的较小值），至少保持5min，无永久变形及渗漏。

（7）耐机械冲击性

此外，还对气瓶阀的耐机械冲击性、耐氧气压力激燃性、压帽拧松力矩，压力泄放装置动作等方面的性能提出了要求。

5. 出厂检验

产品应进行逐台进行出厂检验，检验项目有连接尺寸、启闭性1）、2）；气密性1）及气密性3），其中气密性是最重要指标。

逐台检验时发现的不合格产品不允许出厂，但允许对其进行处置后，再次进行检验，符合要求的判为合格品。

6. 标志、包装、运输及贮存

（1）标志

阀上应有下列永久性的清晰标志：型号；公称工作压力；启闭方向；出气口连接尺寸或必要的性能参数（出气口为内螺纹阀）；厂名或商标；生产日期或批号；检验合格标记；液化气及乙炔气阀要有质量标记。

压力泄放装置应有的永久性的标志为：额定动作压力和/或额定动作温度。

（2）包装、运输及贮存

阀门包装前，应先除去残留在阀内的水分，包装时应保持阀的清洁，应无油污、无腐蚀，进口及出口螺纹不受损伤。

1）单件包装 阀门单件包装时应附有产品合格证及使用说明书。

2）成箱包装 包装箱内应附有产品合格证、使用说明书和装箱单，包装箱外应标明产品名称、制造许可证、执行标准、生产日期、数量、重量、生产厂名称和联系地址、电话等。

3）运输及贮存 运输、贮存过程中要防止受潮、化学品侵蚀及碰撞。

7. 产品合格证及产品批量检验质量证明书

（1）产品合格证

产品合格证应包括以下内容：合格证编号；阀的名称、型号；公称工作压力和最小通径；气密性试验压力；产品标准号；制造许可证编号；出厂检验日期；设计重量；生产厂名称和联系方式；检验员、生产厂或质检部门印章。

（2）产品批量检验质量证明书

批量出厂的产品，均应有产品批量检验质量证明书。

产品批量检验质量证明书的内容应包括GB 15382—2009标准规定的检验项目、产品批号、主要材料执行标准和数量。

产品批量检验质量证明应由生产厂产品质量检验师或质保责任师签署。

5.5.11 液化石油气瓶阀

推荐网址：新浪爱问-共享资料 http：//ishare. iask. sina. com. cn/

豆丁网 http：// www. docin. com/

强制性国家标准《液化石油气瓶阀》GB 7512—2006，规定了液化石油气瓶阀的术语和定义、型号、结构形式及基本尺寸、技术要求、检查与试验方法、标志、包装、贮存等，适用于工作温度－40～60℃，PN≤2. 5MPa 的液化石油气瓶阀。

此项标准代替《液化石油气瓶阀》GB 7512—1998。

1. 型号

液化石油气瓶阀是不可拆卸的阀，即阀上的所有零件是不可拆卸的，只有通过破坏阀上的零件才能将其拆卸的阀。

例如：YSQ-Z 1 A，其型号表示方法如下：

液化石油气瓶阀的代号用汉语拼音首个大写字母“YSQ”表示；阀的结构形式，有自闭装置的阀用“Z”表示，无自闭装置的阀则省略；阿拉伯数字表示产品设计序号；大写英文母表示产品该型序号。

自闭装置是设在阀的出气口内，与调压器相连后能自动打开阀，卸去调压器以后能自动关闭阀的一种保护装置。

2. 结构形式及基本尺寸

阀的结构形式为不可拆卸式，其结构如图 5-181 所示，基本尺寸见表 5-83。阀的开启高度应不小于公称通径 DN 的 1/4。

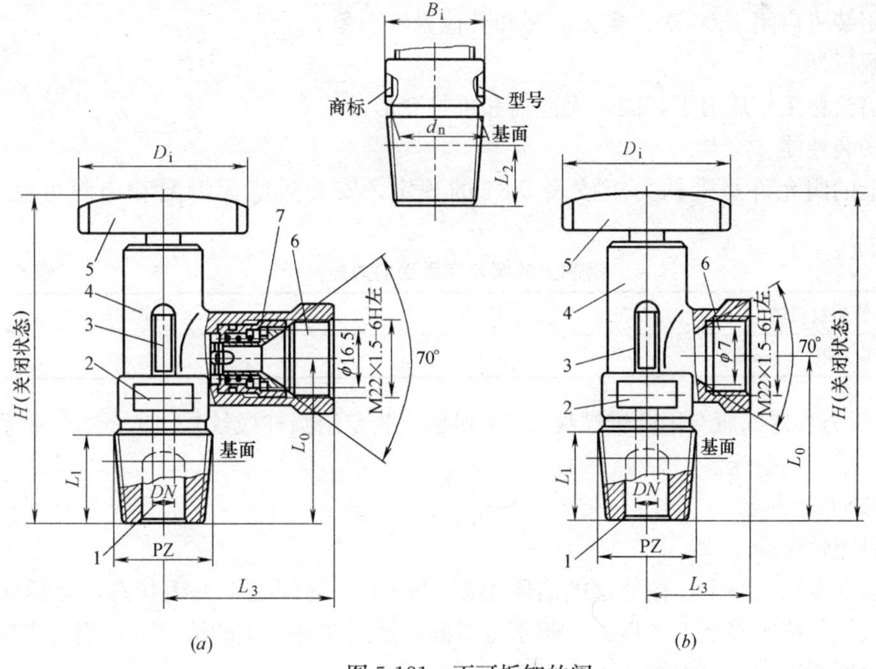

图 5-181 不可拆卸的阀

(a) 有自闭装置的阀（推荐型）；(b) 无自闭装置的阀

1—阀进气口；2—型号；3—许可证号；4—阀体；5—手轮；6—阀出气口；7—自闭装置

阀的基本尺寸（mm） 表 5-83

锥螺纹	公称通径 DN	总高 H	手轮外径 D_1	方身厚度 B_1	L_0	L_1	L_2	L_3		锥螺纹颈部 d_0
								自闭	非自闭	
PZ27.8	≥ϕ7	90±2	ϕ42±0.8	30_{-1}^{0}	48	26	17.67	51	30	ϕ25
PZ19.2	≥ϕ5	86±2	ϕ42±0.8	24_{-1}^{0}	43	22	16	51	30	ϕ18

3. 工艺及外观要求

阀体应锻压成型。阀体表面应无裂纹、无褶皱、无夹杂物。如采用钝化处理，表面应色泽均匀美观，无露底。螺纹表面及其他金属零件均应无毛刺、磕碰伤、划痕等现象。

4. 性能要求

（1）气密性

在下列条件及状态下，阀应无泄漏；有自闭装置的阀，则自闭装置也应无泄漏：

1）在公称工作压力下，任意开启状态或关闭；

2）在 0.5MPa 压力下，任意开启状态。

（2）启闭性

在公称工作压力下，阀的启闭力矩应不大于 5Nm。

（3）耐振性

在公称工作压力下，阀应能承受振幅为 2mm，频率为 33.3Hz，时间为 30min 任一方向的振动，其螺栓连接处不应松动，且无泄漏。

（4）耐用性

在公称工作压力下，阀全程启闭 30000 次，应无泄漏和其他异常现象；在公称工作压力下，自闭装置启闭 1000 次，应无泄漏和其他异常现象。

（5）耐压性

在 4 倍公称工作压力下，阀体无泄漏和可见变形。

（6）安装性能

钢瓶上的阀允许承受的力矩按表 5-84 的规定，安装后应无泄漏和肉眼可见变形、损坏。

钢瓶上的阀允许承受的力矩 表 5-84

锥螺纹规格	PZ19.2	PZ27.8
安装力矩(N·m)	150	300

PZ 是压力容器气瓶专用圆锥螺纹（PG 则是气瓶专用圆柱螺纹），19.2、27.8 系螺纹大径规格，单位为毫米。

5. 主要性能试验

（1）启闭性试验

将阀装在专用设备上，按规定的启闭力矩 5N·m，使阀处于关闭状态，然后向阀的进气口充入氮气或空气至工作压力，阀不得泄漏，然后在有气压的情况下，用力矩扳手开启阀，此时所测得的开启力矩应不大于 5N·m。

（2）安装性能试验

将阀装在专用设备上，用扭力扳手按表 5-84 的规定安装力矩扳紧，其结果应符合表中规定。

(3) 阀体耐压性试验

封堵阀体与外界各通气口（锥螺纹进气口除外），将阀体的进气口与水压泵相连接，通过水压泵向阀体内充水加压至 4 倍公称工作压力，持续保压 3min，其结果应符合上述“耐压性”的规定。

试验介质为水或黏度不大于水的其他适宜液体，试验用压力表的精度应不低于 1.5 级，压力表的量程应无测试压力的 1.5～2 倍。

6. 出厂检验

气瓶阀出厂前应逐个进行外观检查、进出气口螺纹尺寸检查和气密性试验。

7. 标志、包装和贮运

气瓶阀上应有以下永久性标志：型号；公称工作压力；制造厂商或商标；生产年月或批号；制造许可代号；检验合格标记。此外，在阀的手轮上应有关闭或开启方向永久性标志。

包装前应清除残留在阀内的水分，包装时应保持清洁，阀的进出气口螺纹应保持完好，包装箱内应附产品合格证、装箱单和产品使用说明书。包装箱上应有以下标志：阀的名称、型号；制造厂名；数量和毛重；必要的作业要求符号。

贮存时应放置在通风、干燥、清洁的室内；运输装卸时轻拿轻放，防止碰撞及重压。

5.5.12 溶解乙炔气瓶阀

推荐网址：标准下载网 http：//www.bzxz.net/

豆丁网 http：// www.docin.com/

现行国家强制性标准《溶解乙炔气瓶阀》GB 10879—2009，规定了溶解乙炔气瓶阀的型号、基本形式及尺寸、技术要求、检查与试验方法、检验规则、标志、包装、贮运等，适用于环境温度为－40～60℃，PN＝3MPa 的溶解乙炔气瓶阀。

此项标准代替《溶解乙炔气瓶阀》GB 10879—1989。

1. 型号示例

溶解乙炔气瓶阀的代号用介质的汉语拼音首个大写字母“RYF”表示，出气口结构形式为夹箍式，用阿拉伯数字“1”表示，产品改型序号用英文字母依次按顺序表示。例如 RYF-1-A，表示为溶解乙炔气瓶阀（以下简称阀），出气口为夹箍式，产品首次改型。

2. 基本形式及尺寸

阀的基本形式如图 5-182 所示，基本尺寸见表 5-85。阀的进气口为 PZ39 规格的锥螺纹，其形式、尺寸和制造精度应符合《气瓶专用螺纹》GB 8335 的规定；阀的出气口连接型式为夹箍式，其形式、尺寸如图 5-182 所示。易熔合金塞喷出口直径应不小于阀的公称直径。

3. 主要性能要求

(1) 气密性

在公称工作压力下，阀在处于关闭和任意开启状态下应无泄漏。

(2) 启闭性

在公称工作压力下，阀的启闭力矩应不大于 10N·m。

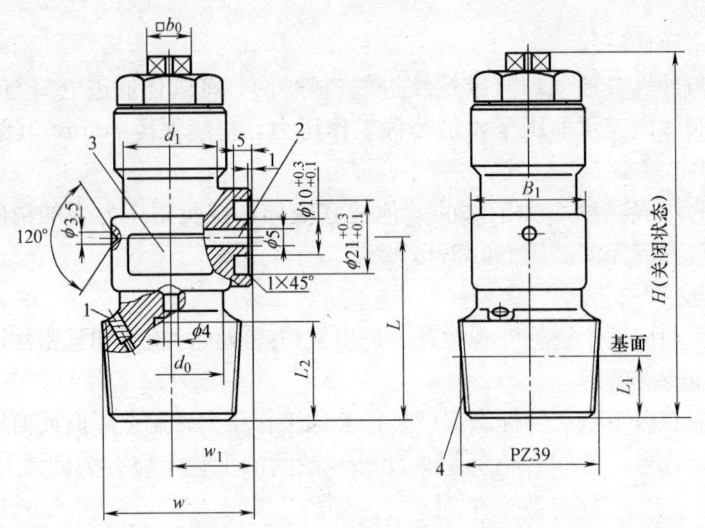

图 5-182 阀的基本形式

1—易熔合金；2—阀出气口；3—产品型号（制造许可证号）；4—阀进气口

阀的基本尺寸（mm） **表 5-85**

锥螺纹 PZ	公称通径 DN	基本尺寸									
		H	w	w_1	L	L_1	L_2	B_i	□b_0	d_1	d_0
39	4	＞97～107	41～42	21	50	17.7	29	30_{-1}^{0}	9.5	$\phi 26$	$\phi 30$

（3）耐振性

在公称工作压力下，阀应能承受位移幅值 2mm · ΔP，频率为 33.3Hz，时间为 30min，沿任意方向的自动，阀上各螺纹连接处应不松动，且无泄漏。

（4）耐温性和易熔合金塞动作温度

在公称工作压力下，阀在－40～60℃的温度范围内应无泄漏；易熔合金塞的动作温度为 100±5℃。

（5）阀体耐压性和耐用性

在 15 倍公称工作压力下，阀体应无泄漏和可见变形；在公称工作压力下，全行程启闭 2500 次，应无泄漏和其他异常现象。

（6）安装性能

安装后，阀应无泄漏和损坏、变形。阀在钢瓶上允许承受的力矩为 500N · m。

4. 主要性能试验

（1）气密性试验

将阀装在专用制造上，分别使阀处于关闭和任意开启状态（当阀处于开启状态时应封堵出气口），往阀的进气口充入氮气或空气至工作压力，浸入水中，各持续 1min，应无泄漏。

（2）阀体耐压性试验

封堵阀体与外界各通气口（锥螺纹进气口除外），将阀体的进气口与水压泵相连接，通过水压泵向阀体内充水加压至 15 倍公称工作压力，持续保压 3min，阀体应无泄漏和可见变形。

试验介质为水或黏度不大于水的其他适宜液体，试验用压力表的精度应不低于 1.5 级，压力表的量程应无测试压力的 1.5～2 倍。

（3）安装性能试验

将阀安装在专用装置上，并用扭力扳手扳紧。安装在钢瓶上的阀允许承受的力矩为 500N·m，安装后的阀应无泄漏和肉眼可见变形、损坏。

5. 出厂检验

出厂前应逐个进行外观检查、进出气口螺纹检查和气密性试验。外观检查用目视方法：阀体应锻压成型。阀体表面应无裂纹、褶皱、夹杂物、未充满等有损阀门性能的缺陷。如采用钝化，表面应色泽均匀、光泽、无露底现象；如采用喷丸处理，表面的凹坑大小、深浅应均匀。

6. 标志、包装、贮运

（1）标志

阀上应有以下永久性标志：阀的型号；公称工作压力；制造厂商或商标；生产年月或批号；制造许可证编号；检验合格标记。

（2）包装

包装前应清除残留在阀内的水分，包装时应保持清洁，阀的进出气口螺纹应保持完好，包装箱内应附产品合格证、装箱单和产品使用说明书。

1）包装箱上应有以下标志：阀的名称、型号；制造厂名；数量和毛重；必要的作业要求符号；体积（长×宽×高，单位 mm）；生产日期或批号；制造许可证编号。

2）产品合格证应注明以下内容：阀的名称、型号；公称通径 *DN*；公称工作压力 *PN*；阀的批号；产品执行的标准号；检验日期；质检部门盖章；设计重量。

3）装箱单应注明以下内容：制造厂名、地址；阀的名称型号；数量、净重、毛重；装箱员标志；装箱日期。

4）使用说明书应注意事项：使用方法；使用要求；注意事项。

（3）贮运

阀应存放在通风、干燥、清洁的室内库房；运输装卸时，轻拿轻放，防止碰撞及重压。

5.5.13 氟塑料衬里阀门通用技术条件

推荐网址：标准下载网 http：//www.bzxz.net/

豆丁网 http：// www.docin.com/

化工行业标准《氟塑料衬里阀门通用技术条件》HG/T 3704—2003，规定了氟塑料衬里阀门的产品分类、要求、试验方法、检验规则及标志、包装、运输及贮存，适用于法兰连接和对夹连接的氟塑料衬里阀门。

1. 氟塑料衬里阀门类型

（1）氟塑料衬里蝶阀

氟塑料衬里蝶阀结构如图 5-183 所示，其结构长度应符合《金属阀门 结构长度》GB/T 12221 的规定，蝶阀的结构长度和衬里壁厚见表 5-86。

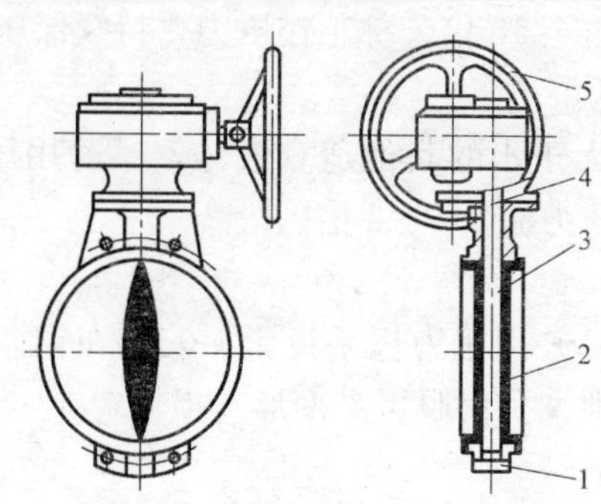

图 5-183　氟塑料衬里蝶阀结构

1—阀体；2—氟塑料衬里；3—阀板；4—阀杆；5—手轮或其他驱动装置

蝶阀的结构长度和衬里壁厚（mm）　　**表 5-86**

公称通径 *DN*		40	50	65	80	100	125	150	200	250	300
公称压力 *PN*（MPa）		0.6,1.0,1.6,2.5							0.6,1.0,1.6		
氟塑料衬里	最小壁厚	3.0		3.5		4.0			4.5		
	公差	0～+0.8				0～+1.0					
结构长度	法兰连接	106	108	112	114	127	140	140	152	250	270
	对夹式	33	43	46	46	52	56	56	60	68	78
	公差	±2									±3
公称通径 *DN*		350	400	450	500	600	700	800	900	1000	
公称压力 *PN*		0.6,1.0					0.6				
氟塑料衬里	最小壁厚	5.0		5.5			6.0				
	公差	0～+1.0									
结构长度	法兰连接	290	310	330	350	390	430	470	510	550	
	对夹式	78	102	114	127	154	165	190	203	216	
	公差	±3.0					±4.0		±5.0		

（2）氟塑料衬里隔膜阀

氟塑料衬里隔膜阀结构如图 5-184 所示，其结构长度应符合《金属阀门 结构长度》GB/T 12221 的规定，隔膜阀的衬里厚度和结构长度见表 5-87。

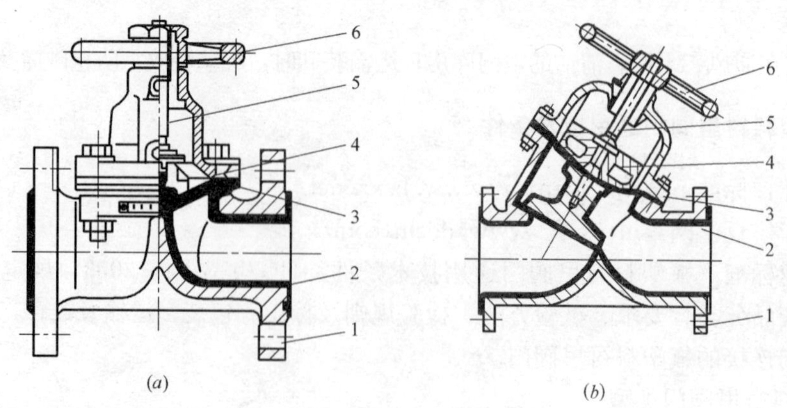

图 5-184　氟塑料衬里隔膜阀结构

（*a*）堰式；（*b*）直通式

1—阀体；2—氟塑料衬里；3—隔膜；4—阀瓣；5—阀杆；6—手轮或其他驱动装置

隔膜阀的衬里壁厚和结构长度（mm） **表 5-87**

公称通径 *DN*		15	20	25	32	40	50	65	80	100	125	150	200	250	300
氟塑料衬里	最小壁厚	2.5				3.0		3.5		4.0			4.5		
	公差	0～+0.8								0～+1.0					
结构长度	0.6MPa，1.0MPa，1.6MPa（GB/T 12221 表 7）	108	117	127	146	150	190	216	254	305	356	406	521	635	749
	0.6MPa（协商选用）	125	135	145	160	180	210	250	300	350	400	460	570	680	790
	公差	±1.0		±2.0											±3.0

（3）氟塑料衬里止回阀

氟塑料衬里止回阀结构如图 5-185 所示，其结构长度应符合《金属阀门 结构长度》GB/T 12221 的规定，止回阀的衬里厚度和结构长度见表 5-88。

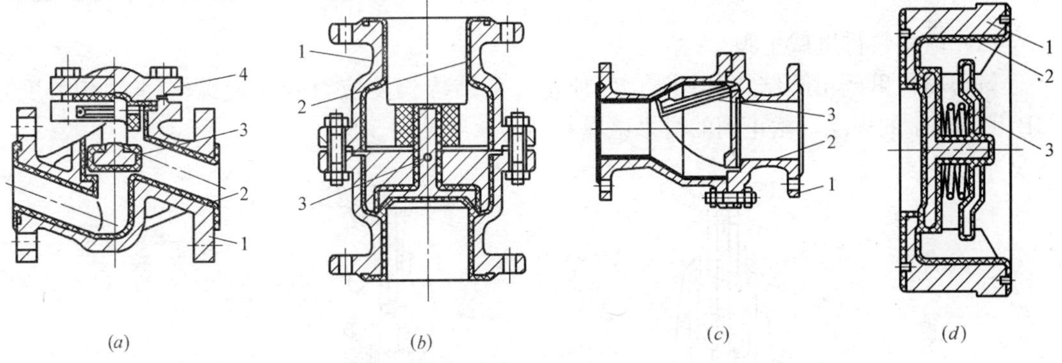

图 5-185 氟塑料衬里止回阀结构

(*a*) 法兰连接（升降直通式）；(*b*) 法兰连接（升降立式）；(*c*) 法兰连接（旋启式）；(*d*) 对夹式

1—阀体；2—氟塑料衬里；3—阀瓣；4—阀盖

止回阀的衬里壁厚和结构长度（mm） **表 5-88**

公称通径 *DN*				15	20	25	32	40	50	65
氟塑料衬里			最小壁厚	2.5				3.0		3.5
			公差	0～+0.8						
结构长度	法兰连接	升降直通式	0.6～2.5MPa（GB/T 12221 表 8）	130	150	160	180	200	230	290
		旋启式		—	—	—	—	—		
		升降立式	0.6～2.5MPa（短系列）	80	90	100	110	125	140	160
			0.6～1.0MPa（长系列）			152		178	178	190
	对夹式	直通式	0.6～1.6MPa（GB/T 15188）	16	19	22	28	31.5	40	46
		单、双瓣旋启式		—	—	—	—	—		
	公差			±1.0		±2.0				

续表

<table>
<tr><td colspan="4">公称通径 DN</td><td>80</td><td>100</td><td>125</td><td>150</td><td>200</td><td>250</td><td>300</td></tr>
<tr><td colspan="3" rowspan="2">氟塑料衬里</td><td>最小壁厚</td><td>3.5</td><td colspan="3">4.0</td><td colspan="3">4.5</td></tr>
<tr><td>公差</td><td>0～+0.8</td><td colspan="6">0～+1.0</td></tr>
<tr><td rowspan="7">结构长度</td><td rowspan="4">法兰连接</td><td>升降直通式</td><td rowspan="2">0.6～2.5MPa
(GB/T 12221 表 8)</td><td rowspan="2">310</td><td rowspan="2">350</td><td rowspan="2">40</td><td rowspan="2">480</td><td rowspan="2">495</td><td rowspan="2">622</td><td rowspan="2">698</td></tr>
<tr><td>旋启式</td></tr>
<tr><td rowspan="2">升降立式</td><td>0.6～2.5MPa
(短系列)</td><td>185</td><td>210</td><td>250</td><td>300</td><td>380</td><td>356</td><td>457</td></tr>
<tr><td>0.6～1.0MPa
(长系列)</td><td>203</td><td>267</td><td>394</td><td></td><td></td><td></td><td></td></tr>
<tr><td rowspan="2">对夹式</td><td>直通式</td><td rowspan="2">0.6～1.6MPa
(GB/T 15188)</td><td rowspan="2">50</td><td rowspan="2">60</td><td rowspan="2">90</td><td rowspan="2">106</td><td rowspan="2">140</td><td rowspan="2">200</td><td rowspan="2">250</td></tr>
<tr><td>单、双瓣旋启式</td></tr>
<tr><td colspan="3">公差</td><td colspan="6">±2.0</td><td>±3.0</td></tr>
</table>

(4) 氟塑料衬里截止阀

氟塑料衬里截止阀结构如图 5-186 所示，其结构长度应符合《金属阀门 结构长度》GB/T 12221 的规定，截止阀的衬里壁厚和结构长度见表 5-89。

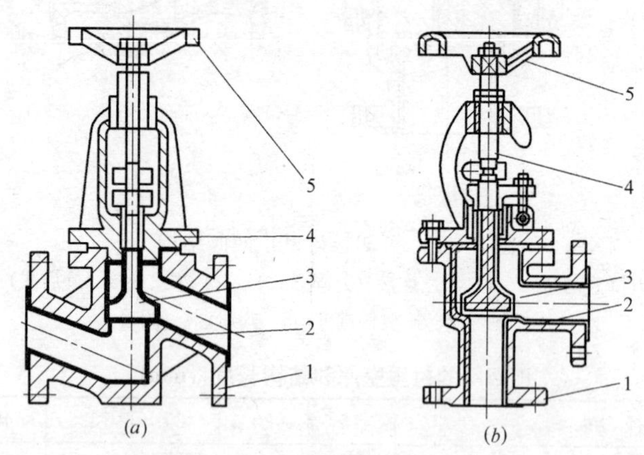

图 5-186 氟塑料衬里截止阀结构

(a) 直通式；(b) 角式

1—阀体；2—氟塑料衬里；3—阀瓣；4—阀盖；5—手轮或其他驱动装置

截止阀的衬里壁厚和结构长度 (mm) **表 5-89**

<table>
<tr><td colspan="3">公称通径 DN</td><td>15</td><td>20</td><td>25</td><td>32</td><td>40</td><td>50</td><td>65</td></tr>
<tr><td colspan="2" rowspan="2">氟塑料衬里</td><td>最小壁厚</td><td colspan="4">2.5</td><td colspan="2">3.0</td><td>3.5</td></tr>
<tr><td>公差</td><td colspan="7">0～+0.8</td></tr>
<tr><td rowspan="4">结构长度</td><td>直通式</td><td>0.6～2.5MPa
GB/T 12221 表 8</td><td>130</td><td>150</td><td>160</td><td>180</td><td>200</td><td>230</td><td>290</td></tr>
<tr><td rowspan="2">角式</td><td>GB/T 12221 表 9</td><td>90</td><td>95</td><td>100</td><td>105</td><td>115</td><td>125</td><td rowspan="2">145</td></tr>
<tr><td>协商选用</td><td>65</td><td>75</td><td>80</td><td>95</td><td>100</td><td>115</td></tr>
<tr><td colspan="2">公差</td><td colspan="2">±1.0</td><td colspan="5">±2.0</td></tr>
</table>

续表

公称通径 *DN*			80	100	125	150	200	250	300
氟塑料衬里		最小壁厚	3.5	4.0			4.5		
		公差	0～+0.8	0～+1.0					
结构长度	直通式	0.6～2.5MPa GB/T 12221 表 8	310	350	400	480	495	622	698
	角式	GB/T 12221 表 9	155	175	200	225	275	325	375
		协商选用				240			
	公差		±2.0						±3.0

（5）氟塑料衬里球阀

氟塑料衬里球阀结构如图 5-187 所示，其结构长度应符合《金属阀门 结构长度》GB/T 12221 的规定，球阀的衬里壁厚和结构长度见表 5-90。

球阀的衬里壁厚和结构长度（mm） **表 5-90**

公称通径 *DN*		15	20	25	32	40	50	65	80	100	125	150	200
氟塑料衬里	最小壁厚	2.5				3.0		3.5		4.0			4.5
	公差	0～+0.8								0～+1.0			
结构长度	GB/T 12221 表 6	130	130	140	165	165	203	222	241	305	354	394	457
	协商选用	140	140	150		180	200	220	250	280	320	360	
	公差	±1.0		±2.0									

（6）氟塑料衬里旋塞阀

氟塑料衬里旋塞阀结构如图 5-188 所示，其结构长度应符合《金属阀门 结构长度》GB/T 12221 的规定，旋塞阀的衬里壁厚和结构长度见表 5-91。

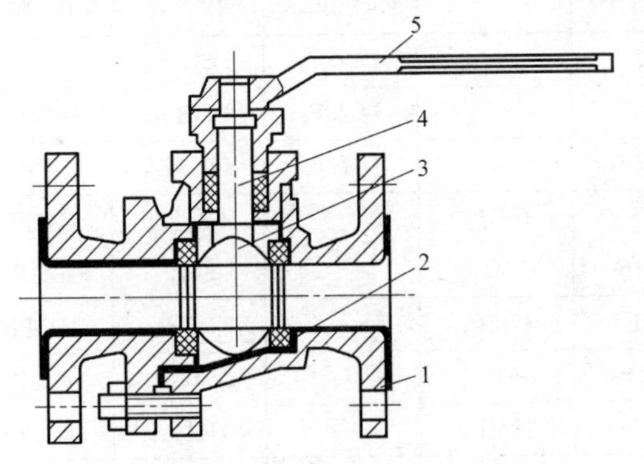

图 5-187 氟塑料衬里球阀结构

1—阀体；2—氟塑料衬里；3—球体；4—阀杆；5—手轮或其他驱动装置

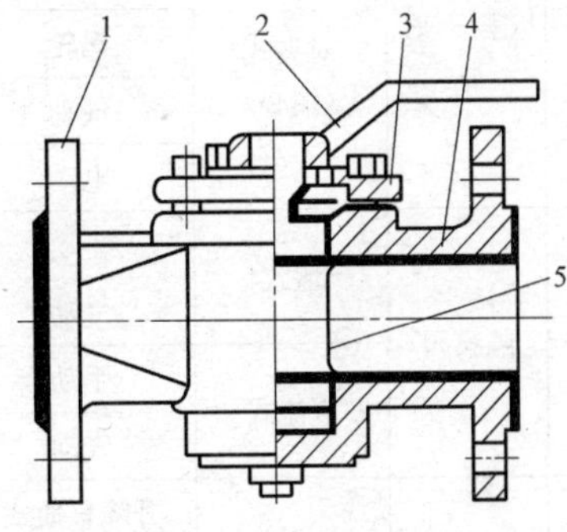

图 5-188 氟塑料衬里旋塞阀结构

1—阀体；2—手轮或其他驱动装置；3—上盖；4—氟塑料衬里；5—旋塞

旋塞阀的衬里壁厚和结构长度（mm） **表 5-91**

公称通径 *DN*		15	20	25	32	40	50	65
氟塑料衬里	最小壁厚	2.5				3.0		3.5
	公差	0～+0.8						
结构长度	GB/T 12221 表 6	130	130	140	165	165	203	222
	过渡系列	140	150	160	170	180	210	220
	公差	±1.0		±2.0				

续表

公称通径 *DN*		80	100	125	150	200	250	300
氟塑料衬里	最小壁厚	3.5	4.0			4.5		
	公差	0～+0.8	0～+1.0					
结构长度	GB/T 12221 表 6	241	305	356	394	457	533	610
	过渡系列	250	270	310	350			
	公差	±2.0						±3.0

2. 阀门名称和型号

氟塑料衬里阀门名称和型号见表 5-92，其衬里材料及代号见表 5-93。

氟塑料衬里阀门名称和型号 **表 5-92**

序号	阀门名称			阀门型号				
1	蝶阀	法兰式（偏心）	手动	$D43F_2$	—	$D43F_4$	$D43F_{46}$	D43PFA
			涡轮	$D343F_2$	—	$D343F_4$	$D343F_{46}$	D43PFA
			气动	$D643F_2$	—	$D643F_4$	$D643F_{46}$	D643PFA
			电动	$D943F_2$	—	$D943F_4$	$D943F_{46}$	D943PFA
		对夹式（中线）	手动	$D71F_2$	—	$D71F_4$	$D71F_{46}$	D71PFA
			涡轮	$D371F_2$	—	$D371F_4$	$D371F_{46}$	D371PFA
			气动	$D671F_2$	—	$D671F_4$	$D671F_{46}$	D671PFA
			电动	$D971F_2$	—	$D971F_4$	$D971F_{46}$	D971PFA
		对夹式（偏心）	手动	$D73F_2$	—	$D73F_4$	$D73F_{46}$	D73PFA
			涡轮	$D373F_2$	—	$D373F_4$	$D373F_{46}$	D373PFA
			气动	$D673F_2$	—	$D673F_4$	$D673F_{46}$	D673PFA
			电动	$D973F_2$	—	$D973F_4$	$D973F_{46}$	D973PFA
2	隔膜阀	堰式	手动	$G41F_2$	$G41F_3$	—	$G41F_{46}$	G41PFA
			气动	$G641F_2$	$G641F_3$	—	$G641F_{46}$	G641PFA
		直流式	手动	$G45F_2$	$G45F_3$	—	$G45F_{46}$	G45PFA
			气动	$G645F_2$	$G645F_3$	—	$G645F_{46}$	G645PFA
3	止回阀	法兰式	升降直通式	$H41F_2$	$H41F_3$	—	$H41F_{46}$	H41FPFA
			升降立式	$H42F_2$	$H42F_3$	—	$H42F_{46}$	H42FPFA
			旋启式	$H44F_2$	$H44F_3$	—	$H44F_{46}$	H44FPFA
		对夹式	直通式	$H72F_2$	$H72F_3$	—	$H72F_{46}$	H72FPFA
			单瓣旋启式	$H74F_2$	$H74F_3$	—	$H74F_{46}$	H74FPFA
			双瓣旋启式	$H76F_2$	$H76F_3$	—	$H76F_{46}$	H76FPFA
4	截止阀	直通式	手动	$J41F_2$	—	—	$J41F_{46}$	J41PFA
			齿轮	$J441F_2$	—	—	$J441F_{46}$	J441PFA
			气动	$J641F_2$	—	—	$J641F_{46}$	J641PFA
			电动	$J941F_2$	—	—	$J941F_{46}$	J941PFA

续表

序号	阀门名称			阀门型号				
4	截止阀	角式	手动	$J44F_2$	—	—	$J44F_{46}$	J44PFA
			电动	$J944F_2$	—	—	$J944F_{46}$	J944PFA
5	球阀		手动	$Q41F_2$	—	—	——	Q41PFA
			蜗轮	$Q341F_2$	—	—	$Q341F_{46}$	Q341PFA
			气动	$Q641F_2$	—	—	$Q641F_{46}$	Q641PFA
			电动	$Q941F_2$	—	—	$Q941F_{46}$	Q941PFA
6	旋塞阀		手动	$X43F_2$	—	—	$X43F_{46}$	X43PFA
			蜗轮	$X343F_2$	—	—	$X343F_{46}$	X343PFA
			气动	$X643F_2$	—	—	$X643F_{46}$	X643PFA
			电动	$X943F_2$	—	—	$X943F_{46}$	X943PFA

注：为清晰起见，本表省略了 JB/T 308 规定的阀门公称压力和阀体材料等代号。

氟塑料衬里阀门衬里材料及代号 **表 5-93**

衬里材料名称	聚偏氟乙烯	聚三氟氯乙烯	聚四氟乙烯	聚全氟乙丙烯	可溶性聚四氟乙烯
衬里材料代号	F_2	F_3	F_4	F_{46}	PFA
英文代号	PVDF	PCTFE	PTFE	FEP	PFA

3. 主要技术要求

（1）形式和公差

阀门的设计制造和结构形式应参照金属通用阀门国家标准的规定，结构长度应符合金属通用阀门国家标准的规定，以满足互换性要求。

（2）形式和标准

蝶阀应参照《法兰和对夹连接弹性密封蝶阀》GB/T 12238 的规定；隔膜阀应参照《工业阀门 金属隔膜阀》GB/T 12239 的规定；法兰连接升降直通式止回阀和法兰连接升降立式止回阀，应参照《通用阀门 铁制截止阀与升降式止回阀》GB/T 12233 和应参照《石油、石化及相关工业用钢制截止阀和升降式止回阀》GB/T 12235 的规定；法兰连接旋启式止回阀应参照《石油、化工及相关工业用的钢制旋启式止回阀》GB/T 12236 的规定；对夹式（单瓣旋启式、双瓣旋启式、直通式）止回阀应参照《钢制阀门 一般要求》GB/T 12224 的规定；截止阀应参照《通用阀门 铁制截止阀与升降式止回阀》GB/T 12233 和《石油、石化及相关工业用钢制截止阀和升降式止回阀》GB/T 12235 的规定；球阀应参照《石油、石化及相关工业用的钢制球阀》GB/T 12237 的规定；旋塞阀应参照《铁制旋塞阀》GB/T 12240 的规定。

（3）连接方式

阀门一般采用法兰连接，其中蝶阀和止回阀还可采用对夹连接。法兰形式和尺寸优先采用《整体钢制管法兰》GB/T 9113、GB/T 17241.1～GB/T 17241.7 铸铁法兰相关标准或《钢制管法兰、垫片、紧固件》HG/T 20592～20635—2009。

（4）氟塑料衬里外观

目测检查，阀门氟塑料衬里表面应光滑，不得有起泡、变黑等缺陷。

(5) 压力试验

按《工业阀门 压力试验》GB/T 13927 规定进行压力试验时，不得产生破裂和泄漏现象。

(6) 高频电火花试验

阀门应进行高频电火花试验，用以检验氟塑料衬里的完好性。可使用 5～20kV 的高频电火花检测仪，输出电压调至表 5-94 所列检测电压最小值，将试探电极在衬里表面层上以 50～150mm/s 的速度均匀扫描，在室温下不击穿为合格。

检测电压的最小值　　表 5-94

衬里材料	聚偏氟乙烯		聚三氟氯乙烯		聚四氟乙烯		聚全氟乙丙烯		可溶性聚四氟乙烯	
衬里厚度(mm)	2.5～4.0	>4.0	2.5～4.0	>4.0	3.0～4.0	>4.0	2.5～4.0	>4.0	2.5～4.0	>4.0
电压值(kV)	10	12	10	12	12	13	12	13	12	13

(7) 真空试验

根据需方要求或供需双方协商，可对阀门进行真空试验。真空试验时，氟塑料衬里与金属外壳结合应牢固，衬里不得产生明显变形、拉裂、吸瘪或凸鼓现象。

真空试验时，将阀门的一端装上视镜法兰，另一端法兰装上视镜法兰并用管接头与真空泵和真空表连接，阀门处于全开位置。接通电源，真空泵均匀缓慢抽去阀体内腔空气，室温下真空度达到表 5-95 中数值时，保压 15min，经目测检查，衬里层没有出现吸扁、挠曲等变形失稳现象为合格。

检验真空度的最小值　　表 5-95

阀门公称通径(DN)	25～100	125～200	250～500	550～1000
真空度(MPa)	0.07	0.06	0.05	0.04

(8) 装配

装配后的手动阀门，用手柄或手轮旋转时无卡阻现象为即合格；装配后的非手动阀门，用其他形式驱动时无卡阻现象为即合格。

4. 阀门的出厂检验

阀门的出厂检验项目有尺寸公差、法兰尺寸、氟塑料衬里外观、压力试验、高频电火花试验和装配，均匀符合 HG/T 3704—2003 标准的相关要求。

5. 标志、包装、运输和贮存

(1) 阀门的标志应符合《通用阀门 标志》GB/T 12220 的规定。

(2) 氟塑料衬里阀门应妥善保管，氟塑料衬里法兰的翻边面应采用橡胶板、人造板密封，加保护帽等适当方法保护，以防衬里损坏。

(3) 阀门中的开关件应处于合适的位置：

1) 蝶阀的蝶板应打开约 5°，以免在运输、贮存时蝶板密封面损坏或变形。

2) 隔膜阀的隔膜应为关闭状态，但要稍微打开不能过紧，以免隔膜密封面在运输、贮存时变形或损坏。

3) 止回阀运输、贮存时，阀门应与安装时的位置一致，不能倒置斜放，以免阀瓣损坏和变形，影响开启和关闭精度。

4）截止阀的阀瓣应无关闭状态，但要稍微打开不能过紧，以免阀瓣密封面在运输、贮存时变形或损坏。

5）球阀的球体应处于全开的状态，以免球体在运输、贮存时变形或损坏。

6）旋塞阀的旋塞应处于全开的状态，以免旋塞在运输、贮存时变形或损坏。

（4）阀门应存放在清洁、干燥的室内库房，远离热源。

（5）其他运输贮存要求，按《通用阀门 供货要求》JB/T 7928 的规定。

5.5.14 陶瓷密封阀门技术条件

推荐网址：文档投稿 http：//max. book118. com/

豆丁网 http：// www. docin. com/

《陶瓷密封阀门 技术条件》JB/T 10529—2005，规定了陶瓷密封闸阀、球阀、截止阀的术语、分类、技术要求、检验规则、试验方法和标志、包装、运输和贮存等内容，适用于 PN=0.6～16.0MPa、DN15～DN1000，介质为固相混合物或腐蚀性流体的陶瓷密封面及衬里的阀门。

1. 结构形式

陶瓷密封阀门是指陶瓷密封面阀门，即用陶瓷制成密封副之间接触的表面。陶瓷密封面阀门一般有陶瓷衬里。

陶瓷密封阀门的型号按《阀门 型号编制方法》JB/T 308 的规定。

陶瓷密封面及衬里闸阀的典型结构形式如图 5-189～图 5-193 所示；陶瓷密封面及衬里球阀的典型结构形式如图 5-194～图 5-196；陶瓷密封面及衬里止回阀的典型结构形式如图 5-197 所示；陶瓷密封面及衬里截止阀的典型结构形式如图 5-198 所示。

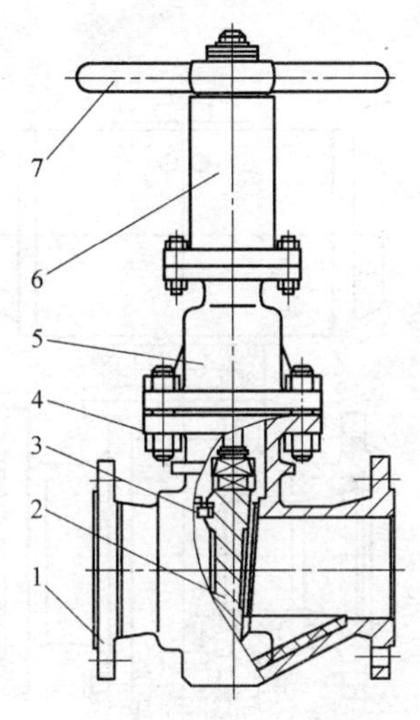

图 5-189 导渣闸阀

1—阀体；2—阀板；3—阀座；4—阀杆；5—阀盖；6—支架；7—手轮

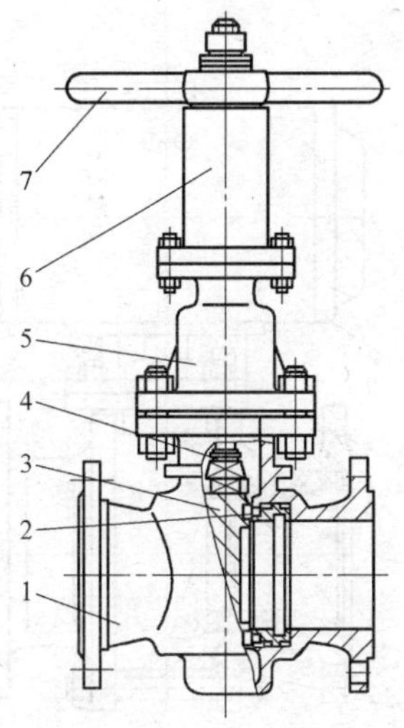

图 5-190 排浆闸阀

1—阀体；2—阀座；3—阀板；4—阀杆；5—阀盖；6—支架；7—手轮

2. 主要技术要求

（1）压力-温度额定值

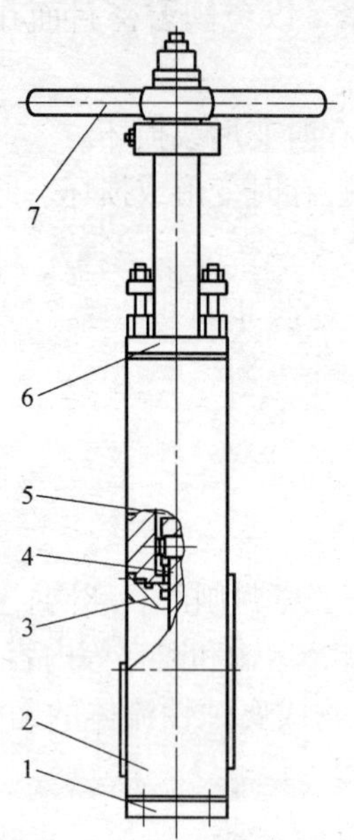

图 5-191　干灰闸阀

1—下端盖；2—阀板；3—阀座；4—阀板；5—阀杆；6—支架；7—手轮

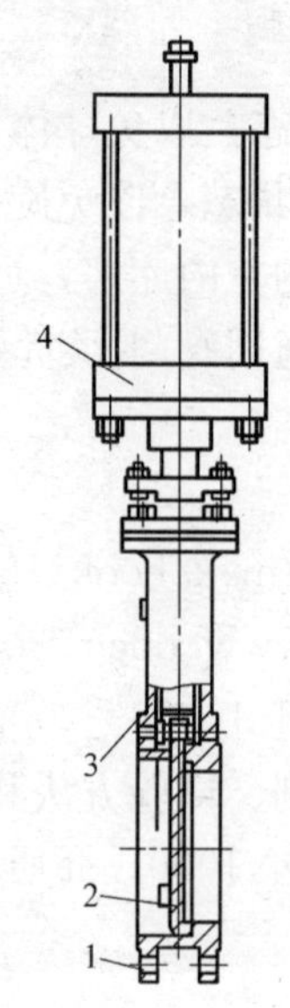

图 5-192　轻型排料闸阀

1—阀体；2—阀板；3—支架；4—气缸

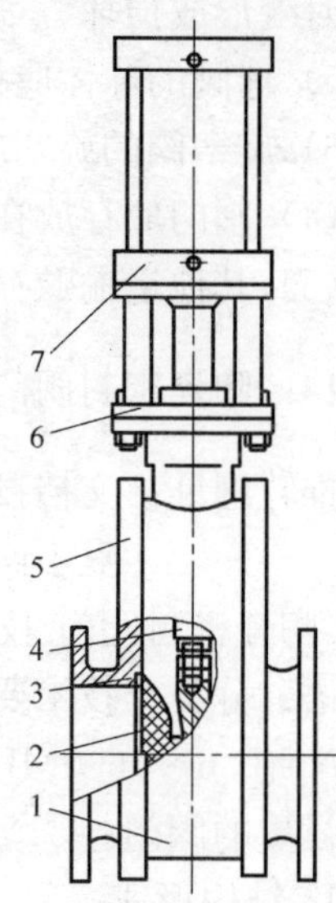

图 5-193　滑动闸阀

1—阀体；2—闸板；3—阀座；4—阀杆；5—侧阀体；6—支架；7—气缸

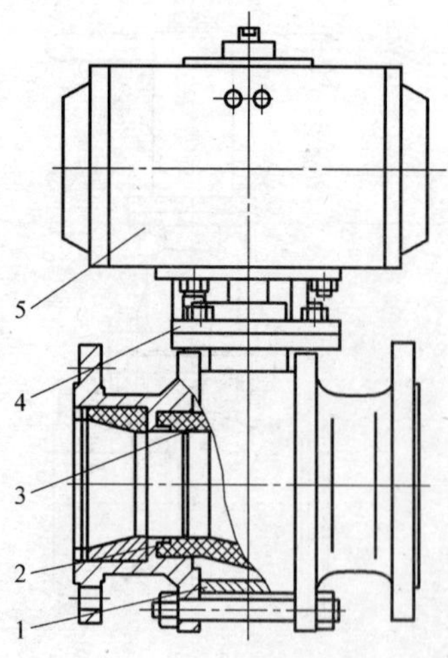

图 5-194　球阀（浮动球结构）

1—阀体；2—阀座；3—球体；4—支架；5—气缸

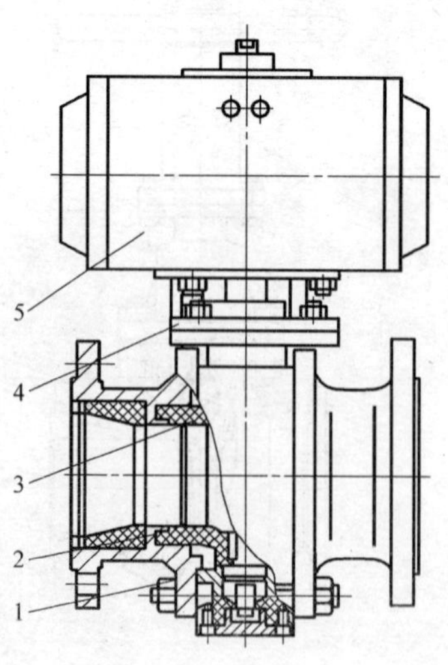

图 5-195　球阀（固定球结构）

1—阀体；2—阀座；3—球体；4—支架；5—气缸

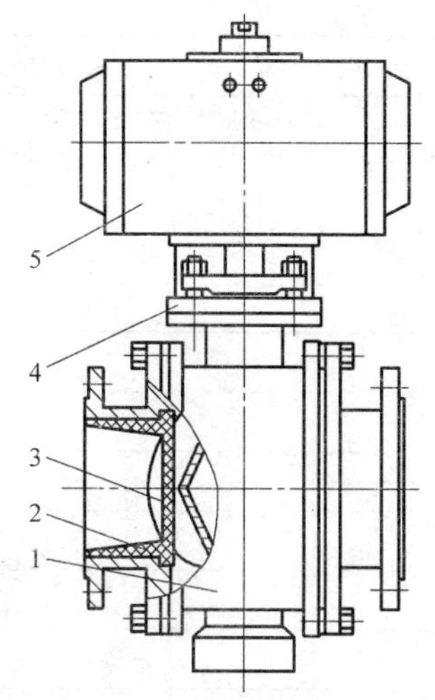

图 5-196 V型球阀（固定半球结构）
1—阀体；2—阀座；3—半球体；
4—支架；5—气缸

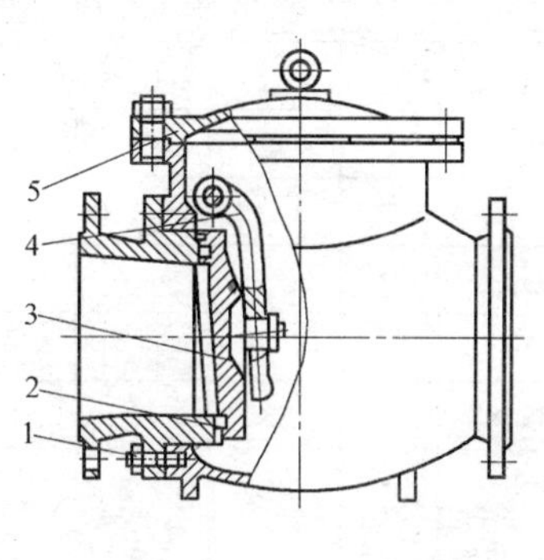

图 5-197 旋启式止回阀
1—阀体；2—阀座；3—阀瓣；
4—摇杆；5—阀盖

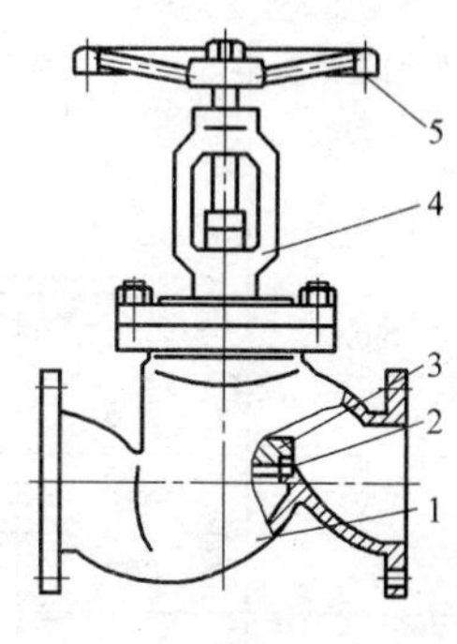

图 5-198 截止阀
1—阀体；2—阀座；3—阀瓣；
4—阀盖；5—手轮

阀门在不同温度下的最大无冲击工作压力应符合《钢制阀门 一般要求》GB/T 12224 的规定。

（2）结构长度

1）法兰连接的闸阀结构长度按表 5-96 的规定，或按订货合同的要求。

法兰连接的闸阀结构长度 **表 5-96**

公称通径 *DN*(mm)	排浆、导渣闸阀			干灰闸阀			滑动闸阀		轻型排料闸阀
	公称压力 *PN*(MPa)								
	1.0,1.6,2.5	4.0,6.3,10.0	16.0	0.6,1.0,1.6			0.6,1.0,1.6		1.0,1.6
				短	中	长	短	长	
	结构长度(mm)								
50	250	250	300	64	90	108	114	210	90
65	270	280	340	64	90	112	114	210	90
80	280	310	390	64	100	114	114	210	90
100	300	350	450	64	100	127	130	248	90
125	325	400	525	64	100	140	170	267	90
150	350	450	600	70	110	140	170	280	100
200 (175)	400	550	750	71	120	152	230	343	100
250 (225)	450	650	—	76	120	165	280	406	110
300	500	750	—	—	—	—	320	432	120
350	550	850	—	—	—	—	350	470	130
400	600	950	—	—	—	—	—	—	—

续表

<table>
<tr><td rowspan="4">公称通径
DN(mm)</td><td colspan="3">排浆、导渣闸阀</td><td colspan="3">干灰闸阀</td><td colspan="2">滑动闸阀</td><td>轻型排料闸阀</td></tr>
<tr><td colspan="9">公称压力 PN(MPa)</td></tr>
<tr><td rowspan="2">1.0,1.6,
2.5</td><td rowspan="2">4.0,6.3,
10.0</td><td rowspan="2">16.0</td><td colspan="3">0.6,1.0,1.6</td><td colspan="2">0.6,1.0,1.6</td><td rowspan="2">1.0,1.6</td></tr>
<tr><td>短</td><td>中</td><td>长</td><td>短</td><td>长</td></tr>
<tr><td></td><td colspan="9">结构长度(mm)</td></tr>
<tr><td>450</td><td>650</td><td>1050</td><td>—</td><td>—</td><td>—</td><td>—</td><td>—</td><td>—</td><td>—</td></tr>
<tr><td>500</td><td>700</td><td>1150</td><td>—</td><td>—</td><td>—</td><td>—</td><td>—</td><td>—</td><td>—</td></tr>
<tr><td>600</td><td>800</td><td>1350</td><td>—</td><td>—</td><td>—</td><td>—</td><td>—</td><td>—</td><td>—</td></tr>
<tr><td>700</td><td>900</td><td>1450</td><td>—</td><td>—</td><td>—</td><td>—</td><td>—</td><td>—</td><td>—</td></tr>
<tr><td>800</td><td>1000</td><td>1650</td><td>—</td><td>—</td><td>—</td><td>—</td><td>—</td><td>—</td><td>—</td></tr>
<tr><td>900</td><td>1100</td><td>—</td><td>—</td><td>—</td><td>—</td><td>—</td><td>—</td><td>—</td><td>—</td></tr>
<tr><td>1000</td><td>1200</td><td>—</td><td>—</td><td>—</td><td>—</td><td>—</td><td>—</td><td>—</td><td>—</td></tr>
</table>

注：括号内的规格不推荐采用。

2）法兰连接的球阀结构长度按表5-97的规定，或按订货合同的要求。

法兰连接球阀的结构长度　　表5-97

公称通径 DN(mm)	公称压力 PN(MPa)			公称通径 DN(mm)	公称压力 PN(MPa)		
	0.6,1.0,1.6	2.5,4.0	6.3,10.0		0.6,1.0,1.6	2.5,4.0	6.3,10.0
15	130	130	165	80	250	280	320
20	130	150	190	100	280	320	360
25	140	160	216	125	320	380	450
32	165	180	229	150	360	440	500
40	180	200	241	200	500	500	600
50	200	220	250	250	600	600	700
65	220	250	280	300	700	700	800

3）法兰连接的截止阀结构长度按表5-98的规定，或按订货合同的要求。

4）法兰连接旋启式止回阀结构长度按表5-99的规定，或按订货合同的要求。

法兰连接的截止阀结构长度　　表5-98

公称通径 DN(mm)	公称压力 PN(MPa)		公称通径 DN(mm)	公称压力 PN(MPa)	
	0.6,1.0,1.6,2.5,4.0	6.3,10.0		0.6,1.0,1.6,2.5,4.0	6.3,10.0
50	230	300	250	730	775
65	290	340	300	850	900
80	310	380	350	980	1025
100	350	430	400	1100	1150
125	400	500	450	1200	1275
150	480	550	500	1250	1400
200	600	650	600	1450	1650

法兰连接旋启式止回阀结构长度 表 5-99

公称通径 DN(mm)	公称压力 PN(MPa)		公称通径 DN(mm)	公称压力 PN(MPa)	
	1.0,1.6,2.5,4.0	6.3,10.0,1.6		1.0,1.6,2.5,4.0	6.3,10.0,1.6
50	230	300	250	650	775
65	290	340	(275)	700	775
80	310	380	300	750	900
100	350	430	350	850	1025
125	400	500	400	950	1150
150	480	550	450	1050	1275
200	550	650	500	1150	1400
(225)	600	650	600	1350	1650

注：括号内的规格不推荐采用。

3. 阀门主要部位要求

(1) 阀体

与阀体一体的法兰尺寸和密封面应符合《整体钢制管法兰》GB/T 9113 的规定。钢制闸阀、止回阀、截止阀阀体金属壳体的最小壁厚分别按 GB/T 1234、GB/T 12236 和 GB/T 12235 的规定，其中 *PN*10 的壳体壁厚与 *PN*16 的壳体壁厚一致。

闸阀、截止阀阀座内径应与阀体通道一致。止回阀阀座最小内径有全通径和缩径两种，全通径最小内径与通道最直径一致，缩径的阀座最小内径按 JB/T 10529—2005 标准中表 5 的规定。

止回阀阀体上必须设计阀瓣开启的限位结构，以便介质逆流时阀瓣易于关闭。止回阀阀座密封圈由耐冲击的陶瓷制成，其冲击韧度不小于 12kJ/m^2，并应装有起缓冲作用的部件。

(2) 阀芯

带导流孔的闸阀全开时，阀座通道与闸板通道应一致；无导流孔的闸阀全开时，闸板不应残留通道内。

球阀球体的通道应是圆形的，其最小直径按《石油、石化及相关工业用的钢制球阀》GB/T 12237 的规定或按合同要求；球阀全开时应保证球体通道与阀体通道在同一轴线上。

(3) 阀杆

闸阀阀杆的最小直径应符合 JB/T 10529—2005 标准中表 6 的规定；截止阀阀杆的最小直径应符合《石油、石化及相关工业用钢制截止阀和升降式止回阀》JB/T 12235 的规定；球阀阀杆应设计成在介质压力作用下，拆开阀杆密封挡圈（如填料压盖）时阀杆不至于脱出的结构，阀杆的截面及球体的连接面应能经受最大的操作扭矩。

(4) 阀盖

钢制闸阀、截止阀、止回阀阀盖的最小壁厚分别按《石油、天然气工业用螺柱连接阀盖的钢制闸阀》GB/T 12234、《石油、化工及相关工业用的钢制旋启式止回阀》GB/T 12236、和《石油、石化及相关工业用钢制截止阀和升降式止回阀》GB/T 12235 的规定。

闸阀阀盖连接的密封面形式，公称压力 *PN*≤2.5MPa 的阀门应采用平面突面式；公

称压力 PN＝4.0MPa、PN＝6.3MPa 的阀门应采用凹凸面式。特殊要求的订货应在合同中注明。

阀盖与阀体连接的螺栓不得少于 4 个，其直径按 JB/T 10529—2005 标准中表 7 的规定。当阀门公称通径不小于 DN150 时，止回阀阀盖上应安装吊环。

(5) 支架、阀瓣、摇杆、摇杆轴

闸阀、截止阀支架可以与阀盖设计为整体，也可分成两件连接；止回阀阀瓣密封面由耐冲击的结构陶瓷制成，止回阀阀瓣和摇杆的连接必须转动灵活，连接处应有防松结构，以避免在使用中发生脱落；摇杆和摇杆轴应使阀瓣旋转灵活，摇杆轴通过阀体孔处应保证密封。

(6) 手轮和手柄

阀门在最大压差条件下，其手轮或手柄的最大操作力不得大于 360N。手轮和手柄按顺时针方向为关，逆时针方向为开。在手轮和手柄上要有明显的开关方向箭头及字样。

手轮和手柄应在需要时可方便地拆卸或更换。手柄可以是整体的，也可以是装在阀杆上能接加长手柄的结构。

球阀应有表示球体通道位置的指示牌或在阀杆顶部刻槽；球阀应有全开和全关的限位结构；带扳手的球阀在开启位置时，扳手应与球体通道平行。

(7) 驱动装置

驱动装置的动力可以是电力、液力、气力或其组合。

驱动装置与阀门的连接，或是通过加长阀杆支架的连接，应有适当的方法，保持不对阀杆等零件造成影响，防止阀门操作连接部位的损伤和引起阀杆等密封的泄漏。驱动装置的输出应不超过阀门驱动链的最大载荷。

阀门与驱动装置的连接面尺寸按《多回转阀门驱动装置的连接》GB/T 12222 或《部分回转阀门驱动装置的连接》GB/T 12223—2005 的规定。

4. 阀门主要零部件及衬里材料

(1) 闸阀的主要零部件及衬里材料按表 5-100 的要求。

闸阀的主要零部件及衬里材料 表 5-100

零件名称	使用条件	
	非腐蚀性介质	腐蚀性介质
阀体、阀盖、阀座、阀板	碳素钢、球墨铸铁	不锈钢、高分子材料衬里、结构陶瓷
阀座、阀板的密封面及衬里	结构陶瓷	
阀杆	铬不锈钢、铬镍不锈钢	
填料	聚四氟乙烯、浸聚四氟乙烯石棉绳、石墨石棉绳、柔性石墨	

(2) 球阀的主要零部件及衬里材料按表 5-101 的要求。

球阀的主要零部件及衬里材料 表 5-101

零件名称	使用条件	
	非腐蚀性介质	腐蚀性介质
阀体	碳素钢、球墨铸铁、不锈钢	不锈钢、高分子材料衬里、结构陶瓷
球体	结构陶瓷、不锈钢与结构陶瓷复合	

续表

零件名称	使用条件	
	非腐蚀性介质	腐蚀性介质
半球体	不锈钢与结构陶瓷复合	
阀座	结构陶瓷	
阀杆	不锈钢	不锈钢
衬里	结构陶瓷	高分子材料衬里、结构陶瓷
填料	聚四氟乙烯、浸四氟乙烯石墨	聚四氟乙烯

(3) 截止阀、止回阀的主要零部件及衬里材料按表 5-102 的要求。

截止阀、止回阀的主要零部件及衬里材料 **表 5-102**

零件名称	使用条件	
	非腐蚀性介质	腐蚀性介质
阀体、阀盖	碳钢、球墨铸铁、不锈钢	不锈钢、高分子材料衬里、结构陶瓷
阀瓣、摇杆	碳钢、不锈钢	不锈钢
阀座、阀瓣密封面	结构陶瓷	
摇杆轴	铬不锈钢	不锈钢
衬里	结构陶瓷	高分子材料衬里、结构陶瓷

(4) 陶瓷件的力学性能应符合表 5-103 的规定。

陶瓷件的力学性能 **表 5-103**

力学性能	冲击韧性 (kJ/m^2)	维氏硬度 (N/mm)	抗弯强度 (MPa)	瓷件体积密度 (g/cm^3)	瓷件吸水率
指标	≥12	≥11000	≥480	≥4.0	≤0.5%

5. 泄漏量

(1) 陶瓷密封面闸阀的最大允许泄漏量按表 5-104 的规定。

(2) 陶瓷密封面球阀的最大允许泄漏量按表 5-105 的规定。

陶瓷密封面闸阀的最大允许泄漏量 **表 5-104**

公称通径 *DN*	泄漏量(cm^3/min)				
	导渣闸阀	排浆闸阀	干灰闸阀	往复滑动闸阀	轻型排料闸阀
≤100	1.2	0.6	0.6	0.6	0.6
125～150	2.5	0.9	0.9	0.9	0.9
200～250	3.6	1.5	1.5	1.5	1.5
300～350	5.5	2.1	2.1	2.1	2.1
400～450	7.5	2.7	2.7	2.7	2.7
500～600	10.5	3	3	3	3
700～800	15	4.8	—	—	—
900～1000	20	6	—	—	—

陶瓷密封面球阀的最大允许泄漏量 表 5-105

公称通径 DN	≤100	125～150	200～250	300～350
泄漏量(cm^3/min)	0.6	0.9	1.5	2.1

（3）陶瓷密封面止回阀的最大允许泄漏量按表 5-106 的规定。

陶瓷密封面止回阀的最大允许泄漏量 表 5-106

公称通径 DN	≤100	125～150	200～250	300～350	400～450	500
泄漏量(cm^3/min)	2.4	4.5	7.2	10.2	14.9	21

（4）陶瓷密封面截止阀阀座的最大允许泄漏量按《工业阀门 压力试验》GB/T 13927 中 D 级标准的有关规定。

6. 外观

除奥氏体不锈钢阀门外，其他金属的非加工外表面应涂漆，涂层采用耐久性涂料，标志处的涂层应保证标志清晰，涂层颜色按 JB/T 106 的规定；加工过的外表面必须涂易除去的防锈剂。阀门内腔不得涂漆，但应采取防锈措施。陶瓷表面不得涂漆。

7. 出厂检验

每台阀门必须经出厂检验合格方可出厂。出厂检验项目有：壳体试验、密封试验、外观和标识。

8. 标志、包装、运输和贮存

标志应符合《通用阀门 标志》GB/T 12220 的规定；产品包装、运输和贮存应符合《通用阀门 供货要求》JB/7928 的规定；产品包装贮运图示标志应符合《包装储运图示标志》GB/T 191 的规定。

5.5.15 水力控制阀

《水力控制阀》CJ/T 219—2005 见“3.1 建设行业标准之水力控制阀”。

5.5.16 多功能水泵控制阀

推荐网址：新浪爱问-共享资料 http：//ishare.iask.sina.com.cn/

豆丁网 http：// www.docin.com/

《多功能水泵控制阀》CJ/T 167—2002，规定了多功能水泵控制阀的结构形式及参数、技术要求、性能要求、试验方法、检验规则、标志及供货要求，适用于 *PN*=1.0MPa、*PN*=1.6MPa、*PN*=2.5MPa、*PN*=4.0MPa，*DN*50～*DN*1200，介质为清水、污水及油品管道上的多功能水泵控制阀。

多功能水泵控制阀系指由阀体、阀盖、膜片座、膜片、主阀座、缓闭阀板、衬套、阀杆、主阀阀板、缓闭阀板座和控制管系统等零部件组成，具有水力自动控制、启泵时缓开、停泵时先快闭后缓闭的特点，并兼有水泵出口处水锤消除器、闸（蝶）阀、止回阀三种产品的功能，是一种新型两阶段关闭的阀门。

1. 结构形式及型号

多功能水泵控制阀的结构形式如图 5-199 所示。多功能水泵控制阀的型号编制按《阀门 型号编制方法》JB/T 308 的规定，例如，型号 200J_D745X-16，其中 200—表示公称通

径 $DN200$，J_D——表示多功能水泵控制阀，7—表示液动，4—表示法兰连接，5—表示直流式，X—表示主阀板密封面材料为橡胶，16—表示公称压力 PN1.6MPa。

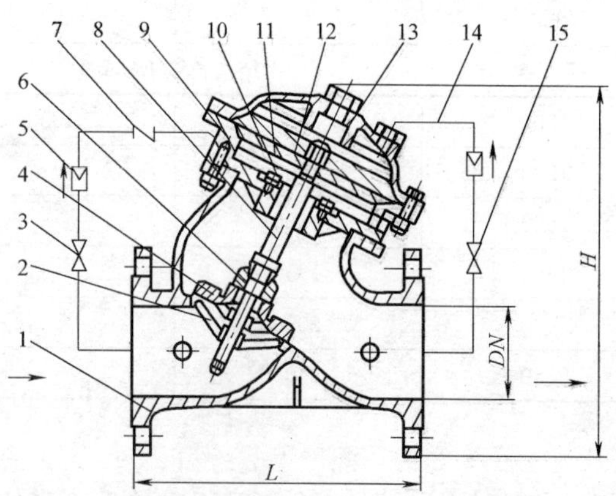

图 5-199 多功能水泵控制阀的结构形式

1—阀体；2—主阀阀板；3—进水调节阀；4—主阀板；5—过滤器；6—缓闭阀板；7—微止回阀；8—阀杆；9—膜片座；10—衬套；11—膜片；12—膜片压板；13—阀盖；14—控制管；15—出水调节阀

2. 主要技术要求

(1) 阀体法兰

法兰与阀体整体铸成。钢制法兰的形式和尺寸应符合《整体钢制管法兰》GB/T 9113 的规定；铁制法兰的形式和尺寸应符合《整体铸铁法兰》GB/T 17241.6 的规定。

(2) 结构长度

阀体的结构长度见表 5-107。

阀体的结构长度 **表 5-107**

公称通径 DN(mm)	公称压力 PN(MPa)			
	1.0	1.5	2.5	4.0
	结构长度 L(mm)			
50	240	240	250	—
65	300	300	300	—
80	310	310	310	—
100	320	320	350	370
125	390	390	410	420
150	460	460	470	470
200	540	540	560	560
250	610	640	670	670
300	700	800	800	—
350	800	800	820	—
400	980	980	1000	—
500	1100	1140	1140	—

续表

公称通径 DN(mm)	公称压力 PN(MPa)			
	1.0	1.5	2.5	4.0
	结构长度 L(mm)			
600	1300	1350	1350	—
700	1520	1550	—	—
800	1560	1620	—	—
900	1800	1850	—	—
1000	2000	2050	—	—
12000	2350	2400	—	—

(3) 阀盖、膜片座

阀盖与膜片座、膜片座与阀体的连接形式应采用法兰式；膜片座与阀体的连接螺栓数量不得少于 4 个；阀盖与膜片座的法兰应无圆形，法兰密封面可采用平面式、突面式或凹凸式。

(4) 膜片

膜片的性能应符合表 5-108 的规定，膜片外观质量应符合《模压和压出橡胶制品外观质量的一般规定》HG/T 3090 的规定，当用于生活饮用水时，膜片材料的安全性应符合《生活饮用水设备及防护材料卫生安全评价规范》GB/T 17219 的规定。

膜片的性能 **表 5-108**

项 目		单 位	指 标
硬度	(邵尔 A 型)	度	70±3
拉伸强度	最小	MPa	14
扯断伸长率	最小	%	400
压缩永久变形(70℃×22h)	最大	%	40
胶与织物附着强度	最小	kN/m	2
耐液体性:(自来水) 拉伸强度变化(70℃×70h)	最大	%	—20
耐液体性:(自来水) 扯断伸长率变化(70℃×70h)	最大	%	—20
耐疲劳弯曲	最小	周期(×10)	1

(5) 缓闭阀板、主阀板、阀杆

缓闭阀板与阀杆应连接牢固可靠；缓闭阀板与主阀板的密封形式应采用金属密封的形式；主阀板与阀杆应滑动灵活、可靠；主阀板与主阀板座的密封可采用金属密封或非金属密封两种形式。

(6) 控制管系统

控制管系统的各个元件应能承受阀门的最高工作压力，各部位不得发生泄漏。

(7) 壳体强度和密封性

多功能水泵控制阀的壳体强度和密封性均应符合《工业阀门 压力试验》GB/T 13927

的规定。

(8) 涂装

当用于生活饮用水时，多功能水泵控制阀的内腔涂装材料的安全性应符合《生活饮用水设备及防护材料卫生安全评价规范》GB/T 17219 的规定，外表面涂装材料不作规定，有特殊要求时应在合同中注明。

3. 启闭性能要求

多功能水泵控制阀的启、闭运行应与水泵连锁；应具有启动水泵时缓慢开启、停泵时先快闭后缓闭的功能；启、闭运行压力不应大于 0.05MPa；缓开时间应能在 3～120s 内进行调整，缓闭时间应能在 3～120s 内进行调整。

4. 出厂检验项目

每台多功能水泵控制阀均需出厂检验合格方可出厂。出厂检验项目有壳体试验、密封试验和启、闭运行压力试验，其技术要求和试验方法按 CJ/T 167—2002 标准之表 3 的规定。

5. 标志及供货要求

多功能水泵控制阀的标志应符合《通用阀门 标志》GB/T 12220 的规定。

多功能水泵控制阀的供货要求应符合《通用阀门 供货要求》JB/T 7928 的规定。

5.5.17 自含式温度控制阀

推荐网址：标准分享网 http：//www.bzfxw.com/

豆丁网 http：// www.docin.com/

《自含式温度控制阀》CJ/T 153—2001，规定了自含式温度控制阀的定义、产品分类、要求、试验方法、检验规则、标志、包装运输和贮存，适用于以饱和蒸汽或热媒水为热媒的热交换系统的自含式温度控制阀。

1. 自含式温度控制阀定义

自含式温度控制阀（以下简称温控阀）是一种无需外来能源，而以感温元件感应被控介质的温度变化来调节热媒流经温控阀主波纹套内外的压差，且以该压差变化产生的力开启或关闭与主波纹套相连的主控制部件，以达到自动控制温控阀热媒流量的温度调节装置。

2. 规格及型号

温控阀按公称通径分为 DN25、DN32、DN40、DN50、DN65、DN80、DN100；较小通径（DN25～DN50）采用管螺纹连接，较大通径（DN65～DN100）采用法兰连接；按压力等级分为 1.0MPa 和 1.6MPa。

3. 结构形式和参数

(1) 型号标示

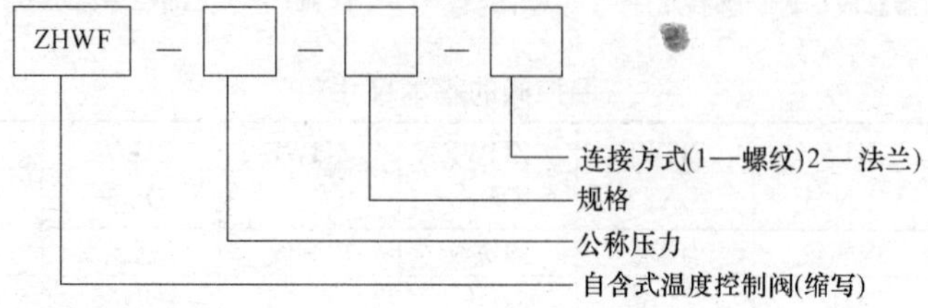

例如：ZHWF1.0-*DN*50-1 表示，公称通径 *DN*50 自含式温度控制阀，公称压力 *PN* 为 1.0 MPa，连接方式为管螺纹连接。

ZHWF1.6-*DN*65-4 表示，公称通径 *DN*65 自含式温度控制阀，公称压力 *PN* 为 1.6 MPa，连接方式为法兰连接。

（2）结构和基本尺寸

管螺纹连接的温控阀见图 5-200；法兰连接的温控阀见图 5-201；温控阀的基本尺寸见表 5-109。

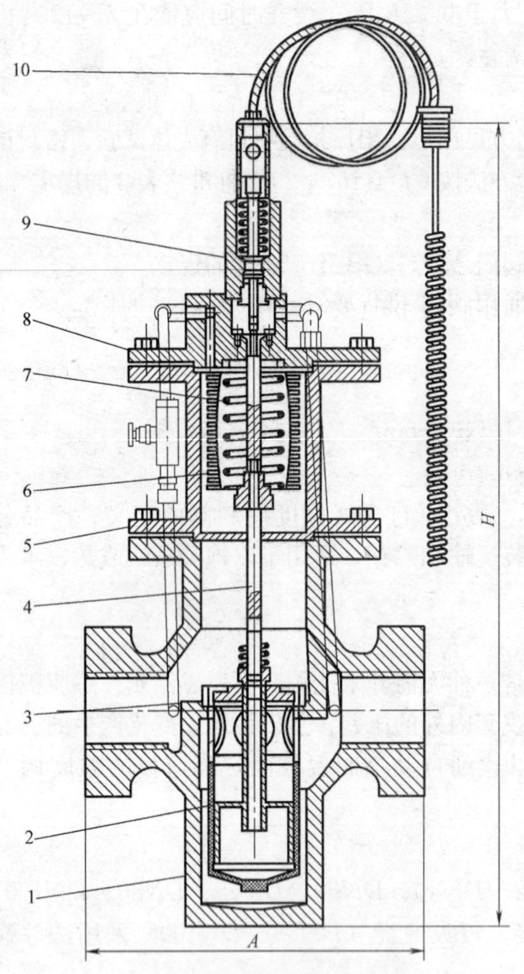

图 5-200　管螺纹连接的温控阀（*DN*25～*DN*50）

1—阀体；2—阀芯组件；3—护盘垫；4—连接轴组件；5—波纹管套；6—大波纹管；7—伺服弹簧；8—阀盖；9—上部控制器总成；10—感温元件

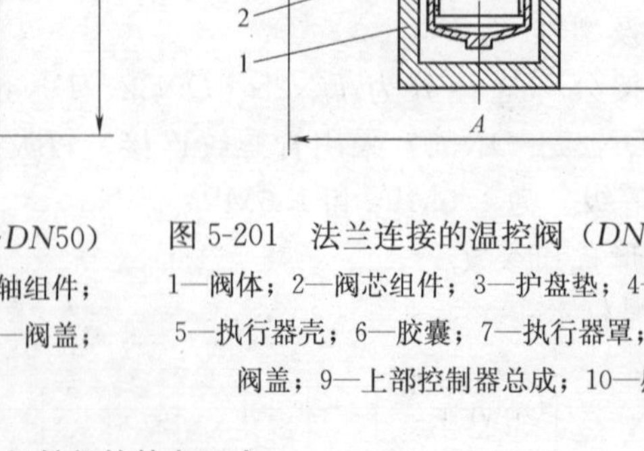

图 5-201　法兰连接的温控阀（*DN*65～*DN*100）

1—阀体；2—阀芯组件；3—护盘垫；4—连接轴组件；5—执行器壳；6—胶囊；7—执行器罩；8—伺服弹簧阀盖；9—上部控制器总成；10—感温元件

温控阀的基本尺寸　　**表 5-109**

项目		ZHWF *DN*25	ZHWF *DN*32	ZHWF *DN*40	ZHWF *DN*50	ZHWF *DN*65	ZHWF *DN*80	ZHWF *DN*100
进出口	连接方式	内螺纹	内螺纹	内螺纹	内螺纹	法兰	法兰	法兰
	规格	G1″	G1¼″	G1½″	G2″	*DN*65	*DN*80	*DN*100

续表

项目	ZHWF DN25	ZHWF DN32	ZHWF DN40	ZHWF DN50	ZHWF DN65	ZHWF DN80	ZHWF DN100
A(mm)	152	152	160	180	280	300	350
H(mm)	480	480	508	530	711	762	825
感温元件	浸没长度不小于420mm，毛细管长度为3000mm，可定做5000mm						
感温元件接口	与设备连接为ZG1″外螺纹						

(3) 温控阀的参数

1) 温控阀的技术参数表见表5-110。

温控阀的技术参数　　表5-110

公称压力(MPa)	温控范围(℃)	温控精度(℃)		反应时间(s)	适用介质	适用温度(℃)	
		恒流量时	变流量时			感温元件	阀体
1.0～1.5	10～120	±1	±2	≤5	饱和蒸汽、高低温水	10～120	≤200

2) 温控阀的压降流量参数 以热水为热媒时温控阀的最大通水能力见表5-111；以饱和蒸汽为热媒时最大蒸汽流量见表5-112。

热水为热媒时温控阀的最大通水能力(L/min)　　表5-111

压力降(kPa)	公称通径DN						
	25	32	40	50	65	80	100
21	75.3	114.7	163.9	285.0	458.0	624.6	969.0
28	87.1	132.5	189.3	329.3	529.9	719.2	1120.5
35	97.3	148.0	211.6	368.3	594.3	802.5	1252.9
42	106.7	162.4	231.6	403.4	647.3	882.0	1374.1
56	123.0	187.4	267.6	465.6	749.5	1018.2	1586.1
70	137.8	209.3	299.4	520.8	836.5	1135.6	1771.6
105	168.4	256.6	866.4	637.8	1025.8	1385.4	2169.0
140	194.5	296.4	423.2	736.8	1184.8	1608.8	2505.9
175	17.6	331.2	473.1	823.3	1324.9	1798.1	2801.2

饱和蒸汽为热媒时最大蒸汽流量(kg/h)　　表5-112

进口压力(表压)(kPa)	出口压力(表压)(kPa)	公称通径DN						
		25	32	40	50	65	80	100
		流量系数C_V						
		11.5	17.5	25.0	43.5	70	95	148
35	14	114	174	249	433	696	945	1 473
49	14	152	231	330	574	923	1253	1953
	28	121	184	217	456	733	996	1552
70	14	200	303	433	753	1213	1647	2565
	35	163	249	355	617	993	1348	2100
	49	129	197	281	488	786	1011	1663

续表

进口压力（表压）(kPa)	出口压力（表压）(kPa)	公称通径 DN 25	32	40	50	65	80	100
		流量系数 C_V 11.5	17.5	25.0	43.5	70	95	148
84	14	228	347	495	863	1388	1885	2937
	35	197	300	429	746	1201	1630	2540
	63	135	205	293	509	819	1054	1733
105	14	269	410	585	1017	1637	2222	3462
	35	244	371	529	920	1481	2021	3133
	70	180	275	393	683	1099	1492	2325
	84	142	217	310	538	867	1177	1833
140	14	333	507	724	1260	2028	2752	4288
	35	313	476	680	1183	1904	2585	4027
	70	267	406	580	1009	1625	2205	3436
	105	196	299	427	743	1196	1623	2529
	112	177	268	385	670	1078	1463	2280
210	52.5	425	647	924	1607	2586	3510	5460
	70	408	617	887	1543	2484	3371	5252
	105	366	557	795	1384	2227	3023	4709
280	87.5	520	805	1130	1966	3160	4294	6690
	105	503	766	1094	1907	3062	4156	6476
	140	463	705	1007	1752	2819	3826	5961
	175	412	627	896	1559	2509	2404	5304
350	122.5	605	935	1336	2325	3714	5078	7911
	140	598	910	1300	2262	3641	4941	7698
	175	560	851	1216	2116	3406	4623	7202
	210	512	780	1114	1938	3118	4232	6594
	245	454	690	986	1716	2761	3551	5840
420	157.5	701	1081	1542	2684	—	—	—
	175	693	1054	1507	2621			
	210	655	997	1425	2479			
	280	557	848	1211	2107			
	315	475	748	1069	1860			
490	206.5	805	1224	1749	3043	—	—	—
	210	788	1199	1713	2981			
	280	708	1078	1540	2679			
	350	599	911	1302	2264			
	385	527	802	1146	1994			
560	227.5	899	1368	1955	3402	—	—	—
	280	847	1288	1840	3203			
	350	757	1152	1646	2865			
	448	577	878	1254	2182			
700	297.5	1089	1657	2367	4119	—	—	—
	350	1037	1579	2255	3924			
	455	903	1375	1964	3417			
	560	709	1078	1541	2681			
875	385	1326	2018	2883	5016	—	—	—
	445	1257	912	2732	4754			
	560	1125	1712	2445	4225			
	700	873	1329	1899	3300			

4. 主要技术要求

(1) 外观要求

铸件表面应光滑，铸字标记清晰，不允许有裂纹、缩孔、缩松夹砂等铸造缺陷或机械伤痕，铸件应进行压力退火；机械加工件应符合相关标准的规定；外协件应有合格证及材质证明书。

(2) 强度性能

温控阀壳体铸件应做公称压力接 1.5 倍的水压试验，保压时间按 GB/T 13927 中的规定，应无渗漏；温控阀装配完毕后，应做公称压力接 1.1 倍的水压试验，保压 15min 无渗漏。

(3) 气密性能

温控阀装配完毕后，应做公称压力接 0.6MPa 气密性能试验，并符合《工业阀门 压力试验》GB/T 13927 中的规定。

(4) 温度控制性能

温控阀的温度控制精度性能应符合 CJ/T 153—2001 标准之 6.4.2 的规定。

(5) 超温保护性能

当被控介质意外超温时，应能保护感温元件，不因其内部介质过度膨胀而损坏。

(6) 超压保护性能

当热媒压力超高时，应能强制阀门关闭，保护内部易损件不因压差过大而损坏。

5. 出厂检验项目

每台多功能水泵控制阀均需出厂检验合格，并附产品合格证和安装使用说明书方可出厂。出厂检验项目有外观、强度性能、气密性能、温度控制性能、超温保护性能、超压保护性能。

6. 标志、包装、运输和贮存

标志内容和标记方法应按《通用阀门 标志》GB/T 12220 的相关规定和产品标识编写；产品包装采用纸箱，内部衬聚氨酯，纸箱外面有防雨、防潮标志；运输过程中应固定纸箱位置，防止碰撞和撞击；产品应贮存在干燥、通风的室内仓库。

5.5.18 自力式流量控制阀

推荐网址：新浪爱问-共享资料 http：//ishare.iask.sina.com.cn/

豆丁网 http：// www.docin.com/

《自力式流量控制阀》CJ/T 179—2003，规定了自力式流量控制阀的型号编制、基本参数、技术要求、检验方法以及标志、包装、运输、储存等方面的内容，适用于以水为介质的供热（冷）系统使用的控制阀，其介质进口压力不大于 1.6MPa，温度为 4～150℃。

1. 型号标示

自力式流量控制阀（以下简称控制阀）系指工作时不依靠外部动力，能在压差控制范围内保持流量恒定的阀门，其型号标示如下：

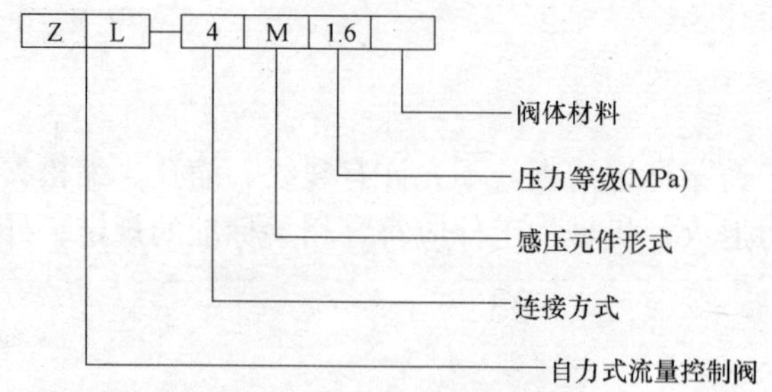

型号的第1、2位“Z、L”表示自力式流量控制阀；

第3位表示连接方式，1—表示内螺纹，2—表示外螺纹，4—表示法兰；

第4位表示压感元件型式，B—表示波纹管，M—表示膜片；

第5位表示压力等级，1.0—表示1.0MPa，1.6—表示1.6MPa；

第6位表示阀体材料，空白—表示铸铁，T—表示铜，C—表示铸钢，Q—表示球墨铸铁。

2. 基本参数

控制阀的基本参数见表5-113；控制阀的工作温度为4～150℃；控制阀的工作压力为1.0MPa、1.6MPa两个压力等级；控制阀的工作压差最小范围为0.03～0.3MPa。

控制阀的基本参数 **表5-113**

公称通径 *DN* (mm)	流量控制最小范围 (m^3/h)	结构长度(mm)	
		螺纹连接	法兰连接
20	0.1～1	130	—
25	0.2～2	130	160
32	0.5～4	140	180
40	1～6	—	200
50	2～10	—	230
65	3～15	—	290
80	5～25	—	310
100	10～35	—	350
15	15～50	—	400
150	20～80	—	480
200	40～160	—	495
250	75～300	—	622
300	100～450	—	698
350	200～650	—	787

3. 结构要求

(1) 控制阀的结构应保证使用安全，运行可靠，便于维修。

(2) 控制阀的法兰尺寸和密封面应符合《整体铸铁法兰》GB/T 17241.6 的规定。

（3）控制阀螺纹连接应符合《普通螺纹 管路系列》GB/T 1414 的规定。

4. 技术要求

（1）控制阀表面应光洁、色泽一致，涂漆表面应均匀，无起皮、龟裂、气泡等缺陷，无明显磕碰伤痕和锈蚀。

（2）控制阀的流量示值和刻度线应准确、清晰。

（3）控制阀壳体应进行压力试验，不得有泄漏和损坏。

（4）控制阀的感应元件应能承受 0.3 MPa 的压力。

（5）控制阀的流量控制相对误差应不大于 8%。

（6）控制阀应经久耐用，至少启、闭各 30000 次仍能满足上述技术要求。

5. 出厂试验

每台控制阀均需出厂检验合格，并附产品质量合格证和使用说明书方可出厂。出厂检验项目有：外观检验；压力试验；感压元件强度试验和耐久性试验和流量控制准确度试验

6. 标志、包装、运输和贮存

（1）标志

控制阀应在明显部位设置清晰、牢固的标牌，其材质应为不锈钢、铜合金或铝合金，标志内容有：控制阀型号、规格；控制流量范围、公称压力及工作温度；制造厂名和商标；生产日期。

在控制阀壳体上应有介质流向标志。

（2）包装

在控制阀试验合格后，应清除表面的污物，内腔应除去残存的试验介质，并使阀门处于 2/3 开启状态。

控制阀的包装应保证搬运过程中不受损坏，有指导运输和贮存的标志和说明；控制阀两端连接面应加以保护，且易于装拆。

控制阀出厂应有产品质量合格证和使用说明书。

（3）运输

在运输过程中，严禁抛掷，并防止剧烈振动和碰撞，防止雨淋和化学品侵蚀。

（4）贮存

控制阀及部件应贮存在通风干燥无腐蚀性介质的室内仓库。

5.5.19 排污阀

推荐网址：新浪爱问-共享资料 http：//ishare. iask. sina. com. cn/

豆丁网 http：// www. docin. com/

《排污阀》GB/T 26145—2010，规定了排污阀产品的结构形式、技术要求、材料、试验方法、检验规则和标志、包装、运输、贮存及供货，适用于 PN=1～32MPa 流体介质的压力容器和 PN=1～16MPa 气体介质的压力管道设备，DN15～DN300 的排污阀。

此项标准涵盖《排污阀》JB/T 6900—1993。

1. 结构形式

液体介质的排污阀的典型结构如图 5-202～图 5-205 所示；气体介质的排污阀的典型结构为阀套式，如图 5-206 所示。

2. 基本参数

法兰连接的排气阀结构长度见表 5-114，焊接连接的排污阀结构长度按订货要求。

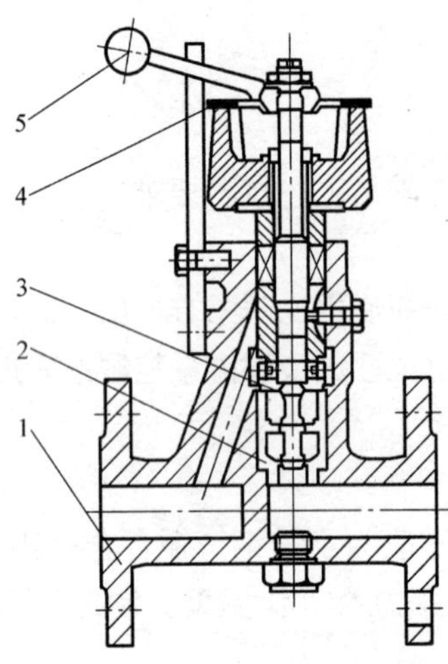

图 5-202 整体截止型直通式

1—阀体；2—阀座；3—阀杆；4—开度指示器；5—扳手

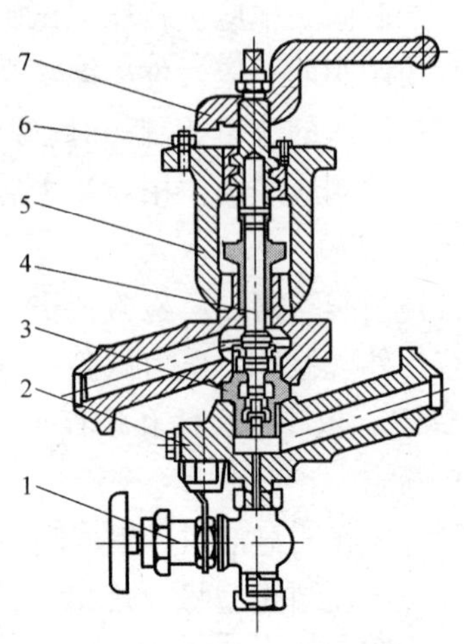

图 5-203 分体截止型直通式

1—取样阀；2—阀体；3—阀座；4—阀杆；5—阀盖；6—开度指示器；7—扳手

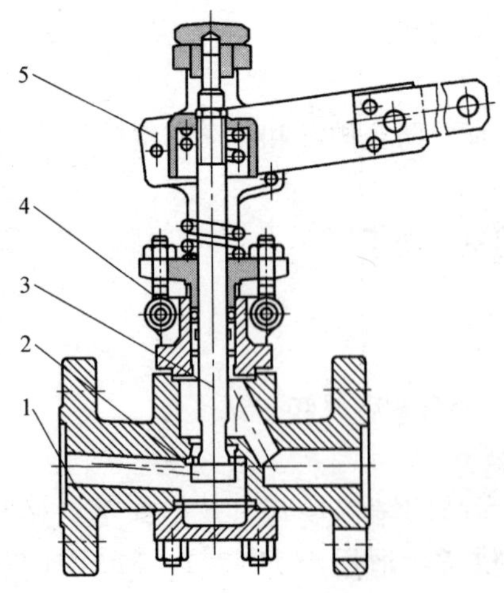

图 5-204 截止型直通式

1—阀体；2—阀座；3—阀杆；4—阀盖；5—扳手

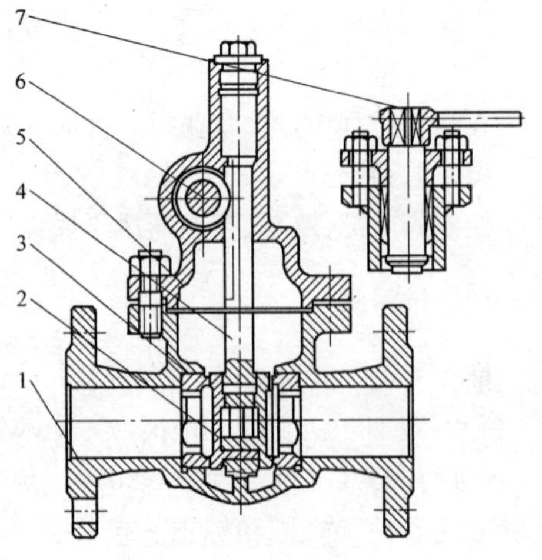

图 5-205 浮动闸板型直通式

1—阀体；2—阀瓣；3—阀座；4—阀杆；5—阀盖；6—齿轮链；7—扳手

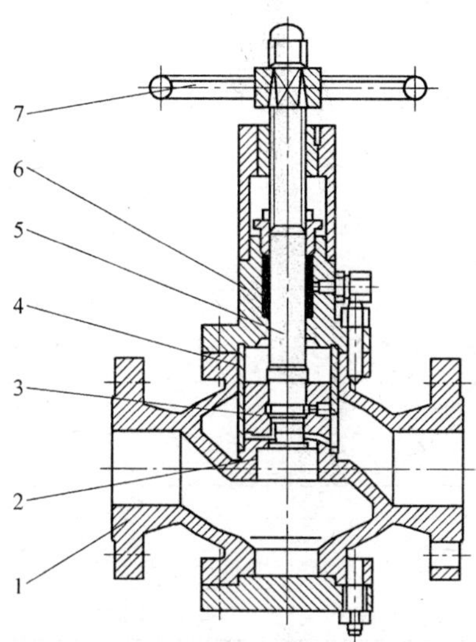

图 5-206 阀套式

1—阀体；2—阀座；3—阀瓣；4—阀套；5—阀杆；6—阀盖；7—手轮

法兰连接的排气阀结构长度（mm） **表 5-114**

公称通径 *DN*	公称压力 *PN*(MPa)			
	1.0,1.6,2.5,4.0		6.3	10.0,16.0
	短	长		
15	150	150	150	210
20	150	150	150	230
25	160	160	160	230
32	180	200	180	260
40	200	230	200	260
50	230	250	230	300
65	290	—	290	340
80	310	—	310	380
100	350	—	350	430
125	400	—	400	500
150	480	—	480	550
200	600	—	600	650
250	730	—	730	775
300	850	—	850	900

3. 性能要求

（1）排污阀壳体强度试验时，在试验压力的最短持续时间内，不应有结构损伤和可见泄漏。

（2）排污阀密封试验时，在试验压力的最短持续时间内，通过阀座密封面泄漏的最大允许泄漏量应符合《阀门的检验与试验》JB/T 9092 的规定，图 5-205 浮动闸板型直通式排污阀，公称通径不大于 *DN*50 的泄漏量按《工业阀门 压力试验》GB/T 13927 的 D 级。

(3) 用于液体介质的金属—金属密封副的阀门，应能承受液体静压寿命试验，在额定压差或最大允许压差下，按表 5-115 的规定进行试验后，阀门仍能正常工作并满足性能要求；用于气体介质的特性密封副的阀门，应能承受气体压力试验，在额定压差或最大允许压差下，经 2000 次启闭循环操作试验后，阀门仍能正常工作并满足性能要求。

金属—金属密封副阀门静压寿命试验次数　　表 5-115

公称通径 *DN* (mm)	截止式	闸板式	
	钢制	铁制	钢制
≤100	≥3000	≥2500	≥3000
125～200	≥2500	≥2000	≥2500
250～300	≥1500	≥2000	≥1500

(4) 排污阀可采用手动、气动或电动等操作方式，阀门的手轮或扳手上应有指示开、关方向的标志，可设置排放开度指示器。

4. 出厂检验

每台排污阀均需出厂检验合格，并附产品质量合格证方可出厂。出厂检验项目有：壳体试验；密封试验；材料力学性能；标志检查。

5. 标志

排污阀的标志按《通用阀门 标志》GB/T 12220 的规定。

6. 包装、运输、贮存、供货

排污阀的包装、运输、贮存、供货应符合《通用阀门 供货要求》JB/T 7928 的规定。

5.5.20 真空阀门

推荐网址：标准资料网　http：//www.pv265.com/

豆丁网　http：// www.docin.com/

《真空阀门》JB/T 6446—2004，规定了真空阀门的形式与基本参数、技术要求、试验方法、检验规则、标志、包装、运输和贮存，适用于应用在真空系统中的电磁真空带充气阀、电磁高真空挡板阀、电磁高真空充气阀、高真空微调阀、高真空隔膜阀、高真空蝶阀、高真空挡板阀、高真空插板阀、高真空调节阀、真空球阀、超高真空挡板阀、超高真空插板阀。

1. 形式

真空阀门的驱动有手动、气动、电动和电磁动 4 种形式，分别以手动、压缩空气、电源和电磁力为动力，通过执行机构带动阀板（或阀的主密封件）使阀门开启或关闭。

真空阀门的型号表示方法应符合《真空技术 真空设备型号编制方法》JB/T 7673 的规定。真空阀门的公称通径 *DN*（mm）应从下列系列中选取：0.8，1.5，2，5，6，10，16，20，25，32，40，50，63（65），80，100，125，160（150），200，250，320（300），400，500，630（600），800，1000，1250（1200），1600（1500）。

2. 基本参数与连接尺寸

(1) 电磁真空带充气阀

电磁真空带充气阀如图 5-207 所示，较小规格采用夹紧型连接，较大规格采用法兰连接，其基本参数与连接尺寸见表 5-116。

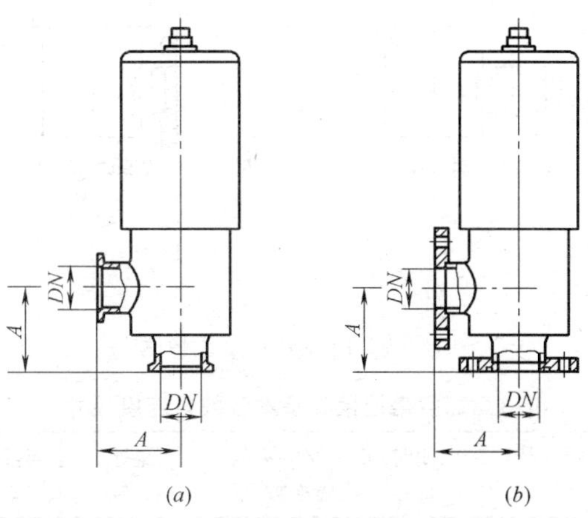

图 5-207 电磁真空带充气阀

电磁真空带充气阀的基本参数与连接尺寸 **表 5-116**

<table>
<tr><th>公称通径
DN</th><th>漏率
(Pa·L/s)</th><th>线圈温升
(℃)</th><th>开、闭时间
(s)</th><th>平均无故障次数(次)</th><th>流导
(L/s)</th><th>连接尺寸 A
(mm)</th><th>连接法兰标准</th></tr>
<tr><td>10</td><td rowspan="13">$\leqslant 6.7\times10^{-4}$</td><td rowspan="13">≤65</td><td rowspan="13">≤3</td><td rowspan="9">≥30000</td><td>1.5</td><td>30</td><td rowspan="6">《真空技术 快卸连接器 尺寸第 1 部分：夹紧型》GB/T 4982</td></tr>
<tr><td>16</td><td>3</td><td rowspan="2">40</td></tr>
<tr><td>20</td><td>8</td></tr>
<tr><td>25</td><td>12</td><td rowspan="2">50</td></tr>
<tr><td>32</td><td>28</td></tr>
<tr><td>40</td><td>39</td><td>65</td></tr>
<tr><td>50</td><td>80</td><td>80</td><td rowspan="7">《真空技术法兰尺寸》GB/T 6070</td></tr>
<tr><td>63</td><td>180</td><td>88</td></tr>
<tr><td>80</td><td>225</td><td>95</td></tr>
<tr><td>100</td><td rowspan="4">≥20000</td><td>450</td><td>108</td></tr>
<tr><td>125</td><td>500</td><td>138</td></tr>
<tr><td>160</td><td>1100</td><td>160</td></tr>
<tr><td>200</td><td>2000</td><td>200</td></tr>
</table>

注：流导系分子流状态下的理论计算值，不作为验收依据。

(2) 电磁高真空挡板阀

电磁高真空挡板阀的如图 5-208 所示，较小规格采用夹紧型连接，较大规格采用法兰连接，其基本参数与连接尺寸见表 5-117。

(3) 电磁高真空充气阀

电磁高真空充气阀的外形如图 5-209 所示，图 (*a*) 采用焊接式连接，图 (*b*) 采用夹紧型连接，其基本参数与连接尺寸见表 5-118。

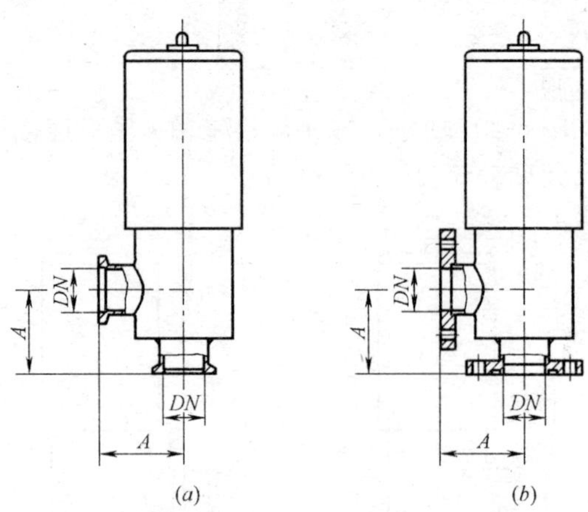

图 5-208　电磁高真空挡板阀

电磁高真空带挡板阀基本参数与连接尺寸　　**表 5-117**

<table>
<tr><th>公称通径 DN</th><th>漏率 (Pa·L/s)</th><th>线圈温升 (℃)</th><th>开、闭时间 (s)</th><th>平均无故障次数(次)</th><th>流导 (L/s)</th><th>连接尺寸 A (mm)</th><th>连接法兰标准</th></tr>
<tr><td>10</td><td rowspan="9">≤1.3×10⁻⁷</td><td rowspan="13">≤65</td><td rowspan="13">≤3～5</td><td rowspan="9">≥30000</td><td>1.5</td><td>30</td><td rowspan="6">《真空技术 快卸连接器 尺寸第 1 部分：夹紧型》GB/T 4982</td></tr>
<tr><td>16</td><td>3</td><td rowspan="2">40</td></tr>
<tr><td>20</td><td>8</td></tr>
<tr><td>25</td><td>12</td><td rowspan="2">50</td></tr>
<tr><td>32</td><td>28</td></tr>
<tr><td>40</td><td>39</td><td>65</td></tr>
<tr><td>50</td><td>80</td><td>80</td><td rowspan="7">《真空技术法兰尺寸》GB/T 6070</td></tr>
<tr><td>63</td><td>180</td><td>88</td></tr>
<tr><td>80</td><td>225</td><td>95</td></tr>
<tr><td>100</td><td rowspan="4">≤1.3×10⁻⁵</td><td rowspan="4">≥10000</td><td>460</td><td>108</td></tr>
<tr><td>125</td><td>500</td><td>138</td></tr>
<tr><td>160</td><td>1100</td><td>160</td></tr>
<tr><td>200</td><td>2000</td><td>200</td></tr>
</table>

注：流导系分子流状态下的理论计算值，不作为验收依据。

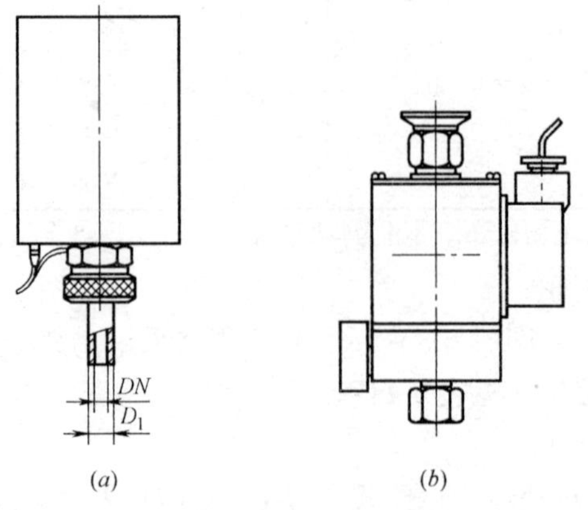

图 5-209　电磁高真空充气阀

电磁高真空充气阀基本参数与连接尺寸　　表 5-118

公称通径 DN	漏率 (Pa·L/s)	线圈温升 (℃)	开、闭时间 (s)	平均无故障次数(次)	电源 (V)	连接尺寸 D_1 (mm)	连接法兰标准
1.5	≤6.7×10⁻⁴	≤65	≤3	≥30000	DC36	7	焊接式
5						10	
4					DC24 或 AC220	《真空技术 快卸连接器 尺寸 第 1 部分:夹紧型》GB/T 4982	

(4) 高真空微调阀

高真空微调阀的外形如图 5-210 所示，其基本参数与连接尺寸见表 5-119。

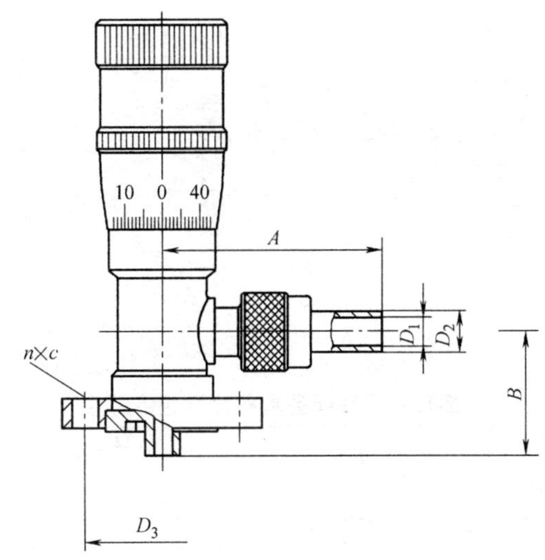

图 5-210　高真空微调阀

高真空微调阀的基本参数与连接尺寸　　表 5-119

公称通径 DN	漏率 (Pa·L/s)	最小可调量 (Pa·L/s)	最大可调量 (Pa·L/s)	连接尺寸 (mm)					
				A	B	D_1	D_2	D_3	$n\times c$
0.8	$\leqslant 1.3\times10^{-6}$	1.3×10^{-2}	4×10^{3}	—	—	—	—	—	—
2		1.3×10^{-1}	2.67×10^{4}	38	16.5	5	7	26	3×ϕ4.5

注：是否进行最大可调量试验，由供需双方商定。

(5) 高真空隔膜阀

高真空隔膜阀如图 5-211 所示，其基本参数与连接尺寸见表 5-120。

(6) 高真空蝶阀

高真空蝶阀如图 5-212 所示，驱动方式为手动、气动和电动，其基本参数与连接尺寸见表 5-121。

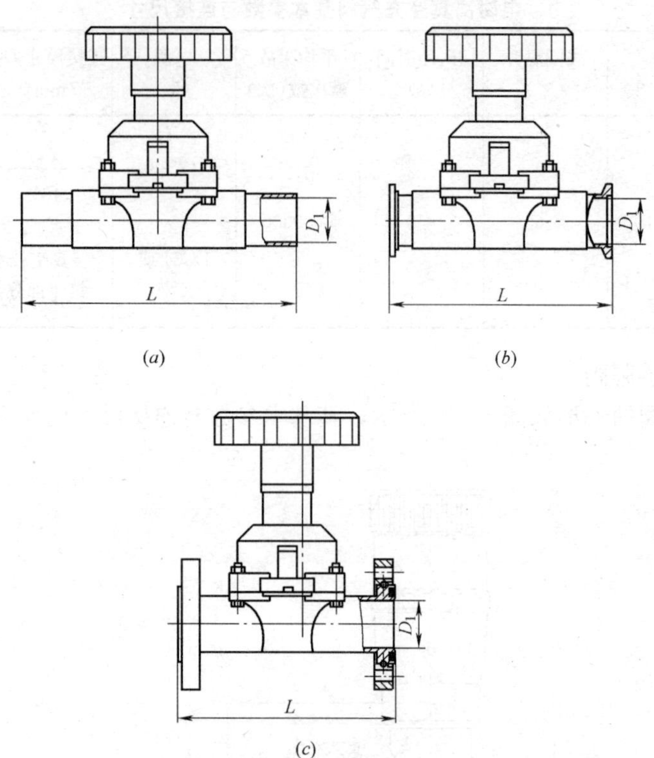

图 5-211 高真空隔膜阀

高真空隔膜阀基本参数与连接尺寸 **表 5-120**

公称通径 DN	漏 率 (Pa·L/s)	平均无故障次数(次)	连接尺寸(mm)		连接法兰标准
			L	D_1	
10	≤6.7×10⁻⁴	≥30000	150	19	焊接式
25			150	32	
40			240	45	
50			240	57	
10			75	—	
25			120		《真空技术 快卸连接器尺寸第1部分:夹紧型》GB/T 4982
40			120		
10			75		
25			120		《真空技术法兰尺寸》GB/T 6070
40			150		
40			180		

(7) 高真空挡板阀

高真空挡板阀如图 5-213 所示，驱动方式为手动、气动和电动，其基本参数与连接尺寸见表 5-122。

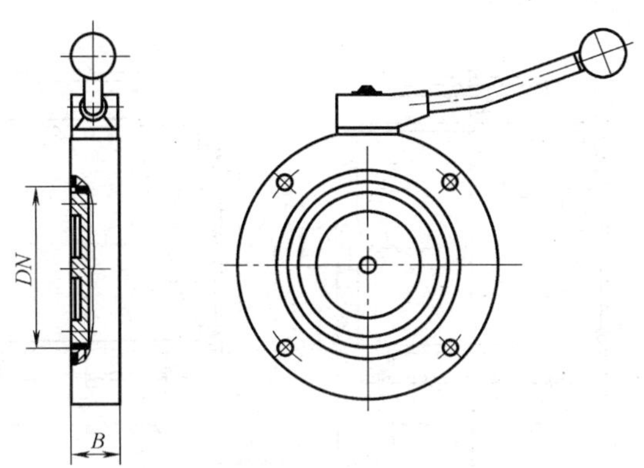

图 5-212　高真空蝶阀

高真空蝶阀基本参数与连接尺寸　　表 5-121

公称通径 DN	漏率 (Pa·L/s)	开、闭时间 (s)	平均无故障次数(次)	流导 (L/s)	连接尺寸 B (mm)	连接法兰标准
32	$\leqslant 1.3\times10^{-7}$	气动：等于气动执行机构的动作时间	≥3000	22	22	《真空技术法兰尺寸》GB/T 6070
40				50	22	
50				102	22	
63				156	26	
80				300	32	
100				530	32	
160				1620	35	
200	$\leqslant 1.3\times10^{-5}$	电动：等于电动执行机构的动作时间	≥2000	2550	45	
250				4180	50	
300				7130	55	
400				11000	60	
500				17400	80	
600				27000	100	
800				45000	130	

注：流导系分子流状态下的理论计算值，不作为验收依据。

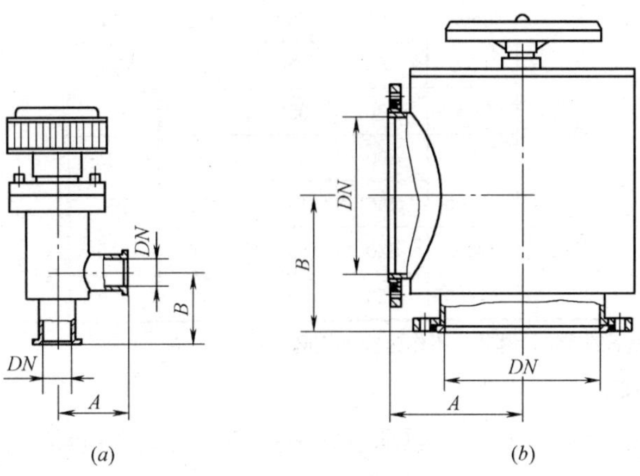

图 5-213　高真空挡板阀

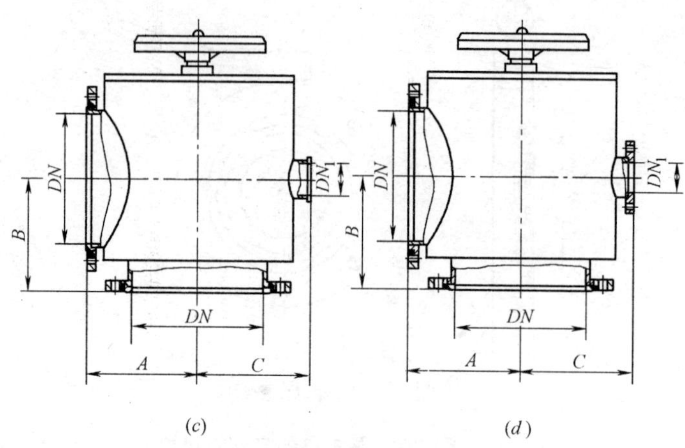

图 5-213 高真空挡板阀（续）

高真空挡板阀基本参数与连接尺寸 **表 5-122**

公称通径 DN	漏率 (Pa·L/s)	平均无故障次数(次)	流导 (L/s)	连接尺寸(mm) A	B	D	DN_1	连接法兰标准
10	$\leqslant 1.3\times10^{-7}$	$\geqslant$4000	1.5	30	30			《真空技术 快卸连接器尺寸第1部分:夹紧型》GB/T 4982
16			4.5	40	40			
25			14	50	50			
32				58	58			
40			40	65	65			
50				70	70			《真空技术法兰尺寸》GB/T 6070
63			110	88	88			
80			210	98	98			
100			340	108	108			
160			1000	138	138	138	40	GB/T 4982 和 GB/T 6070
200			1400	200	200	200	50	《真空技术法兰尺寸》GB/T 6070
250			2500	208	208	208	63	
300	$\leqslant 1.3\times10^{-5}$	$\geqslant$2000	4200	250	250	250	80	
400			6400	330	330	330	100	
500				360	360	360	125	
600			17000	450	450	450	160	
800		$\geqslant$1000	29000	530	530	530	200	
1000			47000	620	620	620	320	

注：流导系分子流状态下的理论计算值，不作为验收依据。

（8）高真空插板阀

高真空插板阀如图 5-214 所示，驱动方式为手动、气动和电动，其基本参数与连接尺寸见表 5-123。

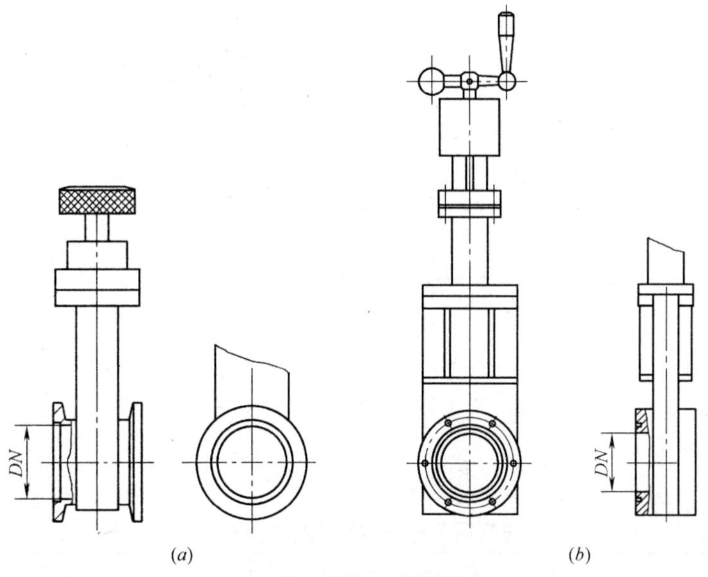

图 5-214 高真空插板阀

高真空插板阀基本参数与连接尺寸 **表 5-123**

公称通径 DN	漏率(Pa·L/s)	平均无故障次数(次)	流导(L/s)	连接法兰标准
25	≤6.7×10⁻⁷	≥3000	30	《真空技术 快卸连接器 尺寸 第 1 部分:夹紧型》GB/T 4982
40			85	
50			—	《真空技术法兰尺寸》GB/T 6070
63			400	
80			—	
100			1100	
160			3400	
200			7300	
250			12000	
320	≤1.3×10⁻⁵		21000	
400		≥1000	30000	
500			51000	
630			102000	

注：流导系分子流状态下的理论计算值，不作为验收依据。

(9) 真空调节阀

真空调节阀如图 5-215 所示，驱动方式为手动、气动和电动，其基本参数与连接尺寸见表 5-124。

(10) 真空球阀

真空球阀如图 5-216 所示，驱动方式为手动、气动和电动，其基本参数与连接尺寸见表 5-125。

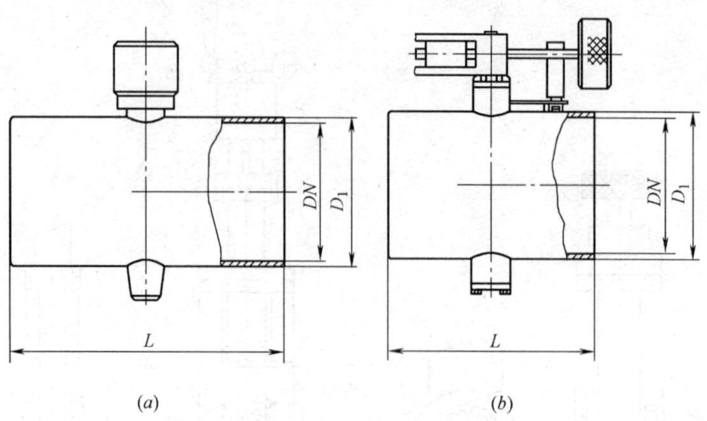

图 5-215 真空调节阀

真空调节阀基本参数与连接尺寸 表 5-124

公称通径 DN	轴封处漏率 (Pa·L/s)	平均无故障次数 (次)	连接尺寸(mm)	
			D_1	L
32	≤1.3×10⁻²	≥3000	38	200
40			47	
50			57	
65			76	
80			89	
100			108	
40			47	150
50			57	
65			76	
80			89	
100			108	

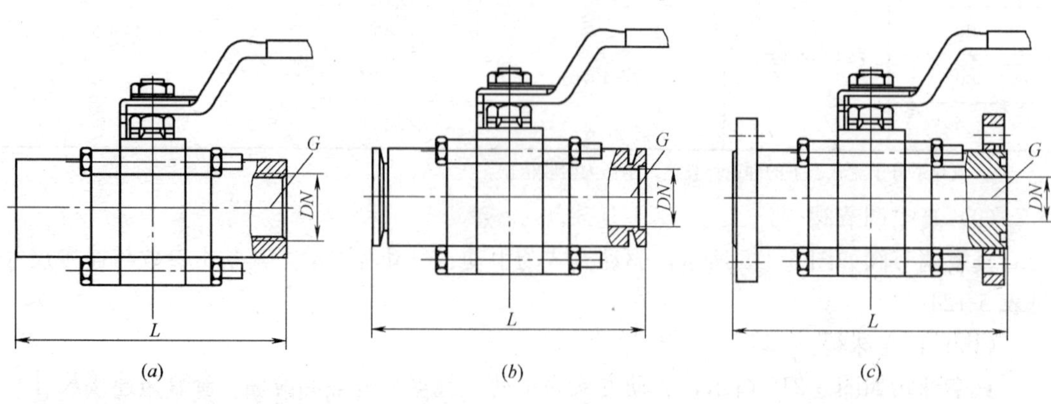

图 5-216 真空球阀

真空球阀基本参数与连接尺寸 **表 5-125**

公称通径 DN	漏率 (Pa·L/s)	平均无故障次数(次)	连接尺寸		连接法兰标准
			G(in)	L(mm)	
16	≤1.3×10⁻³	≥10000	½	68.4	管螺纹连接
25			1	94	
32			1¼	118	
40			1½	128	
16			—	83.8	《真空技术 快卸连接器尺寸第1部分:夹紧型》GB/T 4982
25			—	114	
40			—	160	
16			—	83.8	《真空技术法兰尺寸》GB/T 6070
25			—	114	
32			—	140	
40			—	160	
50			—	170	
80			—	203	

(11) 超高真空挡板阀

超高真空挡板阀如图 5-217 所示，其基本参数与连接尺寸见表 5-126。

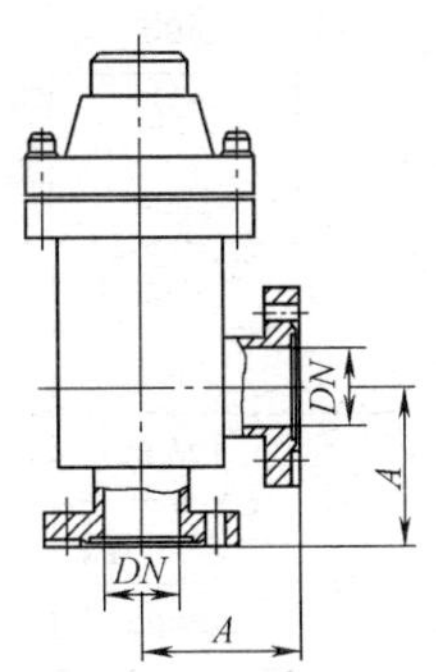

图 5-217 超高真空挡板阀

超高真空挡板阀基本参数与连接尺寸 **表 5-126**

公称通径 DN	漏率 (Pa·L/s)	烘烤温度(℃)		连接尺寸 A (mm)	连接法兰标准
		阀板密封材料为无氧铜	阀板密封材料为氟橡胶		
25	≤1.3×10⁻⁷	≤400	≤150	50	《真空技术法兰尺寸》GB/T 6070
50				80	
80				100	

(12) 超高真空插板阀

超高真空插板阀如图 5-218 所示，驱动方式为手动、气动和电动，其基本参数与连接尺寸见表 5-127。

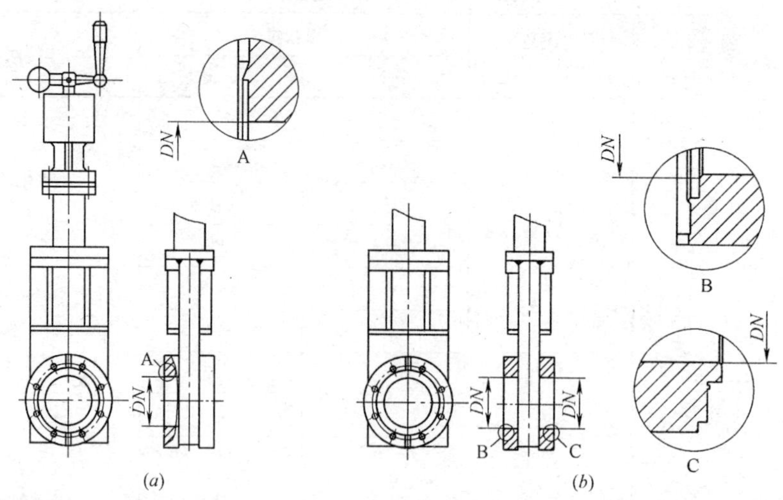

图 5-218 超高真空插板阀

超高真空插板阀的基本参数与连接尺寸 表 5-127

公称通径 DN	漏率 (Pa·L/s)	烘烤温度 (℃)	平均无故障次数(次)	流导(L/s)	连接尺寸 A (mm)	连接法兰标准
25	≤1.3×10^{-7}	≤150(除转动装置外)	≥3000	30	55	《真空技术法兰尺寸》GB/T 6070
50				—	60	
63				400	65	
80				—	65	
100				1100	70	
160				3400	70	
200				7300	80	
250			≥2000	12000	85	《铜丝密封可烘烤真空法兰铜丝密封圈结构尺寸》JB/T 5278
320				21000	—	
400				30000	110	
500				51000	—	
630				102000	—	
800			≥1000	—	—	

注：流导系分子流状态下的理论计算值，不作为验收依据。

3. 基本条件

(1) 阀门表面应光洁，零件完整，标志清晰。

(2) 阀门的使用介质为洁净的空气或非腐蚀性气体。

(3) 正常开启条件

电磁真空带充气阀，在电压为 AC220×(1±10%)V 范围内时，应能正常打开。

电磁高真空挡板阀，在电压为 AC220×(1±10%)V 范围内及阀门密封面下端为真空，另一端为大气时，应能正常开启。

电磁高真空充气阀采用交流电源时，在电压为 AC220×(1±10%)V 范围内，阀内应能正常开启。

超高真空插板阀，阀门两侧压力差应不大于（2.7×10^3）Pa。

（4）阀门适用的环境温度为5～40℃。

（5）用户应遵守阀门的保管、安装及使用条件。从制造厂发货起一年内，若阀门存在制造质量问题不能正常工作时，由制造厂负责维修或更换。

（6）阀门所有动作部件应灵活可靠，不得有卡阻现象。动作要求：

1）手动阀门应转动手柄（手轮）使之开、闭3次，不得借助辅助工具。

2）气动阀门在电源电压为AC220×(1±10%)V情况下，以0.6MPa压力的压缩空气将阀门启闭不少于3次的试验，此时电磁换向阀应能正确换向，气缸及各连接部位应无明显漏气现象，阀门的启闭信号装置应能正确输出启闭信号。然后将气源压力降至0.4MPa重复以上试验，动作均应符合规定。如附有手动装置时，应在手动状态重复试验。

3）电动、电磁阀门在电源电压为AC220×(1±10%)V情况下，将阀门启闭不少于3次，如附有手动装置时，应在手动状态重复。

4. 出厂检验

每台真空阀门均需出厂检验合格，并附产品质量合格证方可出厂。出厂检验项目有：漏率；外观质量及动作检验。

5. 标志、包装、运输及贮存

（1）应在阀门的明显位置固定产品标牌，标牌应符合《标牌》GB/T 13306的规定，标牌内容包括：产品名称及型号；制造厂名称及商标；公称通径；产品编号及制造日期。

（2）阀门的包装应保护连接螺纹或密封面不受损伤，阀体内部保持清洁，防止锈蚀，保证产品的附件、备件及装箱技术文件完好。应附带的技术文件有：产品合格证；产品使用说明书；附件清单。

（3）在运输过程中防止雨水侵蚀。应存放在空气流通、相对湿度不大于90%，温度不高于40℃及不低于－20℃的仓库中。

5.5.21 封闭式眼镜阀

推荐网址：标准库 http：//www.bzko.com/

豆丁网 http：// www.docin.com/

《封闭式眼镜阀》JB/T 6901—1993，规定了封闭式眼镜阀的结构形式、技术要求、试验方法、标志、包装、运输及贮存等要求，适用于公称通径DN200～DN3000，公称压力PN＝0.05～0.25MPa的煤气管线用封闭式眼镜阀。

1. 结构形式

封闭式眼镜阀是一种板焊结构平行闸阀，由阀体、阀板、驱动机构等部分组成。封闭式眼镜阀的典型结构形式如图5-219所示。

2. 阀体

阀体法兰连接尺寸按《板式平焊钢制管法兰》GB/T 9119—2010和图5-220表5-128的规定。法兰连接的结构长度及极限偏差按表5-129的规定。

阀体由主阀体和副阀体组成，主、副阀体用螺栓连接成一个封闭的耐压壳体。公称通

径大于 $DN500$ 的封闭式眼镜阀应设检修用人孔和底座。阀座密封面不锈钢层的厚度不小于 4mm。

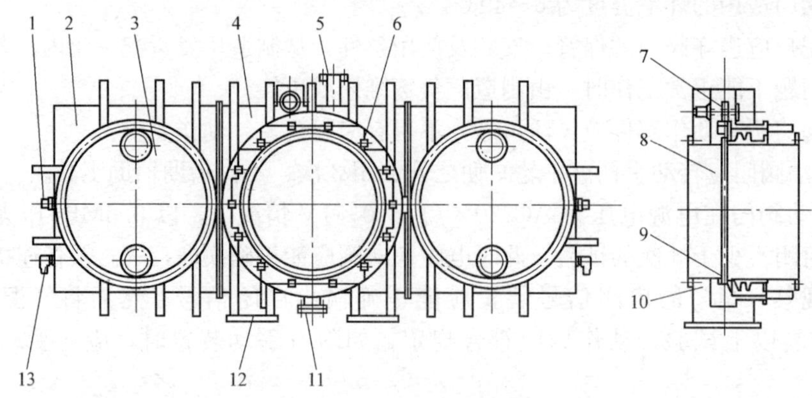

图 5-219 封闭式眼镜阀典型结构形式

1—限位装置；2—副阀体；3—检修用人孔；4—主阀体；5—上排泄口；6—阀座顶开机构；7—阀板行走机构；8—闸板；9—阀座密封面；10—闸板密封圈；11—下排泄口；12—底座；13—位置指示装置

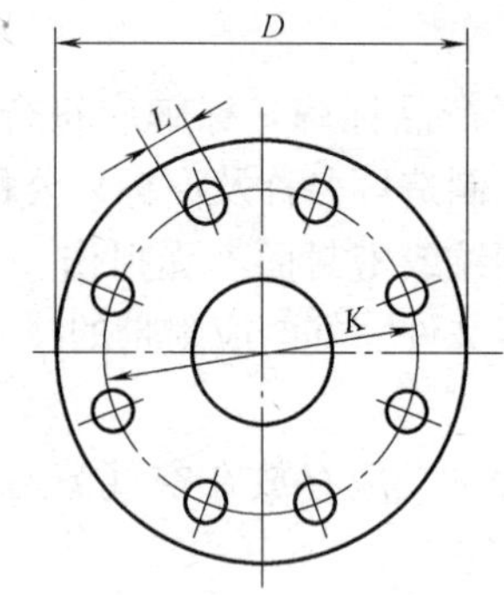

图 5-220 阀体法兰连接尺寸

阀体法兰连接尺寸 **表 5-128**

公称通径 DN	法兰外径 D	螺栓中心圆直径 K	螺栓孔径 L	螺栓数量 n(个)
2200	2405	2340	33	52
2400	2605	2540		56
2600	2805	2740		60
2800	3030	2960	36	64
3000	3230	3160		68

法兰连接的结构长度及极限偏差（mm） **表 5-129**

公称通径 DN	200～500	600～900	1000～1600	1800～2400	2600～3000
结构长度 l	600	800	1200	1600	2000
极限偏差	±3	±4	±6	±8	±10

3. 闸板

闸板的行走机构应保证闸板在规定的压力和温度下正常移动，并应设置可靠的限位装置和位置指示装置。

4. 驱动机构

驱动机构由阀座顶开机构和阀板行走机构两部分组成。驱动可采用液动、气动和电动。

当阀座顶开机构处于全开位置时，阀座密封面和闸板密封面之间的间隙应大于 3mm；当阀座顶开机构处于关闭状态时，其关闭力应保证闸板在规定的压力下达到密封。

5. 材料

封闭式眼镜阀主要材料按表 5-130 规定选用，如有特殊要求，需经供需双方协商并在合同中注明。

封闭式眼镜阀主要材料选用 **表 5-130**

零件名称	材料名称	牌号	标准号
阀体、阀板	碳素结构钢	Q235-A	《碳素结构钢》GB 700
阀座密封面	不锈钢	0Cr19Ni9，1Cr18Ni9Ti	《不锈钢棒》GB 1220
阀板密封面	橡胶	—	
法兰垫片	石棉橡胶板	XB 250，XB 350	《石棉橡胶板》GB 3985

6. 标志、包装、运输及贮存

封闭式眼镜阀的标志按《通用阀门 标志》GB/T 12220 的规定，包装、运输及贮存按《通用阀门 供货要求》JB/T 7928 的规定。

附录　阀门标准名称、编号与本手册相关内容对照

阀门标准编号、名称与本手册相关内容对照

序号	标准名称及编号	本手册相关内容目录
国家标准		
1	《管道元件 DN（公称尺寸）的定义和选用》GB/T 1047—2005	1.4.1 *DN*（公称尺寸）的定义和选用
2	《管道元件 *PN*（公称压力）的定义和选用》GB/T 1048—2005	1.4.2 *PN*（公称压力）的定义和选用
3	《气动调节阀》GB/T 4213—2008	5.4.33 气动调节阀
4	《自动喷水灭火系统第 2 部分：湿式报警阀、延迟器、水力警铃》GB 5135.2— 2003	4.1.1 湿式报警阀
5	《自动喷水灭火系统第 4 部分：干式报警阀》GB 5135.4—2003	4.1.2 干式报警阀
6	《自动喷水灭火系统第 5 部分：雨淋报警阀》GB 5135.5—2003	4.1.3 雨淋报警阀
7	《自动喷水灭火系统第 6 部分：通用阀门》GB 5135.6—2003	4.1.4 通用阀门
8	《自动喷水灭火系统第 17 部分：减压阀》GB 5135.17—2003	4.1.5 减压阀
9	《液化石油气瓶阀》GB 7512—2006	5.5.11 液化石油气瓶阀
10	《铁制和铜制螺纹连接阀门》GB/T 8464—2008	5.3.2 铁制和铜制螺纹连接阀门
11	《电站减温减压阀》GB/T 10868—2005	5.4.34 电站减温减压阀
12	《溶解乙炔气瓶阀》GB 10879—2009	5.5.12 溶解乙炔气瓶阀
13	《通用阀门 标志》GB 12220—1989	5.3.17 关于"通用阀门标志"
14	《金属阀门 结构长度》GB/T 12221—2005	5.3.4 金属阀门结构长度
15	《钢制阀门 一般要求》GB/T 12224—2005	5.3.1 钢制阀门一般要求
16	《通用阀门 法兰连接铁制闸阀》GB/T 12232—2005	5.3.3 法兰连接铁制闸阀
17	《通用阀门 铁制截止阀与升降式止回阀》GB/T 12233—2006	5.4.5 铁制截止阀与升降式止回阀
18	《石油、天然气工业用螺柱连接阀盖的钢制闸阀》GB/T 12234—2007	5.4.4 石油、天然气用螺柱连接阀盖的钢制闸阀
19	《石油、石化及相关工业用钢制截止阀和升降式止回阀》GB/T 12235—2007	5.4.6 石油、石化用钢制截止阀和升降式止回阀
20	《石油、化工及相关工业用的钢制旋启式止回阀》GB/T 12236—2008	5.4.7 石油、化工用的钢制旋启式止回阀
21	《石油、石化及相关工业用的钢制球阀》GB/T 12237—2007	5.4.16 石油、石化用钢制球阀

续表

序号	标准名称及编号	本手册相关内容目录
	国家标准	
22	《法兰和对夹连接弹性密封蝶阀》GB/T 12238—2008	5.4.14 法兰和对夹连接弹性密封蝶阀
23	《工业阀门 金属隔膜阀》GB/T 12239—2008	5.4.21 工业用金属隔膜阀
24	《铁制旋塞阀》GB/T 12240—2008	5.4.19 铁制旋塞阀
25	《安全阀 一般要求》GB/T 12241—2005	5.4.23 安全阀一般要求
26	《弹簧直接载荷式安全阀》GB/T 12243—2005	5.4.24 弹簧直接载荷式安全阀
27	《减压阀 一般要求》GB/T 12244—2006	5.4.27 减压阀一般要求
28	《先导式减压阀》GB/T 12246—2006	5.4.28 先导式减压阀
29	《蒸汽疏水阀 分类》GB/T 12247—1989	5.4.31 蒸汽疏水阀分类
30	《蒸汽疏水阀术语、标志、结构长度》GB/T 12250—2005	5.4.30 蒸汽疏水阀术语、标志、结构长度
31	《通用阀门 铁制旋启式止回阀》GB/T 13932—1992	5.4.10 铁制旋启式止回阀
32	《工业阀门 压力试验》GB/T 13927—2008	5.3.10 工业阀门压力试验
33	《铁制和铜制球阀》GB/T 15185—1994	5.4.15 铁制和铜制球阀
34	《气瓶阀通用技术条件》GB 15382—2009	5.5.10 气瓶阀通用技术条件
35	《管线阀门 技术条件》GB/T 19672—2005	5.3.5 管线阀门技术条件
36	《钢制旋塞阀》GB/T 22130—2008	5.4.18 钢制旋塞阀
37	《阀门 术语》GB/T 21465—2008	1.2.4 阀门按温度分类
38	《液化气体设备用紧急切断阀》GB/T 22653—2008	5.3.6 液化气体设备用紧急切断阀
39	《蒸汽疏水阀 技术条件》GB/T 22654—2008	5.4.32 蒸汽疏水阀技术条件
40	《低温阀门 技术条件》GB/T 24925—2010	5.3.9 低温阀门技术条件
41	《排污阀》GB/T 26145—2010	5.5.19 排污阀
42	《偏心半球阀》GB/T 26146—2010	5.4.17 偏心半球阀
43	《氨用截止阀和升降式止回阀》GB/T 26478—2011	5.5.3 氨用截止阀和升降式止回阀
44	《阀门的检验和试验》GB/T 26480—2011	5.3.11 阀门的检验和试验
	机械行业标准	
45	《阀门的标志和涂漆》JB/T 106—2004	1.3.2 阀门标志和涂漆
46	《阀门 型号编制方法》JB/T 308—2004	1.3.1 阀门型号编制方法
47	《锻造角式高压阀门 技术条件》JB/T 450—2008	5.3.13 锻造角式高压阀门技术条件
48	《*PN*2500 超高压阀门和管件 第 1 部分:阀门型式和基本参数》JB/T 1308.1—2011	5.3.12 超高压阀门型式和基本参数
49	《弹簧式安全阀 结构长度》JB/T 2203—1999	5.4.25 弹簧式安全阀结构长度
50	《减压阀结构长度》JB/T 2205—2000	5.4.29 减压阀结构长度
51	《电站阀门 型号编制方法》JB/T 4018—1999	5.3.14 电站阀门型号编制方法
52	《管线用钢制平板闸阀》JB/T 5298—1991	5.4.1 管线用钢制平板闸阀
53	《液控止回蝶阀》JB/T 5299—1998	5.4.12 液控止回蝶阀
54	《工业用阀门材料 选用导则》JB/T 5300—2008	5.3.15 工业用阀门材料选用导则

续表

序号	标准名称及编号	本手册相关内容目录
机械行业标准		
55	《变压器用蝶阀》JB/T 5345—2005	5.5.9 变压器用蝶阀
56	《真空阀门》JB/T 6446—2004	5.5.20 真空阀门
57	《封闭式眼镜阀》JB/T 6901—1993	5.5.21 封闭式眼镜阀
58	《空气分离设备用切换蝶阀》JB/T 7550—2007	5.5.6 空气分离设备用切换蝶阀
59	《紧凑型钢制阀门》JB/T 7746—2006	5.3.7 紧凑型钢制阀门
60	《针形截止阀》JB/T 7747—2010	5.4.9 针形截止阀
61	《通用阀门 供货要求》JB/T 7928—1999	5.3.16 通用阀门供货要求
62	《金属密封蝶阀》JB/T 8527—1997	5.4.13 金属密封蝶阀
63	《阀门手动装置 技术条件》JB/T 8531—1997	5.3.8 阀门手动装置技术条件
64	《对夹式刀形闸阀》JB/T 8691—1998	5.4.3 对夹式刀形闸阀
65	《对夹式止回阀》JB/T 8937—2010	5.4.11 对夹式止回阀
66	《阀门的检验与试验》JB/T 9092—1999	5.3.18 关于"通门的检验与试验"
67	《陶瓷密封阀门 技术条件》JB/T 10529—2005	5.5.14 陶瓷密封阀门技术条件
68	《氧气用截止阀》JB/T 10530—2005	5.5.4 氧气用截止阀
69	《波纹管密封钢制截止阀》JB/T 11150—2011	5.4.8 波纹管密封钢制截止阀
70	《金属密封提升式旋塞阀》JB/T 11152—2011	5.4.20 金属密封提升式旋塞阀
71	《石油、天然气工业用清管阀》JB/T 11175—2011	5.5.5 石油、天然气用清管阀
72	《管线用钢制平板闸阀 产品质量分等》JB/T 53242—1999(内部使用)	5.4.2 管线用钢制平板闸阀产品质量分等
城市建设行业标准		
73	《供热用偏心蝶阀》CJ/T 92—1999	5.5.8 供热用偏心蝶阀
74	《供水用偏心信号蝶阀》CJ/T 93—1999	5.5.7 供水用偏心信号蝶阀
75	《自含式温度控制阀》CJ/T 153—2001	5.5.17 自含式温度控制阀
76	《给排水用缓闭止回阀通用技术条件》CJ/T154—2001	5.5.1 给排水用缓闭止回阀通用技术条件
77	《多功能水泵控制阀》CJ/T167—2002	5.5.16 多功能水泵控制阀
78	《自力式流量控制阀》CJ/T 179—2003	5.5.18 自力式流量控制阀
79	《水力控制阀》CJ/T219—2005	3.1 建设行业标准之水力控制阀
电力行业标准		
80	《电站隔膜阀选用导则》DL/T 716—2000	5.4.22 电站隔膜阀选用导则
81	《火力发电用止回阀技术条件》DL/T 923—2005	5.5.2 火力发电用止回阀技术条件
82	《电站锅炉安全阀应用导则》DL/T 959—2005	5.4.26 电站锅炉安全阀应用导则
化工行业标准		
83	《氟塑料衬里阀门通用技术条件》HG/T 3704—2003	5.5.13 氟塑料衬里阀门通用技术条件
商检行业标准		
84	《出口阀门检验规程》SN/T 1455—2004	5.3.19 出口阀门检验规程

参考文献

[1] 编委会编. 管路附件选用手册. 北京：机械工业出版社，2008

[2] 孙晓霞主编. 实用阀门技术问答. 第 2 版　北京：中国标准出版社，2008

[3] 房汝洲（清华大学教授）主编. 2006 版实用阀门设计手册. 北京：中国知识出版社，2006

[4] 陆培文等编著. 阀门选用手册. 北京：机械工业出版社，2001

[5] 宋虎堂等编著. 阀门选用手册. 北京：化学工业出版社，2007

[6] 中国机械工业标准汇编. 阀门卷（第 2 版）. 北京：中国标准出版社，2006

[7] 压力管道阀门安全技术监察规程. 2008（征求意见稿）